Stephanie Dietel **Barrierefrei-Konzept**

Barrierefrei-Konzept

Praxis-Leitfaden zum Nachweis der Barrierefreiheit

2., aktualisierte und erweiterte Ausgabe

mit 188 Abbildungen und 48 Tabellen

+ mit digitalen Arbeitshilfen zum Download

Dipl.-Ing. (FH) Stephanie Dietel, geb. Hess
ist Architektin, DIN-geprüfte Fachplanerin und Sachverständige für barrierefreies Bauen. Sie ist Inhaberin des Büros dbb – dietel barrierefrei bauen und gibt Fortbildungen für die Ingenieurakademie West, das VDI Wissensforum und diverse andere Fortbildungsträger. Darüber hinaus leitet sie den VDI-Fachausschuss Barrierefreiheit, wirkt bei der Erstellung von Richtlinien mit und ist Mitglied im AHO-Arbeitskreis „Barrierefreies Bauen".

Mitautoren der 1. Auflage

Prof. Dipl.-Ing. Thomas Kempen †
ist im Jahr 2020 verstorben. Er war Beratender Ingenieur und Gesellschafter der Kempen Krause Gruppe. Er lehrte an der FH Aachen und war in der Fortbildung tätig, unter anderem für die Ingenieurakademie West und die Akademie der Architektenkammer NRW.

Dr.-Ing. Hans-Jürgen Krause
ist Beratender Ingenieur und geschäftsführender Gesellschafter der Kempen Krause Gruppe. Darüber hinaus ist er in der Fortbildung für die Ingenieurakademie West, für die Akademie der Ingenieure und für diverse weitere Fortbildungsträger tätig.

RM Rudolf Müller

Bibliografische Information der Deutschen Nationalbibliothek

Die Deutsche Nationalbibliothek verzeichnet diese Publikation in der Deutschen Nationalbibliografie; detaillierte bibliografische Daten sind im Internet über http://dnb.d-nb.de abrufbar.

Wir freuen uns, Ihre Meinung über dieses Fachbuch zu erfahren. Bitte teilen Sie uns Ihre Anregungen, Hinweise oder Fragen per E-Mail: fachmedien.architektur@rudolf-mueller.de mit.

Lektorat: Friederike Daenecke, Vettweiß
Umschlaggestaltung: Inga Lämmlein Grafikdesign, Rodgau
Satz: WMTP Wendt-Media Text-Processing GmbH, Birkenau
Druck und Bindearbeiten: Westermann Druck Zwickau GmbH, Crimmitschauer Straße 43, 08058 Zwickau

Printed in Germany

ISBN: 978-3-481-04801-3 (Buch-Ausgabe), Produktionscharge *001
ISBN: 978-3-481-04802-1 (E-Book als PDF)
ISBN: 978-3-481-04803-5 (Buch-Ausgabe + E-Book als PDF), Produktionscharge *001

PEFC
PEFC/04-31-3513
PEFC-zertifiziert
Dieses Produkt stammt aus nachhaltig bewirtschafteten Wäldern, Recycling und kontrollierten Quellen
www.pefc.co.uk

Geleitwort

Liebe Leserinnen, liebe Leser,

„Stellen Sie sich vor, Sie sitzen – vielleicht sogar nur vorübergehend – im Rollstuhl und kommen nicht mehr zu Ihrer Bank. Eine Drehtür versperrt Ihnen den Weg. Zur U-Bahn führt zwar eine Rampe, aber die ist so steil, die kämen Sie alleine nicht mehr hoch.“ (BMUB (2016), Leitfaden Barrierefreies Bauen, S. 5)

Und ein anderer Weg ist für Sie nicht erkennbar, die Schrift auf Informationsschildern ist zu klein und zu blass – oder es ist schlicht keine Information vorhanden …

Noch immer werden Mitbürgerinnen und Mitbürger an der Teilhabe am gesellschaftlichen Leben gehindert. Doch Barrierefreiheit rückt in den Fokus. Ich bin stolz, dass mit der Verabschiedung der neuen Bauordnung für NRW eine Definition von Barrierefreiheit in das Baurecht aufgenommen wurde. Zukunftsorientierte Architektur in NRW ist inklusive Architektur.

Bei Barrierefreiheit geht es aber nicht um Speziallösungen für Menschen mit Einschränkungen! Vielmehr geht es um eine lebenslaufbeständige Gestaltung aller Lebensbereiche. Denn Barrierefreiheit ist bereits heute für 10 % der Bevölkerung unentbehrlich, für 30 bis 40 % notwendig und für uns alle komfortabel. Die Berücksichtigung umfassender Barrierefreiheit in Planungs- und Ausführungsprozessen ist damit schon heute eine wesentliche Voraussetzung zur Schaffung einer inklusiven Gesellschaft, von der wir alle profitieren. Ihre Notwendigkeit wird vielen Menschen jedoch erst bewusst, wenn sie selbst oder ein Familienmitglied von Behinderung betroffen sind. Die dann benötigten Umbauten im Bestand sind teuer und aufwendig. Eine durchdachte Planung, die Barrierefreiheit von Anfang an mitdenkt, ist zukunftsorientiert – und weitaus günstiger als Nachbesserungen im Bestand.

Im Sinne der UN-Behindertenrechtskonvention empfehle ich zudem eine aktive und rechtzeitige Einbindung von Nutzerinnen und Nutzern – u. a. von Menschen mit Einschränkungen – in Planungs- und Ausführungsprozesse. Denn Menschen erleben Barrieren und Hindernisse in unserem Alltag in unterschiedlicher Weise. Die Normenreihe DIN 18040 stellt einen wichtigen Grundbaustein für barrierefreies Planen und Bauen dar, sie sollte jedoch nach Bedarf und Nutzen der baulichen Anlage durch weitere speziellere Normen und Vorgaben ergänzt werden. Eine sinnvolle und bedarfsgerechte Umsetzung von Barrierefreiheit erfordert Fachwissen und Sensibilität gleichermaßen. Aber wann ist eine bauliche Anlage barrierefrei? Wie kann Barrierefreiheit zeichnerisch dargestellt und prüfbar werden? Dazu bietet das in diesem Buch vorgestellte Barrierefrei-Konzept praktikable Lösungsansätze und Informationen.

Mein Dank gilt Frau Hess und Herrn Kempen. Ich habe sie als kompetente und kooperative Partner in Fragen der Umsetzung von Barrierefreiheit beim privaten Wohnungsbau und beim Bau öffentlicher Gebäude kennen- und schätzen gelernt. Es freut mich, dass sie ihr Fachwissen mit dem vorliegenden Buch gebündelt an Praxispartner und Interessierte weitergeben.

Ich wünsche mir, dass dieses Fachwissen zusammen mit der Bereitschaft zur o. g. Kooperation zukünftig zur Grundlage aller baulichen Planungsprozesse wird und sich als Standard etabliert.

In diesem Sinne grüßt Sie und freut sich auf die weitere Zusammenarbeit Ihre

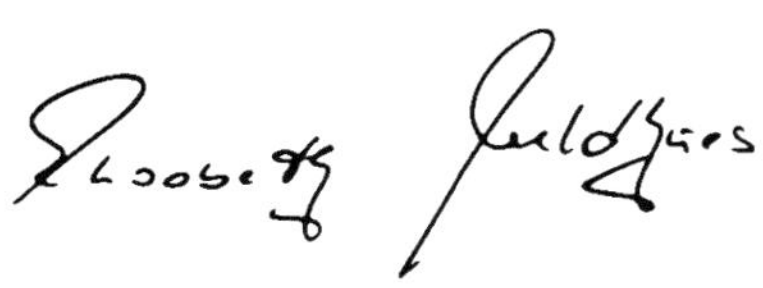

Elisabeth Veldhues

in den Jahren 2015 bis 2017 Beauftragte der Landesregierung für die Belange der Menschen mit Behinderung in NRW

Vorwort

Barrierefreies Bauen nützt allen Menschen, ist aber für Menschen mit Behinderungen eine Voraussetzung, um überhaupt voll und wirksam an der Gesellschaft teilhaben zu können, wie von der UN-Behindertenrechtskonvention (UN-BRK) gefordert. Die Unterzeichnerstaaten der UN-BRK, zu denen auch Deutschland zählt, verpflichten sich unter anderem, Gesetze und Vorschriften so anzupassen, dass auch Menschen mit Behinderungen gleichberechtigten Zugang zur physischen Umwelt erhalten. Inzwischen sind Vorschriften zum barrierefreien Bauen in die Bauordnungen der Bundesländer aufgenommen worden – allerdings nicht einheitlich. Auch der Nachweis der Barrierefreiheit für die Genehmigung einer Baumaßnahme ist in den Bundesländern unterschiedlich geregelt.

Das Barrierefrei-Konzept wurde entwickelt, um Planer bei der zielorientierten, ganzheitlichen Gesamtbetrachtung ihres Objekts zu unterstützen. Seine Hauptfunktion besteht in der Nachweisführung, dass alle relevanten Anforderungen an die Barrierefreiheit bei dem betrachteten Bauvorhaben erfüllt wurden. Vor diesem Hintergrund dient es vor allem als Bauvorlage im Genehmigungsverfahren, kann aber auch zu diversen anderen Verwendungszwecken herangezogen werden.

Dieses Buch stellt das Barrierefrei-Konzept vor – von den gesetzlichen Rahmenbedingungen und den maßgeblichen Normen bis hin zu konkreten Praxisbeispielen, sowohl für Neubauten als auch in Bestandsbauten. Es zeigt auf, welche Fachplanungen im Planungsprozess zu berücksichtigen sind und wie der Planungs- und Baubegleitungsprozess in den einzelnen Leistungsphasen stattfinden sollte. Bei der Kooperation mit anderen Fachplanungen spielt der Brandschutz eine herausragende Rolle, damit im Gefahrenfall auch die Selbstrettung von Menschen mit Behinderungen unterstützt wird.

Das Barrierefrei-Konzept ist kein starrer Rahmen, sondern eine Hilfestellung, die aufzeigt, was im Planungsprozess zu berücksichtigen ist. Es bietet mit einem Muster-Konzept dem Planer Anregungen, anhand eines Dreischritts aus Schutzzielen, Anforderungen und Lösungsvorschlägen den Nachweis der Barrierefreiheit für sein eigenes Bauvorhaben zu entwickeln.

Die zweite Auflage dieses Buches geht noch detaillierter auf die Grundlagen der Barrierefreiheit ein, da diese für jede barrierefreie Konzeption essenziell sind. Darüber hinaus wird das Thema der normativen Abweichungen konkretisiert, und es wird anhand von Beispielen aus der Praxis herausgestellt, welche unterschiedlichen Herangehensweisen sich im Umgang mit Abweichungen ergeben. Abgerundet werden die theoretischen Ausführungen durch drei Praxisbeispiele, die die objektspezifische und ganzheitliche Anwendung der einzelnen Komponenten abbilden.

Herzogenrath, im November 2025 Dipl.-Ing. (FH) Stephanie Dietel

Hinweise zum Download-Angebot

Die im Buch enthaltenen Symbole und Piktogramme stehen für Buchkäufer zum Download bereit unter:

http://www.bfb-barrierefrei-bauen.de/bf-konzept-downloads-auflage-2

Das Kennwort lautet: MnZc#68D

Inhalt

1 Rahmenbedingungen

1.1 Zweck und Aufgabe des Barrierefrei-Konzeptes

Das Thema Inklusion ist in den letzten Jahren stark in den gesellschaftspolitischen Fokus gerückt und zieht für das Baugeschehen immer weitreichendere Forderungen nach sich. Um die gleichberechtigte Teilhabe von Menschen mit Behinderungen u. a. am gesellschaftlichen und beruflichen Leben zu ermöglichen, müssen adäquate Voraussetzungen in unserer gebauten Umwelt geschaffen werden. Daher stellt sich in Hinblick auf das barrierefreien Bauen längst nicht mehr die Frage nach Pflicht oder Kür. Vielmehr ist das barrierefreie Bauen ein fester Bestandteil der gesamten Gebäude- und Landschaftsplanung geworden. Nichtsdestotrotz ist festzustellen, dass es in den vergangenen Jahren generell an einer konsequenten Umsetzung von Barrierefreiheit bei Neubauvorhaben gemangelt hat.

Warum wird das barrierefreie Bauen oft nur mangelhaft umgesetzt?

Bei der Fragestellung, wie und in welchem Umfang barrierefrei zu bauen ist, ergeben sich in Bezug auf die jeweiligen Landesbauordnungen unterschiedliche Regelungen – angefangen vom Anwendungsbereich der Barrierefreiheit bis hin zur Verbindlichkeit der planungsrelevanten Richtlinien und Regelwerke. Ergänzend zur Bauordnung werden in der Normenreihe DIN 18040 „Barrierefreies Bauen – Planungsgrundlagen" die technischen Umsetzungskriterien für eine barrierefreie Gestaltung formuliert. Als wesentliche Richtlinie für das barrierefreie Bauen und als allgemein anerkannte Regel der Technik ist die Normenreihe DIN 18040 inzwischen in allen Bundesländern als Technische Baubestimmung eingeführt. Allerdings ist hier ein genauerer Blick erforderlich, denn es gibt durchaus länderspezifische Besonderheiten bei der Einführung. So werden z. B. einzelne Abschnitte der Norm von der Einführung ausgeschlossen oder es werden zusätzliche Anforderungen ergänzt.

Diese sehr unterschiedliche Anwendung der planungsrechtlichen Grundlagen stellt für Planer eine große Herausforderung dar und erfordert eine intensive Auseinandersetzung mit der Thematik. Die Praxis zeigt, dass immer häufiger auf eine Beratung durch Fachplaner oder Sachverständige für barrierefreies Bauen zurückgegriffen wird. Die schnelle Weiterentwicklung des Bauens, der Einsatz neuer Technologien und die Verschärfung oder Ausweitung der Regelwerke erfordern in immer mehr Fachbereichen eine Spezialisierung bzw. erweiterten Sachverstand. Auch das barrierefreie Bauen ist von dieser Entwicklung betroffen. Besonders mit Blick auf die Schnittstellenbildung zu anderen Fachplanungen wird die Komplexität einmal mehr deutlich.

Welche Hilfestellungen können Planern an die Hand gegeben werden, um diesen neuen Herausforderungen gut gerüstet zu begegnen?

Die Autoren haben sich mit dieser Fragestellung bereits Anfang 2013 auseinandergesetzt und ein Planungsinstrument entwickelt, das es für die Projektbeteiligten leichter macht, die Aspekte der Barrierefreiheit in den Planungs- und Bauprozess einzubinden. Das sogenannte **Barrierefrei-Konzept** besteht aus einem schriftlichen Erläuterungsbericht und speziellen Konzept-Plänen (siehe Abb. 1.1), die die beschriebenen Maßnahmen veranschaulichen.

Abb. 1.1: Das Barrierefrei-Konzept besteht aus einem Erläuterungsbericht und Konzeptplänen.

Das Konzept ist eine zielorientierte, ganzheitliche Gesamtbetrachtung des barrierefreien Bauens mit objektspezifischem Bezug. Es weist nach, dass bei der Planung alle relevanten Anforderungen an die Barrierefreiheit berücksichtigt wurden, und erläutert schlüssig die beabsichtigte Umsetzung der Barrierefreiheit. Es dient damit als Nachweis der Barrierefreiheit im Genehmigungsprozess und kann als Bauvorlage mit dem Bauantrag eingereicht werden.

1.2 Nachweis der Barrierefreiheit im Genehmigungsverfahren

Das Barrierefrei-Konzept als eigenständige Bauvorlage hält langsam, aber stetig Einzug in die Bauplanung. Jedoch ist es erst in wenigen Bundesländern verbindlich eingeführt. In den Bauvorlagen- oder Bauprüfverordnungen der einzelnen Bundesländer finden sich nur vereinzelte Angaben, welche Nachweise hinsichtlich der Barrierefreiheit zu erbringen sind, um eine Baugenehmigung zu erhalten (vgl. Tabelle 1.1).

Tabelle 1.1: Anforderungen an die Darstellung von Barrierefreiheit in Bauvorlagen

Bundesland	Rechtsgrundlage	Bf-Bauvorlage mit Plan- und Textteil	Darstellungen der Barrierefreiheit in Bauzeichnungen	Erläuterung der Barrierefreiheit in Baubeschreibungen	Formular/ Checkliste
–	Musterbauvorlagenverordnung (MBauVorlV)	nein	keine ausdrücklichen Anforderungen	keine ausdrücklichen Anforderungen	nein
Bund	RBBau (Bundesbauten)	Konzept-Barrierefreiheit nach Leitfaden des Bundes	eigene bf-Pläne	im Konzept-Barrierefreiheit	nein
Baden-Württemberg	Verfahrensverordnung zur Landesbauordnung (LBOVVO)	nein	keine ausdrücklichen Anforderungen	keine ausdrücklichen Anforderungen	nein
Bayern	Bauvorlagenverordnung (BauVorlV)	nein	keine ausdrücklichen Anforderungen	keine ausdrücklichen Anforderungen	nein
Berlin	Bauverfahrensverordnung (BauVerfV)	Konzept Barrierefrei	im Lageplan und Bauzeichnungen integriert oder eigene bf-Pläne	formlose Baubeschreibung	ja
Brandenburg	Brandenburgische Bauvorlagenverordnung (BbgBauVorlV)	nein	Angaben zu bf-Wohnungen in Bauzeichnungen integriert	formlose Baubeschreibung	nein
Bremen	Bremische Bauvorlagenverordnung (BremBauVorlV)	nein	in Bauzeichnungen integriert	keine Anforderungen	nein
Hamburg	Bauvorlagenverordnung (BauVorlVO)	nein	keine ausdrücklichen Anforderungen	keine ausdrücklichen Anforderungen	nein
Hessen	Bauvorlagenerlass (BVErl)	Planungskonzept Barrierefreies Bauen	in Bauzeichnungen integriert oder als eigene bf-Pläne	formlose Baubeschreibungen im Planungskonzept Barrierefreies Bauen	ja
Mecklenburg-Vorpommern	Bauvorlagenverordnung (BauVorlVO M-V)	nein	im Lageplan und Bauzeichnungen integriert	formlose Baubeschreibung	nein
Niedersachsen	Niedersächsische Bauvorlagenverordnung (NBauVorlVO)	nein	keine ausdrücklichen Anforderungen	keine ausdrücklichen Anforderungen	nein
Nordrhein-Westfalen	Verordnung über bautechnische Prüfungen (BauPrüfVO)	Barrierefrei-Konzept	bf-Pläne im Barrierefrei-Konzept	im Barrierefrei-Konzept	nein
Rheinland-Pfalz	Landesverordnung über Bauunterlagen und die bautechnische Prüfung (BauuntPrüfVO)	nein	in Bauzeichnungen integriert	keine ausdrücklichen Anforderungen	nein
Saarland	Bauvorlagenverordnung (BauVorlVO)	nein	in Bauzeichnungen integriert	keine ausdrücklichen Anforderungen	nein
Sachsen	Durchführungsverordnung zur SächsBO (DVOSächsBO)	nein	keine ausdrücklichen Anforderungen	keine ausdrücklichen Anforderungen	nein
Sachsen-Anhalt	Verordnung über Bauvorlagen und bauaufsichtliche Anzeigen Bauvorlagenverordnung (BauVorlVO)	nein	in Bauzeichnungen integriert	keine ausdrücklichen Anforderungen	nein
Schleswig-Holstein	Bauvorlagenverordnung (BauVorlVO SH)	nein	im Lageplan und Bauzeichnungen integriert	formlose Baubeschreibungen	nein
Thüringen	Thüringer Bauvorlagenverordnung (ThürBauVorlVO)	nein	keine ausdrücklichen Anforderungen	keine ausdrücklichen Anforderungen	ja

Die erforderlichen Nachweise bestehen überwiegend aus reduzierten Verweisen (z. B. auf barrierefreie Zugänge, Toiletten oder Wohnungen) in den Plandarstellungen der Genehmigungspläne sowie teilweise aus formlosen Baubeschreibungen. Ergänzend hierzu muss der Entwurfsverfasser in den Formblättern der Bauantragsunterlagen mit einem Kreuz bestätigen, dass er die Anforderungen der Barrierefreiheit in seiner Planung beachtet hat.

Anhand dieser Unterlagen kann jedoch weder geprüft noch nachvollzogen werden, ob die Anforderungen an die Barrierefreiheit tatsächlich erfüllt sind. In Ermangelung einer geeigneten Prüfvorlage zur Barrierefreiheit gehen manche Bauaufsichtsbehörden dazu über, separate Erläuterungsberichte oder kleinere Konzepte zur Barrierefreiheit einzufordern. Da jedoch nicht gesetzlich geregelt ist, in welcher Form und mit welchem Inhalt diese separaten Dokumente auszuführen sind, variieren die Qualität und der Umfang dieser Konzepte/Nachweise sehr stark und es entstehen Ergebnisse, die aufgrund eines fehlenden Bewertungsmaßstabs nicht vergleichbar und daher auch nur bedingt prüfbar sind.

In einigen wenigen Bundesländern hat man diesem „Wildwuchs" vorgebeugt und in Bauvorlagenerlassen konkrete Anforderungen an den Nachweis der Barrierefreiheit im Genehmigungsverfahren formuliert. Darüber hinaus gibt es auch für Bundesbauten verbindliche Regelungen, wie die Barrierefreiheit bei Bauvorhaben zu berücksichtigen ist. Diese Regelungen werden in den folgenden Abschnitten vorgestellt und erläutert.

1.2.1 Leitfaden Barrierefreies Bauen

Im Jahr 2014 hat das Bundesministerium für Umwelt, Naturschutz, Bau und Reaktorsicherheit (BMUB) den „Leitfaden Barrierefreies Bauen" veröffentlicht, der mittlerweile in der 4. Auflage (Dezember 2016) vorliegt. Dieser Leitfaden stellt eine umfangreiche Betrachtung der Regelungen und Maßnahmen dar, die für Barrierefreiheit in Bauten des Bundes sorgen sollen. Neben der konsequenten Einbindung der Barrierefreiheit in den Verfahrensablauf gemäß RBBau (Richtlinien für die Durchführung von Bauaufgaben des Bundes) werden konkrete Anforderungen an die Barrierefreiheit beispielhaft erläutert. Eine Analogie zum Inhalt dieses Fachbuches besteht im „Konzept Barrierefreiheit" bzw. im „Nachweis Barrierefreiheit" des Leitfadens. Die Erstellung von Konzept und Nachweis werden im Leitfaden des Bundes als verpflichtend formuliert.

Der Leitfaden des Bundes gilt für die Durchführung von Hochbaumaßnahmen oder Maßnahmen in Außenanlagen, die nach den Richtlinien für die Durchführung von Bauaufgaben des Bundes (RBBau) beauftragt sind.

Gemäß § 8 Abs. 1 Behindertengleichstellungsgesetz (BGG) wird für zivile Neubauten sowie zivile Um- oder Erweiterungsbauten des Bundes eine barrierefreie Gestaltung nach den allgemein anerkannten Regeln der Technik gefordert. Darüber hinaus formuliert auch die Inklusionsvereinbarung gemäß § 166 SGB IX Anforderungen an eine barrierefreie Gestaltung, und zwar konkret bezogen auf die Gestaltung von Arbeitsplätzen.

Als Resultat aus diesen und weiteren gesetzlichen Anforderungen entsteht die Verpflichtung, die Aspekte der Barrierefreiheit in den Verfahrensablauf für Baumaßnahmen des Bundes einzubinden. Der Leitfaden des Bundes wurde entwickelt, um hierzu eine detaillierte Hilfestellung zu geben.

Der Verfahrensablauf bei Baumaßnahmen des Bundes gliedert sich in folgende Planungsabschnitte:

- Bedarfsplanung,
- Variantenuntersuchung zur Bedarfsdeckung,
- Qualifizierung zur Entscheidungsunterlage-Bau (ES-Bau),
- Entwurfsunterlage-Bau (EW-Bau),
- Ausführungsplanung,
- Bauausführung,
- Bauübergabe und Dokumentation.

Der Leitfaden Barrierefreies Bauen wurde speziell für den Verfahrensablauf nach RBBau entwickelt und sieht bei der Konzepterstellung eine zweistufige Bearbeitung vor: Er fordert sowohl ein Konzept als auch einen Nachweis der Barrierefreiheit. Die Erstellung des „Konzept Barrierefreiheit" ist der Entscheidungsunterlage-Bau zugeordnet, während der Nachweis in der Entwurfsunterlage-Bau zu erbringen ist. Während der Ausführungsplanung wird der Nachweis fortgeschrieben und im Zuge der Bauausführung im Hinblick auf die Einhaltung kontrolliert. Das Ergebnis muss in beiden Fällen in schriftlicher und in zeichnerischer Form dargestellt werden.

1.2.2 Berlin

In Berlin wurde Ende 2012 ein Rundschreiben der Senatsverwaltung für Stadtentwicklung und Umwelt veröffentlicht (SenStadtUm VI A Nr. 09/1012), in dem die Verpflichtung zur Erstellung eines „Gesamtkonzeptes Barrierefreiheit" bei allen öffentlichen und öffentlich geförderten Baumaßnahmen formuliert ist.

Seit Mai 2015 gibt es ergänzend hierzu eine Anleitung zum „Konzept Barrierefrei – Öffentlich zugängliche Gebäude", die zusammen mit den Handbüchern „Berlin-Design for all – Öffentlich zugängliche Gebäude" und „Berlin-Design for all – Öffentlicher Freiraum" als Hilfestellung im Planungsprozess aufzeigt, wie ein Konzept erstellt wird, wer daran beteiligt ist und wie sich der zeitliche Ablauf gestaltet. Das Berliner „Konzept Barrierefrei" ist in Anlehnung an den „Leitfaden Barrierefreies Bauen" des Bundes entstanden. Vorgehensweise und plangrafische Darstellung sind daher vergleichbar. Die Verpflichtung zur Erstellung eines Barrierefrei-Konzepts ergibt sich aus der Anweisung Bau (ABau).

„Allgemeine Anweisung für die Vorbereitung und Durchführung von Bauaufgaben Berlins (Anweisung Bau – ABau 2013, Stand März 2023)

II 120 Barrierefreies Bauen

1. Ziele

Das Ziel einer umfassenden Barrierefreiheit im Sinne des Landesgleichberechtigungsgesetzes (LGBG) ist bei der Vorbereitung und Durchführung aller Bauaufgaben in Berlin zu beachten.

Barrierefrei im Sinne des § 4a LGBG sind bauliche und sonstige Anlagen, Verkehrsmittel, technische Gebrauchsgegenstände, Informations- und Kommunikationstechnik im Sinne des Barrierefreie-IKT-Gesetzes Berlin vom 4. März 2019 (GVBl. S. 210) in der jeweils geltenden Fassung, akustische und visuelle Informationsquellen und Kommunikationseinrichtungen sowie andere gestaltete Lebensbereiche, wenn sie für Menschen mit Behinderung in der allgemein üblichen Weise, ohne besondere Erschwernis und grundsätzlich ohne fremde Hilfe zugänglich und nutzbar sind.

Mit der UN-Behindertenrechtskonvention, 2009 von Deutschland ratifiziert, wird der Begriff „Design for all" oder „Universal Design" als ein Konzept geprägt, das allen Menschen erlaubt, die Planung und Gestaltung von Produkten oder Umgebungen so weit wie möglich ohne individuelle Anpassung oder besondere Assistenz zu nutzen.

2. Grundlagen für barrierefreies Planen und Bauen

2.1 Beim barrierefreien Planen und Bauen sind u. a. die Regelungen der jeweils geltenden Fassung der Bauordnung für Berlin zu beachten.

2.2 Für öffentlich zugängliche Gebäude ist als weitere Planungsgrundlage die aktuelle Ausgabe des Handbuchs „Berlin-Design for all – Öffentlich zugängliche Gebäude", sowie für den öffentlichen Freiraum die aktuelle Ausgabe des Handbuchs „Berlin- Design for all – Öffentlicher Freiraum", der für Bauen zuständigen Senatsverwaltung verbindlich anzuwenden.

3. Beteiligung von Institutionen und Gremien

Bei allen öffentlichen Bauvorhaben sind gemäß § 17 Abs. 2 LGBG die jeweils zuständigen Beauftragten für Menschen mit Behinderung (Landes- und Bezirksbeauftragte) frühzeitig zu beteiligen. Sie formulieren gegebenenfalls den Bedarf von Menschen mit Behinderung.

4. Auftragsvergabe

Die Beauftragung freiberuflicher Leistungen soll unter Berücksichtigung der Anforderungen des barrierefreien Bauens erfolgen. Werden besondere Kriterien an die barrierefreie Nutzung einer baulichen Anlage gestellt, ist von den Bewerbern bzw. Bewerberinnen die entsprechende Qualifikation unter Nachweis der Fachkunde im Bereich Barrierefreies Bauen und durch eigene Referenzprojekte nachzuweisen.

4.1 Bei allen öffentlichen und öffentlich geförderten Baumaßnahmen sind folgende Vertragsinhalte zu vereinbaren:

- *Verpflichtung zur Einhaltung der Standards der unter Nr. 2.2 genannten Handbücher,*
- *Pflicht zur Erarbeitung eines „Konzepts Barrierefrei" gemäß Anleitung `Konzept Barrierefrei` Öffentlich zugängliche Gebäude für die bauliche Anlage bzw. eines Konzeptes zum Umgang mit den Anforderungen der Barrierefreiheit für den Freiraum jeweils mit*
  - *Darstellung der Komponenten des Barrierefreien Bauens und ihrer Vernetzung,*
  - *Benennung der konkreten Maßnahmen,*
  - *Begründung der Abweichung von den Standards der o. g. Leitfäden.*

4.2 Bei der Aufstellung der Unterlagen nach AV zu § 24 LHO ist dazu in den Vorplanungsunterlagen und den Bauplanungsunterlagen ein durchgängiges Konzept nach Nr. 4.2 zu verlangen.

4.3 Bei der Beschaffung von Kassenautomaten ist das Rundschreiben WiTechFrau II F Nr. 2/2008 „Öffentliches Auftragswesen; Barrierefreie Kassenautomaten und andere Dienstleistungsautomaten" zu beachten."

1.2.3 Hessen

In Hessen wurde ähnlich wie in Berlin ebenfalls bereits 2012 ein Bauvorlagenerlass veröffentlicht, der für Wohn- und Nicht-Wohngebäude ein in die Bauvorlagen integriertes Planungskonzept „Barrierefreies Bauen" fordert. Der Bauvorlagenerlass beschreibt darüber hinaus, welche Angaben im Konzept enthalten sein müssen und wie dieses formal zu erstellen ist. Hier wird der Darstellung der Barrierefreiheit in den Genehmigungsplänen Vorrang vor einer formlosen Baubeschreibung gegeben. Ferner wird darauf verwiesen, dass es bei der Konzepterstellung sinnvoll sein kann, Behindertenbeauftragte zurate zu ziehen oder Sachverständige und Fachplaner für Barrierefreiheit zu befragen.

Im Juni 2018 wurde ein neuer Bauvorlagenerlass (BVErl) veröffentlicht, der weiterhin das Planungskonzept „Barrierefreies Bauen" als Bauvorlage im Genehmigungsverfahren fordert und ergänzend hierzu auch den Nachweis der Barrierefreiheit für öffentlich zugängliche Gebäude und Wohnungen. Der Nachweis ist in Form von ausgefüllten Formblättern (Vordrucke BAB 34 und BAB 35) zu erbringen, in denen die relevanten Anforderungen an die Barrierefreiheit benannt sind. Der Entwurfsverfasser bestätigt durch Ankreuzen, ob die Anforderungen in der Genehmigungsplanung eingehalten werden oder nicht und ob gleichwertige Lösungen vorgesehen sind. Die Aussagen sind ggf. durch Anmerkungen und Hinweise zu erläutern. Die Vordrucke dienen zudem als Checkliste zur Überprüfung, ob alle bauordnungsrechtlichen Anforderungen in der Planung berücksichtigt wurden.

„Hessisches Ministerium für Wirtschaft, Energie, Verkehr und Landesentwicklung

Bauvorlagenerlass vom 20. Januar 2022 (StAnz. S. 223), zuletzt geändert am 01. März 2024 (StAnz. S. 349)

Anlage 2 zum Bauvorlagenerlass vom 24. Juli 2025

10. Barrierefreies Bauen

10.1 Um den Anforderungen des § 54 Abs. 1 HBO für Wohngebäude und des § 54 Abs. 2 HBO für Nicht-Wohngebäude ausreichend gerecht zu werden, bedarf es eines in die Bauvor lagen integrierten Planungskonzeptes „Barrierefreies Bauen". Dieses Planungskonzept ist eine zielorientierte, ganzheitliche Gesamtbetrachtung des Barrierefreien Bauens bezogen auf den jeweiligen Einzelfall und muss alle Angaben zur Erfüllung der bauaufsichtlichen Anforderungen enthalten. Grundlage für die technische Ausführung der Barrierefreiheit sind die als Planungsgrundlagen in der Hessischen Verwaltungsvorschrift Technische Baubestimmungen (H-VV TB) eingeführte DIN 18040 einschließlich Anlagen maßgebend.

Die Darstellung des Planungskonzeptes „Barrierefreies Bauen“ in den Bauzeichnungen ist zu bevorzugen, ggf. durch formlose Baubeschreibungen zu ergänzen.

10.2 Das Planungskonzept muss die Angaben enthalten, die für die Beurteilung des Barriere freien Bauens erforderlich sind. Dazu gehören insbesondere nachfolgende Angaben über:

a) barrierefreie Erreichbarkeit der baulichen Anlage, barrierefreie Gebäudezugänge,
b) Türbreiten, Türschwellen, Türanschläge, Türöffnungsmöglichkeiten,
c) Rampen einschließlich Neigungswinkel, Borde, Übergangsstellen, Gefälle,
d) Aufzüge, Fahrtreppen,
e) Treppen, Handläufe,
f) Orientierungshilfen, Beschilderung,
g) Anordnung von Tastaturen, Bedienungstableaus,
h) Abmessungen der Bewegungsflächen, Flurbreiten,
i) barrierefreie Sanitärräume, barrierefreie Anordnung Sanitärobjekte,
j) die Ausbildung der PKW-Stellplätze und deren Abmessungen.

10.3 Im Vordruck BAB 34 oder BAB 35 Anlage 1 ist, zusätzlich zur Darstellung der Barrierefrei heit in den Bauvorlagen, darzulegen, dass die bauaufsichtlichen Anforderungen erfüllt oder Ausnahmen in Anspruch genommen wurden. Die Vordrucke BAB 34 und BAB 35 dienen ausdrücklich auch den Planenden der Feststellung, ob alle bauordnungsrechtlichen Anforderungen berücksichtigt werden. Die Vordrucke können somit auch als Checkliste eingesetzt werden.

Bei Verwendung des Bauportals Hessen (DigiBauG) wird die Barrierefreiheit bei Sonderbauvorhaben als eigenes Kapitel im elektronischen Baugenehmigungsverfahren (Nr. 24) behandelt. Nach dem die entsprechenden Fragen beantwortet worden sind, werden die Formulare BAB 34 bzw. BAB 35 systemseitig automatisiert erzeugt.

10.4 Bei der Erarbeitung des Planungskonzeptes „Barrierefreies Bauen“ kann es zweckmäßig sein, zuständige Beauftragte bzw. Beiräte für Menschen mit Behinderung oder ent sprechende Fachleute anzuhören. Falls solche Personen nicht zur Verfügung stehen, wird empfohlen Planende mit Schwerpunkt „Barrierefreies Planen und Bauen“, die in den Portalen der Ingenieurkammer Hessen (IngKH) oder der Architekten- und Stadtplaner kammer Hessen (AKH) gelistet sind, IHK-Sachverständige oder DIN-geprüfte Fachplaner für barrierefreies Bauen einzubeziehen.

1.2.4 Nordrhein-Westfalen

Nach Berlin und Hessen hat auch Nordrhein-Westfalen im Januar 2020 das Barrierefrei-Konzept als verbindliche Bauvorlage im Genehmigungsverfahren eingeführt. Die Entscheidung, eine solche Bauvorlage zu fordern, wurde im Zusammenhang mit der großen Novellierung der Landesbauordnung 2016 getroffen. Das Ministerium für Heimat, Kommunales, Bau und Gleichstellung des Landes Nordrhein-Westfalen stellte in der Begründung zum Referentenentwurf fest, „dass es in Bezug auf die vom Gesetz bereits seit Langem geforderte Barrierefreiheit immer noch erhebliche Vollzugsdefizite gibt“ (Landtag Nordrhein-Westfalen, 16. Wahlperiode, Drucksache 16/12119, Gesetzentwurf BauO NRW vom 31.05.2016). Durch die Einführung einer Bescheinigung zur Barrierefreiheit sollte der mangelnden barrierefreien Ausführung von Neubauten entgegengewirkt werden und sollten sowohl die Planer und Bauherren als auch die prüfenden Instanzen bei der Bearbeitung des Themas unterstützt werden.

Nach dem Wechsel der Landesregierung im Sommer 2017 wurde das stufenweise Inkrafttreten der neuen Bauordnung durch ein Moratorium ausgesetzt. Einer der Gründe für diesen Aufschub war die Befürchtung, dass als Konsequenz der neuen Bauordnung die Baukosten steigen würden. Das Barrierefrei-Konzept wurde in diesem Zusammenhang jedoch als ein adäquates Mittel bewertet, um die mit dem barrierefreien Bauen verbundenen Mehrkosten zu reduzieren und eine wirtschaftliche Planung der Barrierefreiheit zu fördern.

Die Regelungen, für welche Objekte ein Konzept zu erstellen ist und welche Inhalte darin zu bearbeiten sind, werden in der Bauprüfverordnung (BauPrüfVO) formuliert, die mit Ausnahme von § 9a am 01.01.2019 in Kraft getreten ist. Das Barrierefrei-Konzept (§ 9a) wird seit dem 01.01.2020 verbindlich gefordert.

Verordnung über bautechnische Prüfungen (BauPrüfVO) vom 6. Dezember 1995, zuletzt geändert am 12. November 2024, in Kraft getreten am 26. November 2024

§ 9a Barrierefrei-Konzept

(1) Den Bauvorlagen für neu zu errichtende öffentlich-zugängliche Gebäude gemäß § 49 Absatz 2 BauO NRW 2018, die große Sonderbauten gemäß § 50 Absatz 2 BauO NRW 2018 – mit Ausnahme von Gebäuden im Zuständigkeitsbereich von Polizei und Justiz – sind, ist ein Barrierefrei-Konzept beizufügen.

(2) Das Barrierefrei-Konzept ist eine schutzzielorientierte objektkonkrete Bewertung der baulichen, technischen und organisatorischen Anforderungen der Barrierefreiheit, die für die Prüfung im Genehmigungsverfahren relevant sind.

(3) Der Nachweis der Barrierefreiheit muss insbesondere folgende Angaben enthalten:

1) barrierefreie Erreichbarkeit der baulichen Anlage, barrierefreie Gebäudezugänge,
2) Ausführung der PKW-Stellplätze und deren Abmessungen,
3) Flurbreiten,
4) Türbreiten, Türschwellen, Türanschläge, Türöffnungsmöglichkeiten,
5) Aufzüge, Fahrtreppen
6) Treppen, Handläufe,
7) Rampen einschließlich Neigungen, Gefälle,
8) Anordnung von Bedienelementen,
9) barrierefreie Sanitärräume, barrierefreie Anordnung Sanitärobjekte,
10) Abmessungen der Bewegungsflächen,
11) Orientierungshilfen sowie
12) Ausführungen zu § 49 Absatz 3 BauO NRW 2018.

Die Angaben sind in einem schriftlichen Erläuterungsbericht zu formulieren und durch zeichnerische Darstellung der baulichen Anforderungen unter Angabe der technischen Anforderungen zu ergänzen."

Im Entwurf zu der oben zitierten Verordnung (Landtag Nordrhein-Westfalen, 17. Wahlperiode, Vorlage 17/ 1491 vom 04.12.2018) heißt es in der Begründung:

„In dem neuen § 9a wird erstmalig das Erfordernis eines Barrierefrei-Konzeptes für öffentlich-zugängliche Gebäude, die zugleich große Sonderbauten […] sind, festgeschrieben. […]

Durch die nicht abschließende Aufzählung der für ein Barrierefrei-Konzept erforderlichen Angaben in Absatz 3 soll den am Bau Beteiligten die Umsetzung des § 49 Absatz 2 BauO NRW 2018 erleichtert werden. […]"

Die Erstellung der Bescheinigung war zunächst an einen staatlich anerkannten Sachverständigen gebunden, der eigens zu diesem Zweck hätte geschaffen werden müssen. Die Einführung eines weiteren Sachverständigen wurde jedoch kontrovers diskutiert, sodass die Aufnahme dieses Punktes verworfen wurde. Das Barrierefrei-Konzept kann somit fortan durch den Entwurfsverfasser erstellt werden, der aufgrund seiner Bauvorlageberechtigung für die Einhaltung der bauordnungsrechtlichen Anforderungen im Genehmigungsverfahren verantwortlich zeichnet.

2 Rechtliche Grundlagen: Baurecht, Arbeitsstättenrecht und normative Vorgaben

Dieses Kapitel beginnt mit einem Überblick über die Entwicklung der gesetzlichen Anforderungen an die Barrierefreiheit und beschreibt, wie diese sich auf die Entstehung der einschlägigen Normenreihe DIN 18040 ausgewirkt hat. Im Anschluss werden die Funktion der Technischen Baubestimmungen sowie die Bedeutung der allgemein anerkannten Regeln der Technik erläutert. Ferner werden die für das barrierefreie Bauen wichtigsten Normen und VDI-Richtlinien vorgestellt. Das Kapitel endet mit einem Einblick in das Arbeitsstättenrecht und mit einer umfassenden Gegenüberstellung der Normenreihe DIN 18040 und der ASR V3a.2.

2.1 Historie der gesetzlichen Grundlagen zur Barrierefreiheit

In den 1970er-Jahren wurden die ersten Normen zur Barrierefreiheit – die Vorläufer zur Normenreihe DIN 18040 – veröffentlicht, damals noch unter folgenden Titeln:

- DIN 18025-1:1972-01 Wohnungen für Schwerbehinderte – Planungsgrundlagen – Teil 1: Wohnungen für Rollstuhlbenutzer
- DIN 18025-2:1974-07 Wohnungen für Schwerbehinderte – Planungsgrundlagen – Teil 2: Wohnungen für Blinde und wesentlich Sehbehinderte
- DIN 18024-1:1974-11 Bauliche Maßnahmen für Behinderte und alte Menschen im öffentlichen Bereich – Planungsgrundlagen – Teil 1: Straßen, Plätze und Wege
- DIN 18024-2:1976-04 Bauliche Maßnahmen für Behinderte und alte Menschen im öffentlichen Bereich – Planungsgrundlagen – Teil 2: Öffentlich zugängige Gebäude

Die Normen waren mit zwei bis vier Seiten recht kompakt gehalten und ihr Schwerpunkt lag auf Rollstuhlnutzern und Blinden bzw. auf Personen mit wesentlich eingeschränktem Sehvermögen. Die Belange von Menschen mit Höreinschränkungen und kognitiven Einschränkungen waren jedoch noch kein Thema. Dies lag wahrscheinlich daran, dass zu diesem Zeitpunkt nur wenige Erkenntnisse darüber vorlagen, welche Anforderungen Menschen mit sensorischen und kognitiven Einschränkungen an eine barrierefreie Bebauung stellen. Kognitiv beeinträchtigten Personen war und ist zudem die Kommunikation häufig nur über Betreuer möglich, die sich aufgrund ihrer Erfahrung am ehesten in die Belange Betroffener hineinversetzen können.

Vergleicht man die Anforderungen der Normen der 1970er-Jahre mit den Anforderungen der heutigen Normenreihe DIN 18040, fallen einige Unterschiede, aber auch Übereinstimmungen auf:

- Die Bewegungsfläche wurde damals noch mit einer Mindestabmessung von 140 × 140 cm statt 150 × 150 cm angegeben.
- Die lichte Türdurchgangsbreite betrug zwischen 85 und 110 cm. In der heutigen Normenreihe DIN 18040 ist eine lichte Durchgangsbreite von mind. 90 cm gefordert, jedoch ohne Angabe einer Obergrenze.
- Für die Anbringung von Bedienelementen wurde eine maximale Höhe von 105 cm empfohlen. In der aktuell geltenden Normenreihe DIN 18040 darf das Achsmaß 105 cm nicht überschreiten und beträgt grundsätzlich 85 cm.

Erst ca. 20 Jahre nach den ersten Normen für Barrierefreiheit wurde das Grundgesetz zugunsten behinderter Personen angepasst. Der „Initiativkreis Gleichstellung Behinderter“ brachte im Jahr 1994 zahlreiche Vorschläge in die Verfassungsdiskussion ein und erreichte, dass das Grundgesetz (GG) in Art. 3 Satz 3 um folgenden Satz ergänzt wurde: *„Niemand darf wegen seiner Behinderung benachteiligt werden.“*

In den 1990er-Jahren wurde sowohl die Normenreihe DIN 18024 als auch die Normenreihe DIN 18025 überarbeitet und mit neuem Titel herausgebracht:

- DIN 18024-1:1998-01 Barrierefreies Bauen – Teil 1: Straßen, Plätze, Wege, öffentliche Verkehrs- und Grünanlagen sowie Spielplätze, Planungsgrundlagen
- DIN 18024-2:1996-11 Barrierefreies Bauen – Teil 2: Öffentlich zugängige Gebäude und Arbeitsstätten – Planungsgrundlagen
- DIN 18025-1:1992-12 Barrierefreie Wohnungen; Wohnungen für Rollstuhlbenutzer; Planungsgrundlagen
- DIN 18025-2:1992-12 Barrierefreie Wohnungen; Planungsgrundlagen

In beiden Teilen der Normenreihe DIN 18025 wurden Anpassungen hinsichtlich der Bedarfe der Nutzer vorgenommen. Die DIN 18025-2 erfuhr zudem eine größere inhaltliche Überarbeitung, da in ihr nicht mehr nur die Belange von Blinden und Sehbehinderten beachtet wurden, sondern die Belange folgender Personengruppen:

- Blinde und Sehbehinderte
- Gehörlose und Hörbehinderte
- Gehbehinderte
- Menschen mit sonstigen Behinderungen
- ältere Menschen
- Kinder, klein- und großwüchsige Menschen

In der DIN 18024-1 und DIN 18024-2 wurde der Anwendungsbereich noch umfassender definiert. Hier heißt es: *„Diese baulichen Anlagen müssen für alle Menschen barrierefrei nutzbar sein.“* Anders als in der Normenreihe DIN 18025 sind hier die Rollstuhlnutzer – und somit alle Behinderungsarten – integriert worden.

Aber nicht nur der Anwendungsbereich wurde erweitert, es wurden auch neue zusätzliche Anforderungen formuliert, die neben Personen mit motorischen Einschränkungen auch andere Personengruppen berücksichtigten. Beispielsweise wurden für Personen mit Sehbehinderung an Treppen kontrastreiche Stufenkantenmarkierungen gefordert und für großwüchsige Personen wurde eine Mindesthöhe von 2,10 m an Türen eingeführt. Nichtsdestotrotz waren die Anforderungen für Gehörlose und Menschen mit Hörbehinderungen noch nicht Gegenstand dieser Norm.

Bereits im Vorwort der DIN 18024-2 wurde die Forderung des Beirats NABau (Normenausschuss Bauwesen) formuliert, die Norm weiter zu vereinfachen und auf „Mindeststandards“ zu reduzieren. Ferner sollten Normen mit gleichartigen oder ähnlichen Anforderungen zusammengefasst werden. Daraus resultierte im Januar 1995 der Beschluss des Arbeitsausschusses „Barrierefreies Bauen“, die geforderte Überarbeitung der vier Normen zum barrierefreien Bauen unter einer neuen Norm-Nummer „DIN 18030“ abzubilden.

Der erste Entwurf der DIN 18030 befasste sich entgegen dem Auftrag mit der umfassenden Neubearbeitung anstatt lediglich mit der Zusammenführung der vorhandenen Normen. Er wurde im November 2002 publiziert und nach über 100 Einsprüchen mit dem Ziel einer erneuten Überarbeitung zurückgezogen. Diese Überarbeitung erschien in Form eines zweiten Entwurfes mit mehr als verdoppeltem Umfang im Januar 2006 und konnte sich ebenso wenig durchsetzen.

Aufgrund dieser unbefriedigenden Ergebnisse wurde im Jahr 2006 für die folgende Bearbeitung des Projektes eine neue Norm-Nummer vergeben, nämlich „DIN 18040“. Im Zuge dieser Bearbeitung sollten Funktionsanforderungen in Form von Zielbeschreibungen und Beispiellösungen für die jeweilige Behinderungsart dargestellt werden. Dies wurde unter anderem dadurch erfüllt, dass in den einzelnen Abschnitten die jeweils zu erreichenden „Schutzziele“ formuliert wurden. Das Ziel war, im Vergleich zu den vorherigen Normen flexiblere Ansätze zu entwickeln, um die Schutzziele im Einzelfall bedienen zu können.

Als Ergebnis wurde im Oktober 2010 die **DIN 18040-1: 2010-10 „Barrierefreies Bauen – Planungsgrundlagen – Teil 1: Öffentlich zugängliche Gebäude“** als erster Teil der Normenreihe publiziert. In Ergänzung hierzu erschien im September 2011 die **DIN 18040-2:2011-09 „Barrierefreies Bauen – Planungsgrundlagen – Teil 2: Wohnungen“** und zuletzt im Dezember 2014 die zunächst in der thematischen Bearbeitung zurückgestellte **DIN 18040-3:2014-12 „Barrierefreies Bauen – Planungsgrundlagen – Teil 3: Öffentlicher Verkehrs- und Freiraum“**.

Die Bemühungen, die Anfang der 2000er-Jahre zur Stärkung der Barrierefreiheit unternommen wurden, spiegeln sich im Behindertengleichstellungsgesetz (BGG) wider, das im Jahr 2002 erlassen wurde. In diesem wurde auch die Gebärdensprache rechtlich als eigenständige Sprache (§ 6 und § 9 BGG) anerkannt. Dies bedeutet, dass Gehörlose nun ein Recht auf einen Gebärdendolmetscher haben.

Durch die Ergänzung im Grundgesetz, aber auch durch die Anerkennung der Gebärdensprache mit dem BGG wurde ein Paradigmenwechsel im Denken der Menschen ausgelöst und das Bewusstsein gestärkt, dass Barrierefreiheit wichtig ist.

Nur vier Jahre später wurde in New York die UN-Behindertenrechtskonvention (UN-BRK) verabschiedet. In über 50 Artikeln werden Forderungen für die gleichberechtigte Teilhabe von Menschen mit Behinderungen formuliert. Diese Konvention ist 2008 in Kraft getreten und 2009 in Deutschland ratifiziert worden. Seitdem wurde die UN-Behindertenrechtskonvention in über 150 Staaten unterzeichnet. Zu ihrem Inhalt gehört auch der eigenständige Artikel 9 zur Zugänglichkeit. Dieser Artikel macht deutlich, dass die barrierefreie Zugänglichkeit der gebauten Umwelt von enormer Bedeutung für die Verwirklichung der Menschenrechte von Menschen mit Behinderung ist. Eng damit verbunden ist die bauliche Barrierefreiheit, die in den Landesbauordnungen sowie in den Technischen Baubestimmungen geregelt wird.

Bereits in den 1970er-Jahren wurden in vielen Bundesländern eigenständige Paragrafen zur Barrierefreiheit in den Bauordnungen formuliert (damals noch häufig unter der Bezeichnung „bauliche Maßnahmen für besondere Personengruppen“). Damit wurde ein wichtiger Schritt zur baulichen Barrierefreiheit getan.

Abb. 2.1 verdeutlicht die Entwicklung von Gesetzgebung und Normen an einem Zeitstrahl.

2.2 Übersicht der baurechtlichen Grundlagen und normativen Vorgaben zum barrierefreien Bauen

In den folgenden Abschnitten wird ein Überblick über die baurechtlichen Anforderungen, Normen und Richtlinien gegeben, die Vorgaben zum barrierefreien Bauen machen. Eine Liste maßgeblicher Normen, Gesetze, Verordnungen und wichtiger Planungsleitfäden finden Sie in Kapitel 10, „Anhang“.

Im Folgenden werden Auszüge aus der Musterbauordnung (MBO) sowie – als Beispiele für Sonderbauverordnungen – Auszüge aus der Muster-Versammlungsstättenverordnung (MVStättVO), der Muster-Beherbergungsstättenverordnung (MBeVO) und der Muster-Verkaufsstättenverordnung (MVKVO) angeführt mit ihren Paragrafen, die für das barrierefreie Bauen relevant sind. Im Anschluss wird die Rolle der Technischen Baubestimmungen erläutert.

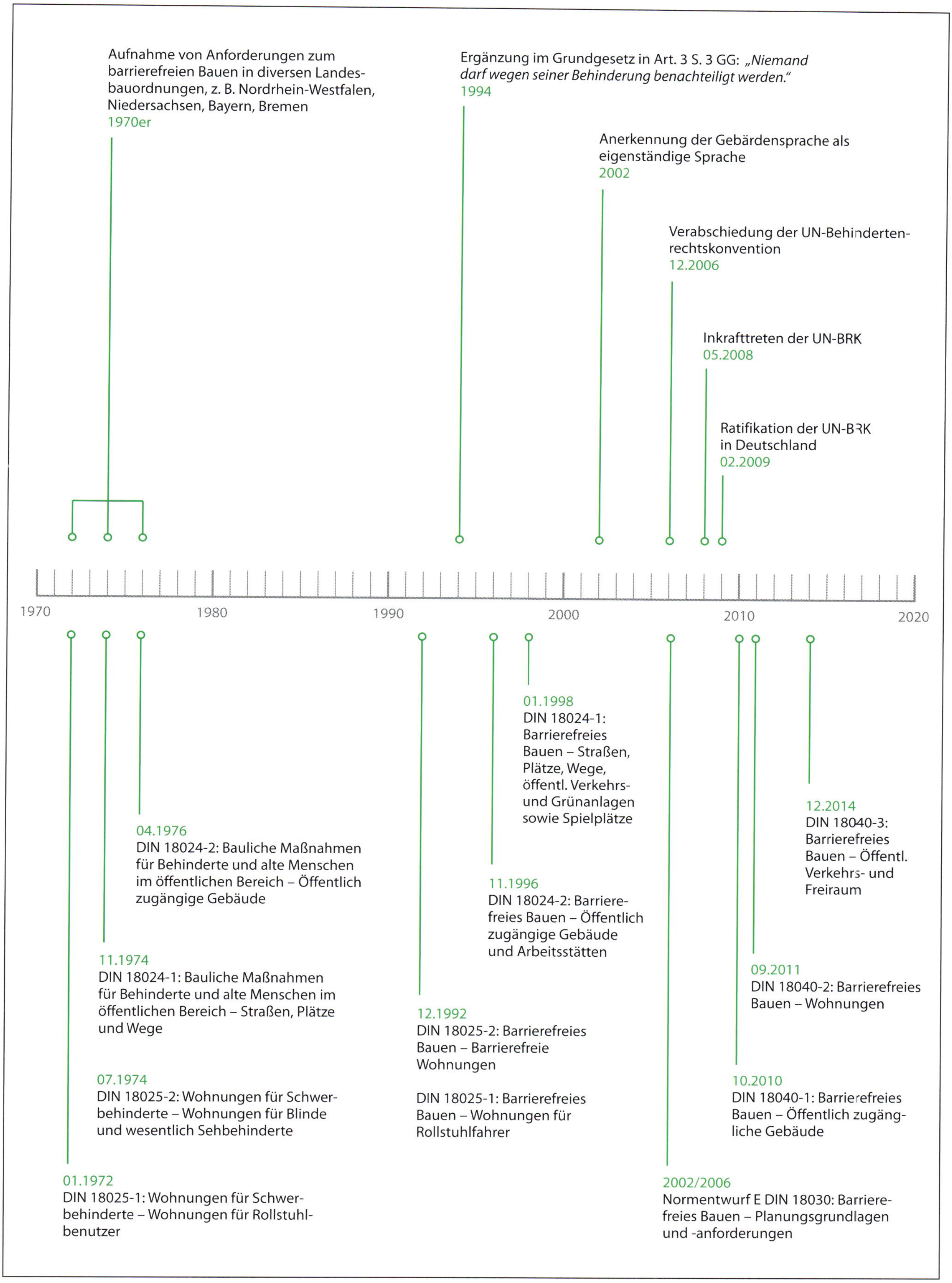

Abb. 2.1: Zeitstrahl zur Historie der Barrierefreiheit

2.2.1 Musterbauordnung (MBO)

„Musterbauordnung

in der Fassung von November 2002, zuletzt geändert durch Beschluss der Bauministerkonferenz vom 26./27.09.2024

§ 2 Begriffe

(9) Barrierefrei sind bauliche Anlagen, soweit sie für Menschen mit Behinderung in der allgemein üblichen Weise, ohne besondere Erschwernis und grundsätzlich ohne fremde Hilfe zugänglich und nutzbar sind.

§ 3 Allgemeine Anforderungen

Anlagen sind so anzuordnen, zu errichten, zu ändern und instand zu halten, dass die öffentliche Sicherheit und Ordnung, insbesondere Leben, Gesundheit und die natürlichen Lebensgrundlagen, nicht gefährdet werden; dabei sind die Grundanforderungen an Bauwerke gemäß Anhang I der Verordnung (EU) Nr. 305/2011 zu berücksichtigen. Dies gilt auch für die Beseitigung von Anlagen und bei der Änderung ihrer Nutzung.

§ 39 Aufzüge

(4) Gebäude mit einer Höhe nach § 2 Abs. 3 Satz 2 von mehr als 13 m müssen Aufzüge in ausreichender Zahl haben; dies gilt nicht beim nachträglichen Ausbau und der Nutzungsänderung des obersten Geschosses oder bei der Aufstockung um bis zu zwei Geschosse. Von diesen Aufzügen muss mindestens ein Aufzug Kinderwagen, Rollstühle, Krankentragen und Lasten aufnehmen können und Haltestellen in allen Geschossen haben. Dieser Aufzug muss von der öffentlichen Verkehrsfläche und von allen Wohnungen in dem Gebäude aus stufenlos erreichbar sein. Haltestellen im obersten Geschoss, im Erdgeschoss und in den Kellergeschossen sind nicht erforderlich, wenn sie nur unter besonderen Schwierigkeiten hergestellt werden können.

(5) Fahrkörbe zur Aufnahme einer Krankentrage müssen eine nutzbare Grundfläche von mindestens 1,10 m × 2,10 m, zur Aufnahme eines Rollstuhls von mindestens 1,10 m × 1,40 m haben; Türen müssen eine lichte Durchgangsbreite von mindestens 0,90 m haben. In einem Aufzug für Rollstühle und Krankentragen darf der für Rollstühle nicht erforderliche Teil der Fahrkorbgrundfläche durch eine verschließbare Tür abgesperrt werden. Vor den Aufzügen muss eine ausreichende Bewegungsfläche vorhanden sein.

§ 48 Wohnungen

(2) In Wohngebäuden der Gebäudeklassen 3 bis 5 sind leicht erreichbare und barrierefrei zugängliche Abstellräume für Kinderwagen, Mobilitätshilfsmittel und Fahrräder sowie für jede Wohnung ein ausreichend großer Abstellraum herzustellen.

§ 50 Barrierefreies Bauen

(1) In Gebäuden mit mehr als zwei Wohnungen müssen die Wohnungen eines Geschosses barrierefrei erreichbar sein; diese Verpflichtung kann auch durch barrierefrei erreichbare Wohnungen in mehreren Geschossen erfüllt werden. In diesen Wohnungen müssen die Wohn- und Schlafräume, eine Toilette, ein Bad sowie die Küche oder die Kochnische und, soweit vorhanden, ein Freisitz barrierefrei sein. § 39 Abs. 4 bleibt unberührt. Die Sätze 1 und 2 gelten nicht, wenn durch nachträglichen Ausbau des Dachgeschosses, durch Aufstockung um bis zu zwei Geschosse oder durch Teilung von Wohnungen zusätzliche Wohnungen entstehen.

(2) Bauliche Anlagen, die öffentlich zugänglich sind, müssen in den dem allgemeinen Besucher- und Benutzerverkehr dienenden Teilen barrierefrei sein. Dies gilt insbesondere für

1. *Einrichtungen der Kultur-, des Bildungs- und Erziehungswesens,*
2. *Sport- und Freizeitstätten,*
3. *Einrichtungen des Gesundheitswesens,*
4. *Büro-, Verwaltungs- und Gerichtsgebäude,*
5. *Verkaufs-, Gast- und Beherbergungsstätten,*
6. *Stellplätze, Garagen und Toilettenanlagen.*

Für die der zweckentsprechenden Nutzung dienenden Räume und Anlagen genügt es, wenn sie in dem erforderlichen Umfang barrierefrei sind. Toilettenräume und notwendige Stellplätze für Besucher und Benutzer müssen in der erforderlichen Anzahl barrierefrei sein.

(3) Für bauliche Anlagen, die überwiegend von Menschen mit Behinderungen oder aufgrund von Alter oder Krankheit beeinträchtigten Menschen genutzt werden, oder ihrer Betreuung dienen, gilt Absatz 2 Satz 3 und 4 entsprechend.

(4) Abweichungen nach § 67 von den Absätzen 1 bis 3 können auch zugelassen werden, soweit die Anforderungen nur mit einem unverhältnismäßigen Mehraufwand erfüllt werden können, insbesondere

1. *wegen schwieriger Geländeverhältnisse,*
2. *wegen des Einbaus eines sonst nicht erforderlichen Aufzugs,*
3. *wegen ungünstiger vorhandener Bebauung oder*
4. *im Hinblick auf die Sicherheit der Menschen mit Behinderung.*

§ 51 Sonderbauten

An Sonderbauten können im Einzelfall zur Verwirklichung der allgemeinen Anforderungen nach § 3 Abs. 1 besondere Anforderungen gestellt werden. Erleichterungen können gestattet werden, soweit es der Einhaltung von Vorschriften wegen der besonderen Art oder Nutzung baulicher Anlagen oder Räume oder wegen besonderer Anforderungen nicht bedarf. Die Anforderungen und Erleichterungen nach den Sätzen 1 und 2 können sich insbesondere erstrecken auf

16. die barrierefreie Nutzbarkeit,[...]

§ 85a Technische Baubestimmungen

(1) Die Anforderungen nach § 3 können durch Technische Baubestimmungen konkretisiert werden. Die Technischen Baubestimmungen sind zu beachten. Von den in den Technischen Baubestimmungen enthaltenen Planungs-, Bemessungs- und Ausführungsregelungen kann abgewichen werden, wenn mit einer anderen Lösung in gleichem Maße die Anforderungen erfüllt werden und in der Technischen Baubestimmung eine Abweichung nicht ausgeschlossen ist; §§ 16a Abs. 2, 17 Abs. 1 und 67 Abs. 1 bleiben unberührt.“

2.2.2 Sonderbauverordnungen

Als Beispiele für Regelungen zur Barrierefreiheit in Sonderbauverordnungen werden im Folgenden die maßgeblichen Abschnitte der Muster-Versammlungsstättenverordnung (MVStättVO), der Muster-Beherbergungsstättenverordnung (MBeVO) und der Muster-Verkaufsstättenverordnung (MVKVO) angeführt.

Regeln zur Barrierefreiheit in der MVStättVO

„Musterverordnung über den Bau und Betrieb von Versammlungsstätten […] (Muster-Versammlungsstättenverordnung – MVStättVO)

Fassung Juni 2005, zuletzt geändert durch Beschluss der Fachkommission Bauaufsicht vom Juli 2014

Abschnitt 3 Besucherplätze und Einrichtungen für Besucher

§ 10 Bestuhlung, Gänge und Stufengänge

(7) In Versammlungsräumen mit Reihenbestuhlung müssen

1. *von bis zu 5 000 vorhandenen Besucherplätzen mindestens 1 v. H. und*
2. *von darüber hinaus vorhandenen Besucherplätzen mindestens 0,5 v. H.,*

mindestens jedoch zwei Plätze als Flächen für Rollstuhlbenutzer freigehalten werden. Die Plätze und die Wege zu ihnen sind durch Hinweisschilder gut sichtbar zu kennzeichnen. Für Versammlungsstätten im Freien, Freisportanlagen und Sportstadien gelten Satz 1 und 2 entsprechend.

§ 12 Toilettenräume

(2) Mindestens eine je 12 der nach Absatz 1 erforderlichen Toiletten muss barrierefrei sein. Absatz 1 Satz 2 gilt entsprechend.

§ 13 Barrierefreie Stellplätze

Die Zahl der notwendigen barrierefreien Stellplätze muss mindestens der Hälfte der Zahl der nach § 10 Abs. 7 erforderlichen Besucherplätze entsprechen. Auf diese Stellplätze ist dauerhaft und leicht erkennbar hinzuweisen."

Regeln zur Barrierefreiheit in der MBeVO

„Muster – Verordnung über den Bau und Betrieb von Beherbergungsstätten (Muster-Beherbergungsstättenverordnung – MBeVO)

Fassung Dezember 2000, zuletzt geändert durch Beschluss der Fachkommission Bauaufsicht vom Mai 2014

§ 9 Alarmierungseinrichtungen, Brandmeldeanlagen, Brandfallsteuerung von Aufzügen

(1) Beherbergungsstätten müssen Alarmierungseinrichtungen haben, durch die im Gefahrenfall die Betriebsangehörigen und Gäste gewarnt werden können. Bei Beherbergungsstätten mit mehr als 60 Gastbetten müssen sich die Alarmierungseinrichtungen bei Auftreten von Rauch in den notwendigen Fluren auch selbsttätig auslösen. In Beherbergungsräumen nach § 11 muss die Auslösung des Alarms optisch und akustisch erkennbar sein.

§ 11 Barrierefreie Beherbergungsräume

Mindestens 10 v. H. der Gastbetten müssen in Beherbergungsräumen liegen, die einschließlich der zugehörigen Sanitärräume den Anforderungen an barrierefrei nutzbare Wohnungen gemäß § 50 Abs. 1 MBO entsprechen. In Beherbergungsstätten mit mehr als 60 Gastbetten muss mindestens 1 v. H. der Gastbetten in Beherbergungsräumen liegen, die einschließlich der zugehörigen Sanitärräume barrierefrei und uneingeschränkt mit dem Rollstuhl nutzbar und für zwei Gastbetten geeignet sind; die erforderlichen Räume können auf die Räume nach Satz 1 angerechnet werden. Für die Anforderungen der Sätze 1 und 2 gilt § 50 Abs. 3 MBO entsprechend."

Regeln zur Barrierefreiheit in der Muster-Verkaufsstättenverordnung (MVKVO)

„Musterverordnung über den Bau und Betrieb von Verkaufsstätten (Muster-Verkaufsstättenverordnung – MVKVO)

Fassung September 1995, zuletzt geändert durch Beschluss der Fachkommission Bauaufsicht vom Juli 2014

§ 27 Brandschutzordnung, Räumungskonzept

(1) Der Betreiber einer Verkaufsstätte hat im Einvernehmen mit der Brandschutzdienststelle eine Brandschutzordnung aufzustellen. Darin sind

[…]

2. die erforderlichen Maßnahmen, die im Gefahrenfall für eine schnelle und geordnete Räumung der gesamten Verkaufsstätte oder einzelner Bereiche unter besonderer Berücksichtigung von Menschen mit Behinderung erforderlich sind,

festzulegen. […]

§ 28 Barrierefreie Stellplätze

Mindestens drei v. H. der notwendigen Stellplätze, mindestens jedoch zwei Stellplätze, müssen barrierefrei sein. Auf diese Stellplätze ist dauerhaft und leicht erkennbar hinzuweisen."

2.2.3 Technische Baubestimmungen

Allgemeine Hinweise

In allen 16 Bundesländern werden sogenannte *Verwaltungsvorschriften Technische Baubestimmungen* (VV TB) geführt (ehemals „Listen der Technischen Baubestimmungen"). Für diese Verwaltungsvorschriften erstellt das Deutsche Institut für Bautechnik (DIBt) eine *Muster-Verwaltungsvorschrift Technische Baubestimmungen* (MVV TB), die die Bundesländer teilweise mit Abweichungen in die eigenen Verwaltungsvorschriften überführen (ehemals „Muster-Liste der Technischen Baubestimmungen").

Die Muster-Verwaltungsvorschrift entstand im Nachgang zur Novellierung der Musterbauordnung (MBO) 2016 als Zusammenführung der Muster-Listen in einem Dokument.

Sie wurde erstmals im August 2017 veröffentlicht und besteht aus vier Teilen:

- Teil A: Technische Baubestimmungen, die bei der Erfüllung der Grundanforderungen an Bauwerke zu beachten sind
- Teil B: Technische Baubestimmungen für Bauteile und Sonderkonstruktionen, die zusätzlich zu den in Abschnitt A aufgeführten Technischen Baubestimmungen zu beachten sind
- Teil C: Technische Baubestimmungen für Bauprodukte, die nicht die CE-Kennzeichnung tragen, und für Bauarten
- Teil D: Bauprodukte, die keines Verwendbarkeitsnachweises bedürfen

In den Verwaltungsvorschriften enthalten sind sowohl DIN-Normen als auch bauaufsichtliche Richtlinien und Richtlinien von z. B. Fachverbänden. Vorrangig gelten diese als *allgemein anerkannte Regeln der Technik*. Durch die Einführung einer technischen Regel als *Technische Baubestimmung* ändert diese Regel ihren Rechtscharakter, da sie im Geltungsbereich der jeweiligen Landesbauordnung von den dortigen Bauaufsichtsbehörden beachtet werden muss. Anders als die allgemein anerkannten Regeln der Bautechnik, die in den meisten Bundesländern nicht Gegenstand der Landesbauordnungen sind, sind die eingeführten Technischen Baubestimmungen für alle am Bau Beteiligten verbindlich. Sie bilden also Verpflichtungen ab, die zur Wahrung der öffentlich-rechtlichen Belange einzuhalten sind.

Muster-Verwaltungsvorschrift Technische Baubestimmungen (MVV TB)

Was das barrierefreien Bauen betrifft, so sind in den meisten Bundesländern lediglich die DIN 18040-1 und die DIN 18040-2 als Technische Baubestimmung eingeführt. Daneben ist auch die DIN 18065:2020-08 „Gebäudetreppen – Begriffe, Messregeln, Hauptmaße“ eingeführt, die zwar keine expliziten Anforderungen an eine barrierefreie Treppengestaltung beinhaltet, jedoch hinsichtlich ihrer eingeführten Inhalte vor allem bei der Barrierefreiheit in Bestandsbauten relevant werden kann. So werden z. B. die nutzbaren Treppenlaufbreiten beim nachträglichen Einbau von Treppenliften oder zusätzlichen Handläufen geregelt. Beides sind Maßnahmen, die zur Verbesserung von Barrierefreiheit im Bestand häufig Anwendung finden.

Die über die Verwaltungsvorschrift Technische Baubestimmungen eingeführten Inhalte der DIN 18040 sind für eine genehmigungsfähige barrierefreie Planung verbindlich einzuhalten. Hierbei ist zu beachten, dass die Einführung als Technische Baubestimmung nicht die ganze Norm in Bezug nimmt, sondern partiell auch Inhalte von der Einführung ausschließt oder diese in veränderter Art und Weise zur Anwendung bringt.

Wenngleich in keinem der Bundesländer die DIN 18040-1 und DIN 18040-2 komplett eingeführt sind, so gibt es im Ländervergleich doch hinsichtlich der relevanten Inhalte teilweise große Unterschiede. Zur Erstellung eines genehmigungsfähigen Barrierefrei-Konzeptes ist es daher zwingend erforderlich, die im jeweiligen Bundesland eingeführten und von der Einführung ausgenommenen Anforderungen an die Barrierefreiheit zu kennen. An dieser Stelle sei auf die Diskrepanz zwischen den Technischen Baubestimmungen und den allgemein anerkannten Regeln der Technik verwiesen (vgl. Kapitel 2.3.2).

„Muster-Verwaltungsvorschrift Technische Baubestimmungen (MVV TB 2025/1)

Ausgabe Mai 2025

A 4 Sicherheit und Barrierefreiheit bei der Nutzung

A 4.1 Allgemeines

Gemäß § 3 MBO1 sind bauliche Anlagen so anzuordnen, zu errichten, zu ändern und instand zu halten, dass die öffentliche Sicherheit und Ordnung, insbesondere Leben, Gesundheit und die natürlichen Lebensgrundlagen, nicht gefährdet werden.

Die Anforderungen an die Nutzungssicherheit und die Barrierefreiheit sind insbesondere gemäß §§ 16 und 50 MBO umgesetzt, wenn bauliche Anlagen im Ganzen und in ihren Teilen entsprechend den technischen Regeln bezüglich der Sicherheit und Barrierefreiheit bei der Nutzung gemäß Abschnitt A 4.2 entworfen und ausgeführt werden.

A 4.2 Technische Anforderungen hinsichtlich Planung, Bemessung und Ausführung an bestimmte bauliche Anlagen und ihre Teile gem. § 85a Abs. 2 MBO1

Lfd. Nr.	Anforderungen an Planung, Bemessung und Ausführung gem. § 85a Abs. 2 MBO[1]	Technische Regeln/ Ausgabe	Weitere Maßgaben gem. § 85a Abs. 2 MBO1
1	2	3	4
A 4.2.1	Gebäudetreppen	DIN 18065:2020-08	Anlage A 4.2/1
A 4.2.2	Barrierefreies Bauen	DIN 18040	
	Öffentlich zugängliche Gebäude	DIN 18040-1:2010-10	Anlage A 4.2/2
	Wohnungen	DIN 18040-2:2011-09	Anlage A 4.2/3

[...]

Anlage A 4.2/1

Zu DIN 18065

1 Von der Einführung ausgenommen ist die Anwendung auf Treppen in Wohngebäuden der Gebäudeklassen 1 und 2 und in Wohnungen.

2 Bauaufsichtliche Anforderungen an den Einbau von Treppenliften in Treppenräumen notwendiger Treppen in bestehenden Gebäuden:

Durch den nachträglichen Einbau eines Treppenlifts im Treppenraum darf die Funktion der notwendigen Treppe als Teil des ersten Rettungswegs und die Verkehrssicherheit der Treppe grundsätzlich nicht beeinträchtigt werden. Der nachträgliche Einbau eines Treppenlifts ist zulässig, wenn folgende Kriterien erfüllt sind:

1. *Die Treppe erschließt nur Wohnungen und/oder vergleichbare Nutzungen.*

2. *Die Mindestlaufbreite der Treppe von 100 cm darf durch die Führungskonstruktion nicht wesentlich unterschritten werden; eine untere Einschränkung des Lichtraumprofils (s. Bild A.8) von höchstens 20 cm Breite und höchstens 50 cm Höhe ist hinnehmbar, wenn die Treppenlauflinie (s. Ziffer 3.6) oder der Gehbereich (s. Ziffer 8) nicht verändert wird. Ein Handlauf muss zweckentsprechend genutzt werden können.*
3. *Wird ein Treppenlift über mehrere Geschosse geführt, muss mindestens in jedem Geschoss eine ausreichend große Wartefläche vorhanden sein, um das Abwarten einer begegnenden Person bei Betrieb des Treppenlifts zu ermöglichen. Das ist nicht erforderlich, wenn neben dem benutzten Lift eine Restlaufbreite der Treppe von 60 cm gesichert ist.*
4. *Der nicht benutzte Lift muss sich in einer Parkposition befinden, die den Treppenlauf nicht einschränkt. Im Störfall muss sich der Treppenlift auch von Hand ohne größeren Aufwand in die Parkposition fahren lassen.*
5. *Während der Leerfahrten in die bzw. aus der Parkposition muss der Sitz des Treppenlifts hochgeklappt sein. Neben dem hochgeklappten Sitz muss eine Restlaufbreite der Treppe von 60 cm verbleiben.*
6. *Gegen die missbräuchliche Nutzung muss der Treppenlift gesichert sein.*
7. *Der Treppenlift muss aus nichtbrennbaren Materialien bestehen, soweit das technisch möglich ist.*

3 Bei einer notwendigen Treppe in einem bestehenden Gebäude darf durch den nachträglichen Einbau eines zweiten Handlaufs die nutzbare Mindestlaufbreite um höchstens 10 cm unterschritten werden. Diese Ausnahmeregelung bezieht sich nur auf Treppen mit einer Mindestlaufbreite von 100 cm nach den Festlegungen der DIN 18065:2020-08. Abweichende Festlegungen und Anforderungen an die Laufbreite bleiben davon unberührt.

Anlage A 4.2/2

Zu DIN 18040-1

Die Einführung bezieht sich auf die baulichen Anlagen oder die Teile baulicher Anlagen, die nach § 50 Abs. 2 MBO1 barrierefrei sein müssen.

Bei der Anwendung der Technischen Baubestimmung gilt Folgendes:

1 *Abschnitt 4.3.7 ist von der Einführung ausgenommen.*
2 *Abschnitt 4.3.6 muss nur auf notwendige Treppen angewendet werden.*
3 *Mindestens ein Toilettenraum für Benutzer muss Abschnitt 5.3.3 entsprechen; Abschnitt 5.3.3 Satz 1 ist nicht anzuwenden, wenn sichergestellt ist, dass auf kurzem Wege barrierefreie Toilettenräume bedarfsgerecht in ausreichender Anzahl vorhanden sind.*
4 *Mindestens 1 v. H., mindestens jedoch einer der notwendigen Stellplätze für Benutzer müssen Abschnitt 4.2.2 Sätze 1 und 2 entsprechen.*
5 *Mindestens 1 v. H., mindestens jedoch einer der Besucherplätze in Versammlungsräumen mit festen Stuhlreihen müssen Abschnitt 5.2.1 entsprechen; sie können auf die nach § 10 Abs. 7 MVStättV1 erforderlichen Plätze für Rollstuhlbenutzer angerechnet werden.*
6 *Die Abschnitte 4.2.1, 4.3.6 und 4.3.8 finden auch auf nicht gebäudebezogene Hauptwege Anwendung.*

Anlage A 4.2/3

Zu DIN 18040-2

Die Einführung bezieht sich auf:

- *Wohnungen, soweit sie nach § 50 Abs. 1 MBO[1] barrierefrei sein müssen, und*
- *Wohnungen und Aufzüge, soweit sie nach § 39 Abs. 4 Satz 3 MBO[1] stufenlos erreichbar sein müssen.*
- *Beherbergungsräume einschließlich der zugehörigen Sanitärräume, soweit sie nach § 11 MBeVO barrierefrei sein müssen.*

Bei der Anwendung der Technischen Baubestimmung ist Folgendes zu beachten:

1 *Die Abschnitte 4.3.6 und 4.4 sowie alle Anforderungen mit der Kennzeichnung „R“ sind von der Einführung ausgenommen.*
2 *Für Wohnungen nach § 50 Abs. 1 MBO[1] genügt es, wenn ein Fenster eines Aufenthaltsraums Abschnitt 5.3.2 Satz 2 entspricht.*
3 *Für die stufenlose Erreichbarkeit nach § 39 Abs. 4 MBO[1] genügt es, wenn Eingänge Abschnitt 4.3.3.2 Tabelle 1 Zeile 1, Bewegungsflächen an Türen Abschnitt 4.3.3.4 und Rampen Abschnitt 4.3.7 entsprechen.*
4 *Für Beherbergungsräume, die einschließlich der zugehörigen Sanitärräume den Grundanforderungen an barrierefrei nutzbare Wohnungen entsprechen müssen, gilt Abschnitt 5 ohne Anforderungen mit der Kennzeichnung „R“.*
5 *Für Beherbergungsräume, die einschließlich der zugehörigen Sanitärräume barrierefrei und uneingeschränkt mit dem Rollstuhl nutzbar sein müssen, gilt Abschnitt 5 mit den Anforderungen mit der Kennzeichnung „R“. Zusätzlich muss das WC-Becken beidseitig anfahrbar sein; bei mehr als einem Beherbergungsraum für uneingeschränkte Rollstuhlnutzung können die Zugangsseiten für die WC-Becken abwechselnd rechts oder links vorgesehen werden. In der Nähe des WC-Beckens muss eine Notrufanlage vorgesehen werden. Abweichend von Abschnitt 5.5.1 sind Stütz- und/oder Haltegriffe neben dem WC-Becken sowie im Bereich der Dusche schon bei der Errichtung vorzusehen – dabei kann es sich auch um Ausführungen handeln, die bei Bedarf montiert werden.“*

Die Fußnote 1 in den oben genannten Auszügen steht jeweils für „Nach Landesrecht“.

2.3 Ergänzende baurechtliche Anforderungen zur Barrierefreiheit

2.3.1 Technische Baubestimmungen

Technische Baubestimmungen sind durch öffentliche Bekanntmachung eingeführte allgemein anerkannte Regeln der Technik, vorrangig DIN-Normen, aber auch sonstige bauaufsichtliche Richtlinien. Es kann sich darüber hinaus auch um zusätzliche bauaufsichtlich begründete Festlegungen handeln, die ergänzend oder abweichend zu den technischen Regeln zu beachten sind.

Die am Bau Beteiligten müssen die eingeführten Technischen Baubestimmungen zwingend einhalten. Diese Einhaltung wird öffentlich-rechtlich geschuldet, im Rahmen des Antragsverfahrens zu einer Baugenehmigung geprüft und während der Realisierung des Bauvorhabens auch

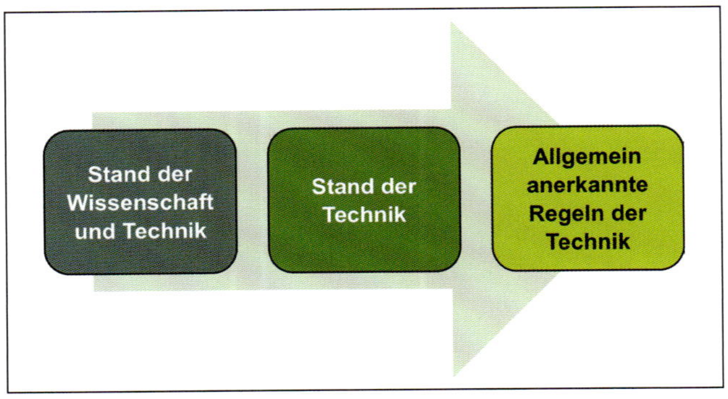

Abb. 2.2: Bautechnische Standards

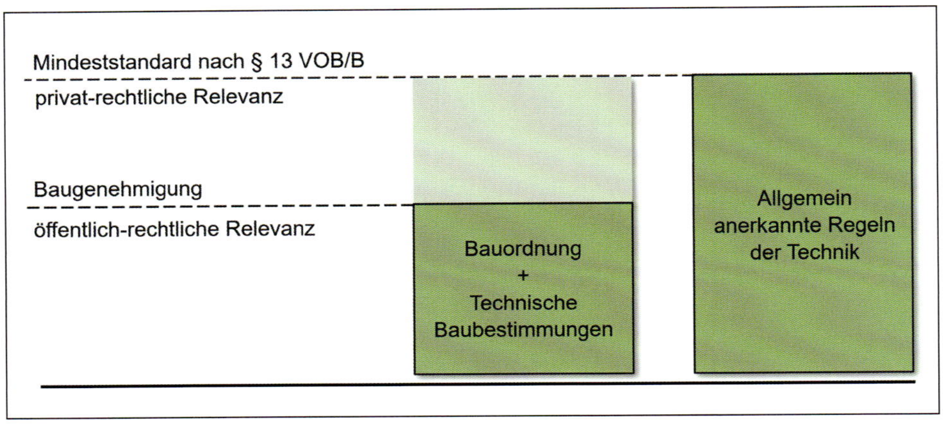

Abb. 2.3: Verhältnis zwischen Technischen Baubestimmungen und allgemein anerkannten Regeln der Technik

überwacht. Neben diese öffentlich-rechtliche Verpflichtung tritt möglicherweise eine privatrechtliche Verpflichtung, die einzelne am Bau Beteiligte untereinander werkvertraglich vereinbaren. Hierzu gehören z. B. bauaufsichtlich (noch) nicht eingeführte Richtlinien oder andere Baustandards, üblicherweise allgemein anerkannte Regeln der Technik, die eine höherwertige Realisierung des Bauvorhabens versprechen.

Im Hinblick auf die Barrierefreiheit ist ebenfalls zu unterscheiden zwischen dem öffentlich-rechtlichen Anspruch (§ 2 Absatz 9 MBO) und insbesondere weitergehenden privatrechtlichen Vereinbarungen. Maßgebend ist also zunächst immer der jeweilige zwischen den Parteien vereinbarte Vertrag. Erst wenn dieser keine Aussage liefert, sind die allgemein anerkannten Regeln der Technik maßgebend.

2.3.2 Allgemein anerkannte Regeln der Technik

Eine Norm oder auch eine Richtlinie ist nicht per se mit ihrem Erscheinen eine allgemein anerkannte Regel der Technik. Hierfür bedarf es dreier Faktoren (siehe Abb. 2.2):

1. Sie muss als wissenschaftlich richtig anerkannt sein.
2. Sie muss unter gut vorgebildeten Technikern allgemein bekannt sein.
3. Sie muss durch fortwährende praktische Anwendung bewährt sein.

Was eine allgemein anerkannte Regel der Technik ist, muss also immer wieder neu im Einzelfall entschieden werden. Normen haben die Vermutung für sich, dass es sich um allgemein anerkannte Regeln der Technik handelt. Diese Vermutung ist allerdings widerlegbar.

Zu den allgemein anerkannten Regeln der Technik zählen unter anderem:

- DIN-Normen
- Unfallverhütungsvorschriften
- VDI-Richtlinien
- DIN-VDE-Bestimmungen

Nach dem Werkvertragsrecht schuldet der Objektplaner ein mangelfreies Werk (vgl. § 13 VOB/B). Dieses muss den eingeführten Technischen Baubestimmungen und insbesondere auch den allgemein anerkannten Regeln der Technik entsprechen (siehe Abb. 2.3). Nach § 319 Abs. 1 Strafgesetzbuch (StGB) macht sich derjenige strafbar, der „bei der Planung, Leitung und Ausführung eines Baues oder des Abbruchs eines Bauwerks gegen die allgemein anerkannten Regeln der Technik verstößt und dadurch Leib oder Leben eines anderen Menschen gefährdet".

Die allgemein anerkannten Regeln der Technik bedeuten also den Soll-Zustand einer vertraglich vereinbarten Leistung. Von ihnen darf abgewichen werden, wenn die Abweichung schriftlich mit dem Vertragspartner (i. d. R. der Bauherrschaft) vereinbart wird. Andernfalls bedeutet die Nichteinhaltung der allgemein anerkannten Regeln der Technik einen Mangel gemäß Werkvertragsrecht.

Technische Baubestimmungen vs. allgemein anerkannte Regeln

Die über die Verwaltungsvorschrift Technische Baubestimmungen eingeführten Inhalte der DIN 18040-1 bzw. DIN 18040-2 sind relevant zur Erlangung der Baugenehmigung. Diese Inhalte bilden jedoch nur einen Teil der beiden Normen ab, bleiben also hinter dem Umfang der allgemein

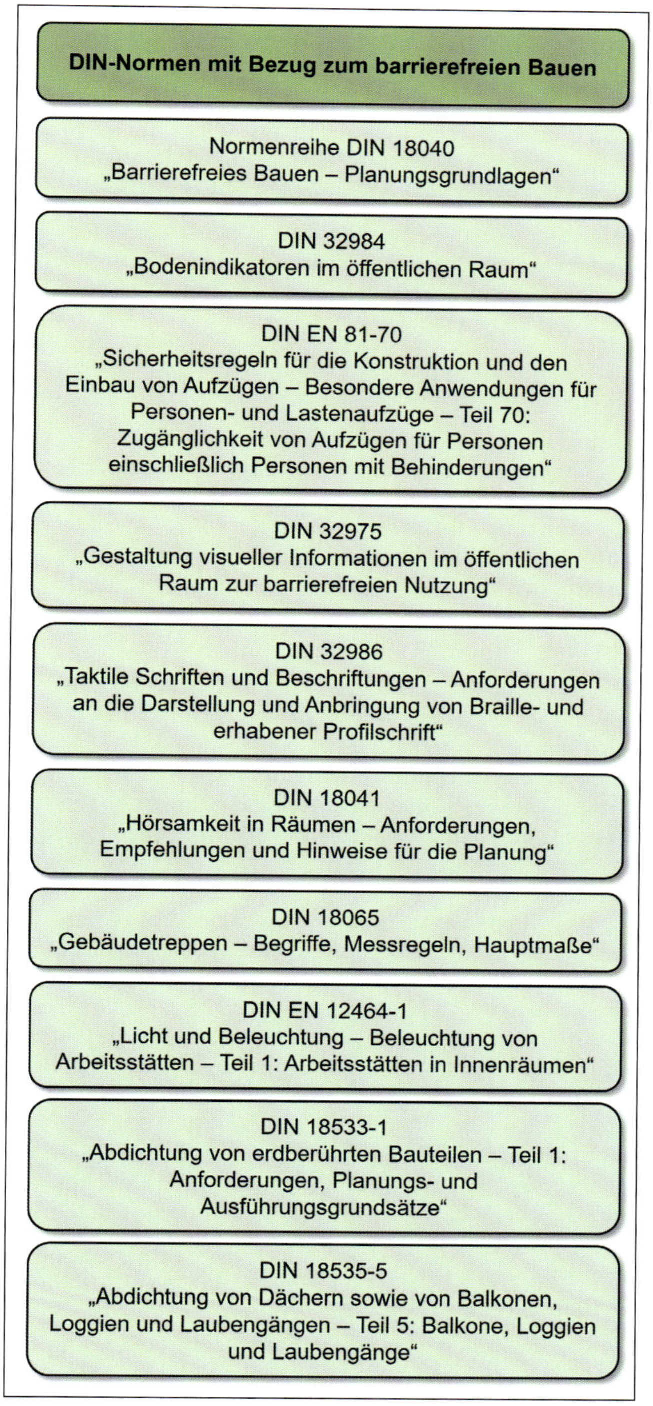

Abb. 2.4: Normen mit Bezug zum barrierefreien Bauen

anerkannten Regeln der Technik (Normenreihe DIN 18040, im Folgenden kurz als „DIN 18040“ bezeichnet) zurück (siehe hierzu auch Kapitel 4.3).

Je nach Bauaufgabe und werkvertraglicher Vereinbarung kann zwischen einer **genehmigungsfähigen** und einer **ganzheitlichen barrierefreien Planung** ein großer Unterschied bestehen. Im Zuge einer ganzheitlichen Betrachtung der Barrierefreiheit kann es beispielsweise erforderlich sein, die DIN 18040 als allgemein anerkannte Regeln der Technik in Gänze einzuhalten sowie zusätzlich einschlägige Regelwerke zur Barrierefreiheit anzuwenden (z. B. Begleit-/

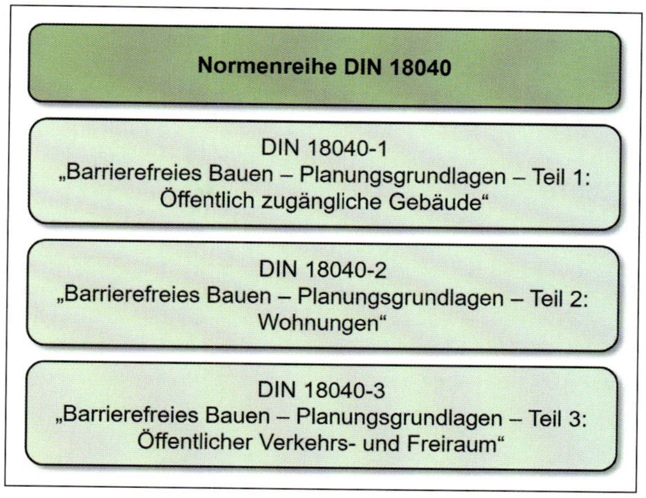

Abb. 2.5: Aufbau der DIN 18040

Verweisnormen der DIN 18040). Der Umfang geht in diesem Fall deutlich über den der Technischen Baubestimmungen hinaus.

Mitunter wird bei Investitionsobjekten in Baubeschreibungen für potenzielle Mieter oder in funktionalen Leistungsbeschreibungen für einen Generalübernehmer die Pauschalaussage übernommen, dass das Gebäude „barrierefrei nach DIN 18040“ geplant wird. Dass dadurch mehr vereinbart wird, als es die Genehmigungsfähigkeit verlangt, ist den Vertragspartnern nicht immer bekannt. Der Objektplaner und/oder Konzeptersteller sollte daher in seiner beratenden Funktion auf diese Diskrepanz hinweisen.

2.3.3 DIN-Normen

In den folgenden Abschnitten werden die im Wesentlichen relevanten DIN-Normen zur technischen Umsetzung der Barrierefreiheit vorgestellt (siehe Abb. 2.4). Einen Überblick über weitere Normen finden Sie in Kapitel 10.1, „Literaturverzeichnis“.

DIN-Normen sind technische Regelwerke, die ein hilfreiches Werkzeug im Planungsprozess darstellen können. Sie haben grundsätzlich Empfehlungscharakter und besitzen zunächst keine baurechtliche Relevanz. Ihre Anwendung erfolgt demnach zunächst auf freiwilliger Basis. Sie werden erst durch ihre Einführung als Technische Baubestimmung für das Bauordnungsrecht verbindlich. Des Weiteren entsprechen viele Normen den allgemein anerkannten Regeln der Technik. Dies gilt vor allem für Normen neueren Datums und für solche, die in regelmäßigen Abständen überarbeitet werden. Normen können jedoch auch veraltet und überholt sein, was dazu führt, dass sie nicht mehr dem Stand der Technik entsprechen.

DIN 18040 – Barrierefreies Bauen, Planungsgrundlagen

Die Planungsgrundlagen zum barrierefreien Bauen wurden normativ in der DIN 18040 „Barrierefreies Bauen – Planungsgrundlagen“ verankert. Diese Normenreihe besteht aus drei Teilen (siehe Abb. 2.5), weitere Ergänzungen sind nicht geplant.

Unter der Nummer DIN 18030 wurde Anfang der 2000er-Jahre der Versuch unternommen, alle Planungsgrundlagen zum barrierefreien Bauen in einer Norm zusammenzufassen. Doch sowohl der erste Entwurf im Jahre 2002 als auch der zweite Entwurf im Jahr 2006 scheiterte an zahlreichen Einsprüchen, sodass dieses Normenprojekt aufgegeben wurde (siehe Kapitel 2.1).

Die in den 2010er-Jahren umstrukturierte und aus den Normenreihen DIN 18024 und DIN 18025 zusammengefasste DIN 18040 beschreibt, unter welchen technischen Voraussetzungen ein Gebäude barrierefrei ist. Eine wesentliche Änderung ist die Formulierung von Schutzzielen statt starrer Lösungswege. Dadurch wird dem Planer eine größere Flexibilität geboten. Auch wurde das *Zwei-Sinne-Prinzip* eingeführt, das eine Informationsübermittlung über zwei unterschiedliche Wahrnehmungsarten vorschreibt, z. B. „visuell und auditiv" oder „visuell und taktil", um Personen mit verschiedenen sensorischen Einschränkungen die Informationsaufnahme zu ermöglichen.

Die DIN 18040-1 und die DIN 18040-2 sind seit mehreren Jahren in allen Bundesländern als Technische Baubestimmungen eingeführt. Eine Ausnahme besteht bzgl. der Einführung der DIN 18040-2 für Berlin. Stattdessen greift dort die Barrierefrei-Wohnen-Verordnung Berlin (BWV Bln). Zur Verbindlichkeit der Anwendung der DIN 18040 siehe Kapitel 2.3.2.

Derzeit befindet sich die DIN 18040 in Überarbeitung. Der Grund dafür ist die Verpflichtung, die Inhalte der DIN 18040 mit den Inhalten der DIN EN 17210 zu harmonisieren.

Europäische Norm zur Barrierefreiheit – DIN EN 17210

Seit August 2021 liegt die deutschsprachige Version der DIN EN 17210:2021-08 „Barrierefreiheit und Nutzbarkeit der gebauten Umwelt – Funktionale Anforderungen" vor. Diese Norm wurde von einem europäischen Gremium erstellt, an dem sich 26 Länder beteiligten, und sie fasst alle wichtigen Anforderungen und Empfehlungen zur Barrierefreiheit in der gebauten Umwelt zusammen. Das Ziel war es, alle relevanten Bereiche in einem Dokument zu behandeln und verständlich aufzubereiten. Neben technischen Vorgaben werden auch rechtliche Grundlagen, Entwurfsprinzipien und Hintergründe erläutert. Die Norm umfasst 320 Seiten.

Die drei Teile der DIN 18040 erstrecken sich hingegen über lediglich 77 Seiten und behandeln gezielt ausgewählte Themenbereiche. Dabei werden jeweils übergeordnete Schutzziele definiert sowie konkrete funktionale und technische Lösungsmöglichkeiten anhand von Maßangaben, Zahlenwerten und technischen Spezifikationen aufgezeigt. Der Fokus liegt ausschließlich auf bauordnungsrechtlich relevanten Inhalten, sodass beispielsweise Arbeitsstätten nicht einbezogen werden.

Im Vergleich dazu ist die europäische Norm DIN EN 17210 wesentlich umfangreicher und in ihrer Struktur komplexer. Sie beschränkt sich jedoch darauf, lediglich Schutzziele zu benennen, ohne konkrete technische Umsetzungsvorgaben zu liefern.

Da die DIN EN 17210 aus verschiedenen Gründen nicht als vollwertiger Ersatz für die nationale Normenreihe DIN 18040 dienen kann, war eine inhaltliche Abstimmung erforderlich, um Widersprüche zwischen beiden Regelwerken zu vermeiden. Im Rahmen dieses Angleichungsprozesses werden die bestehenden Teile der DIN 18040 aktuell überprüft, überarbeitet und gegebenenfalls erweitert.

Momentan besitzt die DIN EN 17210 keinen rechtsverbindlichen Status im deutschen Bauordnungsrecht. Eine Anwendung ist jedoch möglich, sofern sie vertraglich zwischen den Beteiligten vereinbart wird.

DIN 32984 – Bodenindikatoren

Bodenindikatoren sind bodengebundene Strukturelemente, die blinden Menschen und Personen mit Sehbehinderung zur Orientierung dienen. Die DIN 32984:2023-04 „Bodenindikatoren im öffentlichen Raum" formuliert Anforderungen an Bodenindikatoren und sonstige Leitelemente im Verkehrsraum, um sowohl die Sicherheit als auch die Mobilität von Blinden und Menschen mit Sehbehinderung im öffentlichen Raum zu erhöhen.

Sie gliedert sich in sechs Abschnitte. In den ersten fünf Abschnitten wird dezidiert auf die Anwendung im Verkehrsraum eingegangen. Neben den grundlegenden Anforderungen an Bodenindikatoren und ihre Verlegung im angrenzenden Bodenbelag werden Standardlösungen für den Anwendungsfall im Verkehrsraum beschrieben. Ergänzend hierzu zeigt Abschnitt 6 die Anwendung von Bodenindikatoren innerhalb von Gebäuden. In Gebäuden ist der Einsatz von Bodenindikatoren durchaus als ambivalent zu bezeichnen, denn was für sehbehinderte oder blinde Personen Orientierung und Sicherheit bedeutet, kann für Personen mit eingeschränkter Mobilität eine Stolperfalle darstellen. Die Anwendung von Bodenindikatoren im Innenraum sollte daher stets individuell überprüft und abgewogen werden. Da sich die Gefährdungssituation innerhalb von Gebäuden im Vergleich zum öffentlichen Verkehrsraum erheblich reduziert, können Bodenindikatoren generell sparsam eingesetzt werden. Alternativ zur Verwendung von Bodenindikatoren schlägt die Norm auch vor, Orientierung durch wechselnde taktil erfassbare Bodenstrukturen zu bieten. Bei einer vorausschauenden Planung lassen sich somit gute Gestaltungskonzepte entwickeln.

Die Norm hat sich inzwischen in der Praxis bewährt und gilt daher als allgemein anerkannte Regel der Technik. Im „Leitfaden Barrierefreies Bauen" des Bundes (4. Aufl. 2016) wird auf Seite 13 auf diese relevante Norm hingewiesen.

Die DIN 32984 ist erstmals im Jahr 2000 erschienen. Aufgrund diverser Mängel und Unstimmigkeiten, die in der Praxisanwendung der ersten Ausgabe festgestellt wurden, erschien nach 6-jähriger Überarbeitungszeit im Jahr 2011 eine aktualisierte Version. Diese hat seitdem weitere Überarbeitungen erfahren.

Aufgrund der wenig zufriedenstellenden Anwendbarkeit der ersten Ausgabe der DIN 32984 wurden sowohl vom Deutschen Blinden- und Sehbehindertenverband e. V. (DBSV) als auch in einzelnen Bundesländern und Kommunen eigenständige Richtlinien und Anwendungsvorschläge erarbeitet, die als Übergangslösungen dienen sollten.

Dies führte zu vielen unterschiedlichen Ausführungen von Bodenindikatoren, deren Ergebnis noch heute vielfach im Straßenraum sichtbar ist. Um zukünftig ein einheitliches Orientierungssystem zu schaffen, das überregional und sogar deutschlandweit von seinen Nutzern wiedererkannt wird, ist die Einhaltung der in der DIN 32984 formulierten Anforderungen besonders wichtig. Dennoch haben sich die alternativen Lösungen teilweise als neuer Standard etabliert und werden bei der Planung des öffentlichen Verkehrsraums als gesetzt angesehen.

DIN EN 81-70 – Aufzüge: barrierefreie Zugänglichkeit

Die Norm DIN EN 81-70 „Sicherheitsregeln für die Konstruktion und den Einbau von Aufzügen – Besondere Anwendungen für Personen- und Lastenaufzüge – Teil 70: Zugänglichkeit von Aufzügen für Personen einschließlich Personen mit Behinderungen" formuliert Anforderungen an Aufzüge, die abweichend oder ergänzend zur DIN EN 81-20:2020-06 „Sicherheitsregeln für die Konstruktion und den Einbau von Aufzügen – Aufzüge für den Personen- und Gütertransport – Teil 20: Personen- und Lastenaufzüge" die Zugänglichkeit und Nutzbarkeit für Personen mit Behinderungen verbessern. Sie gilt für neu zu errichtende Personen- und Lastenaufzüge.

Mit der Erhöhung der Zugänglichkeit von bestehenden Aufzügen befasst sich die DIN EN 81-82: 2013-12, „Sicherheitsregeln für die Konstruktion und den Einbau von Aufzügen – Bestehende Aufzüge – Teil 82: Regeln für die Erhöhung der Zugänglichkeit von bestehenden Aufzügen für Personen einschließlich Personen mit Behinderungen". Die Anforderungen, die primär im fünften Abschnitt der Norm definiert werden, betreffen die Zugänglichkeit von Aufzügen, die Abmessungen der Fahrkörbe sowie die Ausführung von Befehlsgebern und Anzeigen und richten sich nach dem bestimmungsgemäßen Nutzerkreis des Aufzuges.

Die DIN 18040-1 verweist in Abschnitt 4.3.5 explizit auf die Gestaltung von Aufzügen gemäß DIN EN 81-70:2005-09 (mit Datumsverweis) und auf den damals noch informativen Anhang G, in dem die Ausführung extragroßer Befehlsgeber (sogenannter *XL-Befehlsgeber*) beschrieben wird. Zwischen beiden Normen gibt es Diskrepanzen, die beispielsweise in der Anordnung der Befehlsgeber auftreten. Da die DIN EN 81-70 ebenfalls zu den allgemein anerkannten Regeln der Technik zählt, muss der Planer ausdrücklich festlegen, welche Anforderungen umgesetzt werden sollen.

Der folgende Exkurs ist ein gekürzter Auszug aus: „Atlas barrierefrei bauen", Hrsg. Nadine Metlitzky und Lutz Engelhardt, Kap. C 2.1.4 „Anwendung der DIN 18040 in Korrespondenz zur DIN EN 81-70 ", Autorinnen: Stephanie Dietel und Nadine Metltizky.

Exkurs: Korrespondierende Anwendung der DIN 18040 zur DIN EN 81-70

1 Anwendung der DIN 18040 in Korrespondenz zur DIN EN 81-70

Zur Planung von barrierefreien Aufzügen regelt die DIN 18040-1 und -2 lediglich, wie das Gebäude zu gestalten ist. Für sämtliche Anforderungen, die den Aufzug selbst betreffen, verweist sie auf die einschlägige Aufzugsnorm DIN EN 81-70. In der Planung wirft die Anwendung beider Normen häufig Fragen auf, da nicht eindeutig geregelt ist, wie diese Normen in Bezug zueinander stehen und wie mit datierten Verweisen umzugehen ist.

1.1 Anwendungshinweise zur DIN 18040 und DIN EN 81-70

Die DIN 18040-1 und -2 verweist in Abschnitt 4.3.5 auf die DIN EN 81-70 in der Fassung von 09-2005 – jedoch lediglich für

- die Größe der Aufzugskabine, die Typ 2 gemäß DIN EN 81-70:2005-09 entsprechen und damit eine nutzbare Mindestgröße von B × T = 1,10 m × 1,40 m haben muss, und
- die barrierefreie Nutzbarkeit der Befehlsgeber, die gemäß DIN EN 81-70:2005-09 Anhang G in einer bestimmten Größe sowie mit erhabenen Kennzeichnungen zu gestalten sind.

Zusätzlich wird auf den informativen Anhang E der DIN EN 81-70:2005-09 hingewiesen. Im Gegensatz zu den Anforderungen der beiden Verweise brauchen die Empfehlungen und Hinweise des Anhangs E nicht umgesetzt zu werden. Sie verstehen sich lediglich als Informationen über mögliche Maßnahmen für blinde und sehbehinderte Personen.

Es handelt sich demnach um gezielte Verweise auf zwei Einzelaspekte der DIN EN 81-70 und nicht um einen Verweis auf die vollständige DIN EN 81-70. Damit die mit diesen Verweisen verbundenen Anforderungen ihre Gültigkeit behalten und sich nicht etwa durch neuere Versionen der Norm ändern, wird auf die DIN EN 81-70 mit dem entsprechenden Datum verwiesen. Für alle übrigen Anforderungen an die barrierefreie Aufzugsgestaltung ist jedoch die Norm stets in der aktuellen Version zu berücksichtigen (aktuelle Fassung: DIN EN 81-70:2022-12).

Um eine konsistente Umsetzung der Barrierefreiheit zu erreichen, müssen die Anforderungen beider Normen im Einklang zueinander angewendet werden (sogenannte „korrespondierende Anwendung").

Praxistipp: Normanwendung

Für eine konsequente barrierefreie Gestaltung des Gebäudes inklusive des Aufzugs im Sinne der DIN 18040-1 und -2 sind die Anforderungen der DIN 18040-1 und -2 und der DIN EN 81-70 im Einklang miteinander anzuwenden.

1.2 Diskrepanzen zwischen DIN 18040 und DIN EN 81-70

Zwischen beiden Normen (DIN 18040-1 und -2 und DIN EN 81-70) ergeben sich in Bezug auf bestimmte Maße Divergenzen. Hierzu gehören beispielsweise:

- die Bedienhöhen der Befehlsgeber
- der seitliche Abstand zwischen Bedienelementen und Raumecken
- die Greifhöhe von Handläufen

Die Normenreihe DIN 18040 bildet als maßgebliche Norm den Maßstab für die Umsetzung der Barrierefreiheit. Die Schutzziele, die z. B. mit den in der DIN 18040-1 und -2 formulierten Maßangaben verfolgt werden, gelten aus Sicht der Barrierefreiheit gleichermaßen für das Gebäude und die technischen Einrichtungen (Aufzug) darin. Eine Abweichung von den gemäß DIN 18040-1 und -2 zulässigen Mindest- und Maximalangaben innerhalb des Aufzugs erscheint daher wenig konsequent und plausibel.

Beispielsweise wird zur barrierefreien Erreichbarkeit von Bedienelementen gemäß DIN 18040-1 ein Mindestabstand von 50 cm zu Raumecken oder anderen Bauteilen/Ausstattungselementen gefordert. Dadurch wird gewährleistet, dass das Bedienelement mit einem radgebundenen Hilfsmittel seitlich angefahren und erreicht werden kann. Eine Reduzierung dieses Abstands auf 40 cm, wie es gemäß DIN EN 81-70 zulässig ist, führt zu einer Funktionseinschränkung bei der Erreichbarkeit des Bedienelements. Personen, die außerhalb des Aufzugs auf diesen Mindestabstand angewiesen sind, werden innerhalb des Aufzugs vor ein Problem gestellt.

Die Lösung liegt in der korrespondierenden Anwendung beider Normen zueinander. Das bedeutet, zur Erfüllung der barrierefreien Schutzziele bzw. Funktionsanforderungen nach DIN 18040-1 und -2 werden die Anforderungen der DIN EN 81-70 innerhalb des Spielraums umgesetzt, den die DIN 18040-1 und -2 zulässt. Das Prinzip des kleinsten gemeinsamen Nenners begrenzt dadurch zwar die breiten Möglichkeiten, die die DIN EN 81-70 partiell eröffnet, hat jedoch den Vorteil, dass die Barrierefreiheit innerhalb eines Gebäudes konsequent an allen Stellen im Sinne der DIN 18040-1 und -2 umgesetzt wird. Dadurch, dass sich die Anforderungen der DIN 18040-1 und -2 innerhalb der Auswahlmöglichkeiten der DIN EN 81-70 bewegen, können also beide Normen gleichermaßen erfüllt werden, ohne die Schutzziele nach DIN 18040-1 und -2 zu schmälern.

An der Schnittstelle zwischen der Objekt- und Fachplanung sowie der ausführenden Firma ist die korrespondierende Anwendung beider Normen zueinander explizit zu vereinbaren. Denn die Planer/Hersteller von Aufzugsanlagen wenden die DIN EN 81-70 als allgemein anerkannte Regel der Technik üblicherweise in Gänze an. Ihre Planungsaufgabe konzentriert sich ausschließlich auf den Aufzug, nicht jedoch auf das Gebäude, weshalb auch die Diskrepanzen, die sich zwischen der DIN EN 81-70 und der DIN 18040-1 und -2 ergeben, zunächst keine Berücksichtigung finden. Mit der vollumfänglichen Anwendung der Aufzugsnorm wird somit zwar im Hinblick auf den Aufzug der Stand der Technik eingehalten, jedoch wird für das Gebäude das Schutzziel der Barrierefreiheit nicht vollständig erreicht.

Ergibt sich nun aus der konsequenten Umsetzung der DIN 18040-1 und -2 eine abweichende bzw. begrenzte Anwendung der DIN EN 81-70, so ist dies im Zuge der Ausschreibung der Aufzugstechnik explizit zu vereinbaren. Aus der korrespondierenden Anwendung beider Normen zueinander ergeben sich demnach privatrechtliche Auswirkungen im Zusammenhang mit der Erfüllung der einschlägigen Regelwerke.

Praxistipp: Korrespondierende Anwendung

Korrespondierende Anwendung bedeutet, dass beide Normen innerhalb ihrer jeweiligen Auswahlmöglichkeiten im Einklang zueinander bzw. harmonisiert angewendet werden. Tabelle C 2.0-1 zeigt in der rechten grünen Spalte die harmonisierten Maße bzw. Aspekte aus beiden Normen.

Beispiel:

DIN 18040-1 und -2 Anordnung der Befehlsgeber zwischen 85 cm und 1,05 m OKFF

DIN EN 81-70: Anordnung der Befehlsgeber zwischen 85 cm und 1,20 m OKFF

Korrespondierende Maße: Anordnung der Befehlsgeber zwischen 85 cm und 1,05 m OKFF

1.3 Anforderungen an barrierefreie Aufzüge in öffentlich zugänglichen Gebäuden

Aus der DIN 18040-1 ergibt sich lediglich für Teilaspekte der DIN EN 81-70 die Anforderung an eine korrespondierende barrierefreie Gestaltung. Diese Teilaspekte umfassen insbesondere:

- geometrische Anforderungen, z. B. Bewegungsflächen, Zugangsbreiten, Abstände und Höhen von Bedienelementen
- die Bedienbarkeit der Befehlsgeber nach dem Zwei-Sinne-Prinzip

Sämtliche darüber hinausgehende Anforderungen der DIN EN 81-70 sind für eine vollumfängliche barrierefreie Gestaltung im Sinne der DIN 18040-1 nicht zwingend umzusetzen. Ihre Umsetzungspflicht ergibt sich lediglich aus der privatrechtlichen Vereinbarung zwischen Auftraggeber und Planer oder ausführender Firma, die DIN EN 81-70 als allgemein anerkannte Regel der Technik anzuwenden. Von Planern/Herstellern von Aufzugsanlagen wird die DIN EN 81-70 grundsätzlich vollumfänglich angewendet, sofern keine andere Vereinbarung getroffen wird. Auch im Sinne der Barrierefreiheit ist dies zielführend, da sich daraus eine verbesserte Zugänglichkeit und Nutzbarkeit von Aufzügen ergibt – nicht nur für Menschen mit Behinderungen.

Tabelle 2.1 bildet die Anforderungen an die barrierefreie Gestaltung von Aufzügen ab, wie sie für die Umsetzung der Barrierefreiheit im Sinne der DIN 18040-1 und -2 erforderlich ist und sich aus der Korrespondenz der DIN 18040-1 und -2 mit der DIN EN 81-70 ergibt.

Zusätzlich zu den Inhalten des Anhangs G der DIN EN 81-70:2005-09, auf den in der DIN 18040-1 und -2 explizit verwiesen wird, werden in dieser Tabelle auch partiell die Inhalte des Anhangs E der DIN EN 81-70:2005-09 und des Anhangs D der DIN EN 81-70:2022-12 aufgeführt. Anhang E beinhaltet einen Leitfaden für Maßnahmen für blinde und sehbehinderte Personen; in der DIN 18040-1 und -2 wird als Anmerkung auf ihn verwiesen. Auf den Anhang D aus der aktuellen Normversion wird in der DIN 18040-1 und -2 nicht verwiesen, jedoch liefert dieser eine Anleitung zur Erhöhung der Zugänglichkeit und Bedienbarkeit. Beide Anhänge sind als „informativ" eingestuft, d. h., sie haben keine bindende Wirkung, sondern sind lediglich als Empfehlung zu verstehen.

Tabelle 2.1: Gegenüberstellung der Anforderungen nach DIN 18040-1 und -2 und DIN EN 81-70

Aufzüge – Anforderungen gemäß DIN 18040-1:2010-10/2:2011-09 und DIN EN 81-70				
geometrische Anforderungen		**DIN 18040[1)] Abschnitt 4.3.5**	**DIN EN 81-70:2005-09 Abschnitt 5.3.1**	**DIN 18040 in Korrespondenz mit DIN EN 81-70**
1	keine abwärts führende Treppe gegenüber von Aufzügen; falls unvermeidbar: Abstand zwischen Treppe und Aufzug	≥ 3,00 m	k.A.	≥ 3,00 m
2	Wartefläche vor dem Aufzug	1,50 × 1,50 m	k.A.	1,50 × 1,50 m
3	gemäß DIN 18040-1: zusätzliche Verkehrsfläche/Durchgangsbreite hinter/neben Wartefläche ≥ 90 cm (gemäß DIN 18040-2 nicht erforderlich)	≥ 90 cm	k.A.	≥ 90 cm
4	Mindestabmessung Aufzugskabine (lichtes nutzbares Innenmaß; Typ 2 gemäß DIN EN 81-70:2005-09)	B × T ≥ 1,10 × 1,40 m	B × T ≥ 1,10 × 1,40 m abzgl. zulässiger Einbauten	B × T ≥ 1,10 × 1,40 m
5	lichte Zugangsbreite zur Aufzugskabine	≥ 90 cm	Neubau ≥ 90 cm Bestand ≥ 80 cm	≥ 90 cm
Bedienelemente		**DIN 18040 Abschnitt 4.5.2**	**DIN EN 81-70:2022-12 Abschnitt 5.4.2.1**	**DIN 18040 in Korrespondenz mit DIN EN 81-70**
6	Höhe Befehlsgeber außerhalb der Kabine	85 cm bis 1,05 m OKFF (Achsmaß)	85 cm bis 1,10 m OKFF (Achsmaß)	85 cm bis 1,05 m OKFF (Achsmaß)
7	seitlicher Abstand zwischen Befehlsgeber und Bauteilen oder Ausstattungselementen	≥ 50 cm	≥ 50 cm (vorzugsweise 70 cm)	≥ 50 cm (vorzugsweise 70 cm)
Bedienelemente		**DIN 18040 Abschnitt 4.5.2**	**DIN EN 81-70:2022-12 Abschnitt 5.4.2.1**	**DIN 18040 in Korrespondenz mit DIN EN 81-70**
8	Höhe Befehlsgeber innerhalb der Kabine 85 cm bis 1,05 m (Achsmaß)	85 cm bis 1,05 m OKFF (Achsmaß)	85 cm bis 1,20 m OKFF (Achsmaß), vorzugsweise 1,10 m	85 cm bis 1,05 m OKFF (Achsmaß)
9	seitlicher Abstand zwischen Befehlsgeber und Wänden bzw. Ecken in der Aufzugskabine	≥ 0,50 m	≥ 0,40 m	≥ 0,50 m
DIN EN 81-70:2005-09, Anhang G (informativ): Bedienelemente – Erhöhte Zugänglichkeit		**DIN 18040 Abschnitt 4.5.2**	**DIN EN 81-70:2005-09 Anhang G (informativ)**	**DIN 18040 in Korrespondenz mit DIN EN 81-70**
10	Ausführung der Befehlsgeber als XL-Befehlsgeber	erforderlich	frei vereinbar	erforderlich
11	Größe der XL-Befehlsgeber	k.A.	50 × 50 mm / Ø 50 mm	50 × 50 mm / Ø 50 mm
12	Anordnung der XL-Befehlsgeber auf pultförmig geneigtem Quertableau	k.A.	empfohlen	empfohlen, soweit dies nicht die nutzbare Kabinenbreite von 1,10 m einschränkt
DIN EN 81-70:2005-09, Anhang E (informativ): Maßnahmen für blinde und sehbehinderte Personen → Empfehlung		**DIN 18040 Abschnitt 4.3.3.5/4.3.4**	**DIN EN 81-70:2005-09 Anhang E (informativ)**	**DIN 18040 in Korrespondenz mit DIN EN 81-70**
13	Vermeidung von großen Beleuchtungsunterschieden zwischen einzelnen Beleuchtungsbereichen	k.A.	empfohlen	empfohlen
14	keine ausschließliche Verwendung von Punktstrahlern	k.A.	empfohlen	empfohlen
15	Vermeidung von Schattenbildung durch Effekt- oder ungeeignete Beleuchtung	k.A.	empfohlen	empfohlen
16	visuell kontrastierende Gestaltung der (Aufzugs-) Türen zu den umgebenden Wänden	erforderlich, K ≥ 0,4	empfohlen	erforderlich, K ≥ 0,4

Tabelle 2.1: (Fortsetzung)

17	visuell oder taktil unterscheidbare Fußbodenoberfläche vor den Aufzugstüren	k.A.	ca. 1,50 × 1,50 m	nicht empfohlen
18	Fahrkorbbeleuchtung (auf dem Fußboden)	k.A.	≥ 100 lx	≥ 100 lx empfohlen
19	nicht reflektierende / mattierte Kabinenwände	k.A.	empfohlen	empfohlen
20	visuell kontrastierende Gestaltung von Wänden zum Bodenbelag	empfohlen, K ≥ 0,4	empfohlen	empfohlen, K ≥ 0,4
Kabinenausstattung – Handläufe		**DIN 18040 Abschnitt 4.3.6.3/4.3.8.3**	**DIN EN 81-70:2022-12 Abschnitt 5.3.2.1**	**DIN 18040 in Korrespondenz mit DIN EN 81-70**
21	bei Aufzug Typ 1, 2 und 3: einseitiger Handlauf, Anordnung an gleicher Wand wie Fahrkorbtableau oder an Rückwand	Oberkante Handlauf: 85 bis 90 cm OKFF	Höhe Oberkante 87,5 bis 92,5 cm OKFF	Höhe Oberkante 87,5 bis 90 cm OKFF
22	bei Aufzug Typ 4 und 5: zusätzlicher zweiter Handlauf, Anordnung an gegenüberliegender Seitenwand oder Rückwand	Oberkante Handlauf: 85 bis 90 cm OKFF	Höhe Oberkante 87,5 bis 92,5 cm OKFF	Höhe Oberkante 87,5 bis 90 cm OKFF
23	rundes/ovales Handlaufprofil	Ø 3 bis 4,5 cm	Ø 3 bis 4,5 cm	Ø 3 bis 4,5 cm
24	lichter Abstand zwischen Handlauf und Wand	≥ 5 cm	≥ 3,5 cm	≥ 5 cm
25	Abrundung freier Handlaufenden zur Wand bzw. Ausbildung von geschlossenen Handlaufenden	erforderlich	erforderlich	erforderlich
Kabinenausstattung – Spiegel		**DIN 18040**	**DIN EN 81-70:2022-10 Abschnitt 5.3.2.3/ Anhang D (informativ)**	**DIN 18040 in Korrespondenz mit DIN EN 81-70**
26	Einrichtung zum Erkennen von Hindernissen beim Rückwärtsfahren, z. B. Anordnung eines Spiegels (bei Typ 1, 2 und 3)	k.A.	erforderlich	empfohlen
27	Mindestabstand zw. Spiegelunterkante und Boden	k.A.	≥ 30 cm, empfohlen	≥ 30 cm, empfohlen
Kabinenausstattung – Bodenbelag		**DIN 18040 Abschnitt 4.3.4**	**DIN EN 81-70 Abschnitt 5.3.2.4**	**DIN 18040 in Korrespondenz mit DIN EN 81-70**
28	rutschhemmender Bodenbelag	erforderlich	erforderlich	erforderlich
Bedienung nach dem Zwei-Sinne-Prinzip		**DIN 18040 Abschnitt 4.5.2/4.5.3**	**DIN EN 81-70:2022-10 Abschnitt 5.4.2.1/5.4.2.4**	**DIN 18040 in Korrespondenz mit DIN EN 81-70**
29	visuell kontrastierende Gestaltung der Befehlsgeber zum Hintergrund	erforderlich, K ≥ 0,4	erforderlich, Mindest-LRV-Punktunterschied 30	erforderlich, K ≥ 0,4
30	visuell stark kontrastierende Gestaltung der Beschriftung zum Befehlsgeber (Symbol und Geschosszahl) gemäß DIN 32975:2009-12	erforderlich, K ≥ 0,7	erforderlich, Mindest-LRV-Punktunterschied 30 (60 empfohlen)	erforderlich, K ≥ 0,7
31	taktil erfassbare Gestaltung der Beschriftung (Symbol und Geschosszahl)	erforderlich	erforderlich	erforderlich
32	optische und akustische Rufquittierung (Rückmeldung Befehlsabgabe)	erforderlich	erforderlich	erforderlich
Bedienung nach dem Zwei-Sinne-Prinzip		**DIN 18040 Abschnitt 4.5.2/4.5.3**	**DIN EN 81-70:2022-10 Abschnitt 5.4.2.1/5.4.2.4**	**DIN 18040 in Korrespondenz mit DIN EN 81-70**
33	Sprachansage und optische Anzeige für Etage bzw. Position (in der Kabine)	Lösung zur Umsetzung des Zwei-Sinne-Prinzips	erforderlich	erforderlich
34	Notrufeinrichtung mit optischer und akustischer Anzeige (gelbes/grünes Piktogramm für Notrufabgabe/-annahme)		erforderlich	erforderlich
35	Induktionsschleife als Kommunikationshilfe für Alarmeinrichtungen	k.A.	empfohlen	empfohlen
36	Induktionsschleife als Kommunikationshilfe für Sprachansagen	k.A.	empfohlen	empfohlen
DIN EN 81-70:2022-12, Anhang D (informativ) – Anleitung zur Erhöhung der Zugänglichkeit und Bedienbarkeit → Empfehlung		**DIN 18040 Abschnitt 4.3.3.2/4.3.3.5**	**DIN EN 81-70:2022-10, Anhang D (informativ)**	**DIN 18040 in Korrespondenz mit DIN EN 81-70**
37	visuell stark kontrastierende Markierung von verglasten/ transparenten (Aufzugs-)Türen, Ausführung im Wechselkontrast	erforderlich, K ≥ 0,7	empfohlen	erforderlich, K ≥ 0,7
38	lichte Höhe der (Aufzugs-)Türen	≥ 2,05 m	≥ 2,10 m	≥ 2,10 m

1) Der Übersichtlichkeit halber verkürzt für DIN 18040-1:2010-10/-2:2011-09

DIN 32975 – Visuelle Informationen im öffentlichen Raum

Die DIN 32975:2009-12 „Gestaltung visueller Informationen im öffentlichen Raum zur barrierefreien Nutzung" soll sowohl die Sicherheit als auch die Orientierung und Mobilität von Menschen mit und ohne Sehbehinderungen im öffentlichen Raum optimieren.

Sie findet Anwendung im Straßenraum wie auch in öffentlich zugänglichen Gebäuden und in Einrichtungen von Verkehrsanlagen. In dieser Norm sind z. B. relevante Gestaltungsanforderungen zu Kontrasten, Farbkombinationen, Beleuchtung, Zeichengröße sowie zu den Anbringungshöhen von Informationselementen festgelegt. Zudem formuliert sie Anforderungen an die Kennzeichnung von Hindernissen und Gefahrenstellen, die vor allem für Personen mit Sehbehinderung von großer Bedeutung sind. Sie ist dadurch eng verbunden mit der Architektur und der Gestaltung baulicher Anlagen und ergänzt diese in einigen wesentlichen Punkten. Sie ist keine eingeführte Technische Baubestimmung, entspricht jedoch den allgemein anerkannten Regeln der Technik.

DIN 32986 – Taktile Schriften

Barrierefreiheit besteht für Personen mit sensorischen Einschränkungen überwiegend in der Möglichkeit, Informationen zu Orientierung und Wegeleitung wahrnehmen zu können. Gemäß dem Zwei-Sinne-Prinzip sollten diese Informationen stets so dargeboten werden, dass sie über mindestens zwei Sinne aufgenommen werden können. Der Ausfall eines Sinnes kann auf diese Weise durch einen zweiten Sinn kompensiert werden: Für Personen mit Sehbehinderung und blinde Menschen kann die barrierefreie Informationsvermittlung z. B. über taktil erfassbare Schrift erfolgen.

Die Gestaltungsanforderungen sowohl an Profilschrift als auch an Brailleschrift werden in der DIN 32986:2019-06 „Taktile Schriften und Beschriftungen – Anforderungen an die Darstellung und Anbringung von Braille- und erhabener Profilschrift" formuliert. Sie gilt für Verkehrsanlagen, öffentlich zugängliche Gebäude sowie für Gemeinschaftseinrichtungen von Wohnanlagen. Beschrieben wird in ihr z. B. die Beschriftung von Handläufen, Türen, Aufzugstableaus, Bedienelementen und tastbaren Lageplänen.

Die DIN 32986 wurde auf europäische Ebene überführt und erhält somit zukünftig die neue Normnummer DIN EN 18156. In diesem Zusammenhang wurde das Dokument umstrukturiert und hat eine inhaltliche Überarbeitung erfahren, um die Konsensfindung auf europäischer Ebene abzubilden.

DIN 18041 – Hörsamkeit in kleinen bis mittelgroßen Räumen

Die DIN 18041:2016-03 „Hörsamkeit in Räumen – Anforderungen, Empfehlungen und Hinweise für die Planung" formuliert raumakustische Anforderungen an Räume mit einem Raumvolumen bis etwa 5.000 m^3 und für Sport- und Schwimmhallen bis 30.000 m^3. In ihr werden Maßnahmen festgelegt, um eine ausreichende Hörsamkeit zur barrierefreien sprachlichen Kommunikation sicherzustellen, sodass diese von Menschen mit auditiven Einschränkungen, aber auch von allen Beteiligten besser wahrgenommen werden kann. Hierbei spielt die Nachhallzeit im Raum eine entscheidende Rolle. Diese ist sowohl vom Raumvolumen als auch von der Nutzungsart abhängig. Unterschieden werden bei Räumen der Gruppe A folgende Nutzungsarten:

- A1: „Musik"
- A2: „Sprache/Vortrag"
- A3: „Unterricht/Kommunikation" sowie „Sprache/Vortrag inklusiv"
- A4: „Unterricht/Kommunikation inklusiv"
- A5: „Sport"

Entsprechend der gewählten Nutzungsart sind bestimmte Sollwerte für die Nachhallzeit einzuhalten. Dabei gilt grundsätzlich, dass Personen mit Höreinschränkungen Sprache umso besser verstehen, je kürzer die Nachhallzeit ist. Die Berechnung und Planung der raumakustischen Maßnahmen obliegt in der Regel der Fachplanung für Raumakustik, wodurch eine Schnittstelle zur Fachplanung Barrierefreiheit gebildet wird.

Neben den rein baulichen Maßnahmen, z. B. Schallabsorbern, werden auch Hilfsmittel zur Verbesserung der Sprachverständlichkeit in Form von Beschallungssystemen genannt. Es gibt drei Signalübertragungssysteme, für die jeweils Einsatzbedingungen sowie ihre Vor- und Nachteile aufgezeigt werden:

- induktive Übertragung
- Funk-Übertragung (FU)
- Infrarot-Übertragung (IR)

Alle drei Systeme ermöglichen eine direkte Tonsignalübertragung zur jeweiligen schwerhörigen Person. Die induktive Übertragung ist jedoch das einzige Signalübertragungssystem, das bei Hörgeräten mit einer „Telefonspule" eine Signalübertragung ohne Zusatzgerät ermöglicht. Somit eignet sich die induktive Übertragung besonders gut in öffentlichen Räumen.

Für eine adäquate technische Ausstattung wird die Beratung und Planung durch ein Büro für Elektroakustik empfohlen. Auch bei der Umsetzung von technischen Höranlagen besteht eine Schnittstelle zur Fachplanung Barrierefreiheit.

Die DIN 18041 gilt als allgemein anerkannte Regeln der Technik, ist jedoch nicht bauaufsichtlich eingeführt.

DIN 18065 – Treppen

Die DIN 18065:2020-08 „Gebäudetreppen – Begriffe, Messregeln, Hauptmaße" steht in keinem direkten Bezug zum barrierefreien Bauen. Sie wird jedoch in dieser Zusammenstellung erwähnt, da in ihr die maßgeblichen Anforderungen an Treppen im Bauwesen festgelegt wurden. Die Norm legt Begriffe, Messregeln, Hauptmaße und Toleranzen für Treppen fest. Sie gilt nicht für Fahrtreppen oder Freitreppen im Gelände.

Auf die Bedeutung von durchgängigen Handläufen ohne Höhenversprünge sei hier explizit hingewiesen. Die Pla-

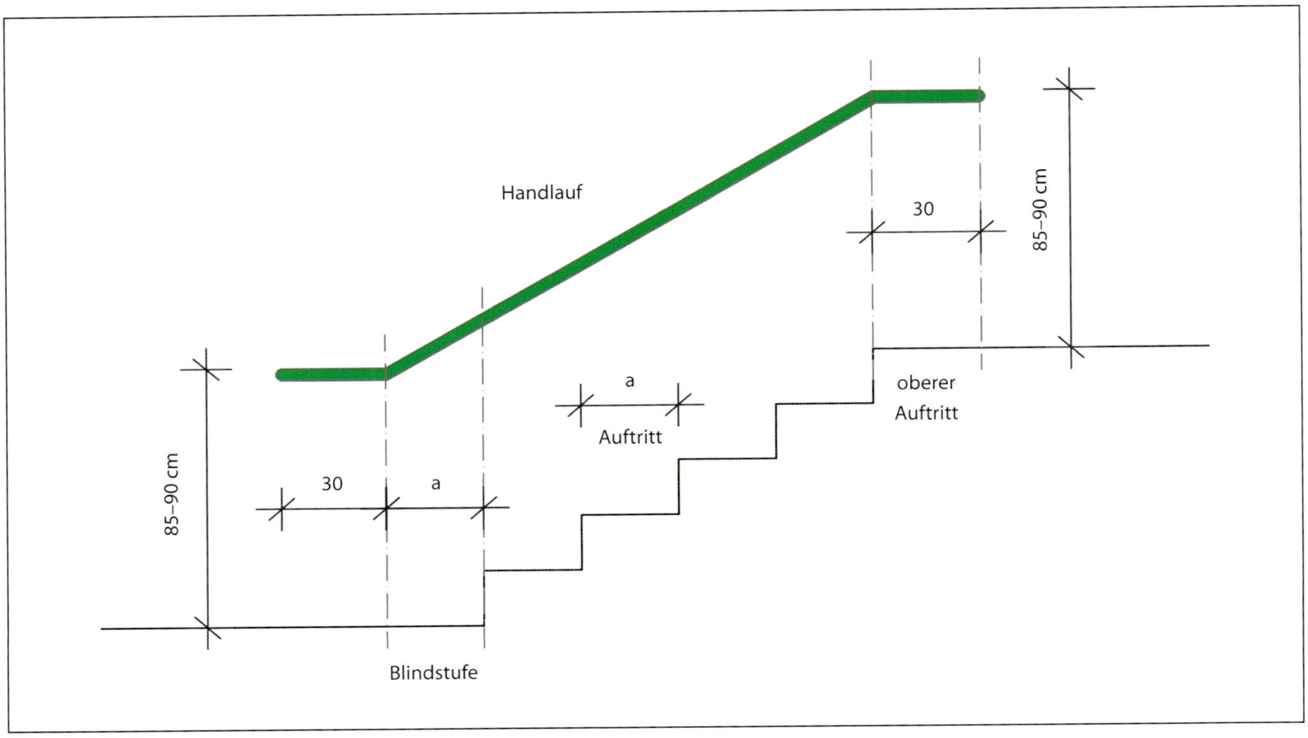

Abb. 2.6: Barrierefreie Handlaufgestaltung

nung von barrierefreien Handläufen hat erhebliche Auswirkungen auf die Treppenkonstruktion und erfordert in der Regel eine konsequente Ausbildung von sogenannten „Blindstufen" am unteren Ende der Treppenläufe.

Daher empfiehlt es sich, bereits in der Entwurfsplanung Treppen- und Handlaufkonstruktion aufeinander abzustimmen und mit den Anforderungen an eine barrierefreie Gestaltung abzugleichen (siehe Abb. 2.6).

In Bezug auf die Einhaltung erforderlicher Fluchtwegbreiten ist darüber hinaus der Platzbedarf für die beidseitige Handlaufausbildung am Treppenlauf sowie die durchgängige Weiterführung am Treppenpodest zu berücksichtigen. Eine barrierefreie Treppen- und Handlaufgestaltung hat nicht selten eine Vergrößerung der Treppengrundfläche zur Folge.

Die DIN 18065 gilt als allgemein anerkannte Regel der Technik und ist in der Muster-Verwaltungsvorschrift Technische Baubestimmungen (MVV TB) eingeführt. Die Erläuterungen zur Einführung sind zu beachten.

DIN EN 12464-1 – Licht und Beleuchtung

Die DIN 12464-1:2021-11 „Licht und Beleuchtung – Beleuchtung von Arbeitsstätten – Teil 1: Arbeitsstätten in Innenräumen" hat nur am Rande mit dem barrierefreien Bauen zu tun, bietet aber dennoch einen guten Anhaltspunkt zur Optimierung bei der Beleuchtungsplanung. Dementsprechend wird eine Erhöhung der üblichen für den Nutzungsbereich oder die Tätigkeit festgelegten Beleuchtungsstärke empfohlen, wenn für die auszuführende Tätigkeit (die sogenannten *Sehaufgaben*) besondere Aspekte gelten. Diese können darin bestehen, dass z. B. eine besondere Genauigkeit oder erhöhte Konzentration erforderlich ist. Auch eine ungewöhnlich lange Beschäftigung mit der Sehaufgabe oder ein Raum mit wenig Tageslicht können hierbei eine Rolle spielen. Der für die Barrierefreiheit entscheidende Aspekt liegt dann vor, wenn die Sehfähigkeit des Arbeitnehmers unter dem üblichen Sehvermögen liegt. Eine Erhöhung der Beleuchtungsstärke kann in diesem Fall dazu beitragen, dass das geringere Sehvermögen teilweise ausgeglichen wird. Die Berücksichtigung dieser Optimierungsmöglichkeit und die Umsetzung erfolgen in der Regel durch die Fachplanung für Beleuchtung.

DIN 18531-5 und DIN 18533-1 – Abdichtung

Ebenso wie die DIN EN 12464-1 haben auch die beiden Abdichtungsnormen DIN 18531-5:2025-08 „Abdichtung von Dächern sowie von Balkonen, Loggien und Laubengängen – Teil 5: Balkone, Loggien und Laubengänge" sowie DIN 18533-1:2017-07 „Abdichtung von erdberührten Bauteilen – Teil 1: Anforderungen, Planungs- und Ausführungsgrundsätze" (Entwurf: DIN 18533-1:2023-10) keinen direkten Bezug zum barrierefreien Bauen. Dennoch geben sie Ausführungshinweise für die Planung von Nullschwellen, die an der Schnittstelle zwischen Gebäude und Außenraum häufig zu Diskussionen führen. Gegenstand ist die korrekte Ausführung der Abdichtung und das Verhindern von Wassereintritt bei fehlender Aufkantung im Türschwellenbereich. In beiden Normen wird darauf hingewiesen, dass niveaugleiche Übergänge abdichtungstechnische Sonderkonstruktionen sind und eine objektkonkrete Einzelfallbetrachtung erfordern. In der Regel kann die Abdichtungsschicht allein nicht die Dichtheit am Türanschluss gewährleisten und das Eindringen von Wasser oder das

Hinterlaufen der Abdichtung verhindern. Es sind daher zusätzliche planerische Maßnahmen vorzusehen, um die Türschwelle vor starker Wassereinwirkung zu schützen, z. B. Entwässerungsrinnen, Vordächer oder Fassadenrücksprünge.

Damit wird verdeutlicht, dass die Ausführung von Nullschwellen einer besonderen planerischen Aufmerksamkeit bedarf und bauliche Zusatzmaßnahmen erfordert, die zunächst nicht unbedingt mit dem Bauteil Türschwelle in Verbindung gebracht werden.

2.3.4 VDI-Richtlinien

VDI-Richtlinien gelten als allgemein anerkannte Regeln der Technik und sind ein hilfreiches Werkzeug im Planungsprozess. Die Richtlinien des Vereins Deutscher Ingenieure (VDI) sind jedoch zunächst nur dann als verbindlich anzusehen, wenn ihre Anwendung explizit vereinbart wird. Alle 5 Jahre werden die VDI-Richtlinien einer internen Kontrolle unterzogen, um zu prüfen, ob sie noch den Stand der Technik widerspiegeln. Im Vergleich zu DIN-Normen erheben sie demzufolge einen höheren Anspruch auf Aktualität.

Die nachfolgend vorgestellten VDI-Richtlinien sind nicht als technische Baubestimmungen eingeführt.

VDI 6008 Blatt 1 bis 7 – Barrierefreie Lebensräume

Die VDI 6008 „Barrierefreie Lebensräume" ist eine Richtlinienreihe, die – ergänzend zur DIN 18040 – die nutzergruppenspezifischen Bedarfe von Menschen mit Behinderung nennt und deren Anforderungen an Lebens- und Arbeitsräume sowie an Gebäudetechnik aufzeigt (siehe Abb. 2.7). Gemäß VDI 6008 Blatt 1 bedeutet Barrierefreiheit,

„dass Liegenschaften und ihre Technische Gebäudeausrüstung von Menschen in jedem Alter, mit und ohne Behinderung auffindbar sind, betreten oder befahren und selbstständig sowie weitgehend ohne fremde Hilfe benutzt werden können und damit individuelle Potenziale zum eigenständigen Handeln nicht einschränken." (Entwurf VDI 6008 Blatt 1 „Barrierefreie Lebensräume – Allgemeine Anforderungen und Planungsgrundlagen", Januar 2025, S. 3)

Abb. 2.7: Aufbau der VDI-Richtlinienreihe 6008

Das erste Blatt der Reihe thematisiert grundlegende Aspekte der Barrierefreiheit und dient als Grundlagenblatt für alle weiteren Blätter. In den Blättern 2 bis 4 werden sowohl Möglichkeiten aufgezeigt, um Barrieren im Zuge der Technischen Gebäudeausrüstung zu vermeiden, als auch alternative barrierefreie Lösungen für die Planung von Aufzügen, Türen und Toren sowie Bild- und Schriftzeichen.

Das jüngste Richtlinienprojekt beschäftigt sich mit der Thematik der barrierefreien Rettungsmöglichkeiten für Menschen mit Behinderung. In Blatt 7 „Barrierefreie Lebensräume – Brandschutz" wird beschrieben werden, welche Voraussetzungen für eine barrierefreie Rettung erfüllt sein müssen und wie die Lösungsansätze dazu aussehen. Im Vordergrund steht jedoch die Sensibilisierung von Planern und Gebäudebetreibern dafür, dass die herkömmlichen Rettungsmethoden häufig nicht für eine barrierefreie Rettung ausreichen und dass infolgedessen ein Umdenken stattfinden muss. In Ergänzung zu den baurechtlichen Anforderungen sind vor allem – aber nicht ausschließlich – die Belange von Personen mit Mobilitätseinschränkungen zu berücksichtigen. Für sie müssen gesonderte Rettungsstrategien entwickelt werden.

Der Aufbau der Richtlinienreihe VDI 6008 „Barrierefreie Lebensräume" ist in Abb. 2.7 veranschaulicht.

Eine Besonderheit der VDI-Richtlinienreihe 6008 ist die Formulierung von nutzergruppenspezifischen Anforderungen. Die Differenzierung diverser Einschränkungsarten geht dabei deutlich über die in der DIN 18040 hinaus. Im Folgenden werden die Nutzergruppen gemäß VDI-Richtlinie 6008 Blatt 1 aufgelistet:

- Menschen mit eingeschränkter Bewegungsfähigkeit
  - Menschen, die einen Rollstuhl benutzen
  - Menschen mit Beeinträchtigungen beim Gehen
  - Menschen mit reduzierter Hand- und/oder Armfunktion, Kraft
  - Menschen mit abweichendem Körperbau und/oder abweichender Statur
- Menschen mit eingeschränkter Sehfähigkeit (visuell)
  - Menschen mit Beeinträchtigungen des Sehens
  - Menschen, die blind sind

- Menschen mit eingeschränkter Hörfähigkeit (auditiv)
  - Menschen mit Beeinträchtigungen des Hörens
  - Menschen, die gehörlos sind
- Menschen mit Einschränkungen kognitiver Funktionen
  - Menschen mit Lernschwierigkeiten
  - Menschen mit Demenz
- Menschen mit anderen Anforderungen
  - taubblinde Menschen
  - Menschen mit und ohne Behinderung, die als Fußgänger andere Menschen befördern oder Gegenstände transportieren (Kinderwagen, Trolley …)

VDI 6000 Blatt 1 bis 6 – Ausstattung von und mit Sanitärräumen

Die VDI 6000 „Ausstattung von und mit Sanitärräumen" ist eine sechsteilige Richtlinienreihe, in der diverse Hinweise für die Planung, Bemessung und Ausstattung von Sanitärräumen für unterschiedliche Nutzerkreise zu finden sind (siehe Abb. 2.8). Neben allgemeingültigen Aspekten, die Hygiene, Komfort, Funktionalität, Energieeffizienz, Sicherheit und Wirtschaftlichkeit betreffen, werden Empfehlungen zur Schaffung barrierefreier Sanitärräume formuliert.

Die aufgeführten Aspekte zur Barrierefreiheit betreffen insbesondere die Grundrissplanung, die Abmessungen von Bewegungsflächen und die sanitären Ausstattungsgegenstände sowie deren Armaturen. Die Reihe wurde im Jahr 2024 komplett überarbeitet und aktualisiert.

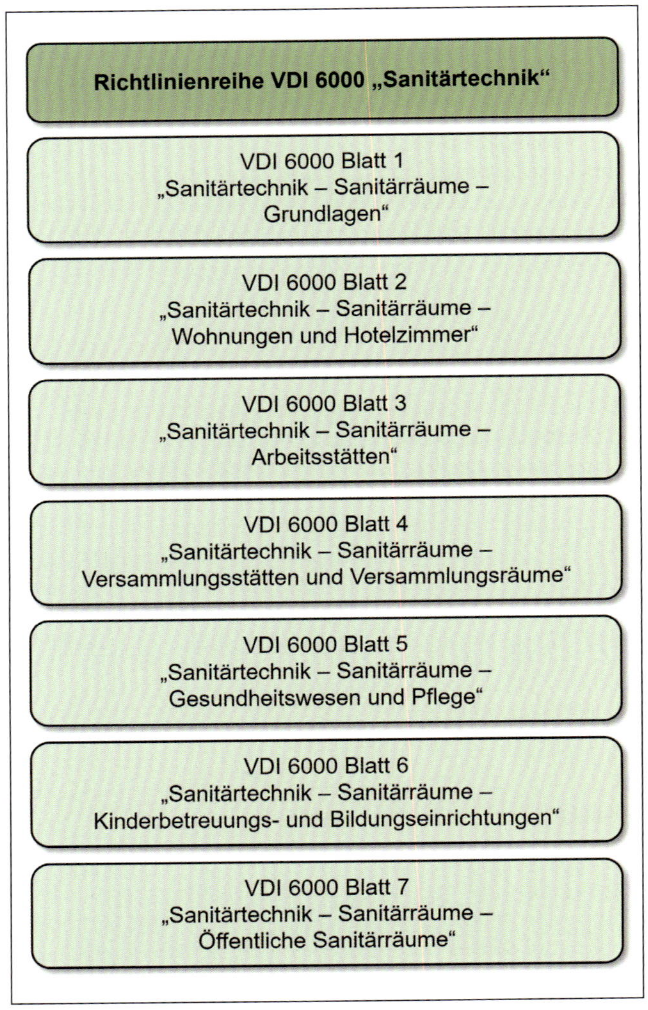

Abb. 2.8: Aufbau der VDI-Richtlinienreihe 6000

VDI 6017– Aufzüge – Steuerungen für den Brandfall

Die VDI 6017:2024-10 „Aufzüge – Steuerungen für den Brandfall" beschreibt, wie die Steuerung von Aufzügen im Brandfall funktionieren soll. Neben einer sofortigen Abschaltung im Brandfall wird auch eine begrenzte Betriebszeitenverlängerung von Aufzügen beschrieben, die unter bestimmten Voraussetzungen möglich ist. Auf dieser Grundlage können Aufzüge in Flucht- und Rettungswegkonzepte integriert und barrierefreie Rettungswege für mobilitätseingeschränkte Personen geschaffen werden.

Diese sogenannten *Selbstrettungsaufzüge* der Stufe B verfügen über erhöhte Sicherheitsmerkmale und können bei unkritischen Brandereignissen weiterbetrieben werden (siehe Abb. 2.9). Als „unkritisches Brandereignis" bezeichnet man im Sinne der VDI 6017 ein *„detektiertes Brandereignis, bei dem eine sichere Aufzugsnutzung weiterhin möglich ist"* (VDI 6017:2015-08, S. 8).

Die Sicherheitsmerkmale und die Grenzen einer Betriebszeitenverlängerung von Aufzügen der Stufe B werden in Ziffer 5 definiert.

Der sogenannte Selbstrettungsaufzug der Stufe B muss beispielsweise einen brandschutztechnisch abgetrennten Aufzugsvorraum besitzen und über einen direkten Zugang zum notwendigen Treppenraum verfügen; der Aufzug kann auch unmittelbar im Treppenraum angeordnet werden. Als wesentliche technische Eigenschaften sind die Ausrüstung des Gebäudes mit einer flächendeckenden Brandmeldeanlage sowie die Ausrüstung des Aufzuges mit einer gesicherten Stromversorgung zu nennen. Diese und weitere Eigenschaften ermöglichen den Weiterbetrieb des Aufzuges,

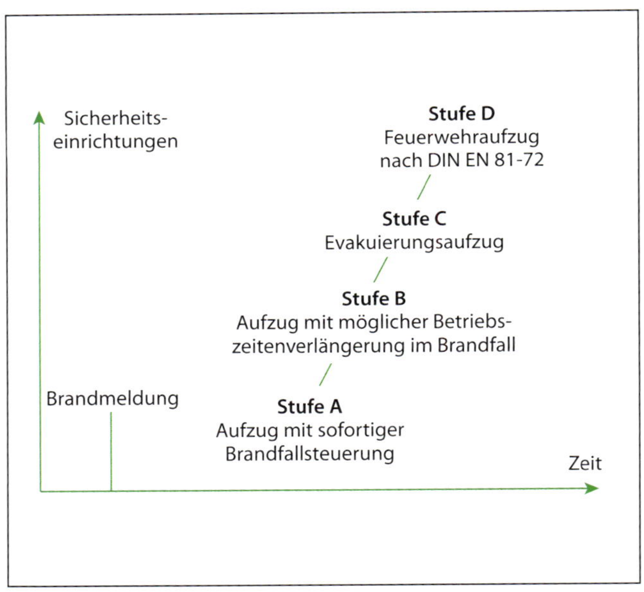

Abb. 2.9: Ausstattungsstufen von Aufzügen gemäß VDI 6017

sodass er beispielsweise zur Eigenrettung von Personen mit Mobilitätseinschränkungen genutzt werden kann.

Da die Positionierung der vertikalen Erschließungselemente innerhalb des Gebäudes entscheidend für einen möglichen verlängerten Weiterbetrieb ist, sollten sich die Planer frühzeitig mit dem Thema barrierefreie Selbstrettung beschäftigen. Nur so können die baulichen und technischen Voraussetzungen entwurfstechnisch entsprechend umgesetzt werden.

VDI 4062 – Evakuierung

Die VDI 4062:2016-04 thematisiert die „Evakuierung von Personen im Gefahrenfall". Eine Evakuierung ist im Sinne der Richtlinie eine *„organisierte Verlegung von Menschen aus einem akut gefährdeten Bereich in einen sicheren Bereich"* (VDI 4062:2016-04, S. 6).

Die VDI 4062 beschreibt, wie Evakuierung als Selbstrettung organisiert und durchgeführt werden kann, und betrachtet dabei auch die Schnittstellen zur Fremdrettung, insbesondere auch bei Menschen mit Behinderung. Sie bietet bauliche, technische und organisatorische Lösungsmethoden und behandelt detailliert auch das Thema der Alarmierung über verschiedene Kanäle.

Im Zuge der Überarbeitung und Aktualisierung wurde die VDI 4062 auf mehrere Blätter aufgeteilt. Dabei befasst sich Blatt 1 mit den Grundlagen.

2.4 Arbeitsstättenrecht

Als Voraussetzung für eine gleichberechtigte Teilhabe von Menschen mit Behinderung am Berufsleben sind auch die Arbeitsstätten barrierefrei zu gestalten. Die sozialrechtlichen Grundlagen für die Beschäftigung von Menschen mit Behinderung sind im Sozialgesetzbuch (SGB) IX geregelt. Hieraus ergibt sich für private und öffentliche Arbeitgeber ab einer bestimmten Anzahl an Arbeitsplätzen die Pflicht, einen Teil dieser Arbeitsplätze mit Menschen mit Behinderung zu besetzen (gemäß § 154 SGB IX „Pflicht der Arbeitgeber zur Beschäftigung schwerbehinderter Menschen"). Wird dieser Forderung nicht nachgekommen, sind für jeden nicht entsprechend besetzten Arbeitsplatz Ausgleichsabgaben zu zahlen. Diese Ausgleichsabgaben sind an das Integrationsamt zu leisten und fließen in Ausgleichfonds ein, die zur besonderen Förderung der Einstellung und Beschäftigung von Menschen mit Behinderung dienen (gemäß § 160 SGB IX „Ausgleichsabgabe"). Im Gesetz wird explizit darauf hingewiesen, dass die Zahlung von Ausgleichabgaben nicht von der Pflicht zur Beschäftigung von Menschen mit Behinderung entbindet.

Aus dieser grundlegenden Verpflichtung lassen sich jedoch zunächst noch keine weiteren Forderungen hinsichtlich der barrierefreien Gestaltung von Arbeitsstätten ableiten. Hierzu ist die Bezugnahme zum Arbeitsstättenrecht erforderlich. Die Anforderungen für die Einrichtung und den Betrieb von Arbeitsstätten sind in der Arbeitsstättenverordnung geregelt.

2.4.1 Arbeitsstättenverordnung

Die Arbeitsstättenverordnung (ArbStättV) enthält Mindestvorschriften für die Sicherheit und den Gesundheitsschutz von Beschäftigten und wird konkretisiert durch die Technischen Regeln für Arbeitsstätten (ASR). Durch die Berücksichtigung der Regeln bei Neubau- und Umbauvorhaben werden demnach die baulichen und technischen Grundlagen für den Betrieb der Arbeitsstätte geschaffen. Arbeitsstättenverordnung und Technische Regeln für Arbeitsstätten sind Gegenstand des Arbeitsstättenrechts und daher losgelöst vom Baurecht zu betrachten. Ihre Einhaltung wird weder im Zuge der Baugenehmigung geprüft noch bei der baubehördlichen Schlussabnahme kontrolliert. Das Arbeitsstättenrecht steht als Bundesrecht im Rang über dem föderalen Bauordnungsrecht. Weiterführende Hinweise zur barrierefreien Gestaltung von Arbeitsstätten werden in Kapitel 3.4.4 erläutert.

2.4.2 Technische Regeln für Arbeitsstätten

Seit der Neuauflage der DIN 18040 gehören Arbeitsstätten nicht mehr zum Anwendungsbereich der Norm. Zum einen ist dies in der oben beschriebenen Trennung zwischen Baurecht und Arbeitsstättenrecht begründet. Zum anderen wäre eine generelle Forderung nach einer barrierefreien Arbeitsplatzgestaltung, die unabhängig von den dort ausgeübten Tätigkeiten besteht, als unverhältnismäßig anzusehen.

Es war also erforderlich, ergänzend zur DIN 18040 Anforderungen für eine barrierefreie Gestaltung von Arbeitsstätten zu formulieren. Der Ausschuss für Arbeitsstätten (ASTA) der Bundesanstalt für Arbeitsschutz und Arbeitsmedizin (BAuA) entwickelt und betreut die Technischen Regeln für Arbeitsstätten und hat in diesem Zusammenhang im August 2012 die ASR V3a.2 „Barrierefreie Gestaltung von Arbeitsstätten" veröffentlicht.

Arbeitsstättenrichtlinien (ASR) wurden erstmalig als Ergänzung der Arbeitsstättenverordnung von 1975 veröffentlicht. Zum Ende des Jahres 2012 haben diese Richtlinien jedoch ihre Gültigkeit verloren und wurden durch die *Technischen Regeln für Arbeitsstätten* abgelöst, die ebenfalls mit ASR abgekürzt werden. Die ASR V3a.2 gab es vorher nicht als Arbeitsstättenrichtlinie, sie kam im Zuge dieser Ablösung erst neu hinzu.

Die ASR V3a.2 besteht aus einem allgemeinen Teil und aus diversen Anhängen, in denen Anforderungen an die Barrierefreiheit formuliert sind. Die Anhänge beziehen sich jeweils auf eine andere ASR und ergänzen diese. Um alle Anforderungen an die Barrierefreiheit zu verstehen, ist es daher notwendig, nicht nur den Anhang zu lesen, sondern auch die ASR, auf die sich der Anhang bezieht. Die ASR für barrierefreie Arbeitsstätten wird fortlaufend ergänzt. Tabelle 2.2 zeigt, welche Anhänge bereits veröffentlicht wurden und welche Ergänzungen nach Aussage des ASTA derzeit in Bearbeitung sind.

Tabelle 2.2: Übersicht der Anhänge zur ASR V3a.2 (Stand: 05-2025) (Quelle: Bundesanstalt für Arbeitsschutz und Arbeitsmedizin, Technische Regeln für Arbeitsstätten (ASR), Übersicht zu den bisher in der ASR V3a.2 „Barrierefreie Gestaltung von Arbeitsstätten" veröffentlichten sowie geplanten Anhängen)

Technische Regeln für Arbeitsstätten – ASR (Stand: 05-2025)		**Anhang zur ASR V3a.2**		
		veröffentlicht	**geplant**	**nicht vorgesehen**
ASR A1.2	Raumabmessungen und Bewegungsflächen	×		
ASR A1.3	Sicherheits- und Gesundheitsschutzkennzeichnung	×		
ASR A1.5	Fußböden	×		
ASR A1.6	Fenster, Oberlichter, lichtdurchlässige Wände	×		
ASR A1.7	Türen und Tore	×		
ASR A1.8	Verkehrswege	×		
ASR A2.1	Schutz vor Absturz und herabfallenden Gegenständen, Betreten von Gefahrenbereichen			×
ASR A2.2	Maßnahmen gegen Brände	×		
ASR A2.3	Fluchtwege und Notausgänge	×		
ASR A3.4	Beleuchtung und Sichtverbindung			×
ASR A3.5	Raumtemperatur			×
ASR A3.6	Lüftung			×
ASR A3.7	Lärm		×	
ASR A4.1	Sanitärräume		×	
ASR A4.2	Pausen- und Bereitschaftsräume	×		
ASR A4.3	Erste-Hilfe-Räume, Mittel und Einrichtungen zur Ersten Hilfe	×		
ASR A4.4	Unterkünfte	×		
ASR A5.2	Straßenbaustellen			×
ASR V3	Gefährdungsbeurteilung	Die Aspekte der Barrierefreiheit sind in der ASR V3 direkt enthalten.		
ArbStättV	Nummer 4 des Anhangs bezüglich Kantinen	×		

Die ASR spiegeln den Stand der Technik wider und ihre Einhaltung wird zur Erstellung eines mängelfreien Werks gemäß Werkvertragsrecht geschuldet. Ähnlich wie bei der DIN 18040 können auch hier die Anforderungen bzw. Schutzziele auf andere Art und Weise umgesetzt werden. Es besteht das Prinzip der „Vermutungswirkung und Beweislastumkehr". Das bedeutet, dass bei der Einhaltung der Anforderungen gemäß ASR davon ausgegangen werden kann, dass alle Schutzziele, die die Sicherheit und den Gesundheitsschutz betreffen, erfüllt werden und die Arbeitsstätte ordnungsgemäß bzw. der ArbStättV gemäß eingerichtet und betrieben werden kann (*Vermutungswirkung*). Wird jedoch aus bestimmten Gründen von den Anforderungen der ASR abgewichen, so liegt es in der Verantwortung des Planers bzw. des Arbeitgebers, nachzuweisen, dass das gleiche Schutzniveau erreicht wird und dass aus der alternativen Umsetzung keine Gefährdung für die Beschäftigten entsteht (*Beweislastumkehr*).

2.4.3 Gegenüberstellung von DIN 18040-1 und ASR V3a.2

Obwohl beide technischen Regelwerke (DIN 18040-1 und ASR V3a.2) die barrierefreie Auffindbarkeit, Zugänglichkeit und Nutzbarkeit zum Ziel haben, unterscheiden sich die Anforderungen teilweise sehr voneinander. Da die ASR den Fokus vor allem auf die Sicherheit und den Gesundheitsschutz richtet, werden sicherheitsrelevante Anforderungen, wie z. B. die barrierefreie Informationsvermittlung von Warn- oder Alarmsignalen oder besondere Maßnahmen für Flucht- und Rettungsmöglichkeiten, schwerpunktmäßig betrachtet. Darüber hinaus ergeben sich differente Anforderungen auch aus bestimmten Nutzungen und Raumzuordnungen, die nur für Arbeitsstätten relevant sind. Tabelle 2.3 mit der Gegenüberstellung von DIN 18040-1 und ASR V3a.2 gibt einen Überblick über gleiche und unterschiedliche Anforderungen für bestimmte Bauteile bzw. bauliche Situationen.

Tabelle 2.3: Gegenüberstellung DIN 18040-1 und ASR V3a.2 (Quelle: „Atlas barrierefrei bauen", Hrsg. Nadine Metlitzky und Lutz Engelhardt, Kap. B 15.4)

Anforderungen nach DIN 18040-1:2010-10, Abschnitt	**Art der Einschränkung**	**Anforderung nach ASR V3a.2 (Stand: 05-2025), Anhang**	**Hinweise/ Erläuterungen**
		Anwendungsbereich	
• öffentlich zugängliche Gebäude und deren Außenanlagen, die der Erschließung und gebäudebezogenen Nutzung dienen • Gebäudeteile, die für die Nutzung durch die Öffentlichkeit vorgesehen sind		• Arbeitsstätten, in denen Menschen mit Behinderungen und deren gleichgestellte Beschäftigte beschäftigt werden • Bereiche der Arbeitsstätte, zu denen diese Beschäftigten Zugang haben müssen • zusätzlich: Berücksichtigung der individuellen Erfordernisse bei der Arbeitsplatzgestaltung	Unterschiedliche Anwendungsbereiche und Personengruppen beachten.
		Infrastruktur/Raumabmessungen und Bewegungsflächen	
4.1 Allgemeines • von öffentlicher Verkehrsfläche bis zum Ort der zweckmäßigen Nutzung im Gebäude • Bewegungsfläche bei Begegnung zweier Rollstuhlnutzer: 1,80 × 1,80 m • Bewegungsfläche bei Begegnung eines Rollstuhlnutzers und einer Person: 1,50 × 1,50 m • Bewegungsfläche für Richtungswechsel und Rangiervorgänge: 1,50 × 1,50 m • Breite 1,20 m bei geringer Länge und ohne Richtungsänderung/Begegnung • Breite 0,90 m bei Türöffnungen und Durchgängen mind. 2,20 m nutzbare Höhe über Verkehrsflächen (ausgenommen sind Türen)	   	**A1.8 Verkehrswegbreite** zu 4.2 (9, 10, 11) • lichte Breite (von Fluchtwegen): mind. 1,00 m • bei Begegnung eines Rollstuhlnutzers mit einer anderen Person: Breite mind. 1,50 m • bei Begegnung zweier Rollstuhlnutzer: Breite mind. 1,80 m • abweichend davon: Breite 1,00 m ausreichend, wenn Verkehrsweg bis Bewegungsfläche einsehbar	ASR Anforderungen sind bzgl. der Breite von Fluchtwegen geringer als die der Norm.
	 	**A1.8 zu 4.2 (10) Begegnungsflächen** • bei Begegnung eines Rollstuhlnutzers mit einer anderen Person: mind. 1,50 × 1,50 m • bei Begegnung zweier Rollstuhlnutzer: mind. 1,80 × 1,80 m	Beide Anforderungen sind konfliktfrei zueinander.
		**A4 (1) Erreichbarkeit von Kantinen** • soll leicht und direkt erreichbar sein	Beide Anforderungen sind konfliktfrei zueinander.
	 	**A4.4 (5) Räume – Unterkünfte** • Bewegungsflächen innerhalb von Räumen für Rollstuhlnutzer: 1,50 × 1,50 m • Bewegungsflächen innerhalb von Räumen für Rollatornutzer: 1,20 × 1,20 m	Beide Anforderungen sind konfliktfrei zueinander.
		A1.2 zu 5 (3) Allgemeines, Bewegungsfreiraum am Arbeitsplatz • Berücksichtigung der individuellen Erfordernisse • bei Bedarf weitere Zuschläge für individuelle Hilfsmittel (z. B. Prothesen, Unterarmgehhilfen)	Beide Anforderungen sind konfliktfrei zueinander.
	 	**A4 (9, 10, 12.4, 12.5) Stell- und Bewegungsflächen in Kantinen** • Bewegungsflächen von 1,50 × 1,50 m sowie mind. 0,90 m breite Durchgänge • Bewegungsflächen von 1,20 × 1,20 m sowie mind. 0,80 m breite Durchgänge	Beide Anforderungen sind konfliktfrei zueinander.

Tabelle 2.3: (Fortsetzung)

Anforderungen nach DIN 18040-1:2010-10, Abschnitt	Art der Einschränkung	Anforderung nach ASR V3a.2 (Stand: 05-2025), Anhang	Hinweise/ Erläuterungen
4.3.9 Rollstuhlabstellplätze • in Gebäuden, die einen Rollstuhlwechsel erforderlich machen • Bewegungsfläche für Rollstuhlwechsel (am Platz): B × T mind. 1,80 × 1,50 m • Bewegungsfläche vor Rollstuhlabstellplätzen: B × T mind. 1,80 × 1,50 m		**A1.2 zu 5.1 (5, 6) Grundflächen von Arbeitsräumen** • bei Bedarf zusätzliche Flächen für persönliche Assistenz, Assistenzhunde, med. Hilfsmittel oder E-Rollstühle • innerhalb des Arbeitsraumes: Umsetzfläche von mind. 1,50 × 1,50 m (Rollstuhl auf Arbeitsstuhl) • außerhalb des Arbeitsraumes: Umsetzfläche von mind. B × T = 1,50 × 1,80 m (Außen- auf Innenrollstuhl)	ASR Anforderung unterschreitet die Größe der Bewegungsflächen der Norm.
		A1.2 zu 5.1 (6, 7) Bewegungsflächen am Arbeitsplatz, **A4 (11) Bewegungsflächen in Kantinen** • bei Nichtunterfahrbarkeit von Ausstattungselementen: mind. 1,50 × 1,50 m • bei Unterfahrbarkeit von Ausstattungselementen: mind. B × T = 1,50 × 1,20 m	Beide Anforderungen sind konfliktfrei zueinander.
		A4 (9) Umsetzen vom Rollstuhl auf andere Sitzgelegenheit in Kantinen • Bewegungsfläche von mind. B × T = 1,50 × 1,50 m	Beide Anforderungen sind konfliktfrei zueinander.
		A1.2 zu 5.5 (9) Flächen für Sicherheitsabstände • bei seitlicher Anfahrt mind. 0,90 m Sicherheitsabstand zur Vermeidung von Ganzkörperquetschungen	ASR Anforderung ist höher als die der Norm.
Äußere Erschließung/Zugang zum Gebäude			
Gehwege, Verkehrsflächen/Verkehrswege			
4.2.1 Gehwege, Verkehrsflächen • Wegbreite bei Wegen bis 15 m Länge: mind. 1,50 m • Begegnungsfläche nach 15 m Länge: mind. 1,80 × 1,80 m • Wegbreite bei Wegen bis 6 m Länge, ohne Richtungsänderung mind. 1,20 m, mit Wendemöglichkeit am Anfang und Ende des Weges von mind. 1,50 × 1,50 m • feste und ebene Oberfläche • leicht und erschütterungsarm befahrbar • Längsneigung max. 3 % • Querneigung max. 2,5 % • Längsneigung bis 10 m Weglänge max. 6 %, danach Anordnung von Zwischenpodesten • Länge der Zwischenpodeste nach 10 m Länge mind. 1,50 m • Neigung der Zwischenpodeste max. 3 % • taktile Erfassbarkeit des Gehweges • lichte Höhe über Verkehrswegen mind. 2,20 m		**A1.8 zu 4.1 (1) Allgemeines** • Querneigung max. 2,5 %	Beide Anforderungen sind konfliktfrei zueinander.
		A1.8 zu 4.1 (4) Schwellen • schwellenlose Gestaltung • wenn technisch unabdingbar: Höhe von Schwelle max. 2 cm	Bei technischer Unabdingbarkeit einer Schwelle erweitert die ASR die Anforderung der Anschrägung einer solchen Schwelle.
		A1.8 zu 4.1 (7) Verkehrskreuzungen und -einmündungen • bei Verwendung von Drehkreuzen: alternativen Verkehrsweg einrichten	ASR Anforderung konkretisiert die Alternativlösung.

Tabelle 2.3: (Fortsetzung)

Anforderungen nach DIN 18040-1:2010-10, Abschnitt	**Art der Einschränkung**	**Anforderung nach ASR V3a.2 (Stand: 05-2025), Anhang**	**Hinweise/ Erläuterungen**
		Horizontale Erschließung im Gebäude	
		Flure und sonstige Verkehrsflächen/Verkehrswege	
4.3.1/4.3.2 Allgemein • Längsneigung max. 3 % • Längsneigung bis 10 m Länge max. 4 % • Breite von Durchgängen mind. 0,90 m • Flurbreite bis 15 m Länge mind. 1,50 m • Begegnungsfläche nach 15 m Länge mind. 1,80 × 1,80 m • Flurbreite bis 6 m Länge und ohne Richtungsänderung mind. 1,20 m, mit Wendemöglichkeit am Anfang und Ende von mind. 1,50 × 1,50 m • Glaswände an Verkehrsflächen mit visuell stark kontrastierender Sicherheitsmarkierung (siehe Türen)		**A1.8 zu 4.1 (1) Allgemein** • Querneigung max. 2,5 %	Höhere Anforderung der Norm Hier sind keine Querneigungen auf horizontalen Verkehrsflächen innerhalb des Gebäudes zulässig.
		A1.8 zu 4.2 (11) Gänge zu persönlich zugewiesenen Arbeitsplätzen	Zusätzliche ASR Anforderung bei Sackgassen
		• Breite mind. 0,90 m	
		• bei Sackgassen: Wendemöglichkeit von mind. 1,50 × 1,50 m vorhalten	
		• bei Sackgassen: Länge für das Rückwärtsfahren auf max. 3 m begrenzen	
		Türen	
4.3.3.1 Karussell-/Pendeltüren • Anordnung einer zusätzlichen Drehflügel-/ Schiebetür	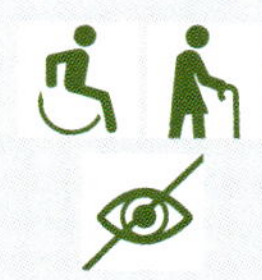	**A1.7 (5) manuell betätigte Karusselltüren** • mit zusätzlicher Dreh-/Schiebetür	Beide Anforderungen sind konfliktfrei zueinander.
		A1.7 (6) kraftbetätigte Karusselltüren	ASR Anforderungen lassen automatische Karusselltüren zu.
		• anpassbare/verlangsamte Drehgeschwindigkeit für mind. eine ganze Umdrehung (360°)	
		• befahrbar in gerader Durchfahrt	
		• Bewegungsfläche im Bereich der Durchfahrt: B × T = 1,00 × 1,30 m	
		• Not-Halt-Einrichtung erreichbar und bedienbar	
		• keine Beeinflussung der Fahrtrichtung durch den Bodenbelag innerhalb der Karusselltür	
		A1.7 (17, 18) Quetschgefährdung an kraftbetätigten Türen	Ergänzende ASR Anforderung bzgl. Einbaufreiheit auf der Band- und Bandgegenseite der Tür.
		• Abstand Nebenschließkante bis Wand bei Schiebetüren mind. 0,90 m	
		• Abstand geöffnetes Türblatt bis Wand bei Drehtüren mind. 0,90 m	
		• alternativ: Ausführung von Schutzflügeln, Abdeckungen, Sensorleisten	

Tabelle 2.3: (Fortsetzung)

Anforderungen nach DIN 18040-1:2010-10, Abschnitt	**Art der Einschränkung**	**Anforderung nach ASR V3a.2 (Stand: 05-2025), Anhang**	**Hinweise/ Erläuterungen**
4.3.3.1/4.3.3.2 geometrische Anforderungen • unterer Türanschlag 0 cm (sog. Nullschwelle), wenn technisch unabdingbar max. 2 cm • lichte Durchgangsmaße: B × H (Gehflügel) mind. 0,90 × 2,05 m • Türleibungstiefe max. 0,26 m (gemessen von Vorderkante Türgriff bis Vorderkante Leibung)	 	**A1.7 (12, 13) geometrische Anforderungen** • Höhe Türschwelle max. 2 cm, Ausgleich des Höhenunterschieds durch Schrägen	Konkretisierung des Ausnahmefalles einer Schwelle; diese muss mit einer Anschrägung erfolgen.
		• lichte Durchgangsbreite des Gehflügels: mind. 0,90 m	
4.3.3.2 Türdrücker/Türgriffe (manuell bedienbare Türen) • bei manuell bedienbaren Türen: Türdrückerhöhe grundsätzlich 0,85 m (Achsmaß) • Türdrückerhöhe im begründeten Einzelfall 0,85 bis 1,05 m **4.3.3.2 Türtaster (automatisch bedienbare Türen)** • Höhe Türtaster: 0,85 m (Achsmaß) • Abstand Türtaster bei frontaler Anfahrt in Öffnungsrichtung (Drehflügeltüren): mind. 2,50 m • Abstand Türtaster bei frontaler Anfahrt in Schließrichtung (Drehflügeltüren): mind. 1,50 m • Abstand Türtaster beidseitig (Schiebetüren): mind. 1,50 m • Abstand zwischen Türtaster und Hauptschließkante bei seitlicher Anfahrt (Drehflügeltür/Schiebetür): mind. 0,50 m **4.3.3.2/4.3.3.3 Beschilderung und Bedienelemente allgemein** • Höhe Raumbeschilderung 1,20 bis 1,40 m OKFF (Anordnung auf der Seite der Hauptschließkante) • Verwendung von bogen- bzw. U-förmigen Türdrückern • Verwendung von vertikalen Stangengriff bei Schiebetüren • Drehgriffe/Knäufe/eingelassene Griffe sind ungeeignet • Vermeidung kombinierter Bewegungen bei Bedienelementen (z. B. gleichzeitiges Drehen und Drücken)		**A1.7 (9, 10) Bedienelemente an Türen** • bei frontaler Anfahrt freie Bewegungsfläche vor Bedienelement mind. 1,50 × 1,50 m	Beide Anforderungen sind konfliktfrei zueinander. ASR Anforderungen werden durch „Griffstange" konkretisiert.
		• bei seitlicher Anfahrt freie Bewegungsfläche vor Bedienelement: B × T mind. 1,20 × 1,50 m	
		• Höhe Bedienelemente (Türtaster, Türgriffe) grundsätzlich 0,85 m	
		• Abstand Türtaster zu Türflügel bei Drehtüren in Öffnungsrichtung mind. 2,50 m	
		• Abstand Türtaster zu Türflügel bei Drehtüren in Schließrichtung mind. 1,50 m	
		• Abstand Türtaster zu Türflügel bei Schiebetüren beidseitig mind. 1,50 m	
		• Kraftaufwand zur Tasterbedienung bei Antrieben max. 5 N	
		• keine Verwendung von Knäufen oder eingelassenen Türgriffen	
		• keine kombinierten Bewegungen (z. B. Drehen und Ziehen), sondern Einzelbewegungen	
		• horizontale Griffstange als Schließhilfe	
		• visuell kontrastreich gestaltet	
		• taktil erfassbar gestaltet	
	 	• keine Verwendung von Sensortasten	

Tabelle 2.3: (Fortsetzung)

Anforderungen nach DIN 18040-1:2010-10, Abschnitt	Art der Einschränkung	Anforderung nach ASR V3a.2 (Stand: 05-2025), Anhang	Hinweise/ Erläuterungen
4.3.3.3 leichtgängige Bedienung • Bedienkräfte zur manuellen Bedienung max. 25 N (bei Überschreitung sind automatische Türsysteme erforderlich) • Gebäudeeingangstüren vorzugsweise mit Automatikbetrieb • Bedienkräfte zur manuellen Bedienung mit Türschließer max. 47 Nm • Empfehlung: Türschließer mit stufenlos einstellbarer Schließkraft und Schließverzögerung • Empfehlung: Brandschutztüren mit Feststellanlagen oder Freilauftürschließern • kontrolliertes Öffnen/Schließen der Tür, kein Durchpendeln	    	**A1.7 (10, 11 ,14) leichtgängige Bedienung** • Kraftaufwand beim Öffnen/Schließen max. 25 N • Einhaltung des max. Kraftaufwandes auch bei Ausfall von Automatikantrieben • Kraftaufwand bei handbetätigten Beschlägen max. 2,5 Nm • bei Nichterfüllung: Ausstattung mit Automatikantrieben, sonst alternative Maßnahmen • Verwendung von Türschließern mit einstellbarer Schließverzögerung	Erweiterte Anforderung der ASR zum max. Kraftaufwand an manuell bedienbaren Türen und bei Ausfall der Antriebsenergie. → Kap. C 4.7, Abb. C 4.58-4
4.3.3.4 Bewegungsflächen (erforderlich bei manueller Bedienung) • Tiefe der Bewegungsfläche in Öffnungsrichtung (Drehflügeltüren): mind. 1,50 m • Tiefe der Bewegungsfläche in Schließrichtung (Drehflügeltüren): mind. 1,20 m • Tiefe der Bewegungsfläche beidseitig (Schiebetüren): mind. 1,20 m • Tiefe der Bewegungsfläche bei gegenüberliegender Wand: mind. 1,50 m • seitlicher Abstand zwischen Türdrücker und Bauteilen/Ausstattungselement (bei Schiebetüren beidseitig): mind. 0,50 m	    	**A1.7 (3, 4) Bewegungsflächen** • Bewegungsfläche bei Drehtüren in Öffnungsrichtung mind. 1,50 × 1,50 m • Bewegungsfläche bei Drehtüren in Schließrichtung: B × T mind. 1,20 × 1,50 m • Bewegungsfläche bei Schiebetüren: beidseitig Tiefe mind. 1,20 m, Breite: seitlicher Abstand zur Drückergarnitur jeweils 0,50 m im geöffneten und geschlossenen Zustand • bei gegenüberliegendem Bauteil/Wand mind. 1,50 m Abstand zum Wenden • seitlicher Abstand Drückergarnitur zu Bauteil/ Ausstattungselement: mind. 0,50 m	Beide Anforderungen sind konfliktfrei zueinander.
	  	**A1.7 (2, 10) Gestaltung** • taktil erfassbare Ausbildung der Zargen/Türblätter • kontrastierende Gestaltung der Tür/Türbeschläge zur umgebenden Wandfläche • akustisches Warnsignal bei Automatiktüren, die in den Verkehrsweg aufschlagen	Ergänzende Anforderung der ASR (Warnsignal bei Automatiktüren).
4.3.3.5 Auffindbarkeit und Erkennbarkeit von Türen • taktile Ausbildung von Türblatt oder Türzarge • visuell kontrastierende Gestaltung von Türblatt oder Türzarge (Kontrast mind. 0,4 gem. DIN 32975:2009-12) • visuell kontrastierende Gestaltung von eventuellen Türschwellen **4.3.3.5 Sicherheitsmarkierungen an verglasten Türen/Glasflächen** • Ausbildung über die gesamte Glasbreite • visuell stark kontrastierende Gestaltung (Kontrast mind. 0,7 gem. DIN 32975:2009-12) • Ausbildung im Wechselkontrast (hell/dunkel) • Anbringung in Höhe 0,40 bis 0,70 m und 1,20 bis 1,60 m (Knie- und Augenhöhe)	 	**A1.7 (16) Kennzeichnung von Türen aus durchsichtigen Werkstoffen** • visuell kontrastierend, d. h. je nach Beleuchtung/ Hintergrund gut erkennbar • in Knie- und Augenhöhe, d. h. in Höhe von 0,40 bis 0,70 m und 1,20 bis 1,60 m über OKFF	Ergänzende ASR Anforderung bzgl. Einbaufreiheit auf der Band- und Bandgegenseite der Tür.

Tabelle 2.3: (Fortsetzung)

Anforderungen nach DIN 18040-1:2010-10, Abschnitt	Art der Einschränkung	Anforderung nach ASR V3a.2 (Stand: 05-2025), Anhang	Hinweise/ Erläuterungen
Fenster, Oberlichter, lichtdurchlässige Wände			
5.3.2 Fenster • ein Fenster je Raum leichtgängig bedienbar • Durchblick in die Umgebung bei einem Teil der Fenster in Wohn-/Schlafräumen • Durchblick in die Umgebung: Höhe undurchsichtiger Brüstungen max. 0,60 m • Bedienkräfte zur manuellen Bedienung max. 30 N bzw. max. 5 Nm • Höhe Fenstergriff 0,85 bis 1,05 m OKFF • falls technisch nicht möglich: automatisches Schließsystem bei mind. einem Fenster je Raum		**A1.6 (2) Geöffnete Fensterflügel im Aufenthaltsbereich oder in Verkehrswegen**	Ergänzende ASR Anforderung bzgl. Fensterflügels.
		• Begrenzung des Öffnungswinkels	
		• Absperrung des Öffnungsbereiches	
		A1.6 (4, 5, 6, 7) Bedienelemente an Fenstern	Beide Anforderungen sind konfliktfrei zueinander.
		• Anordnung in einer Höhe zwischen 0,85 bis 1,05 m	
		• seitliche Anfahrbarkeit über einen Gang von mind. 0,90 m Breite	
		• keine Einschränkung der Bedienelemente durch Einbauten (z B. Heizkörper, Fensterbänke)	
		• keine kombinierten Bewegungen (z. B. Drehen und Ziehen), sondern Einzelbewegungen	
		• Kraftaufwand beim Öffnen/Schließen max. 30 N	
		• Schalter und Taster mit max. 5 N Kraftbetätigung	
		• visuell kontrastierend gestaltet	
		• taktil erfassbar gestaltet	
4.3.2/4.3.3.5 Sicherheitsmarkierungen an verglasten Türen/Glasflächen • Ausbildung über die gesamte Glasbreite • visuell stark kontrastierende Gestaltung (Kontrast mind. 0,7 gem. DIN 32975:2009-12) • Ausbildung im Wechselkontrast (hell/dunkel) • Anbringung in Höhe 0,40 bis 0,70 m und 1,20 bis 1,60 m (Knie- und Augenhöhe)		**A1.6 (6, 7) leichtgängige Bedienung von Fenstern**	Beide Anforderungen sind konfliktfrei zueinander.
		• Drehmoment bei handbetätigten Beschlägen max. 5 Nm	
		• bei Nichterfüllung: alternative Maßnahmen, z. B. Griffverlängerung, Motorantrieb	
		• Kraftaufwand zur Schalterbedienung bei Antrieben max. 5 N, sonst Fernbedienung	
		A1.6 (10) Kennzeichnung durchsichtiger nicht strukturierter Flächen	Beide Anforderungen sind konfliktfrei zueinander.
		• visuell kontrastierend gestaltet, d. h. je nach Beleuchtung/Hintergrund gut erkennbar	
		• Anbringung in Höhe 0,40 bis 0,70 m über OKFF	
		• Anbringung in Höhe 1,20 bis 1,60 m	

Tabelle 2.3: (Fortsetzung)

Anforderungen nach DIN 18040-1:2010-10, Abschnitt	**Art der Einschränkung**	**Anforderung nach ASR V3a.2 (Stand: 05-2025), Anhang**	**Hinweise/ Erläuterungen**
		Bodenbeläge bzw. Fußböden	
4.3.4 Bodenbeläge • müssen fest verlegt und rutschhemmend (sinngemäß mindestens R 9 nach BGR 181) sein • müssen für Benutzung z. B. durch Rollstühle, Rollatoren und andere Gehilfen geeignet sein • sollten sich visuell kontrastierend von Bauteilen (z. B. Wänden, Türen, Stützen) abheben • Vermeidung von Spiegelungen und Blendungen		**ASR A1.5/1,2** • dürfen keine Unebenheiten, Vertiefungen, Stolperstellen oder gefährliche Schrägen aufweisen • müssen gegen Verrutschen bzw. Kippen gesichert, tragfähig, trittsicher und rutschhemmend sein • Rutschhemmung in Bereichen mit durchgängiger Benutzung – Unterschied zwischen angrenzenden Fußböden um max. eine R-Gruppe • Vermeidung von Stolperstellen durch geeignete Schutzmaßnahmen • Vermeidung von Rutschgefahren durch geeignete Schutzmaßnahmen	Beide Anforderungen sind konfliktfrei zueinander.
		**A1.5 (3) Ablaufrinnen in Fußböden** • müssen mit Hilfsmitteln sicher befahrbar und begehbar sein	Beide Anforderungen sind konfliktfrei zueinander
		**A1.5 (4) Nutzbarkeit von Gitterrosten** • dürfen keine Stolperstellen darstellen	Beide Anforderungen sind konfliktfrei zueinander
		• Hängenbleiben z. B. von Gehstöcken, Langstöcken und Hundepfoten (Assistenzhunde) muss vermieden werden	
		• Maschendurchblick soll gering sein: – z. B. mit 10 mm max. lichte Maschenweite oder – mit schräggestellten Lammellen	
		**A1.5 (5) Wahrnehmbarkeit, Erkennbarkeit und Nutzbarkeit von Fußböden** • müssen sich visuell kontrastierend von anderen Bauteilen, z. B. Wänden und Türen, abheben • müssen aus reflexionsarmem Material bestehen	Beide Anforderungen sind konfliktfrei zueinander
		Treppen	
4.3.6.2 geometrische Anforderungen • gerade Treppenläufe mit zur Stufenkante rechtwinkeliger Lauflinie • gewendelte Treppenläufe zulässig mit Innendurchmesser von mind. 2 m • Unterschneidung bei schrägen Setzstufen max. 2 cm		**A1.8 zu 4.5 (19) Allgemeines** • alternative Maßnahmen für mobilitätseingeschränkte Personen (z. B. Treppenlift, Treppensteighilfe)	Treppenlifte sind nach Norm keine barrierefreie Erschließung.
		**A1.8 zu 4.5 (23) Stufengestaltung** • Ausbildung von geschlossenen Stufen ohne Unterschneidung	Beide Anforderungen sind konfliktfrei zueinander.
		• abweichend davon: Unterschneidung von max. 2 cm bei schrägen Setzstufen	

Tabelle 2.3: (Fortsetzung)

Anforderungen nach DIN 18040-1:2010-10, Abschnitt	**Art der Einschränkung**	**Anforderung nach ASR V3a.2 (Stand: 05-2025), Anhang**	**Hinweise/ Erläuterungen**
4.3.6.3 Handläufe • Anbringung von beidseitigen Handläufen • Höhe Oberkante 0,85 bis 0,90 m • ununterbrochene Weiterführung am Treppenauge/Zwischenpodest • waagerechte Weiterführung der Handlaufenden von mind. 0,30 m • rundes/ovales Handlaufprofil, Durchmesser 3 bis 4,5 cm • Befestigung der Handlaufhalterung an der Unterseite • Abrundung freier Handlaufenden nach unten bzw. zur Wand • visuell kontrastierende Gestaltung der Handläufe zum Hintergrund • Empfehlung: taktile Handlaufbeschriftung (siehe DIN 32986:2015-01)		**A1.8 (24 bis 28) Handläufe**	Unterschiedliche Handlaufhöhen
		**A1.8 zu 4.5 (24)** • beidseitige Handläufe, ununterbrochen	Beide Anforderungen können mit einer Handlaufhöhe zwischen 0,85 bis 0,90 m konfliktfrei erfüllt werden.
		• Handlaufhöhe 0,80 bis 0,90 m, gemessen lotrecht ab Stufenvorderkante bis Oberkante Handlauf	
		**A1.8 zu 4.5 (28)** • zusätzlicher Handlauf in Höhe von 0,65 m	Ergänzende ASR Anforderung eines tieferen Handlaufs; konfliktfrei zur Norm.
		**A1.8 zu 4.5 (25, 27)** • wandseitige Handlaufenden am Anfang und Ende um Auftrittsmaß fortführen, jedoch nicht am Treppenauge	Beide Anforderungen sind konfliktfrei zueinander. → Kap. C 1.3, Bsp. 5
		• Handlaufenden abgerundet und nach unten oder zur Wandseite auslaufend	
		• Handlaufhalterung an der Unterseite	
		• taktile Information am Handlauf	
		**A1.8 zu 4.5 (26)** • Handläufe zum Hintergrund visuell kontrastierend gestaltet **Hinweis:** Erfordernis von Handläufen an Ausgleichsstufen ist in der Gefährdungsbeurteilung zu prüfen.	Beide Anforderungen sind konfliktfrei zueinander.
4.3.6.4 Orientierungshilfen – Sicherheitsmarkierungen • Stufenmarkierungen über gesamte Stufenbreite, durchgehende Streifen • Breite der Stufenmarkierung an Trittstufe 4 bis 5 cm • Breite der Stufenmarkierung an Setzstufe 1 bis 2 cm • visuell kontrastierend zum Stufenbelag/zum unten anschließenden Podest (Kontrast mind. 0,4 gem. DIN 32975:2009-12) • Stufenmarkierung an bis zu drei Einzelstufen: an allen Stufen • Stufenmarkierung an Treppenläufen: mind. an erster/letzter Stufe, vorzugsweise an allen Stufen		**A1.8 zu 4.5 (20, 21) und 1.3 (5) Sicherheitsmarkierungen an Treppen/Stufen** • erste/letzte Stufe mind. an Stufenvorderkante visuell kontrastierend gestaltet	Beide Anforderungen sind konfliktfrei zueinander.
		• taktil erkennbare Bodenmarkierung bei unterlaufbaren Treppen	
4.3.6.4 Orientierungshilfen – taktile Aufmerksamkeitsfelder • bei Treppen, die frei im Raum beginnen bzw. deren Lage sich nicht aus dem baulichen Kontext erschließt, sind taktile Aufmerksamkeitsfelder erforderlich • Anordnung hinter oberer Trittstufe und ggf. vor unterer Setzstufe • Aufmerksamkeitsfeld analog Treppenbreite, Tiefe mind. 0,60 m • kein visueller Kontrast zwischen Stufen/Aufmerksamkeitsfeld		**1.8 zu 4.5 (21)** • oberste Stufe am Beginn der Antrittsfläche über gesamte Treppenbreite taktil erfassbar gestalten (z. B. mit unterschiedlichen Bodenstrukturen)	Beide Anforderungen sind konfliktfrei zueinander.

Tabelle 2.3: (Fortsetzung)

Anforderungen nach DIN 18040-1:2010-10, Abschnitt	Art der Einschränkung	Anforderung nach ASR V3a.2 (Stand: 05-2025), Anhang	Hinweise/ Erläuterungen
4.1 Allgemeines • nutzbare Höhe von Verkehrsflächen darf 2,20 m nicht unterschreiten (ausgenommen sind Türen)		**1.8 zu 4.5 (22) Unterläufigkeit von Treppen** • ≥ 2,10 m lichte Höhe unterhalb von Treppen	Unterschiedliche Anforderung bzgl. der Höhe der Kopffreiheit.
		Fahrtreppen und Fahrsteige	
4.3.7 Fahrtreppen und geneigte Fahrsteige • Geschwindigkeit max. 0,5 m/s • Vorlauf bei Fahrtreppen mind. drei Stufen • Steigungswinkel bei Fahrtreppen max. 30°, bei Fahrsteigen max. 7° • Empfehlung: Stufenmarkierung an Zu-/Abgang, Breite 8 cm		**A1.8 zu 4.7 Fahrtreppen und Fahrsteige** • Geschwindigkeit max. 0,5 m/s	Unterschiedliche Anforderung bzgl. der Höhe der Kopffreiheit.
		• Fahrtreppen mit mind. drei Stufen Vorlauf	
		• Übergang von Stauraum zu Fahrtreppe bzw. Fahrsteig visuell kontrastierend (z. B. hinterleuchtete Fuge)	
		• unterhalb einer Höhe von 2,10 m nicht unterlaufbar, ggf. Absicherung erforderlich	
		Rampen bzw. Schrägrampen	
4.3.8.2 geometrische Anforderungen • Längsneigung max. 6 % • Querneigung unzulässig • Wendefläche am Anfang und Ende der Rampe: mind. 1,50 × 1,50 m • lichte Rampenbreite: mind. 1,20 m • Rampenlänge: max. 6 m • Länge der Zwischenpodeste nach 6 m Rampenlänge: mind. 1,50 m • keine abwärts führende Treppe in Verlängerung der Rampe **4.3.8.3 Radabweiser/Handläufe** • beidseitige Radabweiser, Höhe 0,10 m • beidseitige Handläufe, Höhe Oberkante 0,85 bis 0,90 m • rundes/ovales Handlaufprofil, Durchmesser 3 bis 4,5 cm • seitlicher lichter Abstand zwischen Handlauf und Wand mind. 5 cm • Befestigung der Handlaufhalterung an der Unterseite • Abrundung freier Handlaufenden nach unten bzw. zur Wand		**A1.8 zu 4.1 (3, 5) Schrägrampen** • Längsneigung max. 6 %	Eine Rampe gemäß DIN 18040-1, Abschnitt 4.3.8 ist eine spezielle bauliche Anlage, die nicht in dieser ASR behandelt wird. Beachte: Rampenlänge nach DIN < 6 m, Schrägrampenlänge nach ASR < 10 m
		• Längsneigung > 3 % bis max. 10 m Länge, danach Zwischenpodeste mit nutzbarer Länge von mind. 1,50 m	
		• bei Längsneigung > 6 %: Nutzbarkeit herstellen (durch z. B. Hublift, assistierende Person)	
		• seitliches Abkommen, Kippen und Abstürzen verhindern (z. B. Radabweiser in Höhe von 0,10 m)	
		Service-Schalter, Kassen und Kontrollen	
4.6 Service-Schalter, Kassen und Kontrollen • Bewegungsfläche von mind. 1,50 × 1,50 m vor Schalter/Kassen • Unterfahrbarkeit von Schaltern/Kassen Breite mind. 0,90 m und mind. 0,55 m Tiefe • reduzierte Bewegungsfläche von 1,20 m sofern vor Schaltern/Kassen mind. 1,50 m im Bereich der Bewegungsfläche unterfahrbar ist • max. 0,80 m Höhe von Schaltern/Kassen • Durchgänge an Schaltern, Kassen, mind. 0,90 m Breite sowie mind. 1,50 × 1,50 m Bewegungsfläche vor oder hinter dem Schalter/Kasse • Beinfreiraum unterhalb des Schalters/Kasse mind. 0,67 m Höhe und 0,30 m Tiefe sowie mind. 0,35 m Höhe und 0,55 m Tiefe		**A4 (12) Unterfahrbarkeit von Tresen in Kantinen** • mind. 0,35 m Höhe und 0,15 m Tiefe, bei max. Greiftiefe von 0,40 m bei frontaler oder seitlicher Anfahrt	Beide Anforderungen sind konfliktfrei zueinander.
		**A4 (13) Unterfahrbarkeit von Geräten (z. B. Mikrowelle) in Kantinen** • mind. 0,67 m Höhe und 0,30 m Tiefe sowie mind. 0,35 m hoch und 0,55 m tief in 0,80 m Breite und 0,40 m Greiftiefe	Beide Anforderungen sind konfliktfrei zueinander.
		**A4 (15) Untersitzbarkeit von Tischen in Kantinen** • mind. 0,67 m hoch und 0,30 m Tiefe sowie mind. 0,35 m Höhe und 0,55 m Tiefe in 0,80 m Breite und 0,40 m Greiftiefe	Beide Anforderungen sind konfliktfrei zueinander.

Tabelle 2.3: (Fortsetzung)

Anforderungen nach DIN 18040-1:2010-10, Abschnitt	Art der Einschränkung	Anforderung nach ASR V3a.2 (Stand: 05-2025), Anhang	Hinweise/ Erläuterungen
Bedien-/Ausstattungselemente und Gefahrenstellen			
Bedienelemente und Kommunikationsanlagen			
4.5.2 Bedienelemente • Vermeidung von scharfen Kanten • nach dem Zwei-Sinne-Prinzip visuell kontrastierend und taktil wahrnehmbar • eindeutige Erkennbarkeit der Funktion (Wiedererkennungseffekt) • keine ausschließliche Verwendung von Sensortastern, Touchscreens bzw. berührungslosen Bedienelementen • eindeutige Rückmeldung der Funktionsauslösung • Bedienkraft für Schalter und Taster 2,5 bis 5,0 N • stufenlose Zugänglichkeit • Bewegungsfläche bei frontaler Anfahrt mind. 1,50 × 1,50 m • Bewegungsfläche bei seitlicher Anfahrt (Breite × Tiefe, in Fahrtrichtung) mind. 1,20 × 1,50 m • seitlicher Abstand zu Wänden und bauseitigen Einrichtungen mind. 0,50 m • Fußfreiheit bei frontaler Anfahrt (Tiefe × Höhe) mind. 0,15 × 0,35 m • Höhe Bedienelemente bzw. Bedien-/Greifhöhe grundsätzlich 0,85 m (Achsmaß), bei Mehrfachanordnung bis max. 1,05 m • bei Anordnung mehrerer Bedienelemente übereinander und im begründeten Einzelfall 0,85 bis 1,05 m • Eindeutige Rückmeldung von Funktionsauslösungen (z. B. durch akustisches Bestätigungssignal u. a.)		**A1.6 (4, 5, 6, 7) Bedienelemente** • Anordnung in einer Höhe zwischen 0,85 bis 1,05 m	Beide Anforderungen sind konfliktfrei zueinander.
		• seitliche Anfahrbarkeit über einen Gang von mind. 0,90 m Breite	
		• keine Einschränkung der Bedienelemente durch Einbauten (z B. Heizkörper, Fensterbänke)	
		• keine kombinierten Bewegungen (z. B. Drehen und Ziehen), sondern Einzelbewegungen	
		• Kraftaufwand beim Öffnen/Schließen max. 30 N	
		• Schalter und Taster mit max. 5 N Kraftbetätigung	
		• visuell kontrastierend gestaltet	
		• taktil erfassbar gestaltet	
4.5.3 Kommunikationsanlagen • bei Gegensprechanlagen: optische Anzeige der Hörbereitschaft der Gegenseite		**A4 (12) Greifbereiche in Kantinen** • optimale Greifhöhe, max. Greifbereich zwischen 0,40 und 1,20 m	ASR Anforderungen sind bzgl. der Greifhöhe höher als in der DIN-Anforderung. Mit Greifhöhen zwischen 0,85 und 1,05 m sind beide Anforderungen erfüllt.
• bei Gegensprechanlagen: Hinweis auf elektrische Türfallenfreigabe durch optische Anzeige oder fühlbare Vibration		**A1.7 (9, 10) Bedienelemente an Türen** • bei frontaler Anfahrt freie Bewegungsfläche vor Bedienelement mind. 1,50 × 1,50 m	Beide Anforderungen sind konfliktfrei zueinander.
		• bei seitlicher Anfahrt freie Bewegungsfläche vor Bedienelement: T × B ≥ 1,20 × 1,50 m	
		• Höhe Bedienelemente (Türtaster, Türgriffe) grundsätzlich 0,85 m	
		• Abstand Türtaster zu Türflügel bei Drehtüren in Öffnungsrichtung mind. 2,50 m	
		• Abstand Türtaster zu Türflügel bei Drehtüren in Schließrichtung mind. 1,50 m	
		• Abstand Türtaster zu Türflügel bei Schiebetüren beidseitig mind. 1,50 m	

Tabelle 2.3: (Fortsetzung)

Anforderungen nach DIN 18040-1:2010-10, Abschnitt	**Art der Einschränkung**	**Anforderung nach ASR V3a.2 (Stand: 05-2025), Anhang**	**Hinweise/ Erläuterungen**
		• Kraftaufwand zur Tasterbedienung bei Antrieben max. 5 N	
		• keine Verwendung von Knäufen oder eingelassenen Türgriffen	
		• keine kombinierten Bewegungen (z. B. Drehen und Ziehen), sondern Einzelbewegungen	
		• horizontale Griffstange als Schließhilfe	
		• visuell kontrastreich gestaltet	
		• taktil erfassbar gestaltet	
		• keine Verwendung von Sensortasten	
	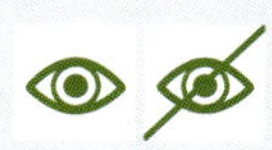	**A4 (5) Wahrnehm- und Erkennbarkeit der Funktion und Nutzbarkeit von Geräten** • Funktionsauslösung muss zurückgemeldet werden	Beide Anforderungen sind konfliktfrei zueinander.
Hindernisse in Verkehrsflächen/Hindernisse und Gefahrenstellen			
4.1 Infrastruktur, Allgemeines • keine Einschränkung der Bewegungsfläche durch hineinragende Elemente • Absicherung von Hindernissen in der Verkehrsfläche für blinde/sehbehinderte Personen		**A1.3 (5) Hindernisse und Gefahrenstellen** • taktil erfassbare Kennzeichnung in ausreichendem Abstand	Beide Anforderungen sind konfliktfrei zueinander.
	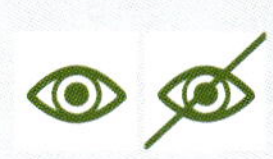	**A1.7 (10)** • akustisches Warnsignal bei Automatiktüren, die in den Verkehrsweg aufschlagen	
4.5.4 Ausstattungselemente als Hindernisse • keine Einschränkung durch hineinragende Elemente (z. B. Vitrinen, Schilder, Feuerlöscher) • andernfalls visuell kontrastierende Gestaltung der Elemente und • taktile Erfassbarkeit mit Langstock – Herunterreichen des Elementes bis zum Boden – Bodenfreiheit des Elementes von max. 0,15 m – Ausbildung eines Sockels mit mind. 3 cm Höhe – Ausbildung einer Tastleiste in max. 0,15 m Höhe über dem Boden		**A1.6 (10)** • Signale beim Öffnen/Schließen von kraftbetätigten Fenstern nach dem Zwei-Sinne-Prinzip wahrnehmbar	Die Anforderungen sind konfliktfrei zueinander.
		**A1.8 Ausgleichsstufen (13)** • visuell kontrastierend gestaltet	
		• durch Bodenstrukturen taktil erfassbar gestaltet	
4.1 Allgemeines • nutzbare Höhe von Verkehrsflächen darf 2,20 m nicht unterschreiten (ausgenommen sind Türen)		• ggf. sind Handläufe erforderlich	

Tabelle 2.3: (Fortsetzung)

Anforderungen nach DIN 18040-1:2010-10, Abschnitt	Art der Einschränkung	Anforderung nach ASR V3a.2 (Stand: 05-2025), Anhang	Hinweise/ Erläuterungen
	 	**A1.8 Kennzeichnung und Abgrenzung von niveaugleichen Verkehrswegen/-kreuzungen und -einmündungen zu 4.1 (6)** • visuell kontrastierend gestaltet • nach dem Zwei-Sinne-Prinzip gestaltet	
		**A1.3 Fahrwegbegrenzungen** • auf dem Boden taktil erfassbar	
		**A1.8 zu 4.5 (22) Treppen** • unterhalb einer Höhe von 2,10 m nicht unterlaufbar, ggf. Absicherung erforderlich	
Barrierefreie Rettungsmöglichkeiten			
Alarmierung und Evakuierung/Fluchtwege und Notausgänge, Flucht- und Rettungspläne			
4.7 Allgemein • in Brandschutzkonzepten sind die Belange von Menschen mit Behinderung besonders zu berücksichtigen • Bereitstellung sicherer Bereiche für den Zwischenaufenthalt • betriebliche/organisatorische Vorkehrungen zur Evakuierung		**A2.3 (4) Sichere Bereiche für den Zwischenaufenthalt** • keine Einschränkung der Fluchtwegbreiten (z. B. in Treppenräumen)	Beide Anforderungen sind konfliktfrei zueinander.
		A2.3 (9, 10) Gefährdungsbeurteilung, Räumungsübungen • notwendige Maßnahmen sind im Rahmen der Gefährdungsbeurteilung festzulegen • bei Räumungsübungen sind die Belange der Beschäftigten zu berücksichtigen (z. B. Anwenden von Evakuierungshilfen)	
	   	**1.8 zu 4.2 (10)/A2.3 (1, 2, 6) Fluchtwege/Fluchtwegbreite** • ohne Begegnung mit anderen Personen: lichte Fluchtwegbreite mind. 100 cm mit einsehbarer Begegnungsfläche für den Begegnungsfall mit 1 Person mit mind. 1,50 × 1,50 m und einer anderen Person mit Rollstuhl mit mind. 1,80 × 1,80 m • partielle Reduzierung der Fluchtwegbreite auf mind. 0,90 m • bei Begegnung mehrerer Personen mit Behinderung: lichte Fluchtwegbreite mind. 1,50 m • Schrankenanlagen mit Drehkreuz als einziger Fluchtweg unzulässig	ASR Anforderungen sind bzgl. der Breite von Fluchtwegen geringer als die der Norm.

Tabelle 2.3: (Fortsetzung)

Anforderungen nach DIN 18040-1:2010-10, Abschnitt	Art der Einschränkung	Anforderung nach ASR V3a.2 (Stand: 05-2025), Anhang	Hinweise/ Erläuterungen
		A2.3 Türen in Fluchtwegen	Beide Anforderungen sind konfliktfrei zueinander.
		• Bewegungsfläche bei Drehtüren in Öffnungsrichtung mind. 1,50 × 1,50 m	
		• Bewegungsfläche bei Drehtüren in Schließrichtung B x T mind. 1,20 × 1,50 m	
		• seitlicher Abstand zwischen Drückergarnitur und Bauteil/ Ausstattungselement mind. 0,50 m	
		• Erkennbarkeit: visueller Kontrast zwischen Tür/ Wand und Türgriff/Türblatt	
		A2.3 (7) Bedienelemente bzw. Entriegelungseinrichtungen an Türen	ASR Anforderungen bzgl. der Bedienkraft an Türen liegen auch im Brandfall bei 25 N. Die Norm lässt hier höhere Öffnungsmomente bzw. Bedienkräfte zu. Die anderen Anforderungen sind konfliktfrei zueinander.
		• Höhe 0,85 m, andere Maße im Einzelfall zulässig	
		• Kraftaufwand an Türen max. 25 N oder 2,5 Nm, sonst elektrische Entriegelungssysteme dabei Not-Auf-Taster in Höhe 0,85 m	
		• Abstand zwischen Not-Auf-Taster und Türflügel bei Drehtüren in Öffnungsrichtung mind. 2,50 m	
		• Abstand zwischen Not-Auf-Taster und Türflügel bei Drehtüren in Schließrichtung mind. 1,50 m	
4.7 Zwei-Sinne-Prinzip • visuelle Wahrnehmbarkeit akustischer Alarm-/ Warnsignale		**A2.2 (6, 7)/A2.3 (5) Flucht- und Rettungspläne**	Beide Anforderungen sind konfliktfrei zueinander.
		• Flucht- und Rettungspläne für Rollstuhlnutzer und Kleinwüchsige aus Augenhöhe erkennbar	
		• erhöhte Schrift-/Zeichengröße	
		• Reliefpläne/-grundrisse mit Braille- oder Profilschrift	
		A2.2 (6, 7)	
		• Flucht- und Rettungsplan nach Zwei-Sinne-Prinzip übermitteln	
		• Flucht- und Rettungsplan in verständlicher Übermittlung (z. B. leichte Sprache)	
		A1.3 (7)/A2.3 (8) Sicherheitsaussagen von Schallzeichen (Alarmsignalen)	
		• taktil erfassbar über Vibrationsalarm	
		• visuell erkennbar über optische Signalgeber	
		• Alarmierung nach dem Zwei-Sinne-Prinzip in gefangenen Räumen	
		A2.2 (2) Maßnahmen gegen Brände	
		• Alarmierung erfordert das Zwei-Sinne-Prinzip	

Tabelle 2.3: (Fortsetzung)

Anforderungen nach DIN 18040-1:2010-10, Abschnitt	**Art der Einschränkung**	**Anforderung nach ASR V3a.2 (Stand: 05-2025), Anhang**	**Hinweise/ Erläuterungen**
		Warnen/Orientieren/Informieren/Leiten	
		Informationen für die Gebäudenutzung/Sicherheits- und Gesundheitsschutzkennzeichnung	
4.4 Warnen/Orientieren/Informieren/Leiten • Vermittlung der Informationen nach dem Zwei-Sinne-Prinzip • keine Überlagerung durch Hinweise anderer Art (z. B. Werbung) • taktil erfassbare und visuell stark kontrastierende Sicherung/Absperrung von Gefahrenstellen/Hindernissen • lückenlose Durchgängigkeit des Informations-/Leitsystems • bei größeren Gebäudekomplexen: Einbeziehung der Außenanlagen		**A1.3 (1, 2, 4) Sicherheitsaussagen von Sicherheitszeichen**	Beide Anforderungen sind konfliktfrei zueinander.
		• taktil erfassbar in Braille- oder Profilschrift oder	
		• akustisch wahrnehmbar in Form von funkgestützten Informations-/Leitsystemen	
		• Sicherheitszeichen für Rollstuhlnutzer und Kleinwüchsige aus Augenhöhe erkennbar	
		• taktile Kennzeichnung in ausreichendem Abstand zur Gefahrenstelle	
		• taktil erkennbare Bodenmarkierung bei unterlaufbaren Treppen	
		A1.3 (3) Kennzeichnung von Behältern/Rohrleitungen mit Gefahrstoffen	Beide Anforderungen sind konfliktfrei zueinander.
		• mit vergrößerter Schrift	
		• akustisch wahrnehmbar in Form von funkgestützten Informations-/Leitsystemen	
		A4 (5) Wahrnehm- und Erkennbarkeit der Funktion und Nutzbarkeit von Geräten in Kantinen	Beide Anforderungen sind konfliktfrei zueinander.
		• visuell kontrastreich gestaltet • taktil erfassbar	
		A4 (12) Lesbarkeit von Preisangaben in Kantinen	Beide Anforderungen sind konfliktfrei zueinander.
		• in Augenhöhe	

3 Grundlagen der Barrierefreiheit

In diesem Kapitel werden die Dinge behandelt, welche die Grundlage für die Konzeption der Barrierefreiheit bilden. Die Bestimmung der relevanten Nutzergruppen im Gebäude ist ausschlaggebend für die baulichen und technischen Anforderungen an die Barrierefreiheit (siehe Abschnitt 3.1 in diesem Kapitel). In Abschnitt 3.2 werden die Schutzziele der Barrierefreiheit näher betrachtet und welche Rolle sie bei der Umsetzung von Barrierefreiheit spielen. Die Differenzierung der Personenkreise, die sich in der baulichen Anlage aufhalten, und eine Betrachtung, welche Fähigkeiten und Kompetenzen ihnen zuzuordnen sind, ist Bestandteil von Kapitel 3.3. Einer der Hauptpunkte jeder barrierefreien Konzeption ist die Festlegung der Bereiche mit Anforderungen an die Barrierefreiheit, wie Bereiche in öffentlich zugänglichen Gebäuden, Wohngebäuden, Arbeitsstätten usw. (siehe Kapitel 3.4). Mögliche Abweichungen von den allgemein anerkannten Regeln der Technik und der Bestandsschutz sind Thema der Abschnitte 3.5. und 3.6. Welche Schnittstellen zu anderen Fachplanungen zu berücksichtigen sind, wird in Abschnitt 3.7 dargelegt. Ein besonderes Augenmerk verdient der Brandschutz, der in Abschnitt 3.8 im Rahmen eines Exkurses noch einmal extra aufgegriffen wird.

3.1 Nutzergruppen

3.1.1 Nutzergruppen und nutzergruppenspezifische Bedarfe

Die Normenreihe DIN 18040 formuliert bauliche und technische Standards für das barrierefreie Bauen. Dabei bezieht sie sich auf genormte Standardnutzer, die den Durchschnitt unserer Bevölkerung abbilden. Nur durch diese Standardi-

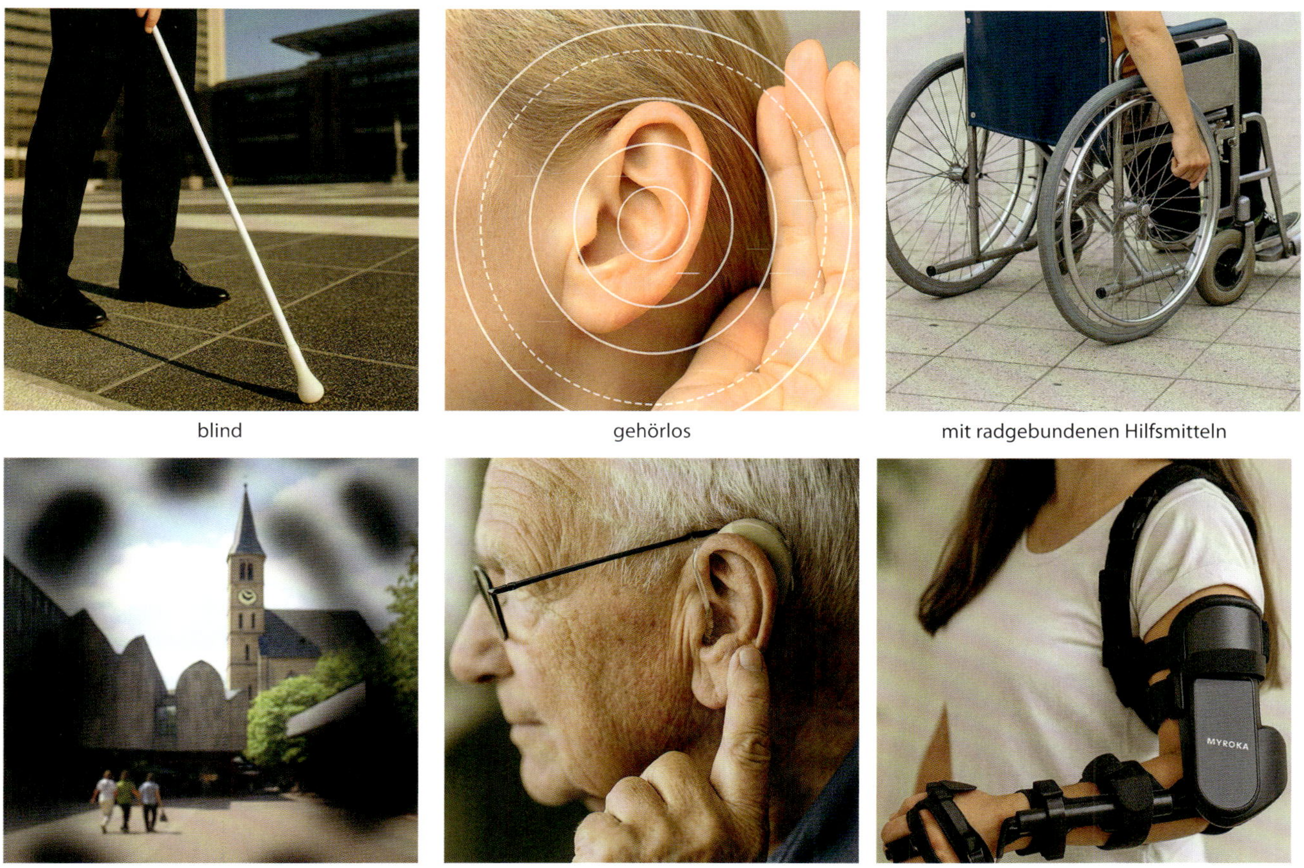

blind | gehörlos | mit radgebundenen Hilfsmitteln

seheingeschränkt | höreingeschränkt | mit diversen motorischen Einschränkungen

Abb. 3.1: Standardnutzergruppen der Barrierefreiheit nach Normenreihe DIN 18040 (alle Bilder KI-generiert mit ChatGPT)

Abb. 3.2: Beispielhafte Darstellung der nutzergruppenspezifischen Erfüllung des Schutzziels „barrierefreie Auffindbarkeit und Erreichbarkeit des Gebäudeeingangs": (links) taktile Hinführung zum deutlich erkennbaren Eingang, (Mitte) barrierefreie Treppe, (rechts) Rampe

sierung ist es möglich, den bestimmten Kompetenzen und Bedarfen, die diese Standardnutzer mit sich bringen, entsprechende Funktionsanforderungen entgegenzustellen. Maßgeblich für die Zuordnung zu den daraus resultierenden Standardnutzergruppen sind die Einschränkungsarten. Gemäß der Normenreihe DIN 18040 werden die folgenden sechs Standardnutzergruppen betrachtet:

- Menschen mit motorischen Einschränkungen (z. B. eingeschränkte Bewegungsfähigkeit oder verminderte Körperkraft, grundsätzlich gehfähig)
- Menschen, die Mobilitätshilfen oder Rollstühle benutzen (teilweise eingeschränkt gehfähig oder nicht mehr gehfähig)
- Menschen mit Einschränkung des Sehvermögens (teilweise visuell orientiert)
- Menschen mit Blindheit (taktil/auditiv orientiert)
- Menschen mit Einschränkungen des Hörvermögens (teilweise auditiv orientiert)
- Menschen mit Gehörlosigkeit (visuell/taktil orientiert)

Jede dieser Einschränkungsarten löst unterschiedliche bauliche Bedarfe aus; man spricht von den sogenannten **nutzergruppenspezifischen Bedarfen**. Jeder Bedarf lässt sich wiederum aus dem übergeordneten Schutzziel herleiten. Lautet dieses beispielsweise „barrierefreie Erreichbarkeit und Auffindbarkeit des Haupteingangs", so ergeben sich für Personen mit radgebundenen Hilfsmitteln andere Bedarfe an die äußere Erschließung als für Personen ohne diese Hilfsmittel. Während die erstgenannte Standardnutzergruppe zwingend eine stufenlose Wegeführung zum Haupteingang benötigt, kann für die zweite eine Treppe mit zwei barrierefreien Handläufen ausreichend sein. Ebenso verhält es sich in der vergleichenden Betrachtung von Personen mit Einschränkung des Sehvermögens und Blindheit: Während Personen, die teilweise noch visuell orientiert sind, von einer kontrastreichen und deutlich erkennbaren Eingangssituation profitieren, benötigen Personen ohne visuelle Orientierung beispielsweise eine taktile Hinführung zum Haupteingang, um diesen auffinden zu können. In der Konsequenz gelten dann auch für die bauliche Umsetzung dieser Bedarfe unterschiedliche normative Anforderungen.

Praxistipp: Parameter für das barrierefreie Bauen

Folgende Parameter beeinflussen das barrierefreie Bauen hinsichtlich der Qualität und Quantität bei der Umsetzung:

Nutzergruppe = Kategorisierung von genormten Standardnutzern gemäß ihrer Einschränkungsarten sowie der daraus resultierenden Fähigkeitsprofile

Schutzziel = übergeordnete Funktionsanforderung an ein Bauteil oder eine bauliche Situation

Nutzergruppenspezifischer Bedarf = Konkretisierung der Funktionsanforderung mit Bezug auf die Einschränkungsart und die damit einhergehenden Kompetenzen und Fähigkeiten der Standardnutzer

Normative Anforderung = bauliche oder technische Lösungsmöglichkeit zur Erfüllung der nutzergruppenspezifischen Bedarfe sowie der übergeordneten Schutzziele

3.1.2 Leitfragen zu betrieblichen Abläufen

Durch die Auseinandersetzung mit den Fragestellungen, wer das Gebäude nutzt und wie dies geschieht, entsteht bereits in einer sehr frühen Phase des Entwurfes eine hohe Identifikation mit den betrieblichen Abläufen.

Folgende Leitfragen sind bei der barrierefreien Gebäudekonzeption zu beantworten:

Tabelle 3.1: Leitfragen für die barrierefreie Gebäudekonzeption

Leitfragen
☐ Wo verlaufen die horizontalen und vertikalen Erschließungswege von der Grundstücksgrenze bis zum Gebäude und vom Eingang bis zu den Zielpunkten? Gibt es mehrere Gebäudeeingänge/-ausgänge?
☐ Sind diese Wege für alle Gebäudenutzer gleich oder ergeben sich hier Besonderheiten im Hinblick auf unterschiedliche Personenkreise (z. B. Besucher- und Mitarbeitereingänge)?
☐ Zu welchen Bereichen des Gebäudes müssen die Gebäudenutzer barrierefreien Zugang haben?
☐ Wo bewegen sich Personen allein, wo sind sie ggf. in Begleitung unterwegs? Welche Bereiche sind frei zugänglich und welche nur mit Zutrittskontrolle?
☐ Hat das Gebäude bestimmte Öffnungszeiten? Ist zu jeder Zeit Personal im Gebäude, das im Bedarfsfall betrieblich-organisatorische Aufgaben wahrnehmen kann (z. B. Nutzung von Räumen in einer Schule während/nach Schulbetrieb, Prinzip der Öffnungszeiten „24/7")?
☐ Gibt es bestimmte Nutzungsszenarien, die eine alternative/zusätzliche Betrachtung der Barrierefreiheit erfordern?
☐ Wie funktioniert die Orientierung im Gebäude? Kann das Gebäude aufgrund einer orthogonalen Architektur mit sinnfälliger Raumabfolge intuitiv verstanden werden?
☐ Wo müssen gezielt Orientierungshilfen gesetzt werden und was lässt sich aus dem baulichen Kontext erschließen? Kann auf die „innere Leitlinie" (gem. DIN 32984, Abschnitt 5.9.4) zurückgegriffen werden?
☐ Wie können Gebäudeinformationen übermittelt werden (z. B. die Speisekarte in der Mensa, der Vorlesungsraum bei einer geänderten Veranstaltung, Warnsignale, Sprachdurchsagen, Informationen, die für die Gebäudenutzung relevant sind)?
☐ Wohin können Notrufe weitergeleitet werden? Wer kann im Bedarfsfall zur Hilfestellung aktiviert werden?

3.2 Schutzziele

Die Formulierung von Schutzzielen zur Barrierefreiheit wurde mit der DIN 18040 im Jahr 2010 erstmals eingeführt. Während im Brandschutz mithilfe der Schutzziele ein bestimmtes Sicherheitsniveau definiert wird, dienen die Schutzziele im barrierefreien Bauen zur Beschreibung einer bestimmten Funktionsanforderung, die ein Gebäude, Bauteil oder Ausstattungselement erreichen soll (siehe Abb. 3.3).

Die Normenreihe DIN 18040 enthält nicht nur konkrete Angaben, wie sich die Barrierefreiheit baulich und technisch umsetzen lässt, sondern formuliert auch übergeordnete Schutzziele. Diese Schutzziele geben an, welche Funktionsanforderung ein Bauteil oder eine bauliche Situation erfüllen soll, und sind den konkreten Anforderungen im Normtext vorangestellt. Am Beispiel von Türen soll dies verdeutlicht werden: Das Schutzziel lautet:

„Türen müssen deutlich wahrnehmbar, leicht zu öffnen und schließen und sicher zu passieren sein." (DIN 18040-1, Abschnitt 4.3.3 „Türen")

Abb. 3.3: Schutzziele der Barrierefreiheit

Die Norm beschreibt nachfolgend, wie Türen im Allgemeinen baulich und technisch beschaffen sein müssen, damit diese Schutzziele erfüllt werden:

- Damit Personen mit Einschränkungen des Sehvermögens Türen wahrnehmen können, sind z. B. bei Ganzglastüren kontrastreiche Glasmarkierungen geeignet, die in Knie- und Augenhöhe angebracht und im Wechselkontrast ausgebildet werden.
- Damit Türen für Personen mit Mobilitätshilfen oder geringerer Körperkraft leicht zu bedienen sind, dürfen die Bedienkräfte von 25 N bzw. bei Türschließern von 47 Nm nicht überschritten werden.
- Zur sicheren Passierbarkeit von Türen muss die lichte Durchgangsbreite mindestens 90 cm betragen, zumindest wenn von einer Nutzung mit assistiven Hilfsmitteln (Gehhilfen, Rollatoren, Rollstühle etc.) ausgegangen wird.

Diese baulichen und technischen Anforderungen sind als Lösungsvorschläge der DIN 18040-1 und DIN 18040-2 zu verstehen, die zu einer normgerechten barrierefreien Türgestaltung führen.

Grundsätzlich können die übergeordneten Schutzziele aber auch auf andere Art und Weise erreicht werden, denn die DIN 18040-1 und DIN 18040-2 beinhalten eine entsprechende **Öffnungsklausel**. Das bedeutet: Es kann auch auf alternative Lösungen zurückgegriffen werden, solange diese zu einem gleichwertigen barrierefreien Ergebnis führen.

Alternative Lösungen werden im Konzept als **normative Abweichung** formuliert. Im Zuge der Nachweisführung zur Barrierefreiheit ist es wichtig, dass dabei die Gleichwertigkeit der alternativen Lösung sowie die Eignung zur Schutzzielerfüllung geprüft werden kann. Das Barrierefrei-Konzept leistet hier einen entscheidenden Beitrag, denn es bietet die Möglichkeit, den Tatbestand der Abweichung genau zu erläutern und plausibel zu begründen, wie die Schutzziele erfüllt werden.

Abb. 3.4: (links) „Schutzzone" im Kindergarten (Foto: Andrey Zhuravlev, iStock); (rechts) Tür in Kita mit höher gesetztem Türgriff (Foto: Jennifer Haak)

3.2.1 Schutzzielorientierung nach DIN 18040

Die in der Normenreihe DIN 18040 formulierten Schutzziele haben zum Ziel, dass sich Menschen mit Behinderungen selbstständig, möglichst ohne fremde Hilfe in der gebauten Umwelt zurechtfinden und fortbewegen sowie Gebäude oder bauliche Anlagen ihrem Zweck entsprechend nutzen können.

Dabei wird vorausgesetzt, dass die Menschen mit Behinderungen selbstständig orientiert sind und sich selbstständig fortbewegen können, also aufgrund ihrer Behinderung nicht auf personelle Assistenz bei der Alltagsbewältigung angewiesen sind. Durch den Abbau von Barrieren im Bestand und das Vermeiden von zusätzlichen weiteren Barrieren im Neubau soll ebendiese Selbstständigkeit unterstützt werden. Die übergeordneten Schutzziele dienen daher der selbstständigen Auffindbarkeit, Zugänglichkeit und Nutzbarkeit von baulichen Anlagen durch Menschen mit Behinderungen.

Im Barrierefrei-Konzept kommt den Schutzzielen eine große Bedeutung zu. Sie sind der Schlüssel, mit dessen Hilfe die Barrierefreiheit objektkonkret und nutzergruppenspezifisch umgesetzt wird. Ein Gebäude kann nur dann „ohne Barrieren" sein, wenn für jede bauliche Situation die passende Funktionsanforderung erfüllt und über das entsprechende Schutzziel nachgewiesen wird. Es ist daher in der barrierefreien Planung geboten, die einschlägigen Vorschriften und Richtlinien zum barrierefreien Bauen nicht undifferenziert zu übernehmen, sondern den Fokus auf die relevanten Schutzziele im baulichen und nutzergruppenspezifischen Kontext zu legen.

Schutzziel Selbstständigkeit vs. Assistenz/Pflege

Je nach Bauaufgabe und Gebäudefunktion können sich diese Schutzziele ändern. Bei den Nutzergruppen Kinder sowie alte und kranke Menschen kann eine vollständige Selbstständigkeit noch nicht oder nicht mehr zugrunde gelegt werden. Infolgedessen treten hier die Schutzziele „Nutzung mit Assistenz" oder „Pflegenutzung" in den Vordergrund und lösen die Selbstständigkeit teilweise oder ganz ab. Aus diesen übergeordneten Schutzzielen ergeben sich meistens weitergehende Anforderungen an die Barrierefreiheit, die über die Normenreihe DIN 18040 hinausgehen. Entsprechend wird in der DIN 18040-1 und -2, Abschnitt 1, Folgendes formuliert:

DIN 18040-1: *„Bei Bauvorhaben für spezielle Nutzergruppen können zusätzliche oder andere Anforderungen notwendig sein."*

DIN 18040-2: *„Für Wohnanlagen für spezielle Nutzergruppen sowie Wohnungen für spezielle Nutzer können zusätzliche oder andere Anforderungen notwendig sein."*

3.2.2 Schutzzielkonflikte

Darüber hinaus können unterschiedliche Schutzziele auch in Konflikt zueinander stehen; ein solcher Schutzzielkonflikt ist in der Planung zu bewerten und nach Möglichkeit dahingehend aufzulösen, dass bauliche, technische oder organisatorische Lösungen gewählt werden, die beide Schutzziele erfüllen. Nachfolgend werden zwei Schutzzielkonflikte sowie deren Lösung erläutert:

1. In Kindergärten werden die Türen zwischen Eingangsbereich und Gruppenbereich häufig mit erhöhten Türgriffen (ca. 140–160 cm ü. OFF) ausgestattet, damit die Kinder diese nicht in einem unbeaufsichtigten Moment selbstständig öffnen können (siehe Abb. 3.4). Dem entgegen steht das Schutzziel, dass der Zugang zu den Gruppenbereichen beispielsweise für Eltern oder Angehörige mit motorischen Einschränkungen während der Bring- und Abholzeiten barrierefrei möglich sein soll. Es handelt sich demnach um einen Schutzzielkonflikt, für den im konkreten Einzelfall eine Lösung gefunden werden muss. Da das unbefugte Verlassen der „Schutzzone" (= Gruppenbereich) dem grundsätzlich barrierefreien Zugang gegenüber höher gestellt ist, können auch hier organisatorische Maßnahmen zur Kompensation greifen.
2. In einem Krankenhaus kann die Auffindbarkeit der Erschließungskerne, Aufzüge und Stationszugänge für sehbehinderte und blinde Besucher beispielsweise gem. DIN 32984 hergestellt werden. Die Norm gibt zu diesem Zweck als mögliche Lösung ein taktil erfassbares und visuell kontrastreiches bodengebundenes Blindenleitsystem vor (siehe Abb. 3.5). Im Bereich von gerontologischen Stationen wird jedoch häufig auf die Anwendung von Bodenindikatoren verzichtet, da vor allem demenzkranke Patienten dazu neigen, kontrastreiche Elemente auf dem Boden als unüberwindbare Hindernisse zu interpretieren, was zu Verunsicherungen und Irritationen führt. Zusätzlich wird im Hinblick auf die

Abb. 3.5: (links) taktil erfassbares und visuell kontrastierendes Bodenleitsystem aus Einzelindikatoren, (rechts) taktil erfassbare Handlaufbeschriftung

Nutzergruppe der Patienten mit Einschränkungen der Gehfähigkeit (z. B. bei „schleppendem" Schritt) die Erhabenheit der Bodenindikatoren als potenzielle Stolpergefahr eingestuft. Das Schutzziel „Vermeidung von Unsicherheiten und Stürzen bei Patienten" ist in diesem Fall höher zu bewerten als das Schutzziel „selbstständige Auffindbarkeit der Stationszugänge für Besucher mit Sehbehinderung". Ein Kompromiss kann hier erreicht werden, wenn das Leitsystem in den kritischen Bereichen beispielsweise vom Boden an die Wand bzw. die Handläufe verlagert wird.

3.2.3 Schutzziele des „barrierefreien" Brandschutzes

Verschiebt sich der Fokus vom Normalfall zum Gefahrenfall, z. B. zu einem Brandszenario, dann muss ein weiteres Schutzziel berücksichtigt werden. Das selbstständige Verlassen eines Gefahrenbereiches ist in den Artikeln zum Brandschutz der Bauordnungen geregelt und bedeutet in der Regel das Verlassen des Gebäudes bis ins Freie, sodass alle Beeinträchtigungen für Leib und Leben ausgeschlossen werden können.

An der Schnittstelle vom Brandschutz zur Barrierefreiheit kann oftmals nicht gewährleistet werden, dass sich auch Personen mit Mobilitätseinschränkungen selbstständig bis ins Freie retten können. Die Bauordnungen sehen zur vertikalen Entfluchtung lediglich notwendige Treppen vor – die Forderung nach der barrierefreien Gestaltung von Fluchtwegen, sodass diese selbstständig und barrierefrei bis ins Freie genutzt werden können, besteht nicht. Nichtsdestotrotz sind für die bauordnungsrechtlich geforderten Rettungswege entsprechende bzw. alternative barrierefreie Rettungsmöglichkeiten vorzusehen (gem. DIN 18040-1, Abschnitt 4.7).

Diese Rettungsmöglichkeiten können in Abhängigkeit von den Bedarfen der Menschen mit Behinderungen unterschiedlich aussehen. In der Regel ist davon auszugehen, dass Personen mit sensorischen Einschränkungen in der Lage sind, Türen, Flure und Treppen im Verlauf von Rettungswegen zu nutzen, sofern diese barrierefrei gem. DIN 18040-1 gestaltet sind. Eine gesonderte Betrachtung erfordern hingegen mobilitätseingeschränkten Personen, die nicht in der Lage sind, die Fluchttreppen zu nutzen. Für diese Nutzergruppe sind alternative barrierefreie Rettungsmöglichkeiten zu entwickeln. An dieser Stelle sind Objektplaner, Fachplaner und Genehmiger gleichermaßen gefordert, wenn es darum geht, geeignete Lösungen zu entwickeln und zu genehmigen.

Dabei ist jedoch zu beachten, dass der Gefahrenfall nicht die reguläre zweckentsprechende Nutzung einer baulichen Anlage abbildet, sondern einen Ausnahmefall darstellt. Die grundlegenden Aspekte der Barrierefreiheit – „in der allgemein üblichen Weise, ohne besondere Erschwernis und grundsätzlich ohne fremde Hilfe" (DIN 18040-1, Vorwort) – stellen jedoch auf den Normalfall bzw. die zweckentsprechende und genehmigte Nutzung ab. Es ist demzufolge grundsätzlich zulässig, bei der Entwicklung von barrierefreien Rettungsmöglichkeiten auch auf organisatorische Maßnahmen zurückzugreifen. Hierzu zählen beispielsweise betrieblich-organisatorische Rettungsmaßnahmen, die den Einsatz von Evakuierungshelfern oder sogenannten „Paten" umfassen. Bauliche und technische Voraussetzung hierfür bildet die Einrichtung von relativ sicheren Orten für den Zwischenaufenthalt (siehe Abb. 3.6). Vor allem im Bestand ermöglichen organisatorische Maßnahmen überhaupt erst eine effektive Auseinandersetzung mit diesem Thema. Denn die baulichen Gegebenheiten lassen häufig keine geeignete bauliche oder technische Lösung zur barrierefreien Selbstrettung bis ins Freie zu.

Eine mobilitätseingeschränkte Person, die aufgrund der baulichen Gegebenheiten nicht in der Lage ist, das Gebäude selbstständig zu verlassen, muss wenigstens die Möglichkeit haben, sich aus dem unmittelbaren Gefahrenbereich selbstständig an einen relativ sicheren Ort zu retten. In diesem Bereich greifen Selbstrettung und betriebliche Rettung oder ggf. Fremdrettung ineinander, weshalb der Bereich für die Dauer bis zum Abschluss der Rettung brand- und rauchsicher ausgebildet sein muss. Das Schutzziel lautet in diesem Fall nicht „selbstständiges Verlassen des Gebäudes bis ins Freie", sondern „selbstständiges Verlassen des Bereiches der unmittelbaren Gefährdung an einen (vorübergehend) relativ sicheren Ort".

Im Neubau sind durch frühzeitige Einbindung des Themas in die Planung geeignete Lösungen zur Gewährleistung der barrierefreien Selbstrettung möglich (z. B. Aufzug mit verlängertem Weiterbetrieb im Brandfall). Sie bilden inzwischen den Stand der Technik ab, weshalb organisatorische Maßnahmen zur Rettung im Neubau auf ein Minimum zu reduzieren, besser gänzlich zu vermeiden sind. Eine detail-

Abb. 3.6: (oben links) relativ sicherer Ort für den Zwischenaufenthalt, (oben rechts) Kennzeichnung des barrierefreien Fluchtweges, (unten) Erkennbarkeit der Flucht-/Rettungswegkennzeichnung in Abhängigkeit von der Verrauchung

lierte Auseinandersetzung mit der Entwicklung von barrierefreien Rettungskonzeptionen erfolgt in Abschnitt 3.8.

Praxistipp: Relativ sicherer Ort

Ein relativ sicherer Ort ist ein Bereich innerhalb oder unmittelbar am Gebäude, in dem Personen vorübergehend vor einer unmittelbaren Gefahr geschützt sind. Statt dieses Begriffes, der mit dem neuen Entwurf der DIN 18040-1:2023-02 eingeführt wurde, findet auch der Begriff „sicherer Bereich für den Zwischenaufenthalt" Anwendung. Ein relativ sicherer Ort impliziert, dass Menschen dort zwar für eine bestimmte Zeit aufgrund geeigneter Bauteilqualitäten gegen das Eindringen von Feuer und Rauch geschützt sind, jedoch kann der Aufenthalt stets nur zeitlich begrenzt sein, was die Planung und Umsetzung weitergehender Maßnahmen zur Rettung erfordert.

3.3 Personenkreise in baulichen Anlagen

Im Zuge der bauordnungs- und arbeitsstättenrechtlichen Einstufung von baulichen Anlagen sowie der Festlegung der barrierefreien Anwendungsbereiche ist es erforderlich, auch eine weitergehende Betrachtung der Personenkreise innerhalb dieser Bereiche anzustellen. Denn die barrierefreien Anwendungsbereiche werden von bestimmten Personenkreisen genutzt:

- öffentlich zugängliche Bereiche → Besucher und Benutzer der baulichen Anlage
- Bereiche der Arbeitsstätte → Beschäftigte der baulichen Anlage
- Bereiche der Wohnnutzung → Bewohner der baulichen Anlage

Die jeweiligen Personenkreise setzen sich wiederum aus den verschiedenen Nutzergruppen (vgl. die folgenden Abschnitte) zusammen und haben somit engen Bezug zu den Einschränkungsarten. Sie bringen bestimmte Merkmale mit, die Auswirkung auf die Barrierefreiheit haben können.

3.3.1 Besucher

Besucher sind Personen, die ein Gebäude erstmalig, einmalig oder nur gelegentlich aufsuchen. Es handelt sich um eine heterogene Personengruppe, die im Vorhinein nicht bestimmbar ist und im Gebäude ständig wechseln kann. Es liegt somit grundsätzlich keine Kenntnis über mögliche Einschränkungen, Fähigkeiten und Kompetenzen dieser Personen vor. In der Objektplanung sind daher hinsichtlich der Barrierefreiheit grundsätzlich sämtliche nutzergruppenspezifischen Bedarfe zugrunde zu legen. Ferner ist davon auszugehen, dass diese Nutzergruppe in der Regel keine oder nur eine geringe Ortskenntnis besitzt; insofern können sich aus diesem Tatbestand erhöhte Anforderungen an die barrierefreie Orientierung innerhalb des Gebäudes ergeben. Dieser Umstand ist in der Planung entsprechend zu berücksichtigen.

3.3.2 Benutzer

Benutzer werden auch als „ständige" Besucher bezeichnet, was dem Umstand geschuldet ist, dass diese Nutzergruppe ein Gebäude regelmäßig aufsucht, mit dem Gebäude jedoch nicht arbeitsrechtlich verbunden ist (vgl. Beschäftigte). Benutzern ist deshalb auch eine gute Ortskenntnis zuzuschreiben, was im Einzelfall in der Planung zu einer Reduzierung der barrierefreien Orientierungshilfen führen kann. Für den Gebäudebetrieb ergibt sich die Möglichkeit, auf Betreiberseite in bestimmtem Umfang Kenntnis über die Fähigkeitsprofile dieser Nutzergruppe zu erlangen, woraus sich im Einzelfall in der Planung gezielte (betrieblich-organisatorische) Maßnahmen zur Barrierefreiheit ableiten lassen. In der Regel besteht eine Beziehungen zu einer oder mehreren anderen Personen im Gebäude (z. B. Lehrer, Erzieher, Gruppen-/Klassenverband, Pfleger, Betreuer). Dies kann beispielsweise im Zusammenhang mit der Entwicklung der barrierefreien Rettungskonzeption ausschlaggebend für eine geeignete Rettungsstrategie sein. So können diese Bezugspersonen etwa als Hilfsperson im Brandfall fungieren. Eine nähere Betrachtung dieses Aspektes erfolgt in Abschnitt 3.8.

3.3.3 Beschäftigte

Beschäftigte sind Personen, die ein Gebäude regelmäßig im Zuge der Ausübung ihrer arbeitsrechtlichen Tätigkeit aufsuchen und dieses zumindest innerhalb ihrer eigenen Arbeitsbereiche sehr gut kennen. Ähnlich wie bei den Benutzern liegt auch hier auf Betreiber- bzw. Arbeitgeberseite Kenntnis über die Einschränkungsarten sowie die daraus resultierenden Fähigkeitsprofile vor. Darüber hinaus besteht grundsätzlich eine betrieblich geregelte Beziehungen zu mind. einer anderen Person (Beschäftigter) im Gebäude, die sowohl im Bedarfsfall als auch im Brandfall als Ansprechpartner oder Hilfsperson fungiert (sogenanntes „Patenschaftsmodell"). Üblicherweise sind öffentlich zugängliche Gebäude immer auch Arbeitsstätten. Allerdings ergibt sich das Erfordernis nach einer entsprechenden barrierefreien Gestaltung nicht aus dem Bauordnungsrecht (siehe Abschnitt 3.4.4).

3.3.4 Bewohner

Bewohner sind ein ähnlich inhomogener Personenkreis wie Besucher. Sie sind mit dem Wohngebäude, den wohnbezogenen Außenanlagen sowie den Einrichtungen innerhalb der Anlage vertraut, besitzen also eine gute Ortskenntnis. Allerdings besteht keine Kenntnis über die Fähigkeitsprofile der Bewohner, weshalb die Planung der Barrierefreiheit entsprechend umfassend auszulegen ist. Die Planung nimmt jedoch Bezug auf den Wohnungsstandard (B- oder R-Standard), der innerhalb der Wohnungen im Gebäude vorgesehen wird. Hieraus ergeben sich auch Auswirkungen auf die barrierefreie Gestaltung der Infrastruktur sowie weiterer wohnnutzungsspezifischer Räume/Bereiche außerhalb der Wohnung. Obwohl sich Bewohner regelmäßig im Gebäude aufhalten, können ihnen im Gegensatz zu den Benutzern einer baulichen Anlage nicht automatisch Bezugspersonen im Gebäude zugeordnet werden. Dieser Aspekt hat insofern Auswirkung auf die Planung, als dass üblicherweise keine gezielten betrieblich-organisatorischen Maßnahmen zur Barrierefreiheit herangezogen werden können.

Tabelle 3.2: Personenkreise in baulichen Anlagen

Besucher:
- werden auch als Publikum oder die Öffentlichkeit bezeichnet.
- suchen ein Gebäude einmalig, erstmalig oder nur gelegentlich auf.
- haben ein geringes Informationsniveau über die Struktur der baulichen Anlage sowie der Einrichtungen innerhalb.
- besitzen in der Regel nur geringe Ortskenntnis.
- haben keine festen Bezugspersonen im Gebäude, die im Einzelfall Hilfestellung leisten können.
- Einschränkungsarten und damit einhergehende Fähigkeiten und Kompetenzen sind nicht bekannt.
- In der Planung ist eine vollumfängliche Betrachtung der nutzergruppenspezifischen Bedarfe erforderlich.

Benutzer:
- werden ebenfalls als Publikum oder die Öffentlichkeit bezeichnet.
- sind „ständige Besucher", die eine bauliche Anlage regelmäßig aufsuchen, um sie zweckentsprechend zu nutzen, jedoch nicht zur Ausübung einer arbeitsrechtlichen Tätigkeit.
- haben innerhalb der genutzten Bereiche üblicherweise ein durchschnittliches Informationsniveau.
- besitzen in der Regel eine gute Ortskenntnis.
- haben aufgrund der Gebäudefunktion häufig eine oder mehrere Bezugspersonen im Gebäude, die im Einzelfall Hilfestellung leisten können.
- Einschränkungsarten und damit einhergehende Fähigkeiten und Kompetenzen sind in einem bestimmten Rahmen bekannt oder können in Erfahrung gebracht werden.
- In der Planung können im Einzelfall gezielte (betrieblich-organisatorische) Maßnahmen zur Barrierefreiheit abgeleitet werden.

Beschäftigte
- werden auch als Arbeitnehmende bezeichnet.
- suchen eine bauliche Anlage im Rahmen einer arbeitsrechtlichen Vereinbarung regelmäßig auf.
- haben ein hohes Informationsniveau über die Struktur der Arbeitsstätte, zumindest innerhalb der Bereiche, die sie zur Ausübung ihrer Tätigkeit aufsuchen.
- besitzen eine gute Ortskenntnis.
- sind in der Regel in feste betriebliche Sozialstrukturen eingebunden und können im Bedarfsfall eine oder mehrere feste Bezugspersonen zugeteilt bekommen, die im Bedarfsfall Hilfestellung leisten können (z. B. andere Beschäftigte als „Paten").
- Einschränkungsarten und damit einhergehende Fähigkeiten und Kompetenzen sind auf Grundlage der Gefährdungsanalyse bekannt.
- In der Planung können bedarfsgerechte bauliche, technische oder betrieblich-organisatorische Maßnahmen zur Barrierefreiheit abgeleitet werden.

Bewohner:
- bewohnen die bauliche Anlage und nutzen sie daher ständig.
- haben ein hohes Informationsniveau über die Struktur der baulichen Anlage und die Einrichtungen innerhalb.
- besitzen eine gute Ortskenntnis.
- haben keine festen Bezugspersonen im Gebäude, die sich aufgrund der Wohnnutzung automatisch ergeben und als Ansprechpartner oder Hilfspersonen im Hinblick auf die Barrierefreiheit fungieren können.
- Einschränkungsarten und damit einhergehende Fähigkeiten und Kompetenzen sind nicht bekannt.
- In der Planung ist eine entsprechend vollumfängliche Betrachtung der nutzergruppenspezifischen Bedarfe erforderlich, die sich im Rahmen der im Gebäude vorhandenen Wohnungsstandards bewegt.

Während die barrierefreien Anwendungsbereiche objektkonkret festgelegt werden, ergeben sich die Personenkreise innerhalb der Anwendungsbereiche meistens automatisch aus der Gebäudenutzung. Bei öffentlich zugänglichen Gebäuden ist der Fokus auf die Unterscheidung in die Bereiche für den Besucher- und den Benutzerverkehr zu legen. Meistens ist hierzu eine Abfrage beim Bauherrn, Betreiber oder späteren Gebäudenutzer erforderlich; denn trotz vergleichbarer Gebäudenutzungen können sich mitunter sehr unterschiedliche Bereichsfestlegungen ergeben.

3.4 Bereiche mit Anforderungen an Barrierefreiheit (Anwendungsbereiche)

In den folgenden Abschnitten werden die Anforderungen erörtert, die bei öffentlich zugänglichen Gebäuden, Sonderbauten, Wohngebäuden, Arbeitsstätten, Freianlagen bzw. gebäudebezogenem Außenraum sowie im öffentlichen Verkehrsraum zu berücksichtigen sind.

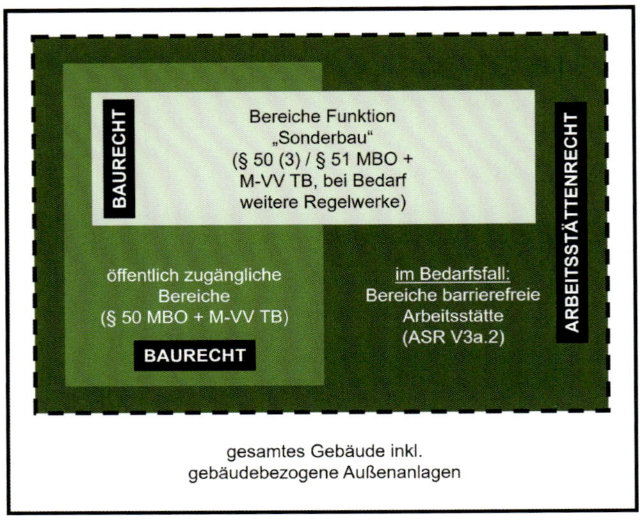

Abb. 3.7: Anwendungsbereiche der Barrierefreiheit

3.4.1 Öffentlich zugängliche Gebäude

Der Begriff „öffentlich zugänglich“ (in Rheinland-Pfalz auch „allgemein zugänglich“) führt hin und wieder zu Irritationen in Bezug auf die genaue Bedeutung. In Nordrhein-Westfalen wurde daher mit der großen Novellierung der Bauordnung 2018 (am 01.01.2019 in Kraft getreten, geändert am 30. Juni 2021) die Definition des Begriffes unmittelbar im Gesetzestext verankert:

„Bauordnung für das Land Nordrhein-Westfalen (Landesbauordnung 2018 – BauO NRW 2018) vom 30. Juni 2021

§ 49 Barrierefreies Bauen

(2) […] Öffentlich zugänglich sind bauliche Anlagen, wenn und soweit sie nach ihrem Zweck im Zeitraum ihrer Nutzung von im Vorhinein nicht bestimmbaren Personen aufgesucht werden können. […]“

Eine bauliche Anlage wird demnach als öffentlich zugänglich eingestuft, wenn sie aufgrund ihrer zweckbestimmenden Nutzung grundsätzlich von jedermann betreten und genutzt werden kann. Wesentlich für die Einstufung ist hierbei also die Anwesenheit von Publikumsverkehr. Bestimmte Aspekte, die beispielsweise den physischen Zugang zu einem Gebäude beschränken, wie Öffnungszeiten oder Zugangskontrollen, haben keinen Einfluss auf den öffentlich zugänglichen Charakter eines Gebäudes und heben diesen nicht auf. Ferner ist es auch nicht von Bedeutung, ob dem Besuch des Gebäudes eine Terminvereinbarung vorausgeht, wenn die genehmigte Nutzung grundsätzlich Publikumsverkehr vorsieht. Beispiele hierfür wären eine Arztpraxis oder ein Service- bzw. Kundenbüro in der Verwaltung.

In der Handlungsempfehlung zum Vollzug der Hessischen Bauordnung (Stand 01.04.2024) wird der Begriff „öffentlich zugänglich“ folgendermaßen erläutert:

„„Öffentlich zugänglich“ sind bauliche Anlagen, die nach ihrer Zweckbestimmung grundsätzlich von jedermann betreten und genutzt werden können. Dabei kommt es nicht darauf an, ob die angebotene Dienstleistung öffentlicher oder privater Natur ist oder ob sie unentgeltlich oder gegen Entgelt erbracht wird. […]“

Öffentlich zugängliche Gebäude müssen nicht in allen Bereichen barrierefrei gestaltet werden, sondern lediglich in den Bereichen, die dem Besucher- und Benutzerverkehr dienen. In der Musterbauordnung (MBO) heißt es dazu:

„§ 50 MBO – Barrierefreies Bauen

(2) Bauliche Anlagen, die öffentlich zugänglich sind, müssen in den dem allgemeinen Besucher- und Benutzerverkehr dienenden Teilen barrierefrei sein.“

Die DIN 18040-1 stimmt im Hinblick auf diese Anwendungsbereiche mit der Musterbauordnungen überein und formuliert in Abschnitt 1:

„Die Barrierefreiheit bezieht sich auf die Teile des Gebäudes und der zugehörigen Außenanlagen, die für die Nutzung durch die Öffentlichkeit vorgesehen sind.“

Der Begriff der „Öffentlichkeit“ ist den Begriffen „Besucher- und Benutzerverkehr“ gleichzusetzen. Der Begriff „Publikumsverkehr“ wird ebenfalls synonym verwendet. Allen Begriffen gemeinsam ist, dass sie zur Abgrenzung der Bereiche dienen, die nicht von Besuchern und Benutzern frequentiert werden und an die infolgedessen auch keine bauordnungsrechtlichen Anforderungen an eine barrierefreie Gestaltung bestehen. Hierunter fallen z. B. Bereiche des Gebäudes, die als Arbeitsstätte fungieren (siehe Kapitel 3.4.4).

In der Musterbauordnung (MBO) erfolgt zur näheren Bestimmung eine nicht abschließende Auflistung von baulichen Anlagen, die öffentlich zugänglich sind und typischerweise Besucher- und/oder Benutzerverkehr aufweisen:

„§ 50 MBO – Barrierefreies Bauen

(2) Bauliche Anlagen, die öffentlich zugänglich sind, müssen in den dem allgemeinen Besucher- und Benutzerverkehr dienenden Teilen barrierefrei sein. Dies gilt insbesondere für

1. *Einrichtungen der Kultur, des Bildungs- und Erziehungswesens,*
2. *Sport- und Freizeitstätten,*
3. *Einrichtungen des Gesundheitswesens,*

4. Büro-, Verwaltungs- und Gerichtsgebäude,
5. Verkaufs-, Gast- und Beherbergungsstätten,
6. Stellplätze, Garagen und Toilettenanlagen."

In welchen Bereichen der baulichen Anlagen sich Besucher und Benutzer aufhalten, ist objektspezifisch abzustimmen und kann von Projekt zu Projekt trotz vergleichbarer Nutzung stark variieren. Es ist daher für eine adäquate barrierefreie Planung unerlässlich, diese sogenannten Anwendungsbereiche vorab mit dem Bauherrn oder Betreiber abzustimmen.

Grundsätzlich ist zu beachten, dass die Gestaltung von Arbeitsstätten im Arbeitsstättenrecht geregelt ist. In der Arbeitsstättenverordnung sowie in den Technischen Regeln für Arbeitsstätten sind zusätzliche oder besondere Anforderungen formuliert, die über das Bauordnungsrecht hinausgehen können. Daher wird auch beim barrierefreien Bauen zwischen Anwendungsbereichen gem. Landesbauordnung und Arbeitsstättenverordnung unterschieden (siehe Abb. 3.7).

3.4.2 Sonderbauten

In Ergänzung zu den Anforderungen an die Bereiche für den Besucher- und Benutzerverkehr bestehen in einigen Landesbauordnungen Anforderungen, die über diesen klar definierten Bereich hinausgehen. So heißt es beispielhaft in der Hamburgischen Bauordnung (HBauO vom 5. März 2025):

„§ 52 Barrierefreies Bauen

(3) Für bauliche Anlagen und Einrichtungen, die überwiegend oder ausschließlich von Menschen mit Behinderungen, alten Menschen und Personen mit Kleinkindern genutzt werden, wie

1. *Tagesstätten, Werkstätten, Ausbildungsstätten, Heime und Wohnungen für Menschen mit Behinderungen,*
2. *Altenheime, Altenwohnheime, Pflegeheime und gleichartige Einrichtungen,*
3. *Tagesstätten und Heime für Kleinkinder*

gilt Absatz 2 nicht nur für die dem allgemeinen Besucherverkehr dienenden Teile, sondern für alle Teile, die von dem jeweiligen Personenkreis genutzt werden."

Diese Nutzungen haben gemeinsam, dass sie als Sonderbauten gem. § 51 MBO eingestuft werden. Dementsprechend treffen die meisten Landesbauordnungen für diese Nutzungsarten besondere Regelungen zur Barrierefreiheit nicht im Paragraf für das barrierefreie Bauen (wie im Beispiel von Hamburg), sondern im Paragraf für die Sonderbauten.

Sonderbauten im Sinne von § 51 MBO mit weitergehenden Anforderungen an die Barrierefreiheit können je nach Nutzung

- öffentlich zugänglich sein und in Teilen Besucher- und/oder Benutzerverkehr aufweisen,
- dem Wohnen dienen bzw. eine wohnähnliche Nutzung aufweisen,
- im weiteren Sinne als Arbeitsstätte eingestuft werden (z. B. Werkstatt für Menschen mit Behinderungen).

Sie können auch eine Vermischung dieser Nutzungen aufweisen. Eine eindeutige Einstufung des Gebäudes als öffentlich zugängliches Gebäude oder Wohngebäude kann häufig nicht mehr vorgenommen werden.

Bei Sonderbauten stehen also in Abhängigkeit von der Gebäudenutzung sowohl Benutzer und Bewohner als auch Beschäftigte im Fokus. Dementsprechend ist in der Planung der Barrierefreiheit zu berücksichtigen, dass sich aus diesen unterschiedlichen Anwendungsbereichen auch weitergehende Anforderungen an die Umsetzung von Barrierefreiheit ergeben können. In der Musterbauordnung (MBO) heißt es hierzu:

„§ 51 Sonderbauten

An Sonderbauten können im Einzelfall zur Verwirklichung der allgemeinen Anforderungen nach § 3 Abs. 1 besondere Anforderungen gestellt werden. Erleichterungen können gestattet werden, soweit es der Einhaltung von Vorschriften wegen der besonderen Art oder Nutzung baulicher Anlagen oder Räume oder wegen besonderer Anforderungen nicht bedarf. Die Anforderungen und Erleichterungen nach den Sätzen 1 und 2 können sich insbesondere erstrecken auf

[...]

16. die barrierefreie Nutzbarkeit,

[...]."

Betrachtet man die Gebäudenutzungen, die üblicherweise zu einer Einstufung als Sonderbau führen, dann wird deutlich, dass es sich teilweise um Nutzungen für besonders schutzbedürftige Nutzergruppen handelt, z. B.

- Gebäude mit Nutzungseinheiten zum Zwecke der Pflege oder Betreuung von Personen mit Pflegebedürftigkeit oder Behinderung,
- Tageseinrichtungen für Kinder, Menschen mit Behinderungen und alte Menschen,
- Schulen (mit/ohne Förderschwerpunkt),
- Wohnheime (für ältere Menschen, z. B. Senior-Living-Gebäude) oder
- Krankenhäuser.

Eine zielgerichtete und punktgenaue Planung der Barrierefreiheit für Nutzergruppen, die über die Standardnutzergruppen nach der Normenreihe DIN 18040 hinausgehen, führt regelmäßig zu erweiterten nutzergruppenspezifischen Bedarfen sowie zu einer abweichenden Schutzzielorientierung. In der Konsequenz ergeben sich daraus bauliche, technische und organisatorische Anforderungen, die von der Normenreihe DIN 18040 abweichen.

In Kapitel 9.3 zeigt das Praxisbeispiel einer Kita die Konsequenzen, die sich bei einem Sonderbau für die Umsetzung der Barrierefreiheit ergeben, wenn die Nutzergruppen sowie die entsprechende Schutzzielorientierung eine erweiterte Betrachtung erfordern.

Praxistipp: Hinweise der Architektenkammern

Die Architektenkammern der Bundesländer stellen erläuternde Anwendungshilfen oder Praxishinweise zur Verfügung, die dem Planer helfen, den bauordnungsrechtlichen Anwendungsbereich für das barrierefreie Bauen festzulegen.

3.4.3 Wohngebäude

Wohngebäude sind grundsätzlich keine öffentlich zugänglichen Gebäude und fallen infolgedessen nicht in den Anwendungsbereich der DIN 18040-1. Stattdessen findet die DIN 18040-2 Anwendung, die jedoch die Besonderheit aufweist, dass bei Wohngebäuden eine Differenzierung in verschiedene Bereiche erfolgt. Die Infrastruktur umfasst die Flächen, die der äußeren und inneren Erschließung des Gebäudes bis zur Wohnungseingangstür dienen, sowie die Flächen, die allen Bewohnern gleichermaßen zur Verfügung stehen (z. B. Aufenthaltsflächen im Freien, Party-/Gemeinschaftsräume, Kellerräume, Wasch-/Trockenräume, Müllentsorgungsräume, Parkgaragen usw.). Für sie gelten andere Anforderungen als für die Wohnungen selbst. Grundsätzlich sieht die Norm für diese Bereiche eine uneingeschränkte Rollstuhlnutzung vor, und zwar unabhängig davon, ob in dem Wohngebäude barrierefreie oder rollstuhlgerechte Wohnungen vorgesehen sind oder nicht. Diese Forderung erscheint auf den ersten Blick unverhältnismäßig, lässt sich jedoch im Hinblick auf die folgenden Nutzergruppen als sinnvoll und plausibel begründen:

- Viele Personen sind nur partiell auf einen Rollstuhl angewiesen. Das heißt, sie bewegen sich innerhalb ihrer Wohnung ohne Rollstuhl oder mit einem Rollator fort und benutzen den Rollstuhl nur, wenn sie das Haus verlassen. Für diese Personen ist es erforderlich, dass sie den Weg bis zum Rollstuhlabstellplatz oder bis zum Auto mit dem Rollstuhl zurücklegen können.
- Darüber hinaus sollen alle Personen, die Bewohner des Gebäude besuchen möchten, in die Lage versetzt werden, die Wohnung ihrer Bekannten und Freunde aus eigener Kraft zu erreichen. Innerhalb der Wohnungen, d. h. im privaten Umfeld, ist dann davon auszugehen, dass der Besuch Hilfestellung erhält. Die Besucher in einem Wohngebäude sind nicht gleichzusetzen mit den Personen, die in öffentlich zugänglichen Gebäuden zum Besucher- bzw. Publikumsverkehr zählen. Ferner zählen sie nicht zu dem Personenkreis, der das Wohngebäude zu Wohnzwecken nutzt. Für diesen Personenkreis werden daher in der DIN 18040-2 keine weitergehenden Anforderungen an die barrierefreie Gestaltung vorgesehen.
- Durch eine rollstuhlgerechte Erschließung der Wohnung soll zudem auch im Alter der längere Verbleib in den eigenen vier Wänden ermöglicht und der Umzug ins Alten-/Pflegeheim vermieden werden. Die Wohnung kann im Bedarfsfall individuell an die entsprechenden Bedürfnisse des Bewohners angepasst und aufgerüstet werden. Ohne eine rollstuhlgerechte Erschließung seiner Wohnung wäre der Bewohner zwar in der Lage, diese selbstständig zu nutzen, könnte sie jedoch nicht mehr ohne Hilfe verlassen.

Die Anforderungen an eine rollstuhlgerechte Erschließung der Wohnungen dienen also der Sicherstellung, dass die Wohnungen jederzeit und uneingeschränkt erreicht werden können.

Innerhalb der Wohnung, im Individualbereich, unterscheidet die DIN 18040-2 zwei Ausstattungsstandards (siehe Abb. 3.8):

- Wohnungen, die barrierefrei nutzbar sind (sogenannter „B-Standard")
- Wohnungen, die barrierefrei und uneingeschränkt mit dem Rollstuhl nutzbar sind (sogenannter „R-Standard")

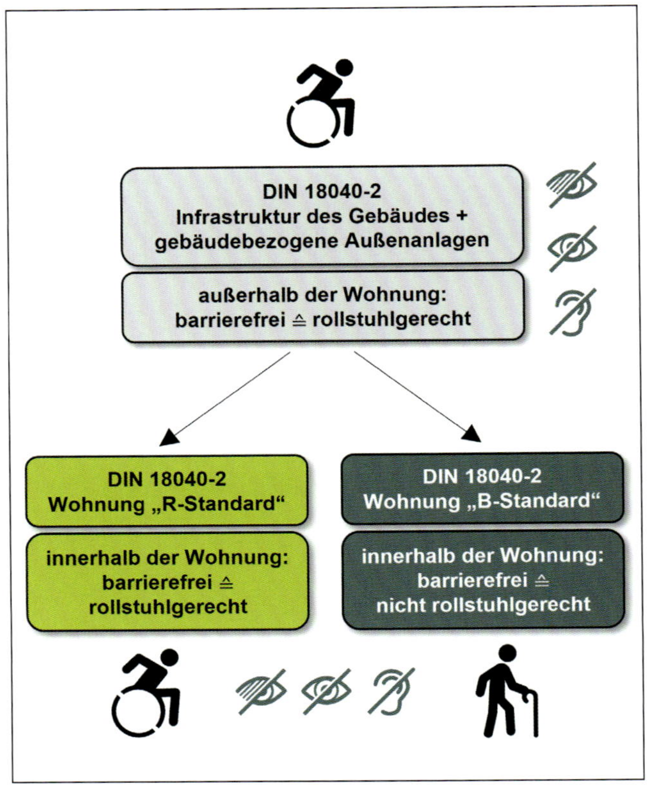

Abb. 3.8: Ausstattungsstandards innerhalb von Wohnungen

Praxistipp: Besuchende in Wohngebäuden

Personen, die Bewohner in einem Wohngebäude besuchen, gelten nicht als Besucher im Sinne des Bauordnungsrechtes. Sie gehören nicht zum Besucher-/Benutzerverkehr, Publikumsverkehr oder zur Öffentlichkeit. Das bedeutet, dass Wohngebäude auch dann nicht als öffentlich zugänglich eingestuft werden, wenn Bewohner dort Besuch empfangen. Für diesen Personenkreis werden normativ keine weiteren Anforderungen an die barrierefreie Gestaltung formuliert, da der Personenkreis das Gebäude nicht zweckentsprechend nutzt, also dort nicht wohnt.

Die konkreten Anforderungen für diese Ausstattungsstandards werden in der DIN 18040-2 in Abschnitt 5 „Räume in Wohnungen" formuliert. Die Unterscheidung führt bei Planern nicht selten zu Missverständnissen, denn der Begriff „barrierefrei" wird in DIN 18040-2 anders verwendet als in DIN 18040-1:

DIN 18040-1, Vorwort:

„Die Norm stellt dar, unter welchen technischen Voraussetzungen bauliche Anlagen barrierefrei sind.

Sie berücksichtigt dabei insbesondere die Bedürfnisse von Menschen mit Sehbehinderung, Blindheit, Hörbehinderung (Gehörlose, Ertaubte und Schwerhörige) oder motorischen Einschränkungen sowie von Personen, die Mobilitätshilfen und Rollstühle benutzen. […]"

DIN 18040-2, Abschnitt 1 „Anwendungsbereich“:

„Die Anforderungen an die Infrastruktur der Gebäude mit Wohnungen berücksichtigen grundsätzlich auch die uneingeschränkte Nutzung mit dem Rollstuhl.

Innerhalb der Wohnungen wird unterschieden zwischen

- *barrierefrei nutzbaren Wohnungen und*
- *barrierefrei und uneingeschränkt mit dem Rollstuhl nutzbaren Wohnungen R“*

Zur eindeutigen Bestimmung des Begriffs „barrierefrei“ ist es erforderlich, dass der Kontext genannt wird, in dem der Begriff verwendet wird, bzw. dass angegeben wird, welcher Ausstattungsstandard und welche Funktionsanforderung damit gemeint ist. In den meisten Landesbauordnungen fehlt die Einbindung in den Kontext, sodass die bauordnungsrechtlichen Anforderungen zunächst unkonkret bleiben. Erst ein Blick in die Technischen Baubestimmungen bringt in der Regel Klarheit über das geschuldete Maß an Barrierefreiheit.

Folgendes Beispiel soll dies verdeutlichen:

„MBO § 50 Barrierefreies Bauen

In Gebäuden mit mehr als zwei Wohnungen müssen die Wohnungen eines Geschosses barrierefrei erreichbar sein; […]. In diesen Wohnungen müssen die Aufenthaltsräume, eine Toilette, ein Bad, die Küche oder die Kochnische und, soweit vorhanden, ein Freisitz barrierefrei sein.“

Der Begriff „barrierefrei“ im ersten Satz impliziert, dass die Wohnungen unter anderem mit dem Rollstuhl stufen- und schwellenlos erreichbar sein müssen. Das „barrierefrei“ innerhalb der Wohnung umfasst jedoch keine rollstuhlgerechte Nutzbarkeit, sondern fordert lediglich den in Bezug auf Bewegungsflächen und Durchgangsbreiten reduzierten Standard.

Die Eindeutigkeit der unterschiedlichen Verwendung des Begriffes „barrierefrei“ ergibt sich erst unter Zuhilfenahme der DIN 18040-2, die die oben beschriebene Trennung von Wohngebäuden in Infrastruktur und Wohnungen vornimmt. Eine weitere Konkretisierung ergibt sich aus den untergesetzlichen Regelungen, d. h. aus der Muster-Verwaltungsvorschrift Technische Baubestimmungen (MVV TB). In der MVV TB, Anlage A 4.2/3 (Stand 2025/1), heißt es:

„Zu DIN 18040-2

Die Einführung bezieht sich auf:

- *Wohnungen, soweit sie nach § 50 Abs. 1 MBO barrierefrei sein müssen […]*

Bei Anwendung der Technischen Baubestimmungen ist Folgendes zu beachten:

1 […] alle Anforderungen mit der Kennzeichnung „R“ sind von der Einführung ausgenommen.“

Werden in Wohngebäuden keine uneingeschränkt mit dem Rollstuhl nutzbaren Wohnungen vorgesehen, so gelten innerhalb der Infrastruktur gem. DIN 18040-2 für bestimmte Anforderungen Erleichterungen. Hierzu zählt beispielsweise die Ausführung von Türdrückern in Höhe von 85 cm. Gem. DIN 18040-2 dürfen in Wohngebäuden ohne R-Wohnungen die Türgriffe in der Standardhöhe von 105 cm ausgeführt werden. Gleiches gilt für Bedienelemente, die im Einzelfall innerhalb des barrierefreien Greifbereichs (zwischen 85–105 cm ü. OFF) angeordnet sein dürfen.

Praxistipp: „barrierefrei“ im Kontext

Damit im Barrierefrei-Konzept eine in sich schlüssige Nachweisführung der Barrierefreiheit erreicht wird, ist es erforderlich, den Begriff „barrierefrei“ immer in seinen Kontext einzubinden. Nur so ist eindeutig nachvollziehbar, welche Funktionsanforderung damit gemeint ist.

Räume zur wohnspezifischen Nutzung

Eine weitergehende Betrachtung der Anforderungen an die Barrierefreiheit ist hinsichtlich der Räume und Bereiche erforderlich, die weder gem. DIN 18040-2 noch gem. Bauordnungsrecht explizit benannt werden, jedoch zur wohnspezifischen Nutzung gehören. Hierzu zählen unter anderem folgende Bereiche:

- individuelle Abstellräume
- mit dem Wohngebäude verbundene Parkgaragen
- Räume zum Waschen und Trocknen von Wäsche
- Gemeinschafts-, Party- und Hobbyräume
- Fahrradabstellräume
- Müllentsorgungsräume oder -bereiche

Die DIN 18040-2 formuliert zu diesen Funktionsräumen keine Anforderungen an die barrierefreie Gestaltung. Das bedeutet jedoch im Umkehrschluss nicht, dass an diese Räume keine Anforderungen an eine barrierefreie Gestaltung bestehen können. Ausschlaggebend für die Umsetzung von Barrierefreiheit ist vielmehr ihre zweckentsprechende Nutzung durch Bewohner mit Behinderungen. Allein aus dem Umstand, dass diese Räume – sofern sie in der Planung vorgesehen werden – zu einer vollumfänglichen selbstständigen Wohnnutzung genutzt bzw. betreten und genutzt werden müssen, ergibt sich das Erfordernis nach einer bedarfsgerechten Umsetzung der Barrierefreiheit. Für die Standardnutzergruppen gem. DIN 18040-1 wird stets auf eine Alltagsbewältigung ohne Assistenz abgestellt. Dementsprechend sind die baulichen und technischen Maßnahmen zur Barrierefreiheit so formuliert, dass sie diese Selbstständigkeit unterstützen und eine Lebensführung grundsätzlich ohne Hilfestellung ermöglichen. Aus diesem Grundprinzip der DIN 18040 resultiert, dass sämtliche Funktionen, die mit der wohnspezifischen Nutzung zusammenhängen, selbstständig und barrierefrei bewältigbar/leistbar sein müssen.

Da keine konkreten baulichen oder technischen Anforderungen an die Barrierefreiheit für diese Funktionsräume bestehen, sind die Planer dazu angehalten, sich diese objektkonkret und bedarfsgerecht herzuleiten. Zu diesem Zweck sollen im Folgenden einige Hilfestellungen gegeben werden.

Sofern diese Funktionsräume außerhalb der Wohnung angeordnet sind, gehören sie zur Infrastruktur des Gebäudes,

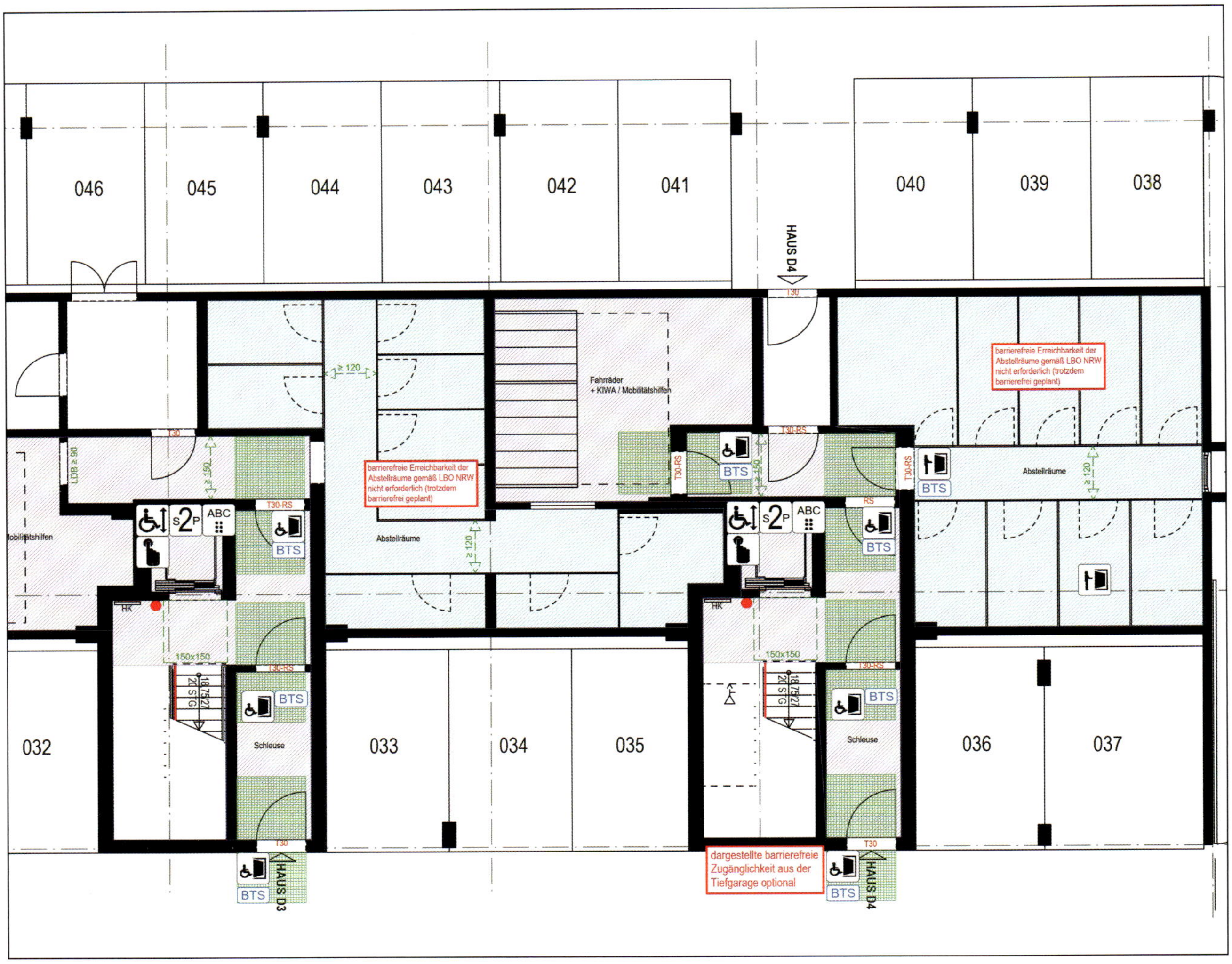

Abb. 3.9: Grundrissausschnitt mit beispielhafter Darstellung der unterschiedlichen Ausstattungsstandards für die allgemeinen und individuellen Abstellflächen: Lila = Infrastruktur mit vollumfänglicher Barrierefreiheit, Hellblau = Individual-Abstellräume im „B-Standard"

weshalb grundsätzlich davon auszugehen wäre, dass die Erschließung für die Nutzung mit Rollstühlen ausgelegt wird (vgl. DIN 18040-2, Abschnitt 4). Die Anwendungspraxis zeigt jedoch, dass in Abhängigkeit von der Nutzung der Funktionsräume auch eine differenziertere Betrachtung möglich ist.

So ist es beispielsweise sinnfällig, die individuellen Abstellräume, die ausschließlich durch die Bewohner genutzt werden, entsprechend dem Standard der zugehörigen Wohnung zu gestalten. Unabhängig davon sind die allgemeinen Abstellflächen/-räume zu bewerten, die gem. den meisten Landesbauordnungen zur Unterbringung von Kinderwagen und Mobilitätshilfen gefordert werden. Diese sind grundsätzlich barrierefrei und rollstuhlgerecht herzustellen.

Die Gestaltung von gemeinschaftlich genutzten Funktionsräumen, z. B. Wasch-/Trockenräumen, Müllentsorgungsräumen oder Fahrradabstellräumen, richtet sich danach, ob im Gebäude lediglich Wohnungen im B-Standard oder auch im R-Standard vorgesehen sind. Dem entgegen steht die Erreichbarkeit und Nutzbarkeit von Party-/Hobby- oder sonstigen Gemeinschaftsräumen, die auch von externen Personen und Besuchern frequentiert werden. Hier ist eine rollstuhlgerechte Gestaltung obligatorisch.

Bei der Erschließung von Tief- oder Parkgaragen, die dem Wohngebäude zugeordnet sind, ist zu berücksichtigen, dass für die Bewohner, die dort ihr Auto parken, der Hauptzugang zum Gebäude durch die Garagenschleuse erfolgt. Infolgedessen greifen für diese Erschließung die Barrierefrei-Anforderungen an Haupteingänge gem. DIN 18040-2, und zwar im Hinblick auf sämtliche Aspekte. Das bedeutet z. B. sowohl für die Flure und Verkehrsflächen als auch für die Türen.

Praxistipp: Funktionsräume mit wohnspezifischer Nutzung

Für Funktionsräume, die von den Bewohnern im Zusammenhang mit der Wohnnutzung aufgesucht werden müssen, ist zum Zwecke einer selbstständigen Alltagsbewältigung/Lebensführung eine barrierefreie Erreichbarkeit und Nutzbarkeit obligatorisch. Dies gilt im Sinne der Barrierefreiheit unabhängig davon, ob für die Räume und Bereiche im Bauordnungsrecht oder in den einschlägigen Regelwerken explizite Anforderungen an die Barrierefreiheit formuliert sind.

Der Grundrissausschnitt in Abb. 3.9 verdeutlicht dieses Prinzip der barrierefreien Gestaltung von Funktionsräumen. Er zeigt den übergeordneten barrierefreien und rollstuhlgerechten Gebäudezugang über die Tiefgaragenschleusen sowie die bauordnungsrechtlich geforderten Abstellflächen für Kinderwagen und Mobilitätshilfen (beides lila eingefärbt). Entscheidend für die Nutzung mit radgebundenen Hilfsmitteln sind hier vor allem die Bewegungsflächen an Türen sowie ausreichende lichte Durchgangsbreiten (LDB) von mind. 90 cm.

In Ergänzung hierzu werden die individuellen Abstellräume lediglich barrierefrei gem. dem Wohnungsstandard (B-Wohnung) gestaltet. Im konkreten Beispiel bedeutet das, dass für den Erschließungsflur der einzelnen Abstellräume eine Breite von 120 cm und für die Türen zu den Abstellräumen eine LDB von 80 cm ausreichend sind.

3.4.4 Arbeitsstätten

Da die meisten öffentlich zugänglichen Gebäude auch gleichzeitig Arbeitsstätten sind, kann es je nach Aufgabenstellung im Barrierefrei-Konzept erforderlich oder sinnvoll sein, für eine umfassende Betrachtung der Barrierefreiheit auch die Arbeitsstätten mit einzubeziehen. Während die Normenreihe DIN 18040 zur Konkretisierung der Anforderungen aus dem Bauordnungsrecht dient, übernehmen die Arbeitsstättenverordnung (ArbStättV) und die Technischen Regeln für Arbeitsstätten (ASR) die Aufgabe, das Arbeitsstättenrecht zu präzisieren und Grundlagen für die bauliche/technische Umsetzung herzustellen. Dabei ist es wichtig, zwischen den jeweils geltenden Anforderungen der DIN 18040-1 und der ASR V3a.2 zu differenzieren und die Anwendungsbereiche klar herauszustellen.

Gem. Arbeitsstättenverordnung besteht keine generelle Forderung nach einer barrierefreien Gestaltung von Arbeitsstätten. Vielmehr ergibt sich das Erfordernis gem. § 3a ArbStättV erst dann, wenn dort Menschen mit Behinderung beschäftigt werden. Im Gegensatz zu den allgemeinen Anforderungen an die Barrierefreiheit, wie sie beispielsweise für öffentlich zugängliche bauliche Anlagen bestehen, ergeben sich die Anforderungen an die Barrierefreiheit in Arbeitsstätten aus den jeweiligen individuellen Fähigkeiten und Bedarfen, die der Beschäftigte mit Behinderung mitbringt. Die Bestimmung der Anforderungen an die Barrierefreiheit erfolgt im Zuge einer personenbezogenen oder tätigkeitsbezogenen Gefährdungsbeurteilung, die innerbetrieblich erstellt wird, z. B. von Fachkräften für Arbeitssicherheit.

In Abhängigkeit davon, ob die baulichen und technischen Maßnahmen zur Herstellung von Barrierefreiheit allgemeiner Natur sind oder auf die individuellen Bedarfe einer bestimmten Person abstellen, unterscheidet man auch die Begriffe des **barrierefreien Bauens** und des **behindertengerechten Bauens**.

Die barrierefreie Gestaltung ist für den Arbeitsplatz des Beschäftigten umzusetzen, d. h. für die Bereiche der Arbeitsstätte, in denen der Beschäftigte im Rahmen seiner Arbeit tätig ist und zu denen er Zugang haben muss. Bei einer Bürotätigkeit gehören hierzu nicht nur der Büroraum mit Schreibtisch, sondern z. B. auch die Teeküche, der Kopier-

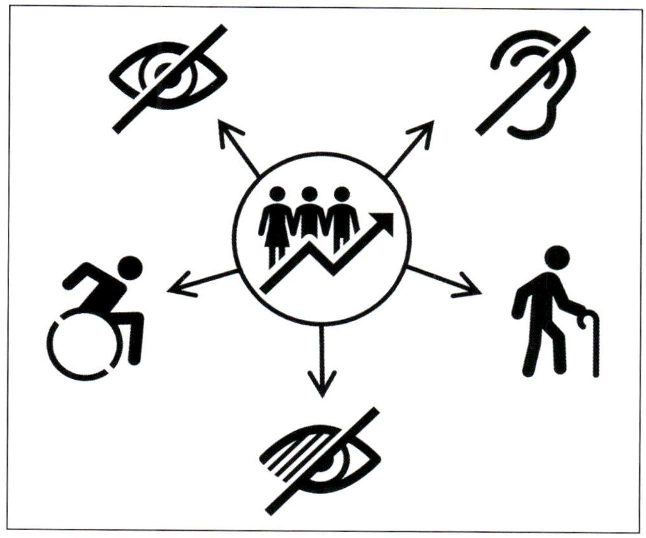

Abb. 3.10: Barrierefreies Bauen = Bauen für normative Standardnutzergruppen

Abb. 3.11: Behindertengerechtes Bauen = Bauen für einen konkreten individuellen Bedarf (links: KI-generiert mit ChatGPT; rechts: © Racle Fotodesign/stock.adobe.com)

Praxistipp: Behindertengerechtes vs. barrierefreies Bauen

Barrierefreies Bauen = bautechnisch definierter Standard, bezogen auf normative Standardnutzergruppen (siehe Abb. 3.10)

Behindertengerechtes Bauen = spezifisches, einer bestimmten Behinderung entsprechendes Bauen, das auf die individuellen Bedarfe einer bestimmten Person zugeschnitten und nur im Individualumfeld (z. B. zu Hause oder am Arbeitsplatz) umsetzbar ist (siehe Abb. 3.11)

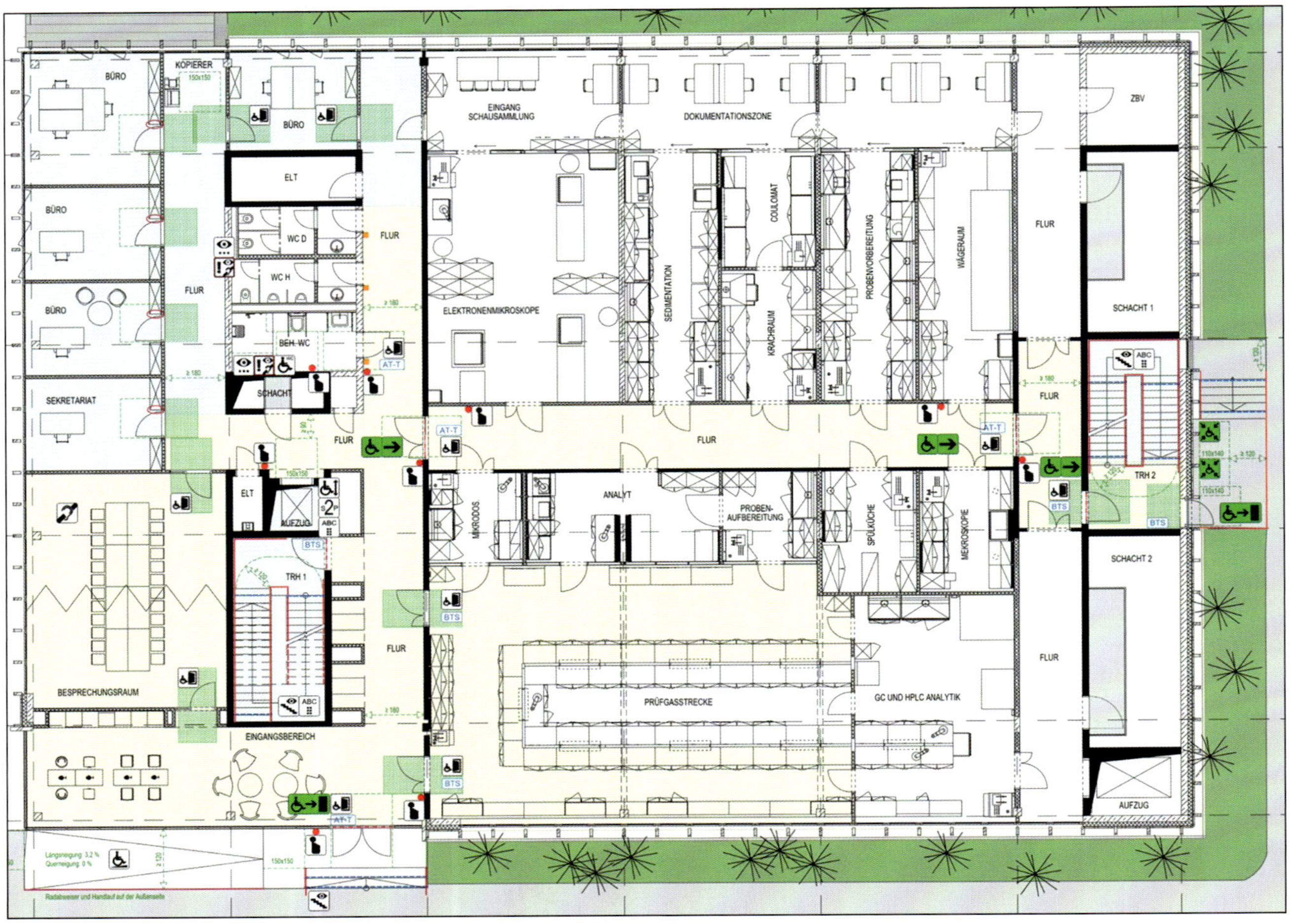

Abb. 3.12: Grundrissausschnitt mit Darstellung der Anwendungsbereiche: Gelb = öffentlich zugängliche Bereiche, Blau = Bereiche der barrierefreien Arbeitsstätte, Weiß = Bereiche ohne Anforderungen an die Barrierefreiheit

raum, Besprechungsräume, die sanitären Anlagen, der Pausenraum, der Erste-Hilfe-Raum und die Erschließungsflächen dieser Bereiche (siehe Abb. 3.12). Es wird jedoch gem. ArbStättV nicht gefordert, dass für den Mitarbeiter mit Behinderung sämtliche Bereiche der Arbeitsstätte barrierefrei zugänglich und nutzbar sein müssen. Das bedeutet, der Mitarbeiter hat rechtlich keinen Anspruch darauf, auch das Büro eines befreundeten Kollegen aus einer anderen Abteilung barrierefrei erreichen zu können.

Bei der barrierefreien Gestaltung des Arbeitsplatzes ist zu berücksichtigen, dass dieser für den Beschäftigten in der allgemein üblichen Weise, ohne besondere Erschwernisse und grundsätzlich ohne fremde Hilfe zugänglich und nutzbar sein muss. Damit wird die grundsätzliche Definition von Barrierefreiheit aus dem Behindertengleichstellungsgesetz (BGG) aufgegriffen. Die barrierefreie Gestaltung ist also vorrangig durch bauliche bzw. technische Lösungen herzustellen. Spezielle organisatorische Maßnahmen, z. B. die Verlegung des Büros ins Erdgeschoss und damit verbunden die Ausgrenzung aus der zugehörigen Abteilung, sind zu vermeiden, da sie der Definition von Barrierefreiheit und dem Gedanken der gleichberechtigten Teilhabe grundlegend widersprechen.

3.4.4.1 Vorrüstung von Barrierefreiheit in Arbeitsstätten

Eine besondere Herausforderung für die Planung der Barrierefreiheit in Arbeitsstätten besteht dann, wenn bei einem Neubauvorhaben noch nicht feststeht, ob zukünftig Mitarbeiter mit Behinderungen beschäftigt werden und wie sich deren Arbeitsplatz gestaltet. Da in diesem Fall eine individuelle bzw. behindertengerechte Arbeitsplatzgestaltung nicht möglich ist, sollte im Rahmen einer vorausschauenden Gebäudeplanung wenigstens ein allgemeiner barrierefreier Mindeststandard umgesetzt werden.

Dieser allgemeine barrierefreie Mindeststandard sieht eine **zweistufige Umsetzung der Barrierefreiheit** vor. In der **ersten Stufe**, also bei der Errichtung des Gebäudes, werden die baulichen Grundvoraussetzungen für die Beschäftigung von Personen mit Behinderungen geschaffen. Im Fokus stehen hierbei Beschäftigte mit motorischen Einschränkungen, die assistive Hilfsmittel benutzen (z. B. Rollstuhl, Rollator oder Gehhilfen). Das bedeutet, dass die Anforderungen an die Barrierefreiheit, die Auswirkungen auf die bauliche Struktur und Konstruktion des Gebäudes haben, bereits bei der Errichtung des Gebäudes berücksichtigt werden. Hierzu zählen beispielsweise:

- stufenlose und schwellenfreie Zugänge und Überwindung von Niveauwechseln (z. B. durch Rampen)
- ausreichende Bewegungs-, Begegnungs- und Umsetzflächen innerhalb der Verkehrs- und Erschließungsflächen
- ausreichende Durchgangsbreiten und leichtgängige Bedienbarkeit von Türen
- Anordnung von Bedienelementen im barrierefreien Greifbereich (85–105 cm ü. OFF)

Maßnahmen zur Herstellung von Barrierefreiheit, die in der Umsetzung additiv sind und nur geringer baulicher Maßnahmen bedürfen, werden erst in der **zweiten Stufe** umgesetzt, d. h. bei Bedarf und abhängig von individuellen Erfordernissen.Diese Stufe berücksichtigt die Nachrüstung von Ausstattungsqualitäten bzw. die Anpassung von Räumen zur barrierefreien Nutzung, insbesondere im Individualbereich der Beschäftigten. Hierzu zählen vor allem auch Maßnahmen für sensorisch eingeschränkte Personen, die ohne größeren baulichen Aufwand nachgerüstet werden können, beispielsweise:

Anpassung der Möblierung zur Schaffung ausreichender Bewegungsflächen für eine Rollstuhlnutzung innerhalb der Büronebenräume

- visuell stark kontrastierende Glasmarkierungen an verglasten Bürotrennwänden und Türen in Augenhöhe für sehbehinderte Personen
- Nachrüstung von zusätzlichen Handläufen in reduzierter Höhe (65 cm ü. OFF) an den Treppen für kleinwüchsige Beschäftigte
- visuell kontrastierende und taktil erfassbare Gestaltung von Einrichtungs- und Ausstattungselementen und Hindernissen für sehbehinderte und blinde Personen
- Bereitstellung von Informationen zur zweckentsprechenden Nutzung nach dem Zwei-Sinne-Prinzip, z. B. die taktile Raumbeschilderung an den relevanten Büro- und Büronebenräumen oder an den sanitären Anlagen innerhalb der Büro-Mieteinheiten

Aufgrund der Zweistufigkeit kann eine bedarfsgerechte und wirtschaftliche Umsetzung der Barrierefreiheit erfolgen, ohne eine Übererfüllung im Bereich der Arbeitsstätte zu schaffen.

3.4.4.2 Barrierefreie Anwendungsbereiche in Arbeitsstätten in Abhängigkeit vom Tätigkeitsprofil

Bei der Konzepterstellung sind die Bereiche der Arbeitsstätte hinsichtlich ihrer barrierefreien Gestaltung mit dem Bauherrn oder – sofern dieser schon feststeht – mit dem späteren Betreiber/Nutzer abzustimmen. Auch bei der Entscheidung für die Umsetzung des allgemeinen barrierefreien Mindeststandards muss gemeinsam definiert werden, in welchen Gebäudebereichen eine Beschäftigung von Menschen mit Behinderungen überhaupt möglich ist.

An dieser Stelle wird nachvollziehbar, warum Arbeitsstätten im Zuge der Neuauflage der DIN 18040-1 aus dem Anwendungsbereich gestrichen wurden. Eine grundsätzlich barrierefreie Gestaltung sämtlicher Bereiche der Arbeitsstätte wäre nicht nur unverhältnismäßig, sondern auch wenig zielführend. Ist aufgrund des Tätigkeitsprofils bzw. der Arbeitsplatzbeschreibung ausgeschlossen, dass ein Beschäftigter mit einer bestimmten Behinderung diese Tätigkeit ausführen oder erlernen kann, ist es auch nicht erforderlich, eine entsprechende bauliche Barrierefreiheit in diesen Bereichen herzustellen. So könnte die Einschätzung in einem Laborgebäude mit angegliederter Bürozone beispielsweise lauten, dass der Arbeitsplatz „Labor" für eine Beschäftigung von sehbehinderten bzw. blinden Personen nicht geeignet ist. Jedoch besteht durch die barrierefreie und behindertengerechte (bzw. „behinderungsgerechte") Gestaltung des Arbeitsplatzes „Büro" (z. B. durch spezielle Ausrüstung eines Bildschirmarbeitsplatzes) die Möglichkeit, dass ein Mitarbeiter mit Sehbehinderung für Dokumentationsaufgaben von Laborergebnissen eingesetzt wird. Entsprechend einer solchen Einschätzung, die vom Betreiber zu treffen ist, sind dann im Barrierefrei-Konzept sowohl die Anwendungsbereiche der Barrierefreiheit als auch die entsprechenden Anforderungen für den allgemeinen barrierefreien Mindeststandard zu formulieren.

Praxistipp: Leitfaden „Barrierefreie Arbeitsgestaltung"

Der Leitfaden „Barrierefreie Arbeitsgestaltung" der DGUV liefert detaillierte Informationen zur Beschäftigung von Menschen mit Behinderungen sowie Planungshinweise zur barrierefreien Gestaltung von Arbeitsplätzen.

3.4.5 Freianlagen und gebäudebezogener Außenraum

Im Zusammenhang mit der barrierefreien Gestaltung von Gebäuden sind auch die zugehörigen Freianlagen auf dem privaten Grundstück zu berücksichtigen. Die Anforderungen, die in DIN 18040-1 und DIN 18040-2 formuliert werden, gelten demnach auch für die Außenanlagen, die der äußeren Erschließung sowie der gebäudebezogenen Nutzung dienen. Zur äußeren Erschließung zählen in der Regel die Zuwegung vom öffentlichen Verkehrsraum bzw. von der Grundstücksgrenze bis zu den relevanten Eingängen sowie die Anbindung der Notausgänge.

Eine barrierefreie Erschließung muss auch zwischen den PKW-Stellplätzen und den Eingängen möglich sein. Dabei reicht es nicht aus, lediglich die speziell ausgewiesenen PKW-Stellplätze für Menschen mit Behinderungen einzubeziehen. Auch die Stellplätze, die bei öffentlich zugänglichen Gebäuden für Besucher/Benutzer zur Verfügung gestellt werden oder die bei Wohngebäuden den barrierefreien Wohnungen zugeordnet sind, müssen berücksichtigt werden. Der Grund dafür ist, dass die ausgewiesenen „Behinderten-Stellplätze" nur von Personen genutzt werden dürfen, die im Sinne des SGB IX schwerbehindert sind und einen Schwerbehindertenausweis mit dem Merkzeichen „aG (außergewöhnliche Gehbehinderung)" oder „Bl (blind)" haben. Ein Schwerbehindertenausweis (ohne die entsprechenden Merkzeichen) berechtigt nicht automatisch zum Parken auf ausgewiesenen Behinderten-Parkplätzen. Zudem reicht auch die Nutzung eines Rollstuhls allein nicht aus, um das Merkzeichen der außergewöhnlichen Gehbehinderung zu erhalten. Vielmehr muss eine Einschränkung der Gehfähigkeit vorliegen, die einem Grad der Behinderung (GdB) von mindestens 80 entspricht.

Daraus folgt, dass viele Personen, die eine Mobilitätseinschränkung haben, nicht dazu berechtigt sind, auf einem ausgewiesenen Behinderten-Stellplatz zu parken. In der Konsequenz sind also weitere PKW-Stellplätze barrierefrei zu erschließen, um die Erreichbarkeit und Nutzbarkeit z. B. für Personen mit Gehhilfen und Rollatoren zu gewährleisten.

Werden im Außenraum Einrichtungen vorgesehen, die in Bezug zur Gebäudenutzung stehen und infolgedessen von den Besuchern/Benutzern (öffentlich zugängliche Gebäude) oder den Bewohnern (Wohngebäude) aufgesucht werden, sind diese ebenfalls barrierefrei zu gestalten. Hierzu zählen beispielsweise die Terrasse einer Außengastronomie, die Spielflächen einer Kita, der Schulhof einer Schule oder der Demenzgarten in einer Pflegeeinrichtung.

Die oben beschriebenen Freianlagen sind im Barrierefrei-Konzept in gleicher Weise zu berücksichtigen wie die Gebäude, denn die barrierefreie Gestaltung dieser Bereiche trägt zu einer ganzheitlichen barrierefreien Erreichbarkeit, Auffindbarkeit und Nutzbarkeit der betrachteten baulichen Anlage bei.

3.4.6 Öffentlicher Verkehrsraum

Zu den klassischen Planungsaufgaben der Frei- und Verkehrsanlagenplanung zählt auch die barrierefreie Gestaltung des öffentlichen Verkehrsraumes. Vor allem bei der Planung von Stadtteil- und Wohnquartieren bildet der öffentliche Verkehrsraum das verbindende Element, über das die barrierefreie Erschließung der einzelnen Gebäude und Freianlagen funktioniert. Im öffentlichen Verkehrsraum kommt die DIN 18040-3 zur Anwendung.

Die öffentliche Erschließung baulicher Anlagen ist in vielen Fällen bereits im Bestand vorhanden, sodass die Berücksichtigung barrierefreier Aspekte erst bei einer Erneuerung der Flächen planungsrelevant wird. Entstehen jedoch Quartiere von Grund auf neu, so ist es sinnvoll und zielführend, die Grundlagen für die Planung der Barrierefreiheit in einem Barrierefrei-Konzept ganzheitlich konzeptionell zu entwickeln. Dadurch wird eine konsistente Planungsgrundlage geschaffen, die unabhängig davon, wie schnell das Quartier entsteht oder wächst, die Vermittlung des Leitgedankens „Barrierefreiheit" sicherstellt.

Zu den Anwendungsbereichen zählen beispielsweise Fußgängerzonen und Gemeinschaftsbereiche („Shared Space"), öffentlich zugängliche Grün- und Freizeitanlagen und Spielplätze. Die barrierefreien Gestaltungsmöglichkeiten in diesen Bereichen sind vielfältig und können zu grundlegend verschiedenen Ergebnissen führen. Deshalb ist eine konzeptionelle Bearbeitung besonders empfehlenswert.

Im Bereich der Verkehrsanlagen unterliegen vor allem Gehwege, Überquerungsstellen sowie Anlagen des Personennahverkehrs und des ruhenden Kraftfahrzeugverkehrs hohen Anforderungen an die Barrierefreiheit. In der Regel werden die Planungsgrundlagen von Städten und Kommunen verbindlich festgelegt und in Planungshandbüchern oder Leitfäden detailliert vorgegeben. Die konzeptionelle Entwicklung neuer oder abweichender Umsetzungsmöglichkeiten ist somit begrenzt und die DIN 18040-3 dient in diesen Fällen lediglich der informativen Ergänzung.

3.5 Abweichungen

3.5.1 Normative Abweichungen

Die DIN 18040 formuliert Schutzziele bzw. Funktionsanforderungen und erläutert, wie sich diese baulich oder technisch erfüllen lassen. Zu diesem Zweck zeigt sie beispielhafte Lösungsmöglichkeiten auf. Darüber hinaus bietet die DIN 18040 jedoch auch einen Spielraum für alternative Lösungsmöglichkeiten. In Abschnitt 1 „Anwendungsbereich" aller drei Teile der Normenreihe wird dieser Spielraum folgendermaßen formuliert:

„Die mit den Anforderungen nach dieser Norm verfolgten Schutzziele können auch auf andere Weise als in der Norm festgelegt erfüllt werden. […] Alle Maße sind Fertigmaße. Abweichungen in der Ausführung können nur toleriert werden, soweit die in der Norm bezweckte Funktion erreicht wird."

Der Planer hat somit zur Herstellung der Barrierefreiheit stets zwei Optionen: Er kann entweder die normkonforme Ausführung gem. DIN 18040 vorsehen oder sich eine eigene alternative Lösung überlegen. Bei alternativen Lösungen handelt es sich stets um normative Abweichungen und es greift das Prinzip der Vermutungswirkung und Beweislastumkehr. Das bedeutet:

- Bei normkonformer Ausführung liegt die Vermutung nahe, dass mit der umgesetzten Lösung die übergeordneten verpflichtenden Anforderungen eingehalten werden.
- Bei einer von der Norm abweichenden Lösung kehrt sich jedoch die Beweislast um, und der Planer ist dazu verpflichtet, nachzuweisen, dass seine abweichende Lösung die zugrunde liegende Funktionsanforderung (Schutzziel) in gleicher Weise erfüllt. Ein geeignetes Hilfsmittel hierfür ist das Barrierefrei-Konzept.

So heißt es beispielsweise in der DIN 18040-1 in Abschnitt 4.3.3.5 „Orientierungshilfen an Türen":

„Auffindbarkeit und Erkennbarkeit von Türen und deren Funktion müssen auch für blinde und sehbehinderte Menschen möglich sein."

Nachfolgend werden bauliche Umsetzungen beschrieben, die als Lösungsvorschläge zu verstehen sind. Im Hinblick auf Ganzglastüren und großflächig verglaste Türen umfassen diese z. B. Sicherheitsmarkierungen, mit folgenden Kriterien:

- Sie reichen über die gesamte Glasbreite.
- Sie sind visuell stark kontrastierend sowie im Wechselkontrast, d. h. mit hellen und dunklen Anteilen, ausgebildet.
- Sie werden in Knie- und Augenhöhe angeordnet, damit sie aus sitzender und stehender Position erkennbar sind.

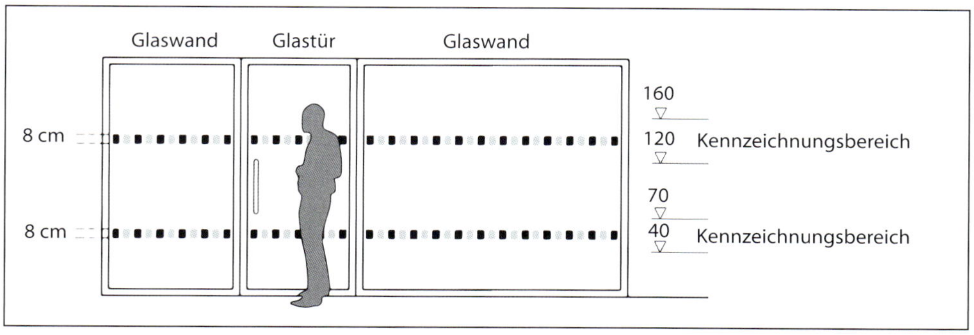

Abb. 3.13: Ausführungsvorschlag für Glasmarkierungen gem. DIN 18040-1, Abschnitt 4.3.3.5

Abb. 3.14: Ausführungsbeispiel für Glasmarkierungen gem. DIN 18040-1, Abschnitt 4.3.3.5

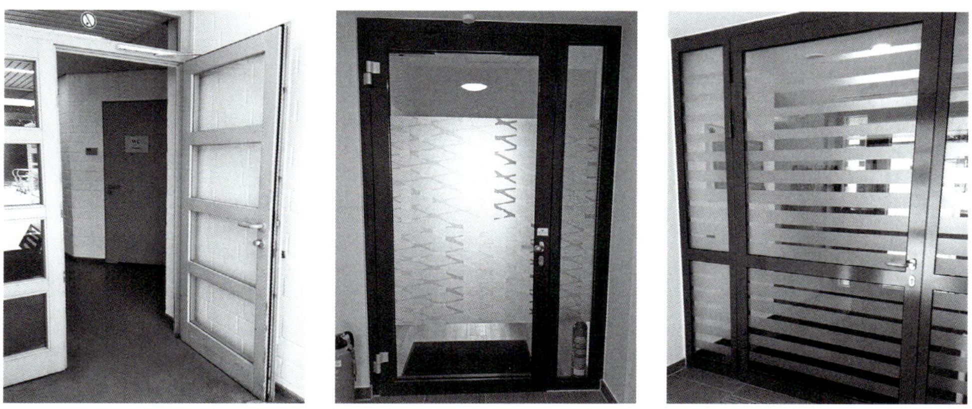

Abb. 3.15: Alternative Möglichkeiten für Glasmarkierungen, die zu einer gleichwertigen Schutzzielerfüllung führen

Die entsprechende normative Umsetzung dieser Anforderungen ist in Abb. 3.13 und Abb. 3.14 dargestellt.

Die Beispiele in Abb 3.15 zeigen Glas-Rahmen-Türen, die keine DIN-konformen Sicherheitsmarkierungen aufweisen, aber dennoch das Schutzziel erfüllen und somit eine gleichwertige Lösung darstellen. Denn die Transparenz der großflächigen Glasscheiben wird zuverlässig und gut erkennbar unterbrochen und die Verwechslungsgefahr mit einem offenen Durchgang somit auch für seheingeschränkte Personen ausgeschlossen.

3.5.2 Gleichwertige Schutzzielerfüllung

Wird in der Planung von einer normativen Abweichung Gebrauch gemacht, ist zu bewerten, ob das übergeordnete Schutzziel für das betrachtete Bauteil oder die bauliche Situation nach wie vor in gleichwertiger Art und Weise erfüllt wird. Dabei greifen in der Regel vier unterschiedliche Lösungswege:

1. Planung einer baulichen, technischen oder organisatorischen Kompensationsmaßnahme
2. Nachweis der barrierefreien Funktionalität
3. Nachweis, dass eine Kompensation im konkreten Fall nicht erforderlich ist
4. Auflösung eines Schutzzielkonfliktes zugunsten des höheren Schutzziels

Nachfolgend werden zu jedem Lösungsweg Praxisbeispiele von normativen Abweichungen aufgezeigt und erklärt.

Weitere normative Abweichungen können den bauteilbezogenen Praxisbeispielen in Kapitel 8 sowie den Praxisbeispielen für Barrierefrei-Konzepte in Kapitel 9 entnommen werden.

3.5.2.1 Kompensationsmaßnahmen

Üblicherweise wird für eine normative Abweichung eine bauliche oder technische oder im Einzelfall auch eine organisatorische Alternativlösung entwickelt, die als Kompensationsmaßnahme fungiert. Ein gängiges Beispiel für eine technische Kompensation ist beispielsweise der Einsatz eines automatischen Drehtürantriebs zur technischen Kompensation fehlender oder eingeschränkter Bewegungsflächen an Türen. Folgendes Praxisbeispiel zeigt den Tatbestand sowie die adäquate Kompensation zur gleichwertigen Schutzzielerfüllung.

Beispiel: Normative Abweichung

An den Türen zur Garderobe und zu den Gruppenräumen 1 und 2 ist die erforderliche seitliche Bewegungsfläche nicht gegeben. Für diese Türen ist jedoch eine Nutzung durch Personen mit radgebundenen Hilfsmitteln vorgesehen. Da gem. DIN 18040-1, Abschnitt 4.3.3.4 seitlich des Türgriffs ein Abstand von min. 50 cm zu anderen Bauteilen einzuhalten ist, stellt diese Ausführung eine normative Abweichung dar.

Als Kompensation für die fehlende Bewegungsfläche werden diese Türen jeweils mit einem Automatikantrieb ausgestattet. Der Automatikantrieb ermöglicht eine barrierefreie selbstständige Nutzung der Tür ohne Bedienung des Türgriffs. Die Ansteuerung erfolgt entweder berührungslos über Radarbewegungsmelder oder über Türtaster zu beiden Seiten der Tür. Die Festlegung erfolgt im weiteren Verlauf der Planung. Es bestehen daher keine Bedenken gegen die abweichende Ausführung hinsichtlich der Funktionalität der Barrierefreiheit oder der Genehmigungsfähigkeit.

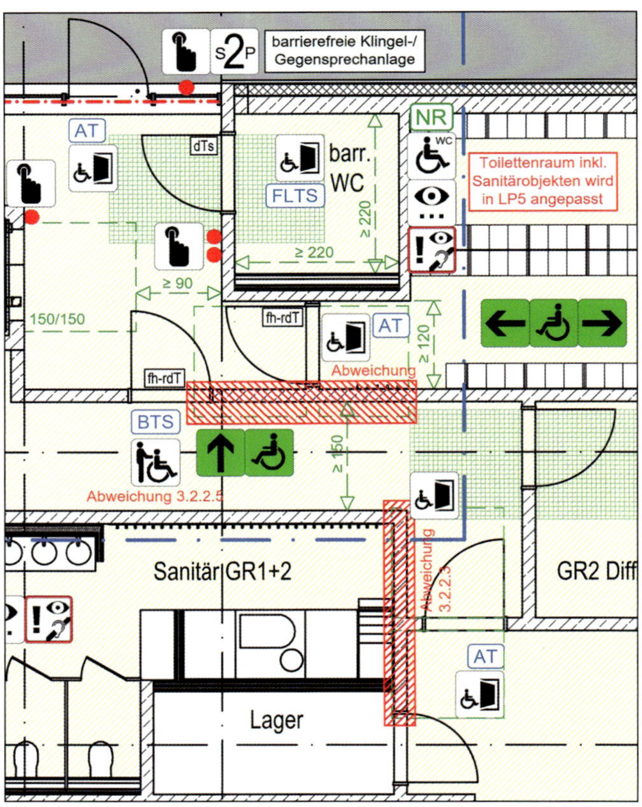

Abb. 3.16: Normative Abweichung: Einschränkung der seitlichen Bewegungsfläche an Türen

3.5.2.2 Nachweis der barrierefreien Funktionalität

Statt über eine Kompensationsmaßnahme kann die Gleichwertigkeit einer Alternativlösung auch dadurch nachgewiesen werden, dass die barrierefreie Funktionalität in der entsprechenden baulichen Situation erläutert wird. Ein klassisches Beispiel ist die Einschränkung der Bewegungsfläche vor WC-Becken in barrierefreien Sanitärräumen. Gem. DIN 18040-1 ist das WC-Becken so auszubilden, dass es beidseitig mit dem Rollstuhl anfahrbar ist. Zur Erfüllung dieses Schutzziels ist vor dem WC-Becken eine Bewegungsfläche vorzusehen, die mind. 150 cm in der Tiefe beträgt und über die gesamte Breite der beiden seitlichen Anfahrflächen verläuft.

Wird diese Bewegungsfläche z. B. durch das Waschbecken eingeschränkt, dann ist in der Planung nachzuweisen, dass die seitliche Anfahrbarkeit des WC-Beckens trotzdem uneingeschränkt mit dem Rollstuhl möglich ist. Es geht bei dieser normativen Abweichung also darum, die barrierefreie Funktionalität zu bewerten und durch die Beschrei-

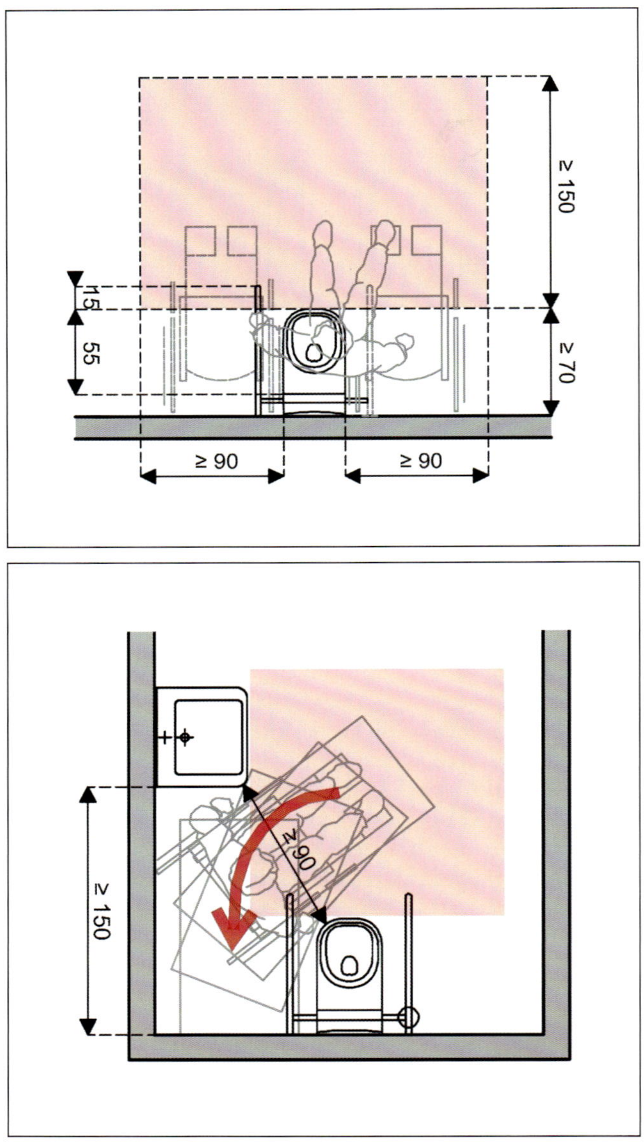

Abb. 3.17: (oben) DIN-konforme Anordnung der Bewegungsfläche vor dem WC-Becken in barrierefreien Toiletten, (unten) prinzipielle Darstellung der möglichen Einschränkung der Bewegungsfläche

bung erforderlicher Planungsparameter deren Einhaltung nachzuweisen. Im Praxisbeispiel erfolgt dies durch Darstellung der Schleppkurve, die die seitliche Anfahrbarkeit zwischen Waschbecken und WC-Becken abbildet, sowie durch den maßlichen Nachweis, dass beide Sanitärobjekte in ausreichendem Abstand zueinander angeordnet sind.

Beispiel: Normative Abweichung

Die Anfahrbarkeit des WC-Beckens ist in der barrierefreien Toilette beidseitig möglich. Die Bewegungsfläche vor dem WC-Becken wird jedoch auf der einen Seite nicht im erforderlichen Maße freigehalten, sondern durch das Waschbecken geringfügig eingeschränkt. Diese Ausführung stellt eine normative Abweichung dar. Die DIN 18040-1 fordert eine 150 cm tiefe Bewegungsfläche vor dem WC-Becken, die der Breite der beiden seitlichen Bewegungsflächen (je mind. 90 cm) einschließlich der Breite des WC-Beckens entspricht; dadurch wird eine orthogonale rückwärts gerichtete Anfahrbarkeit des WC-Beckens sichergestellt. Gem. aktueller Planung überlagert sich diese Bewegungsfläche mit dem Waschbecken. Funktional ist die seitliche Anfahrbarkeit des WC-Beckens jedoch auch durch seitwärts-rückwärts gerichtetes Rangieren mit dem Rollstuhl möglich. Die hierfür erforderlichen Bewegungsräume werden mit folgenden Maßen vorgehalten:

- Bewegungsfläche vor dem WC-Becken mind. 150 × 150 cm
- Stellfläche seitlich des WC-Beckens mind. 150 × 90 cm
- nutzbare Breite bzw. Abstand zwischen WC-Becken und Waschbecken von mind. 90 cm

Das Schutzziel der barrierefreien Nutzbarkeit wird somit in der vorliegenden Planung erfüllt. Es bestehen daher keine Bedenken gegen die abweichende Ausführung hinsichtlich der Funktionalität der Barrierefreiheit.

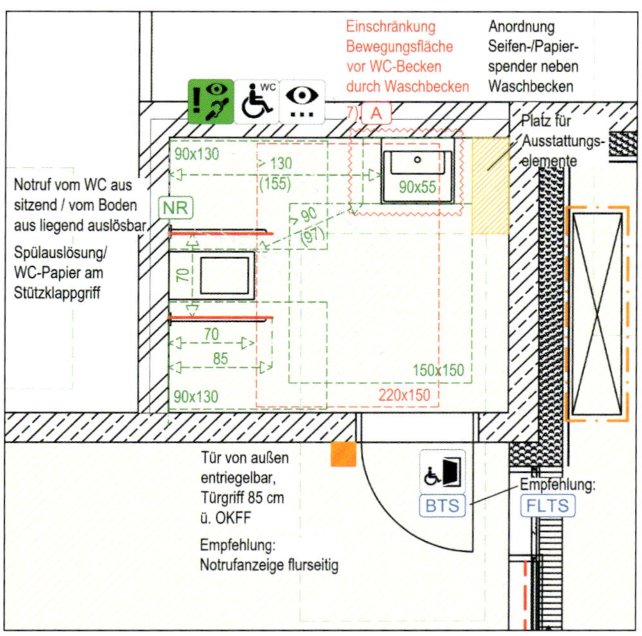

Abb. 3.18: Normative Abweichung: eingeschränkte Bewegungsfläche vor dem WC-Becken

3.5.2.3 Nachweis der Gleichwertigkeit ohne Kompensation

Eine normative Abweichung kann auch ohne Kompensation bestehen, sofern in der Planung nachgewiesen werden kann, dass der betrachtete Tatbestand, von dem abgewichen wird, im konkreten Fall keine Relevanz besitzt. Bei dem nachfolgenden Beispiel handelt es sich um eine abwärtsführende Rampe, in deren Verlängerung eine abwärtsführende Treppe angeordnet ist. Eine solche bauliche Anordnung ist gem. DIN 18040-1 nicht zulässig. Der Grund dafür ist, dass ein Rollstuhlnutzer auf der Rampe die Kontrolle über sein Hilfsmittel verlieren könnte und dann z. B. ungebremst nicht nur die Rampe, sondern auch die anschließende Treppe hinabfahren könnte. Zur Vermeidung dieses Gefährdungspotenzials dürfen abwärtsführende Rampen und Treppen nicht in einer Flucht angeordnet werden.

Im konkreten Einzelfall kann jedoch aufgrund der eingeschränkten Nutzung der Rampe ausgeschlossen werden, dass die Rampe in abwärtsführender Richtung von Personen mit radgebundenen Hilfsmitteln genutzt wird. Die Rampe dient lediglich zur stufenlosen Anbindung des zweiten Rettungsweges im Außenbereich und führt auf eine höher gelegene Ebene, auf der einer der Sammelplätze angeordnet ist. Der Tatbestand, der in diesem Fall zur normativen Abweichung führt, ist also nicht relevant. Insofern muss er auch nicht durch eine bauliche, technische oder organisatorische Maßnahme kompensiert werden.

Nichtsdestotrotz ist es für die Bewertung der Barrierefreiheit erforderlich, die normative Abweichung eindeutig und plausibel zu erklären. Ohne Kenntnis der betrieblichen Abläufe bzw. der eingeschränkten Nutzung der Rampe lediglich in eine Richtung ist in der Planung nicht erkennbar, warum die geplante Lösung trotzdem als barrierefrei bewertet wird. Vor allem für die Prüfung im Genehmigungsverfahren ist diese Nachweisführung besonders wichtig, da sie genehmigungsrelevante Bedeutung hat.

Beispiel: Normative Abweichung

In Verlängerung der Rampe ist die Außentreppe zur Gartenebene angeordnet. Da gem. DIN 18040-1, Abschnitt 4.3.8.2 in Verlängerung einer Rampe keine abwärts führende Treppe angeordnet werden darf, stellt diese Ausführung eine normative Abweichung dar. Die Rampe dient ausschließlich zur stufenlosen Anbindung des Notausgangs aus der Kita und setzt den Fluchtweg im Außenbereich fort. Die Rampe wird demnach nur in abwärtsführender Richtung genutzt. Es bestehen daher keine Bedenken gegen die abweichende Ausführung hinsichtlich der Funktionalität der Barrierefreiheit und Genehmigungsfähigkeit.

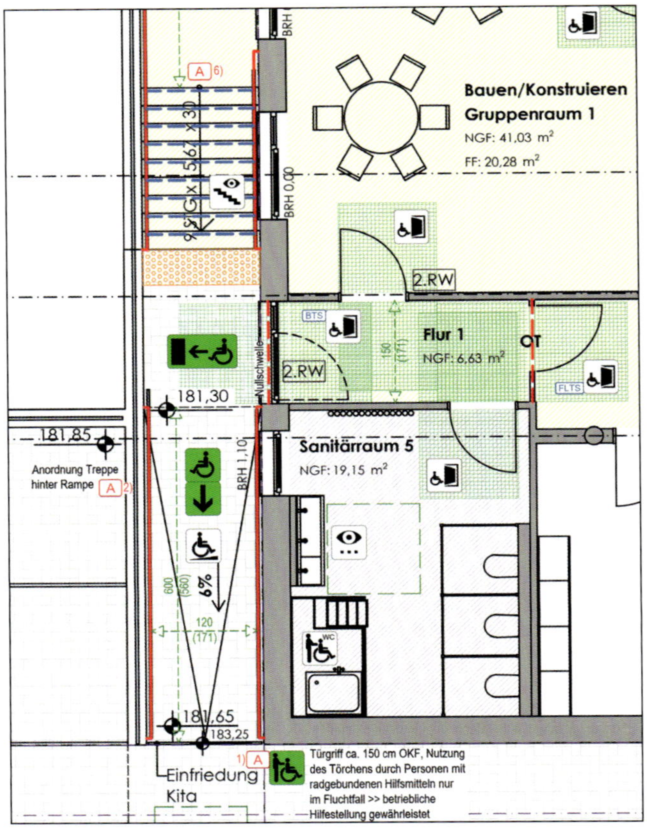

Abb. 3.19: Normative Abweichung: abwärts führende Treppe in Verlängerung einer Rampe

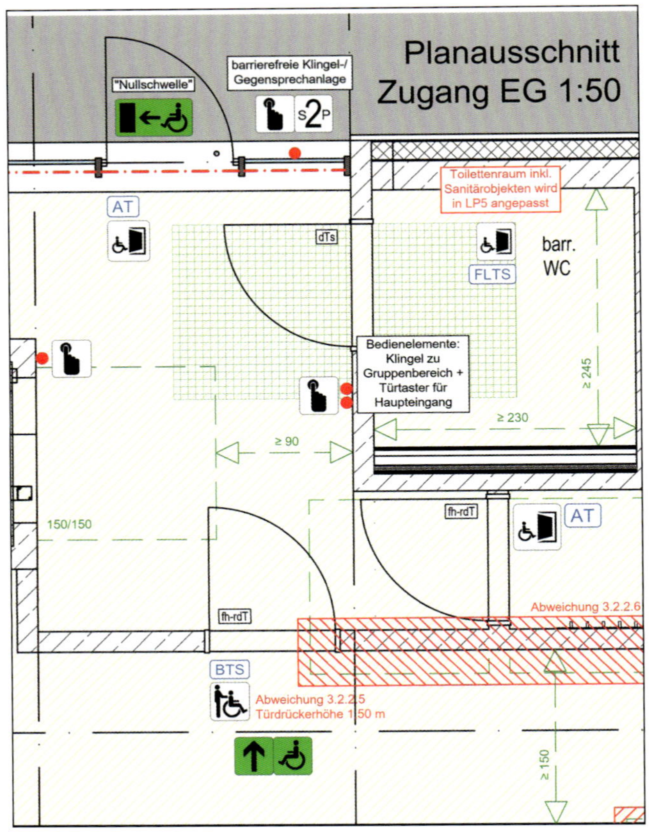

Abb.3.20: Normative Abweichung: Zugang zum Kita-Gruppenbereich mit erhöhtem Türgriff in Höhe von 150 cm ü. OFF

3.5.2.4 Auflösung von Schutzzielkonflikten

stehen die Schutzziele unterschiedlicher Nutzergruppen im Gegensatz zueinander. Was für die eine Nutzergruppe von Vorteil ist, kann für eine andere Nutzergruppe einen deutlichen Nachteil darstellen. In der Planung ist durch Abwägung der Schutzziele das jeweils höher gestellte zu ermitteln und durch bauliche oder technische Maßnahmen umzusetzen. Eine entsprechende Begründung ist im Barrierefrei-Konzept zu formulieren.

Beispiel: Normative Abweichung

Der Zugang in die Bereiche der Kinderbetreuung soll gem. Betreiberkonzept nur kontrolliert erfolgen. Die Türen werden aus Sicherheitsgründen stets geschlossen gehalten. Um eine unbeaufsichtigte Öffnung durch Kindergartenkinder zu vermeiden, werden die Türdrücker in einer Höhe von 150 cm ü. OFF installiert. Diese von der DIN 18040-1 divergierende Ausführung stellt eine normative Abweichung von den Technischen Baubestimmungen dar. Gem. § 88 Abs. 1 BauO NRW kann von Technischen Baubestimmungen abgewichen werden, wenn mit einer anderen gleichwertigen Lösung die Anforderungen erfüllt werden.

Im konkreten Fall liegt ein Schutzzielkonflikt im Hinblick auf die barrierefreie Bedienbarkeit der Türen vor. Gem. DIN 18040-1 (in Korrespondenz mit der VV TB NRW, Anlage A 4.2/2) ist zur Sicherstellung der allgemeinen Barrierefreiheit für Besucher der Türgriff in einer max. Höhe von 105 cm anzuordnen. In der Kita wird jedoch das Schutzziel, eine unbefugte Türbedienung durch die Kita-Kinder zu vermeiden, höher bewertet. Aus Sicherheitsgründen sowie zur Wahrung der Aufsichtspflicht wird daher der Türgriff in einer Höhe außer Reichweite von kleinen Kindern angeordnet (150 cm ü. OFF).

Um die daraus resultierende Einschränkung der barrierefreien Bedienbarkeit der Eingänge in die Gruppenbereiche zu kompensieren, wird an den jeweiligen Türen eine Klingelanlage vorgesehen. Diese wird innerhalb des barrierefreien Greifbereiches (Höhe 85–105 cm ü. OFF) und mit mind. 50 cm Abstand zu Raumecken oder Bauteilen positioniert. Besucher/Eltern, die radgebundene Hilfsmittel nutzen, können sich so über die Klingel bemerkbar machen. Eine Öffnung erfolgt durch das Kita-Personal. Aus Sicht der Barrierefreiheit bestehen gegen diese technischen und organisatorischen Kompensationsmaßnahmen keine Bedenken, da eine personelle Hilfestellung bei der Türbedienung über den täglichen Betriebsablauf gewährleistet werden kann.

3.5.3 Abweichung wegen unverhältnismäßigem Mehraufwand

Die meisten Landesbauordnungen lassen Abweichungen oder Ausnahmen von den Anforderungen der Barrierefreiheit zu, wenn diese Anforderungen nur mit einem unverhältnismäßigen Mehraufwand erfüllt werden können. In der Regel sind diese Abweichungen bzw. Ausnahmen an bestimmte Tatbestandsvoraussetzungen geknüpft, z. B.:

Abb. 3.21: Denkmalgeschütztes Gebäude mit Zugang über Treppe, Aufnahme vor der Umsetzung der barrierefreien Verbesserungsmaßnahme; (links) Ansicht von vorne, (rechts) Ansicht von der Seite

- schwierige Geländeverhältnisse,
- eine ungünstige vorhandene Bebauung,
- die Sicherheit von Menschen mit Behinderungen oder alten Menschen,
- den Einbau eines sonst nicht erforderlichen Aufzugs.

In einigen Bundesländern sind Abweichungen bzw. Ausnahmen ausschließlich bei Änderungen und Nutzungsänderungen zulässig oder können unabhängig vom unverhältnismäßigen Mehraufwand auch aus Gründen des Denkmalschutzes bewilligt werden.

Grundsätzlich ist zu unterscheiden, ob in den jeweiligen Landesbauordnungen eine Abweichung oder eine Ausnahme von den Anforderungen der Barrierefreiheit vorgesehen ist. Bei einer **Abweichung** ist ein formeller Abweichungsantrag zu stellen und es liegt in der Ermessensentscheidung der Behörden, dieser Abweichung stattzugeben. Grundsätzlich besteht also kein Rechtsanspruch auf die Erteilung einer Abweichung.

Bei einer **Ausnahme** hingegen gelten die Anforderungen an die Barrierefreiheit automatisch nicht mehr, wenn einer der Ausnahmetatbestände erfüllt wird. Die Ausnahmetatbestände sind nachvollziehbar zu erläutern. Es bedarf in diesem Fall also keiner behördlichen Entscheidung mehr, sondern der Bauherr hat Anspruch auf die Erteilung der Genehmigung einschließlich der reduzierten Anforderungen, die sich aufgrund des Ausnahmetatbestandes ergeben.

Zur Bestimmung des unverhältnismäßigen Mehraufwandes, der auf der Grundlage der Abweichungs- oder Ausnahmetatbestände geltend gemacht werden kann, wird in der Regel eine Faustformel angewendet. Demnach liegt ein unzumutbarer zusätzlicher Aufwand vor, wenn die zusätzlichen Kosten mehr als 20 % gemessen an den Gesamtinvestitionskosten betragen. Die Mehrkosten sind durch entsprechende Angebote zu belegen, wobei anhand mehrerer Vergleichsangebote der aktuelle Marktwert abzubilden ist.

Abschließend werden bei der Prüfung der Verhältnismäßigkeit auch die Nachteile abgewogen, die sich für die betroffene Nutzergruppe durch die Nichteinhaltung der barrierefreien Anforderungen ergeben. Hierbei wird maßgeblich auf die zweckentsprechende Nutzbarkeit der baulichen Anlage sowie auf das damit verbundene öffentliche Interesse an der Barrierefreiheit abgestellt. Je wahrscheinlicher eine Nutzung durch die betroffene Nutzergruppe ist, desto gewichtiger ist das öffentliche Interesse und damit verbunden die Herstellung von Barrierefreiheit.

3.6 Barrierefreiheit im Bestand

3.6.1 Sinngemäße Anwendung der DIN 18040

Im Zusammenhang mit der Umsetzung von Barrierefreiheit in Bestandsbauten ist die DIN 18040 nur sinngemäß anzuwenden. Durch diese Öffnungsklausel entsteht die Möglichkeit, den baulichen Gegebenheiten im Bestand in angemessener Weise Rechnung zu tragen, was vor allem im denkmalgeschützten Bestand von besonderer Bedeutung sein kann. Das bedeutet, dass beispielsweise eine Rampe auch eine Neigung von mehr als 6 % aufweisen kann, wenn der bestehende bauliche Kontext es nicht anders zulässt. Die sinngemäße Anwendung der DIN 18040 hat also zur Folge, dass eine normative Abweichung weder kompensiert werden muss noch eine gleichwertige Schutzzielerfüllung nachzuweisen ist. Unabhängig davon ist die abweichende alternative Funktionserfüllung plausibel und mit Bezug zu den baulichen Gegebenheiten fachlich zu begründen. Allerdings ist es auch hier das Ziel, eine grundsätzliche funktionale Nutzbarkeit herzustellen.

Für die Nutzergruppe mit radgebundenen Hilfsmitteln wäre im Hinblick auf eine selbstständige Nutzung eine Rampe mit mehr als 8 % nicht geeignet, weil die Verkehrssicherheit nicht mehr gewährleistet wäre. Würde die Rampe hingegen mit Hilfe befahren werden, könnte im Einzelfall eine Längsneigung bis zu 10 % umgesetzt werden. Bei der sinngemäßen Anwendung wird also von der normkonformen Barrierefreiheit zugunsten einer funktionalen Barrierefreiheit abgewichen.

Das folgende Beispiel zeigt die sinngemäße Anwendung der DIN 18040-1 im denkmalgeschützten Bestand.

Im Freilichtmuseum in Kommern wurden Verbesserungsmaßnahmen zur Barrierefreiheit umgesetzt. Eine dieser Maßnahmen bestand darin, die „barrierereduzierte“ Zugänglichkeit des Mannesmann-Hauses zu ermöglichen, damit das Gebäude unter anderem durch inklusive Schulklassen zumindest in Teilen besichtigt und genutzt werden kann. Zu diesem Zweck wurde die vorhandene Eingangstreppe entfernt (siehe Abb. 3.21) und durch eine neue Trep-

Abb. 3.22: Denkmalgeschütztes Gebäude mit Zugang über Treppe und mobile Rampe, Aufnahme nach der Umsetzung der barrierefreien Verbesserungsmaßnahme; (links) Ansicht von vorne, (rechts) Ansicht von der Seite

pe mit größerem Podest ersetzt. An dieses Podest kann eine mobile Rampe angelegt werden, die den sowohl temporären als auch stufenlosen Zugang zum Gebäude ermöglicht (siehe Abb. 3.22). Da diese Lösung eine reversible Maßnahme darstellt, bestanden auch hinsichtlich des Denkmalschutzes keine Bedenken gegen die Ausführung.

Aufgrund des für die Rampe zur Verfügung stehenden Platzes, der an der Gebäudekante endet, konnte die Rampe nicht normkonform ausgebildet werden. Stattdessen weist sie eine Längsneigung von mehr als 6 % auf und hat eine Rampenlauflänge von über 9 m. Nichtsdestotrotz ist diese alternative Lösung geeignet, um das Schutzziel der „barrierereduzierten“ Erreichbarkeit des Gebäudes zu erfüllen. Die erforderliche Hilfestellung beim Befahren der Rampe kann durch das Lehrpersonal oder die ohnehin anwesenden Aufsichtspersonen geleistet werden.

3.6.2 Anpassungsverlangen bei Bestandsschutz

Sollen bestehende bauliche Anlagen verändert werden, z. B. durch Umbau oder Erweiterung, dann impliziert dies auch eine Berücksichtigung der Barrierefreiheit. In diesem Zusammenhang ist auch eine Betrachtung zum möglicherweise vorhandenen Bestandsschutz erforderlich. Die Musterbauordnung enthält keine Regelung für bestehende bauliche Anlagen und ggf. an diese zu stellende Anpassungsverlangen. Jedoch enthalten diverse Landesbauordnungen (z. B. Art. 48 (4) BayBO, § 50 (5) BauO Bln, § 59 BauO NRW, § 50 LBO Saarland) entsprechende Regelungen hierzu.

„LBO Saarland

§ 50 Barrierefreies Bauen

(4) Sollen rechtmäßig bestehende bauliche Anlagen, andere Anlagen oder Einrichtungen nach den Absätzen 2 und 3 wesentlich geändert werden, so soll die Bauaufsichtsbehörde verlangen, dass auch die von der Änderung nicht unmittelbar berührten Teile mit den Anforderungen der Absätze 2 und 3 in Einklang gebracht werden, wenn dies für die Bauherrin oder den Bauherrn keine unzumutbaren Mehrkosten verursacht.“

Bei der Umsetzung von Barrierefreiheit im Bestand sind folgende Grundsätze zu beachten:

1. Die Bereiche oder Bauteile der baulichen Anlage, die unmittelbarer Bestandteil der Umbaumaßnahme sind, sind im Rahmen der gesetzlichen Anforderungen barrierefrei zu gestalten. Die DIN 18040-1 bzw. DIN 18040-2 wird in diesem Fall sinngemäß angewendet.
2. Die Bereiche oder Bauteile der baulichen Anlagen, die Bestandteil der Erweiterung sind und als neue Bausubstanz an den Bestand angeschlossen werden, sind ebenfalls barrierefrei zu gestalten. Für sie ergibt sich eine verpflichtende Anwendung der DIN 18040-1 bzw. DIN 18040-2 im Rahmen des Bauordnungsrechtes (z. B. VV TB).
3. Die Bereiche oder Bauteile der baulichen Anlagen, die nicht unmittelbar von der Umbau- oder Erweiterungsmaßnahme betroffen sind oder in konstruktivem Zusammenhang stehen, erfordern eine nähere Betrachtung, um über das Erfordernis einer Anpassung hinsichtlich der Barrierefreiheit zu entscheiden. Sofern ein Anpassungsverlangen vorliegt, entfällt für diese Bereiche/Bauteile der Bestandschutz. Ein Grund für ein solches Anpassungsverlangen kann sich aus funktionalen Zusammenhängen ergeben.

Folgendes Beispiel soll diesen Sachverhalt erläutern:

Gegenstand ist eine Hotelerweiterung über einen neuen Anbau, der weitere Hotelzimmer umfasst (siehe Abb. 3.23). Dieser Anbau ist gem. dem geltenden Baurecht vollständig barrierefrei zu gestalten. Die Erschließung des Anbaus erfolgt über den vorhandenen Haupteingang im Bestand. Ebenso sind die Lobby mit Rezeption sowie weitere Gastbereiche (z. B. Speisebereich, sanitäre Anlagen und Lounge/Bar) im Bestand verortet. Für den Bestand sind zunächst keine Umbaumaßnahmen geplant. Bei der Errichtung des bestehenden Gebäudes wurden die Belange der Barrierefreiheit nicht berücksichtigt, weshalb weder der Haupteingang oder der Speisebereich barrierefrei erreichbar sind noch die Empfangstheke in der Lobby barrierefrei auffindbar oder nutzbar ist.

Dadurch, dass zwischen dem neuen Anbau und wesentlichen Teilen des Bestandes ein funktionaler Zusammenhang besteht, ist auch der Bestand im Hinblick auf die Barriere-

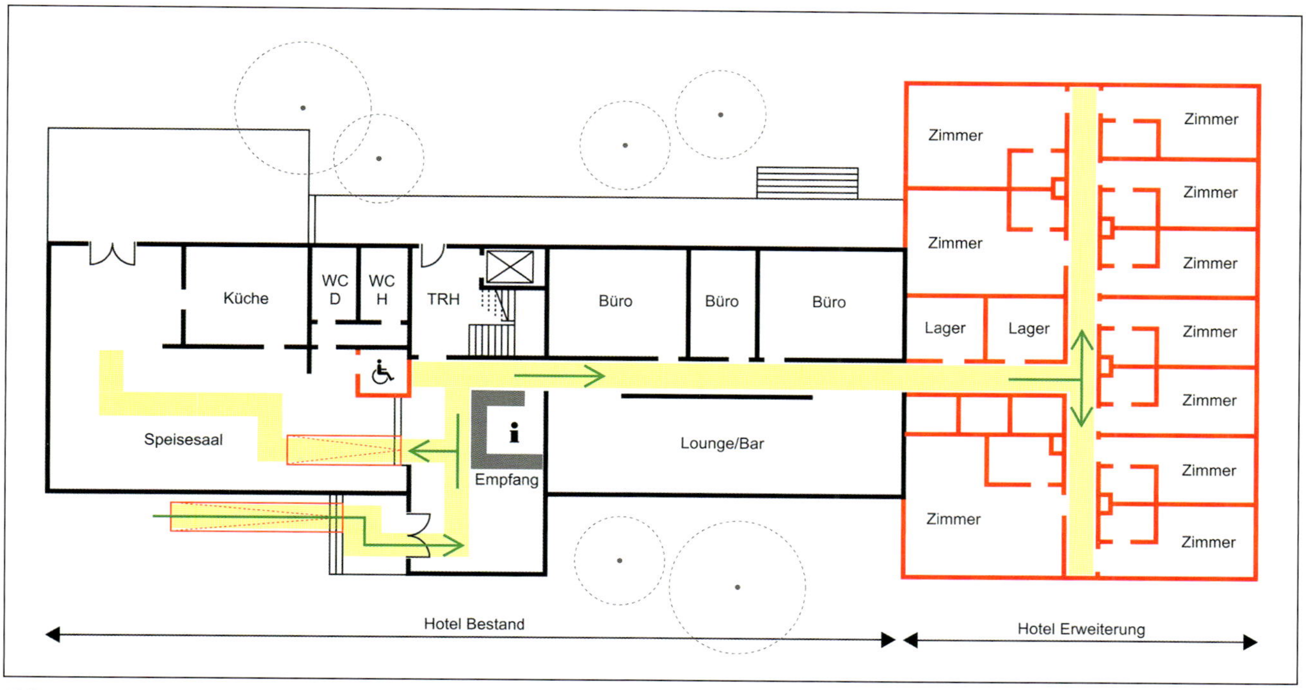

Abb. 3.23: Grundriss einer Hotelerweiterung und Darstellung der funktionalen Zusammenhänge zwischen Neubau und Bestand

freiheit zu untersuchen und dort, wo es erforderlich ist, anzupassen. Dementsprechend erlischt auch der Bestandsschutz in Bezug auf die barrierefreien Anforderungen in Teilbereichen des Gebäudes. Andernfalls wäre die barrierefreie zweckentsprechende Hotelnutzung des Erweiterungsbaus nicht gegeben.

Die DIN 18040-1 findet in diesem Fall sinngemäße Anwendung, wodurch den Gegebenheiten im Bestand Rechnung getragen werden kann. Die Aufgabe der Planung besteht darin, zu ermitteln, inwiefern die Barrierefreiheit baulich oder organisatorisch hergestellt werden kann und welche normkonformen oder alternativen Lösungen zur funktionalen Erfüllung der Barrierefreiheit geeignet sind.

Das Barrierefrei-Konzept bildet an dieser Stelle ein wertvolles Hilfsmittel zur konzeptionellen Herleitung der vorliegenden Tatbestände sowie zur differenzierten Ausformulierung nicht normkonformer Alternativlösungen und trägt damit entscheidend zur Lösung dieser Aufgabenstellung bei.

3.7 Schnittstellen zu anderen Fachplanungen

Als originäre Aufgabe für den Planer greift die Barrierefreiheit auch in andere Fachbereiche ein (siehe Abb. 3.24). Es bestehen enge Verknüpfungen zum Brandschutz, zur Technischen Gebäudeausrüstung, z. B. zur sanitär- oder elektrotechnischen Installation, ebenso wie zur Beleuchtungsplanung. Bei der Gestaltung der Außenbereiche bilden sich Schnittstellen zu der Landschaftsplanung, die in Abhängigkeit vom Planungsumfang häufig als Ergänzung zur Objektplanung erforderlich ist.

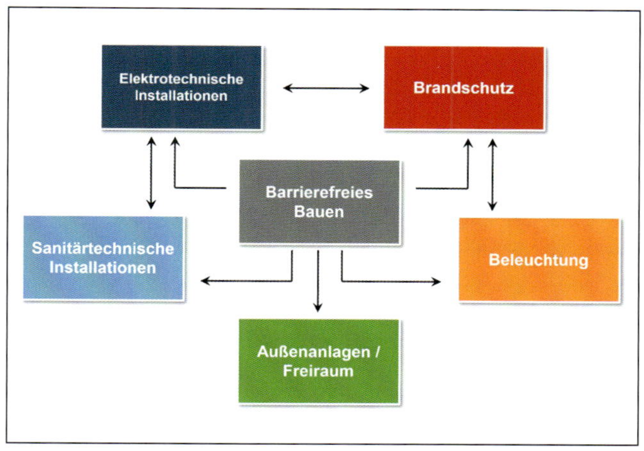

Abb. 3.24: Schnittstellen zwischen der Fachplanung „Barrierefreies Bauen" und diversen anderen Fachplanungen

3.7.1 Technische Gebäudeausrüstung

Das Thema der Schnittstellenbildung zu den Fachdisziplinen der Technischen Gebäudeausrüstung ist ein entscheidendes Kriterium für eine nachhaltige und konsequente Umsetzung der Barrierefreiheit.

Im Folgenden werden einige Möglichkeiten relevanter Schnittstellen zwischen den Fachdisziplinen aufgezeigt. Wesentliche Bedeutung kommt beispielsweise der Türtechnik zu, denn die Ausstattung mit speziellen Türschließern oder Automatikantrieben gewährleistet die leichtgängige Bedienbarkeit von Türen und ist damit ein Aspekt, der zur Barrierefreiheit beiträgt. Sinnvoll für eine flexible Nutzung kann an Türen auch das Vorrüsten von Elektrokabeln sein, denn durch sie kann eine später erforderlich werdende Türtechnik kostengünstig und ohne großen Aufwand nachgerüstet werden. Eine ähnliche Funktion erfüllt auch das Vorhalten von zusätzlichen Steckdosen im Bad, sodass bei Bedarf elektrische Spülauslösungen, höhenverstellbare Sanitärobjekte oder WC-Duschsitze integriert werden können. Eine vorausschauende Planung, bei der auch Möglichkeiten zur späteren Umsetzung berücksichtigt werden, hilft Kosten zu reduzieren und den baulichen Aufwand bei der Nachrüstung gering zu halten.

Als ein essenzielles Thema für die Schnittstellenbildung sind auch die Sicherheitssysteme eines Gebäudes zu nennen. Maßnahmen zur Vermittlung eines Brandalarms nach dem Zwei-Sinne-Prinzip sind ebenso wichtig wie beispielsweise Notrufeinrichtungen in Behinderten-WCs oder an relativ sicheren Orten für den Zwischenaufenthalt. Sie erfordern eine detaillierte und interdisziplinäre Planung, können dadurch aber auch auf die bestmögliche Weise realisiert werden. Die generelle Umsetzung des Zwei-Sinne-Prinzips tritt darüber hinaus auch bei Bedienelementen in den Vordergrund. Hervorzuheben ist hier z. B. die Umsetzung bei Klingel-Gegensprechanlagen an Eingangstüren.

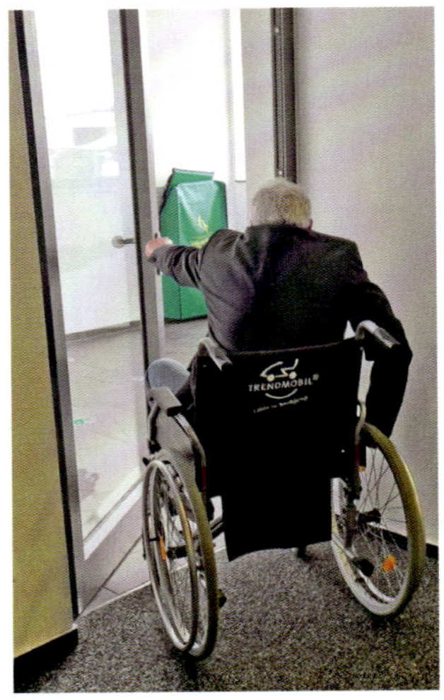

Abb. 3.25: Rollstuhlfahrer versucht im Brandfall den Treppenraum zu erreichen.

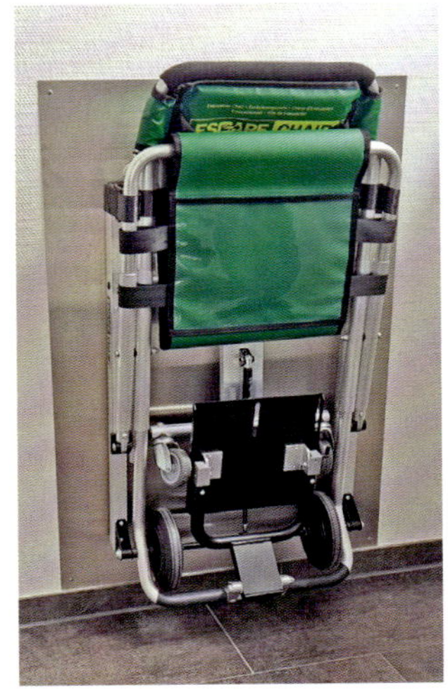

Abb. 3.26: Evakuierungsstuhl im Treppenraum

3.7.2 Landschaftsplanung und Verkehrsraumplanung

Die Gestaltung großräumiger Zugangs- und Erschließungsbereiche oder Aufenthaltsflächen im Freien fällt in der Regel in den Planungsbereich der Landschaftsplanung und ergänzt somit die Objektplanung. Für eine sinnvolle Umsetzung der Barrierefreiheit ist es daher wichtig, an der Schnittstelle zur Landschaftsplanung ein Konzept zwischen Innen- und Außenraum zu entwickeln. Die Einhaltung der planungsrechtlichen Vorschriften vorausgesetzt, ergeben sich darüber hinaus Anforderungen an eine durchgängige und einheitliche Gestaltung der barrierefreien Elemente.

So sollten beispielsweise Blindenleitsysteme, die im Außenbereich beginnen, ohne Unterbrechung in das Gebäude hineinführen. Dort sind sie entweder im erforderlichen Umfang weiterzuführen oder am Zielort zum Abschluss zu bringen. Analog hierzu müssen auch komplexe Leit- und Orientierungssysteme gestaltet werden. Die Beschilderungen im Außen- und Innenbereich sind hinsichtlich ihrer Gestaltung und Positionierung aufeinander abzustimmen. Das erleichtert Besuchern mit und ohne Behinderungen die Benutzung erheblich.

Am Übergang zwischen öffentlichem Verkehrsraum und privatem Grundstück ergeben sich ebenfalls Planungsschnittstellen, die in die barrierefreie Gesamtplanung aufzunehmen sind. Die Planung von Privatgrundstück und öffentlichem Verkehrsraum liegen in der Regel nicht in einem Zuständigkeitsbereich. Nichtsdestotrotz ist es für eine nachhaltige barrierefreie Planung wichtig, vorhandene barrierefreie Elemente aus dem Verkehrsraum aufzugreifen und sinnvoll auf dem Privatgrundstück fortzuführen. Bei Bedarf kann auch die Umsetzung weiterer barrierefreier Maßnahmen im Verkehrsraum bei den zuständigen Behörden angesprochen werden. Sind beispielsweise Maßnahmen im unmittelbaren Bereich zur Grundstücksgrenze erforderlich, findet sich nicht selten die Möglichkeit, diese Bereiche in den Planungsumfang zu integrieren und so eine umfassend barrierefreie Gestaltung zu fördern.

Das Barrierefrei-Konzept bietet im Dialog zwischen den unterschiedlichen Planungsbeteiligten eine geeignete Möglichkeit, die abgestimmten barrierefreien Maßnahmen sowie die Zuständigkeiten der Umsetzung zu dokumentieren.

3.7.3 Brandschutz

Eine besonders wichtige Schnittstelle besteht zum Brandschutz. Die DIN 18040-1 formuliert in Abschnitt 4.7 das Schutzziel „*In Brandschutzkonzepten sind die Belange von Menschen mit motorischen und sensorischen Einschränkungen zu berücksichtigen*“. Die Lösungsbeispiele, die im Folgenden angeführt werden, geben einige Anhaltspunkte, wie die Barrierefreiheit auch im Brandschutz erfüllt werden kann. Die barrierefreien Maßnahmen beziehen sich auf die Alarmierung nach dem Zwei-Sinne-Prinzip, auf die Vorkehrungen für eine Fremdrettung bzw. Selbstrettung mit Hilfestellung, wenn eine Eigenrettung nicht mehr möglich ist, sowie auf nicht näher bestimmte betriebliche bzw. organisatorische Vorkehrungen. Zur Erfüllung dieses Schutzziels wird also deutlich in die Anforderungen des Brandschutzes eingegriffen und dadurch eine Schnittstelle zum barrierefreien Bauen gebildet.

An dieser Schnittstelle ist das Barrierefrei-Konzept im Hinblick auf die barrierefreien Rettungsmöglichkeiten als Grundlage und Ergänzung zum Brandschutzkonzept zu verstehen. Im Barrierefrei-Konzept wird beschrieben, in welchen Bereichen im Gebäude sich Menschen mit Behinderungen aufhalten, mit welchen Nutzergruppen im Gebäude zu rechnen ist und welche Schutzziele sich daraus für die Rettung ergeben. Diese Angaben dienen als Grundlage für die brandschutztechnische Schutzzielorientierung bzw. für die Risikoanalyse im Brandschutzkonzept und haben Auswirkungen auf die bauliche und technische Brandschutzplanung. Die betriebliche Brandschutzplanung obliegt grundsätzlich dem Betreiber und ist daher meistens nicht Bestandteil des Brandschutzkonzeptes.

Im Barrierefrei-Konzept werden die barrierefreien Lösungen für jedes relevante Bauteil formuliert und erläutert, was bedeutet, dass auch die Bauteile im Verlauf von Rettungswegen betrachtet werden. An dieser Stelle bildet das Barrie-

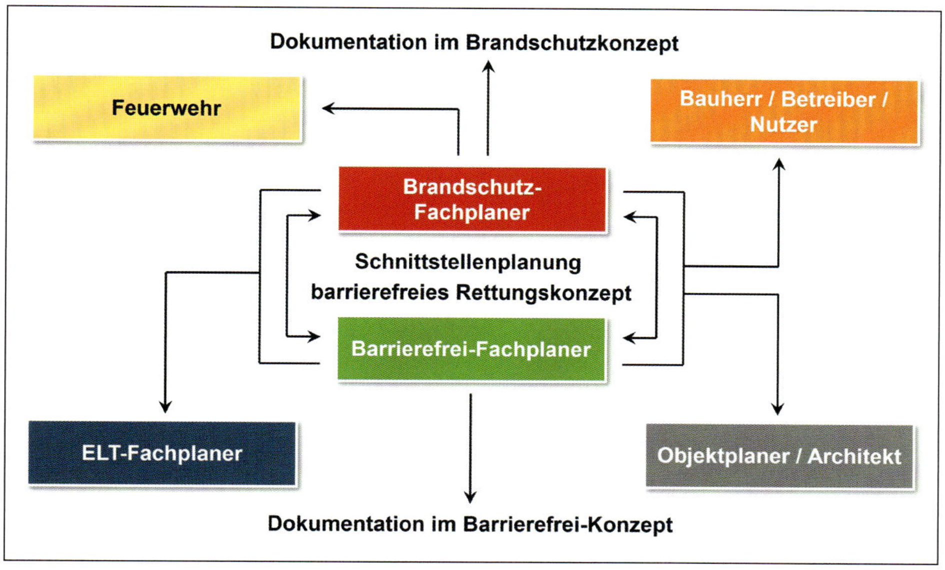

Abb. 3.27: An der Entwicklung einer barrierefreien Rettungskonzeption Beteiligte

refrei-Konzept somit eine wichtige Ergänzung zum Brandschutzkonzept. Denn während im Brandschutzkonzept nur die materiellen Anforderungen an Rettungswege beschrieben werden, werden im Barrierefrei-Konzept die relevanten Funktionsanforderungen aus Sicht der Barrierefreiheit beschrieben. Das heißt zum Beispiel, dass die Lage eines relativ sicheren Ortes sowie die Wand- und Türqualitäten im Brandschutzkonzept benannt werden, jedoch die räumliche Abmessung sowie die barrierefreie Ausstattung im Barrierefrei-Konzept. Zudem werden im Barrierefrei-Konzept die Grundzüge des betrieblich organisatorischen Brandschutzes im Zusammenhang mit der Alarmierung und Evakuierung eines Gebäudes erarbeitet.

Bei der Entwicklung von barrierefreien Rettungsmöglichkeiten leisten also beide Konzepte einen entscheidenden Beitrag, weshalb es nicht zielführend ist, die Thematik einzig im Brandschutzkonzept zu verankern. Ebenso wenig kann das Barrierefrei-Konzept allein die Aufgabe übernehmen, geeignete Rettungsstrategien zu entwickeln. Die Entwicklung von barrierefreien Rettungsmöglichkeiten ist eine klassische Schnittstellenplanung, die fachübergreifend zu einer gemeinsamen funktionalen Lösung führen muss.

3.8 Exkurs: Barrierefreiheit und Brandschutz

(gekürzter Auszug aus: „Atlas barrierefrei bauen“, Hrsg. Nadine Metlitzky und Lutz Engelhardt, Kap. A 5.8 „Entwicklung von barrierefreien Rettungskonzeptionen“, Autorin: Stephanie Dietel)

Die Entwicklung einer barrierefreien Rettungskonzeption ist eine Planungsaufgabe, die grundsätzlich immer dann erforderlich ist, wenn in einem Gebäude mit Personen zu rechnen ist, die potenziell in ihrer Selbstrettungsfähigkeit eingeschränkt sind. Sie beinhaltet die konzeptionelle Erarbeitung und interdisziplinäre Entwicklung von barrierefreien Rettungsmöglichkeiten, bezogen auf ein konkretes Objekt.

Der konzeptionelle Arbeits- und Entwicklungsprozess ist eine Schnittstellenplanung, die hauptsächlich zwischen den Fachplanungen Brandschutz und Barrierefreiheit erfolgt. Darüber hinaus sind aber auch der Bauherr und/oder Betreiber, der Objektplaner, der TGA-Planer und die zuständige Brandschutzdienststelle einzubinden. Das interdisziplinäre Zusammenspiel wird in Abb. 3.27 dargestellt. Das abgestimmte und nachweisbare Ergebnis der konzeptionellen Arbeitsphase wird als barrierefreies Rettungskonzept bezeichnet. Es versteht sich als Ergänzung zum Brandschutzkonzept und ist nicht automatisch in diesem enthalten.

In Brandschutzkonzepten werden in der Regel die baurechtlichen Anforderungen an den vorbeugenden und abwehrenden Brandschutz erläutert. Hierzu gehört unter anderem die Festlegung von Rettungswegen und deren brandschutztechnische Ausbildung. Das Baurecht verfolgt in den meisten Fällen das Ziel der Selbstrettung. Bei der Auslegung der Rettungswege setzt das Baurecht jedoch voraus, dass die Personen im Gebäude zu einer überwiegend homogenen Nutzergruppe gehören, die sich selbstständig orientieren kann und so mobil ist, dass sie zur Selbstrettung fähig ist. Dementsprechend formuliert das Baurecht beispielsweise Anforderungen an vertikale Rettungswege über Fluchttreppen oder eine akustische Alarmierung.

Aufgrund der bauordnungsrechtlichen Verpflichtung, bauliche Anlagen barrierefrei herzustellen, muss jedoch in der Regel davon ausgegangen werden, dass diese Anlagen von diversen Nutzergruppen frequentiert werden, die unterschiedliche Einschränkungen und Fähigkeiten im Hinblick auf die Bewältigung der Rettungswege mitbringen. Daher reicht es für eine ganzheitliche barrierefreie Gebäudeplanung nicht mehr aus, lediglich die baurechtlich geforderten Rettungswege vorzusehen. Vielmehr ist es notwendig, eine Rettungskonzeption zu entwickeln, die alle Personen im Gebäude berücksichtigt und Rettungsmöglichkeiten entsprechend den nutzergruppenspezifischen Bedarfen schafft. Sobald nämlich eine Betrachtung der Gebäudenutzer stattfindet, die über die Standardnutzer des Baurechts hinausgeht, bildet sich eine Schnittstelle zwischen Brandschutz und Barrierefreiheit. Die im Brandschutzkonzept enthaltene Rettungskonzeption ist durch eine barrierefreie Rettungskonzeption zu ergänzen.

Praxistipp: Begriffe „Rettungskonzeption" vs. „Rettungskonzept"

Die **Rettungskonzeption** ist ein fließender Prozess, der die konzeptionelle Arbeitsphase bzw. die interdisziplinäre Entwicklung des Rettungskonzeptes im Zusammenspiel aller Beteiligten umfasst.

Das **Rettungskonzept** ist die abgestimmte und fixierte Planung bzw. schriftlich festgehaltene Beschreibung der Konzeption und stellt ein begründetes, nachweisbares und konkretes Ergebnis dar.

Obwohl das Baurecht Rettungswege vorsieht, die der Selbstrettung aller Personen im Gebäude dienen, wird keine generelle barrierefreie Gestaltung der Rettungswege gefordert:

Musterbauordnung

(in der Fassung von November 2002, zuletzt geändert am 26./27.09.2024)

§ 14 Brandschutz
„Bauliche Anlagen sind so anzuordnen, zu errichten, zu ändern und instand zu halten, dass der Entstehung eines Brandes und der Ausbreitung von Feuer und Rauch (Brandausbreitung) vorgebeugt wird und bei einem Brand die Rettung von Menschen und Tieren sowie wirksame Löscharbeiten möglich sind."

Es wird mehr oder weniger in die Hände der an der Planung Beteiligten gelegt, wie die Rettung von Menschen mit Behinderungen im Brandfall gelingen kann. Hierfür stehen grundsätzlich zwei Rettungsstrategien zur Auswahl:

- die Befähigung zur **Selbstrettung,** die in der Regel über den Weiterbetrieb von Aufzügen erfolgt
- die Schaffung der baulichen Voraussetzungen für eine betrieblich-organisatorische Rettung oder eine planmäßige **Fremdrettung**, die die Ausbildung von vorübergehend relativ sicheren Orten für den Zwischenaufenthalt bis zum Abschluss der Rettung vorsieht.

Während des Planungsprozesses ist auf Grundlage der gesammelten Daten abzuwägen, welche Rettungsstrategie für das konkrete Objekt die geeignete ist.

Aus Sicht der Barrierefreiheit ist der verlängerte Betriebserhalt der Aufzüge zur Sicherstellung der Selbstrettung das geeignete Mittel der Wahl und stellt im Übrigen auch die einzige vollumfänglich barrierefreie Rettungsmöglichkeit dar. Da jedoch diese Rettungsstrategie mit einem planerischen, baulichen, technischen und ggf. finanziellen Mehraufwand verbunden ist, besteht bei Bauherrn und Planern mitunter nur eine verhaltene Akzeptanz für den Weiterbetrieb von Aufzügen.

Um diese Einstellung nachhaltig zu ändern, ist es erforderlich, in der Beratung die Nachteile und Grenzen der betrieblichen Rettung von Menschen mit Mobilitätseinschränkungen aufzuzeigen. Wichtig für die Entwicklung eines adäquaten barrierefreien Rettungskonzeptes ist, dass sich der Betreiber jederzeit der Konsequenzen bewusst ist, die im Ernstfall auf ihn zukommen, und dass er prüft, ob er seinen Betreiberaufgaben in jedem Fall nachkommen kann.

In Ergänzung hierzu spielt auch die Abstimmung mit der Feuerwehr eine wesentliche Rolle, da die Feuerwehr letztendlich die Entscheidung über die Personenrettung fällt. Denn nur sie hat einen realistischen Blick auf die Durchführbarkeit der Rettungsstrategie und weiß am besten, wann dieser Strategie Grenzen gesetzt sind.

Im Kommentar zur BauO NRW wurde bereits 2008 auf die grundsätzliche Problemstellung sehr anschaulich hingewiesen:

„Bei Gebäuden […], die insgesamt › behinderten (rollstuhl-) gerecht ‹ gebaut werden sollen, muss bereits in der Planungsphase die Lage und Anordnung der Rettungswege nach § 17 (3) BauO NRW 2000 sorgfältig geklärt werden […]. In mehrgeschossigen Gebäuden sind Rollstuhlfahrer zur Erreichung der Obergeschosse stets auf Aufzüge angewiesen. Diese Rollstuhlfahrer sind im Brandfalle auch gehindert, den Treppenraum als ersten Rettungsweg zu nutzen, sodass ein vom Regelfall abweichendes Rettungswegesystem in Abstimmung mit der Brandschutzdienststelle konzipiert werden muss. Im Brandschutzkonzept ist in einem solchen Fall darzulegen, welche sicheren Möglichkeiten dem Rollstuhlfahrer zur Selbstrettung (1. Rettungsweg) und zur Rettung durch die Feuerwehr (2. Rettungsweg) zur Verfügung stehen." (Gätdke, Temme, Heintz, Czepuck: BauO NRW Kommentar, 11. Auflage, Werner Verlag, 2008)

3.8.1 Grundlagen

Bei der Entwicklung von Rettungskonzeptionen und der Planung von Rettungskonzepten sind zunächst die Arten der Rettung, die nutzerspezifischen Bedarfe, die Voraussetzungen für eine betrieblich-organisatorische Rettung, die Betreiberpflichten und die Möglichkeiten zur barrierefreien Alarmierung bei dem konkreten Objekt zu betrachten.

3.8.1.1 Arten der Rettung

Bei der Planung der Evakuierung eines Gebäudes wird unterschieden zwischen:

- Selbstrettung,
- unterstützter Selbstrettung,
- betrieblich-organisatorischer Rettung und
- Fremdrettung.

Das Baurecht sieht grundsätzlich eine Selbstrettung vor, zumindest für den ersten Rettungsweg. **Selbstrettung** bedeutet, dass sich Personen aus eigener Kraft aus dem Gefahrenbereich retten können, in der Regel ins Freie. Denn nur das Freie ist der Bereich, der bei einem Brand dauerhaft ohne Gefahr ist. Zur Gewährleistung der Selbstrettung werden ein oder mehrere bauliche Rettungswege vorgesehen.

Neben der Selbstrettung steht die klassische **Fremdrettung**, die entweder mit oder ohne Rettungsgeräte der Feuerwehr erfolgen kann. Die Fremdrettung wird bei Standardgebäuden (z. B. Wohngebäuden) in der Regel für den zweiten Rettungsweg zugrunde gelegt. Sie ist somit planmäßiger Bestandteil des Rettungskonzeptes und mit der Feuerwehr im Vorfeld im Hinblick auf den potenziellen Einsatz der

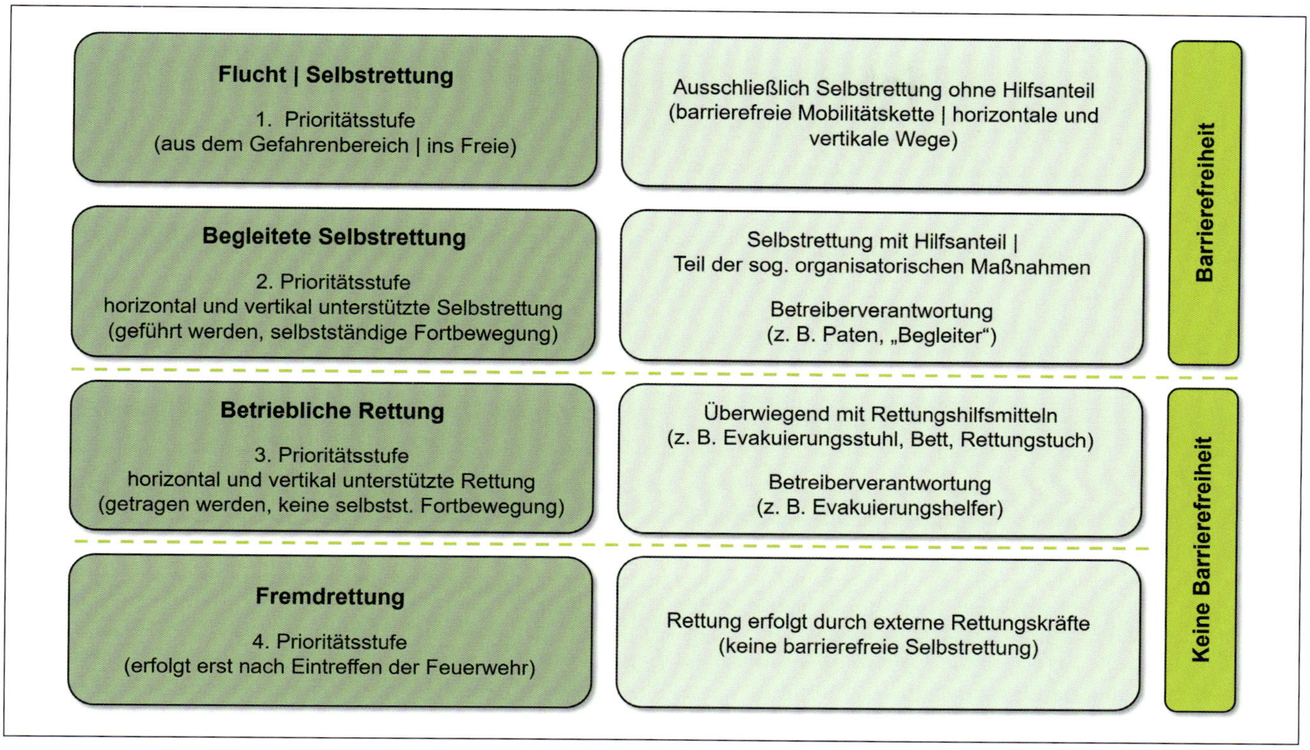

Abb. 3.28: Arten der Rettung im Hinblick auf Barrierefreiheit

Rettungsgeräte (z. B. Aufstellflächen für den Hubleiterwagen) abzustimmen.

Bei **Sonderbauten** (im Sinne von § 2 Abs. 4 Musterbauordnung) sieht das Baurecht in der Regel zwei bauliche Rettungswege vor, mit dem Ziel, die Selbstrettung für das Gebäude sicherzustellen. In Ergänzung hierzu wird dem Betreiber die Pflicht auferlegt, die Evakuierung des Gebäudes durch betrieblich-organisatorische Maßnahmen zu unterstützen. Diese Verpflichtung ergibt sich aus dem Erfordernis, dass für Sonderbauten in der Regel durch den Betreiber eine Brandschutzordnung zu erstellen ist. In dieser sind die Maßnahmen für eine schnelle und geordnete Räumung des Gebäudes oder von Teilbereichen des Gebäudes festzulegen, vor allem auch im Hinblick auf die besonderen Bedarfe von Menschen mit Behinderungen. Als Beispiele sind die Muster-Versammlungsstättenverordnung oder die Schulbaurichtlinie NRW zu nennen:

Muster-Versammlungsstättenverordnung

(in der Fassung von Juni 2005, zuletzt geändert im Juli 2014)

§ 42 Brandschutzordnung, Räumungskonzept, Feuerwehrpläne

„(1) Der Betreiber oder ein von ihm Beauftragter hat im Einvernehmen mit der Brandschutzdienststelle eine Brandschutzordnung und gegebenenfalls ein Räumungskonzept aufzustellen. Darin sind

1. *die Erforderlichkeit und die Aufgaben eines Brandschutzbeauftragten und der Kräfte für den Brandschutz sowie*
2. *die Maßnahmen, die im Gefahrenfall für eine schnelle und geordnete Räumung der gesamten Versammlungsstätte oder einzelner Bereiche unter besonderer Berücksichtigung von Menschen mit Behinderung erforderlich sind,* festzulegen. […]"

Schulbaurichtlinie NRW *(in der Fassung vom 17.11.2020)*

14 Brandschutzordnung, Feuerwehrplan

„Die Betreiberin oder der Betreiber der Schule hat im Einvernehmen mit der Brandschutzdienststelle eine Brandschutzordnung aufzustellen und durch Aushang bekannt zu machen. Darin sind insbesondere die Maßnahmen, die im Gefahrenfall für eine schnelle und geordnete Räumung der gesamten Schule oder einzelner Bereiche, unter besonderer Berücksichtigung von Menschen mit Behinderungen, insbesondere Benutzerinnen und Benutzern von Rollstühlen, erforderlich sind, festzulegen. […]"

Durch die Verpflichtung des Betreibers, für die Rettung sämtlicher Personen Sorge zu tragen, soll gewährleistet werden, dass das Gebäude nach Möglichkeit beim Eintreffen der Feuerwehr bereits evakuiert ist, sodass unmittelbar mit der Brandbekämpfung begonnen werden kann. Bei Gebäuden, für die das Baurecht eine Selbstrettung über zwei bauliche Rettungswege fordert, kann die Feuerwehr demnach nicht planmäßig zur Personenrettung eingesetzt werden. Eine betrieblich-organisatorische Rettung kann im Hinblick auf die Barrierefreiheit jedoch nur unter bestimmten Voraussetzungen als geeignete Rettungsmaßnahme eingestuft werden.

In der Betrachtung der Barrierefreiheit ergibt sich noch eine vierte Form der Rettung, die allgemein als begleitete Selbstrettung Selbstrettung bezeichnet wird. Darunter versteht man eine Selbstrettung mit Hilfsanteil, der als betrieblich-organisatorische Maßnahme zu planen ist. Die Unterstützung bzw. die Assistenz beschränkt sich dabei überwiegend auf den horizontalen , partiell auch auf den vertikalen Rettungsweg. Sie umfasst z. B. die Begleitung einer blinden Person als Orientierungshilfe bis zu den notwendigen Treppen, das Öffnen einer schwergängigen Brandschutztür für eine

Tabelle 3.3: Bauliche/technische Maßnahmen in Abhängigkeit der Nutzergruppen (Quelle: „Atlas barrierefrei bauen", Hrsg. Nadine Metlitzky und Lutz Engelhardt, Tabelle A 5.4)

Kategorie 1	Kategorie 2
keine zusätzlichen baulichen/technischen Maßnahmen zur Selbstrettung, jedoch ggf. personelle Hilfestellung erforderlich (assistierte Selbstrettung)	zusätzliche bauliche/technische Maßnahmen zur Selbstrettung oder für die betrieblich-organisatorische Rettung / Fremdrettung erforderlich
• Personen mit Hörbehinderung oder Taubheit/Gehörlosigkeit • Personen mit Blindheit • Personen mit Sehbehinderung • Personen mit kognitiven Einschränkungen • Personen mit leichten Mobilitätseinschränkungen, die noch gehfähig sind, aber ggf. eine Gehhilfe oder einen Rollator nutzen	• Personen mit starken Mobilitätseinschränkungen, die auf radgebundene Hilfsmittel (z. B. Rollstuhl oder Rollator) angewiesen sind und ohne diese nicht mehr selbstständig gehfähig sind • Personen mit sonstigen motorischen Einschränkungen, die noch gehfähig sind, jedoch aufgrund ihrer körperlichen Konstitution nicht in der Lage sind, Treppen zu steigen oder lange Distanzen zu gehen

Person mit Rollstuhl oder die Unterstützung bei der Treppenbenutzung für eine mobilitätseingeschränkte Person. Die assistierte Selbstrettung steht im Gegensatz zur vollständigen betrieblichen Rettung, die vor allem die Überwindung der vertikalen Rettungswege zum Ziel hat. Sie beinhaltet die kurzzeitige bzw. partielle Unterstützung von Personen, die grundsätzlich in der Lage sind, die vertikalen Rettungswege selbstständig zu nutzen.

Abb. 3.28 fasst die Arten der Rettung und ihren Zusammenhang mit der Barrierefreiheit schematisch zusammen.

3.8.1.2 Nutzergruppenspezifische Bedarfe

Die Planung von barrierefreien Rettungsmöglichkeiten erfolgt auf Grundlage der DIN 18040-1. Die Norm bezieht sich daher ausschließlich auf die Bereiche von öffentlich zugänglichen Gebäuden, die der Nutzung durch die Öffentlichkeit dienen. Die DIN 18040-1 formuliert Anforderungen an die barrierefreie Gestaltung von Gebäuden und deren nutzungsbezogenen Außenanlagen mit dem Ziel, Menschen mit Behinderungen die selbstständige Nutzung dieser Anlagen zu ermöglichen. Sie stellt demnach auf Personen ab, die eigenständig unterwegs und nicht auf eine Begleitperson angewiesen sind. Diese Personen sollen dazu befähigt werden, eine bauliche Anlage aus eigener Kraft aufzufinden, zu betreten und zweckentsprechend zu nutzen. Die baulichen und technischen Maßnahmen der Barrierefreiheit haben somit die Funktion, die Selbstständigkeit zu unterstützen und zu verbessern.

Die DIN 18040-1 kann also weder herangezogen werden, um eine grundlegend fehlende Fähigkeit zu kompensieren, noch bildet sie die Bedarfe ab, die sich aus hilfeleistender Tätigkeit ergeben, z. B. aus der Assistenz, Pflege oder Betreuung. Zur Unterstützung der Selbstrettungsfähigkeit sind die Rettungswege daher so weit wie möglich barrierefrei zu gestalten. Dies gilt insbesondere für Türen, Flure, Treppen und Rampen im Verlauf von Rettungswegen sowie für das Thema der Alarmierung. Vor diesem Hintergrund ist nun noch zu berücksichtigen, dass die unterschiedlichen Nutzergruppen bezüglich der Bewältigung der vertikalen Rettungswege unterschiedliche Fähigkeiten mitbringen. Entscheidend ist dabei, welche nutzergruppenspezifischen Bedarfe zusätzliche bauliche oder technische Maßnahmen auslösen und welche lediglich organisatorische oder personelle Maßnahmen erfordern. Grundsätzlich greift die Kategorisierung nach Tabelle 3.3.

Unter dieser Voraussetzung kann davon ausgegangen werden, dass Personen der 1. Kategorie in der Lage sind, die horizontalen und vertikalen Rettungswege zu nutzen. In der barrierefreien Rettungskonzeption lösen die nutzergruppenspezifischen Bedarfe dieser Personen demnach i. d. R. keine zusätzlichen baulichen oder technischen Maßnahmen aus. Dennoch ist in der Planung zu berücksichtigen, dass im Hinblick auf die Wahrnehmbarkeit einer Gefahrensituation oder die Auffindbarkeit der Rettungswege eine organisatorische bzw. personelle Hilfestellung erforderlich sein kann. In diesem Fall greift die assistierte Selbstrettung.

3.8.1.3 Nutzergruppen und Voraussetzungen für betrieblich-organisatorische Rettung

Bei der Wahl einer geeigneten barrierefreien Rettungsstrategie spielen neben den Kriterien wie Ortskenntnis und Informationsniveau auch das Wissen über die Einschränkungsarten und Fähigkeiten der Personen eine Rolle, ebenso wie die persönliche Beziehung dieser Personen zu einer oder mehreren anderen Personen im Gebäude, die im Gefahrenfall bei der Flucht bzw. Rettung assistieren können (vgl. Tabelle 3.2).

Eine bei der Planung der Evakuierungsszenarien vorliegende Kenntnis über die Einschränkungsarten und Fähigkeiten bildet die Grundlage, auf der die Möglichkeiten und Grenzen der betrieblich-organisatorischen Rettung ermittelt werden. Dabei ist zu betonen, dass eine betrieblich-organisatorische Rettung aus Sicht der Barrierefreiheit ausschließlich dann zum Einsatz kommen sollte, wenn bauliche oder technische Lösungen nicht umsetzbar sind. In der Regel beschränkt sich die betrieblich-organisatorische Rettung daher auf Gebäude, bei denen die Ausbildung oder Nachrüstung von barrierefreien Rettungswegen aufgrund der baulichen Gegebenheiten im Bestand nicht möglich ist. Eine gängige Form der betrieblich-organisatorischen Rettung vor allem von mobilitätseingeschränkten Personen ist der Einsatz von Evakuierungsstühlen.

Voraussetzung für den Einsatz von Evakuierungsstühlen ist die Möglichkeit, dass sich der Helfer (z. B. Evakuierungshelfer) und die Person mit eingeschränkter Selbstrettungsfähigkeit (z. B. mobilitätseingeschränkte Person) mit dem Evakuierungsszenario vorab vertraut machen können. In Arbeitsstätten kommt diese Rettungsform häufig zum Einsatz, da im Zuge der Gefährdungsbeurteilung bei Einrichtung des Arbeitsplatzes das individuelle Fähigkeitsprofil abgefragt werden kann. Stellt sich heraus, dass die physische Konstitution des Beschäftigten die Benutzung des Evakuierungsstuhls erlaubt, werden Mitarbeiter im Umgang mit diesem Hilfsmittel geschult und als sogenannte Paten dem Beschäftigten zugewiesen. Durch die persönliche Beziehung zu den benannten Paten, die fachliche Unterweisung und das regelmäßige gemeinsame Üben im Umgang mit dem Evakuierungsstuhl kann eine gute Routine für den Ernstfall geschaffen und eine relativ sichere Anwendung ermöglicht werden. Ohne diese beiden Voraussetzungen kann diese betriebliche Form der Rettung nicht sichergestellt werden. Daher schließt sich diese Rettungsmöglichkeit nahezu in allen Bereichen aus, in denen es Publikumsverkehr (Besucher) gibt.

Auch in einer (Hoch-)Schule, Kita oder Pflege-/Betreuungseinrichtung mit festen Bezugspersonen (z. B. Lehrern, Erziehern, Betreuern/Pflegepersonal) und konstantem Nutzerkreis kann eine betrieblich-organisatorische Maßnahme eine praktikable Rettungsmöglichkeit darstellen. Auch hier muss die mobilitätseingeschränkte Person die Fähigkeit mitbringen, mit dem Hilfsmittel Evakuierungsstuhl gerettet zu werden. Dies vorausgesetzt, sind regelmäßige Unterweisungen und Übungen (z. B. Probealarme) obligatorisch. Scheidet der Einsatz eines Evakuierungsstuhls jedoch aus, ist eine alternative Lösung zu überlegen. Die betrieblich-organisatorische Rettung kann demnach auch recht schnell an ihre Grenzen kommen.

Im Gegensatz hierzu stehen öffentlich zugängliche Gebäude mit Besucherverkehr: Durch die fehlende Kenntnis über Art und Schwere der Einschränkungen und die damit verbundenen persönlichen Fähigkeiten in Bezug auf mögliche Rettungsabläufe scheidet eine betrieblich-organisatorische Rettung mittels Evakuierungsstuhl grundsätzlich aus und ist daher als einzige geplante Rettungsmöglichkeit ungeeignet.

Praxistipp: Beschränkter Einsatz von Evakuierungsstühlen

Der Einsatz von Evakuierungsstühlen als einzige geplante Rettungsmöglichkeit ist in Gebäuden mit Besucherverkehr grundsätzlich ungeeignet.

3.8.1.4 Betrieblich-organisatorische Rettung und Betreiberpflichten

Wird bei der Entwicklung einer barrierefreien Rettungskonzeption eine betrieblich-organisatorische Rettung in Betracht gezogen, sollten folgende Tatbestände berücksichtigt werden:

- Der Einsatz von Evakuierungsstühlen bindet Helfer. Zu Helfern zählen geschulte oder unterwiesene Personen, die mit dem Prozedere des Evakuierungsablaufs vertraut sind und den Einsatz der Hilfsmittel beherrschen. Bei der Gebäudeevakuierung kann niemals Hilfe von anderen Flüchtenden oder ungeschulten Personen planmäßig vorausgesetzt werden, sondern die Hilfe ist sorgfältig in allen Aspekten zu planen und vorzubereiten, damit im Ernstfall eine geordnete Evakuierung ablaufen kann. Sie ist vonseiten des Betreibers in der Brandschutzordnung oder in einem gesonderten betrieblichen Evakuierungskonzept festzuschreiben und zu erläutern.
- Beim Einsatz von Evakuierungsstühlen wird ein Helfer für den Aufbau und die Standsicherung des Stuhls benötigt. Ein zweiter Helfer setzt die zu rettende Person in den Evakuierungsstuhl (siehe Abb. 3.26) um. Je nach physischer Konstitution (z. B. Reststehfähigkeit, Immobilität des Oberkörpers, Art der Einschränkung) wird für diesen Vorgang auch eine dritte Person benötigt. Auch für die Fortbewegung in der Vertikalen wird die Hilfestellung durch eine weitere Person empfohlen, um zu verhindern, dass die zu rettende Person nach vorne aus dem Evakuierungsstuhl kippt. Sobald das Gebäude verlassen wurde, bleiben Stuhl und Evakuierungshelfer in Sicherheit.
  Für jede zu rettende Person sind demnach zwei bis drei Helfer einzuplanen. In der Konsequenz funktioniert die betrieblich-organisatorische Rettung daher üblicherweise nur bei einer geringen Anzahl an mobilitätseingeschränkten Personen in adäquater Weise, da der Betreiber andernfalls eine verhältnismäßig große Anzahl an Evakuierungshelfern bereitstellen muss.
- Ein weiterer Aspekt, der beim Einsatz von Evakuierungsstühlen zu berücksichtigen ist, ist der Platzbedarf bzw. die Transferfläche, die für den Umsetzvorgang benötigt wird. Ausgehend von einem Rollstuhlnutzer und drei Helfern ist eine freie Fläche von mindestens $B \times L = 2{,}75 \times 2{,}25$ m erforderlich. Abb. 3.29 stellt die erforderlichen Bewegungsabläufe beim Umsetzen auf den Evakuierungsstuhl sowie den Platzbedarf für die Evakuierungshelfer dar. Die Transferfläche ist so anzuordnen, dass sie die allgemeinen Flucht- und Rettungswegbreiten nicht einschränkt (siehe Abb. 3.30 und Abb. 3.31). Darüber hinaus muss sie in einem vorübergehend relativ sicheren Ort für den Zwischenaufenthalt angeordnet werden, um für die Dauer von der Inbetriebnahme des Evakuierungsstuhls bis zum Abschluss der betrieblichen Rettung sicher gegen Feuer und Rauch zu sein. Ein unmittelbarer Zugang vom relativ sicheren Ort zum vertikalen Rettungsweg ist zwingend erforderlich. Wird die betrieblich-organisatorische Rettung als nachträgliche Rettungsmöglichkeit im Bestand vorgesehen, sind entsprechend große und qualifizierte Bereiche auszubilden. Unter Umständen ist eine brandschutztechnische Ertüchtigung oder Herstellung eines relativ sicheren Ortes erforderlich.

Praxistipp: Evakuierungsstühle – Personal- und Platzbedarf

Der Einsatz von Evakuierungsstühlen bindet personelle Kapazitäten und erfordert ausreichend Platz für den Transfer vom Rollstuhl auf den Evakuierungsstuhl.

Über diese Sachverhalte sollte der Gebäudebetreiber ausreichend informiert werden, damit er die eigenen Kapazitäten überprüfen kann. Es ist daher die Aufgabe des Barrierefrei-Fachplaners, auf Betreiberseite ein entsprechendes Problembewusstsein für die Betreiberpflichten und deren Erfüllung zu schaffen. Dies kann in aller Regel nur erreicht werden, wenn der Betreiber vollumfänglich über die betrieblichen Konsequenzen aufgeklärt wird.

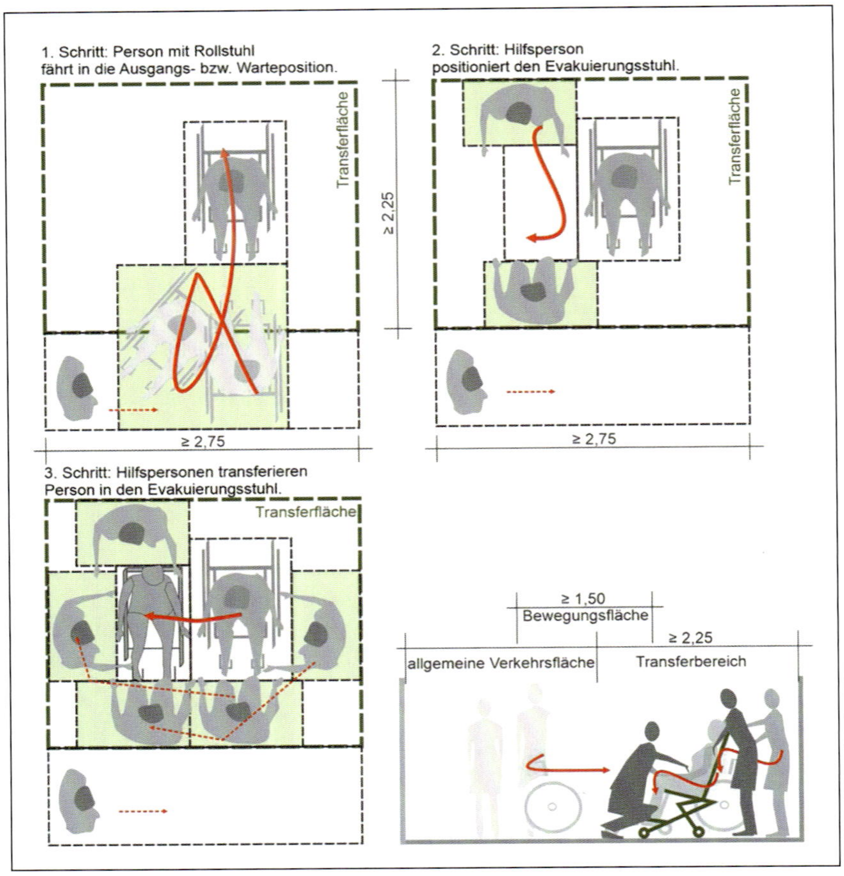

Abb. 3.29: Einzelschritte zur Durchführung des Transfers (Quelle: Nadine Metlitzky, Köln)

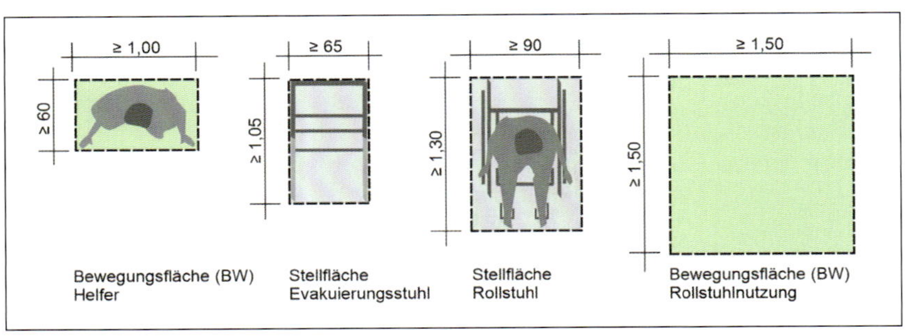

Abb. 3.30: Bewegungs- und Stellflächen für die Transferfläche (Quelle: Nadine Metlitzky, Köln)

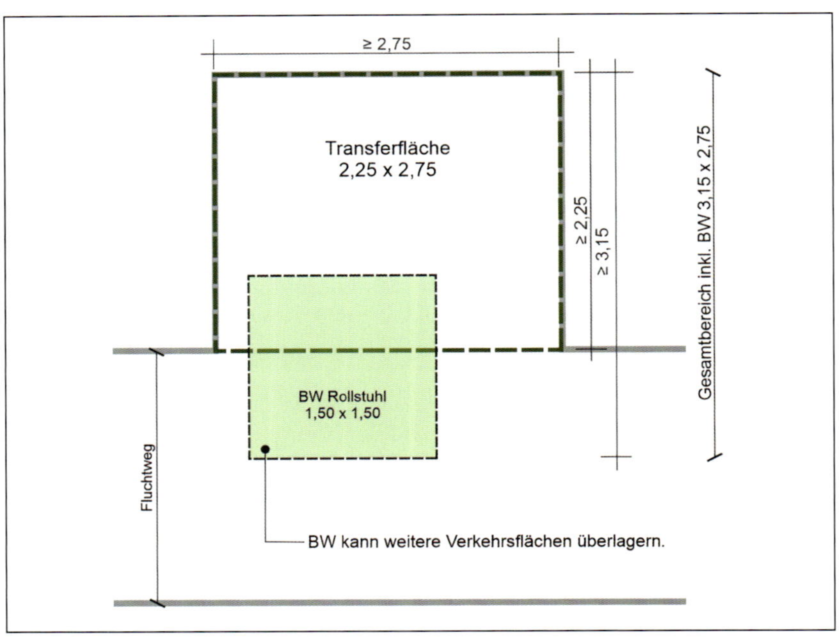

Abb. 3.31: Mindestbedarf an Transfer- und Bewegungsfläche (BW) (Quelle: Nadine Metlitzky, Köln)

Steht der Betreiber zum Zeitpunkt der Planung noch nicht fest, dann ist der Bauherr dafür verantwortlich, ein Gebäude zu errichten, dessen Betrieb mit angemessenen organisatorischen Maßnahmen bewerkstelligt werden kann. Hierzu zählen auch funktionierende Rettungswege für alle Personen im Gebäude, denn diese sind ein genehmigungs- und betriebsrelevanter Bestandteil eines Gebäudes. Zudem kann der Betreiber seinen Pflichten nur in dem Maße nachkommen, wie es die bauliche und die technische Beschaffenheit des Gebäudes zulassen. Auch wenn organisatorische Maßnahmen nicht zum originären Planungsumfang der Objektplanung, Brandschutz- oder Barrierefrei-Fachplanung gehören, so sind sie doch als Bestandteil der barrierefreien Rettungskonzeption zu berücksichtigen, zu planen und im Ansatz nachzuweisen.

3.8.1.5 Barrierefreie Alarmierung

Unabhängig von den Überlegungen zur barrierefreien Rettungsstrategie ist das Thema der barrierefreien Alarmierung zu bearbeiten. Dennoch ist sie Bestandteil der Rettungskonzeption und darf daher nicht vernachlässigt werden. Entscheidend für die Umsetzung einer Alarmierung nach dem Zwei-Sinne-Prinzip ist das Vorhandensein einer technischen Alarmierungsanlage. Ohne diese technische Voraussetzung kann die Information über ein Brandereignis lediglich betrieblich-organisatorisch bzw. personell weitergegeben werden. Hierfür hat der Betreiber im Bedarfsfall eine entsprechende betriebliche Maßnahme zu formulieren und eingewiesene Personen zu benennen.

3.8.2 Schnittstelle Brandschutz und Barrierefreiheit

Das barrierefreie Rettungskonzept schließt eine inhaltliche Lücke zum vorgeschriebenen Brandschutzkonzept. Im Folgenden wird gezeigt, worin diese Lücke besteht und wie das barrierefreie Rettungskonzept zu erstellen ist.

3.8.2.1 Brandschutzkonzept versus barrierefreies Rettungskonzept

Das Baurecht kennt bereits seit Ende der 1990er-Jahre das Brandschutzkonzept bzw. den Brandschutznachweis als Werkzeug zur Abbildung der Rettungskonzeption für eine bauliche Anlage. Sämtliche Aspekte rund um das Thema Alarmierung und Evakuierung werden in einem solchen Konzept verortet. Dies geht auch aus der DIN 18040-1 deutlich hervor. Doch obwohl dort in Abschnitt 4.7 formuliert wird, dass in Brandschutzkonzepten die Belange von Menschen mit Behinderungen zu berücksichtigen sind, ist es nicht als originäre Aufgabe der Brandschutzfachplanung anzusehen, eine barrierefreie Rettungskonzeption zu entwickeln.

Zur ganzheitlichen Lösung dieser Planungsaufgabe bedarf es der fachlichen Ergänzung der Barrierefrei-Fachplanung. Das Brandschutzkonzept hat nicht die Aufgabe, die Beschaffenheit von Rettungswegen aus Sicht der Barrierefreiheit zu beschreiben. Ebenso ist die erweiterte Betrachtung unterschiedlicher nutzergruppenspezifischer Bedarfe nicht Bestandteil der Brandschutzfachplanung. Diese Inhalte gehören grundsätzlich in ein Barrierefrei-Konzept, sind jedoch bisher vom Verordnungsgeber nicht explizit dort verortet worden. Es besteht demnach eine inhaltliche Lücke, die durch das barrierefreie Rettungskonzept geschlossen werden muss.

Das barrierefreie Rettungskonzept ist eine vollumfängliche Betrachtung sämtlicher Komponenten, die bei der Evakuierung eines Gebäudes im Hinblick auf die Barrierefreiheit relevant sind. Sie umfasst die baulichen und technischen Aspekte und schafft die Voraussetzung dafür, dass ggf. erforderliche betrieblich-organisatorische Maßnahmen zur Rettung durchgeführt werden können. Das barrierefreie Rettungskonzept steht jedoch in Abgrenzung zum betrieblichen Räumungs- bzw. Evakuierungskonzept, das in der Regel durch den Betreiber erstellt wird. Nichtsdestotrotz kann das barrierefreie Rettungskonzept als Grundlage für ein solches Evakuierungskonzept fungieren, da es die Schnittstelle zwischen baulichen bzw. technischen und betrieblichen Maßnahmen abdeckt.

Praxistipp: Abgrenzung barrierefreies Rettungskonzept

Das barrierefreie Rettungskonzept fungiert als Ergänzung zum Brandschutzkonzept, ersetzt aber nicht das betriebliche Räumungs- bzw. Evakuierungskonzept.

3.8.2.2 Inhalte des barrierefreien Rettungskonzeptes

Das barrierefreie Rettungskonzept umfasst vorrangig folgende Inhalte. Diese Inhalte werden im Zuge der Entwicklung der barrierefreien Rettungskonzeption als Schnittstellenplanung erarbeitet.

- Festlegung der barrierefreien Anwendungsbereiche, d. h. der Bereiche, in denen Anforderungen an eine barrierefreie Gestaltung bestehen, da hier planmäßig mit der Anwesenheit von Personen mit Einschränkungen zu rechnen ist.
- Ermittlung der Anzahl derjenigen Personen im Gebäude, die potenziell nicht zur Selbstrettung fähig sind. Das heißt, diese Personen sind nicht in der Lage, die vertikalen Rettungswege zu nutzen.
- Festlegung der entsprechenden nutzergruppenspezifischen Bedarfe:
  - Alarmierung von sensorisch eingeschränkten Personen
  - Gewährleistung der Orientierung auf den Flucht-/Rettungswegen für sensorisch und mobilitätseingeschränkte Personen
  - Schaffung von lückenlosen Mobilitätsketten für mobilitätseingeschränkte Personen
- Festlegung der konkreten Anforderungen an Rettungswege im Hinblick auf die Barrierefreiheit zur Sicherstellung der
  - barrierefreien Nutzbarkeit von Fluren, Türen und Treppen im Verlauf von Rettungswegen,
  - barrierefreien Nutzbarkeit und Bedienbarkeit von Aufzügen als Teil des Rettungsweges,
  - barrierefreien Zugänglichkeit sowie einer ausreichenden Größe von vorübergehend relativ sicheren Orten für den Zwischenaufenthalt,
  - barrierefreien Wahrnehmbarkeit der Alarmsignale in Bereichen, in denen sich Personen allein aufhalten, durch Umsetzung des Zwei-Sinne-Prinzips,
  - barrierefreien Auffindbarkeit der Flucht-/Rettungswege durch entsprechende Kennzeichnung und der

  - barrierefreien Bedienbarkeit von Notrufeinrichtungen zur Anzeige des Evakuierungsbedarfs bzw. einer erforderlichen Hilfestellung.
- Entwicklung von geeigneten alternativen Rettungsmöglichkeiten in Ergänzung zu den baurechtlich geforderten Rettungswegen
  - baulich/technisch: Bereitstellung von notwendigen Rampen oder Aufzügen als Teil des Rettungsweges zur Sicherstellung der Mobilitätskette
  - organisatorisch: Festlegung von betrieblichen Rettungsmaßnahmen am Ende der Mobilitätskette
- Darstellung der objektkonkreten Evakuierungsszenarien und der daraus ggf. resultierenden betrieblich-organisatorischen Maßnahmen bzw. Betreiberaufgaben

3.8.3 Stufen der barrierefreien Rettungskonzeption

Die folgenden Stufen beschreiben die Entwicklung einer barrierefreien Rettungskonzeption für **öffentlich zugängliche Gebäude**. Es werden somit die baurechtlichen Belange zugrunde gelegt. Eine Rettungskonzeption für eine Arbeitsstätte kann zu einer ähnlichen Lösung führen, umfasst jedoch in der Regel eine andere Herangehensweise bei der Konzeptionierung. Sie wird hier nicht betrachtet.

Die barrierefreie Rettungskonzeption besteht aus verschiedenen Stufen, die in der Regel aufeinander aufbauen und daher nacheinander zu bearbeiten sind.

Stufe 1: Anwendungsbereiche

- baurechtliche Einstufung im Hinblick auf Anforderungen an die Barrierefreiheit
- Zonierung und Abgrenzung der Bereiche für Besucher-/Benutzerverkehr und ggf. Arbeitsstätte

Stufe 2: Personen und Bedarfe

- Festlegung der Anzahl der Personen, die potenziell in ihrer Selbstrettungsfähigkeit eingeschränkt sind und für die infolgedessen alternative Rettungsmöglichkeiten zu entwickeln sind.
- Abgleich/Abstimmung mit Nutzerzahlen laut Brandschutzkonzept
- Festlegung der nutzergruppenspezifischen Bedarfe im Hinblick auf Alarmierung, Orientierung, Rettungswege etc.

Stufe 3: Entwicklung der barrierefreien Rettungsstrategie

- Festlegung, welche Art der Rettung für das Gebäude bzw. dessen Teilbereiche angesetzt wird, z. B. (unterstützte) Selbstrettung, betrieblich-organisatorische Rettung oder Kombinationen aus beidem (Ziel: lückenlose Mobilitätsketten)
- Zu berücksichtigende Planungsgrundsätze:
  - Betrieblich-organisatorische Rettungsmaßnahmen (Evakuierungsstuhl) sind nur in bestimmten Gebäudenutzungen und unter bestimmten Voraussetzungen für die Rettung von mobilitätseingeschränkten Personen geeignet; darüber hinaus binden sie personelle Kapazitäten (siehe Abschnitt 3.8.1.4).
  - Voraussetzung für die betrieblich-organisatorische Rettung mithilfe von Evakuierungsstühlen und für die stufenweise Selbstrettung über Aufzüge mit verlängertem Betriebserhalt im Brandfall ist die Einrichtung von vorübergehend relativ sicheren Orten.
  - Relativ sichere Orte müssen so groß bemessen sein, dass die ermittelte Anzahl an Personen gleichzeitig darin Platz findet.
  - Relativ sichere Orte müssen einen unmittelbaren Zugang zu einem vertikalen Rettungsweg aufweisen.
  - Relativ sichere Orte müssen als Teil des barrierefreien Rettungsweges selbstständig barrierefrei erreichbar und zugänglich sein.
  - Die Lage des Aufzugs im Gebäude hat eine wesentliche Auswirkung darauf, ob ein verlängerter Weiterbetrieb möglich ist.
  - Werden durch unterschiedliche Rettungswege für mobile und mobilitätseingeschränkte Personen gegensätzliche Fluchtwegrichtungen erzeugt, sind die Flucht-/Rettungswegbreiten entsprechend darauf auszulegen.

Praxistipp: Barrierefreie Rettungsstrategie früh entwickeln

Die barrierefreie Rettungsstrategie wird wesentlich durch den baulichen Kontext bestimmt. Sie sollte aus diesem Grund bereits zu einem frühen Zeitpunkt, bestenfalls zu Beginn der LPH 2, in der Planung erarbeitet werden. Sind die Positionen der vertikalen Erschließungselemente (Aufzug, Treppe) sowie die Abmessungen der Verkehrsflächen erst einmal festgelegt, fallen nachträgliche Entwurfsänderungen, schwerer ins Gewicht und die Akzeptanz zur Umsetzung der Rettungsmöglichkeit bei Planer und Bauherrn nimmt ab.

Stufe 4: Planung der baulichen und technischen Aspekte

- Integration der baulichen und technischen Aspekte in die (Vor-)Entwurfsplanung, z. B. Flächenbedarfe, Rettungswege, Alarmierung, Notrufeinrichtungen, Aufzugsweiterbetrieb, Kennzeichnung von Flucht-/Rettungswegen, Prüfung/Festlegung von personellen Kapazitäten für betrieblich-organisatorische Maßnahmen etc.
- Schnittstellenplanung zwischen Objektplanern, TGA-Planern, Barrierefrei- und Brandschutzfachplanern
- Weitere Arbeitsschritte in Abhängigkeit von der gewählten Rettungsstrategie:
  - **Rettungsstrategie A:** Planung der Dimensionierung und Ausstattung von relativ sicheren Orten für den Zwischenaufenthalt als Voraussetzung für die betrieblich-organisatorische Rettung bzw. Fremdrettung
  - **Rettungsstrategie B:** Planung der Ausrüstung von Aufzügen für den verlängerten Weiterbetrieb im Brandfall sowie der Aufzugsperipherie zur Gewährleistung der barrierefreien Selbstrettung
- Unter Umständen wird in dieser Planungsphase herausgearbeitet, dass
  - aufgrund der ermittelten Personenzahlen die Leistungsgrenze des Betreibers überschritten wird,
  - aus anderen Gründen eine betrieblich-organisatorische Rettung nicht infrage kommt oder
  - sich die baulichen und technischen Voraussetzungen für den Weiterbetrieb des Aufzugs nicht umsetzen lassen.

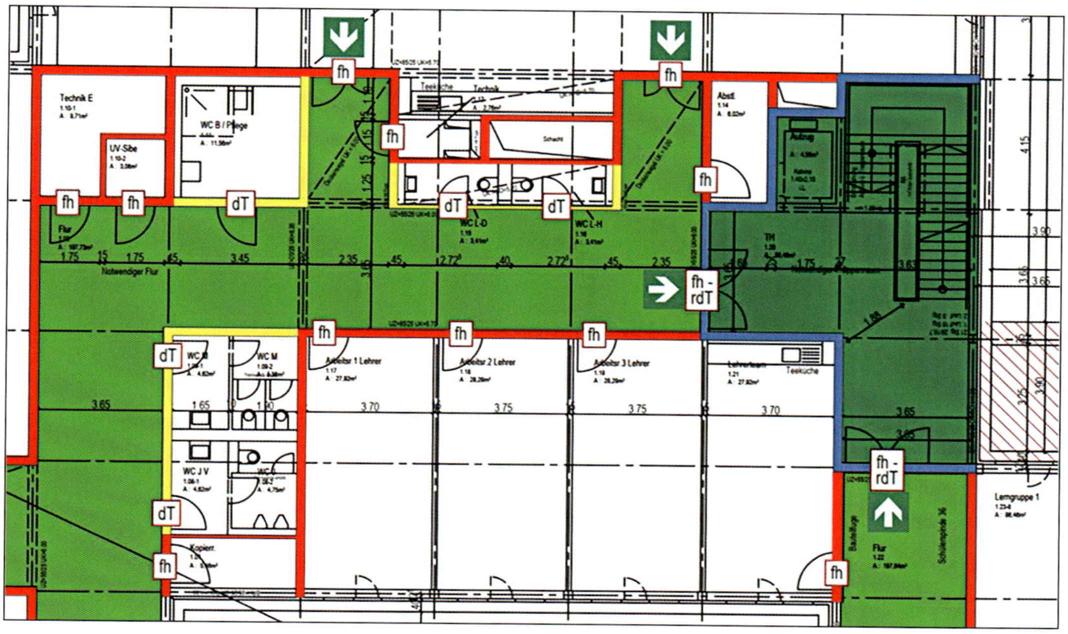

Abb. 3.32: Ausschnitt aus einem Brandschutzplan: baulicher Rettungsweg über einen notwendigen Treppenraum (Quelle: Kempen Krause Ingenieure GmbH, Aachen)

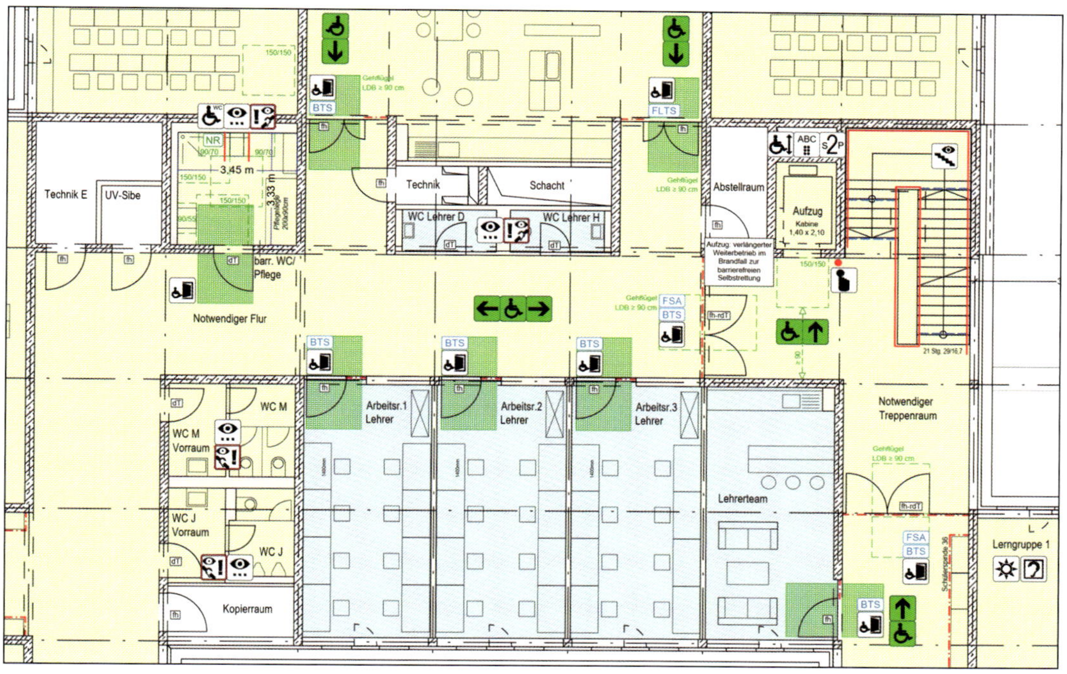

Abb. 3.33: Barrierefrei-Plan (Ausschnitt): Selbstrettung über Aufzug mit verlängertem Weiterbetrieb (Quelle: Kempen Krause Ingenieure GmbH, Aachen)

Dann gilt es, die Schnittstellenplanung so lange anzupassen, bis eine in sich schlüssige und konsistente barrierefreie Rettungskonzeption vorliegt. Daraus kann eine vielschichtige Planungsaufgabe entstehen mit intensiven interdisziplinären Abstimmungen und einem Abwägen von Vor- und Nachteilen der planerischen, baulichen und kostentechnischen Auswirkungen.

Stufe 5: Abstimmung Brandschutzdienststelle

- frühzeitige Einbindung der Feuerwehr empfohlen
- ggf. Evakuierungs-/Räumungskonzept abstimmen (insbesondere bei öffentlich zugänglichen Sonderbauten mit hoher Besucherfrequenz)
- Leistungsgrenzen der Betreiber realistisch einschätzen (Betreiberverantwortung)

> **Praxistipp: Betreiberpflicht bei Sonderbauten**
>
> Grundsätzlich trägt der Betreiber die Verantwortung für die Räumung des Gebäudes. Im eigenen Interesse sollte der Betreiber daher seine Leistungsgrenzen realistisch prüfen.

Stufe 6: Dokumentation

- Dokumentation als Bestandteil des Barrierefrei-Konzeptes oder als Ergänzung zum Brandschutz-Konzept (schriftlich + ergänzende Planzeichnungen)
- ggf. als Bestandteil der Bauvorlagen

3.8.4 Ermittlung der Anzahl von Personen mit eingeschränkter Selbstrettungsfähigkeit

Als Datengrundlage für die Entwicklung der barrierefreien Rettungskonzeption sind zwei Gruppen von Personen zu ermitteln:

- Personen, die potenziell nicht zur Selbstrettung fähig sind, da sie nicht in der Lage sind, die vertikalen Rettungswege zu nutzen.
- Personen, die potenziell auf eine Hilfestellung bei der Bewältigung der horizontalen und vertikalen Rettungswege angewiesen sind.

Während die Bedarfe für die zweite Gruppe betrieblich-organisatorisch erfüllt werden können, sind für die erste Gruppe bauliche Maßnahmen erforderlich.

Die Ermittlung der Anzahl dieser Personen erfordert eine differenzierte Herangehensweise. Bislang gibt es keine allgemeingültige oder evidenzbasierte Ermittlungsmethode, was bedeutet, dass die Daten stets in Abhängigkeit von diversen objektkonkreten Faktoren herzuleiten sind. Wichtig für die Nachvollziehbarkeit und somit letztendlich auch für die Genehmigungsfähigkeit ist eine Ermittlung auf Grundlage von belastbaren Zahlen, die in sich schlüssig und plausibel ist. Welche Grundlagen zu verwenden sind, hängt wesentlich vom betrachteten Objekt und der Art der Nutzung ab.

3.8.5 Leitfragen „Barrierefreie Rettungskonzeption"

Die (nicht abschließende) Liste der Leitfragen aus Tabelle 3.4 kann als Grundlage bei der Entwicklung von barrierefreien Rettungskonzeptionen verwendet werden. Sie bildet beispielhafte Fragestellungen ab, die üblicherweise bei der interdisziplinären Schnittstellenplanung zu berücksichtigen und zu klären sind. Bei der Anwendung ist davon auszugehen, dass jede Frage der Liste weitere Fragen aufwirft, die den betrachteten Sachverhalt und die sich daraus ergebenden planerischen, baulichen, technischen und betrieblich-organisatorischen Konsequenzen weiter konkretisieren. Für besondere bauliche und nutzungsbedingte Gegebenheiten können sich darüber hinaus weitere relevante Fragestellungen ergeben.

Tabelle 3.4: Leitfragen „Barrierefreie Rettungskonzeption"

Leitfragen:
☐ Welche Bereiche der baulichen Anlagen werden durch Personen mit sensorischen und motorischen Einschränkungen frequentiert?
☐ Wie viele Personen mit sensorischen und motorischen Einschränkungen befinden sich im Gebaäude?
☐ Sind diese Personen Besucher, Benutzer oder Beschäftigte?
☐ Wie viele Personen werden in Hinblick auf die vertikalen Flucht-/Rettungswege als potenziell nicht zur Selbstrettung fähig eingestuft?
☐ Wie viele Personen benötigen potenziell eine Unterstützung bei der Überwindung der vertikalen Flucht-/Rettungswege (sog. assistierte Selbstrettung)?
☐ Ist eine ausreichende Anzahl an geschulten/eingewiesenen (Evakuierungs- bzw. Flucht-)Helfern für die assistierte Selbst- rettung vorhanden?
☐ Ist für das Gebäude eine Brandmelde- und/oder Alarmierungsanlage erforderlich/geplant?
☐ In welchen Bereichen halten sich Personen allein auf (z. B. Umkleiden, Toiletten)?
☐ Wird in diesen Bereichen eine Alarmierung nach dem Zwei-Sinne-Prinzip umgesetzt?
☐ Sind der erste und der zweite horizontale und vertikale Flucht-/Rettungsweg barrierefrei auffindbar?
☐ Sind der erste und der zweite horizontale Flucht-/Rettungsweg bis zum Ende der Mobilitätskette barrierefrei nutzbar?
☐ Sind am Ende der Mobilitätskette bzw. vor Aufzügen zur Selbstrettung vorübergehend sichere Bereiche für den Zwischenaufenthalt vorgesehen?
☐ Sind die sicheren Bereiche barrierefrei zugänglich?
☐ Sind die sicheren Bereiche ausreichend groß bemessen, um die ermittelte Anzahl an mobilitätseingeschränkten Personen aufzunehmen?
☐ Sind die sicheren Bereiche durch eine Fluchtwegbeschilderung ausgewiesen?
☐ Gibt es zusätzlich zur allgemeinen Fluchtwegbeschilderung taktil erfassbare Fluchtwegkennzeichnungen (z. B. Handlaufbeschriftungen, Gebäudeübersichtspläne, Flucht- und Rettungspläne)?
☐ Sind die Flucht-/Rettungswege für mobile und mobilitätseingeschränkte Personen entsprechend ausgeschildert?
☐ Ist in den sicheren Bereichen eine geeignete barrierefrei bedienbare Notrufeinrichtung vorgesehen (z. B. Gegensprech- stelle, Kommunikationseinrichtung)?
☐ Wird der Notruf an eine während der Betriebszeiten besetzte Stelle geleitet?
☐ Erfüllen die Aufzüge zur Selbstrettung die baulichen und technischen Anforderungen an einen verlängerten Weiterbetrieb im Brandfall?
☐ Verfügen die sicheren Bereiche über einen unmittelbaren Zugang zu einem vertikalen Flucht-/Rettungsweg mit Ausgang ins Freie?
☐ Ist in den sicheren Bereichen eine Verhaltensanweisung für den Gefahrenfall vorgesehen?
☐ Wird eine ausreichende Anzahl an Hilfsmitteln für eine betrieblich-organisatorische Rettung vorgehalten (z. B. Evakuierungsstühle)?
☐ Wird für den Einsatz von Evakuierungsstühlen eine ausreichend große Transferfläche innerhalb der sicheren Bereiche vorgehalten?
☐ Wird der Einsatz dieser Hilfsmittel regelmäßig geübt?
☐ Ist eine ausreichende Anzahl an geschulten/eingewiesenen (Evakuierungs- bzw. Flucht-)Helfern für die betrieblich-organi- satorische Rettung vorhanden?
☐ Kann die Feuerwehr planmäßig zur Fremdrettung herangezogen werden?
☐ Gibt es besondere Auflagen der Feuerwehr?
☐ Sind die Flucht-/Rettungswege im Freien barrierefrei nutzbar?
☐ Wie werden Rollstuhlnutzer bzw. Personen, die auf assistive Hilfsmittel angewiesen sind, nach der (Fremd-)Rettung versorgt?

4 Das Barrierefrei-Konzept

In diesem Kapitel wird in Abschnitt 4.1 und Abschnitt 4.2 die Funktion des Barrierefrei-Konzeptes erläutert und sein Mehrwert aufgezeigt. Danach werden die unterschiedlichen Betrachtungsumfänge von Barrierefrei-Konzepten vorgestellt (siehe Abschnitt 4.3) und es wird erläutert, zu welchen Verwendungszwecken sie dienen können (siehe Abschnitt 4.4). Abschnitt 4.5 befasst sich mit den an der Planung Beteiligten, während in Abschnitt 4.6 der Ablauf der Konzepterstellung phasenweise erörtert wird. Um die Abgrenzung der Leistungen zur Konzepterstellung geht es in Abschnitt 4.7. In Abschnitt 4.8 wird auf den formalen Aufbau und Inhalt des Erläuterungsberichtes eingegangen. Eine tabellarische Übersicht der voran erläuterten Inhalte findet sich in Abschnitt 4.9. Abschließend folgen in Abschnitt 4.10 die Darstellungsmöglichkeiten zur Visualisierung in Barrierefrei-Plänen. Diese enthalten Plangrafiken und Symbole, die zur direkten Anwendung heruntergeladen werden können.

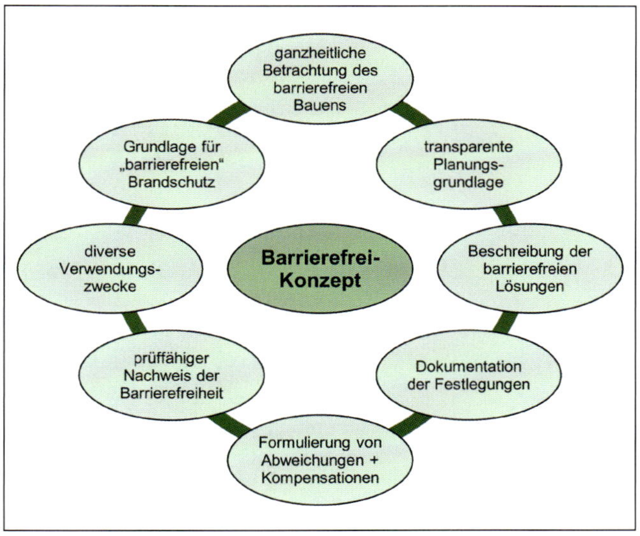

Abb. 4.1: Funktionen des Barrierefrei-Konzeptes

4.1 Funktion

Das Barrierefrei-Konzept ist eine ganzheitliche und schutzzielorientierte Betrachtung des barrierefreien Bauens bezogen auf ein konkretes Objekt, für das ein Bauvorhaben im Neubau oder Bestand geplant ist (siehe Abb. 4.1). Im Wesentlichen hat es zwei Funktionen, nämlich die Dokumentation bzw. Erläuterung der objektkonkreten barrierefreien Lösung sowie die Nachweisführung, dass die Anforderungen an die Barrierefreiheit in ausreichendem Maße sowie in geeigneter Weise berücksichtigt wurden. Was in den jeweiligen Fällen „ausreichend" und „geeignet" ist, wird in erster Linie durch die Bauaufgabe bestimmt und ergibt sich nicht automatisch aus sich selbst heraus. Als Grundlage für die entwurfsbegleitende Konzeption/Konzeptionierung der Barrierefreiheit ist es daher essenziell, in Abstimmung mit dem Auftraggeber genau festzulegen, welchem Zweck das Barrierefrei-Konzept dienen soll und in welchem Umfang die Barrierefreiheit im betrachteten Objekt umgesetzt werden soll.

Darüber hinaus ist das Barrierefrei-Konzept eine schriftliche und zeichnerische Dokumentation einer vorausgegangenen Fachplanungsleistung zur Barrierefreiheit. Es ist somit das Endprodukt, das die abgestimmte und fixierte Beschreibung der Konzeption zum barrierefreien Bauen abbildet, und stellt ein begründetes, nachweisbares und konkretes Ergebnis zur festgelegten Leistungsphase (LPH) dar. Die vorausgegangene und je nach Auftrag nachfolgende Konzeption hingegen ist ein fließender Prozess, der die konzeptionelle Arbeitsphase bzw. die planungsbegleitende interdisziplinäre Entwicklung der objektkonkreten barrierefreien Lösung umfasst.

4.2 Mehrwert des Barrierefrei-Konzeptes

4.2.1 Einordnung im Planungsprozess

Durch die Einordnung des Barrierefrei-Konzeptes in die vorderen Leistungsphasen der Objektplanung entsteht der entscheidende Vorteil, dass von Anfang an eine transparente Planungsgrundlage geschaffen wird. Das Konzept bildet den „roten Faden", der sich durch den Planungsprozess zieht. Das bedeutet, Planer und Fachplaner wissen zu jeder Zeit, an welcher Stelle ihre Zuständigkeiten liegen, wie sich die Schnittstellen zwischen den Fachplanungen abbilden und welche Konsequenzen sich daraus auch in Bezug auf die Kosten ergeben. Eine frühzeitige Auseinandersetzung mit den kostentechnischen Aspekten der Barrierefreiheit trägt zudem dazu bei, das Budget in ausreichendem Maße festzulegen und Mehrkosten durch spätere stungen zu vermeiden. Das Barrierefrei-Konzept schafft hierzu die nötige Klarheit.

Durch die Dokumentation aller Festlegungen zum barrierefreien Bauen kann über den gesamten Verlauf der Planung eine konsistente Umsetzung der Barrierefreiheit sichergestellt werden. Auch bei Planerwechseln oder Projektübergaben an Generalübernehmer bleibt die konzeptionelle Herleitung der Barrierefreiheit durch die schriftliche und zeichnerische Darstellung nachvollziehbar. Eine Fortschreibung bzw. Nachverfolgung des Barrierefrei-Konzeptes bis zum Abschluss der Ausführung bringt zudem den Vorteil der Qualitätssicherung bis zur Gebäudeübergabe an den späteren Betreiber/Nutzer.

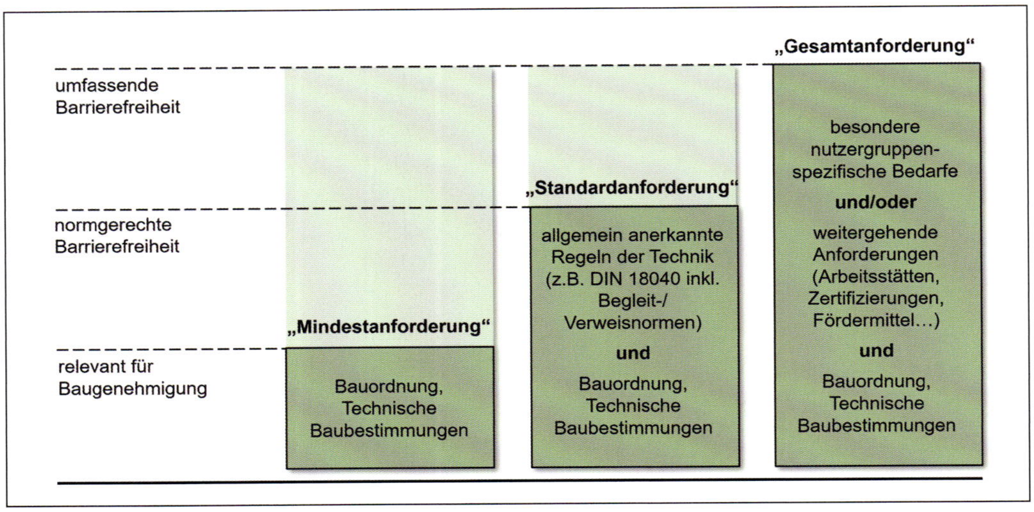

Abb. 4.2: Umfang der Barrierefreiheit

4.2.2 Grundlage für den barrierefreien Brandschutz

Darüber hinaus leistet das Barrierefrei-Konzept auch einen entscheidenden Beitrag an der Schnittstelle von Barrierefreiheit und Brandschutz, denn es bildet die Grundlage für die Entwicklung von barrierefreien Rettungsmöglichkeiten. Alle Maßnahmen und Lösungen, die zur Herstellung der Barrierefreiheit beitragen, werden unter zwei Gesichtspunkten betrachtet: Ihre Funktionalität wird sowohl für den Normalfall als auch für den Gefahrenfall beurteilt.

Das Ziel ist die Gewährleistung einer möglichst durchgängigen Mobilitätskette, die zur Selbstrettung von Personen mit motorischen und sensorischen Einschränkungen erforderlich ist. Das bedeutet, dass die Personen, die barrierefrei ins Gebäude hineinkommen, auch im Gefahrenfall dazu befähigt werden sollen, das Gebäude wieder selbstständig zu verlassen oder sich zumindest vorübergehend selbstständig in einen sicheren Bereich zu retten. Der Aufrechterhaltung dieser Mobilitätskette können konträre Schutzzielformulierungen aus Brandschutz und Barrierefreiheit entgegenstehen. Als Beispiel hierzu ist die Brandabschnittsbildung zu nennen, die unter anderem in Form von Brandschutztüren eine wirksame Barriere gegen Feuer und Rauch gewährleistet. Damit Brandschutztüren im Normalbetrieb des Gebäudes auch von Menschen mit Behinderungen genutzt werden können, sind sie z. B. mit einer geeigneten barrierefreien Türtechnik auszustatten. In Abhängigkeit von der Funktion und Position der Tür kommen hierzu Feststellanlagen, Freilauftürschließer, Automatikantriebe oder Türschließer mit hohem Wirkungsgrad infrage. Das Bauteil „Tür“ wird dabei ganzheitlich betrachtet, was bedeutet, dass die barrierefreie Bedienbarkeit nicht nur für den Normalfall, sondern auch für den Gefahrenfall erfüllt sein muss.

Alle Lösungen für den barrierefreien Brandschutz sind in der Planungsphase fachübergreifend und objektkonkret zu analysieren und zu beurteilen. Im Barrierefrei-Konzept werden diese interdisziplinären Lösungen dokumentiert und nachgewiesen. Das Barrierefrei-Konzept fungiert demnach als Ergänzung zum Brandschutzkonzept und schafft die Grundlage dafür, dass der barrierefreie Brandschutz in optimaler Weise funktionieren kann.

Das Barrierefrei-Konzept

- betrachtet das barrierefreie Bauen ganzheitlich in schriftlicher und zeichnerischer Form.
- dient als transparente Grundlage für alle Planungs- und Baubeteiligten und erleichtert so die Abstimmungen zum barrierefreien Bauen.
- stellt die Anforderungen der Barrierefreiheit und die dazugehörigen Lösungen objektkonkret dar.
- dokumentiert den Konsens und die gemeinsam getroffenen Festlegungen der Planungs- und Baubeteiligten.
- ermöglicht die Formulierung von Abweichungen und Kompensationsmaßnahmen und die Beschreibung alternativer Lösungen.
- dient als schlüssiger und prüffähiger Nachweis, dass sämtliche relevante Anforderungen der Barrierefreiheit eingehalten werden.
- kann zu unterschiedlichen Verwendungszwecken genutzt werden.
- bildet die Grundlage für den „barrierefreien" Brandschutz (barrierefreies Rettungskonzept) und fungiert als Ergänzung zum Brandschutzkonzept.

4.3 Betrachtungsumfänge von Barrierefrei-Konzepten

Ausschlaggebend für die Inhalte von Barrierefrei-Konzepten ist die jeweilige Bauaufgabe, die durch den Auftraggeber festgelegt wird. Die Bauaufgabe entscheidet über den Betrachtungsumfang der Barrierefreiheit und damit über die inhaltliche Tiefe des Konzeptes (siehe Abb. 4.2). Unterschieden wird in:

- „Mindestanforderung“ an die Barrierefreiheit
- „Standardanforderung“ an die Barrierefreiheit
- „Gesamtanforderung“ an die Barrierefreiheit

Dabei gilt: Je mehr baurechtliche und planungsrelevante Grundlagen für das Bauvorhaben greifen und je umfassender die daraus resultierenden Anforderungen an die Barrierefreiheit sind, desto komplexer und vielschichtiger gestaltet sich auch das Barrierefrei-Konzept.

Die „**Mindestanforderung**“ umfasst beispielsweise die Anforderungen, die sich aus der Bauordnung und den Technischen Baubestimmungen ergeben. Sie bilden in der Regel nur Teilaspekte der DIN 18040 ab oder bleiben quantitativ hinter den Forderungen der DIN 18040 zurück. Das resultiert daraus, dass weder in der Muster-Verwaltungsvorschrift Technische Baubestimmungen (MVV TB, Anlagen A 4.2/2 + 4.2/3) noch in den VV TB der Bundesländer die DIN 18040 vollumfänglich eingeführt ist.

Als „**Standardanforderung**“ wird eine normgerechte Barrierefreiheit bezeichnet. Diese umfasst in der Regel die Einhaltung der allgemein anerkannten Regeln der Technik zum Thema Barrierefreiheit und ergibt sich üblicherweise auf der Grundlage von privatrechtlichen Vereinbarungen, z. B. dem Werkvertrag zwischen Objektplaner und Auftraggeber. Hier ist nicht ausschließlich die DIN 18040 als einschlägiges Regelwerk zur Barrierefreiheit zu beachten, sondern bei Bedarf auch die Begleit- und Verweisnormen.
Bei bestimmten Sonderbauten können sich Anforderungen an eine erweiterte Barrierefreiheit ergeben, die über die DIN 18040 hinausgehen. Dieser Fall tritt unter anderem ein, wenn die betrachteten Nutzergruppen im Gebäude besondere nutzergruppenspezifische Bedarfe aufweisen. Als Beispiel sei hier eine Kita genannt, die zusätzlich zur barrierefreien Gestaltung für Erwachsene auch eine kindgerechte Barrierefreiheit erfordert.

Die sogenannte **„Gesamtanforderung“** hat eine umfassende und vollumfängliche Barrierefreiheit zum Ziel. Sie basiert auf zusätzlichen Vorgaben des Auftraggebers und geht stets mit einer erweiterten Betrachtung der rechtlichen Rahmenbedingungen oder besonderen nutzergruppenspezifischen Bedarfen einher. Hierzu gehören beispielsweise die ergänzende Betrachtung der barrierefreien Gestaltung von Arbeitsstätten, die Erfüllung der festgelegten Qualitätsstandards von Zertifizierungssystemen oder die weitergehenden Anforderungen, die zur Bewilligung von Fördermitteln erforderlich sind. Ein anderes Beispiel wäre die Betrachtung besonderer Schutzziele, wie die assistierte Nutzung, die zusätzlich zur selbstständigen Nutzung in Krankenhäusern und Pflegeheimen eine Rolle spielt.

4.4 Verwendungszwecke

In Abhängigkeit vom Betrachtungsumfang der Barrierefreiheit kann das Barrierefrei-Konzept zu unterschiedlichen Verwendungszwecken herangezogen werden:

- Bauvorlage
- Zertifizierungsverfahren
- Fördermittelbezug
- mehrstufige Verfahrensabläufe im Bundes-/Landesbau
- sonstige Nachweise zur Barrierefreiheit, z. B. für die Baudokumentation

Dementsprechend bestimmen sich auch die Leistungsphasen, in denen das Barrierefrei-Konzept erarbeitet und ggf. nachverfolgt wird. Manche Verwendungszwecke erfordern neben dem Nachweis der Planung der Barrierefreiheit auch einen Nachweis für die Umsetzung der Barrierefreiheit.

Soll ein Barrierefrei-Konzept gleichzeitig für mehrere Verwendungszwecke dienen, ist es entsprechend zu strukturieren. Dabei ist darauf zu achten, dass der jeweilig geltende Betrachtungsumfang einschließlich der relevanten Anforderungen an die Barrierefreiheit deutlich herausgestellt wird und dass die Abgrenzung, was in welchem Zusammenhang gilt, unmissverständlich ist. Da diese Vorgehensweise je nach Komplexität des Bauvorhabens für den Leser des Konzeptes unter Umständen nicht mehr nachvollziehbar sein kann, wird empfohlen, für jeden Verwendungszweck jeweils ein separates Barrierefrei-Konzept aufzustellen.

4.4.1 Bauvorlage

Im Genehmigungsverfahren dient das Barrierefrei-Konzept als Bauvorlage und bildet die bauordnungsrechtlichen Anforderungen an die Barrierefreiheit sowie deren Erfüllung in der Planung ab. Zu diesem Zweck sind zu Beginn der entwurfsbegleitenden Konzeption der Barrierefreiheit zunächst alle relevanten Anforderungen an die Barrierefreiheit zu ermitteln. Die Anforderungen ergeben sich in Abhängigkeit

- von der Gebäudenutzung (z. B. Wohngebäude, Beherbergungsstätten, Büro-/Verwaltungsgebäude, Verkaufsstätten, Museen und Ausstellungsgebäude, Schulen, Kitas, Krankenhäuser, Pflegeheime) sowie
- von den im Gebäude zu erwartenden Nutzergruppen (Personen mit Sehbehinderung und blinde Menschen, schwer hörende und gehörlose Personen, Menschen mit motorischen Einschränkungen und Rollstuhlnutzer).

Gemäß Bauordnungsrecht bestehen grundsätzlich Anforderungen an die Barrierefreiheit für

- Wohngebäude mit mehr als zwei Wohneinheiten (vgl. § 50 Abs. 1 MBO) und
- Teilbereiche von öffentlich zugänglichen Gebäuden mit Besucher-/Benutzerverkehr (vgl. § 50 Abs. 2 MBO)

Anforderungen an die barrierefreie Gestaltung von Arbeitsstätten ergeben sich hingegen nicht aus dem Baurecht, sondern sind einzig im Arbeitsstättenrecht verankert. Aufgrund des differenten rechtlichen Rahmens sind sie daher auch nicht Bestandteil der Bauvorlage.

Das Barrierefrei-Konzept als Bauvorlage bildet ausschließlich die Aspekte der Barrierefreiheit ab, die zur Erlangung der Baugenehmigung relevant sind, also die sogenannte „**Mindestanforderung**“ der Barrierefreiheit. Die Anforderungen an die Barrierefreiheit ergeben sich daher unmittelbar aus der Bauordnung und den untergesetzlichen Regelungen (z. B. Sonderbauvorschriften, Technische Baubestimmungen). Dementsprechend können sich im Vergleich zu den normativen Anforderungen der DIN 18040 Unterschiede im Hinblick auf den Umfang der Barrierefreiheit ergeben.

4.4.2 Zertifizierungsverfahren

Als weiterer Verwendungszweck ist die Anwendung im Zertifizierungsverfahren zu nennen. Üblicherweise wird für das Kriterium „Barrierefreiheit“ ab den höheren Qualitätsstufen ein detailliertes Gesamtkonzept zum barrierefreien Bauen gefordert. Dieses soll Auskunft geben über den Umfang der Barrierefreiheit sowie über die objektkonkrete Erfüllung der barrierefreien Schutzziele.

Grundsätzlich stellt das System einer Zertifizierung auf die Möglichkeit ab, über die baulichen Mindestanforderungen hinauszugehen und somit ein Gebäude mit besonderem Mehrwert in Sachen Nachhaltigkeit zu schaffen. Hierzu trägt unter anderem auch eine „Übererfüllung" der Barrierefreiheit bei, die sich in Qualität (z. B. Ausstattung) und Quantität (z. B. barrierefreie Mehrflächen) niederschlagen kann.

Entsprechend den zusätzlichen Anforderungen an die Barrierefreiheit, die sich aus den höheren Qualitätsstufen ergeben, hat das Gesamtkonzept auch einen erweiterten Betrachtungsumfang, der üblicherweise die **„Gesamtanforderung"** der Barrierefreiheit abbildet. Die Anforderungen an die Barrierefreiheit ergeben sich nicht mehr ausschließlich aus dem Baurecht, sondern können auch z. B. das Arbeitsstättenrecht oder andere Regelungen zur Barrierefreiheit umfassen. Für die Erstellung des Gesamtkonzeptes bedeutet dies in der Regel eine intensive Auseinandersetzung mit den unterschiedlichen Vorgaben zur Barrierefreiheit sowie eine dezidierte Abwägung des geeigneten Umfangs der Barrierefreiheit.

Nach Fertigstellung des Gebäudes ist in der Regel ein Formblatt zur Nachweisführung einzureichen, das die Planung und Umsetzung der Maßnahmen zur Barrierefreiheit durch Unterschrift des beauftragten Architekten oder eines Sachverständigen bzw. Fachplaners für Barrierefreies Bauen bestätigt. Die Erfahrung zeigt, dass für die höheren Qualitätsstufen die Unterschrift eines Fachexperten erwartet wird. Aufgrund der Komplexität eines solchen Gesamtkonzeptes zur Barrierefreiheit wird empfohlen, auch für die Umsetzung in der Planung sowie für die Erstellung des Konzeptes auf Fachleute zurückzugreifen, die nachweislich über Sachkunde im Bereich des barrierefreien Bauens verfügen.

4.4.3 Fördermittelbezug

Das Barrierefrei-Konzept eignet sich darüber hinaus auch im Zusammenhang mit der Förderung von Bauvorhaben. So ist beispielsweise im Zuge der Förderantragsstellung der Nachweis zu erbringen, dass sämtliche relevanten Anforderungen an die Barrierefreiheit in der Planung eingehalten wurden. Nicht selten formuliert der Fördermittelgeber eigene Förderungsvoraussetzungen, die abweichend oder zusätzlich zu den Anforderungen an die Barrierefreiheit aus dem Baurecht für eine positive Förderzusage zu erfüllen sind. Mitunter ergeben sich gegensätzliche Anforderungen an die Barrierefreiheit, deren Erfüllung dann plausibel im jeweiligen Kontext zu erläutern ist.

Da die Auszahlung von Fördergeldern in der Regel stufenweise nach Baufortschritt erfolgt, kann es vorkommen, dass nach Fertigstellung des Gebäude als Grundlage für die Schlusszahlung ein weiterer Nachweis für die tatsächliche Umsetzung der Barrierefreiheit gefordert wird. Dieser kann entweder eine Bestätigung des Barrierefrei-Konzeptes sein, dessen konsistente Umsetzung stichprobenhaft nachgewiesen wird; die Nachweisführung kann aber auch eine Fortschreibung des Barrierefrei-Konzeptes erforderlich machen, wenn sich während der Bauausführung Änderungen zum ursprünglichen Konzept ergeben haben. Eine entsprechende Dokumentation ist zur Sicherung des Förderanspruches geboten.

Aufgrund der zusätzlichen Planungsgrundlagen sowie der mehrstufigen Nachweisführung zur Barrierefreiheit, die zusätzlich zur Planung auch die Umsetzung einbezieht, handelt es sich bei geförderten Bauvorhaben stets um die **„Gesamtanforderung"** der Barrierefreiheit.

4.5 Fachplanung Barrierefreiheit und die Einbindung Beteiligter

Das Thema des barrierefreien Bauens ist nicht nur entwurfsrelevant, sondern hat auch Verzweigungen in viele baubegleitende Fachthemen und -disziplinen. Es kann daher ein Bauprojekt in unterschiedlicher Intensität durchdringen und eine vielschichtige Auseinandersetzung erfordern. Hieraus entsteht ein fachübergreifender kommunikativer Prozess, in den nicht nur Planungsbeteiligte, sondern auch Prüfinstanzen einzubinden sind.

Um die Belange des barrierefreien Bauens an den diversen Schnittstellen sowie im Hinblick auf die Wechselbeziehung zu anderen Bauthemen nicht aus den Augen zu verlieren, ist es zielführend, für die Barrierefreiheit eine eigene Fachplanung hinzuzuziehen. Ihre Aufgabe besteht nicht nur in der Konzepterstellung , sondern auch darin, in allen Phasen der Planung und der Ausführung für die Implementierung der Barrierefreiheit zu sorgen. Auf diese Weise wird sichergestellt, dass die barrierefreien Lösungen immer

- im entsprechenden baulichen Kontext,
- unter wirtschaftlichen Gesichtspunkten sowie
- im erforderlichen Umfang

zielgerichtet entwickelt, nachverfolgt und umgesetzt werden.

Die **Fachplanung Barrierefreiheit** versteht sich dabei als Mitwirkungsleistung, die eine enge Schnittstelle zur Objektplanung hat. Die zugrunde liegenden Teilleistungen wurden bereits vor einiger Zeit in der AHO-Schrift Nr. 40 „Planung der Barrierefreiheit – Erstellung von Barrierefrei-Konzepten" verankert (siehe Kapitel 7).

Die Einbindung vieler am Projekt Beteiligter, deren Fokus sich teilweise auf unterschiedliche Aspekte des Bauens und der Barrierefreiheit richtet, ist nicht immer einfach, sondern stellenweise herausfordernd. Treffen Baufachleute und Baulaien aufeinander, muss zunächst eine gemeinsame Diskussionsgrundlage geschaffen werden. Für Abstimmungsprozesse ist es wichtig, dass man „die gleiche Sprache" spricht.

Dennoch ist vor allem die Einbindung von Behindertenbeauftragten oder Interessenvertretungen von Menschen mit Behinderungen ein wichtiger Punkt, der den Grundgedanken von Inklusion und gleichberechtigter Teilhabe widerspiegelt: „Nichts über uns ohne uns". Bei Baumaßnahmen der öffentlichen Hand sind entsprechende Partizipationsveranstaltungen rechtlich geregelt und somit verbindlich.

Tabelle 4.1 bietet einen Überblick darüber, welche Aspekte zwischen der Fachplanung Barrierefreiheit und den am Bauprojekt Beteiligten abzustimmen sind. Die Auflistung

Tabelle 4.1: Übersicht über die Abstimmungen/Festlegungen zum barrierefreien Bauen, die im Zuge der Konzepterstellung zu treffen sind

Beteiligte	**erforderliche Abstimmungen/Festlegungen**
Bauherr, Nutzer	• Bereiche mit Anforderungen an Barrierefreiheit, z. B.: – Bereiche mit Publikumsverkehr – Bereiche der Arbeitsstätte ohne Publikumsverkehr • Nutzungskonzept, z. B. Zutrittsbeschränkungen und sicherheitsrelevante betriebliche Regelungen, z. B. für: – „behütete" Bereiche in Wohnheimen oder Fachkliniken – „halböffentliche" Bereiche mit Zugang unter bestimmten Voraussetzungen • zusätzliche Schutzziele, z. B.: – nicht selbstständige Nutzung bzw. Nutzung mit Hilfestellung – selbstständige und begleitete/beaufsichtigte Benutzung – Ausschluss einer Nutzergruppe oder Behinderungsart aufgrund der zweckentsprechenden Nutzung, z. B. selbstständige Nutzung einer Tiefgarage durch blinde Personen • Ausstattungsqualitäten (sofern nicht gesetzlich geregelt), z. B.: – in Bereichen mit wohnähnlicher Nutzung: B-Standard oder R-Standard, z. B. in Hotelzimmern oder Patientenzimmern – zusätzliche Ausstattungsqualitäten, sofern sie ergänzend oder abweichend von den gesetzlichen Anforderungen umzusetzen sind • angestrebte Qualitätsstufen/Ziele in Zertifizierungssystemen • Vereinbarungen mit Nutzer/Betreiber: – betrieblich organisatorische Maßnahmen zur Alarmierung und Rettung – individuelle Bedarfe gemäß Gefährdungsbeurteilungen
Bauaufsichtsbehörde	• Abweichungen von den Bauordnungen oder Technischen Baubestimmungen • Kompensationsmaßnahmen
Denkmalschutzbehörde, Denkmalfachbehörde	• barrierefreie Lösungen unter Berücksichtigung denkmalschutzrechtlicher Aspekte
Schwerbehindertenvertretung, Behindertenbeauftragte, Vertreter von Behindertenverbänden	• Vorstellung von barrierefreien Lösungsansätzen bzw. Barrierefrei-Konzepten (z. B. Partizipationsveranstaltungen) • Einbindung in die Entwicklung von barrierefreien Lösungen • Klärung besonderer betrieblicher Anforderungen an eine barrierefreie/behindertengerechte Gestaltung • Zielvereinbarungen zum barrierefreien Bauen oder zur Nachrüstung von Barrierefreiheit im Bestand
Objektplaner	• Abstimmung sämtlicher entwurfsrelevanter Aspekte der Barrierefreiheit, z. B.: – äußere Erschließung des Gebäudes – innere horizontale Erschließung der Geschossebenen – innere vertikale Erschließung der Geschossebenen – Grundzüge der barrierefreien Rettungsmöglichkeiten – Grundzüge der barrierefreien Orientierungsmöglichkeiten – Ausstattungsqualitäten
Fachplaner	• relevante Aspekte der Alarmierung und Rettung • relevante Aspekte der Sanitärtechnik • relevante Aspekte der Elektrotechnik und Beleuchtung • relevante Aspekte der Raumakustik • relevante Aspekte der Freianlagengestaltung
Fördermittelgeber	• Anforderungen der Förderungsbestimmungen • Umfang der barrierefreien Gestaltung
Auditoren von Zertifizierungssystemen	• Anforderungen der Zertifizierungssysteme • Umfang der barrierefreien Gestaltung

ist nicht abschließend; je nach Bauvorhaben können sich weitere Abstimmungsaspekte ergeben.

4.6 Konzeption der Barrierefreiheit

Um das Barrierefrei-Konzept als Planungsinstrument optimal einsetzen zu können, sollte mit der Konzeption der Barrierefreiheit so früh wie möglich begonnen werden, vorzugsweise in der Bedarfsbetrachtung, der sogenannten LPH 0 – spätestens jedoch in der Vorplanung (LPH 2). Die Konzeption erfolgt planungsbegleitend und wird in Abstimmung mit der Objektplanung sowie den relevanten Fachplanungen erarbeitet. Die Abstimmungsergebnisse werden in jeder Leistungsphase schriftlich und soweit erforderlich auch in Plänen dokumentiert. Aus diesen „Vorstufen" der Dokumentation entsteht zum Abschluss der Konzeption, üblicherweise in LPH 4, das Barrierefrei-Konzept. Die Nachverfolgung und Fortschreibung des Barrierefrei-Konzeptes in den LPH 5 und 8 dient darüber hinaus der konsistenten Umsetzung von Barrierefreiheit sowie der Qualitätssicherung bei der Bauausführung.

Die folgenden Abschnitte bilden die wesentlichen Schritte bei der Konzeption der Barrierefreiheit ab und beschreiben gleichzeitig die Grundzüge der zugrunde liegenden Fachplanungsleistung. Entsprechend erfolgt die Gliederung nach den Phasen des AHO-Leistungsbildes Nr. 40 „Planung der Barrierefreiheit – Erstellung von Barrierefrei-Konzepten".

Praxistipp: Leistungsbild und Honorare beim barrierefreien Bauen

Für die Fachplanungsleistung zur Barrierefreiheit, die die Konzeption der Barrierefreiheit mit dem Ziel der Erstellung eines Barrierefrei-Konzeptes umfasst, wurde durch den AHO die Schrift Nr. 40 entwickelt. Weitere Erläuterungen hierzu folgen in Kapitel 7.

4.6.1 Phase 1 (Vorleistungen, Grundlagenbearbeitung)

Zunächst ist die **Bauaufgabe** zu klären und festzulegen, in welchem Umfang Barrierefreiheit umgesetzt werden soll. Zu diesem Zweck werden alle relevanten gesetzlichen Anforderungen an die Barrierefreiheit ebenso wie werkvertragliche Anforderungen ermittelt. Dabei ist stets der Bezug zur Gebäudeart und -nutzung entscheidend. Darüber hinaus ist mit dem Auftraggeber zu klären, ob weitere oder ggf. andere Grundlagen für die Planung der Barrierefreiheit relevant sind, z. B. im Zusammenhang mit Zertifizierungsverfahren oder der Beantragung von Fördermitteln. In Ergänzung zu den gesetzlichen Vorgaben können auch sonstige individuelle Vorgaben zum Tragen kommen, die beispielsweise auf besonderen Wunsch des Auftraggebers zu berücksichtigen sind.

Die Bauaufgabe sowie die daraus resultierenden planungsrelevanten (gesetzlichen und werkvertraglichen) Anforderungen an die Barrierefreiheit bestimmen den sogenannten Betrachtungsumfang der Barrierefreiheit.

4.6.2 Phase 2 (Vorplanung)

Danach ist festzulegen, in welchen Bereichen des Gebäudes sich Anforderungen an eine barrierefreie Gestaltung ergeben, d. h., wie sich die **Anwendungsbereiche der Barrierefreiheit** gestalten. Beispielsweise sind die Bereiche festzulegen, die der Nutzung durch die Öffentlichkeit dienen und in denen mit Besucher- und/oder Benutzerverkehr zu rechnen ist. In Abgrenzung hierzu stehen die Bereiche, die als Arbeitsstätte oder zu Wohnzwecken dienen und die je nach Aufgabenstellung ebenfalls in den Betrachtungsumfang fallen. Die Anwendungsbereiche der Barrierefreiheit werden bereits in den ersten Konzept- oder Vorentwurfsplänen visualisiert und bilden so die Grundlage für die weiterführende Planung der Barrierefreiheit.

Sind die Anwendungsbereiche der Barrierefreiheit sowie die planungsrelevanten Grundlagen geklärt, werden im nächsten Schritt die **maßgeblichen Nutzergruppen** innerhalb der baulichen Anlage ermittelt. Damit einhergehend schließt sich die Frage nach den nutzergruppenspezifischen Bedarfen an: Können bestimmte Einschränkungsarten für Teilbereiche der baulichen Anlage ausgeschlossen werden oder ist eine umfassende Barrierefreiheit herzustellen? Wo im Gebäude halten sich welche Nutzergruppen auf?

Nach den Nutzergruppen richtet sich auch die **Schutzzielorientierung**. Die einschlägige Normenreihe DIN 18040 hat grundsätzlich das Ziel, Menschen mit Behinderungen dazu zu befähigen, selbstständig zu agieren. Bei manchen Gebäudenutzungen, z. B. in Kindertagesstätten oder Altenpflegeheimen, ändern sich die Schutzziele. So kann z. B. aus Gründen der Aufsichtspflicht oder der Assistenz das Schutzziel von einer selbstständigen Nutzung zu einer Nutzung mit Hilfestellung/Assistenz wechseln. Die Klärung dieser nutzergruppenbezogenen Angaben hat bereits Auswirkungen auf den konstruktiven Entwurf und ist daher zu Beginn jeder Konzeption umzusetzen. In diesem Stadium ist es auch zielführend, **Optimierungsmöglichkeiten** auszuloten. Es hat beispielsweise entscheidenden Einfluss auf die grundlegende Gebäudegestaltung, in welchen Geschossen die barrierefreien Anwendungsbereiche angeordnet werden. Wird die Kantine für Mitarbeiter z. B. im Dachgeschoss einer Arbeitsstätte angeordnet, ist die barrierefreie Erschließung über einen Aufzug erforderlich, obwohl sich das Büro des betroffenen Mitarbeiters ggf. im Erdgeschoss befindet und ein Aufzug daher entbehrlich wäre.

Ebenso kann das Thema **barrierefreie Rettungsmöglichkeiten** bereits in den ersten Leistungsphasen zu sehr unterschiedlichen Gebäudeentwürfen führen. Die Anordnung von Brandabschnitten und Aufzügen bildet die entscheidenden Voraussetzungen dafür, welche Rettungsmöglichkeiten später baulich zur Verfügung stehen. Ebenso ist die Planung der **äußeren Erschließung** durch den Freianlagenplaner maßgeblich dafür, welche Maßnahmen für eine barrierefreie Erschließung getroffen werden müssen. Bei schwierigen topografischen Verhältnissen kann beispielsweise die wohlüberlegte Positionierung des Haupteingangs darüber entscheiden, ob das Gebäude über eine flach geneigte Geländemodulation oder über eine aufwendige Rampen-/Treppenanlage barrierefrei erschlossen wird.

4.6.3 Phase 3 (Entwurfsplanung)

Die nächste Stufe der Konzeption befasst sich mit der Erarbeitung der **Grundzüge der barrierefreien Lösungen**. Um dem Anspruch einer ganzheitlichen barrierefreien Planung gerecht zu werden, kann es bei einigen baulichen Situationen von Vorteil sein, die barrierefreien Lösungen der Entwurfsphase weiter im Detail auszuarbeiten. Denn manche Aspekte der Barrierefreiheit treten erst in der Ausführungsplanung zutage, sind aber dennoch als Voraussetzung für eine barrierefreie Entwurfsplanung frühzeitig zu berücksichtigen.

Als prägnantes Beispiel wären hier die Treppenräume zu nennen: Um die Anteile der Verkehrsfläche so gering wie möglich zu halten, werden Treppenräume in der Regel platzsparend geplant. Damit im Zuge der Ausführungsplanung eine barrierefreie Handlaufgestaltung möglich ist und die Rettungswegbreiten nicht eingeschränkt werden, sind bestimmte geometrische Anforderungen zu berücksichtigen, z. B. die Ausbildung sogenannter „Blindstufen" am Treppenantritt sowie ausreichende Podestbreiten. Diese Aspekte sind somit entscheidend für die Dimensionierung der Treppenräume.

Die **Implementierung der Barrierefrei-Anforderungen** in die Planung ist Aufgabe des Entwurfsverfassers. Doch besteht hier eine wesentliche Schnittstelle zwischen der Barrierefrei-Fachplanung und der Objektplanung ebenso wie auch zu den relevanten Fachplanungen (z. B. TGA, Brandschutz, Freianlagen, vgl. Abb. 3.24). Die Fachplanung Barrierefreiheit hat in dieser Phase die Aufgabe, die Umsetzung der vorab festgelegten Parameter der Barrierefreiheit im Entwurf zu begleiten und zu überprüfen. Zu diesem Zweck erfolgen Überprüfungen der Vorentwurfs- und Entwurfsplanung, z. B. hinsichtlich der Einhaltung von Bewegungsflächen, Abständen, Greifhöhen und Bedienbarkeiten. Das Ergebnis wird an die Objekt-/Fachplaner zurückgespielt und fließt so in die Planung ein. In diesem Zusammenhang stellt sich in der Regel auch heraus, ob normative Abweichungen und gleichwertige Alternativlösungen zum Tragen kommen und entsprechende Kompensationsmaßnahmen entwickelt werden müssen.

Diese scheinbar simple Aufgabe ist ein wichtiger Meilenstein in jedem Planungsprozess, denn sie bringt die jeweiligen Objekt-/Fachplanungen mit der Barrierefrei-Fachplanung in Einklang. Im Hinblick auf das Gros an unterschiedlichen Anforderungen, die sich im Zusammenspiel aller an der Planung Beteiligten ergeben, gewährleistet dieser Schritt, dass bei der Umsetzung der Barrierefrei-Anforderungen nichts übersehen wird.

Nach erfolgtem Abgleich der Planungen ist der konzeptionelle Entwurf der Barrierefreiheit in der Regel abgeschlossen.

4.6.4 Phase 4 (Genehmigungsplanung)

Zum Abschluss der konzeptionellen Phasen zur Planung der Barrierefreiheit erfolgt die Dokumentation im Barrierefrei-Konzept. Der Betrachtungsumfang sowie der Verwendungszweck des Barrierefrei-Konzeptes sind dabei entscheidend für die Ausgestaltung und Form der schriftlichen Ausarbeitung bzw. des Erläuterungsberichtes.

Erläuterungsbericht des Barrierefrei-Konzeptes werden sämtliche barrierefreien Lösungen in einer Form beschrieben, dass sie nachvollziehbar und prüfbar sind. Die zur Herstellung der Barrierefreiheit im Vorfeld festgelegten Abweichungen mit Kompensationsmaßnahmen oder Sonderlösungen werden im Konzept schlüssig mit Bezug zum übergeordneten Schutzziel erläutert. Nur so kann die Gleichwertigkeit der jeweiligen Lösung zu den einschlägigen Normen und Richtlinien überprüft werden. Das ist die Voraussetzung für die Genehmigung der geplanten barrierefreien Umsetzung.

In Ergänzung zum Erläuterungsbericht bilden die **Barrierefrei-Pläne** die beschriebene Lösung zeichnerisch ab. Diese Pläne werden auf Grundlage der Genehmigungsplanung im Maßstab 1:100 erstellt. Grundsätzlich ist dieser Maßstab ausreichend, um alle relevanten Anforderungen der Barrierefreiheit grafisch darzustellen. In manchen Fällen kann es jedoch sinnvoll sein, Ausschnitte komplexer baulicher Situationen in einem größeren Maßstab abzubilden.

Da auch die Erstellung von **Brandschutzkonzepten** Teil der LPH 4 ist, empfiehlt es sich, die plangrafische Darstellung der barrierefreien Rettungsmöglichkeiten abzugleichen. Für die Nachvollziehbarkeit es ist wichtig, dass beide Konzepte diesbezüglich miteinander korrespondieren.

Das fertige Barrierefrei-Konzept, bestehend aus Konzepttext und Konzeptplänen, kann nun zu verschiedenen Verwendungszwecken herangezogen werden und z. B. als **Bauvorlage** im Genehmigungsverfahren fungieren.

4.6.5 Leitfragen „Konzeption Barrierefreiheit"

Die (nicht abschließende) Liste der Leitfragen aus Tabelle 4.2 kann als Grundlage für die planungsbegleitende Konzeption der Barrierefreiheit verwendet werden. Sie bildet beispielhafte Fragestellungen ab, die üblicherweise bei der konzeptionellen Herleitung sowie der interdisziplinären Lösungserarbeitung zu berücksichtigen sind. Bei der Anwendung ist davon auszugehen, dass jede Frage der Liste weitere Fragen aufwirft, die den betrachteten Sachverhalt und die sich daraus ergebenden planerischen Konsequenzen weiter konkretisieren. Für besondere bauliche und nutzungsbedingte Gegebenheiten können sich darüber hinaus weitere relevante Fragestellungen ergeben.

Tabelle 4.2: Leitfragen für die Konzeption der Barrierefreiheit

Leitfragen
☐ Welche gesetzlichen Anforderungen an die Barrierefreiheit bestehen aufgrund der Gebäudeart/-nutzung?
☐ Welche zusätzlichen Anforderungen an die Barrierefreiheit bestehen auf Grundlage werkvertraglicher Vereinbarungen mit dem Auftraggeber (z. B. Zertifizierungsverfahren, Fördermittel, individuelle Anforderungen)?
☐ In welchen Bereichen des Gebäudes bestehen Anforderungen an die Barrierefreiheit (Anwendungsbereiche der Barrierefreiheit)?
☐ Welche Personenkreise nutzen diese Bereiche (Besucher, Benutzer, Beschäftigte, Bewohner)?
☐ Mit welche Standardnutzergruppen nach DIN 18040 ist in der baulichen Anlage zu rechnen?
☐ Ist in der baulichen Anlage mit weiteren Nutzergruppen zu rechnen?
☐ Welche Bereiche werden von welchen Nutzergruppen genutzt?
☐ Welche nutzergruppenspezifischen Bedarfe ergeben sich innerhalb der barrierefreien Anwendungsbereiche (qualitative Bedarfe)?
☐ Welche quantitativen Bedarfe bestehen im Hinblick auf die Barrierefreiheit?
☐ Welche Schutzzielorientierung besteht für die betrachtete bauliche Anlage?
☐ Mit welchen baulichen und technischen Maßnahmen können die Schutzziele bzw. nutzergruppenspezifischen Bedarfe erfüllt werden? Wie sieht die barrierefreie Lösung im baulichen Kontext aus?
☐ Sind organisatorische Lösungen zur Umsetzung von Barrierefreiheit geplant? Wie sehen die Leistungsgrenzen des Betreibers aus?
☐ Welche Schnittstellen zu anderen Fachplanungen (z. B. TGA, Brandschutz, Freianlagenplanung) bestehen? Wie sieht die interdisziplinäre barrierefreie Lösung aus?
☐ Welche barrierefreie Rettungsstrategie im Hinblick auf Menschen mit Behinderungen soll im Gebäude verfolgt werden?
☐ Können die barrierefreien Lösungen normkonform bzw. gem. DIN 18040 erfüllt werden oder sind normative Abweichungen erforderlich?
☐ Kommen bauordnungsrechtliche Abweichungen/Ausnahmen zum Tragen (vgl. § 50 Abs. 4 MBO) und wie werden diese begründet?
☐ Welche normativen Abweichungen ergeben sich in der Planung und wie werden diese kompensiert?
☐ Sind die geplanten alternativen Lösungen zur Barrierefreiheit gleichwertig und zur Erfüllung der relevanten Schutzziele geeignet?
☐ Ist das Bauvorhaben ein Neubau oder handelt es sich um einen Umbau im Bestand?
☐ Bestehen funktionale Zusammenhänge im Hinblick auf die Barrierefreiheit zwischen den Umbaubereichen und den Bereichen, die nicht unmittelbar von der Baumaßnahme betroffen sind?
☐ Bestehen besondere Auflagen des Denkmalschutzes an das Gebäude?
☐ Wer ist an der Abstimmung der Barrierefreiheit zu beteiligen (z. B. kommunale Behindertenbeauftragte, betriebliche Schwerbehindertenvertretungen, Behindertenverbände)?
☐ Welchen Verwendungszweck soll das Barrierefrei-Konzept erfüllen?

4.7 Abgrenzung zwischen Erstellung von Barrierefrei-Konzepten und Planung der Barrierefreiheit

Zusammenfassend lässt sich festhalten, dass die Erstellung eines Barrierefrei-Konzeptes eine Aufgabe ist, die eine vertiefte Auseinandersetzung mit der Erstellungsmethode selbst sowie mit den zugrunde liegenden Merkmalen erfordert.

Um die Hauptzwecke der Dokumentation und Nachweisführung zu erfüllen, muss das Barrierefrei-Konzept nicht nur inhaltlich auf das betrachtete Bauvorhaben zugeschnitten sein, sondern auch eine bestimmte Form aufweisen. Die Konzepterstellung geht also über die reine Planung der Barrierefreiheit hinaus und hat ihren Schwerpunkt in der konzeptionellen Herleitung der objektkonkreten barrierefreien Lösung mit dem Ziel der stichhaltigen Bestätigung, dass alle relevanten Schutzziele in der Planung erfüllt werden. Das Barrierefrei-Konzept übersteigt somit die reine Beschreibung der Barrierefreiheit für ein Bauvorhaben bei Weitem. Dabei spielt es zunächst keine Rolle, welcher Betrachtungsumfang zugrunde liegt.

Um die nötige Differenzierung im Barrierefrei-Konzept vornehmen zu können, ist ein erweitertes Fachwissen zum Thema barrierefreies Bauen notwendig, weshalb Auftraggebern empfohlen wird, für die Konzepterstellung auf Planer mit entsprechender Qualifikation zurückzugreifen. Die Praxiserfahrung zeigt, dass sich durch die nötige Fachexpertise die Genehmigungsfähigkeit von Barrierefrei-Konzepten erhöht, vor allem im Umgang mit der stichhaltigen Begründung von normativen Abweichungen. Des Weiteren bietet sich dadurch für die Planung der Vorteil, auf gleichwertige alternative Lösungen zurückgreifen und die Bandbreite der barrierefreien Lösungsmöglichkeiten voll auszuschöpfen zu können. Besonders bei Bauaufgaben, deren Betrachtungsumfang die **„Standard"**- oder **„Gesamtanforderung"** der Barrierefreiheit umfasst, entsteht durch eine entsprechende Qualifikation ein deutlicher Mehrwert; aber auch Bauaufgaben mit einer **„Mindestanforderung"** können von diesem Potenzial profitieren.

4.8 Ausgestaltung und Form des Barrierefrei-Konzeptes

4.8.1 Erläuterungsbericht

Erläuterungsbericht hat die Funktion, die geplanten barrierefreien Lösungen schlüssig und eindeutig zu beschreiben. Er folgt einer sinnfälligen Struktur, die bei den prüfenden Instanzen den Wiedererkennungseffekt stärkt und im Allgemeinen zur Verständlichkeit der beschriebenen Inhalte beiträgt. Abb. 4.3 zeigt das Grundgerüst des Erläuterungsberichtes.

Hinsichtlich der Struktur hat es sich als praktikabel erwiesen, den Erläuterungsbericht so zu gestalten, dass er gemeinsam mit den Konzeptplänen als eigenständiges Dokument fungieren kann, das ohne zusätzliche Erläuterungen oder ergänzende Unterlagen auskommt. Das führt in der Konsequenz dazu, dass der Erläuterungsbericht eine Einführung mit folgenden Angaben enthält:

- Aufgabenstellung und Verwendungszweck
- Unterlagen, auf denen die Bewertung erfolgt
- relevante Bewertungsgrundlagen
- Beschreibung des Objektes

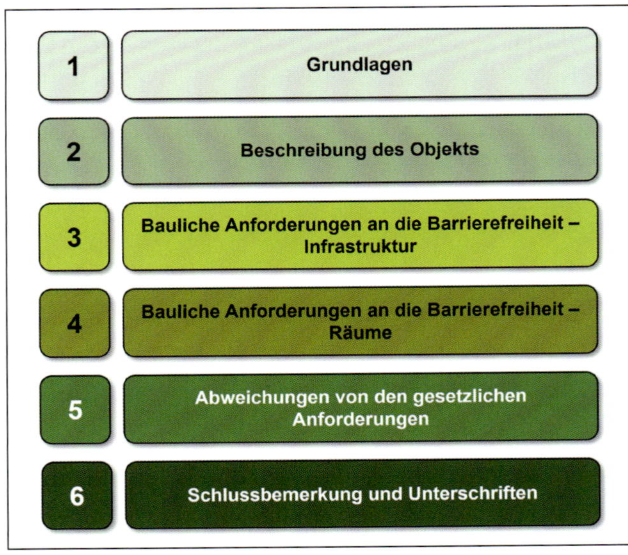

Abb. 4.3: Grundgerüst bzw. Gliederungspunkte des Erläuterungsberichtes

Für die **Gliederung** des Erläuterungsberichtes empfiehlt es sich, diese nach einer für das betrachtete Objekt sinnfälligen Reihenfolge zu wählen; z. B. kann die Beschreibung der barrierefreien Lösung in den Kapiteln 3 und 4 bauteilbezogen von außen nach innen und von unten nach oben erfolgen. Dies entspräche dem Weg, auf dem man ein Gebäude betritt, sich in diesem fortbewegt und es ggf. im Gefahrenfall wieder verlässt. Es sind aber auch andere Strukturierungen denkbar, je nachdem, was sich aus dem Entwurf und den Besonderheiten des Objektes ergibt.

Zudem sollte bei der Erstellung des Erläuterungsberichtes berücksichtigt werden, dass die Anwendungsbereiche, an die sich unterschiedliche Anforderungen an die Barrierefreiheit ergeben (z. B. öffentlich zugängliche Bereiche und Bereiche der Arbeitsstätte), getrennt voneinander beschrieben werden. So kann einer Vermischung von verschiedenen Anforderungen vorgebeugt und Klarheit über die jeweils geltenden Regelungen geschaffen werden.

Neben der inhaltlichen Gliederung ist auch die **Formulierung der Lösungsbeschreibung** von Bedeutung. Um den Nachweis der Barrierefreiheit zu führen, muss das Konzept den beabsichtigten Zustand der Umsetzung widerspiegeln. Der Erläuterungsbericht wird daher im Indikativ formuliert, nicht im Konjunktiv. Formulierungen wie „könnte" oder „sollte" sind ebenso wenig zielführend wie das einfache Zitieren von Anforderungen der DIN 18040 ohne Einbindung in den objektkonkreten baulichen Kontext. Gleiches gilt auch für die Darlegung von normativen Abweichungen und deren Kompensationsmaßnahmen. Hierbei ist es wichtig, dass die Gleichwertigkeit der alternativen Lösung sowie die Eignung zur Schutzzielerfüllung nachweisbar ist und z. B. im Genehmigungsverfahren vonseiten der Behörde geprüft werden kann.

Das Barrierefrei-Konzept leistet hier einen entscheidenden Beitrag, denn es bietet die Möglichkeit, den Tatbestand der Abweichung genau zu erläutern. Nur auf diese Weise kann eine situationsbedingte Betrachtung des baulichen Kontextes stattfinden sowie eine plausible und präzise Erklärung der barrierefreien Lösung erfolgen. Es bedarf also zwingend

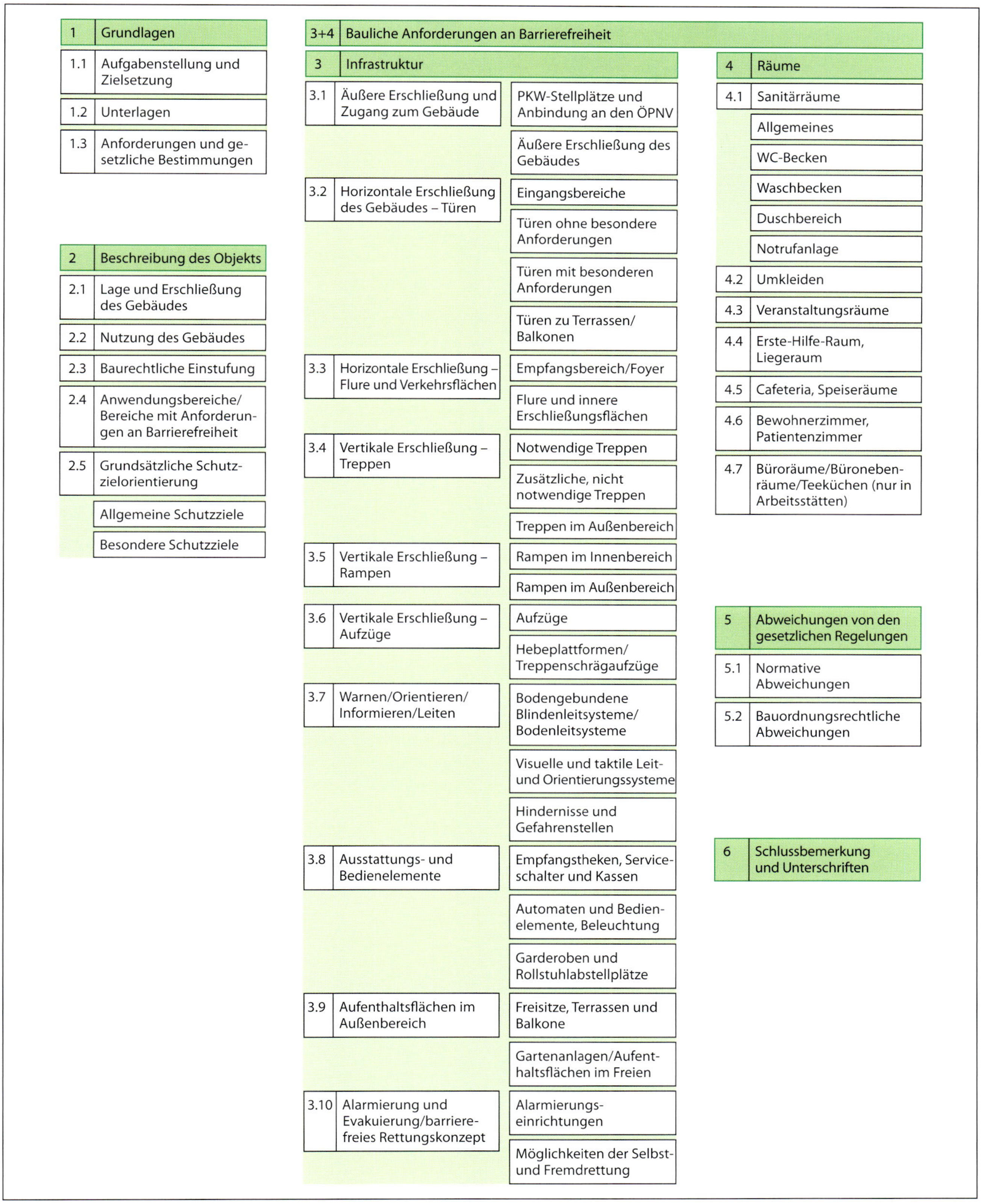

Abb. 4.4: Aufbau und Struktur des Erläuterungsberichtes, schematisch dargestellt

einer schriftlichen Erläuterung sowie einer plangrafischen Darstellung, um eindeutig nachzuweisen, dass die objektkonkrete, geplante Lösung zur Erfüllung des barrierefreien Schutzziels geeignet ist. Mithilfe einer starren Checkliste oder eines vorgefertigten Formblatts kann diese Aufgabe nicht in adäquater Art und Weise erledigt werden.

Die in Abb. 4.4 dargestellte Struktur entspricht dem Erläuterungsbericht eines Barrierefrei-Konzeptes, wie es beispielsweise für ein öffentlich zugängliches Gebäude zu erstellen wäre. Die Struktur lässt sich sinngemäß auf weitere Gebäudenutzungen sowie andere Verwendungszwecke übertragen.

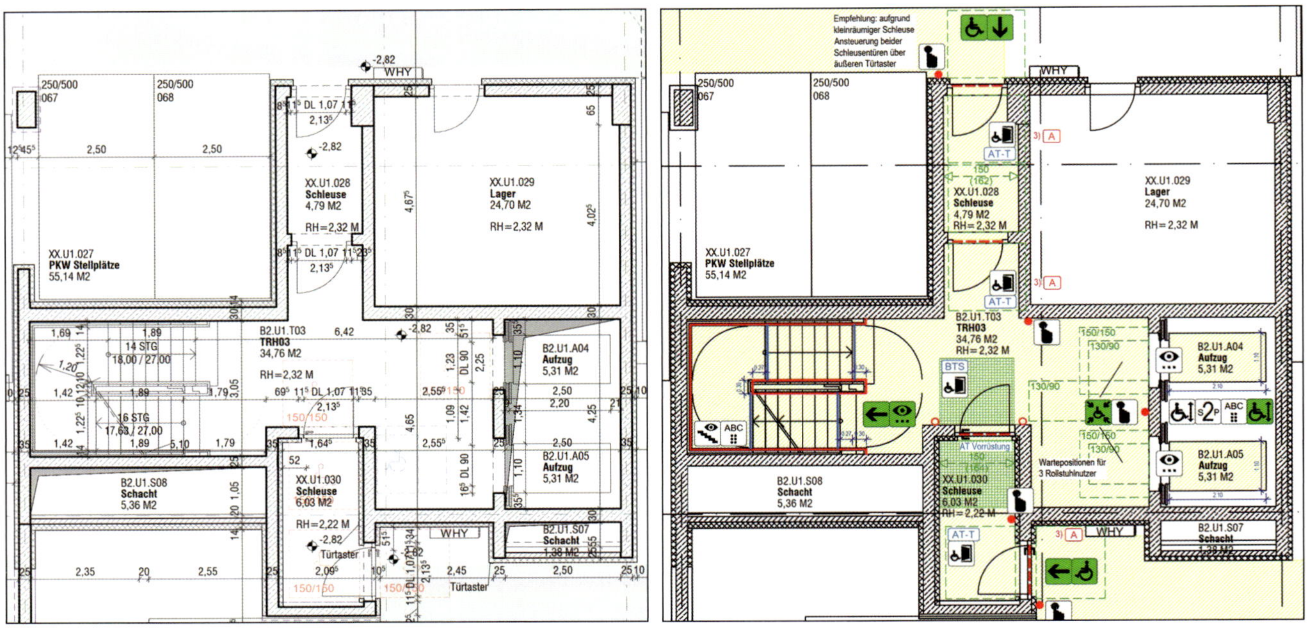

Abb. 4.5: (links) Ausschnitt Genehmigungsplan Architekt, (rechts) Ausschnitt Barrierefrei-Plan

4.8.2 Barrierefrei-Pläne

Barrierefrei-Pläne bilden zusammen mit der textlichen Erläuterung das Barrierefrei-Konzept, das in Wort und Bild die Grundlage für eine nachhaltige und barrierefreie Objektplanung schafft. In Kapitel 5 finden Sie ein Muster.

Die Erfahrung im Umgang mit Barrierefrei-Konzepten zeigt, dass es zielführend ist, die plangrafische Darstellung der barrierefreien Lösungen in separaten Plänen vorzunehmen. Denn eine vollständige und nachvollziehbare Darstellung der Barrierefreiheit führt je nach Bauvorhaben zu einer Fülle an plangrafischen Elementen, um die baulichen, technischen und ggf. organisatorischen Lösungen abzubilden. Dabei können Linien- und Flächengrafiken gleichermaßen zum Einsatz kommen wie Symbole und kurze Textanmerkungen. Werden diese Elemente zusätzlich zu den übrigen Angaben, die z. B. für eine Genehmigungsplanung erforderlich sind, in den Plänen abgebildet, geht dies häufig zulasten der Leserlichkeit und Verständlichkeit.

Abb. 4.5 zeigt links einen Planausschnitt mit den üblichen Eintragungen für das Genehmigungsverfahren und rechts einen Planausschnitt aus einem Barrierefrei-Plan. Im Genehmigungsplan hat der Architekt vereinzelt Bewegungsflächen für die Rollstuhlnutzung eingetragen. Der Vergleich macht deutlich, dass die Leserlichkeit dieser Barrierefrei-Angaben im Genehmigungsplan durch Überlagerung mit anderen Angaben kaum noch gegeben ist. Zudem ist nur ein Bruchteil der relevanten Barrierefrei-Angaben in die Genehmigungsplanung eingeflossen. Würden hier auch die übrigen erforderlichen Angaben zur Barrierefreiheit ergänzt werden, wäre der Plan nicht mehr verständlich.

Im Barrierefrei-Plan hingegen liegt der Fokus ausschließlich auf der eindeutigen und nachvollziehbaren Darstellung der barrierefreien Lösung. Zu diesem Zweck werden sämtliche andere Angaben, die nicht zum Verständnis der Barrierefreiheit erforderlich sind, ausgeblendet.

4.9 Struktur und Inhalt von Barrierefrei-Konzepten

Tabelle 4.3 bietet einen Überblick über die Struktur sowie die Inhalte, die sich in Abhängigkeit vom Betrachtungsumfang der Barrierefreiheit (vgl. Abschnitt 4.3) ergeben. Die planungsrelevanten Grundlagen stellen auf die Musterbauordnung sowie die Muster-Verwaltungsvorschrift Technische Baubestimmungen ab. In der Praxisanwendung sind diese Grundlagen jeweils durch die länderspezifischen zu ersetzen.

Tabelle 4.3: Struktur und Inhalte von Barrierefrei-Konzepten in Abhängigkeit vom Betrachtungsumfang der Barrierefreiheit

„Mindestanforderung"	**„Standardanforderung"**	**„Gesamtanforderung"**
Betrachtungsumfang der Barrierefreiheit		
Rechtlicher Rahmen		
• Baurecht (Regelbau + Sonderbau)	• Baurecht (Sonderbau)	• Baurecht (Regelbau + Sonderbau) und • andere rechtliche Rahmen: - Arbeitsstättenrecht - Inklusionsrecht - privatrechtliche Vereinbarungen mit AG
Gesetzlicher Umfang der Betrachtung		
• MBO § 50 Abs. 1 und/oder • MBO § 50 Abs. 2	• MBO § 50 Abs. 1 und/oder • MBO § 50 Abs. 2 und • MBO § 50 Abs. 3 • MBO § 51	• MBO § 50 und weitere Betrachtung, z. B. • Arbeitsstättenverordnung • BGG (Bundes-/Landesebene)
Zu beachtende untergesetzliche Regelungen		
• MVV TB, Anlage A 4.2/2 + A.2/3 und ggf. • Sonderbauverordnungen	• MVV TB, Anlage A 4.2/2 + A.2/3 und ggf. • Sonderbauverordnungen	• MVV TB, Anlage A 4.2/2 + A.2/3 und ggf. • Sonderbauverordnungen
Werkvertraglicher Umfang		
• keine zusätzlichen Vereinbarungen	• allgemein anerkannte Regeln der Technik (z. B. DIN 18040 Teil 1–3, DIN 32984, DIN 32986, DIN 32975, DIN EN 81-70, VDI 6000 Blatt 1–7)	• allgemein anerkannte Regeln der Technik (z. B. DIN 18040 Teil 1–3, DIN 32984, DIN 32986, DIN 32975, DIN EN 81-70, VDI 6000 Blatt 1–7) und ggf. • weitere allgemein anerkannte Regeln der Technik (z. B. ASR V3a.2, DGUV) • Anforderungen aus Zertifizierungssystemen (z. B. DGNB, BNB) • Anforderungen von Fördermittelgebern • Anforderungen aus Verfahrensabläufen für Bauaufgaben des Bundes/Landes • besondere Anforderungen des Auftraggebers (z. B. besonders umfangreiche Umsetzung der Barrierefreiheit)
Anwendungsbereiche der Barrierefreiheit		
• öffentlich zugängliche Bereiche • Wohngebäude	• öffentlich zugängliche Bereiche • Wohngebäude • Gebäude mit wohnähnlicher Nutzung	• öffentlich zugängliche Bereiche • Wohngebäude • Gebäude mit wohnähnlicher Nutzung • Arbeitsstätten
Exemplarische Gebäudenutzungen		
• Versammlungsstätte • Verkaufsstätte • Bürogebäude • Wohngebäude	• Kindertagesstätte • (Grund-)Schule • Förderschule • Betreuungseinrichtung für Kinder, alte und kranke Menschen • Pflegeheim • Tagespflege • Krankenhaus • medizinische Einrichtung	• alle Nutzungen

Tabelle 4.3: (Fortsetzung)

Betrachtete Nutzergruppen		
• Standardnutzergruppen nach DIN 18040	• Standardnutzergruppen nach DIN 18040 und • andere Nutzergruppen: - Kinder - alte und kranke Menschen - Menschen mit Assistenzbedarf	• Standardnutzergruppen nach DIN 18040 und/oder • andere Nutzergruppen: - Kinder - alte und kranke Menschen - Menschen mit Assistenzbedarf
Schutzzielorientierung		
• selbstständige Nutzung	• selbstständige Nutzung • assistierte Nutzung • Pflegenutzung	• selbstständige Nutzung • assistierte Nutzung • Pflegenutzung
• Betrachtung des Normalbetriebs • teilweise Betrachtung des Gefahrenfalls	• Betrachtung des Normalbetriebs und • Betrachtung des Gefahrenfalls	• Betrachtung des Normalbetriebs und • Betrachtung des Gefahrenfalls
Barrierefreies Rettungskonzept (Konzeption + Dokumentation)		
• Aussagen zu Alarmierung + Evakuierung gem. MVV TB, Anlage A 4.2/2	• Aussagen zu Alarmierung + Evakuierung gem. DIN 18040-1	• Aussagen zu Alarmierung + Evakuierung in Korrespondenz zur Brandschutzfachplanung
Umfang des Barrierefrei-Konzeptes		
• Dokumentation der Mindestanforderung	• Dokumentation der Standardanforderung	• Dokumentation der Gesamtanforderung
Typische Verwendungszwecke		
• Bauvorlage • Nachweis der Barrierefreiheit zum Abschluss der Entwurfsplanung • …		• Bauvorlage inkl. Betrachtung der barrierefreien Rettungsmöglichkeiten • Bauvorlage inkl. Betrachtung der Anforderungen an Arbeitsstätten • Fördermittelbeantragung + Nachweis Fördermittelverwendung • Nachweis Planung + Umsetzung Barrierefreiheit im Zertifizierungsverfahren • Entwurf + Nachweis Barrierefreiheit im Verfahrensablauf nach Bundes-/Landesbaurichtlinien
Ausgestaltung und Form		
• textliche Beschreibung der Barrierefreiheit und • zeichnerische Darstellung der Barrierefreiheit	• strukturierter Erläuterungsbericht zur Barrierefreiheit und • Darstellung in separaten Barrierefrei-Plänen	• strukturierter Erläuterungsbericht zur Barrierefreiheit und • Darstellung in separaten Barrierefrei-Plänen • und/oder • Abschlussbericht zum Nachweis der Umsetzung der Barrierefreiheit

4.10 Symbole und Plangrafiken in Barrierefrei-Plänen

4.10.1 Einführung

Die Art der Darstellung von Maßnahmen zur Barrierefreiheit ist bislang nicht verbindlich geregelt. Daher entscheiden jeweils die Personen, die die Pläne erstellen, wie und in welchem Umfang sie Piktogramme einsetzen. Fehlende Standards sorgen in der Praxis für Missverständnisse bzw. eine uneinheitliche Verwendung, was die Lesbarkeit und das Verständnis der Konzepte für alle Beteiligten erschwert. Die hier zur Verfügung gestellten Piktogramme bieten eine geeignete Möglichkeit, die Umsetzung der Barrierefreiheit in sogenannten Barrierefrei-Plänen zu visualisieren und sind als Vorschlag zur Anwendung zu verstehen. Sie setzen erstmals einen einheitlichen Standard und sorgen so für mehr Transparenz, Eindeutigkeit und Planungssicherheit.

Die Piktogramme wurden über mehrere Jahre stetig weiterentwickelt und haben sich in der praktischen Anwendung bewährt und etabliert. Es sei darauf hingewiesen, dass trotz der Vielzahl an detaillierten Piktogrammen, Barrierefrei-Pläne allein nicht selbsterklärend sind und stets einen begleitenden, schriftlichen Erläuterungsbericht zum eindeutigen Verständnis benötigen. Ein vollständiges Barrierefrei-Konzept besteht demnach immer aus dem schriftlichen Teil und den zugehörigen Barrierefrei-Plänen inklusive Legende.

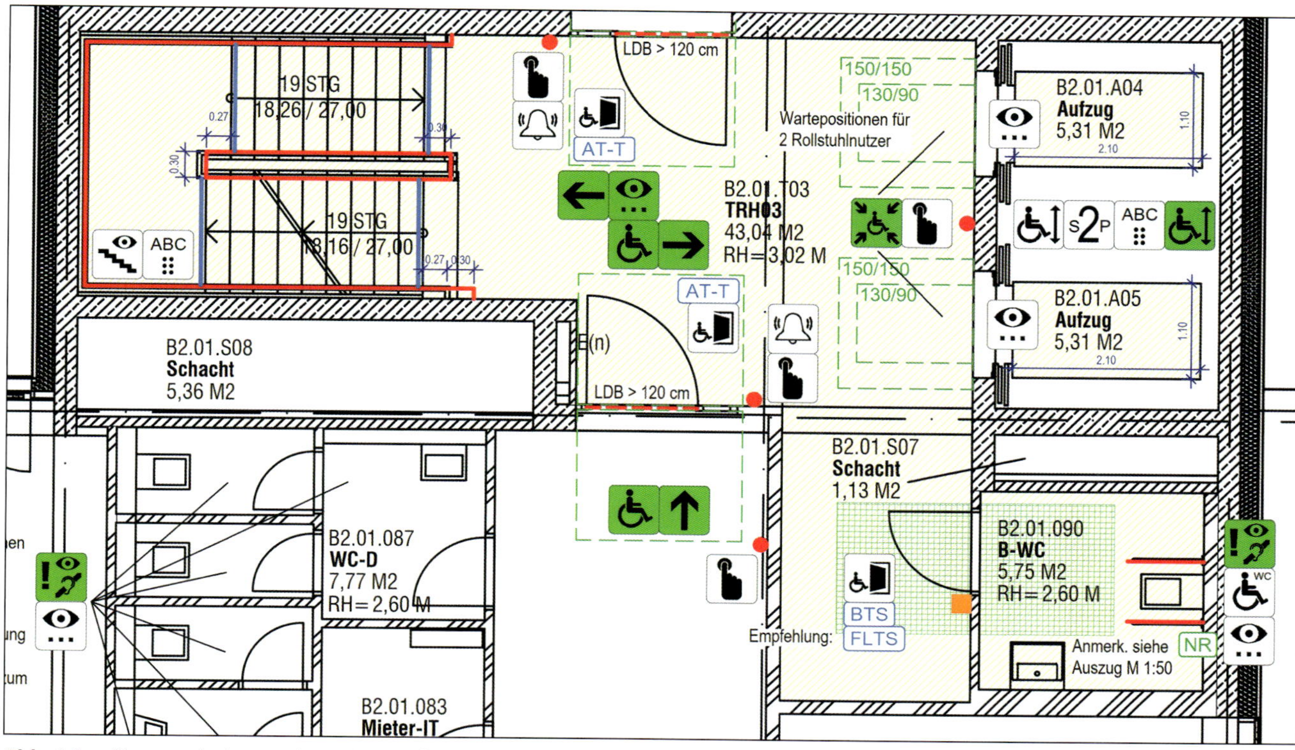

Abb. 4.6: Planausschnitt aus einem Barrierefrei-Plan mit Darstellung diverser Liniengrafiken, u. a. Handläufe und Stufenkantenmarkierungen an der Treppe, Bewegungsflächen vor Türen und Aufzügen, Glasmarkierungen an Türen

4.10.2 Erläuterung der Symbole für Barrierefrei-Pläne

Die Symbole zur Erstellung eines Barrierefrei-Plans lassen sich in **allgemeine Piktogramme** (weißer Hintergrund) und **Piktogramme mit Bezug zum Brandschutz** (grüner Hintergrund) gliedern. Analog zum Brandschutzkonzept werden mit ihrer Hilfe die barrierefreien Rettungswege und Notausgänge, die sicheren Bereiche für den Zwischenaufenthalt oder sonstige Einrichtungen und Maßnahmen zur Rettung gekennzeichnet. Wichtig ist, dass die Darstellung im Barrierefrei-Konzept/-Plan mit den Festlegungen im Brandschutzkonzept übereinstimmt und nicht von diesem abweicht. Eine Abstimmung mit den beteiligten Fachplanenden ist daher unerlässlich.

Für die Darstellung der Barrierefreiheit im Bestand stehen zudem Piktogramme zur Verfügung, die auf eine eingeschränkte oder reduzierte Barrierefreiheit hinweisen. Diese können beispielsweise verwendet werden, wenn eine DIN-konforme oder gleichwertige barrierefreie Lösung aufgrund baulicher Gegebenheiten nicht möglich ist (Piktogramme mit roten Balken). Beispielsweise würde eine bestehende Treppe, die zwar die geforderten beidseitigen Handläufe aufweist, jedoch die nach DIN 18040 geforderte Handlaufhöhe überschreitet, mit dem Piktogramm „Treppenanlage, eingeschränkt barrierefrei "gekennzeichnet.

4.10.3 Erläuterung der Symbole zur Bestandserfassung

Die Piktogramme können auch im Zuge von Bestandsanalysen eingesetzt werden. Mit ihrer Hilfe kann der bei der Bestandsaufnahme erfasste Ist-Zustand abgebildet und in einem sogenannten Defizit-Plan übersichtlich dargestellt werden. Zur Verfügung stehen dazu blaue und rote Piktogramme. Blau bedeutet, dass das gekennzeichnete Bauteil die Anforderungen an die Barrierefreiheit erfüllt; Rot bedeutet, dass die geltenden Anforderungen nicht erfüllt werden. Zudem besteht auch die Möglichkeit, eine „eingeschränkte" Barrierefreiheit abzubilden (blau mit rotem Balken). Analog zu den Piktogrammen für Barrierefrei-Pläne wird auch bei den Piktogrammen zur Bestandserfassung unterschieden zwischen den allgemeinen Anforderungen (weißer Hintergrund) und den Anforderungen mit Bezug zum Brandschutz (farbiger Hintergrund).

Oft werden im Zuge von Bestandsanalysen auch sogenannte **Maßnahmen-Pläne** erstellt, um den Nachbesserungsbedarf in Sachen Barrierefreiheit aufzuzeigen. Zur Darstellung dieser Nachrüstungen können die blauen Piktogramme („barrierefreie Anforderung wird erfüllt") mit den allgemeinen Piktogrammen (weißer Hintergrund) ergänzt werden. Diese kennzeichnen dann die jeweils geplanten Maßnahmen. Mit dieser Kombination lassen sich die vorhandene Barrierefreiheit im Gebäudebestand und die Barrierefreiheit, die erst durch Verbesserung der bestehenden Substanz hergestellt wird, eindeutig und übersichtlich in einem Maßnahmen-Plan abbilden.

4.10.4 Erläuterung zu den Liniengrafiken und Schraffuren

Flächige Schraffuren kennzeichnen die Anwendungsbereiche der Barrierefreiheit. Die Schraffuren werden daher nicht als punktuell platzierte Piktogramme verwendet, sondern in den erforderlichen Abmessungen über die relevanten Bereiche gelegt.

Ähnlich verhält es sich mit **Liniengrafiken**, z. B. zur Darstellung von barrierefreien Handläufen und Stufenkantenmarkierungen an Treppen oder von Glasmarkierungen und taktilen Absicherungen an Hindernissen (siehe Abb. 4.6).

Die Linien sind jeweils so zu positionieren und zu dimensionieren, dass die geplante Umsetzung der Barrierefreiheit in den Barrierefrei-Plänen genau ablesbar ist. Beispielsweise wird die Strich-Punkt-Linie zur Darstellung von Glasmarkierungen im Plan gezielt an den Glasflächen eingetragen, die entsprechend der Planung visuell stark kontrastierend gestaltet werden. Auch bei der gestrichelten blauen Linie für die Stufenkantenmarkierungen wird über die Positionierung dargestellt, ob diese an jeder Stufe geplant sind oder nur an der jeweils ersten und letzten Stufe eines Treppenlaufes.

Bei der Darstellung der **Bewegungsflächen an Türen** ist zu beachten, dass diese korrekt zu beiden Seiten der Tür angeordnet werden; hierzu ist die jeweilige Bewegungsfläche in ihren Abmessungen an die Türbreite anzupassen. Sie bildet bei einer barrierefreien Tür mit einem Rohbaumaß von 101 cm (LDB ≥ 90 cm) demnach die Mindestabmessung von 150 cm Breite und 120 cm bzw. 150 cm Tiefe ab. Dabei wird die Fläche so positioniert, dass sie den erforderlichen seitlichen Abstand zwischen Türgriff und seitlich begrenzendem Bauteil von mind. 50 cm einschließt. Wird die Tür entsprechend breiter geplant, muss die im Barrierefrei-Plan dargestellte Bewegungsfläche also „mitwachsen".

4.10.5 Anwendung der Symbole im Barrierefrei-Plan

Die Piktogramme werden im Barrierefrei-Plan gezielt an das jeweilige Bauteil gesetzt, für das die Anforderungen dargestellt werden sollen. Beispielsweise werden sämtliche Türen, die in der Planung für die Nutzung mit radgebundenen Hilfsmitteln ausgelegt werden müssen, mit dem entsprechenden Piktogramm gekennzeichnet. Zur Kennzeichnung aller relevanten Anforderungen kann es erforderlich sein, mehrere Piktogramme miteinander zu kombinieren. So kann z. B. das Piktogramm „Barrierefreier Zugang / Tür für Personen mit radgebundenen Hilfsmitteln (DIN 18040)" durch die Piktogramme für „Türtechnik: Freilauftürschließer" und die Liniengrafik „taktile Raumbeschilderung" ergänzt werden, um die gesamte Ausstattung der Tür im Barrierefrei-Plan eindeutig darzustellen.

Alle nachfolgenden Symbole stehen zum Download bereit unter: http://www.bfb-barrierefrei-bauen.de/bf-konzept-downloads-auflage-2

4.10.6 Symbole für Barrierefrei-Pläne (Konzept/Nachweis Barrierefreiheit)

4.10.6.1 Piktogramme Neubau

Nr.	Piktogramm	Titel	Kurzbezeichnung
001	BTS	Türtechnik: sog. „barrierefreier" Türschließer bzw. Türschließer mit hohem Wirkungsgrad (Bedienkraft max. 47 Nm)	001_BFP_PGN_BTS
002	FSA	Türtechnik: Feststellanlage	002_BFP_PGN_FSA
003	FLTS	Türtechnik: Freilauftürschließer	003_BFP_PGN_FLTS
004	AT	Türtechnik: Automatikantrieb	004_BFP_PGN_AT
005	AT-T/R	Türtechnik: Automatikantrieb mit Türtaster und Radarbewegungsmelder	005_BFP_PGN_AT-T-R
006	AT-T	Türtechnik: Automatikantrieb mit Türtaster	006_BFP_PGN_AT-T

Nr.	Piktogramm	Titel	Kurzbezeichnung
007	AT-R	Türtechnik: Automatikantrieb mit Radarbewegungsmelder	007_BFP_PGN_AT-R
008	NR	Notrufeinrichtung in barrierefreien Toiletten/Umkleiden	008_BFP_PGN_NR-WC
009	A	Hinweis auf Abweichung (von den allgemein anerkannten Regeln der Technik)	009_BFP_PGN_Abweichung
010		barrierefreie Rampe/geneigter Gehweg (DIN 18040)	010_BFP_PGN_Rampe
011		PKW-Stellplatz für Personen mit Behinderungen (DIN 18040)	011_BFP_PGN_Stellplatz
012		barrierefreier Zugang/Tür für Personen mit radgebundenen Hilfsmitteln (DIN 18040)	012_BFP_PGN_Tuer-Rollstuhl
013		barrierefreier Zugang/Tür für gehfähige Personen, LDB min. 90 cm (DIN 18040)	013_BFP_PGN_Tuer-gehfaehig-90
014		barrierefreier Zugang/Tür für gehfähige Personen, LDB min. 80 cm (DIN 18040-2 „B-Standard")	014_BFP_PGN_Tuer-gehfaehig-80
015		barrierefreie Treppenanlage (DIN 18040)	015_BFP_PGN_Treppe
016		barrierefreier Aufzug (DIN 18040, DIN EN 81-70)	016_BFP_PGN_Aufzug
017		Bedienelement an Türen/Aufzügen (inkl. Positionsangabe) ***Hinweis:*** *Der rote Punkt kennzeichnet die Position des Bedienelements und wird separat platziert.*	017_BFP_PGN_Bedienelement
018		barrierefreie Klingel-/Gegensprechanlage (DIN 18040)	018_BFP_PGN_Klingel

Nr.	Piktogramm	Titel	Kurzbezeichnung
019	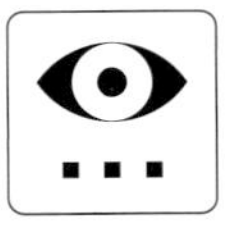	visuell kontrastierende und/oder taktil erfassbare Gestaltung (DIN 18040)	019_BFP_PGN_vk-te Gestaltung
020		Umsetzung des Zwei-Sinne-Prinzips (DIN 18040)	020_BFP_PGN_2-S-P
021	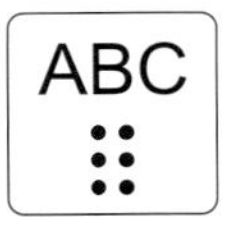	taktil erfassbare (Handlauf-)Beschriftung (DIN 32986)	021_BFP_PGN_te Beschriftung
022		barrierefreie Toilette (DIN 18040)	022_BFP_PGN_WC
023		Pflegebad/Pflegetoilette, assistierte Nutzung (erweitertes Schutzziel)	023_BFP_PGN_Pflege-WC
024		assistierte Nutzung (erweitertes Schutzziel)	024_BFP_PGN_assistierte Nutzung
025		barrierefreie Toilette, rechtsseitig anfahrbar (DIN 18040)	025_BFP_PGN_WC-R
026		barrierefreie Toilette, linksseitig anfahrbar (DIN 18040)	026_BFP_PGN_WC-L
027		Seniorentoilette, Toilette mit erhöhtem Raumangebot	027_BFP_PGN_Senioren-WC
028		barrierefreie Einheit (DIN 18040)	028_BFP_PGN_bf Einheit
029		Sitzplatz mit erhöhter Beinfreiheit für mobilitätseinge-schränkte/großwüchsige Personen	029_BFP_PGN_Sitzplatz-erhoehte Bein-freiheit
030		technische Höranlage (DIN 18041)	030_BFP_PGN_techn Hoeranlage

Nr.	Piktogramm	Titel	Kurzbezeichnung
031		technische Höranlage (DIN 18041): induktive Übertragung	031_BFP_PGN_techn Hoeranlage-Induktion
032		technische Höranlage (DIN 18041): Funk-Übertragung	032_BFP_PGN_techn Hoeranlage-Funk
033		technische Höranlage (DIN 18041): Infrarot-Übertragung	033_BFP_PGN_techn Hoeranlage-Infrarot
034		Informationspunkt im Leit- und Orientierungssystem	034_BFP_PGN_Info
035		erhöhte Anforderung an Beleuchtungsstärke (DIN EN 12464-1)	035_BFP_PGN_Beleuchtung
036		Verschattungselement	036_BFP_PGN_Verschattungselement
037		erhöhte Anforderung an Raumakustik: inklusive Nutzung (DIN 18041)	037_BFP_PGN_Raumakustik
038		geeignet für Rollatornutzung	038_BFP_PGN_Rollatornutzung
039		taktile Erfassbarkeit über Materialwechsel im Bodenbelag	039_BFP_PGN_tE-Materialwechsel
040		taktile Erfassbarkeit über bauliche Kante/„innere Leitlinie"	040_BFP_PGN_tE-bauliche Kante
041		überrollbare Entwässerungs-/Muldenrinne (DIN 18040)	041_BFP_PGN_Entwaesserungsrinne
042	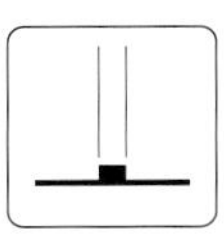	beidseitige Schwelle	042_BFP_PGN_beidseitige Schwelle

Nr.	Piktogramm	Titel	Kurzbezeichnung
043	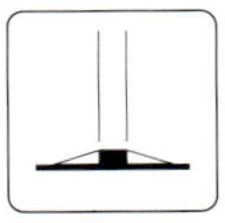	beidseitige Schwelle mit Anrampung	043_BFP_PGN_beidseitige Schwelle-Anrampung
044		einseitige Schwelle, Höhe max. 2 cm (Abweichung von DIN 18040)	044_BFP_PGN_einseitige Schwelle
045		Bodenbelag: Klasse der Rutschhemmung (R-Gruppe) R 10	045_BFP_PGN_R10
046		Bodenbelag: Klasse der Rutschhemmung (R-Gruppe) R 11	046_BFP_PGN_R11
047		Bodenbelag: Klasse der Rutschhemmung (R-Gruppe) R 12	047_BFP_PGN_R12
048		barrierefreie Alternative vorhanden	048_BFP_PGN_bf Alternative
049		Alarmierung nach dem Zwei-Sinne-Prinzip (DIN 18040-1)	049_BFP_PGN_Alarmierung
050		sicherer Bereich für den Zwischenaufenthalt (DIN 18040-1)	050_BFP_PGN_sicherer Bereich
051		barrierefreier Notausgang für mobilitätseingeschränkte Personen	051_BFP_PGN_NA-Einschraenkung Mobilitaet
052 + 054		barrierefreier Rettungsweg für mobilitätseingeschränkte Personen ***Hinweis:*** in Kombination mit Richtungspfeil je nach Fluchtrichtung	052_BFP_PGN_RW-Einschraenkung Mobilitaet 054_BFP_PGN_RW-Richtungspfeil
053 + 054		barrierefreier Rettungsweg für visuell einge- schränkte Personen ***Hinweis:*** *in Kombination mit Richtungspfeil je nach Fluchtrichtung*	053_BFP_PGN_RW-Einschraenkung visuell 054_BFP_PGN_RW-Richtungspfeil
054		Richtungspfeil ***Hinweis:*** *Verwendung ausschließlich in Kombination mit RW-Piktogrammen*	054_BFP_PGN_RW-Richtungspfeil

Nr.	Piktogramm	Titel	Kurzbezeichnung
055		Notrufeinrichtung in sicheren Bereichen ***Hinweis:*** *Der rote Punkt kennzeichnet die Position des Bedienelements und wird separat platziert.*	055_BFP_PGN_NR-sicherer Bereich
056		betrieblich organisatorische Maßnahme (Brandschutzordnung)	056_BFP_PGN_betr-org-Massnahme
057		Aufzug mit verlängertem Weiterbetrieb im Brandfall	057_BFP_PGN_Aufzug-Weiterbetrieb

4.10.6.2 Piktogramme Bestand

058		Rampe/geneigter Gehweg, eingeschränkt barrierefrei	058_BFP_PGB_Rampe
059		Zugang/Tür für Personen mit radgebundenen Hilfsmitteln, eingeschränkt barrierefrei	059_BFP_PGB_Tuer-Rollstuhl
060		Zugang/Tür für gehfähige Personen (LDB min. 90 cm), eingeschränkt barrierefrei	060_BFP_PGB_Tuer- gehfaehig-90
061	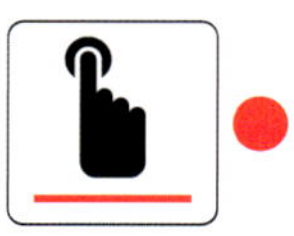	Bedienelement an Türen/Aufzügen, eingeschränkt barrierefrei ***Hinweis:*** *Der rote Punkt kennzeichnet die Position des Bedienelements und wird separat platziert.*	061_BFP_PGB_Bedienelement
062		Treppenanlage, eingeschränkt barrierefrei	062_BFP_PGB_Treppe
063		Aufzug, eingeschränkt barrierefrei	063_BFP_PGB_Aufzug
064		eingeschränkt barrierefrei für Rollstuhlnutzer	064_BFP_PGB_Rollstuhlnutzung
065		Toilette, eingeschränkt barrierefrei	065_BFP_PGB_WC

4.10.7 Symbole zur Bestandserfassung (Abbildung Ist-Zustand)

4.10.7.1 Piktogramme Bestand: Anforderungen erfüllt

Nr.	Piktogramm	Titel	Kurzbezeichnung
001		barrierefreie Rampe/geneigter Gehweg (DIN 18040)	001_BE_E_Rampe
002		PKW-Stellplatz für Personen mit Behinderungen (DIN 18040)	002_BE_E_Stellplatz
003		barrierefreier Zugang/Tür für Personen mit radgebundenen Hilfsmitteln (DIN 18040)	003_BE_E_Tuer-Rollstuhl
004		barrierefreier Zugang/Tür für gehfähige Personen, LDB min. 90 cm (DIN 18040)	004_BE_E_Tuer-gehfaehig-90
005		barrierefreier Zugang/Tür für gehfähige Personen, LDB min. 80 cm (DIN 18040-2 „B-Standard“)	005_BE_E_Tuer-gehfaehig-80
006		barrierefreie Treppenanlage (DIN 18040)	006_BE_E_Treppe
007		barrierefreier Aufzug (DIN 18040, DIN EN 81-70)	007_BE_E_Aufzug
008	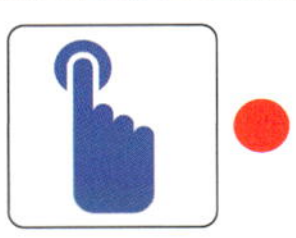	Bedienelement an Türen/Aufzügen (inkl. Positionsangabe) ***Hinweis:*** *Der rote Punkt kennzeichnet die Position des Bedienelements und wird separat platziert.*	008_BE_E_Bedienelement
009		barrierefreie Klingel-/Gegensprechanlage (DIN 18040)	009_BE_E_Klingel
010		visuell kontrastierende und/oder taktil erfassbare Gestaltung (DIN 18040)	010_BE_E_vk-te Gestaltung
011		Umsetzung des Zwei-Sinne-Prinzips (DIN 18040)	011_BE_E_2-S-P
012	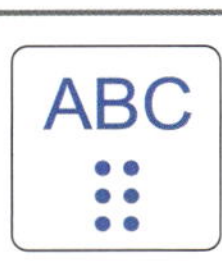	taktil erfassbare (Handlauf-)Beschriftung (DIN 32986)	012_BE_E_te Beschriftung

Nr.	Piktogramm	Titel	Kurzbezeichnung
013		barrierefreie Toilette (DIN 18040)	013_BE_E_WC
014		barrierefreie Toilette, linksseitig anfahrbar (DIN 18040)	014_BE_E_WC-L
015		barrierefreie Toilette, rechtsseitig anfahrbar (DIN 18040)	015_BE_E_WC-R
016		barrierefreie Einheit (DIN 18040)	016_BE_E_bf Einheit
017		technische Höranlage (DIN 18041)	017_BE_E_techn Hoeranlage
018		technische Höranlage (DIN 18041): induktive Übertragung	018_BE_E_techn Hoeranlage-Induktion
019		technische Höranlage (DIN 18041): Funk-Übertragung	019_BE_E_techn Hoeranlage-Funk
020		technische Höranlage (DIN 18041): Infrarot-Übertragung	020_BE_E_techn Hoeranlage-Infrarot
021		Informationspunkt im Leit- und Orientierungs- system	021_BE_E_Info
022		erhöhte Anforderung an Beleuchtungsstärke (DIN EN 12464-1)	022_BE_E_Beleuchtung
023		erhöhte Anforderung an Raumakustik: inklusive Nutzung (DIN 18041)	023_BE_E_Raumakustik
024		geeignet für Rollatornutzung	024_BE_E_Rollatornutzung

Nr.	Piktogramm	Titel	Kurzbezeichnung
025		taktile Erfassbarkeit über Materialwechsel im Bodenbelag	025_BE_E_tE-Materialwechsel
026	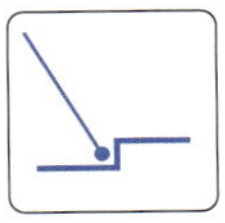	taktile Erfassbarkeit über bauliche Kante / „innere Leitlinie"	026_BE_E_tE-bauliche Kante
027		überrollbare Entwässerungs-/Muldenrinne (DIN 18040)	027_BE_E_Entwaesserungsrinne
028	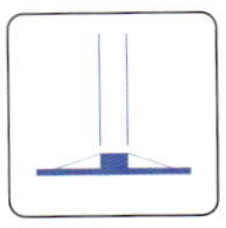	beidseitige Schwelle mit Anrampung	028_BE_E_beidseitige Schwelle-Anrampung
029	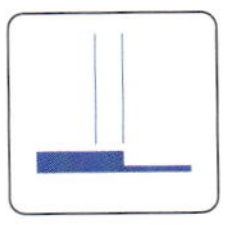	einseitige Schwelle, Höhe max. 2 cm (Abweichung von DIN 18040)	029_BE_E_einseitige Schwelle
030		Verschattungselement	030_BE_E_Verschattungselement
031		Alarmierung nach dem Zwei-Sinne-Prinzip (DIN 18040-1)	031_BE_E_Alarmierung
032		sicherer Bereich für den Zwischenaufenthalt (DIN 18040-1)	032_BE_E_sicherer Bereich
033		barrierefreier Notausgang für mobilitätseingeschränkte Personen	033_BE_E_NA-Einschraenkung Mobilitaet
034 + 036		barrierefreier Rettungsweg für mobilitätseingeschränkte Personen **Hinweis:** *in Kombination mit Richtungspfeil je nach Fluchtrichtung*	034_BE_E_RW-Einschraenkung Mobilitaet 036_BE_E_RW-Richtungspfeil
035 + 036		barrierefreier Rettungsweg für visuell eingeschränkte Personen **Hinweis:** *in Kombination mit Richtungspfeil je nach Fluchtrichtung*	035_BE_E_RW-Einschraenkung visuell 036_BE_E_RW-Richtungspfeil
036		Richtungspfeil **Hinweis:** *Verwendung ausschließlich in Kombination mit RW-Piktogrammen*	036_BE_E_RW-Richtungspfeil

Nr.	Piktogramm	Titel	Kurzbezeichnung
037		Notrufeinrichtung in sicheren Bereichen ***Hinweis:*** *Der rote Punkt kennzeichnet die Position des Bedienelements und wird separat platziert.*	037_BE_E_NR-sicherer Bereich
038		betrieblich organisatorische Maßnahme (Brandschutzordnung)	038_BE_E_betr-org- Massnahme
039		Aufzug mit verlängertem Weiterbetrieb im Brandfall	039_BE_E_Aufzug-Weiterbetrieb

4.10.7.2 Piktogramme Bestand: Anforderungen mit Einschränkung erfüllt

040		Rampe/geneigter Gehweg, eingeschränkt barrierefrei	040_BE_E_X_Rampe
041		Zugang/Tür für Personen mit radgebundenen Hilfsmitteln, eingeschränkt barrierefrei	041_BE_E_X_Tuer-Rollstuhl
042		Zugang/Tür für gehfähige Personen (LDB min. 90 cm), eingeschränkt barrierefrei	042_BE_E_X_Tuer-gehfaehig-90
043	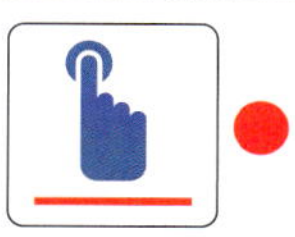	Bedienelement an Türen/Aufzügen, eingeschränkt barrierefrei ***Hinweis:*** *Der rote Punkt kennzeichnet die Position des Bedienelements und wird separat platziert.*	043_BE_E_X_Bedienelement
044	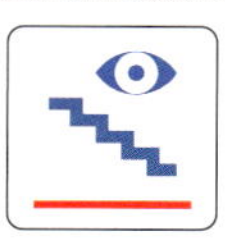	Treppenanlage, eingeschränkt barrierefrei	044_BE_E_X_Treppe
045		Aufzug, eingeschränkt barrierefrei	045_BE_E_X_Aufzug
046		eingeschränkt barrierefrei für Rollstuhlnutzer	046_BE_E_X_Rollstuhlnutzung
047		Toilette, eingeschränkt barrierefrei	047_BE_E_X_WC

4.10.7.3 Piktogramme Bestand: Anforderungen nicht erfüllt

Nr.	Piktogramm	Titel	Kurzbezeichnung
048		Rampe/geneigter Gehweg (DIN 18040)	048_BE_NE_Rampe
049		PKW-Stellplatz für Personen mit Behinderungen (DIN 18040)	049_BE_NE_Stellplatz
050		barrierefreier Zugang/Tür für Personen mit radgebundenen Hilfsmitteln (DIN 18040)	050_BE_NE_Tuer-Rollstuhl
051		barrierefreier Zugang/Tür für gehfähige Personen, LDB min. 90 cm (DIN 18040)	051_BE_NE_Tuer-gehfaehig-90
052		barrierefreier Zugang/Tür für gehfähige Personen, LDB min. 80 cm (DIN 18040-2 „B-Standard")	052_BE_NE_Tuer-gehfaehig-80
053		barrierefreie Treppenanlage (DIN 18040)	053_BE_NE_Treppe
054		barrierefreier Aufzug (DIN 18040, DIN EN 81-70)	054_BE_NE_Aufzug
055	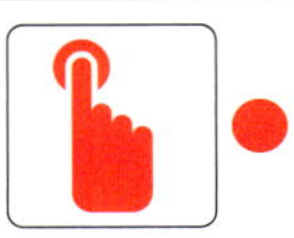	Bedienelement an Türen/Aufzügen (inkl. Positionsangabe) ***Hinweis:*** *Der rote Punkt kennzeichnet die Position des Bedienelements und wird separat platziert.*	055_BE_NE_Bedienelement
056		barrierefreie Klingel-/Gegensprechanlage (DIN 18040)	056_BE_NE_Klingel
057		visuell kontrastierende und/oder taktil erfassbare Gestaltung (DIN 18040)	057_BE_NE_vk-te Gestaltung
058		Umsetzung des Zwei-Sinne-Prinzips (DIN 18040)	058_BE_NE_2-S-P
059	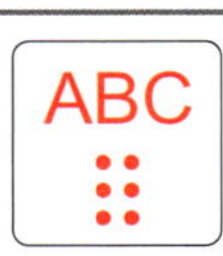	taktil erfassbare (Handlauf-)Beschriftung (DIN 32986)	059_BE_NE_te Beschriftung
060		barrierefreie Toilette (DIN 18040)	060_BE_NE_WC

Nr.	Piktogramm	Titel	Kurzbezeichnung
061		barrierefreie Toilette, rechtsseitig anfahrbar (DIN 18040)	061_BE_NE_WC-R
062		barrierefreie Toilette, linksseitig anfahrbar (DIN 18040)	062_BE_NE_WC-L
063		barrierefreie Einheit (DIN 18040)	063_BE_NE_bf Einheit
064		technische Höranlage (DIN 18041)	064_BE_NE_techn Hoeranlage
065		Informationspunkt im Leit- und Orientierungssystem	065_BE_NE_Info
066		Verschattungselement	066_BE_NE_Verschattungs- element
067		taktile Erfassbarkeit über Materialwechsel im Bodenbelag	067_BE_NE_tE-Materialwechsel
068	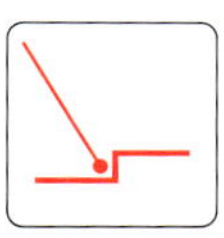	taktile Erfassbarkeit über bauliche Kante bzw. „innere Leitlinie"	068_BE_NE_tE-bauliche Kante
069	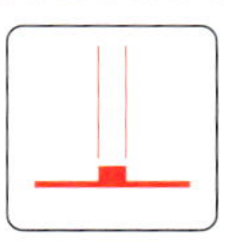	beidseitige Schwelle	069_BE_NE_beidseitige Schwel-le
070		Alarmierung nach dem Zwei-Sinne-Prinzip (DIN 18040-1)	070_BE_NE_Alarmierung
071		sicherer Bereich für den Zwischenaufenthalt (DIN 18040-1)	071_BE_NE_sicherer Bereich
072		barrierefreier Notausgang für mobilitätseingeschränkte Personen	072_BE_NE_NA-Einschraenkung Mobilitaet
073		Notrufeinrichtung in sicheren Bereichen ***Hinweis:*** *Der rote Punkt kennzeichnet die Position des Bedienelements und wird separat platziert.*	073_BE_NE_NR-sicherer Bereich

4.10.8 Liniengrafiken und Schraffuren

4.10.8.1 Schraffuren Anwendungsbereiche

Nr.	Piktogramm	Titel	Kurzbezeichnung
001		Anwendungsbereich Barrierefreiheit: Publikumsverkehr	Hinweis: Bitte wählen Sie eine geeignete Schraffur in Ihrem jeweiligen Grafikprogramm aus.
002		Anwendungsbereich Barrierefreiheit: Benutzerverkehr	
003		Anwendungsbereich Barrierefreiheit: assistierte Nutzung/ keine selbstständige Nutzung/Pflegenutzung	
004		Anwendungsbereich Barrierefreiheit: Infrastruktur/Erschließungsflächen	
005		Anwendungsbereich Barrierefreiheit: ausschließliche Nutzung im Fluchtfall (Fluchtweg)	
006		Anwendungsbereich Barrierefreiheit: Arbeitsstätte	
007		Anwendungsbereich Barrierefreiheit: barrierefrei nutzbare Wohnung („B-Standard")	
008		Anwendungsbereich Barrierefreiheit: barrierefrei und uneingeschränkt mit dem Rollstuhl nutzbare Wohnung („R-Standard")	
009		kein Anwendungsbereich Barrierefreiheit	

4.10.8.2 Liniengrafiken für Bewegungsflächen und Durchgangsbreiten

Nr.	Piktogramm	Titel	Kurzbezeichnung
001	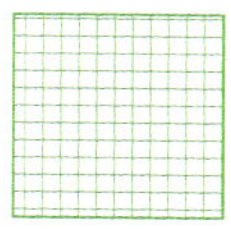	Bewegungsfläche im Bereich von Türen – manuelle Türbedienung im Normalfall (DIN 18040)	001_BFP_LG_BWF-man Türbedienung-normal
002	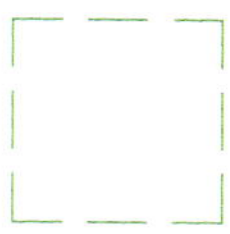	Bewegungsfläche im Bereich von Türen – manuelle Türbedienung im Bedarfsfall (DIN 18040)	002_BFP_LG_BWF-man Türbedienung-Bedarf
003	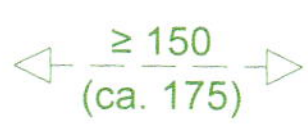	Durchgangsbreite von Verkehrsflächen: Soll-/Ist-Maß (DIN 18040)	003_BFP_LG_Durchgangsbreite
004		Bewegungsfläche 120 x 120 cm (DIN 18040-2)	004_BFP_LG_BWF 120-120
005	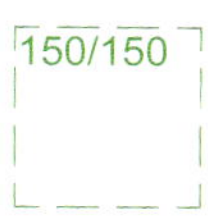	Bewegungsfläche 150 x 150 cm (DIN 18040)	005_BFP_LG_BWF 150-150
006		Begegnungsfläche 180 x 180 cm (DIN 18040)	006_BFP_LG_BGF 180-180
007		Warteposition 90 x 130 cm	007_BFP_LG_Warteposition 90-130

4.10.8.3 Liniengrafiken für Leitsysteme, Kennzeichnung von Hindernissen und Stufenkanten

Nr.	Piktogramm	Titel	Kurzbezeichnung
001		taktile Raumbeschilderung (DIN 18040)	Hinweis: Bitte wählen Sie eine geeignete Linienart oder Schraffur in Ihrem jeweiligen Grafikprogramm aus.
002		Bodengebundene Orientierungshilfe ***Hinweis:*** *schematische Darstellung der Anbindungspunkte*	
003		Leitstreifen: Element des Bodenleitsystems (DIN 32984)	
004		Auffindestreifen: Element des Bodenleitsystems (DIN 32984)	
005		Aufmerksamkeits-/Abzweigefeld: Element des Bodenleitsystems (DIN 32984)	
006		taktil erfassbares Feld an Treppen (DIN 18040-1)	
007	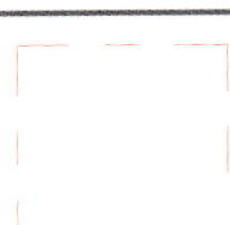	Sicherheitsmarkierungen an Glasscheiben/ Hindernissen (DIN 18040-1)	
008	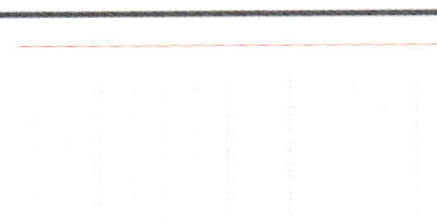	barrierefreier Handlauf (DIN 18040)	
009		Stufenmarkierungen (DIN 18040)	

5 Muster-Barrierefrei-Konzept

Im Folgenden ist ein Muster-Konzept abgedruckt, das eine Vorlage dafür liefert, wie Planer ihr Barrierefrei-Konzept in der Praxis gestalten können. Die Nummerierung im Dokument beginnt daher bei 1 und bezieht sich auf die Gliederung aus Abb. 4.5 in Kapitel 4. Die Texte in eckigen Klammern sind Anregungen, was bei den jeweiligen Gliederungspunkten zu berücksichtigen ist und was objektspezifisch geprüft und aufgeführt werden sollte. Die Abbildungen sind lediglich Beispiele für barrierefreie Gestaltungen der jeweils vorgestellten Bereiche, keine Vorgaben. Auch ist es natürlich erlaubt, für das Objekt, das man plant, von der hier gezeigten Gliederung abzuweichen.

1 Grundlagen

1.1 Aufgabenstellung und Zielsetzung

1.2 Unterlagen

[Auflistung der Unterlagen, die als Grundlage für die Konzept-Erstellung dienen oder auf die im Konzept Bezug genommen wird:]

- Planunterlagen (Grundrisse, Schnitte, Ansichten)
- Brandschutzkonzept
- sonstige schriftliche Vereinbarungen zur Umsetzung von Barrierefreiheit, z. B. Zielvereinbarungen, Gefährdungsbeurteilungen in Arbeitsstätten

1.3 Anforderungen und gesetzliche Bestimmungen

[Auflistung der öffentlich-rechtlichen und privatrechtlichen Grundlagen, die für das barrierefreie Bauen beim konkreten Bauvorhaben/Objekt relevant sind, z. B.:]

- Landesbauordnung
- Verwaltungsvorschrift Technische Baubestimmungen
- Sonderbauverordnungen
- Arbeitsstättenverordnung vom 12.08.2004, zuletzt geändert am 27.03.2024
- Behindertengleichstellungsgesetz vom 27.04.2002, zuletzt geändert am 23.05.2022
- DIN 18040-1:2010-10 Barrierefreies Bauen – Planungsgrundlagen, Teil 1: Öffentlich zugängliche Gebäude, in der Fassung von Oktober 2010
- DIN 18040-2:2011-09 Barrierefreies Bauen – Planungsgrundlagen, Teil 2: Wohnungen
- DIN 18040-3:2014-12 Barrierefreies Bauen – Planungsgrundlagen, Teil 3: Öffentlicher Verkehrs- und Freiraum
- DIN EN 81-70:2005-09 Sicherheitsregeln für die Konstruktion und den Einbau von Aufzügen – Besondere Anwendungen für Personen- und Lastenaufzüge – Teil 70: Zugänglichkeit von Aufzügen für Personen einschließlich Personen mit Behinderungen (nur gültig für die Verweise aus DIN 18040-1, Abschnitt 4.3.5 und DIN 18040-2, Abschnitt 4.3.5)
- DIN EN 81-70:2022-12 Sicherheitsregeln für die Konstruktion und den Einbau von Aufzügen – Besondere Anwendungen für Personen- und Lastenaufzüge – Teil 70: Zugänglichkeit von Aufzügen für Personen einschließlich Personen mit Behinderungen
- DIN 32984:2023-04 Bodenindikatoren im öffentlichen Raum
- DIN 32986:2019-06 Taktile Schriften und Beschriftungen – Anforderungen an die Darstellung und Anbringung von Braille- und erhabener Profilschrift
- Entwurf DIN EN 18156:2025-02 Taktile Schriften – Anforderungen an die Darstellung und An-bringung von Braille- und erhabener Profilschrift
- DIN 32975:2009-12 Gestaltung visueller Informationen im öffentlichen Raum zur barrierefrei-en Nutzung
- VDI 6008 Blatt 1:2012-12 Barrierefreie Lebensräume – Allgemeine Anforderungen und Planungsgrundlagen
- Entwurf VDI 6008 Blatt 1:2025-01 Barrierefreie Lebensräume – Allgemeine Anforderungen und Planungsgrundlagen
- VDI 6008 Blatt 2:2012-12 Barrierefreie Lebensräume – Möglichkeiten der Sanitärtechnik
- VDI 6008 Blatt 3:2014-01 Barrierefreie Lebensräume – Möglichkeiten der Elektrotechnik
- VDI 6008 Blatt 4:2017-11 Barrierefreie Lebensräume – Möglichkeiten der Aufzugs- und Hebetechnik
- VDI 6008 Blatt 5:2021-02 Barrierefreie Lebensräume – Möglichkeiten der Ausführung von Türen und Toren
- VDI 6008 Blatt 6:2021-07 Barrierefreie Lebensräume – Bildzeichen und bildhaft verwendete Schriftzeichen
- ASR V3a.2 Barrierefreie Gestaltung von Arbeitsstätten, in der Fassung von August 2012, zuletzt geändert im Mai 2025
- Wohnraumförderungsbestimmungen
- Kriterienkataloge von Zertifizierungssystemen
- […]

2 Beschreibung des Objekts

2.1 Lage und Erschließung des Gebäudes

[Erläuterung des Bauvorhabens/der Gegebenheiten unter Berücksichtigung folgender Aspekte:]

- *[Anbindung an den ÖPNV]*
- *[Übergangsbereiche vom Grundstück zum öffentlichen Verkehrsraum]*
- *[topografische Gegebenheiten]*
- *[…]*

2.2 Nutzung des Gebäudes

[Erläuterung des Bauvorhabens/der Gegebenheiten unter Berücksichtigung folgender Aspekte:]

- *[Angaben zum Gebäude]*
- *[zweckentsprechende Nutzung, z. B. öffentlich zugängliches Gebäude/Teilbereiche, Arbeitsstätte, Wohnen/wohnähnliche Nutzung, Mischformen]*
- *[vorhandene Zugangsbeschränkungen innerhalb des Gebäudes/Teilbereiches, Öffnungszeiten]*
- *[…]*

2.3 Baurechtliche Einstufung

[baurechtliche Einstufung des Gebäudes entsprechend seiner Nutzung, z. B. öffentlich zugängliches Gebäude, Wohngebäude, Sonderbau …]

2.4 Anwendungsbereiche/Bereiche mit Anforderungen an Barrierefreiheit

[Beschreibung der Bereiche, für die Anforderungen an eine barrierefreie Gestaltung bestehen, z. B.:]

- *[gemäß Landesbauordnung/Sonderbauverordnung:]*
  - *[öffentlich zugängliche Bereiche]*
  - *[Bereiche mit Wohnnutzung]*
  - *[Nutzungsbereiche für besondere Personengruppen, z. B. Pflegeeinrichtungen, Wohnheime, Werkstätten für Menschen mit Behinderungen und alte Menschen]*
- *[gemäß Arbeitsstättenverordnung:]*
  - *[allgemeine Bereiche der Arbeitsstätte]*
  - *[Bereiche des individuellen Arbeitsplatzes]*
- *[sonstige Bereiche mit Anforderungen an Barrierefreiheit, z. B. aus Förderprogrammen, Zertifizierungssystemen, Zielvereinbarungen]*

2.5 Grundsätzliche Schutzzielorientierung

2.5.1 Allgemeine Schutzziele

1. Auffindbarkeit der baulichen Anlage
2. Zugänglichkeit der baulichen Anlage
3. Nutzbarkeit in zweckentsprechender Art und Weise
4. Verlassen ins Freie oder in einen gesicherten Bereich

[Erläuterung der für die bauliche Anlage relevanten Nutzergruppen und der daraus resultierenden Schutzziele und Bedarfe:]

- *Von welchen Nutzergruppen wird die bauliche Anlage aufgesucht?*
- *Können Behinderungsarten ausgeschlossen werden?*
- *Ist von einer selbstständigen Nutzung auszugehen oder von einer Nutzung in Begleitung?*
- *In welchen Bereichen halten sich die Nutzergruppen auf?*
- *Welche nutzergruppenspezifischen Bedarfe ergeben sich daraus?*

2.5.2 Besondere Schutzziele

[Erläuterung der erweiterten Schutzziele, die sich z. B. ergeben können durch:]

- *[durch personenspezifische/individuelle Bedarfe, z. B. aus einer Gefährdungsbeurteilung oder einer Individualanalyse]*
- *[durch die Notwendigkeit von Assistenz, Begleitung oder Betreuung]*
- *[durch ergänzende nutzergruppenspezifische Bedarfe bei besonders schutzbedürftigen Personen, z. B. in Einrichtungen mit Betreuungsleistung (Pflegeheime, Wohnheime für Menschen mit Behinderungen, geschützte Stationen in Kliniken, Kindertageseinrichtungen etc.)]*

3 Bauliche Anforderungen an Barrierefreiheit – Infrastruktur

3.1 Äußere Erschließung und Zugang zum Gebäude

3.1.1 PKW-Stellplätze und Anbindung an den ÖPNV

Schutzziele:

„PKW-Stellplätze, die für Menschen mit Behinderungen ausgewiesen werden, sind entsprechend zu kennzeichnen und sollten in der Nähe der barrierefreien Zugänge angeordnet sein." (DIN 18040-1:2010-10/DIN 18040-2:2011-09, Abschnitt 4.2.2)

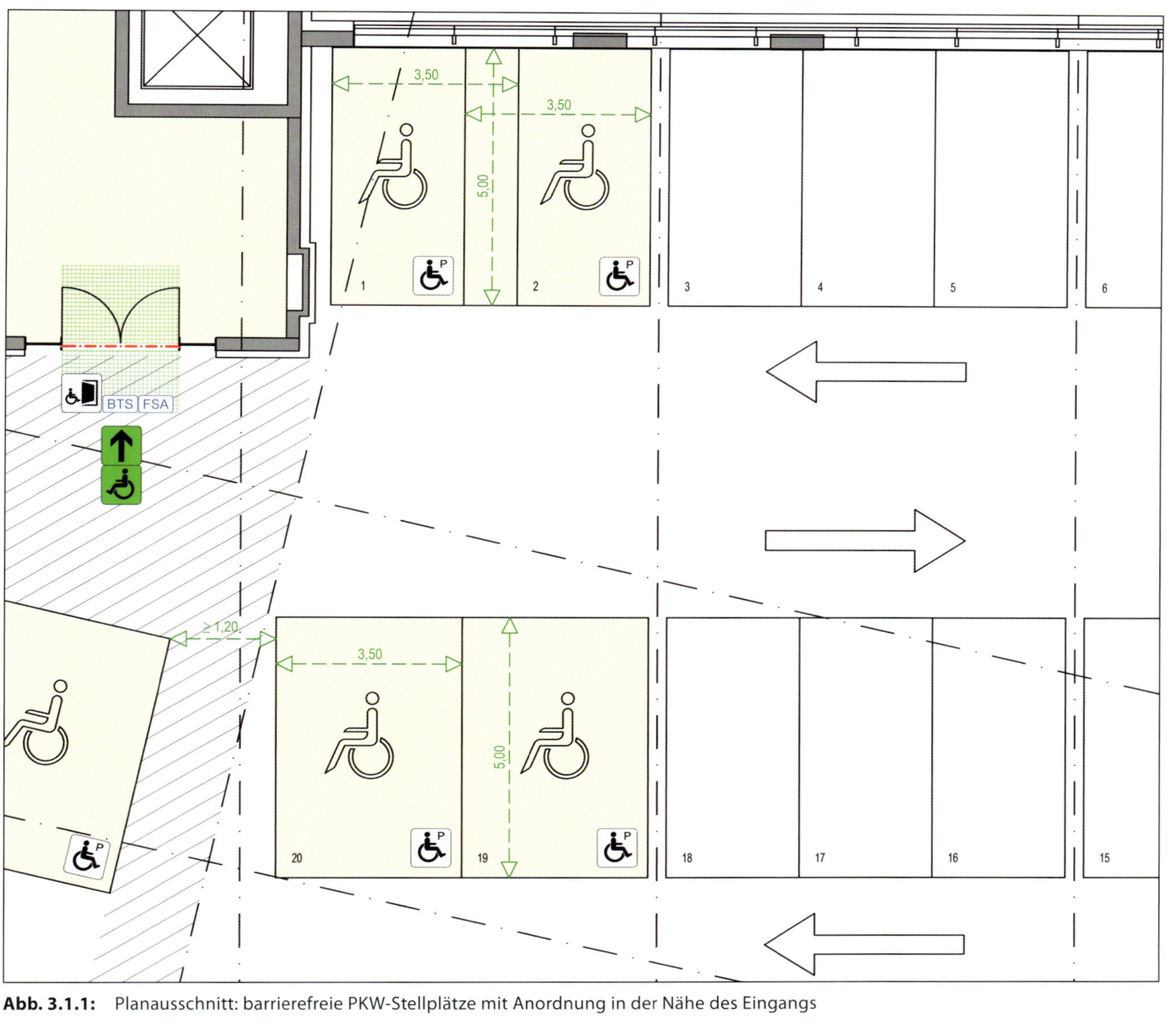

Abb. 3.1.1: Planausschnitt: barrierefreie PKW-Stellplätze mit Anordnung in der Nähe des Eingangs

„Bei Anlagen des ruhenden Kraftfahrzeugverkehrs sind bedarfsgerecht und zielnah Pkw-Stellplätze für Menschen mit Behinderung vorzusehen.“ (DIN 18040-3:2014-12, Abschnitt 5.5)

„Öffentlich zugängliche Anlagen des Personenverkehrs müssen barrierefrei auffindbar, zugänglich und nutzbar sein.“ (DIN 18040-3:2014-12, Abschnitt 5.6)

Anforderungen:

- Bauordnungen/Stellplatzsatzungen/Sonderbauverordnungen
- DIN 18040-1:2010-10, Abschnitt 4.2.2
- DIN 18040-2:2011-09, Abschnitt 4.2.2
- DIN 18040-3:2014-12, Abschnitt 5.5 + 5.6
- DIN 32984:2023-04

Lösung:

Beschreibung der Lösung unter Berücksichtigung folgender Aspekte:

- *[Anordnung/Anzahl der Parkplätze]*
- *[Lage der Parkplätze in Bezug zum Gebäude]*
- *[Anschluss an den öffentlichen Verkehrsraum, z. B. ÖPNV-Haltestellen]*
- *[...]*

3.1.2 Äußere Erschließung des Gebäudes

Schutzziele:

„Gehwege müssen ausreichend breit für die Nutzung mit dem Rollstuhl oder mit Gehhilfen, auch im Begegnungsfall, sein.“ (DIN 18040-1:2010-10/DIN 18040-2:2011-09, Abschnitt 4.2.1)

„Die Bewegungsfläche muss ausreichend groß für den Begegnungsfall, für den Richtungswechsel sowie für die geradlinige Fortbewegung durch Engstellen sein.“ (DIN 18040-3:2014-12, Abschnitt 4.2)

„Gehwege müssen barrierefrei nutzbar sein. [...] Gehwege müssen sich taktil und visuell von niveaugleich angrenzenden Funktionsbereichen abgrenzen. [...] Gehwegbegrenzungen sind so zu gestalten, dass sie mit dem Langstock leicht und sicher wahrgenommen werden können.“ (DIN 18040-3:2014-12, Abschnitt 5.1)

„Bewegungsflächen und nutzbare Gehwegbreiten müssen für die barrierefreie Nutzung eben und erschütterungsarm berollbar sein.“ (DIN 18040-3:2014-12, Abschnitt 4.4)

„Die Neigungsverhältnisse von für den Fußgängerverkehr vorgesehenen Flächen müssen für Menschen mit motorischen Einschränkungen, insbesondere für Rollstuhl- und Rollatornutzer, so beschaffen sein, dass die Flächen eigenständig und sicher nutzbar sind.“ (DIN 18040-3:2014-12, Abschnitt 4.3)

„Zugangs- und Eingangsbereiche müssen leicht auffindbar und barrierefrei erreichbar sein.“ (DIN 18040-1:2010-10/DIN 18040-2:2011-09, Abschnitt 4.2.3)

Anforderungen:

- DIN 18040-1:2010-10, Abschnitt 4.2.1, 4.2.3, 4.3.6.1
- DIN 18040-2:2011-09, Abschnitt 4.2.1, 4.2.3, 4.3.6.1
- DIN 18040-3:2014-12, Abschnitt 4.2, 4.3, 4.4 und 5.1, 5.2, 5.4
- DIN 32984:2023-04
- ASR V3a.2 Barrierefreie Gestaltung von Arbeitsstätten, Anhang A1.8
- ASR A1.8 Verkehrswege

Lösung:

Beschreibung der Lösung unter Berücksichtigung folgender Aspekte:

- *[taktile/visuelle Gestaltung der Zuwegungen zu Eingängen/(Not-)Ausgängen sowie der Fluchtwege im Außenbereich]*
- *[Beschaffenheit von Gehweg- und Bodenbelägen]*
- *[Ausbildung von Weg- und Geländeneigungen]*
- *[Beleuchtung der Zuwegungen und der Eingänge/Ausgänge]*
- *[Ausführung von Blindenleitsystemen] → siehe auch Abschnitt 3.7.1*
- *[Gestaltung von Beschilderungen und Wegweiser] → siehe auch Abschnitt 3.7.2*
- *[Treppen und Rampen] → siehe auch Abschnitt 3.4./3.5*
- *[...]*

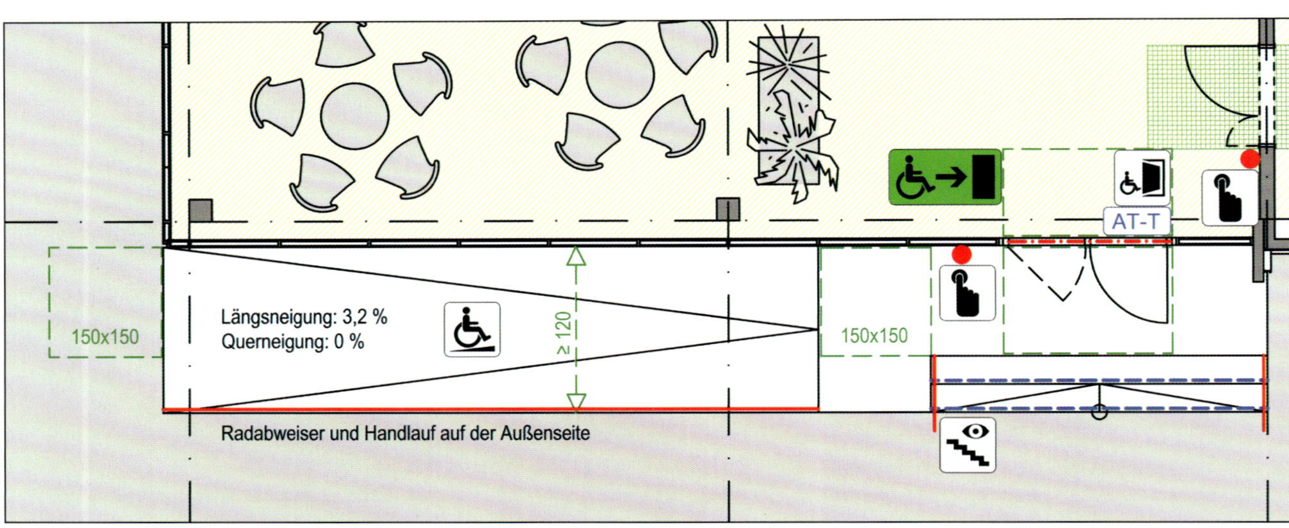

Abb. 3.1.2: Planausschnitt: äußere Erschließung eines Gebäudes

3.2 Horizontale Erschließung des Gebäudes – Türen

Schutzziele:

„Türen müssen deutlich wahrnehmbar, leicht zu öffnen und schließen und sicher zu passieren sein." (DIN 18040-1:2010-10/ DIN 18040-2:2011-09, Abschnitt 4.3.3)

„Kommunikationsanlagen, z. B. Türöffner- und Klingelanlagen, Gegensprechanlagen und Notrufanlagen, Telekommunikationsanlagen, sind in die barrierefreie Gestaltung einzubeziehen." (DIN 18040-1:2010-10/DIN 18040-2:2011-09, Abschnitt 4.5.3)

„Bei den Festlegungen zur Anordnung der Türen und Tore sowie deren Abmessungen sind die besonderen Anforderungen von Beschäftigten mit Behinderungen zu berücksichtigen. Je nach Auswirkung der Behinderung ist insbesondere auf Erkennbarkeit, Erreichbarkeit, Bedienbarkeit und Passierbarkeit zu achten." (ASR V3a.2, Anhang A1.7)

„Bei Festlegung der Anordnung und Abmessungen der Fluchtwege und Notausgänge sind die besonderen Anforderungen von Personen mit Behinderungen zu berücksichtigen. (ASR A2.3 Punkt 5 Abs. 1)" (ASR V3a.2, Anhang A2.3)

Anforderungen:

- Sonderbauverordnungen
- DIN 18040-1:2010-10, Abschnitt 4.3.3, 4.5.3
- DIN 18040-2:2011-09, Abschnitt 4.3.3, 4.5.3
- ASR V3a.2 Barrierefreie Gestaltung von Arbeitsstätten, Anhang A1.7, A2.3
- ASR A1.7 Türen und Tore
- ASR A2.3 Fluchtwege und Notausgänge, Flucht- und Rettungsplan
- DIN EN 1154:2003-04, Abschnitt 4.8, Tabelle 1
- DIN EN 12217:2004-05 (nur gültig für den Verweis aus DIN 18040-2, Abschnitt 4.3.3.3)
- DIN EN 12217:2015-07
- DIN EN 16005:2024-08

Planungshinweis

Bei der Erläuterung der Ausführungshöhe von Türdrückern gemäß DIN 18040-1:2010-10 oder DIN 18040-2:2011-09 sollte auf die Anwendung der Öffnungsklausel Bezug genommen werden:

- DIN 18040-1:2010-10, Abschnitt 4.3.3.2, Tabelle 1: *„Das Achsmaß von Greifhöhen und Bedienhöhen beträgt grundsätzlich 85 cm über OFF. Im begründeten Einzelfall sind andere Maße in einem Bereich von 85 cm bis 105 cm vertretbar."*
- DIN 18040-2, Abschnitt 4.3.3.2, Tabelle 1: *„Das Achsmaß von Greifhöhen und Bedienhöhen beträgt grundsätzlich 85 cm über OFF. Im begründeten Einzelfall, z. B. wenn in dem Wohngebäude keine Wohnung für uneingeschränkte Rollstuhlnutzung vorhanden ist, sind andere Maße in einem Bereich von 85 cm bis 105 cm vertretbar."*

Sofern von der Öffnungsklausel in der Planung Gebrauch gemacht wird, ist im Barrierefrei-Konzept eine schutzzielorientierte Begründung des Einzelfalls vorzunehmen.

In die Technischen Baubestimmungen der meisten Bundesländer wurde die Öffnungsklausel aus der DIN 18040-1 übernommen (vgl. VV TB NRW (2025-03), Anlage A 4.2/2, zu DIN 18040-1, Zif-fer 6: *„Das in Abschnitt 4.3.3.2, Tabelle 1, Zeile 6 definierte Achsmaß der Greifhöhe für Türdrücker ist grundsätzlich nur bei Türen zu barrierefreien Sanitärräumen auszuführen. In allen anderen Fällen kann dieses in Abhängigkeit von Nutzung und Nutzerkreis der öffentlich zugänglichen Bereiche zwi-schen 85 cm und 105 cm über OFF betragen."*).

Im Hinblick auf die DIN 18040-2 wurde dies jedoch bisher nur in vereinzelten Bundesländern umgesetzt.

3.2.1 Eingangsbereiche

Lösung:

Beschreibung der Lösung unter Berücksichtigung folgender Aspekte:

- *[Klingel-/Gegensprechanlagen, Zugangskontrollen]*
- *[Bewegungsflächen von Eingangsbereichen und Windfanganlagen]*
- *[geometrische Anforderungen von Eingangstüren und Notausgängen]*
- *[leichtgängige Bedienbarkeit von Eingangstüren und Notausgängen]*
- *[kontrastreiche Kennzeichnung von Eingangstüren und Notausgängen]*
- *[Aus-/Weiterführung von Blindenleitsystemen] → siehe auch Abschnitt 3.7.1*
- *[...]*

3.2.2 Türen ohne besondere Anforderungen

Lösung:

Beschreibung der Lösung unter Berücksichtigung folgender Aspekte:

- *[geometrische Anforderungen an Türen]*
- *[Ausführung der Türgriffe/Bedienelemente an Türen]*
- *[Bewegungsflächen vor, hinter und seitlich von Türen]*
- *[leichtgängige Bedienbarkeit von Türen]*
- *[Funktionsweise von Automatikantrieben, Anordnung von Türtastern]*
- *[taktile und visuelle Gestaltung von Türen]*
- *[kontrastreiche Kennzeichnung großflächiger Glasscheiben]*
- *[Tür-/Raumbeschilderung] → siehe auch Abschnitt 3.7.2*
- *[...]*

3.2.3 Türen mit besonderen Anforderungen

Lösung:

Beschreibung der Lösung unter Berücksichtigung der Aspekte in Abschnitt 3.2.2 sowie folgender Aspekte:

- *[Rauch-/Brandschutztüren und Türen mit Türschließer]*
- *[Karusselltüren]*
- *[Türen in Rettungswegen und Notausgänge]*
- *[Tore/Schlupftüren in Toren]*
- *[Vereinzelungsanlagen]*
- *[...]*

Planungshinweis

Bei der Planung von sehr breiten Türen – z. B. im Verlauf von Fluchtwegen oder in Krankenhäusern – empfiehlt sich die Ausbildung als zweiflügelige Türanlage mit asymmetrischer Türaufteilung. Für den Gehflügel ist zur barrierefreien Nutzbarkeit eine lichte Durchgangsbreite von mind. 90 cm einzuhalten, der Standflügel kann entsprechend schmal ausgeführt werden und wird nur im Bedarfsfall genutzt. Der Praxistest zeigt, dass Türflügel bis zu einer Breite von etwa 110 cm trotz Ausstattung mit einem Türschließer leichtgängig/barrierefrei bedienbar sind, sofern ein sog. „barrierefreier" Türschließer mit hohem Wirkungsgrad verwendet wird.

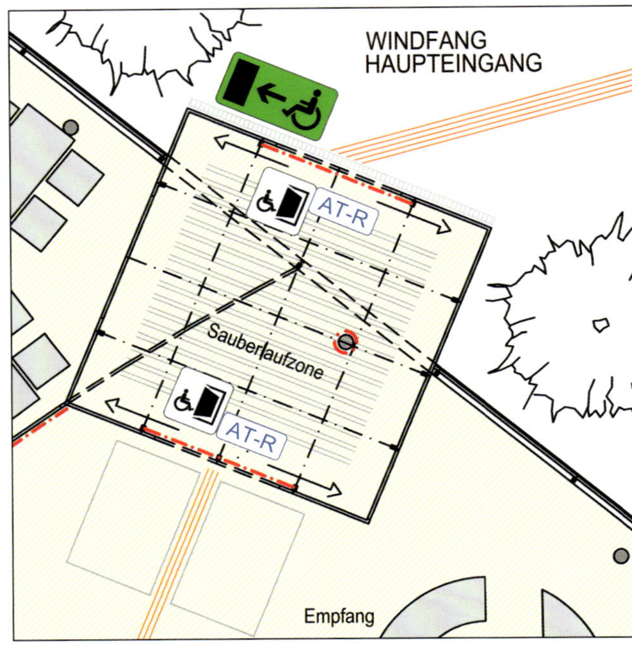

Abb. 3.2.1: Planausschnitt: Eingangsbereich mit Windfang

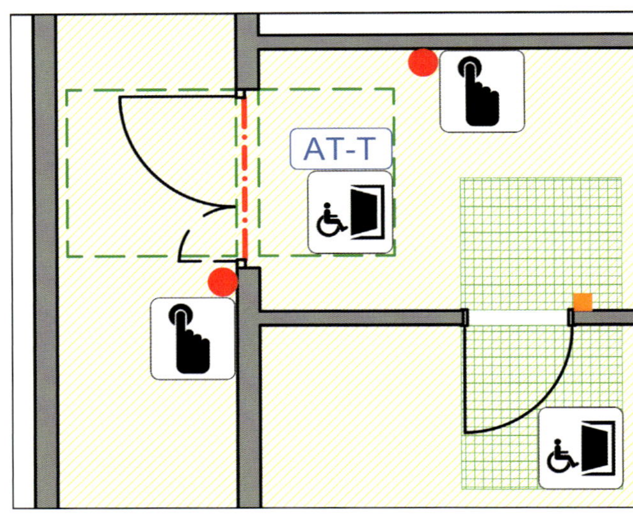

Abb. 3.2.2: Planausschnitt: Türen mit automatischer/manueller Bedienung

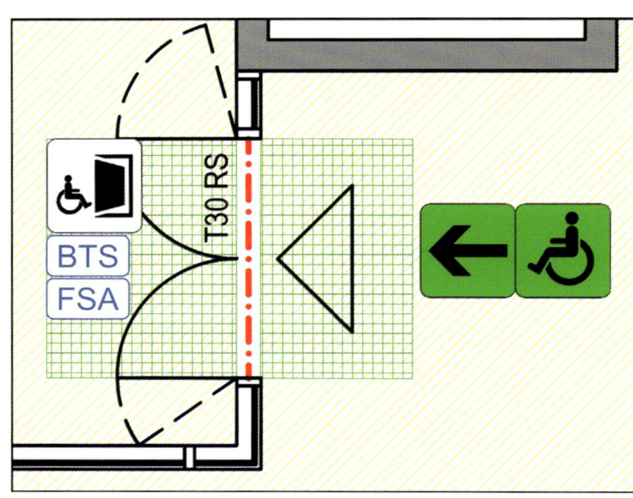

Abb. 3.2.3: Planausschnitt: Brandschutztür mit Feststellanlage und sog. „barrierefreiem" Türschließer

3.2.4 Türen zu Terrassen/Balkonen

Lösung:

Beschreibung der Lösung unter Berücksichtigung der Aspekte in Abschnitt 3.2.1

3.3 Horizontale Erschließung – Flure und Verkehrsflächen

3.3.1 Empfangsbereich/Foyer

Schutzziele:

„Flure und sonstige Verkehrsflächen müssen ausreichend breit für die Nutzung mit dem Rollstuhl oder mit Gehhilfen, auch im Begegnungsfall, sein." (DIN 18040-1:2010-10/DIN 18040-2: 2011-09, Abschnitt 4.3.2)

„Bodenbeläge müssen […] für die Benutzung z. B. durch Rollstühle, Rollatoren und andere Gehilfen geeignet sein." (DIN 18040-1:2010-10/DIN 18040-2:2011-09, Abschnitt 4.3.4)

Anforderungen:

- DIN 18040-1:2010-10, Abschnitt 4.3.1, 4.3.2, 4.3.4
- DIN 18040-2:2011-09, Abschnitt 4.3.1, 4.3.2, 4.3.4
- ASR V3a.2 Barrierefreie Gestaltung von Arbeitsstätten, Anhang A1.5, A1.8, A2.3
- ASR A1.5 Fußböden
- ASR A1.8 Verkehrswege
- ASR A2.3 Fluchtwege und Notausgänge
- DGUV-R 108-003

Lösung:

Beschreibung der Lösung unter Berücksichtigung folgender Aspekte:

- *[Bewegungs- und Verkehrsflächen, Raumabmessungen]*
- *[Gestaltung von Boden und Wänden, Rutschhemmung von Bodenbelägen]*
- *[Auffindbarkeit und Gestaltung von Empfangs- und Informationspunkten]* → *siehe auch Abschnitt 3.7.1 und 3.7.2*
- *[Aus- und Weiterführung von Blindenleitsystemen]* → *siehe auch Abschnitt 3.7.1*
- *[Kennzeichnung von Hindernissen]* → *siehe auch Abschnitt 3.7.3*
- *[…]*

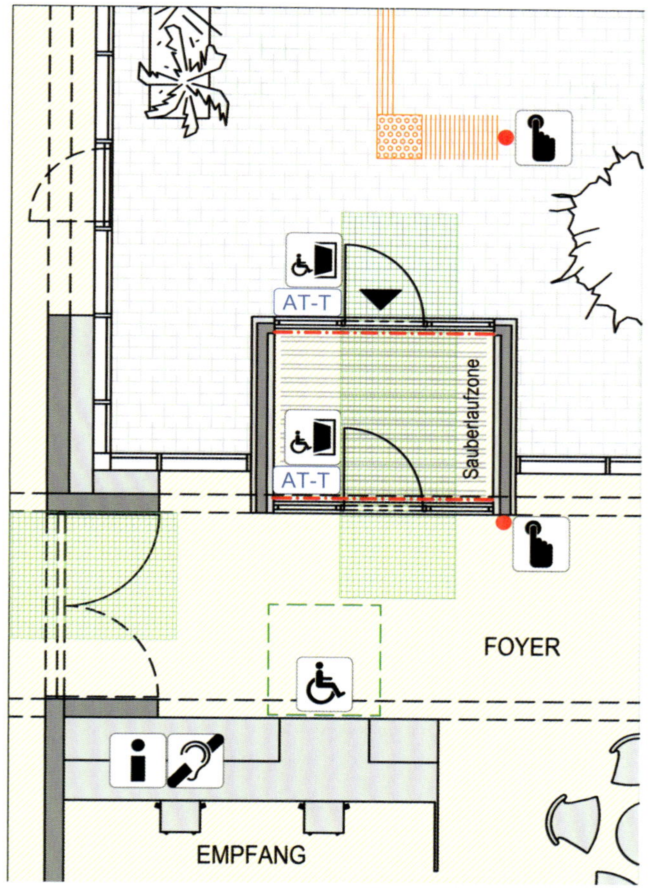

Abb. 3.3.1: Planausschnitt: Empfangsbereich im Foyer

3.3.2 Flure und innere Erschließungsflächen

Schutzziele:

„Ebenen des Gebäudes, die barrierefrei erreichbar sein sollen, müssen stufen- und schwellenlos zugänglich sein." (DIN 18040-1: 2010-10/DIN 18040-2:2011-09, Abschnitt 4.3.1)

„Flure und sonstige Verkehrsflächen müssen ausreichend breit für die Nutzung mit dem Rollstuhl oder mit Gehhilfen, auch im Begegnungsfall, sein." (DIN 18040-1:2010-10/DIN 18040-2: 2011-09, Abschnitt 4.3.2)

„Beim Einrichten und Betreiben von Verkehrswegen sind die besonderen Anforderungen von Beschäftigten mit Behinderungen zu berücksichtigen. Je nach Auswirkung der Behinderung ist insbesondere auf Wahrnehmbarkeit, Erkennbarkeit und Nutzbarkeit zu achten." (ASR V3a.2, Anhang A1.8)

„Bei Festlegung der Anordnung und Abmessungen der Fluchtwege und Notausgänge sind die besonderen Anforderungen von Personen mit Behinderungen zu berücksichtigen. (ASR A2.3 Punkt 5 Abs. 1)." (ASR V3a.2, Anhang A2.3)

Anforderungen:

- Sonderbauverordnungen
- DIN 18040-1:2010-10, Abschnitt 4.1, 4.3.2
- ASR V3a.2 Barrierefreie Gestaltung von Arbeitsstätten, Anhang A1.5, A1.8, A2.3
- ASR A1.5 Fußböden
- ASR A1.8 Verkehrswege
- ASR A2.3 Fluchtwege und Notausgänge

Lösung:

Beschreibung der Lösung unter Berücksichtigung folgender Aspekte:

- *[Bewegungs- und Verkehrsflächen]*
- *[Durchgangsbreiten in Abhängigkeit von Besucherströmen und Frequentierung]*
- *[Berücksichtigung von Fluchtwegbreiten]*
- *[...]*

Planungshinweis

Bei der Festlegung von Flurbreiten ist die Positionierung von Flurtüren (Türen, die quer zur Laufrichtung liegen und den Flur in Abschnitte unterteilen) zu berücksichtigen. Bei einer Flurbreite von 150 cm kann bei Türen mit einer lichten Durchgangsbreite von 90 cm je nach Rahmenprofil-/Zargenbreite der seitliche Abstand zwischen Türgriff und Flurwand (mind. 50 cm) nicht realisiert werden. Dieser ist jedoch erforderlich, um eine manuelle Bedienbarkeit der Tür für Rollstuhl-/Rollatornutzer zu gewährleisten.

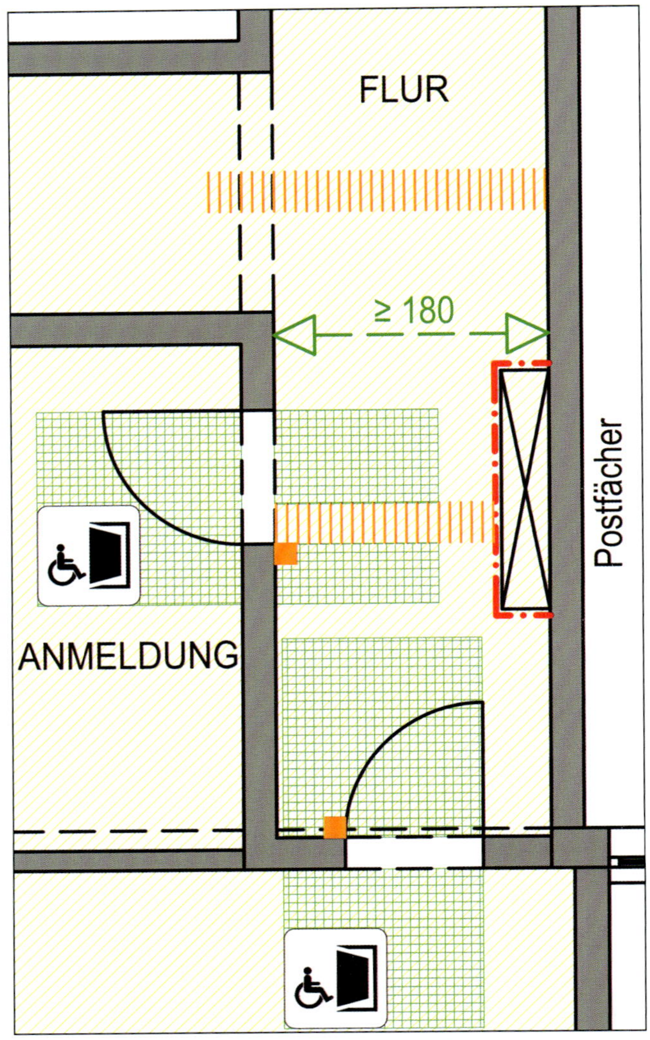

Abb. 3.3.2: Planausschnitt: Verkehrsflächen mit partiellem Blindenleitsystem und Absicherung von Hindernissen

3.4 Vertikale Erschließung – Treppen

Schutzziele:

„Treppen sollen für Menschen mit begrenzten motorischen Einschränkungen sowie für blinde und sehbehinderte Menschen barrierefrei nutzbar sein. Beidseitig von Treppenläufen und Zwischenpodesten müssen Handläufe einen sicheren Halt bei der Benutzung der Treppe bieten. Für sehbehinderte Menschen müssen Elemente der Treppe leicht erkennbar sein." (sinngemäß nach DIN 18040-1:2010-10/DIN 18040-2:2011-09, Abschnitt 4.3.6/DIN 18040-3:2014-12, Abschnitt 5.4.4)

„Mit nachfolgenden Eigenschaften sind Treppen für Menschen mit begrenzten motorischen Einschränkungen sowie für blinde und sehbehinderte Menschen barrierefrei nutzbar." (DIN 18040-3:2014-12, Abschnitt 5.4.4)

Anforderungen:

- DIN 18040-1:2010-10, Abschnitt 4.3.6, 4.3.7
- DIN 18040-2:2011-09, Abschnitt 4.3.6
- DIN 18040-3:2014-12, Abschnitt 5.4.4
- DIN 32986:2019-06, Abschnitt 5.2
- DIN 18065:2020-08
- DIN 32975:2009-12, Abschnitt 4.2, 4.7
- DIN 32984:2023-04, Abschnitt 5.7.1
- ASR V3a.2 Barrierefreie Gestaltung von Arbeitsstätten, Anhang A1.8
- ASR A1.8 Verkehrswege
- DGUV-I 208-005

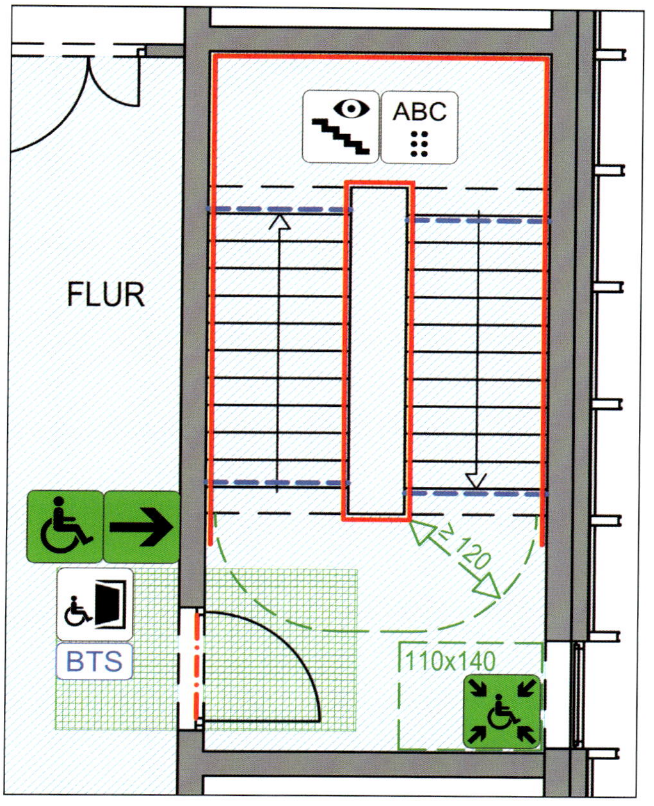

Abb. 3.4.1: Planausschnitt: notwendige Treppe

Planungshinweis

Bei der barrierefreien Gestaltung von Treppen sind die Technischen Baubestimmungen des jeweiligen Bundeslandes zu beachten, da diese häufig eine abweichende Einführung der Anforderungen im Vergleich zur Normenreihe DIN 18040 vorsehen (vgl. M-LTB Anlage 7.3/1 zu DIN 18040-1:2010-10: *„Abschnitt 4.3.6 muss nur auf notwendige Treppen angewendet werden."*).

Planungshinweis

Bei der Entwurfsplanung von notwendigen Treppen sind in Abhängigkeit von den barrierefreien Rettungsmöglichkeiten ggf. ausreichende Bewegungsflächen zu berücksichtigen, die zur Einrichtung von sicheren Bereichen für den Zwischenaufenthalt erforderlich sind.

3.4.1 Notwendige Treppen

Lösung:

Beschreibung der Lösung unter Berücksichtigung folgender Aspekte:

- *[geometrische Anforderungen an Treppen und Stufen]*
- *[Ausführung von Geländer und Handläufen]*
- *[visuelle Kennzeichnung der Stufenvorderkanten]*
- *[Anordnung im baulichen Umfeld]*
- *[taktile Kennzeichnung des Niveauwechsels]*
- *[Bodenbelag, Rutschhemmung]*
- *[Anordnung im baulichen Umfeld]*
- *[bei Treppenräumen: Erläuterung der Zugänglichkeit] → siehe Abschnitt 3.2*
- *[Benutzung in eine Richtung, z. B. bei Fluchttreppen]*
- *[Orientierungshilfen an Handläufen]*
- *[…]*

3.4.2 Zusätzliche, nicht notwendige Treppen

Lösung:

Beschreibung der Lösung unter Berücksichtigung der Aspekte in Abschnitt 3.4.1 und folgender Aspekte:

- *[Position/Lage der Treppe im Gebäude]*
- *[Personenkreis, der die Treppe nutzt, z. B. Besucher/Benutzer, Mitarbeiter]*

3.4.3 Treppen im Außenbereich

Lösung:

Beschreibung der Lösung unter Berücksichtigung der Aspekte in Abschnitt 3.4.1 und folgender Aspekte:

- *[Beleuchtung]*
- *[...]*

Planungshinweis

Bei der Entwurfsplanung von Treppen ist die Ausbildung einer Blindstufe am unteren Ende eines Treppenlaufes zu berücksichtigen, damit der Handlauf später barrierefrei ausgeführt werden kann. Fehlt diese Blindstufe, kann der Handlauf am Treppenauge nur mit einem Höhenversprung ausgebildet werden.

In diesem Zusammenhang sind auch die erforderlichen Fluchtwegbreiten auf notwendigen Treppen zu berücksichtigen. Diese dürfen in der Regel durch den Handlauf nicht eingeschränkt werden.

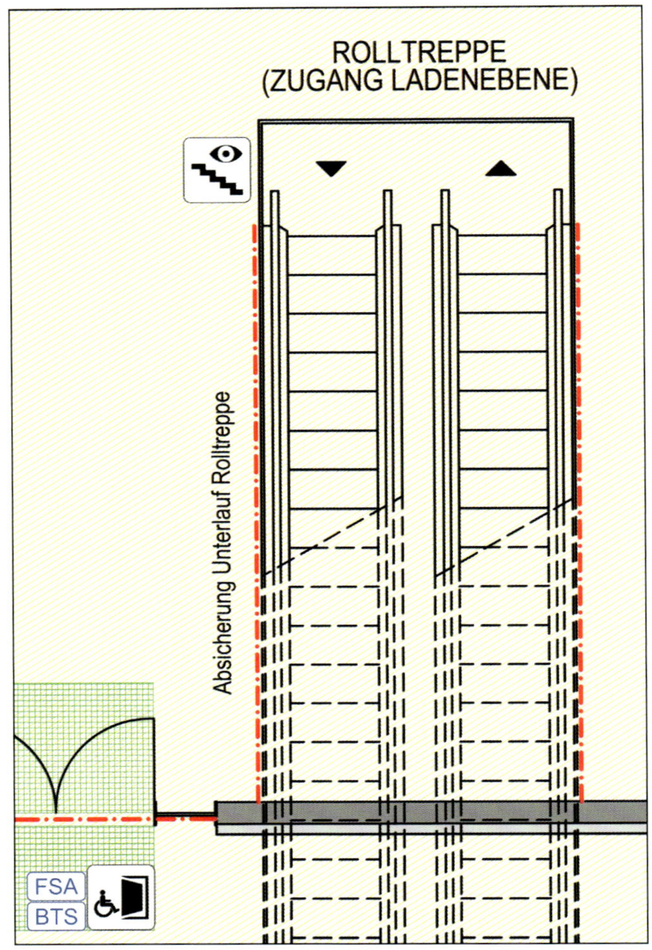

Abb. 3.4.2: Planausschnitt: nicht notwendige Treppe (Rolltreppe)

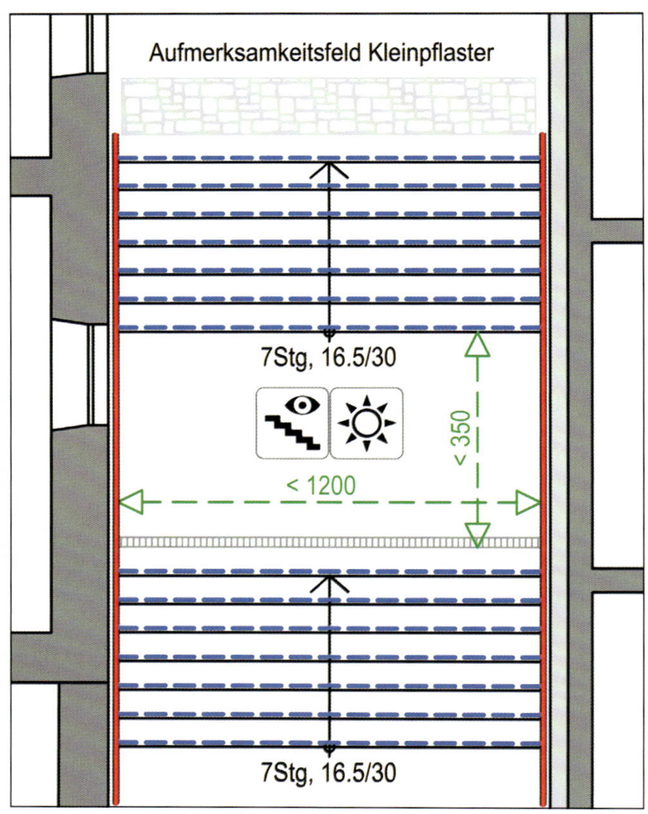

Abb. 3.4.3: Planausschnitt: Treppe im Außenbereich

3.5 Vertikale Erschließung – Rampen

Schutzziele:

„Rampen müssen leicht zu nutzen und verkehrssicher sein." (DIN 18040-1:2010-10, Abschnitt 4.3.8 und DIN 18040-2:2011-09, Abschnitt 4.3.7.1)

„Die Neigungsverhältnisse von für den Fußgängerverkehr vorgesehenen Flächen müssen für Menschen mit motorischen Einschränkungen, insbesondere für Rollstuhl- und Rollatornutzer, so beschaffen sein, dass die Flächen eigenständig und sicher nutzbar sind." (DIN 18040-3:2014-12, Abschnitt 4.3)

Anforderungen:

- DIN 18040-1:2010-10, Abschnitt 4.3.8
- DIN 18040-2:2011-09, Abschnitt 4.3.7.1
- DIN 18040-3:2014-12, Abschnitt 4.3
- DIN 32984:2023-04, Abschnitt 5.7
- ASR V3a.2 Barrierefreie Gestaltung von Arbeitsstätten, Anhang A1.8
- ASR A1.8 Verkehrswege

3.5.1 Rampen im Innenbereich

Lösung:

Beschreibung der Lösung unter Berücksichtigung folgender Aspekte:

- *[geometrische Anforderungen an Rampen]*
- *[Länge und Bewegungsflächen]*
- *[Ausführung von Absturzsicherungen und Handläufen]*
- *[Anordnung im baulichen Umfeld]*
- *[Bodenbelag/Rutschhemmung]*
- *[ggf. taktile Kennzeichnung des Niveauwechsels]*
- *[...]*

3.5.2 Rampen im Außenbereich

Lösung:

Beschreibung der Lösung unter Berücksichtigung der Aspekte in Abschnitt 3.5.1 und folgender Aspekte:

- *[Beleuchtung]*
- *[...]*

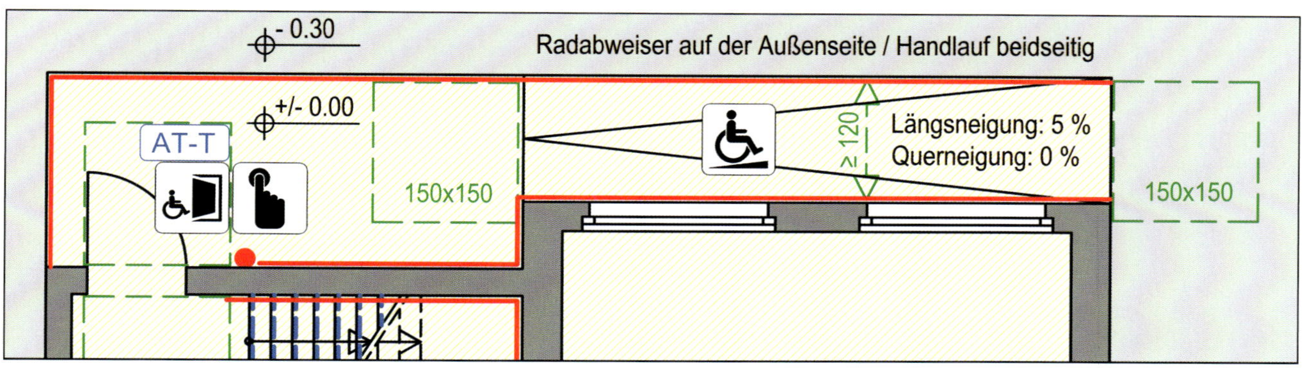

Abb. 3.5.2: Planausschnitt: Rampe im Außenbereich

3.6 Vertikale Erschließung – Aufzüge

Schutzziele:

„Ebenen des Gebäudes, die barrierefrei erreichbar sein sollen, müssen stufen- und schwellenlos zugänglich sein." (DIN 18040-1: 2010-10/DIN 18040-2:2011-09, Abschnitt 4.3.1)

Anforderungen:

- DIN 18040-1:2010-10, Abschnitt 4.3.5, 4.5.2
- DIN 18040-2:2011-09, Abschnitt 4.3.5
- DIN EN 81-70:2005-09 und DIN EN 81-70:2022-12
- DIN EN 81-40:2020-12
- DIN EN 81-41:2025-07
- DIN EN 81-76:2022-08
- DIN EN 81-82:2013-12
- VDI 6008 Blatt 4:2024-07
- VDI 6017:2024-10

3.6.1 Aufzüge

Lösung:

Beschreibung der Lösung unter Berücksichtigung folgender Aspekte:

- *[Erreichbarkeit und Auffindbarkeit, Anordnung im baulichen Umfeld]*
- *[Bewegungsflächen und zusätzliche Verkehrsflächen]*
- *[Größe und Ausstattung der Aufzugskabine]*
- *[Bedienbarkeit nach dem Zwei-Sinne-Prinzip]*
- *[Weiterleitung des Notrufes]*
- *[ggf. Ausrüstung für den verlängerten Weiterbetrieb im Brandfall]*
- *[…]*

Planungshinweis

Bei der Festlegung der vertikalen Erschließungsmöglichkeiten sollte die Anordnung von Aufzügen im Hinblick auf die barrierefreien Selbstrettungsmöglichkeiten berücksichtigt werden. Werden Aufzüge beispielsweise innerhalb eines notwendigen Treppenraumes angeordnet oder fahren sie innerhalb eines gemeinsamen Luftraumes, werden damit die Voraussetzungen geschaffen, dass die Aufzüge im Brandfall weitergenutzt werden können. Zudem bietet die benachbarte Anordnung von Aufzügen und Treppen die Möglichkeit, das Gebäude im Brandfall über den gleichen Fluchtweg zu verlassen, wie es betreten wurde. Dadurch wird die sinnfällige Orientierung im Gebäude unterstützt.

3.6.2 Hebeplattformen/Treppenschrägaufzüge

Lösung:

Beschreibung der Lösung unter Berücksichtigung folgender Aspekte:

- *[Erreichbarkeit und Auffindbarkeit, Anordnung im baulichen Umfeld]*
- *[Größe und Ausstattung]*
- *[selbstständige/unterstütze Bedienbarkeit]*
- *[…]*

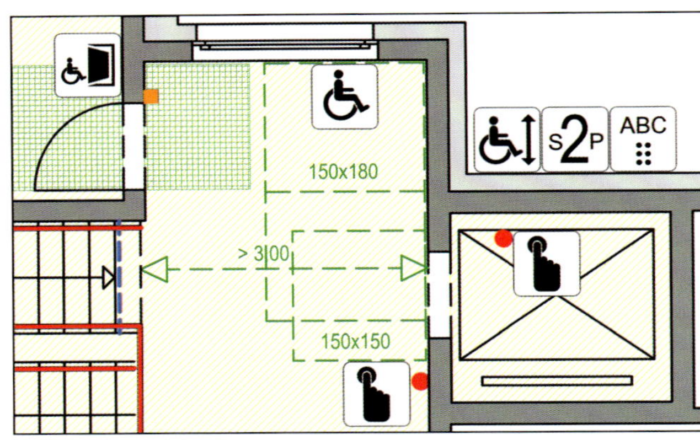

Abb. 3.6.1: Planausschnitt: Aufzug mit gegenüberliegender Treppe

3.7 Warnen/Orientieren/Informieren/Leiten

Schutzziele:

„Informationen für die Gebäudenutzung, die warnen, der Orientierung dienen oder leiten sollen, müssen auch für Menschen mit sensorischen Einschränkungen geeignet sein." (DIN 18040-1: 2010-10, Abschnitt 4.4.1)

„Visuelle Informationen müssen auch für sehbehinderte Menschen sichtbar und erkennbar sein." (DIN 18040-1:2010-10, Abschnitt 4.4.2/DIN 18040-3:2014-12, Abschnitt 4.5)

„Akustische Informationen müssen auch für Menschen mit eingeschränktem Hörvermögen hörbar und verstehbar sein." (DIN 18040-1:2010-10, Abschnitt 4.4.3)

„Informationen, die taktil zur Verfügung gestellt werden, müssen für die jeweilige Art der Wahrnehmung geeignet sein." (DIN 18040-1:2010-10, Abschnitt 4.4.4)

„Informationen und Orientierungshilfen müssen grundsätzlich auch für Menschen mit kognitiven Beeinträchtigungen leicht begreifbar und gut merkbar sein." (DIN 18040-3:2014-12, Abschnitt 4.6.4)

„Bei der Sicherheits- und Gesundheitsschutzkennzeichnung sind die Belange der Beschäftigten mit Behinderungen so zu berücksichtigen, dass die sicherheitsrelevanten Informationen verständlich übermittelt werden." (ASR V3a.2, Anhang A1.3)

Anforderungen:

- DIN 18040-1:2010-10, Abschnitt 4.4.1
- DIN 18040-2:2011-09, Abschnitt 4.4.1
- DIN 18040-3:2014-12, Abschnitt 4.5, 4.6.4
- DIN 32984:2023-04
- DIN 32986:2019-06
- DIN 32975:2009-12
- DIN 32976:2007-08
- DIN 1450:2024-11
- DIN EN ISO 7010:2020-07
- ASR V3a.2 Barrierefreie Gestaltung von Arbeitsstätten, Anhang A1.3, A2.3
- ASR A1.3 Sicherheits- und Gesundheitsschutzkennzeichnung
- ASR A2.3 Fluchtwege und Notausgänge

Planungshinweis

Bei der Beschreibung von visuellen und/oder taktilen Leit- und Orientierungssystemen sind folgende Schritte sinnvoll:

- Beschreibung der Grundrissgestaltung und der sich daraus ergebenden Orientierungsmöglichkeiten
- Beschreibung der jeweiligen Elemente eines Leit- und Orientierungssystems und deren Funktion
- Beschreibung der Konsequenz, wenn die barrierefreie Orientierung nicht unterstützt wird

3.7.1 Bodengebundene Blindenleitsysteme/Bodenleitsysteme

Lösung:

Beschreibung der Lösung unter Berücksichtigung folgender Aspekte:

- *[Wegpunkte, die in das Blindenleitsystem eingebunden werden]*
- *[Übergänge/Weiterführungen von Blindenleitsystemen im Innen-/Außenbereich]*
- *[partielle Blindenleitsysteme im baulichen Kontext]*
- *[Gestaltung und Ausführung]*
- *[...]*

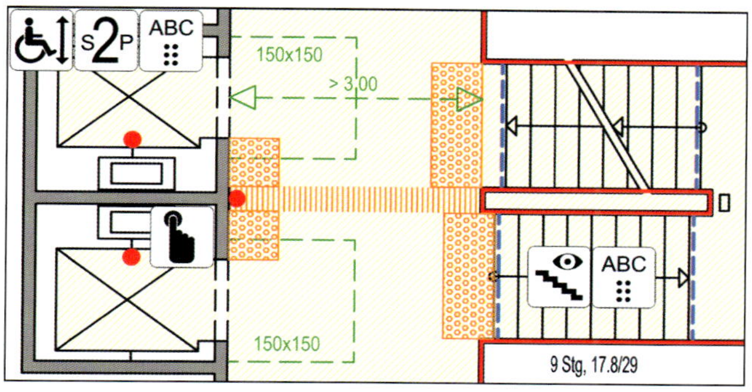

Abb. 3.7.1: Planausschnitt: partielles Blindenleitsystem

3.7.2 Visuelle und taktile Leit- und Orientierungssysteme

Lösung:

Beschreibung der Lösung unter Berücksichtigung folgender Aspekte:

- *[Elemente im Leit- und Orientierungssystem, z. B.:*
  - *Handlaufbeschilderung*
  - *Raumbeschilderung, Über-Kopf-Beschilderung und Etagenbeschilderung*
  - *taktile Gebäude- und Übersichtspläne*
  - *Flucht- und Rettungspläne, Fluchtwegbeschilderung]*
- *[lückenlose Informationsketten, Zusammenwirken der Einzelelemente]*
- *[Ausführung der Elemente nach dem Zwei-Sinne-Prinzip]*
- *[...]*

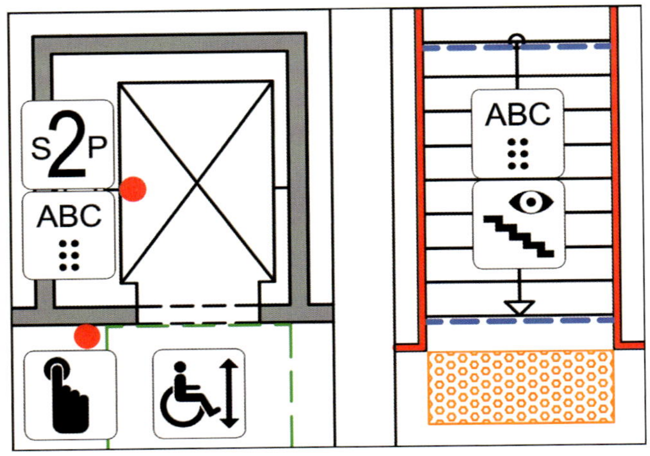

Abb. 3.7.2: Planausschnitt: Informationsvermittlung nach dem Zwei-Sinne-Prinzip

3.7.3 Hindernisse und Gefahrenstellen

Schutzziele:

„Ausstattungselemente, z. B. Schilder, Vitrinen, Feuerlöscher, Telefonhauben, dürfen nicht so in Räume hineinragen, dass die nutzbaren Breiten und Höhen eingeschränkt werden." (DIN 18040-1:2010-10/DIN 18040-2:2011-09, Abschnitt 4.5.4)

„Bauteile oder Ausstattungselemente, die in die begehbare Fläche ragen, müssen auch für blinde und sehbehinderte Menschen wahrnehmbar sein." (DIN 18040-1:2010-10/DIN 18040-2: 2011-09, Abschnitt 4.1)

Anforderungen:

- DIN 18040-1:2010-10, Abschnitt 4.4.1, 4.5.4
- DIN 18040-2:2011-09, Abschnitt 4.5.4
- ASR V3a.2 Barrierefreie Gestaltung von Arbeitsstätten, Anhang A1.3, A1.8, A2.3
- ASR A1.3 Sicherheits- und Gesundheitsschutzkennzeichnung
- ASR A1.8 Verkehrswege
- ASR A2.3 Fluchtwege und Notausgänge

Lösung:

Beschreibung der Lösung unter Berücksichtigung folgender Aspekte:

- *[Absicherung von Elementen, die in die Verkehrsfläche hineinragen]*
- *[Absicherung von Bereichen mit reduzierter Kopfhöhe]*
- *[Absicherung von Niveauwechseln und Absturzkanten]*
- *[kontrastreiche Kennzeichnung von Glasscheiben]* → *siehe auch Abschnitt 3.2*
- *[Ausführung der Absicherungsmaßnahmen nach dem Zwei-Sinne-Prinzip]*
- *[...]*

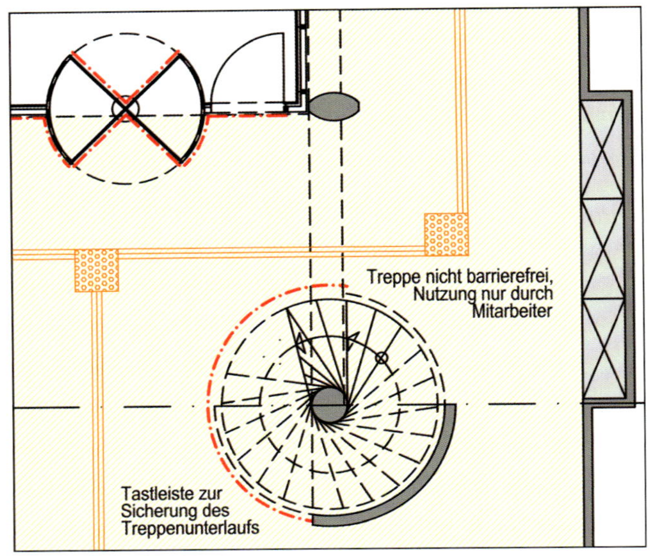

Abb. 3.7.3: Planausschnitt: Absicherung von potenziellen Gefahrenquellen

3.8 Ausstattungs- und Bedienelemente

3.8.1 Empfangstheken, Serviceschalter und Kassen

Schutzziele:

„Bei Service-Schaltern, Kassen, Kontrollen und ähnlichen Einrichtungen muss mindestens jeweils eine Einheit auch für blinde und sehbehinderte Menschen, Menschen mit eingeschränktem Hörvermögen und Rollstuhlnutzer zugänglich und nutzbar sein." (DIN 18040-1:2010-10, Abschnitt 4.6)

Anforderungen:

- DIN 18040-1:2010-10, Abschnitt 4.6
- DIN 32984:2023-04
- DIN 18041:2016-03

Lösung:

Beschreibung der Lösung unter Berücksichtigung folgender Aspekte:

- *[Ausbildung diverser Theken- und Tischhöhen für unterschiedliche Nutzergruppen]*
- *[Bewegungsflächen, Anfahr-/Unterfahrbarkeit von Schaltern und Theken]*
- *[taktile Auffindbarkeit]* → *siehe auch Abschnitt 3.7.1*
- *[visuelle Gestaltung]*
- *[barrierefreie Kommunikationsmöglichkeit, z. B. technische Höranlage]*
- *[...]*

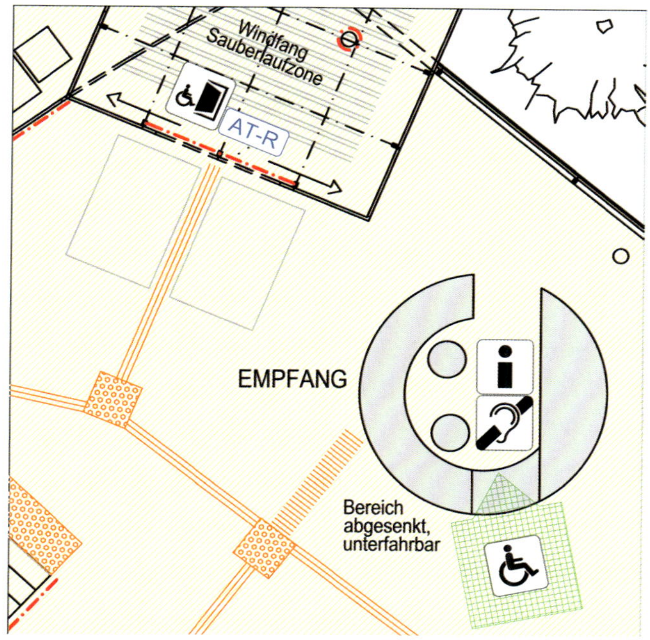

Abb. 3.8.1: Planausschnitt: barrierefreie Thekeneinheit

3.8.2 Bedienelemente und Kommunikationsanlagen

Schutzziele:

„Bedienelemente und Kommunikationsanlagen, die zur zweckentsprechenden Nutzung des Gebäudes durch die Öffentlichkeit erforderlich sind, müssen barrierefrei erkennbar, erreichbar und nutzbar sein." (DIN 18040-1:2010-10/DIN 18040-2:2011-09, Abschnitt 4.5.1)

„Kommunikationsanlagen, z. B. Türöffner- und Klingelanlagen, Gegensprechanlagen und Notrufanlagen, Telekommunikationsanlagen, sind in die barrierefreie Gestaltung einzubeziehen." (DIN 18040-1:2010-10/DIN 18040-2:2011-09, Abschnitt 4.5.3)

Anforderungen:

- DIN 18040-1:2010-10, Abschnitt 4.5.1, 4.5.2, 4.5.3
- DIN 18040-2:2011-09, Abschnitt 4.5. 1, 4.5.2, 4.5.3
- DIN EN 12464-1:2021-11
- VDI 6008 Blatt 3:2014-01

Lösung:

Beschreibung der Lösung unter Berücksichtigung folgender Aspekte:

- *[Bewegungsflächen, seitliche/frontale Anfahrbarkeit]*
- *[Anordnung von Bedienelementen im barrierefreien Greifbereich]*
- *[Bedienbarkeit nach dem Zwei-Sinne-Prinzip]*
- *[...]*

3.8.3 Garderoben und Rollstuhlabstellplätze

Schutzziele:

„In Gebäuden, deren Nutzung einen Wechsel des Rollstuhls erforderlich macht, sind Rollstuhlabstellplätze vorzusehen." (DIN 18040-1:2010-10, Abschnitt 4.3.9)

Anforderungen:

- DIN 18040-1:2010-10, Abschnitt 4.3.9
- DIN 18040-2:2011-09, Abschnitt 5.4
- ASR V3a.2 Barrierefreie Gestaltung von Arbeitsstätten, Anhang A1.2
- ASR A1.2 Raumabmessungen und Bewegungsflächen

Lösung:

Beschreibung der Lösung unter Berücksichtigung folgender Aspekte:

- *[Bewegungsflächen, seitliche/frontale Anfahrbarkeit]*
- *[Anordnung von Kleiderhaken, Schließfächern im barrierefreien Greifbereich]*
- *[...]*

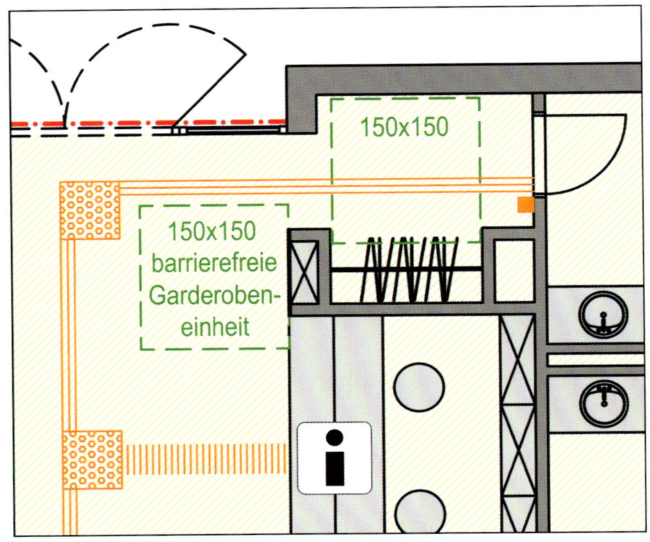

Abb. 3.8.3.A: Planausschnitt: barrierefreie Garderobeneinheit

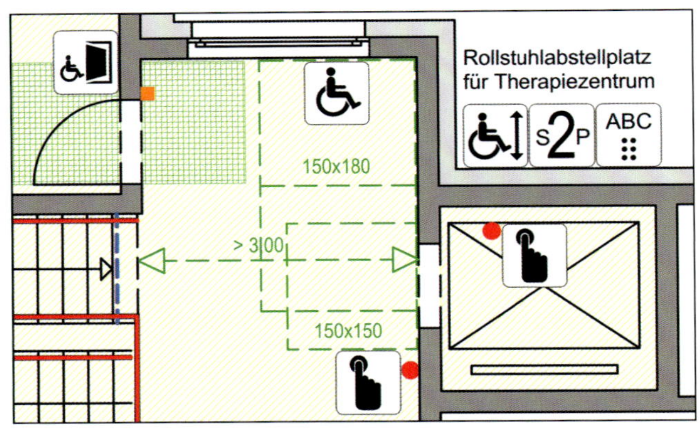

Abb. 3.8.3.B: Planausschnitt: Rollstuhlabstellplatz

3.9 Aufenthaltsflächen im Außenbereich

Schutzziele:

„Wenn der Wohnung ein Freisitz (Terrasse, Loggia oder Balkon) zugeordnet wird, muss dieser barrierefrei nutzbar sein." (DIN 18040-2:2011-09, Abschnitt 5.6)

„Absturzkanten, die nicht anderweitig, z. B. durch ein Geländer mit Tastleiste oder eine Hecke, gesichert sind, z. B. an Kaimauern, auf Podesten oder Terrassen, müssen für sehbehinderte und blinde Menschen rechtzeitig wahrnehmbar sein." (DIN 18040-3:2014-12, Abschnitt 4.7)

„Öffentlich zugängliche Grün- und Freizeitanlagen sowie Spielplätze müssen barrierefrei zugänglich und nutzbar sein." (DIN 18040-3:2014-12, Abschnitt 7)

Anforderungen:

- DIN 18040-2:2011-09, Abschnitt 5.6
- DIN 18040-3:2014-12, Abschnitt 4.7, 7
- DIN 18034:2020-10
- DIN 33942:2016-04

3.9.1 Freisitze, Terrassen und Balkone

Lösung:

Beschreibung der Lösung unter Berücksichtigung folgender Aspekte:

- *[Zugänglichkeit]* → *siehe auch Abschnitt 3.2*
- *[Bewegungsflächen]*
- *[Beschaffenheit von Bodenbelägen]*
- *[Ausblick und Brüstungshöhen]*
- *[Absturzsicherungen]*
- *[...]*

3.9.2 Gartenanlagen/Aufenthaltsflächen im Freien

Lösung:

Beschreibung der Lösung unter Berücksichtigung folgender Aspekte:

- *[Verkehrs- und Bewegungsflächen]*
- *[taktile Gestaltung der Wege/Grünflächen]*
- *[Beschaffenheit von Bodenbelägen]*
- *[Ausbildung von Geländeneigungen]*
- *[Anordnung und Gestaltung von Ruhe- und Verweilplätzen]*
- *[Einrichtungen im Außenraum, z. B. Sitzbänke, Pflanzbeete, Spielgeräte]*
- *[Treppen und Rampen]*
- *[Beleuchtung]*
- *[...]*

3.10 Alarmierung und Evakuierung/barrierefreies Rettungskonzept

Schutzziele:

„In Brandschutzkonzepten sind die Belange von Menschen mit motorischen und sensorischen Einschränkungen zu berücksichtigen, beispielsweise […]" (DIN 18040-1:2010-10, Abschnitt 4.7)

„Notrufanlagen müssen gewährleisten, dass motorisch oder sensorisch eingeschränkte Menschen Notfälle melden und Hilfe anfordern können." (DIN 18040-3:2014-12, Abschnitt 6.5)

Anforderungen:

- Bauordnungen, Sonderbauverordnungen, Betriebsverordnungen
- DIN 18040-1:2010-10, Abschnitt 4.7
- DIN 18040-3:2014-12, Abschnitt 6.5
- ASR V3a.2 Barrierefreie Gestaltung von Arbeitsstätten, Anhang A1.3, A2.3
- ASR A1.3 Sicherheits- und Gesundheitsschutzkennzeichnung
- ASR A2.3 Fluchtwege und Notausgänge
- VDI 4062:2016-04
- VDI 6017:2024-10

3.10.1 Alarmierungseinrichtungen

Lösung:

Beschreibung der Lösung unter Berücksichtigung folgender Aspekte:

- *[Alarmierung nach dem Zwei-Sinne-Prinzip]*
- *[Aufschaltmöglichkeit auf geplante bzw. vorhandene Brandmeldeanlage]*
- *[personengebundene/personenunabhängige Alarmierungseinrichtungen]*
- *[abgestimmte organisatorische/betriebliche Regelungen]*
- *[…]*

3.10.2 Möglichkeiten der Selbst- und Fremdrettung

Lösung:

Beschreibung der Lösung unter Berücksichtigung folgender Aspekte:

- *[Anzahl der Personen, die potenziell nicht zu Selbstrettung fähig sind oder personelle Unterstützung brauchen]*
- *[abweichende Rettungsstrategien für Menschen mit Behinderungen; barrierefreies Rettungskon-zept für unterschiedliche Nutzergruppen]*
- *[Möglichkeiten der Selbstrettung bis ins Freie bzw. bis zum Ende der Mobilitätskette]*
- *[Möglichkeiten der betrieblichen Rettung oder Fremdrettung ab dem Ende der Mobilitätskette]*
- *[abgestimmte organisatorische/betriebliche Maßnahmen]*
- *[…]*

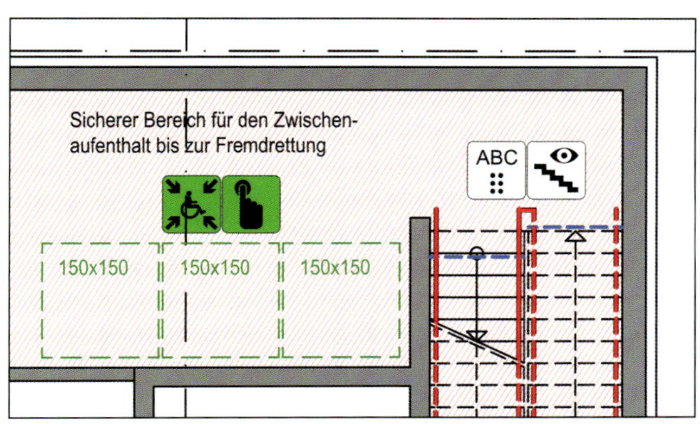

Abb. 3.10.2: Planausschnitt: sichere Bereiche im notwendigen Treppenraum

4 Bauliche Anforderungen an Barrierefreiheit – Räume

4.1 Sanitärräume

4.1.1 Allgemeines

Schutzziele:

„Barrierefreie Sanitärräume sind so zu gestalten, dass sie von Menschen mit Rollstühlen und Rollatoren und von blinden und sehbehinderten Menschen zweckentsprechend genutzt werden können." (DIN 18040-1:2010-10, Abschnitt 5.3.1)

„In einer Wohnung mit mehreren Sanitärräumen muss mindestens einer der Sanitärräume barrierefrei nutzbar sein." (DIN 18040-2:2011-09, Abschnitt 5.5.1)

„Wird der öffentliche Verkehrs- und Freiraum mit öffentlich zugänglichen Sanitärräumen ausgestattet, sind barrierefreie Sanitärräume nach DIN 18040-1 vorzusehen." (DIN 18040-3: 2014-12, Abschnitt 6.6)

Anforderungen:

- Bauordnungen, Sonderbauverordnungen, Arbeitsstättenverordnung
- DIN 18040-1:2010-10, Abschnitt 5.3.1
- DIN 18040-2:2011-09, Abschnitt 5.5.1
- DIN 18040-3:2014-12, Abschnitt 6.6
- ASR A4.1 Sanitärräume
- VDI 6008 Blatt 2:2012-12
- Richtlinienreihe VDI 6000:2024-07
- DGUV-I 207-006

Planungshinweis

Bei der Entwurfsplanung von barrierefreien Toiletten wird empfohlen, die erforderlichen Ausstattungselemente (Hygieneeimer, Papierabwurfkorb, Warmwasser-/Untertischgerät usw.) und deren Position frühzeitig, z. B. über Platzhalter, zu berücksichtigen, da diese Elemente später unter Umständen die Bewegungsflächen im Bereich der Sanitärobjekte einschränken können.

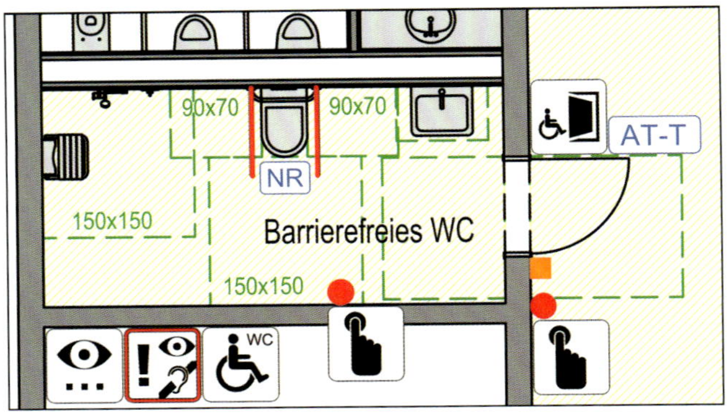

Abb. 4.1.A: Planausschnitt: barrierefreie Toilette (beidseitige Anfahrbarkeit)

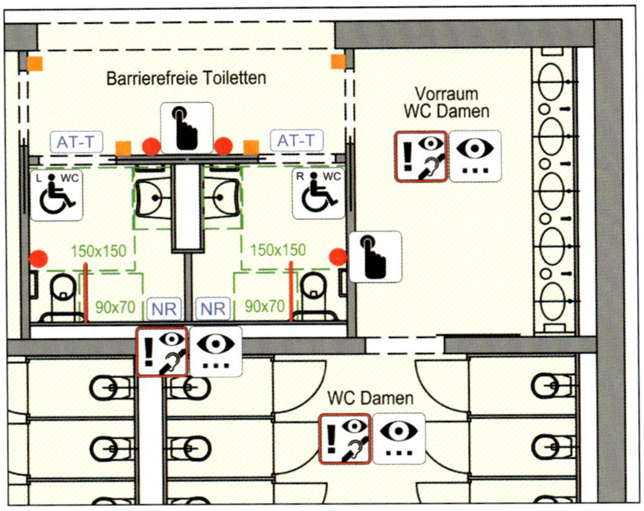

Abb. 4.1.B: Planausschnitt: sanitäre Anlage mit barrierefreien Toiletten (wechselseitige Anfahrbarkeit)

Lösung:

Beschreibung der Lösung unter Berücksichtigung folgender Aspekte:

- *[Erreichbarkeit und Zugänglichkeit der sanitären Anlagen] → siehe auch Abschnitt 3.2*
- *[Anzahl und Anordnung der barrierefreien Toiletten und Damen- bzw. Herren-Toiletten]*
- *[geschlechtsneutrale/-spezifische Ausführung der barrierefreien Toiletten, Anordnung innerhalb der sanitären Anlagen oder separat]*
- *[besondere Anforderungen für sensorisch eingeschränkte Personen, z. B. kontrastreiche Gestaltung, Alarmierung nach dem Zwei-Sinne-Prinzip]*
- *[Anordnung von Kleiderhaken]*
- *[barrierefreie bzw. barrierefreie und rollstuhlgerechte Raumgestaltung]*
- *[zusätzliche/besondere Ausstattung, z. B. Wickeltisch, Liege, Wanne, Lifter]*
- *[Sonderformen, z. B. Senioren-WC]*
- *[...]*

4.1.2 WC-Becken

Lösung:

Beschreibung der Lösung unter Berücksichtigung folgender Aspekte:

- *[Bewegungsflächen und Anfahrbarkeit des WC-Beckens]*
- *[Anordnung der barrierefreien Toiletten im Gebäude bei einseitiger Anfahrbarkeit des WC-Beckens]*
- *[Ausführung des WC-Beckens und der Ausstattungselemente]*
- *[Funktionsweise der Spülung]*
- *[zusätzliche Ausstattungen, z. B. Dusch-WC, Wasserschlauch]*

4.1.3 Waschbecken

Lösung:

Beschreibung der Lösung unter Berücksichtigung folgender Aspekte:

- *[Bewegungsflächen und Unterfahrbarkeit des Waschbeckens]*
- *[Ausführung des Waschbeckens, der Armatur und der Ausstattungselemente]*
- *[Anordnung anderer technischer Komponenten, z. B. Untertischgerät zur Warmwasserbereitung, Heizkörper]*
- *[…]*

4.1.4 Duschbereich

Lösung:

Beschreibung der Lösung unter Berücksichtigung folgender Aspekte:

- *[Bewegungsflächen innerhalb des Duschbereiches]*
- *[Anordnung der Armatur und der Handbedienelemente]*
- *[Ausführung der Ausstattungselemente, z. B. Haltegriffe, Klappsitze]*
- *[…]*

4.1.5 Notrufanlage

Lösung:

Beschreibung der Lösung unter Berücksichtigung folgender Aspekte:

- *[Art der Ausführung: vertikale/horizontale/umlaufende Zugschnur, Notruftaster]*
- *[Anordnung im Raum]*
- *[Bedienbarkeit im Sitzen und vom Boden aus]*
- *[Weiterleitung des Notrufes]*
- *[…]*

4.2 Umkleiden

Schutzziele:

„In den Umkleidebereichen von Sport- und Badestätten sowie Therapieeinrichtungen muss mindestens eine Umkleidekabine für das Aufstellen einer Liege nach 5.3.6 geeignet sein.“ (DIN 18040-1:2010-10, Abschnitt 5.4)

Anforderungen:

- DIN 18040-1:2010-10, Abschnitt 5.4

Lösung:

Beschreibung der Lösung unter Berücksichtigung folgender Aspekte:

- *[Erreichbarkeit und Zugänglichkeit der Umkleiden] → siehe auch Abschnitt 3.2*
- *[Bewegungsflächen]*
- *[Möblierung und sanitäre Ausstattung]*
- *[…]*

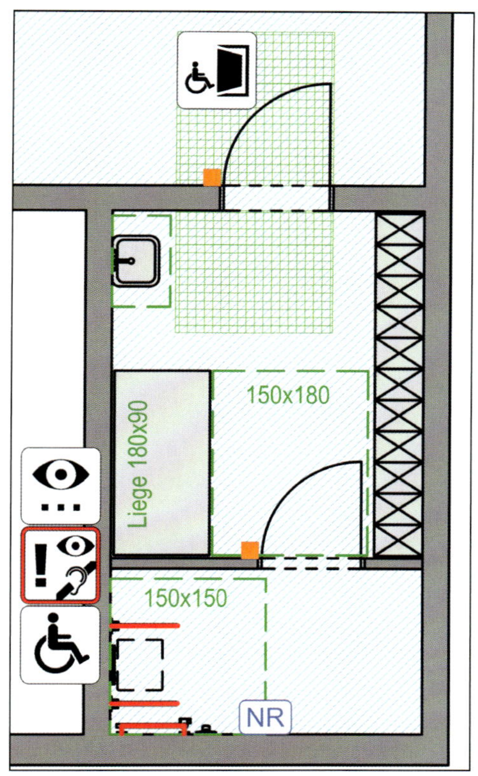

Abb. 4.2: Planausschnitt: Umkleide mit barrierefreier Dusche

4.3 Veranstaltungsräume

Schutzziele:

„In Räumen mit Reihenbestuhlung sind Flächen freizuhalten, die von Rollstuhlnutzern und gegebenenfalls deren Begleitpersonen genutzt werden können." (DIN 18040-1:2010-10, Abschnitt 5.2.1)

„In Versammlungs-, Schulungs- und Seminarräumen müssen für Menschen mit sensorischen Einschränkungen Hilfen für eine barrierefreie Informationsaufnahme zur Verfügung stehen." (DIN 18040-1:2010-10, Abschnitt 5.2.2)

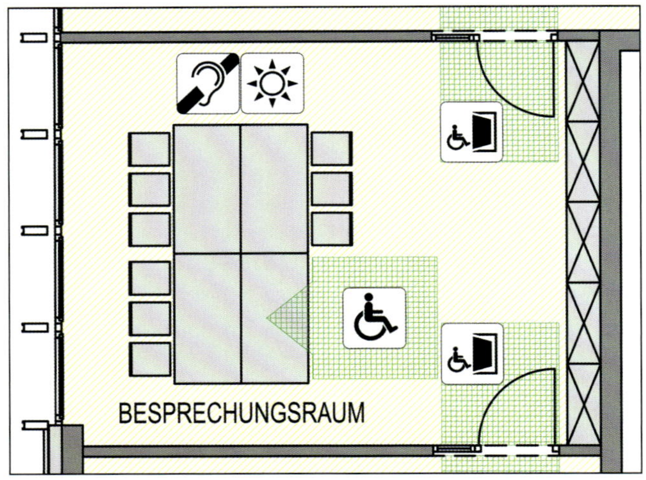

Abb. 4.3: Planausschnitt: Veranstaltungsraum

Anforderungen:

- Sonderbauverordnungen (Versammlungsstättenverordnung)
- DIN 18040-1:2010-10, Abschnitt 5.2.1
- DIN 18041:2016-03
- DIN EN 12464-1:2011-08
- Normenreihe DIN EN 13200
- ASR A3.4 Beleuchtung
- VDI 6008 Blatt 3:2014-01

Lösung:

Beschreibung der Lösung unter Berücksichtigung folgender Aspekte:

- *[Anordnung und Ausführung der Möblierung, z. B. Reihenbestuhlung/Hörsaal-Bestuhlung]*
- *[spezielle Plätze für Rollstuhlnutzer: Bewegungsflächen, gegebenenfalls Erschließung der Bestuhlungsebenen]*
- *[barrierefreie Kommunikationshilfen, technische Höranlage]*
- *[Beleuchtung]*
- *[Maßnahmen zur Verbesserung der Raumakustik]*
- *[...]*

4.4 Erste-Hilfe-Raum, Liegeraum

Anforderungen:

- DIN 18040-1:2010-10, Abschnitt 5.3.6
- ASR V3a.2 Barrierefreie Gestaltung von Arbeitsstätten, Anhang A4.2, A4.3
- ASR A4.2 Pausen- und Bereitschaftsräume
- ASR A4.3 Erste-Hilfe-Räume, Mittel und Einrichtungen zur Ersten Hilfe

Lösung:

Beschreibung der Lösung unter Berücksichtigung folgender Aspekte:

- *[Erreichbarkeit und Zugänglichkeit der Umkleiden] → siehe auch Abschnitt 3.2*
- *[Bewegungsflächen]*
- *[Möblierung und sanitäre Ausstattung]*
- *[...]*

4.5 Cafeteria, Speiseräume

Anforderungen:

- DIN 18040-1:2010-10, Abschnitt 4.1
- DIN 18040-2:2011-09, Abschnitt 5.4
- ASR V3a.2 Barrierefreie Gestaltung von Arbeitsstätten, Anhang A4

Lösung:

Beschreibung der Lösung unter Berücksichtigung folgender Aspekte:

- *[Bewegungsflächen zwischen Tischen und Ausgabetheken]*
- *[Art des Service, z. B. Teller-/Ausgabe-Service oder Selbstbedienung]*
- *[Anfahr-/Unterfahrbarkeit von Ausgabetheken je nach Art des Service]*
- *[Gestaltung und Höhe der Ausgabetheke]*
- *[Unterfahrbarkeit der Tische]*
- *[barrierefrei möblierte (Teil-)Bereiche]*
- *[...]*

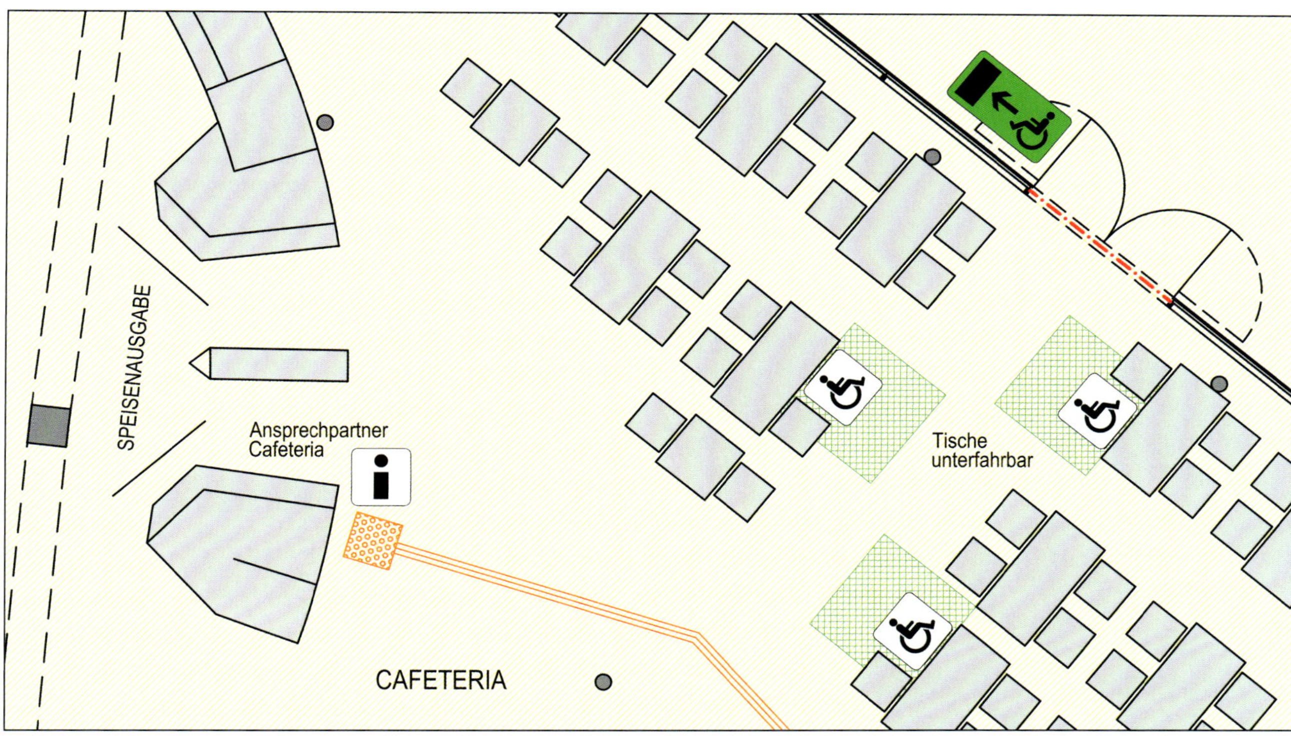

Abb. 4.5: Planausschnitt: Cafeteria mit Speisenausgabe

4.6 Bewohnerzimmer, Patientenzimmer

Schutzziele:

„Räume sind barrierefrei nutzbar, wenn sie so dimensioniert und bauseits ausgestattet bzw. vorbereitet sind, dass Menschen mit Behinderungen sie ihren speziellen Bedürfnissen entsprechend leicht nutzen, einrichten und ausstatten können." (sinngemäß nach DIN 18040-2:2011-09, Abschnitt 5.4)

Anforderungen:

- DIN 18040-2:2011-09, Abschnitt 5
- VDI 6008 Blatt 2:2012-12
- VDI 6008 Blatt 3:2014-01

Lösung:

Beschreibung der Lösung unter Berücksichtigung folgender Aspekte:

- *[barrierefreie bzw. barrierefreie und rollstuhlgerechte Raumgestaltung]*
- *[Raumabmessungen, Bewegungsflächen vor Möbeln]*
- *[Anfahr-/Unterfahrbarkeit der Möblierung]*
- *[Erreichbarkeit/Bedienbarkeit von Fenstern und Ausblick]*
- *[…]*

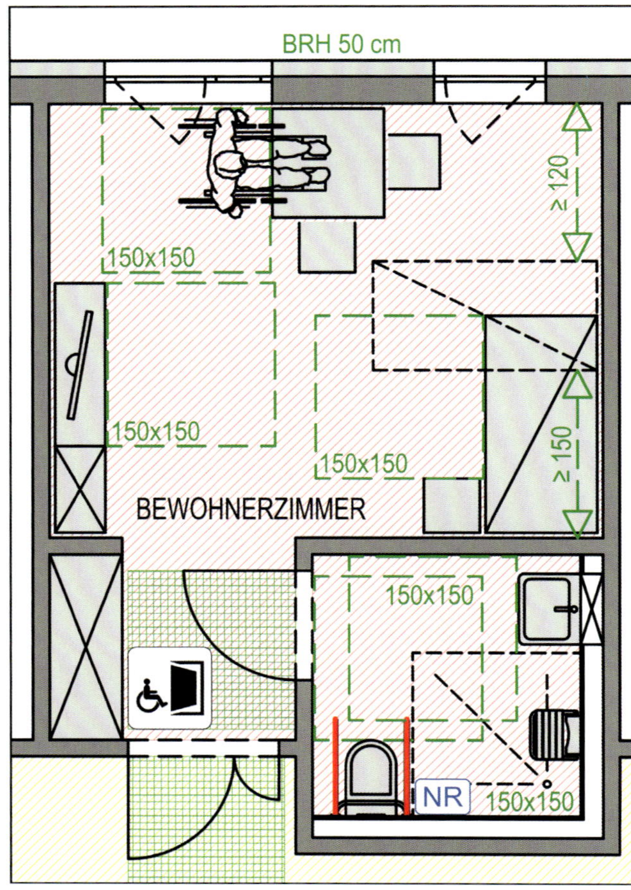

Abb. 4.6: Planausschnitt: Bewohnerzimmer

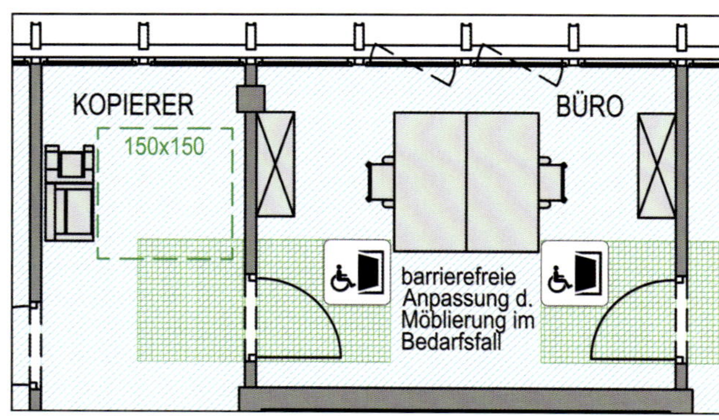

Abb. 4.7: Planausschnitt: Büro mit Nebenraum

4.7 Büroräume, Büronebenräume, Teeküchen (nur in Arbeitsstätten)

Schutzziele:

„Räume sind barrierefrei nutzbar, wenn sie so dimensioniert und bauseits ausgestattet bzw. vorbereitet sind, dass Menschen mit Behinderungen sie ihren speziellen Bedürfnissen entsprechend leicht nutzen, einrichten und ausstatten können." (sinngemäß nach DIN 18040-2:2011-09, Abschnitt 5.4)

„Bei der Festlegung der Anordnung und Gestaltung der Fenster, Oberlichter und lichtdurchlässigen Wände sind die besonderen Anforderungen von Beschäftigten mit Behinderungen zu berücksichtigen. Je nach Einbausituation und Auswirkung der Behinderung ist insbesondere auf Wahrnehmbarkeit, Erkennbarkeit, Erreichbarkeit und Nutzbarkeit zu achten." (ASR V3a.2, Anhang A1.6)

Anforderungen:

- DIN 18040-1:2010-10/DIN 18040-2:2011-09, Abschnitt 5.4
- DIN 18040-2:2011-09, Abschnitt 5.3.2
- DIN EN 13115:2001-11
- ASR V3a.2, Anhang A1.6
- ASR A1.2 Raumabmessungen und Bewegungsflächen
- ASR A1.6 Fenster, Oberlichter, lichtdurchlässige Wände
- ASR A3.4 Beleuchtung

Lösung:

Beschreibung der Lösung unter Berücksichtigung folgender Aspekte:

- *[Raumabmessungen, Bewegungsflächen vor Möbeln]*
- *[Anfahr-/Unterfahrbarkeit der Möblierung]*
- *[Erreichbarkeit/Bedienbarkeit von Fenstern]*
- *[Bewegungsflächen im Bereich von Fenstern]*
- *[Beleuchtung]*
- *[…]*

5 Abweichungen von den gesetzlichen Anforderungen

5.1 Normative Abweichungen

Tabellarische Zusammenstellung der objektkonkreten normativen Abweichungen mit Bezug zur entspre-chenden Anforderung der Norm oder der Technischen Baubestimmung sowie Auflistung ggf. zugehöriger Kompensationsmaßnahmen

5.2 Bauordnungsrechtliche Abweichungen

Tabellarische Zusammenstellung der objektkonkreten bauordnungsrechtlichen Anforderungen mit Bezug zu entsprechenden gesetzlichen Anforderungen

Bei Ausnahmen gem. § 50 Abs. 1 MBO oder Abweichungen gem. § 50 Abs. 4 MBO: Erläuterung der relevanten Tatbestandsvoraussetzungen sowie Nachweis des unverhältnismäßigen Mehraufwandes

6 Schlussbemerkung und Unterschriften

Auflistung der zugehörigen Konzeptpläne sowie sonstiger relevanter Anlagen zum Barrierefrei-Konzept, Unterschrift des Konzepterstellers, Unterschrift des Entwurfsverfassers und/oder Bauherrn

6 Konzept-Fortschreibung, Baubegleitung und Abnahme

6.1 Fortschreibung des Barrierefrei-Konzeptes

In der Ausführungsplanung (LPH 5) wird die Umsetzung der Barrierefreiheit weiter ausgearbeitet und konkretisiert. Dabei kann es vorkommen, dass eine Planung anders ausgeführt wird, als sie ursprünglich genehmigt wurde. Um die Barrierefreiheit des Gebäudes später lückenlos nachweisen zu können, sollte bei geänderten Ausführungen das Barrierefrei-Konzept fortgeschrieben werden. Treten gravierende Änderungen auf, sind diese erneut mit den Behörden oder Behindertenvertretungen abzustimmen. Eine Anpassung an den aktuellen Stand der Ausführung bietet den Vorteil, dass bei der Gebäudeübergabe an den Bauherrn oder Betreiber der abgestimmte Ist-Zustand dokumentiert werden kann. Nachträgliche Forderungen im Hinblick auf die Barrierefreiheit können dadurch klar abgegrenzt werden.

Ein wichtiges Thema im Hinblick auf die Umsetzung des theoretischen Barrierefrei-Konzeptes in die gebaute Praxis ist die Qualitätssicherung. Die Vorgaben, die im Barrierefrei-Konzept als Rahmen für die barrierefreie Umsetzung formuliert wurden, müssen im Zuge der Ausführungsplanung häufig noch detaillierter bewertet werden. Daher ist eine planungsbegleitende Beratungsleistung durch den Konzeptersteller zielführend, um die ursprüngliche Idee bzw. den konzeptionellen Ansatz durchgängig bis zur Umsetzung zu führen. Beratungen sind z. B. sinnvoll im Zusammenhang mit der Wahl geeigneter Produkte oder spezieller Detailausführungen.

Ergänzend hierzu sollten auch planungsbegleitende Prüfungen der Ausführungs- und Detailplanung durchgeführt werden, um die Barrierefreiheit der geplanten Lösung zu verifizieren. Sinnvollerweise erfolgen diese Prüfungen durch den Konzeptersteller, da er mit den festgelegten barrierefreien Lösungen bestens vertraut ist. Grundsätzlich kann jedoch auch ein anderer Fachplaner für barrierefreies Bauen hier prüfend und beratend tätig werden.

6.2 Fachbauleitung und stichprobenhafte Kontrollen

Die Qualitätssicherung hat auch in der LPH 8 ihren festen Platz. Zur Sicherstellung, dass die im Barrierefrei-Konzept beschriebenen Anforderungen auch in der Bauausführung umgesetzt werden, sind stichprobenhafte Kontrollen der Bauausführung erforderlich. Dadurch kann sichergestellt werden, dass die Barrierefreiheit nicht Opfer eventueller Bautoleranzen oder gewerkespezifischer Ausführungsvarianten wird. Sinnvollerweise werden die Begehungen vom Konzeptersteller durchgeführt, damit beim Abgleich zwischen Konzept und Ausführung eine qualifizierte Bewertung hinsichtlich der Barrierefreiheit der Ausführung erfolgen kann.

Stichprobenhafte Kontrollen sollten zu verschiedenen Stadien der Bauausführung stattfinden, damit Defizite rechtzeitig erkannt werden und damit durch entsprechende Lösungen auf sie reagiert werden kann.

Die **erste Kontrolle** sollte im Zuge der Rohbauabnahme bzw. vor Beginn der Ausbaus stattfinden, damit festgestellt werden kann, ob bauliche Maßtoleranzen ggf. im späteren Ausbau zu einer Einschränkung in der Umsetzung der Barrierefreiheit werden können. Als Beispiel sei hier die Umsetzung der Nullschwelle genannt, die eine hohe Maßgenauigkeit erfordert, damit später z. B. im Bereich von Türen oder bodengleichen Duschen keine ungewollten Ausgleichsschwellen entstehen. Darüber hinaus können auch Rohbauöffnungen von Türen und Elemente der vertikalen Erschließung (Treppen und Rampen) für eine Prüfung von Interesse sein.

Die **zweite Kontrolle** ist während des Ausbaus sinnvoll und in Abhängigkeit vom Fortschritt der Gewerke festzulegen. Je nach Bauvorhaben kann der Fokus auf unterschiedlichen Bauteilen liegen, für die eine Prüfung sinnvoll ist. Hierzu zählen beispielsweise:

- die Positionierung von Trockenbauwänden oder raumbildenden Elementen,
- die grundsätzlichen Montagehöhen der TGA-Gewerke (Elektro und Sanitär),
- die Ausbildung von Geländern und Handläufen,
- die Ausführung von Neigungen und bodengebundenen Leitsystemen im Bereich der äußeren Erschließung,
- usw.

Eine **dritte Begehung** wird kurz vor Fertigstellung als Vorbereitung auf die Schlussabnahme empfohlen. Da viele Elemente der Barrierefreiheit erst gegen Ende der Bauausführung umgesetzt werden, sollte auf eine Prüfung zu diesem Zeitpunkt nicht verzichtet werden. Bei der Prüfung sollte der Fokus unter anderem auf folgenden Ausführungen liegen:

- Umsetzung von Glas-/Stufenmarkierungen
- Montagehöhen von Sanitärelementen und Ausstattungselementen (Stützklappgriffe, Hygieneeimer, Seifen-/Papierspender usw.)
- Montagehöhen von Raumbeschilderung und weiteren Elementen von barrierefreien Leit- und Orientierungssystemen inklusive der barrierefreien Fluchtwegbeschilderung

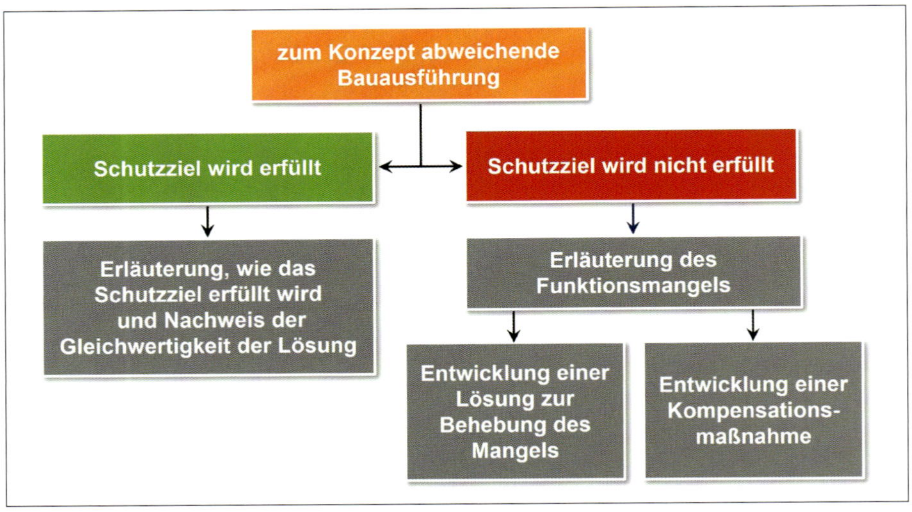

Abb. 6.1: Arbeitsschritte bei abweichender Bauausführung

- Fertiginstallation von technischen Einrichtungen (Klingel-/Gegensprechanlagen, Türtaster für Automatikantriebe, Bedienelemente von Aufzügen)
- Ausführung der Türtechnik inklusive der leichtgängigen Bedienbarkeit von Türen
- Umsetzung der Kennzeichnung von Hindernissen (Tastleisten, Sockelausbildungen, Aufmerksamkeitsfelder aus Bodenindikatoren, kontrastreiche Gestaltung usw.)
- Möblierung von Räumen

Wird bei der stichprobenhaften Kontrolle festgestellt, dass eine vom Konzept abweichende Ausführung vorliegt, so muss der Konzeptersteller bzw. die mit der Prüfung beauftragte Person entscheiden, ob das Schutzziel trotzdem erfüllt wird oder ob ein Funktionsmangel vorliegt. Das Ergebnis der stichprobenhaften Kontrolle wird in einem Kontrollbericht dokumentiert. Abb. 6.1 illustriert die Arbeitsschritte bei dieser Prüfung.

In Abhängigkeit von der Bewertung ist entweder zu erläutern, wie das Schutzziel erfüllt wird, oder es sind Lösungen zur Behebung des Funktionsmangels zu entwickeln. In diesem Fall sollten Planer und Fachplaner gemeinsam überlegen, ob eine bauliche Änderung bzw. Anpassung möglich ist oder ob der vorliegende Funktionsmangel über eine Kompensationsmaßnahme ausgeglichen werden kann. Damit die Bewertung jederzeit für alle am Bau Beteiligten nachvollziehbar und prüfbar ist, wird empfohlen, Erläuterungen zur Schutzzielerfüllung bzw. Gleichwertigkeit im Kontrollbericht schriftlich zu dokumentieren.

Je nach Art und Umfang der abweichenden Bauausführung und der daraus resultierenden Arbeitsschritte ist eine Fortschreibung des Barrierefrei-Konzeptes erforderlich. Unter Umständen ergibt sich daraus auch die Notwendigkeit, alternativ entwickelte Lösungen oder Kompensationsmaßnahmen zum Ausgleich eines Mangels mit Behörden (z. B. Bauaufsicht, Denkmalamt) nochmals abzustimmen. Anstelle einer Konzept-Fortschreibung besteht auch die Möglichkeit, vereinzelte Sachverhalte in einer separaten Stellungnahme zu erläutern und diese dem Barrierefrei-Konzept beizufügen.

Anhand dieses Ablaufs wird deutlich, worin die Vorteile einer Durchführung der stichprobenhaften Kontrolle durch den Konzeptersteller bestehen:

- Die konzeptionelle Lösung, die objektkonkret und nutzergruppenspezifisch entwickelt wurde, ist bekannt,
- die Funktionalität bzw. Gleichwertigkeit einer abweichenden Lösung kann auf Grundlage dieser Kenntnis qualifiziert bewertet werden, und
- Lösungen oder Kompensationsmaßnahmen können im Rückgriff auf das Barrierefrei-Konzept nach den gleichen Ansätzen entwickelt werden.

7 Leistungsbild und Honorare beim barrierefreien Bauen

(gekürzter Auszug aus: „Atlas barrierefrei bauen" (Hrsg. Nadine Metlitzky und Lutz Engelhardt), Kapitel F 4 „Leistungsbild und Honorare beim barrierefreien Bauen", Autorin: Stephanie Dietel)

7.1 Ausgangslage

Ausgehend vom Übereinkommen über die Rechte von Menschen mit Behinderungen der Vereinten Nationen (UN-Behindertenrechtskonvention, 2006), das 2009 in Deutschland in Kraft getreten ist, wurden sowohl in der Normung mit der dreiteiligen Normenreihe DIN 18040 „Barrierefreies Bauen – Planungsgrundlagen" als auch im Bauordnungsrecht die Anforderungen an die Barrierefreiheit konkretisiert. Inzwischen liegen zahlreiche Regelwerke vor, die sich ganz oder teilweise mit den Anforderungen an das barrierefreie Bauen beschäftigen.

Die Erfahrungen sowohl bei der Planung öffentlich zugänglicher Gebäude als auch bei der Errichtung, Abnahme und Übergabe dieser Gebäude an die Nutzer zeigen, dass eine korrekte, vollständige und prüfbare Umsetzung der Anforderungen einen erheblichen Aufwand bedeutet – sowohl für den Entwurfsverfasser bzw. Objektplaner als auch für die einzuschaltenden Fachingenieure. Dieser Aufwand ist in den Leistungsbildern der Grundleistungen nach der **Honorarordnung für Architekten und Ingenieure (HOAI)** nicht enthalten, auch weil die Leistungsbilder für das barrierefreie Bauen zum Zeitpunkt der Erstellung der Leistungsbilder der HOAI weder bekannt noch in ihrer Ausprägung detailliert erfasst waren.

Insbesondere ist das Erstellen von Barrierefrei-Konzepten – also Fachplanungen, die aus entsprechend gestalteten Plänen und einem Erläuterungsbericht bestehen – stets eine außerordentliche Leistung, die nicht als Grundleistung gem. HOAI vergütet wird. Das Erstellen von Barrierefrei-Konzepten ist bei allen öffentlich zugänglichen Gebäuden und den dazugehörigen Freianlagen zielführend, aber auch bei komplexen Wohnbauten oder Mischnutzungen sinnvoll. Dabei wird hinsichtlich der Anwendung auch nicht zwischen Neubau und Bestand unterschieden, sondern die Konzepterstellung gleichermaßen für alle Bauvorhaben mit Anforderungen an die Barrierefreiheit empfohlen.

Darüber hinaus bieten qualifizierte Barrierefrei-Konzepte auch einen Mehrwert im Zusammenhang mit Anforderungen, die sich zusätzlich zu den bauordnungsrechtlichen Anforderungen ergeben und eine besondere Betrachtungsweise erfordern. Hierzu gehören z. B. Anforderungen an eine barrierefreie Arbeitsplatzgestaltung, an die Förderfähigkeit bei der Wohnraumförderung sowie an die Einhaltung bestimmter Kriterien im Zuge einer Gebäudezertifizierung.

7.2 Erfordernis und Entwicklung eines Leistungsbildes

Die Komplexität des barrierefreien Bauens von Gebäuden und Freianlagen stellt die planenden, genehmigenden und ausführenden Parteien am Bau zunehmend vor Herausforderungen. Vor diesem Hintergrund wurden in den letzten Jahren in einigen Bundesländern Barrierefrei-Konzepte als zusätzliche Bauvorlagen eingeführt. Sie tragen dazu bei, die Planung der Barrierefreiheit nachweisbar zu dokumentieren, die Prüfung der Barrierefreiheit im Genehmigungsprozess zu vereinfachen und die Barrierefreiheit bis zur Schlussabnahme des Gebäudes konsistent umzusetzen.

Die damit einhergehenden Leistungen für das barrierefreie Bauen werden als Beratungs- und ergänzende Planungsleistungen erbracht und sind als Mitwirkungsleistung zu verstehen, die die bereits am Bau tätigen Objekt- und Fachplaner unterstützt und eine sichere, bedarfsgerechte und wirtschaftliche Umsetzung der Barrierefreiheit ermöglicht. Sie lassen sich in zwei wesentliche Aufgabenfelder einteilen: Die Leistungsphasen 1 bis 4 befassen sich mit der Erstellung des Barrierefrei-Konzeptes, während die Leistungsphasen 5 bis 8 der Qualitätssicherung bei der Umsetzung des Barrierefrei-Konzeptes dienen.

Die Etablierung dieser eigenständigen Leistungen zum barrierefreien Bauen erforderte die Definition eines generellen Leistungsbildes und die Schaffung einer Grundlage für die Honorierung dieser Leistungen. Denn nur durch eine einheitliche Anwendung entstehen transparente und vergleichbare Leistungen, die für den Auftraggeber nachvollziehbar sind und individuell bzw. für ein spezifisches Objekt beauftragt werden können.

Zu diesem Zweck wurde im Herbst 2017 ein AHO-Arbeitskreis Barrierefreiheit ins Leben gerufen. Dieser hatte die Aufgabe, das Leistungsbild und die Honorierung der Besonderen Leistungen bei der Planung der Barrierefreiheit festzuschreiben sowie die Anwendung ergänzend zu den Grundleistungen der HOAI zu definieren.

Bei der Erarbeitung der Inhalte diente ein von Kempen Krause Ingenieure entwickelter Vorschlag, der im Jahr 2016 auch im RM Verlag veröffentlicht wurde, als Grundlage. Die Anwendung dieses Vorschlags in der Praxis hat jedoch gezeigt, dass die Honorare, die mithilfe der ursprünglichen Honorarformel ermittelt wurden, in vielen Fällen als nicht auskömmlich erachtet wurden. Der Arbeitsaufwand bei der Konzepterstellung stand vor allem bei komplexen Bauvorhaben nicht in Relation zum generierten Honorar. Die Betrachtung mehrerer unterschiedlicher Nutzungen und barrierefreier Anwendungsbereiche in einem Objekt, der Umgang mit Bestandsbauten und Denkmalschutz und Besonderheiten wie Inklusionsvereinbarungen oder Objekte mit Förderschwerpunkt führten dazu, dass eine Differenzierung bei der Honorarermittlung erforderlich wurde.

Diese Praxiserfahrungen sind in die Arbeit des AHO-Arbeitskreises eingeflossen und haben maßgeblich dazu beigetragen, dass das Leistungsbild vor allem in den unteren Leistungsphasen angepasst wurde. Daraus folgten eine Ergänzung und Verschiebung von Teilleistungen sowie eine Anpassung der Prozentsätze. Der Schwerpunkt des Leistungsbildes wurde mit rund 60 % in die Leistungsphasen 1 bis 4 verlagert. Darin spiegelt sich vor allem der hohe Aufwand für die Erarbeitung des konzeptionellen Ansatzes, die fachübergreifenden Abstimmungsprozesse und die Begleitung der Entwurfsplanung bis zur Dokumentation im „Barrierefrei-Konzept“ wider. Darüber hinaus wurde die nötige Differenzierung bei der Honorarermittlung durch die Anwendung von Nutzungs- und Schwierigkeitsbeiwerten ermöglicht. Das final erarbeitete Leistungsbild wurde im Februar 2021 durch den AHO veröffentlicht.

Umfassende Erläuterungen sowie Berechnungsbeispiele für die Honorarermittlung runden das neue Leistungsbild ab und erleichtern die Anwendung für Konzeptersteller und Fachplaner für barrierefreies Bauen.

Die Fachplanungsleistung „Barrierefreies Bauen“ wird immer häufiger und selbstverständlicher von Bauherrn, Planungsbeteiligten und prüfenden Instanzen eingefordert und hat bereits einen hohen Stellenwert in der Planung eingenommen. Daher ist die Festschreibung der Besonderen Leistungen bei der Planung der Barrierefreiheit und die Anerkennung dieses neuen Leistungsbildes im AHO ein konsequenter und wichtiger Schritt zur Implementierung der Barrierefreiheit. Er führt gleichermaßen zu einem bewussteren Umgang mit dem barrierefreien Bauen wie zu einer Würdigung der damit verbundenen Leistungen, die in einer zeitgemäßen Architektur unentbehrlich sind. Im Hinblick auf das Thema Barrierefreiheit soll zukünftig nicht mehr die Frage nach dem Ob stehen, sondern ausschließlich nach dem Wie. Eine mögliche Antwort darauf liefert das „grüne“ Heft „Planung der Barrierefreiheit – Erstellung von Barrierefrei-Konzepten“ (2021), das als Heft Nr. 40 der AHO-Schriftenreihe erschienen ist.

7.3 Grundlagen der Honorarermittlung

7.3.1 Brutto-Grundfläche und relevante Außenanlagenfläche

Grundlage der Honorarermittlung für Fachplanungsleistungen zur Barrierefreiheit bilden die Brutto-Grundfläche (BGF) sowie die relevante Fläche der Außenanlagen. Relevant sind dabei stets die Flächen, für die Anforderungen an die Barrierefreiheit bestehen. Ist also auf Grundlage eines Raumprogramms oder ersten Vorentwurfs z. B. erkennbar, dass es ein Technikgeschoss geben wird, so kann dieses bei der Honorarermittlung komplett vernachlässigt werden, da an dieses Geschoss in der Regel keine Anforderungen an die Barrierefreiheit bestehen. Die entsprechenden Flächen würden in diesem Fall mit dem Faktor 0 angesetzt werden. Die Flächenermittlung der BGF bzw. der Freiflächen erfolgt darüber hinaus immer mit Bezug zu Gebäudebereichen oder Geschossen, also nie „raumscharf“.

Für die Angebotslegung bzw. die Honorarermittlung ist es unerlässlich, dass die objektkonkreten Flächen im Vorfeld beim Auftraggeber abgefragt werden oder zumindest aussagekräftige Planunterlagen angefordert werden, aus denen die BGF und die Außenanlagenflächen abgelesen bzw. ermittelt werden können. Im Hinblick auf die BGF sind hierzu z. B. maßstabsgerechte Skizzen oder Grundrisse der Vorentwurfsplanung geeignet. Für die Außenanlagen kann oftmals auch der Lageplan herangezogen werden, der Auskunft über die Grundstücksgrenze und die Verortung des Gebäudes gibt. Sofern noch keine Vorentwurfsplanung vorliegt, können auch die Flächenansätze der Bedarfsplanung als Grundlage für die Honorarermittlung herangezogen werden. Allerdings sind in diesem Fall zusätzlich die Konstruktions-Grundfläche sowie die Technik- und Verkehrsflächen zu berücksichtigen.

Bei der Honorarermittlung ist es wichtig, stets auf die Brutto-Grundfläche (BGF) Bezug zu nehmen und nicht etwa auf die Netto-Raumfläche (NRF) oder gar die Nutzungsfläche (NUF). Denn die Anforderungen an das barrierefreie Bauen beziehen sich auch auf die Baukonstruktion des Gebäudes und haben z. B. entscheidenden Einfluss auf Leibungstiefen, Fensterbrüstungen, Vorwandinstallationen, Öffnungshöhen usw. Ohne die Betrachtung der baukonstruktiven Elemente können die Anforderungen an das barrierefreie Bauen nicht in ausreichendem Maße umgesetzt werden.

Bei den Außenanlagen beschränkt sich die Betrachtung in der Regel auf die befestigten Wege- und Platzflächen, die zum Begehen oder Befahren vorgesehen sind. Da zum Zeitpunkt der Honorarermittlung häufig noch keine Außenanlagenplanung vorliegt, ist es ein möglicher Berechnungsansatz, die direkte Wegeführung von der Grundstücksgrenze bis zum Gebäudeeingang anzusetzen und mit einer Breite von 1,80 m zu multiplizieren. Darüber hinaus ist es zielführend, den Gebäudeumfang mit einer Breite von 1,50 m zu multiplizieren, um z. B. die befestigte Anbindung von Notausgängen auf unterschiedlichen Seiten des Gebäudes zu erfassen.

Die Ermittlungsgrundlage auf Basis der BGF und der relevanten Außenanlagenflächen funktioniert unabhängig von anrechenbaren Kosten. Daher ist eine verlässliche Honorarermittlung bereits zu einem sehr frühen Zeitpunkt möglich, z. B. bereits dann, wenn zunächst nur das Raumprogramm und die Nutzung feststehen.

Grundsätzlich ist es jedoch ratsam, bei der Angebotslegung darauf hinzuweisen, dass im Falle einer nachträglichen Flächenänderung eine Anpassung des Honorars vorgenommen werden kann. Nur so können auch die Honorare, die zu einem sehr frühen Zeitpunkt ermittelt wurden, nachträglich hinsichtlich ihrer Auskömmlichkeit an den tatsächlichen Betrachtungsumfang angepasst werden.

Praxistipp: Mehr- und Minderflächen

Es wird empfohlen, bereits bei Angebotserstellung darauf hinzuweisen, dass bei Rechnungsstellung die tatsächlichen Flächen maßgeblich sind und bei Flächenunterschieden von z. B. 10 % eine Anpassung des Honorars erfolgt.

7.3.2 Nutzungsfaktoren

Die ermittelten Flächen von BGF und Außenanlagen werden mit Nutzungs- und Schwierigkeitsbeiwerten belegt, wodurch die nötige objektkonkrete Differenzierung bei der Honorarermittlung stattfinden kann. Der Vorteil liegt darin, dass damit in Abhängigkeit von der jeweiligen Gebäudenutzung einer mehr oder weniger komplexen Konzepterstellung Rechnung getragen werden kann.

Zur Anwendung der Nutzungsfaktoren und Schwierigkeitsbeiwerte sind die Gebäudebereiche oder Geschosse mit vergleichbarer Nutzung zusammenzufassen und mit den entsprechenden Beiwerten zu multiplizieren. Die daraus entstehenden Flächenäquivalente fließen später in die Honorarformel ein.

Die Nutzungsfaktoren (vgl. Tabelle 7.1) orientieren sich an sogenannten Standardobjekten, die mit dem Faktor 1,0 be-

Tabelle 7.1: Nutzungsfaktoren n für Gebäude und Innenräume sowie Freianlagen gem. AHO-Heft Nr. 40 (2021)

lfd. Nr.	Nutzung (Gebäude und Innenräume)	Faktor	Anwendungshinweis
1	Produktions- und Werkstätten	0,6	
2a	Büro- und Verwaltung: Detailplanung innerhalb der Nutzungseinheit	1,0	Differenzierung nach dem Umfang der Betrachtung
2b	Büro- und Verwaltung: nur generelle Erschließung der Nutzungseinheit	0,2	Differenzierung nach dem Umfang der Betrachtung
3	Garagen und Parkhäuser	0,2	Ermittlung i. d. R. über die gesamte BGF
4	Abfertigungsgebäude (Flughafen, Bahnhof, Terminal)	0,8	
5a	(Studenten-)Wohnheime, besondere Wohnformen (z. B. Betreutes Wohnen)	1,0	
5b	Mehrfamilienwohngebäude	1,0	Ergänzung der Autorin, bisher nicht in AHO-Heft Nr. 40 (2021) enthalten
6	Wohnen mit Betreuungsleistung (z. B. Behindertenwohnheime, Pflegeeinrichtungen)	1,5	
7	Beherbergung	1,3	
8	Bettentrakte in Krankenhäusern	1,3	
9	Untersuchungs- und Behandlungsbereiche (in Krankenhäusern, Arztpraxen und therapeutischen Einrichtungen)	1,4	
10	Kindertageseinrichtungen, Kindergärten	0,8	
11	Schulen (Grund-, Real-, Ganztagsschulen, Gymnasien, Berufsschulen)	1,2	
12	Hochschulen (mit/ohne Campus)	1,4	gilt sowohl für einzelne Institutsgebäude als auch für andienende Gebäude, z. B. Mensa, Bibliothek, Audimax
13	Messe und Ausstellung	0,9	
14	Museen, Bibliotheken	1,1	greift i. d. R. bei Gebäuden mit Einzelnutzung (im Gegensatz zu Gebäuden mit Mischnutzung)
15	Verkauf	1,0	gilt sowohl für einzelne Ladenlokale als auch für Shopping-malls
16	Gastronomie	1,2	
17	Sport- und Freizeitanlagen, Turnhallen	0,9	gilt auch, wenn sie Bestandteil einer Schule sind
18	Veranstaltung (Konferenzen, Theater, Konzert, Kino, Sakralbauten)	1,4	greift i. d. R. bei Gebäuden mit Einzelnutzung (im Gegensatz zu Gebäuden mit Mischnutzung)
lfd. Nr.	**Nutzung (Freianlagen)**	**Faktor**	**Anwendungshinweis**
1	Notwendige Erschließungsflächen	0,8	umfasst i. d. R. die befestigte Anbindung der Haupt-, Nebeneingänge und Notausgänge
2	Allgemeine Aufenthaltsflächen	0,6	umfasst nur befestigte Flächen, jedoch keine Grün- oder Bepflanzungsflächen, z. B. Terrassen
3	Relevante Park- und Stellplatzflächen	0,4	umfasst i. d. R. nur die barrierefreien PKW-Stellplätze inkl. Zuwegung
4	Besonders zu gestaltende Grün- und Parkanlagen (z. B. Sinnesgarten)	0,9	
5	Spielplätze und Bewegungsflächen mit erhöhter Ausstattung	1,0	

wertet werden, und ordnen sich in Relation dazu entweder darüber oder darunter an. Zu den Standardobjekten gehören beispielsweise Büro- oder Wohngebäude und Verkaufsstätten. In der Bewertung wird davon ausgegangen, dass für diese Gebäude ein durchschnittlicher Bearbeitungsaufwand bei der Konzepterstellung anfällt.

Praxistipp: Standardgebäude

Bürogebäude und klassische Mehrfamilienwohngebäude werden als Standardgebäude mit einem Nutzungsfaktor 1,0 bewertet.

Bei der Nutzung „Büro und Verwaltung" gibt es darüber hinaus eine Besonderheit. Denn es werden unterschiedliche Nutzungsfaktoren angesetzt, je nachdem, ob die gesamte Büromieteinheit betrachtet wird oder lediglich die Erschließung bis zur Mieteinheit. Ein entsprechender Anwendungsfall ergibt sich z. B. bei einem Neubauprojekt mit mehreren Mieteinheiten, bei dem zum Zeitpunkt der Bauantragsstellung die Mieter noch nicht feststehen. Infolgedessen kann auch die Frage nach dem potenziellen Publikumsverkehr bzw. nach dem Anwendungsbereich der Barrierefreiheit noch nicht beantwortet werden. Häufig werden in einem solchen Fall zunächst nur die Allgemeinflächen außerhalb der Mieteinheiten barrierefrei gestaltet, und der barrierefreie Ausbau innerhalb der Mieteinheit verlagert sich entweder auf einen späteren Zeitpunkt oder geht in die Verantwortung des Mieters über.

Zu den Objekten mit erhöhten Nutzungsfaktoren gehören unter anderem bestimmte Sonderwohnformen, Beherbergungsstätten, medizinische Einrichtungen oder Hochschulen. Diese Nutzungen zeichnen sich dadurch aus, dass

- mit ihnen entweder erhöhte Anforderungen an die Barrierefreiheit einhergehen oder
- mit besonders „schützenwerten" Nutzergruppen zu rechnen ist, z. B. pflegebedürftigen oder kranken Menschen, oder
- mehrere Regelwerke zur Barrierefreiheit gleichzeitige Anwendung finden oder
- von besonders komplexen Betriebsabläufen oder funktionalen Zusammenhängen auszugehen ist.

Da für diese Nutzungen ein hoher Bearbeitungsaufwand zu erwarten ist, greifen hier auch entsprechend hohe Nutzungsfaktoren. Diese Kategorisierung sollte stets noch einmal objektkonkret hinterfragt werden, denn letztendlich bestimmt die Aufgabenstellung den tatsächlichen Umfang der Bearbeitung.

Sofern in einem Gebäude oder auch im Außenbereich verschiedene Nutzungen vorgesehen sind, sind die BGF und die Außenanlagenflächen beim Auftraggeber nach diesen Nutzungen getrennt abzufragen. Sofern noch nicht geklärt ist, wie sich die Flächenzuordnung nach Nutzungen gestaltet – z. B. weil das Raumprogramm noch nicht festgeschrieben wurde –, können bei der Honorarermittlung die unterschiedlichen Nutzungsfaktoren gemittelt werden. Der durchschnittliche Nutzungsfaktor wird dann über die gesamte BGF angewendet. Das Berechnungsbeispiel in Abschnitt 7.4.2 stellt beide Ermittlungsmethoden gegenüber, sodass ein direkter Vergleich zwischen der Honorarermittlung getrennt nach Nutzungen und gemittelt über alle Nutzungen möglich ist.

7.3.3 Schwierigkeitsbeiwerte

Neben den Nutzungsfaktoren fließen auch Schwierigkeitsbeiwerte (vgl. Tabelle 7.2) in die Honorarberechnung mit ein. Diese können im Gegensatz zu den Nutzungsfaktoren auch in Kombination angewendet werden, d. h., es können mehrere Beiwerte gleichzeitig angesetzt werden. Die Schwierigkeitsbeiwerte bilden besondere „Herausforderungen" bei der Konzepterstellung ab, z. B. den Geltungsbereich mehrerer Regelwerke, wenn zusätzlich zu den öffentlich zugänglichen Bereichen auch die Bereiche der Arbeitsstätte mitbetrachtet werden sollen (Schwierigkeitsbeiwerte sA und sAi), oder den Umgang mit den baulichen Gegebenheiten im Bestand und den daraus resultierenden Abweichungen, die regelmäßig zu erwarten sind (Schwierigkeitsbeiwerte sB und sBd). In unserer digitalen und vielschichtigen Arbeitswelt kann es aber auch angebracht sein, besondere Aspekte zu berücksichtigen, die den Bearbeitungsablauf beeinflussen, wie z. B. mehrstufige Verfahren (Schwierigkeitsbeiwert sMv), den Einsatz von Datenplattformen (Schwierigkeitsbeiwert sDa) oder besondere Dokumentationsstandards (Schwierigkeitsbeiwert sDo). Und nicht zuletzt können auch erhöhte Planungsanforderungen den Ansatz eines Schwierigkeitsbeiwertes rechtfertigen (Schwierigkeitsbeiwerte sTo und sP).

Tabelle 7.2: Schwierigkeitsbeiwerte s gem. AHO-Heft Nr. 40 (2021)

lfd. Nr.	Kriterium	Abkürzung	Beiwert
1a	Zusätzliche Betrachtung der Arbeitsstätte	sA	1,2
1b	Zusätzliche Betrachtung der Arbeitsstätte mit Inklusionsvereinbarung	sAi	1,3
2	Objekte mit Förderschwerpunkt	sF	1,2
3	Objekte mit Sicherheitsanforderungen (u. a. Gerichte, Haftanstalten, staatliche Einrichtungen, geschützte Stationen in Krankenhäusern, Tresorräume in Banken)	sSa	1,3
4a	Bestandsgebäude	sB	1,3
4b	Bestandsgebäude mit Denkmalschutz	sBd	1,4
5	Mehrstufige Verfahren, längere Planungszeiten (z. B. nach RBBau[1)])	sMv	1,1
6	Einsatz von Datenplattformen	sDa	1,1
7	Besondere Dokumentationsstandards	sDo	1,1
8	Topografisch schwierige Verhältnisse	sTo	1,2
9	Überdurchschnittliche Anforderungen an Leit- und Orientierungssysteme	sP	1,2

1) Richtlinien für die Durchführung von Bauaufgaben des Bundes

Bei den zugrunde gelegten Flächen ist demnach zu unterscheiden zwischen Neubau und Bestand. Diese Differenzierung ist erforderlich, um die Schwierigkeitsbeiwerte „Bestandsgebäude“ (Schwierigkeitsbeiwert sB) und „Bestandsgebäude mit Denkmalschutz“ (Schwierigkeitsbeiwert sBd) im Vergleich zum Neubau flächenmäßig korrekt zuzuordnen.

Gleiches kann auch für die Schwierigkeitsbeiwerte „Arbeitsstätte“ (Schwierigkeitsbeiwert sA) und „Arbeitsstätte mit Inklusionsvereinbarung“ (Schwierigkeitsbeiwert sAi) gelten. Sofern der Auftraggeber bereits genau festlegen kann, in welchen Bereichen des Gebäudes er eine Betrachtung der Arbeitsstätte hinsichtlich der Barrierefreiheit wünscht, kann eine entsprechende Zuordnung der Teilfläche erfolgen.

Häufig ist es jedoch auch Aufgabe der Fachplanung Barrierefreiheit, planungsbegleitend zu ermitteln, welche Gebäudebereiche als barrierefreie Arbeitsstätte geeignet sind. Diese Thematik ergibt sich z. B. im Zusammenhang mit einer Zertifizierung nach dem Bewertungssystem Nachhaltiges Bauen (BNB) oder durch die Deutsche Gesellschaft für Nachhaltiges Bauen e. V. (DGNB), bei der sich die Anforderungen an die barrierefreie Gestaltung von Arbeitsstätten in Abhängigkeit von der angestrebten Qualitätsstufe ergeben: Je höher die Qualitätsstufe ist, desto größer ist der flächenmäßige Anteil an der Gesamtarbeitsstättenfläche, der barrierefrei zu gestalten ist. Da bei dieser Fachplanungsleistung bzw. Beratungsleistung üblicherweise das gesamte Gebäude betrachtet wird, ist der Schwierigkeitsbeiwert entsprechend auf die gesamte BGF anzuwenden anstatt nur auf eine Teilfläche des Gebäudes. Das Berechnungsbeispiel in Abschnitt 7.4.2 zeigt die Honorarermittlung für ein Schulgebäude mit und ohne Betrachtung der Arbeitsstätte.

Praxistipp: Zertifizierungssysteme

In Deutschland werden vor allem Neubauten häufig nach dem DGNB-System zertifiziert. Obwohl das Kriterium „SOC 2.1 Barrierefreiheit“ nur einen Anteil von etwa 4 bis 6 % an der Gesamtbewertung hat, stellt es ein Ausschlusskriterium dar. Das bedeutet, dass die Mindestanforderungen an die Barrierefreiheit für die Zulassung zur Zertifizierung erbracht sein müssen. Je nach Qualität und Quantität der Umsetzung kann eine höhere Qualitätsstufe bei der Zertifizierung erreicht werden, was sich positiv auf die Gesamtbilanz des Gebäudes auswirkt.

Insbesondere für Bundesbauten greift das *Bewertungssystem Nachhaltiges Bauen* (BNB), das sich als Instrument zur Planung und Bewertung nachhaltiger und in der Regel öffentlicher Bauvorhaben versteht. Die Bewertungssystematik ist vergleichbar mit der des *DGNB-Systems*; eine Mindestumsetzung der Barrierefreiheit in den öffentlich zugänglichen Bereichen ist auch hier obligatorisch. Weitere Informationen finden Sie unter:

Bewertungssystem Nachhaltiges Bauen (BNB): https://www.bnb-nachhaltigesbauen.de/

Deutsche Gesellschaft für Nachhaltiges Bauen (DGNB): https://www.dgnb.de/de

7.3.4 Einsatz von Flächenfaktoren

Die Berücksichtigung von Flächenfaktoren ist in dem AHO-Heft Nr. 40 (2021) nicht explizit vorgesehen, ergibt sich aber in manchen Fällen automatisch. Zum Beispiel, wenn aus der Planung hervorgeht, dass nicht der gesamte Flächenansatz für die Betrachtung der Barrierefreiheit relevant ist. Bei Außenanlagen ergibt sich dieser Tatbestand regelmäßig, wenn davon auszugehen ist, dass die Außenanlagen nicht nur aus befestigten Flächen bestehen, sondern auch Grün- und Pflanzflächen geplant sind. Mithilfe des Flächenfaktors kann der Anteil, an den keine Anforderungen an die Barrierefreiheit bestehen und der folglich in der Fachplanung auch nicht bearbeitet wird, berücksichtigt werden.

Ein weiterer Anwendungsfall für den Flächenfaktor ergibt sich bei Gebäuden, die vergleichbare Geschossgrundrisse aufweisen, z. B. Hochhäuser mit Büro- oder Wohnnutzung. Sind die Grundrisse sehr ähnlich, kann es ein geeigneter Ansatz sein, bei der Honorarermittlung lediglich die Erschließung des Geschosses zu betrachten, nicht jedoch die übrigen Flächen. Für die Erschließung kann dann je nach Geschossgröße z. B. ein Flächenfaktor zwischen 0,15 und 0,25 angesetzt werden.

7.4 Berechnungsbeispiele

In diesem Abschnitt wird die Ermittlung von Honoraren anhand von Berechnungsbeispielen erläutert. Die Beispiele zeigen die Vorgehensweise auf in Abhängigkeit von den Angaben, die vom Auftraggeber für die Angebotslegung übermittelt werden. Ebenso werden unterschiedliche Ansätze gezeigt, die sich aufgrund unterschiedlicher Aufgabenstellungen und des daraus resultierenden Betrachtungsumfangs ergeben.

7.4.1 Neubau Kindertagesstätte

Folgende Aufgabenstellung für die Fachplanung Barrierefreiheit liegt dieser Beispielrechnung zugrunde: Für den Neubau einer Kindertagesstätte (Kita) für sechs Gruppen soll ein Barrierefrei-Konzept erstellt werden, das als Bauvorlage zum Bauantrag eingereicht wird. Der Neubau umfasst ein zweigeschossiges Gebäude, dessen Erschließung über das Erdgeschoss erfolgt. Da das Grundstück eine Hanglage aufweist, hat das Untergeschoss einen ebenerdigen Zugang zu den Außenanlagen. Zudem gehören zum Betrachtungsumfang die Außenanlagen, die der äußeren Erschließung des Gebäudes dienen, sowie Spielflächen für die Kinder im rückwärtigen unteren Bereich des Gebäudes. Der Auftraggeber übermittelt folgende Flächen:

- BGF Kita Erdgeschoss: 795 m^2
- BGF Kita Gartengeschoss: 665 m^2

Zur Ermittlung der relevanten Außenanlagenflächen legt der Auftraggeber die Grundrisse mit Darstellung der Grundstücksgrenze und der rudimentären äußeren Erschließung bei (siehe Abb. 7.1 und Abb. 7.2). Aus diesen lässt sich entnehmen, dass das Gebäude von der Straße aus über den Haupteingang im Erdgeschoss erschlossen wird. Notwendige PKW-Stellplätze sollen auf der linken Seite des Gebäudes verortet werden. Zudem sollen die tiefer liegen-

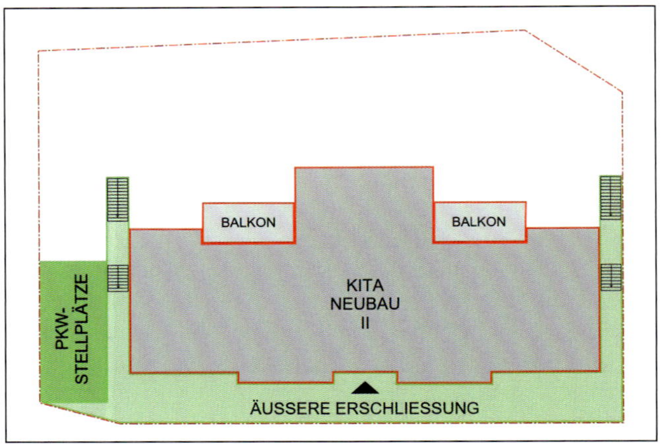

Abb. 7.1: Prinzipskizze Kita Erdgeschoss

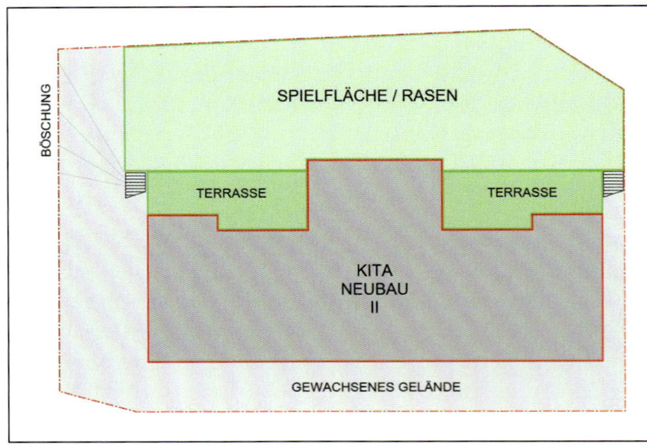

Abb.7.2: Prinzipskizze Kita Gartengeschoss

den Spielflächen an die Haupterschließungsfläche angebunden werden, damit zum einen die Fluchtwege sichergestellt werden und zum anderen die nachträgliche Einbringung von Spielgeräten und Bepflanzungen erfolgen kann.

Die relevanten Außenanlagenflächen werden durch überschlägige Flächenermittlung anhand der Grundrisse ermittelt. Hieraus ergeben sich folgende Flächenansätze:

- äußere Erschließungsfläche: 300 m²
- PKW-Stellplätze: 85 m²
- Spiel- und Aufenthaltsflächen im Garten: 770 m²

Die Balkone des Erdgeschosses sind bereits in der BGF erfasst und zählen nicht zu den relevanten Außenanlagen. Anders verhält es sich mit den Terrassen im Gartengeschoss. Diese sind gem. DIN 277:2021-08 „Grundflächen und Rauminhalte im Hochbau" in der BGF nicht berücksichtigt und werden daher gesondert ausgewiesen. Da im Hinblick auf die Spiel- und Aufenthaltsflächen davon auszugehen ist, dass nur ein Teil befestigt ausgebildet wird und der übrige Teil als Rasen- oder Pflanzfläche gestaltet wird, kann hier die aus dem Grundriss abgegriffene Fläche optional mit einem Flächenfaktor von 0,7 angerechnet werden.

Praxistipp: Flächenfaktor

Ist bei BGF- oder Außenanlagenflächen davon auszugehen, dass üblicherweise nicht die gesamte Fläche für die barrierefreie Nutzung relevant ist, kann diesem Umstand mit einem Flächenfaktor Rechnung getragen werden.

Den ermittelten Flächen werden die entsprechenden Nutzungsfaktoren (vgl. Tabelle 7.1) und Schwierigkeitsbeiwerte zugewiesen (vgl. Tabelle 7.2).

Anschließend werden alle BGF- und Außenanlagenflächen mit den Flächen- und Nutzungsfaktoren sowie den Schwierigkeitsbeiwerten multipliziert. Das Flächenäquivalent für den Kitaneubau beträgt 1.765,40 m² (vgl. Tabelle 7.3).

In diesem Beispiel wird kein Schwierigkeitsbeiwert angesetzt. In der Berechnung ist daher dieser Wert entweder wegzulassen oder als Bestandteil der Multiplikation mit dem Wert 1,0 zu berücksichtigen. Das Flächenäquivalent A_q wird in die Honorarformel eingesetzt, um das

Tabelle 7.3: Berechnung des Flächenäquivalents für den Kitaneubau

Geschoss	BGF/Außenanlagenfläche	FFlächenfaktor	Nutzungsfaktor n	Schwierigkeitsbeiwert s	Flächenäquivalent A_q
Erdgeschoss	795,00 m²	1,0	0,8 a)	–	636,00 m²
Gartengeschoss	665,00 m²	1,0	0,8 a)	–	532,00 m²
Äußere Erschließungsflächen	300,00 m²	1,0	0,8 b)	–	240,00 m²
PKW-Stellplätze	85,00 m²	1,0	0,4 c)	–	34,00 m²
Spiel-/Aufenthaltsflächen	770,00 m²	0,7	0,6 d)	–	323,40 m²
Summe	**2.615,00 m²**				**1.765,40 m²**

a) Nutzungsfaktor „Kindertageseinrichtungen, Kindergärten"
b) Nutzungsfaktor „Notwendige Erschließungsflächen"
c) Nutzungsfaktor „Relevante Park- und Stellplatzflächen"
d) Nutzungsfaktor „Allgemeine Aufenthaltsflächen"

Nettohonorar für 100 % der Regelleistungen gem. AHO-Heft Nr. 40 (2021) zu ermitteln (vgl. Tabelle 7.4).

Tabelle 7.4: Berechnung des Honorars für 100 % Regelleistungen gem. AHO-Formel

Honorarermittlung
$H = 2.100 + 110 \times A_q^{0,6}$ $H = 2.100 + 110 \times 1.765,40^{0,6}$ **H = 11.861,09 €**

Um auch bei flächenmäßig kleinen Bauvorhaben eine Mindesthonorierung sicherzustellen, wird in der Formel ein „Sockelbetrag" von 2.100 € zugrunde gelegt.

Das Nettohonorar für die Regelleistungen der Phasen 1 bis 8 gem. AHO-Heft Nr. 40 (2021) beträgt 11.861,09 €. Da der Leistungsumfang jedoch nur die Erstellung des Barrierefrei-Konzepts umfasst, welches den Regelleistungen der Phasen 1 bis 4 entspricht, sind lediglich 60 % anzusetzen (vgl. Tabelle 7.5). Das Nettohonorar für die Kindertagesstätte beträgt somit 7.116,66 €. Dem Nettohonorar sind die individuellen Nebenkosten sowie die gesetzliche Mehrwertsteuer hinzuzurechnen.

Tabelle 7.5: Aufteilung des Honorars nach Phasen

Phasen Regelleistungen	Prozentsatz	Honorar
Phasen 1 bis 4 (Angebot)	**60 %**	**H = 7.116,66 €**
Phasen 5 bis 8	40 %	H = 4.744,43 €
Phasen 1 bis 8	100 %	H = 11.861,09 €

Bei der Verteilung der Prozentsätze auf die jeweiligen Phasen der Bearbeitung verlagert sich der Schwerpunkt auf die Phasen 1 bis 4 (vgl. Tabelle 7.6). Der Grund dafür liegt unter anderem in dem hohen Ansatz für die konzeptionelle Leistung bei der Entwicklung der barrierefreien Lösungen sowie in der umfangreichen Nachweisführung anhand des schriftlichen Erläuterungsberichtes und der zugehörigen Barrierefrei-Pläne.

Die Phasen der Bearbeitung gem. AHO-Heft Nr. 40 (2021) sind nicht automatisch deckungsgleich mit den Leistungsphasen gem. Honorarordnung für Architekten und Ingenieure (HOAI, 2013). Sie können parallel zueinander verlaufen, müssen dies aber nicht. Vielmehr hängt die zeitliche Eingliederung in den Planungsprozess u. a. von der konkreten Planungsaufgabe und den länderspezifischen Vorgaben für das barrierefreie Bauen ab.

Praxistipp: Degressive Honorarbildung

Die Honorarformel ist degressiv ausgelegt. Das bedeutet, dass mit der Vergrößerung der Fläche eine proportional geringere Steigerung des Honorars einhergeht.

7.4.2 Bestandserweiterung und Neubau Schule

Das Bauvorhaben umfasst die Erweiterung einer bestehenden zweigeschossigen Grundschule um eine Realschule. Der u-förmige Erweiterungsbau, der ebenfalls zweigeschossig ausgebildet wird, soll die Räumlichkeiten für die Klassenstufen 5 bis 10 beherbergen. Im Erdgeschoss ist zudem eine Aula geplant, die für Veranstaltungen mit bis zu 350 Personen genutzt werden kann. Im Obergeschoss ist eine Bibliothek mit Selbstlernzentrum vorgesehen. Durch die Schulerweiterung wird ein neuer Verwaltungstrakt erforderlich, der zukünftig sowohl die Verwaltung der Grundschule als auch der Realschule umfasst. Das Bestandsgebäude wird in seiner Struktur und Raumaufteilung weitgehend erhalten, jedoch werden die bisherigen Verwaltungsräume zu Unterrichtsräumen umgebaut. Der vorhandene Schulhof wird durch einen neuen größeren Schulhof ersetzt, der durch

Tabelle 7.6: Verteilung der Prozentsätze nach Phasen gem. AHO-Heft Nr. 40 (2021)

Phasen Regelleistungen	Prozentsatz	Hinweis
Phase 1: Vorleistung, Grundlagenbearbeitung	8 %	konzeptionelle Entwicklung der barrierefreien Lösungen und umfangreiche Ausarbeitung, Ergebnis: Barrierefrei-Konzept
Phase 2: Vorplanung und Konzeption	12 %	
Phase 3: Entwurfsplanung	16 %	
Phase 4: Genehmigungsplanung	24 %	
Phase 5: Ausführungsplanung	23 %	Qualitätssicherung während der Planung und Ausführung auf Grundlage des genehmigten Barrierefrei-Konzepts
Phase 6: Vorbereitung der Vergabe	1 %	
Phase 7: Mitwirken bei der Vergabe	1 %	
Phase 8: Baubegleitung und Dokumentation	15 %	

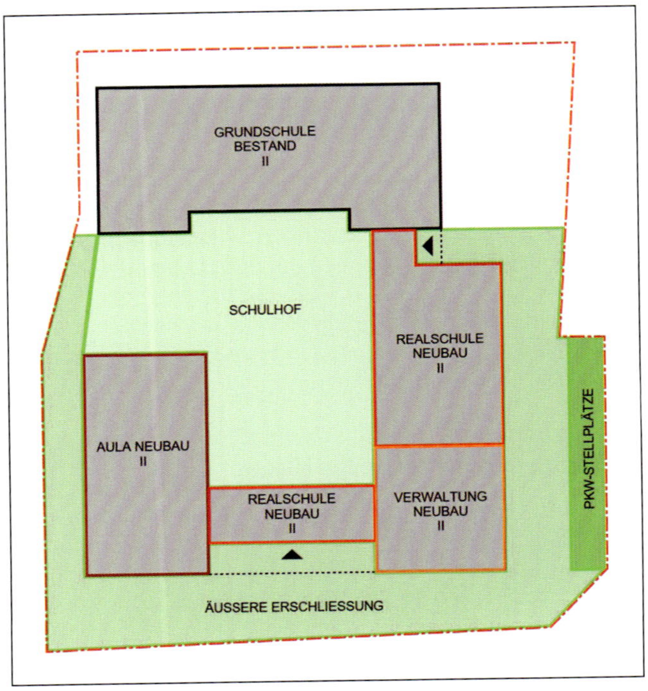

Abb. 7.3: Prinzipskizze Schule Erdgeschoss, Variante 1

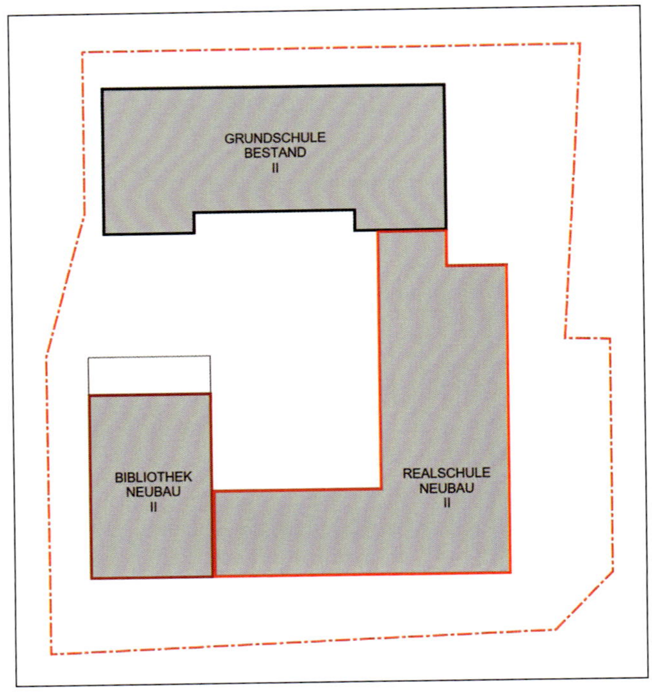

Abb. 7.4: Prinzipskizze Schule Obergeschoss, Variante 1

den Erweiterungsbau dreiseitig begrenzt wird. Im seitlichen und rückwärtigen Bereich des Bestandsgebäudes werden die Außenanlagen nicht verändert. Die Bereiche der Grundschule und der Realschule werden über zwei separate Haupteingänge erschlossen. Ferner werden auf dem Grundstück neue PKW-Stellplätze realisiert.

Die Fachplanungsleistungen zur Barrierefreiheit umfassen neben der Beratungsleistung sowohl die Erstellung des Barrierefrei-Konzepts als auch die Begleitung während der Phasen 5 bis 8. Darüber hinaus wünscht der Auftraggeber nicht nur die Betrachtung der baurechtlichen Anforderungen, sondern zusätzlich auch die Betrachtung der Arbeitsstätte im Hinblick auf die Barrierefreiheit. Zum gegenwärtigen Zeitpunkt liegt in der Schule weder ein konkretes Beschäftigungsverhältnis von Personen mit Behinderungen vor noch ist ein solches geplant. Dennoch sollen im Erweiterungsbau die baulichen Voraussetzungen dafür geschaffen werden, dass zukünftig Personen mit motorischen und sensorischen Einschränkungen als Lehrpersonal oder Unterrichtsbegleitende beschäftigt werden können. Der Bestandsbau soll im Hinblick auf die potenzielle Beschäftigung von Menschen mit Behinderungen untersucht werden. Sofern Defizite im Bestand vorhanden sind, sollen diese durch adäquate Verbesserungsmaßnahmen behoben werden.

Der Umgang mit dem Bestand erfordert im Hinblick auf die Barrierefreiheit eine differenzierte Betrachtung. Rechtmäßig bestehende bauliche Anlagen genießen Bestandsschutz, sofern die öffentliche Sicherheit und Ordnung nicht gefährdet sind. In Bezug auf die Barrierefreiheit kann sich jedoch ein baurechtliches Anpassungsverlangen des Bestandes ergeben, wenn dieser in funktionalem Zusammenhang mit einem Neubau oder Erweiterungsbau steht, z. B. wenn die Erschließung oder die Entfluchtung des Neubaus über den Altbau verlaufen oder Räume und Einrichtungen, die der zweckentsprechenden Nutzung des Neubaus dienen, im Altbau verortet sind. In diesem Beispiel funktioniert der Erweiterungsbau unabhängig vom Bestandsbau, und es besteht kein funktionaler Zusammenhang. Baurechtliche Anforderungen an die barrierefreie Gestaltung des Bestandes beziehen sich demnach nur auf die Bereiche, die im Zuge der Sanierung erneuert werden (ehemalige Verwaltungsräume). Die gesamthafte Untersuchung und Anpassung des Bestandes im Hinblick auf die Barrierefreiheit ergibt sich im konkreten Beispiel folglich nur aus der Aufgabenstellung des Auftraggebers, der eine zusätzliche Betrachtung der potenziellen barrierefreien Arbeitsstätte wünscht, und hat damit rein privatrechtliche, werkvertragsrechtliche Relevanz.

Variante 1: Ermittlung nach Nutzungen getrennt

Der Auftraggeber gibt die BGF für den Bestandsbau und die BGF für den Erweiterungsbau getrennt nach Nutzungen an. Diese wurden auf Grundlage des Raumprogramms anhand der Raumfunktionen zusammengestellt (siehe Abb. 7.3 und Abb. 7.4). Die Praxiserfahrung zeigt, dass eine solche differenzierte Flächenangabe seitens des Auftraggebers eher selten vorkommt. Die Flächen der Außenanlagen werden überschlägig anhand des Lageplans ermittelt. Folgende Flächen werden für die Honorarermittlung zugrunde gelegt:

Bestand:

- BGF Grundschule Erdgeschoss: 1.362 m²
- BGF Grundschule Obergeschoss: 1.362 m²

Erweiterung:

- BGF Realschule Erdgeschoss: 992 m²
- BGF Verwaltung Erdgeschoss: 465 m²
- BGF Aula Erdgeschoss: 788 m²
- BGF Realschule Obergeschoss: 1.645 m²
- BGF Bibliothek/Selbstlernzentrum Obergeschoss: 652 m²

Außenanlagen:

- äußere Erschließungsfläche: 2.238 m²
- Schulhof/allgemeine Aufenthaltsflächen: 1.754 m²
- PKW-Stellplätze: 218 m²

Auf Grundlage dieser nach Nutzungen getrennten Flächen werden die entsprechenden Nutzungsfaktoren (vgl. Tabelle 7.1) und Schwierigkeitsbeiwerte (vgl. Tabelle 7.2) folgendermaßen zugeordnet:

Bei der Zuordnung der Nutzungsfaktoren wird differenziert nach den Nutzungen „Verwaltung", „Schule" und „Veranstaltung". Die Aula, die für Veranstaltungen jeglicher Art dient, wird aufgrund ihrer variablen Nutzungsmöglichkeiten mit dem Nutzungsfaktor „Veranstaltung" belegt. Die Bibliothek, die auch als Selbstlernzentrum genutzt wird, wird der Nutzung „Schule" zugeordnet. Für die Nutzung „Bibliothek" ist auch ein eigener Nutzungsfaktor ausgewiesen (vgl. Tabelle 7.1). Dieser bezieht sich jedoch auf Bibliotheksgebäude, die ausschließlich dieser Nutzung dienen und andienende Funktionen wie z. B. einen Leseraum und eine Bücherausleihe umfassen. Im Zusammenhang mit einem Schulgebäude wird aufgrund der räumlichen Zuordnung sowie der Nutzungsabläufe durch die Schüler hier der Nutzungsfaktor für „Schule" gewählt.

Für die äußere Erschließung wird im Hinblick auf die relativ große Fläche, die überschlägig anhand des Lageplans ermittelt wurde, mit einem Flächenfaktor gearbeitet (vgl. Tabelle 7.7). Dabei wird davon ausgegangen, dass etwa 20 % der gesamten äußeren Erschließungsfläche Grünflächen oder Bepflanzungen aufweisen, weshalb nur 80 % der Fläche in die Berechnung einfließen (Flächenfaktor 0,8). Bei den Stellplätzen ist zum Zeitpunkt der Angebotslegung noch nicht bekannt, an welcher Stelle die barrierefreien PKW-Stellplätze verortet werden und wie viele Stellplätze umgesetzt werden. Da diese Angaben im Zuge der Regelleistungen der Phase 2 bearbeitet werden, wird bei der Honorarermittlung die gesamte Stellplatzfläche berücksichtigt.

Bei diesem Beispiel werden zusätzlich zu den Nutzungsfaktoren auch Schwierigkeitsbeiwerte für den Umgang mit dem Bestand und die Betrachtung der Arbeitsstätte angesetzt. Diese Schwierigkeitsbeiwerte werden in der Regel nur auf Gebäude angewendet, nicht jedoch auf die Außenanlagen. Hierfür gibt es unterschiedliche Gründe:

- Durch den Schwierigkeitsbeiwert „Bestandsgebäude" wird den baulichen Gegebenheiten im Bestand Rechnung getragen. Der Beiwert impliziert einen erhöhten Bearbeitungsaufwand, da die vorhandene bauliche Substanz üb-

Tabelle 7.7: Berechnung Flächenäquivalent Schule, Variante 1

Geschoss	BGF	Flächenfaktor	Nutzungsfaktor n	Schwierigkeitsbeiwert sB	Schwierigkeitsbeiwert sA	Flächenäquivalent A_q
Grundschule Erdgeschoss	1.362,00 m²	1,0	1,2 a)	1,3 g)	1,2 h)	2.549,66 m²
Grundschule Obergeschoss	1.362,00 m²	1,0	1,2 a)	1,3 g)	1,2 h)	2.549,66 m²
Realschule Erdgeschoss	992,00 m²	1,0	1,2 a)	–	1,2 h)	1.428,48 m²
Verwaltung Erdgeschoss	465,00 m²	1,0	1,0 b)	–	1,2 h)	558,00 m²
Aula Erdgeschoss	788,00 m²	1,0	1,4 c)	–	1,2 h)	1.323,84 m²
Realschule Obergeschoss	1.645,00 m²	1,0	1,2 a)	–	1,2 h)	2.368,80 m²
Bibliothek/Selbstlernzentrum Obergeschoss	652,00 m²	1,0	1,2 a)	–	1,2 h)	938,88 m²
Summe	**7.266,00 m²**					**11.717,33 m²**
Bereich	**Außenanlagenflächen**	**Flächenfaktor**	**Nutzungsfaktor n**	**Schwierigkeitsbeiwert s-**	**Schwierigkeitsbeiwert s-**	**Flächenäquivalent A_q**
Äußere Erschließungsflächen	2.238,00 m²	0,8	0,8 d)	–	–	1.432,32 m²
Schulhof/allgemeine Aufenthaltsflächen	1.754,00 m²	1,0	0,6 e)	–	–	1.052,40 m²
PKW-Stellplätze	218,00 m²	1,0	0,4 f)	–	–	87,20 m²
Summe	**4.210,00 m²**					**2.571,92 m²**
Gesamtsumme	**11.476,00 m²**					**14.289,25 m²**

a) Nutzungsfaktor „Schulen (Grund-, Real-, Ganztagsschulen, Gymnasium, Berufsschulen)"
b) Nutzungsfaktor „Büro- und Verwaltung: Detailplanung innerhalb der Nutzungseinheit"
c) Nutzungsfaktor „Veranstaltung (Konferenzen, Theater, Konzert, Kino, Sakralbauten)"
d) Nutzungsfaktor „Notwendige Erschließungsflächen"
e) Nutzungsfaktor „Allgemeine Aufenthaltsflächen"
f) Nutzungsfaktor „Relevante Park- und Stellplatzflächen"
g) Schwierigkeitsbeiwert sB „Bestandsgebäude"
h) Schwierigkeitsbeiwert sA „Zusätzliche Betrachtung der Arbeitsstätte"

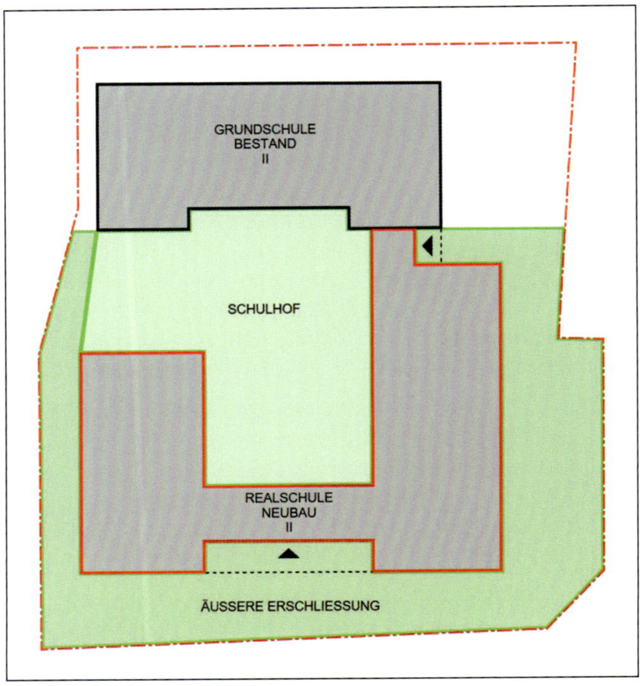

Abb. 7.5: Prinzipskizze Schule Erdgeschoss, Variante 2

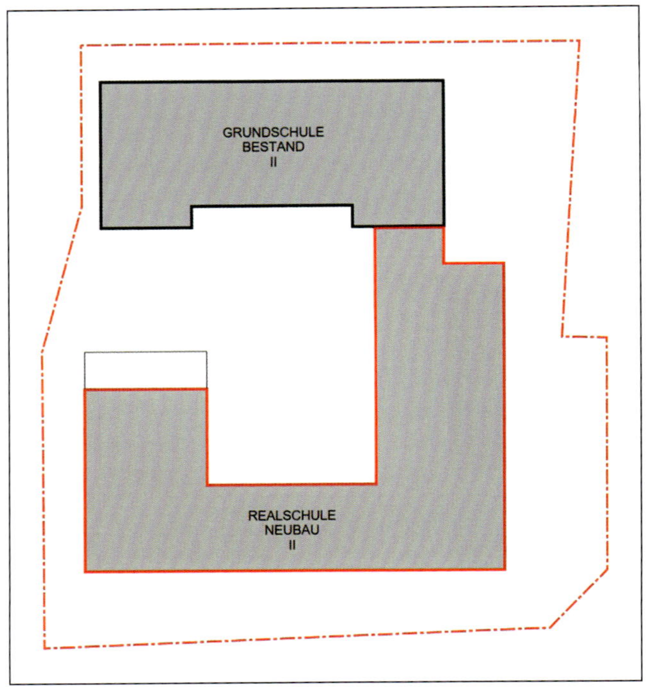

Abb. 7.6: Prinzipskizze Schule Obergeschoss, Variante 2

licherweise unveränderbar ist und daher in der Planung der Barrierefreiheit häufig zu Abweichungen und erforderlichen Kompensationsmaßnahmen führt. Bei bestehenden Außenanlagen trifft der Umstand der „Unveränderbarkeit“ in der Regel nicht zu.

- Der Schwierigkeitsbeiwert „Arbeitsstätte“ berücksichtigt den Anwendungsbereich unterschiedlicher Regelwerke: Zusätzlich zur DIN 18040-1:2010-10 „Barrierefreies Bauen – Planungsgrundlagen – Teil 1: Öffentlich zugängliche Gebäude“ ist auch die ASR V3a.2 „Technische Regeln für Arbeitsstätten – Barrierefreie Gestaltung von Arbeitsstätten“, Ausgabe 2012-08 (letzte Änderung April 2023) als einschlägiges Regelwerk anzuwenden. Darüber hinaus wird eine zusätzliche Nutzergruppe mit abweichenden nutzergruppenspezifischen Bedarfen berücksichtigt. Bei der Betrachtung der Arbeitsstätte stehen die Beschäftigten im Fokus, nicht mehr die Besucher oder Benutzer des Gebäudes. Üblicherweise bestehen die unterschiedlichen Anforderungen an die Barrierefreiheit jedoch nur für das Gebäude und nicht für die Außenanlagen.

Die Berechnung des Honorars erfolgt mithilfe der AHO-Formel auf Basis der zugrunde gelegten Flächenansätze und der getrennten Zuordnung der Nutzungsfaktoren (vgl. Tabelle 7.8). Das Nettohonorar für die Regelleistungen der Phasen 1 bis 8 beträgt 36.329,33 €. Dem Nettohonorar sind die individuellen Nebenkosten sowie die gesetzliche Mehrwertsteuer hinzuzurechnen.

Tabelle 7.8: Berechnung des Honorars für 100 % Regelleistungen gem. AHO-Formel

Honorarermittlung
$H = 2.100 + 110 \times A_q^{0,6}$
$H = 2.100 + 110 \times 14.289,25^{0,6}$
H = 36.329,33 €

Variante 2: Ermittlung nach BGF gesamt

In dieser Variante werden die Flächenangaben vom Auftraggeber nicht getrennt nach Einzelnutzungen übermittelt, sondern als BGF für das gesamte Gebäude, jedoch getrennt nach Bestand und Neubau (siehe Abb. 7.5 und Abb. 7.6). Dies spiegelt die übliche Vorgehensweise wider. Häufig erhält man vom Auftraggeber lediglich eine Gesamt-BGF, die im schlechtesten Fall nicht einmal eine geschossweise Unterscheidung vorsieht. Es stellt sich die Frage, wie weit das Ergebnis der Honorarermittlung bei einer weniger differenzierten Betrachtung tatsächlich abweicht und wie groß der Unterschied tatsächlich ist.

In dieser Variante übermittelt der Auftraggeber die folgende Flächenangaben. Als Plananlage wird lediglich der Lageplan mit Verortung der Gebäude beigelegt. Die PKW-Stellplätze sind auf diesem Plan noch nicht ausgewiesen, weshalb bei der Außenanlagenfläche keine Differenzierung erfolgen kann.

Bestand:

- BGF Grundschule Erdgeschoss: 1.362 m²
- BGF Grundschule Obergeschoss: 1.362 m²

Erweiterung:

- BGF Realschule Erdgeschoss: 2.245 m²
- BGF Realschule Obergeschoss: 2.297 m²

Außenanlagen:

- äußere Erschließungsfläche: 2.456 m²
- Schulhof/allgemeine Aufenthaltsflächen: 1.754 m²

In Tabelle 7.9 werden die BGF- und Außenanlagenflächen mit den Flächen- und Nutzungsfaktoren (vgl. Tabelle 7.1) sowie den Schwierigkeitsbeiwerten (vgl. Tabelle 7.2) multipliziert. Es ergeben sich die Flächenäquivalente 11.639,80 m² für die Gebäude und 2.624,24 m² für die Außenanlagen.

Tabelle 7.9: Berechnung Flächenäquivalent Schule, Variante 2

Geschoss	BGF	Flächen-faktor	Nutzungs-faktor n	Schwierigkeits-beiwert sB	Schwierigkeits-beiwert sA	Flächen-äquivalent A_q
Grundschule Erdgeschoss	1.362,00 m²	1,0	1,2 a)	1,3 d)	1,2 e)	2.549,66 m²
Grundschule Obergeschoss	1.362,00 m²	1,0	1,2 a)	1,3 d)	1,2 e)	2.549,66 m²
Realschule Erdgeschoss	2.245,00 m²	1,0	1,2 a)	-	1,2 e)	3.232,80 m²
Realschule Obergeschoss	2.297,00 m²	1,0	1,2 a)	-	1,2 e)	3.307,68 m²
Summe	**7.266,00 m²**					**11.639,80 m²**
Bereich	**Außenanlagen-flächen**	**Flächen-faktor**	**Nutzungs-faktor n**	**Schwierigkeits-beiwert s-**	**Schwierigkeits-beiwert s-**	**Flächen-äquivalent A_q**
Äußere Erschließungsflä-chen	2.456,00 m²	0,8	0,8 b)	-	-	1.571,84 m²
Schulhof/allgemeine Aufenthaltsflächen	1.754,00 m²	1,0	0,6 c)	-	-	1.052,40 m²
Summe	**4.210,00 m²**					**2.624,24 m²**
Gesamtsumme	**11.476,00 m²**					**14.264,04 m²**

a) Nutzungsfaktor „Schulen (Grund-, Real-, Ganztagsschulen, Gymnasium, Berufsschulen)"
b) Nutzungsfaktor „Notwendige Erschließungsflächen"
c) Nutzungsfaktor „Allgemeine Aufenthaltsflächen"
d) Schwierigkeitsbeiwert sB „Bestandsgebäude"
e) Schwierigkeitsbeiwert sA „Zusätzliche Betrachtung der Arbeitsstätte"

Die Summe aller Flächenäquivalente wird in die AHO-Honorarformel eingesetzt (vgl. Tabelle 7.10). Daraus ergibt sich ein Nettohonorar in Höhe von 36.293,08 € für 100 % der Regelleistungen bzw. die Bearbeitung der Phasen 1 bis 8. Dem Nettohonorar sind die individuellen Nebenkosten sowie die gesetzliche Mehrwertsteuer hinzuzurechnen.

Tabelle 7.10: Berechnung des Honorars für 100 % Regelleistungen gem. AHO-Formel

Honorarermittlung
$H = 2.100 + 110 \times A_q^{0,6}$
$H = 2.100 + 110 \times 14.264{,}04^{0,6}$
H = 36.293,08 €

Die Flächenaufstellung der Variante 2 führt trotz fehlender Differenzierung nach Nutzungen zu einem ähnlichen Flächenäquivalent und somit zu einer ähnlichen Honorarsumme wie in Variante 1. Der Grund dafür liegt darin, dass die Nutzungsfaktoren der Einzelnutzungen, nach denen in Variante 1 differenziert wurde („Verwaltung" Nutzungsfaktor 1,0 und „Veranstaltung" Nutzungsfaktor 1,4), gemittelt dem Nutzungsfaktor 1,2 für „Schule" entsprechen. Der Nutzungsfaktor 1,2 impliziert bereits unterschiedliche Einzelnutzungen, die üblicherweise zur Gesamtnutzung Schule dazu gehören, wie z. B.

- Bereiche für die Verwaltung,
- Räume für den Unterricht,
- Bereiche für den Aufenthalt von Schülern (Pausenhalle oder Mensa) und
- Bereiche für Veranstaltungen (Aula oder Foyer).

Ein genaue Differenzierung nach Einzelnutzung ist daher meistens nicht erforderlich. Ähnlich verhält es sich auch bei der Nutzung „Hochschule". Der relativ hohe Nutzungsfaktor 1,4 berücksichtigt sämtliche untergeordneten Nutzungen, von denen in einer Hochschule üblicherweise ausgegangen werden kann, und deckt somit die unterschiedlich komplexen Anforderungen an die Barrierefreiheit gesamthaft ab.

Bei Gebäuden, für die ein Nutzungsmix unüblich ist, sollte bei den Flächenansätzen stets eine Differenzierung nach den tatsächlich geplanten Nutzungen stattfinden, um das Ergebnis bei der Honorarermittlung nicht zu verfälschen.

Praxistipp: Nutzungsfaktoren

Bei Gebäudenutzungen, die üblicherweise einen Mix aus Einzelnutzungen vorsehen, z. B. Schulen und Hochschulen, kann die Honorarermittlung mit dem übergeordneten Nutzungsfaktor für das gesamte Gebäude erfolgen anstatt über eine Differenzierung nach Einzelnutzungen mit unterschiedlichen Nutzungsfaktoren.

8 Bauteilbezogene Praxisbeispiele im Neubau und Bestand

Dieses Kapitel bietet Auszüge aus Barrierefrei-Konzepten, die Lösungsbeschreibungen zu verschiedenen Bauteilen zeigen. Die Objekte, für die die Konzepte erstellt wurden, sind Bestandsbauten und Neubauten. Bei den Normverweisen wird jeweils das Datum der Version genannt, die zum Zeitpunkt der Erstellung der Original-Dokumente Gültigkeit besaß. Daher kann es vorkommen, dass nachfolgend auf Normen verwiesen wird, die inzwischen zurückgezogen wurden. Auf die Inhalte der Praxisbeispiele hat dies keine Auswirkung.

8.1 Beispiele für barrierefreie Lösungsbeschreibungen im Bestandsbau

Das Horion-Haus ist eine Bestandsimmobilie des Landschaftsverbandes Rheinland (LVR), in dem ein Teilbereich der Zentralverwaltung des LVR ansässig ist. Im Herbst 2013 hat der LVR mit verschiedenen Behindertenverbänden eine Zielvereinbarung unterzeichnet, die die Nachrüstung der Barrierefreiheit in den Verwaltungsgebäuden des LVR zum Inhalt hat. Die Kempen Krause Ingenieure wurden damit beauftragt, die Maßnahmen zur Verbesserung der Barrierefreiheit zu überprüfen, ein Barrierefrei-Konzept zu erstellen und die Umsetzung der Maßnahmen zu planen und zu koordinieren.

Die Nachrüstung bzw. Verbesserung der Barrierefreiheit erfolgte in den öffentlich zugänglichen Besucherbereichen des Gebäudes, die sich im Erdgeschoss befinden. Darüber hinaus wurden auch die Aufzüge sowie die notwendigen Treppenräume betrachtet, über die die vertikale Erschließung des Gebäudes erfolgt. Im Erdgeschoss befinden sich neben dem Foyer mit der zentralen Empfangstheke eine Cafeteria sowie diverse Sitzungssäle und sanitäre Anlagen, die Besuchern des Gebäudes offenstehen.

Im Folgenden werden anhand diverser Auszüge aus dem Barrierefrei-Konzept objektkonkrete Lösungsbeschreibungen für die verschiedenen baulichen Situationen vorgestellt. Der Textauszug wird durch den entsprechenden Ausschnitt des Barrierefrei-Planes und durch Fotos von der Umsetzung in der Praxis ergänzt. Kapitelverweise mit [...] demonstrieren, wie im ursprünglichen Dokument auf verwandte Themen verwiesen wurde.

8.1.1 Eingangsbereich und Empfangstheke im Foyer

Eingangsbereich

Der Hauptzugang durch den Windfang ist schwellenlos ausgebildet und erfolgt über zwei doppelflügelige Schiebetüranlagen mit automatischen An-

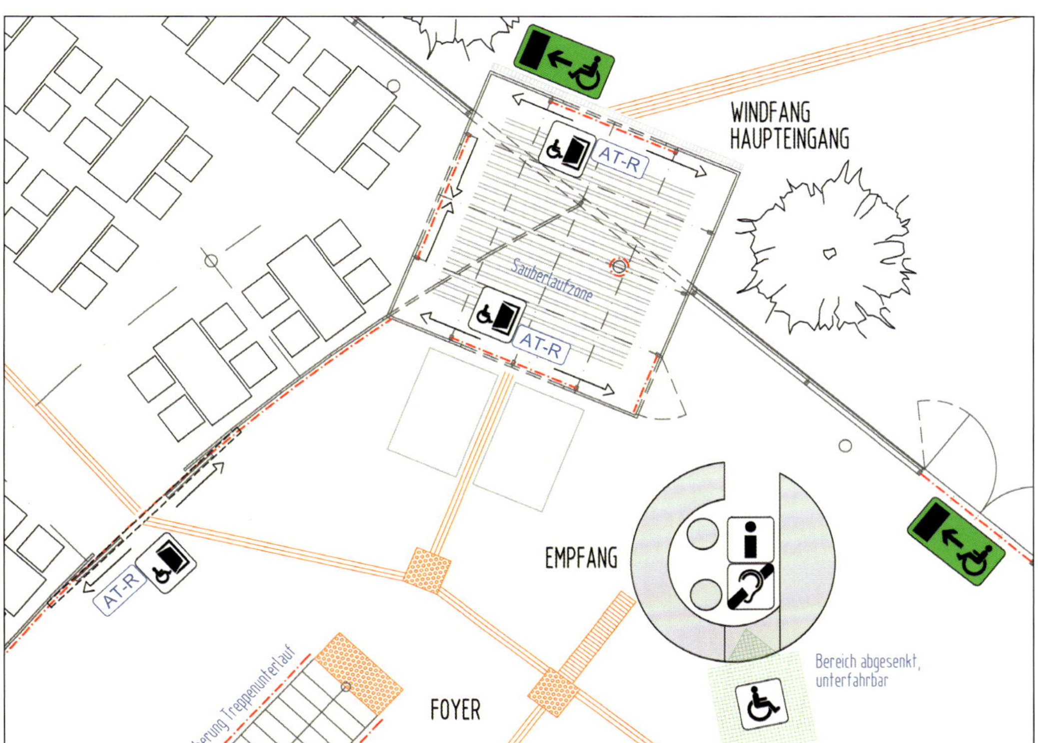

Abb. 8.1: Planausschnitt: barrierefreier Eingangsbereich mit Empfangstheke

Abb. 8.2: Horion-Haus: Windfang

Abb. 8.3: Horion-Haus: Auffindestreifen zur Theke

trieben. Die Türautomatik wird über Radarbewegungsmelder angesteuert und funktioniert berührungslos. Die lichte Durchgangsbreite der Schiebetüranlagen beträgt ca. 1,80 m und ist damit ausreichend breit für die Durchfahrt mit dem Rollstuhl oder Rollator. Die Schiebetüranlagen verfügen über ein Rettungswegsystem und ermöglichen im Gefahrenfall das sichere und barrierefreie Verlassen des Gebäudes.

Der Windfang ist als verglaster Kubus ausgebildet, der etwa zur Hälfte in die zweigeschossige Glasfassade des Erschließungsbaukörpers eingeschoben ist. Sowohl durch die baukonstruktive Gestaltung des Windfangs als auch durch die Verkleidung der Dachkonstruktion mit hinterlackiertem weißem Glas hebt sich der Haupteingang kontrastreich von der umgebenden Fassade ab. Die Auffindbarkeit des Haupteingangs für sehbehinderte Personen ist dadurch gegeben. Die großflächigen Glasscheiben der Windfangtüren werden mit Sicherheitsmarkierungen in Knie- und Augenhöhe (40–70 cm und 120–160 cm) gekennzeichnet (siehe Abb. 8.2). Diese Markierungen werden im Wechselkontrast, d. h. mit hellen und dunklen Anteilen, gestaltet, um die Erkennbarkeit auch bei wechselnden Lichtverhältnissen und Hintergründen zu gewährleisten. Die Wahrnehmbarkeit der transparenten Schiebetüranlagen wird dadurch wesentlich verbessert. Auf diese Wiese wird eine potenzielle Gefahrenquelle im Bereich von Verkehrsflächen minimiert.

Innerhalb des Windfangs dient die Sauberlaufzone aufgrund ihrer spezifischen taktilen Ausbildung als „Leitelement" und verbindet das bodengebundene Blindenleitsystem des Außenbereiches mit dem des Innenbereiches (siehe Abb. 8.3; zur Erläuterung des Blindenleitsystems siehe Kapitel [...]).

Empfangstheke im Foyer

Die Empfangstheke ist die erste Anlaufstelle für Besucher. Jeder Besucher erhält hier nach erfolgter Anmeldung einen Besucherausweis, mit dem er Zugang zu den öffentlich zugänglichen Bereichen (Konferenzräume und Cafeteria) hat. Besucher der Verwaltungsbereiche in den oberen Geschossen werden in der Regel von dem zuständigen Ansprechpartner am Empfang abgeholt.

Die Thekenanlage ist in zwei Höhen gestaltet; der vordere Bereich hat eine Thekenhöhe von etwa 120 cm. In den seitlichen Bereichen ist die Theke auf etwa 75 cm abgesenkt. Als Anknüpfungspunkt für den Besucherverkehr wird eine Möglichkeit für die Rollstuhlnutzung vorgesehen. Zu diesem Zweck wird im Durchgangsbereich zwischen dem abgesenkten Bereich der Theke und dem rückwärtigen Schrankelement eine klappbare Tischplatte montiert. Diese ist in einer Breite von 90 cm unterfahrbar und bietet eine ausreichende Beinfreiheit unterhalb der Tischplatte. Entsprechende Bewegungsflächen zum Rangieren für Rollstuhlnutzer sind mit 1,50 × 1,50 m gegeben. Die Tischplatte ist in der Regel weggeklappt und kann im Bedarfsfall von den Mitarbeitern am Empfang mit einfachen Handgriffen hochgeklappt werden. Für Personen mit Hörbehinderungen wird zudem eine induktive Höranlage installiert. Die Theke ist als Solitär in das Foyer eingestellt und darüber hinaus über das bodengebundene Blindenleitsystem angebunden (siehe Abb. 8.3).

Durch die Nachrüstung der oben beschriebenen Maßnahmen wird nicht nur die barrierefreie Nutzbarkeit der Theke für Rollstuhlnutzer verbessert, sondern auch die Auffind-

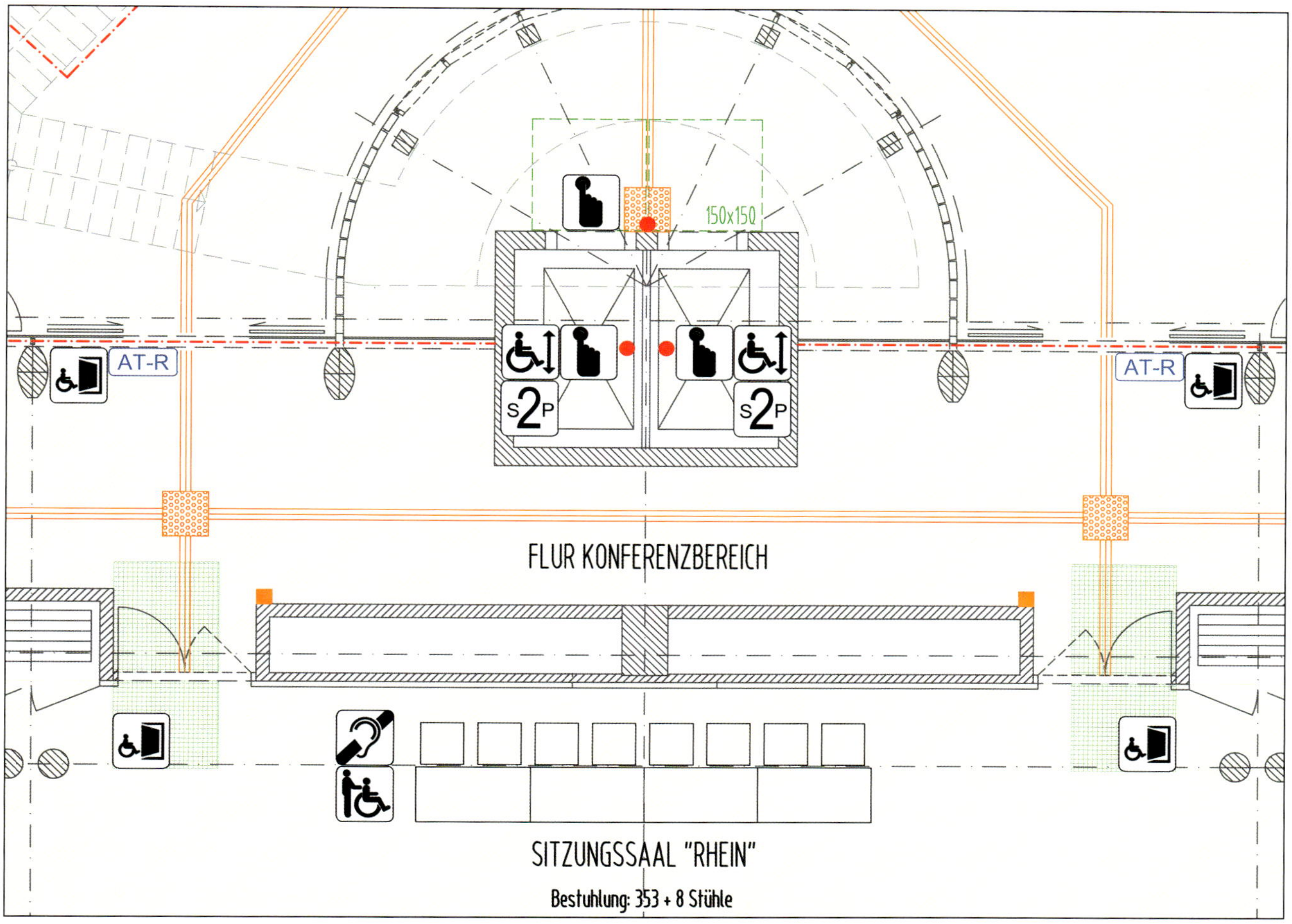

Abb. 8.4: Planausschnitt: bodengebundenes Blindenleitsystem im Konferenzflur

barkeit für sehbehinderte Besucher sowie die barrierefreie Kommunikation für hörbehinderte Besucher gewährleistet.

8.1.2 Bodengebundene Blindenleitsysteme und Ganzglasanlage am Foyer

Bodengebundene Blindenleitsysteme

Weil in den Konferenzräumen des Horion-Hauses häufig inklusive Veranstaltungen stattfinden, wurde als ein wesentlicher Punkt der Zielvereinbarung die Ausführung eines Blindenleitsystems festgehalten, das allerdings auf die öffentlich zugänglichen Bereiche beschränkt ist. Die Planung und Umsetzung des Blindenleitsystems erfolgt in enger Abstimmung mit den Vertretern der Behindertenverbände.

Über das großräumig gestaltete Foyer des Horion-Hauses werden diverse für Besucher relevante Ziele erschlossen. Neben der Empfangstheke und den Aufzügen befinden sich hier auch die Zugänge zur Cafeteria und zum Konferenzbereich. Über den Flur des Konferenzbereiches sind darüber hinaus die Besuchertoiletten erreichbar. Die räumliche Struktur des Foyers ist relativ komplex und für Personen mit Einschränkungen des Sehvermögens nur schwer erfassbar. Um dennoch eine möglichst selbstständige Orientierung für Besucher zu gewährleisten, wird ein Blindenleitsystem aus Bodenindikatoren ausgeführt. Die Umsetzung erfolgt in Anlehnung an DIN 32984:2011-10, Abschnitt 6. In das Blindenleitsystem werden folgende Zielpunkte eingebunden:

- Haupteingang (Anbindung an Sauberlaufzone des Windfangs),
- Empfangstheke als erste Anlaufstelle für Besucher,
- Besucher-Aufzüge,
- Cafeteria mit Anbindung der Servicetheke,
- Zugänge zum Konferenzbereich,
- Türen zu Konferenzräumen,
- Besucher-Toiletten.

Das Blindenleitsystem wird mit selbstklebenden Bodenindikatoren in Rippen- und Noppenform mit einer Erhabenheit von max. 3 mm gestaltet. Zusätzlich zur taktilen Erfassbarkeit wird bei der Ausführung auch der visuelle Kontrast zum umgebenden Bodenbelag berücksichtigt (mind. Kontrast 0,4 gemäß DIN 32975:2009-12). Die Anordnung von Leitstreifen und Aufmerksamkeitsfeldern folgt der Systematik der DIN 32984:2011-10 für den Außenbereich; jedoch werden die Abmessungen der Leitelemente im Innenbereich reduziert, da sich diese aufgrund des ebenen Bodenbelags deutlich ertastbar abheben. Die einfachen Richtungswechsel im Leitsystem werden mit Winkeln kleiner als 45° ausgeführt. Auf diese Weise können zusätzliche Abzweigefelder eingespart werden, und die Orientierung über das Blindenleitsystem wird vereinfacht.

Abb. 8.5: Horion-Haus: Blindenleitsystem im Konferenzflur

Abb. 8.6: Horion-Haus: Tür zum Sitzungssaal

Abb. 8.7: Horion-Haus: Glasmarkierungen im Wechselkontrast

Alle Bereiche, die für Besucher des Horion-Hauses ohne Begleitung öffentlich zugänglich sind, sind damit lückenlos über das Blindenleitsystem erschlossen und für sehbehinderte Besucher barrierefrei auffindbar (siehe Abb. 8.5 und Abb. 8.6).

Ganzglasanlage zwischen Foyer und Konferenzbereich

Der Flur des Konferenzbereiches ist durch eine elementierte Ganzglasanlage vom Foyer getrennt. Der Zugang zwischen beiden Bereichen erfolgt über zwei doppelflügelige verglaste Schiebetüranlagen mit Automatikantrieb. Die Ansteuerung erfolgt berührungslos über Radarbewegungsmelder. Die lichte Durchgangsbreite der Türanlagen beträgt etwa 1,65 m und ist damit ausreichend bemessen, um sowohl Rollstuhlnutzern die barrierefreie Durchfahrt zu ermöglichen als auch Gegenverkehr im Bereich der Türen ungehindert zuzulassen.

Die Ganzglaselemente sowie die Schiebetüranlagen werden zur besseren Erkennbarkeit für sehbehinderte Besucher durch Sicherheitsmarkierungen gekennzeichnet. Zu diesem Zweck werden in Augenhöhe (120–160 cm) und in Kniehöhe (40–70 cm) kontrastreiche Streifen mit Hell- und Dunkelanteilen aufgebracht (siehe Abb. 8.7). Durch

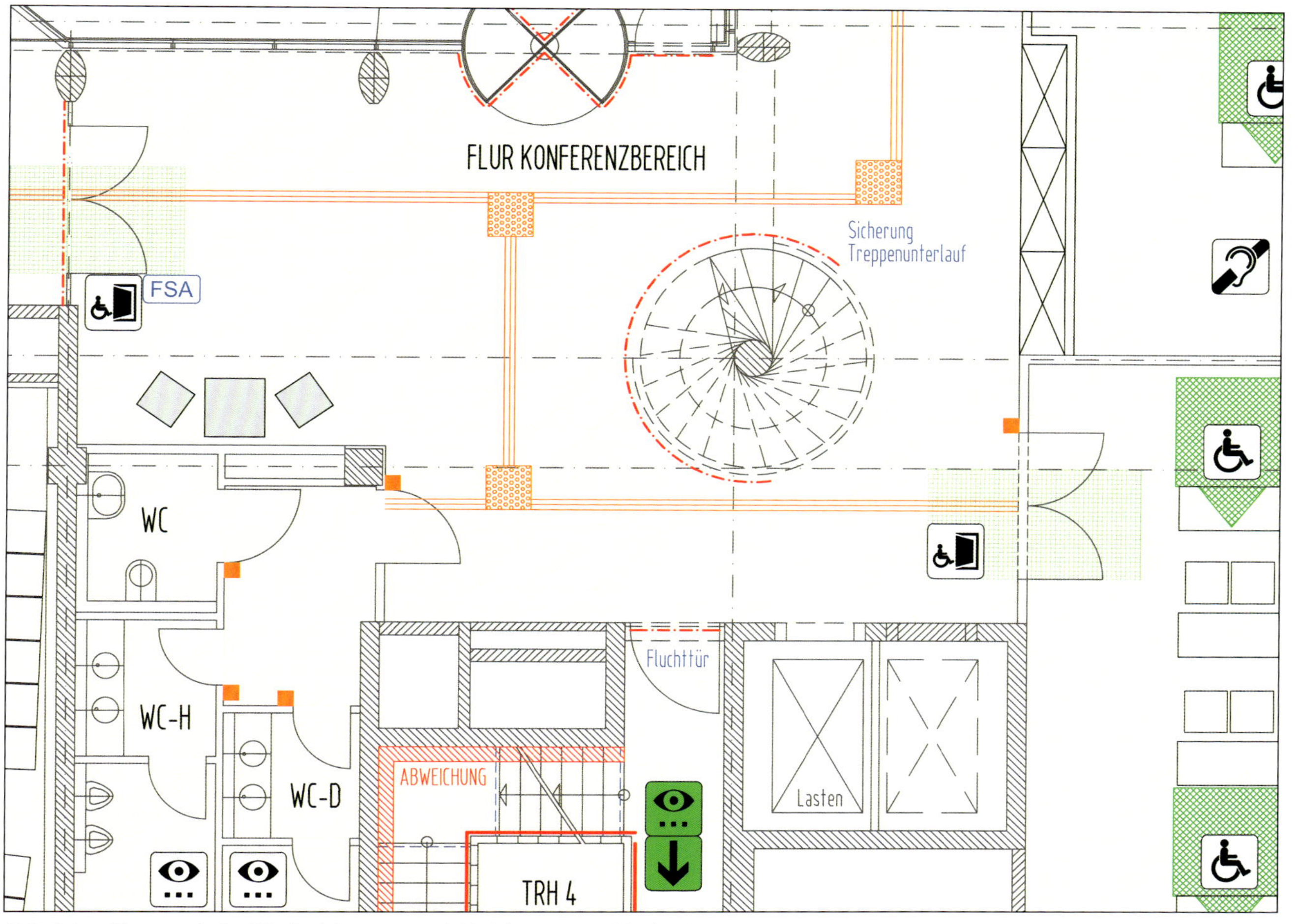

Abb. 8.8: Planausschnitt: Blindenleitsystem und Absicherung von Hindernissen

den Wechselkontrast (mindestens Kontrast 0,7 gemäß DIN 32975:2009-12) wird die Transparenz der Elemente auch bei wechselnden Lichtverhältnissen bzw. vor unterschiedlichen Hintergründen zuverlässig gebrochen.

8.1.3 Kennzeichnung von Hindernissen und Türen

Kennzeichnung von Hindernissen und Gefahrenquellen

Im östlichen Flur des Konferenzbereiches ist eine Spindeltreppe angeordnet (siehe Abb. 8.8), die jedoch nicht von Besuchern genutzt wird, sondern lediglich für Mitarbeiter als kurze Verbindung zwischen dem Erdgeschoss und der Büronutzungseinheit im 1. Obergeschoss dient. Die Spindeltreppe weist eine weitgehend offene Treppenkonstruktion auf. Sie birgt durch die auskragenden Stufen die Gefahr, dass ein Langstockläufer mit seinem Stock unter die Treppe gerät und diese nicht rechtzeitig als Hindernis wahrnehmen kann. Zur Verbesserung der Situation wird unterhalb der Stufen eine 3 cm hohe gebogene Tastleiste angeordnet, die die Geometrie der auskragenden Stufen auf dem Boden abbildet. Dadurch wird das Hindernis Spindeltreppe taktil erfassbar abgesichert (siehe Abb. 8.9).

Abb. 8.9: Horion-Haus: Absicherung des Treppenunterlaufs durch eine Tastleiste

Türen im Konferenzflur

Der Hauptflur des Konferenzbereiches, der unmittelbar an das Foyer angrenzt, hat an beiden Enden doppelflügelige Stahl-Glas-Türelemente, die Brandschutzqualität besitzen und über einen Türschließer mit Feststellanlage offen gehalten werden (siehe Abb. 8.10). Die Türelemente sind damit im Normalfall barrierefrei passierbar.

Betrachtung des Gefahrenfalls: Wird bei einem Brandereignis die Selbstschließfunktion der Türen aktiviert, müssen die Türen manuell bedient werden. Die hierzu erforderlichen Bewegungsflächen stehen zu beiden Seiten der Türen zur Verfügung. Die Gehflügel weisen lichte Durchgangsbreiten von mehr als 90 cm auf und erlauben die selbstständige Durchfahrt mit einem Rollstuhl oder Rollator.

Die vorhandenen Türschließer werden hinsichtlich der Einstellung ihrer Türschließergröße überprüft. Gegebenenfalls kann die Einstellung zugunsten einer leichtgängigeren Bedienung optimiert werden. Für den Fall, dass dennoch die gemäß DIN 18040-1:2010-10 maximal zulässigen Bedienkräfte überschritten werden, muss im Bedarfsfall eine Hilfestellung erfolgen.

Weil in den Konferenzräumen mit einer relativ hohen Besucherdichte zu rechnen ist, kann eine Hilfestellung bei der Türbedienung durch andere Flüchtende sichergestellt werden. Darüber hinaus wird in der Brandschutzordnung eine entsprechende betrieblich organisatorische Maßnahme durch die Mitarbeiter formuliert. Um die Erkennbarkeit der großflächigen Glasscheiben zu verbessern, werden diese für Personen mit Seheinschränkungen in Knie- und Augenhöhe kontrastreich markiert.

Die Türen sind demnach barrierefrei wahrnehmbar und nutzbar – im Brandfall ggf. mit partieller Hilfestellung.

Abb. 8.10: Horion-Haus: Flurtür mit Glasmarkierungen

8.2 Beispiele für barrierefreie Lösungsbeschreibungen – Neubau

Die nachfolgenden Lösungsbeschreibungen sind Auszüge aus einem Barrierefrei-Konzept, das für ein kleines Stadtteilquartier mit einer Shoppingmall, diversen Geschäften und Gastronomie sowie einer Tiefgarage entwickelt wurde. Da sich dieses Bauvorhaben zum gegenwärtigen Zeitpunkt noch in der Umsetzung befindet, werden die Beispiele anonymisiert wiedergegeben.

8.2.1 Vertikale Erschließung einer Shoppingmall

Treppenanlage

Die Erschließung des Obergeschosses erfolgt für Besucher über die Treppenanlage im Haupt-Treppenhaus, die im Brandfall auch als notwendige Treppe dient (siehe Abb. 8.11). Die Treppenläufe werden rechtwinkelig und mit Stufen ohne Unterschneidungen ausgeführt. Handläufe werden beidseitig in einer Höhe von 90 cm vorgesehen. Sie werden ohne Höhenversprung durchgängig über die Podeste geführt. Grundsätzlich werden die Handläufe am unteren Treppenende über die letzte Stufe hinausgeführt und im Wandbereich mindestens 30 cm waagerecht weitergeführt. Am Treppenauge erfolgt keine waagerechte Weiterführung, da diese in den Laufbereich hineinragen würde.

Bei der Gestaltung wird auf einen visuellen Kontrast der Handläufe zur Umgebung geachtet. Die Ausführung der Handlaufprofile, der Handlaufenden und der Halterungen erfolgt gemäß DIN 18040-1:2010-10. Als ein Element des ganzheitlichen Leit- und Orientierungssystems werden an den Handläufen taktile Beschriftungen vorgesehen, die den Besucher auf die sanitären Anlagen im Obergeschoss hinweisen. Die Gestaltung der Handlaufbeschriftungen erfolgt gemäß DIN 32986:2015-01.

Um die Nutzbarkeit für sehbehinderte Personen zu verbessern, werden die erste und letzte Stufe eines Treppenlaufes mit kontrastreichen Stufenmarkierungen über die gesamte Stufenbreite gekennzeichnet. Auf die Ausführung von Aufmerksamkeitsfeldern am oberen Ende der Treppen kann aufgrund der klaren Anordnung im Treppenhaus verzichtet werden. Darüber hinaus wird der Handlauf am oberen Treppenende in beide Richtungen bis zum Aufzug bzw. zur Flurtür weitergeführt. Dadurch erhält der Besucher eine ausreichende Orientierungsmöglichkeit, um die Treppe ausfindig zu machen.

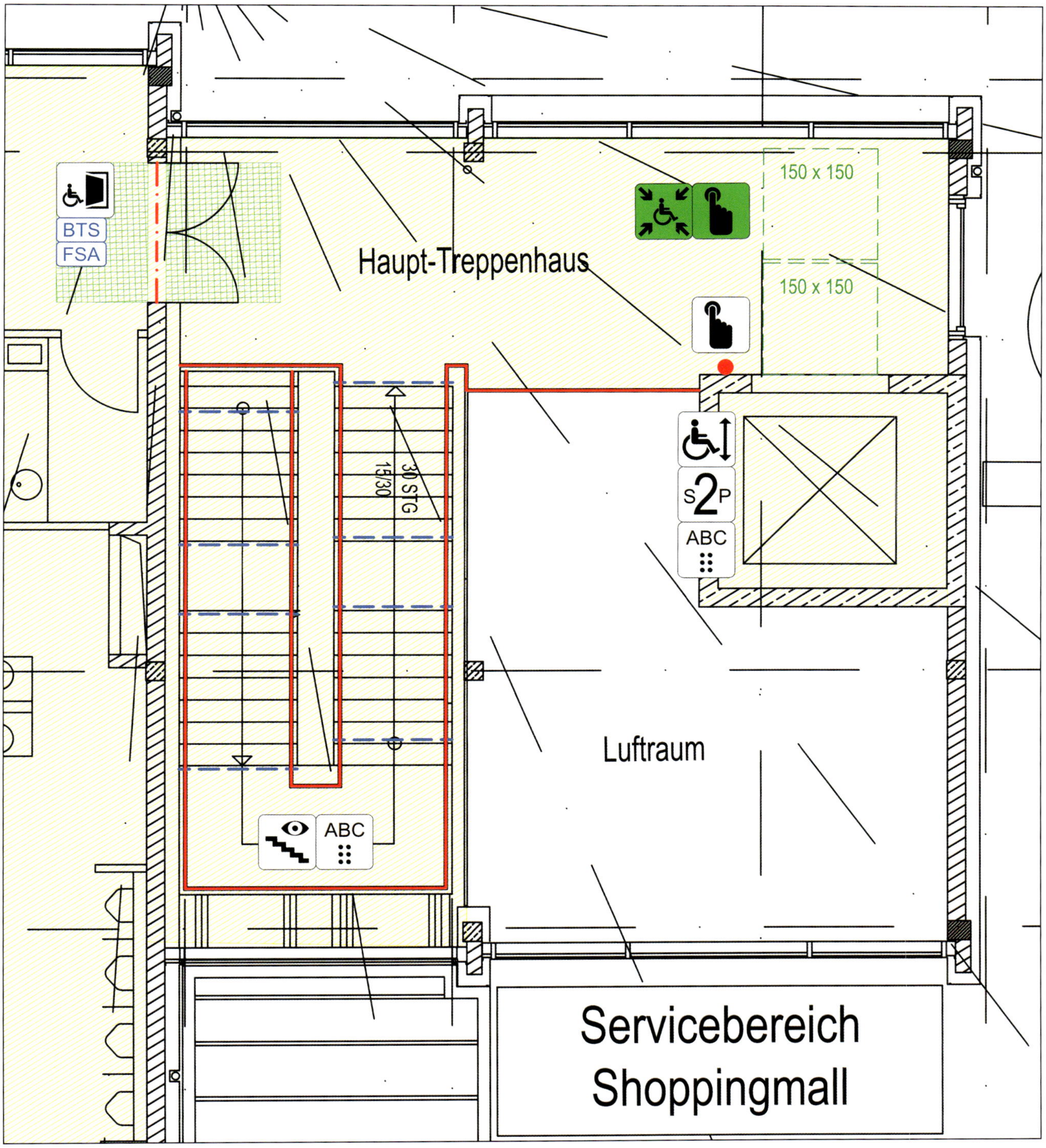

Abb. 8.11: Planausschnitt: Haupt-Treppenhaus mit Aufzug

Die Treppe kann in der oben beschriebenen Ausführung sowohl von Besuchern mit Sehbehinderungen als auch von Besuchern mit leichten Mobilitätseinschränkungen barrierefrei genutzt werden.

Personenaufzug

Als komplett barrierefreie Erschließungsmöglichkeit steht im Haupt-Treppenhaus neben der Treppenanlage auch ein Aufzug zur Verfügung. Vor dem Aufzug wird eine ausreichende Bewegungsfläche zum Warten und Rangieren vorgehalten. Die Kabinengröße ist mit B × L = 180 cm × 240 cm so bemessen, dass ein Rollstuhlnutzer und weitere Personen Platz darin finden. Das Wenden mit dem Rollstuhl ist innerhalb der Kabine möglich. Die Ausstattung sieht einen einseitigen Handlauf in Höhe von 90 cm vor, auf einen Klappsitz wird verzichtet.

Die Bedienung des Aufzugs erfolgt nach dem Zwei-Sinne-Prinzip. Für Rollstuhlnutzer wird ein Quertableau mit XL-

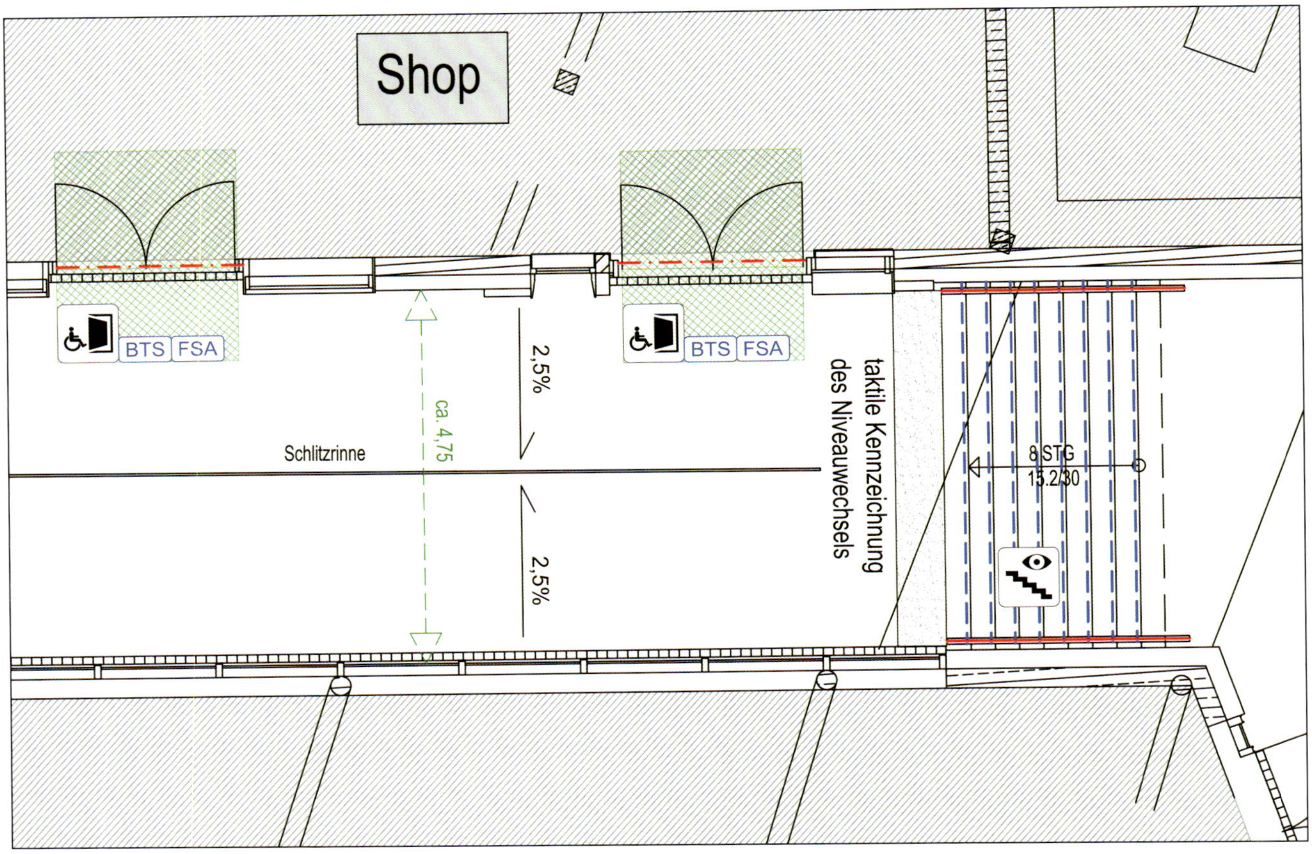

Abb. 8.12: Planausschnitt: barrierefreie Platzerschließung über Außentreppe

Befehlsgebern vorgesehen. Zusätzlich sorgen die optische und akustische Rufquittierung sowie eine taktil erfassbare Beschriftung der Befehlsgeber für die barrierefreie Nutzbarkeit. Die Sprachansage innerhalb der Aufzüge wird bezüglich der Zielbenennungen auf das ganzheitliche Leit- und Orientierungssystem abgestimmt und weist auch im Bereich der sanitären Anlagen mit Richtungsangaben auf diese hin.

Die Befehlsgeber innerhalb und außerhalb der Kabine werden bezüglich der Installationshöhe gemäß DIN EN 81-70: 2005-09 ausgeführt. Hierbei wird jedoch die Einhaltung des barrierefreien Greifbereiches zwischen 85 cm und 105 cm gemäß DIN 18040-1:2010-10 berücksichtigt.

Im Notfall können Notrufe über die entsprechende technische Ausstattung barrierefrei abgesetzt werden. Die Anleitung für die Notruffunktion wird ebenfalls in taktil erfassbarer Schrift vorgesehen. Notrufe werden an eine zentrale Stelle im Center-Management weitergeleitet und dort bearbeitet.

Im Brandfall sind die Aufzüge nicht benutzbar. Das barrierefreie Rettungskonzept wird in [...] beschrieben.

Die Aufzüge gewährleisten die barrierefreie vertikale Erschließung sämtlicher Geschossebenen und sind für Personen mit motorischen sowie sensorischen Behinderungen barrierefrei nutzbar und bedienbar.

8.2.2 Platzerschließung – Außentreppen

Die Erschließung des Platzes über die nördliche Ladenstraße erfolgt ausschließlich über Stufen (siehe Abb. 8.12); eine alternative barrierefreie Zugangsmöglichkeit zum Platz befindet sich in der Parallelstraße. Die Außentreppe wird mit Betonblockstufen ohne Unterschneidung ausgebildet. Sämtliche Stufen erhalten an den Vorderkanten kontrastreiche Stufenmarkierungen über die gesamte Stufenbreite. Vor der oberen Stufe erfolgt zur Ausbildung eines sogenannten Aufmerksamkeitsfeldes ein Wechsel im Oberflächenbelag. Durch unterschiedliche Bodenstrukturen (großformatige Betonplatten und Kleinpflaster) wird der anstehende Niveauwechsel taktil erfassbar dargestellt. Am unteren Ende wird auf das taktile Feld verzichtet, da die Aufkantung der unteren Stufe für blinde Personen mit Langstock frühzeitig erkennbar ist. Auf einen visuellen Kontrast zwischen taktilem Feld und Treppenstufe wird bewusst verzichtet, um den Eindruck einer Scheinstufe für Personen mit Seheinschränkungen zu vermeiden.

Zu beiden Seiten der Treppe werden Handläufe in Höhe von 90 cm angeordnet. Die Anordnung erfolgt rechtwinkelig zum Treppenlauf. Am oberen und unteren Ende der Treppe werden die Handlaufenden waagerecht um etwa 30 cm weitergeführt. Die freistehenden Handläufe werden hinsichtlich Handlaufprofil, Befestigung und Ausbildung der Handlaufenden normgerecht ausgeführt. Auf eine taktile Handlaufbeschriftung wird an den Treppen im Außenbereich verzichtet.

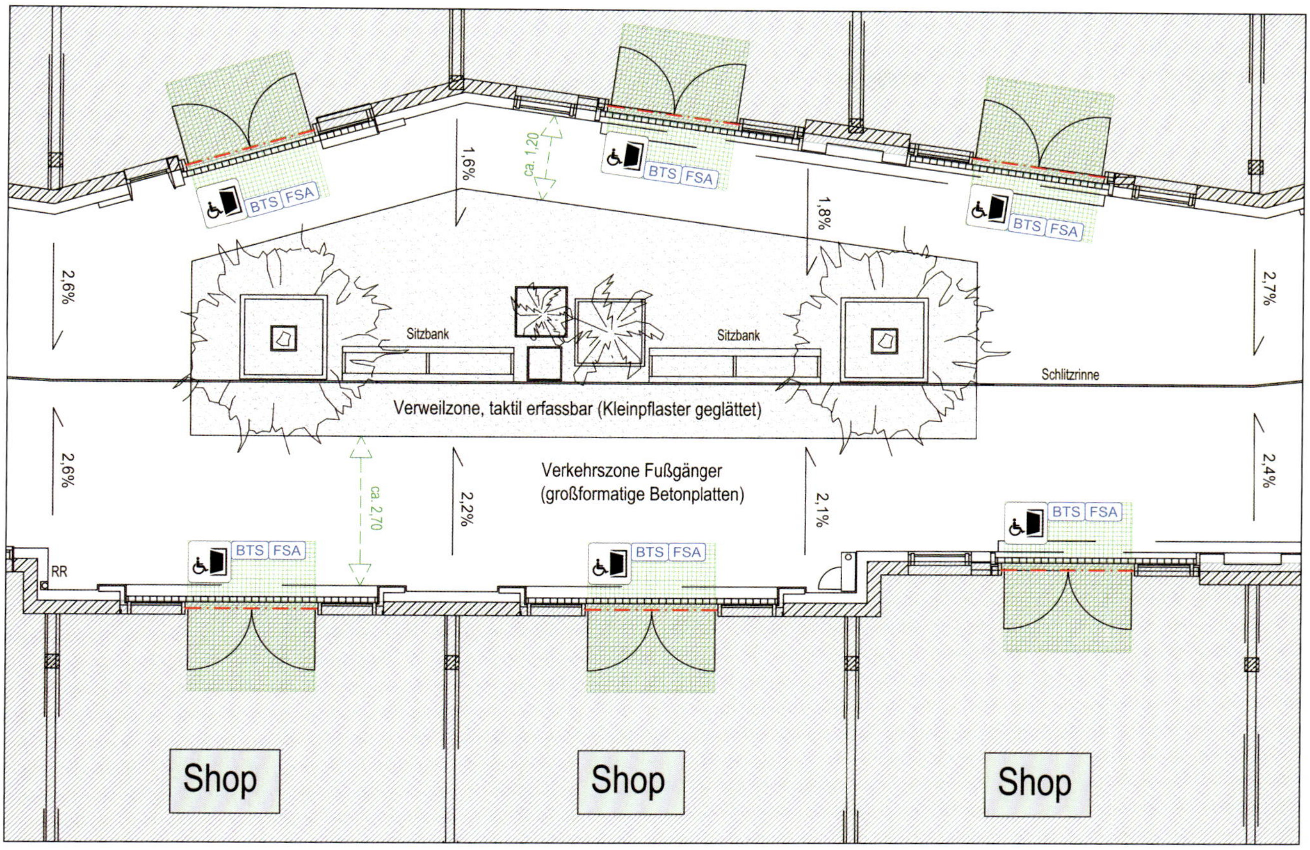

Abb. 8.13: Planausschnitt: barrierefreie Ladenstraße mit Verkehrs- und Verweilzone

Die Außentreppe ist aufgrund ihrer Gestaltung für Personen mit sensorischen Einschränkungen sowie für Personen mit leichten Mobilitätseinschränkungen barrierefrei erkennbar und nutzbar.

8.2.3 Fußgängerzone – Ladenstraßen und Plätze

Außenraumgestaltung – Neigungen

Der neu gestaltete Bereich der Fußgängerzone, d. h. die Ladenstraßen einschließlich der Platzaufweitungen (siehe Abb. 8.13), wird stufenlos ausgebildet. Die Oberflächenbeläge werden so ausgeführt, dass sie erschütterungsarm berollbar sind und dass ein Abdriften mit dem Rollstuhl oder Rollator vermieden wird. Die zulässigen Neigungen für die Belagsgestaltung werden grundsätzlich eingehalten.

Jedoch kann eine eindeutige Zuordnung von Längs- und Querneigung weder innerhalb der Fußgängerzone noch auf den Plätzen vorgenommen werden, da im Bereich der Außenanlagen nicht von einem gerichteten Verkehrsfluss auszugehen ist. Auf den Plätzen bewegen sich die Besucher nicht auf vorgegebenen Bahnen, sondern frei – je nachdem, welches Ziel sie ansteuern. Auch in den Ladenstraßen ist das Bewegungsmuster geprägt von Bummeln und Schlendern in „mäandernden" Bewegungen, beispielsweise von Geschäft zu Geschäft oder zu den Ruhemöglichkeiten. Im Hinblick auf den ungerichteten Verkehrsfluss werden durch die grundsätzliche Einhaltung einer Neigung von etwa 2,5 % die Bedingungen für eine barrierefreie Fortbewegung mit dem Rollstuhl/Rollator sichergestellt.

Zonierungsprinzip – Orientierung

Die Ladenstraßen haben eine Breite von etwa 5,00 bis 8,00 m. Sie zeichnen sich durch eine gehbahnbasierte Gestaltungsweise aus und werden in zwei Funktionszonen gegliedert: in die Verkehrszone und in die Verweilzone.

Die **Verkehrszone** dient der Erschließung der Geschäfte und gastronomischen Betriebe. Als Oberflächenbelag werden großformatige Betonplatten verwendet, die engfugig und ohne Fase ausgeführt werden.

In der Mitte der Ladenstraßen befinden sich die **Verweilzonen**, die zum einen Sitzgelegenheiten und Pflanztröge zur Begrünung vorsehen und zum anderen zur Möblierung der Außengastronomie dienen; sie werden mit geglättetem Kleinpflaster gestaltet. Durch die Verwendung unterschiedlicher Bodenstrukturen wird die Trennung der Funktionszonen visuell und taktil erkennbar.

Im Bereich der Platzaufweitungen gibt es außer den Verkehrs- und Verweilzonen auch großflächig angelegte **Gestaltungszonen**. Für diese sind unterschiedliche Bodenbeläge vorgesehen, beispielsweise eine wassergebundene Decke oder Holzdeckbeläge, sowie die Ausbildung von Wasserbecken. Die taktile Erfassbarkeit der einzelnen Zonen sowie der Wasserbecken ist stets durch den Wechsel der Oberflächenstruktur oder durch die Ausbildung von Sockeln, Aufkantungen oder Kantensteinen gegeben. Bei allen verwendeten Oberflächenbelägen werden die Anforderungen an die Rutschhemmung berücksichtigt.

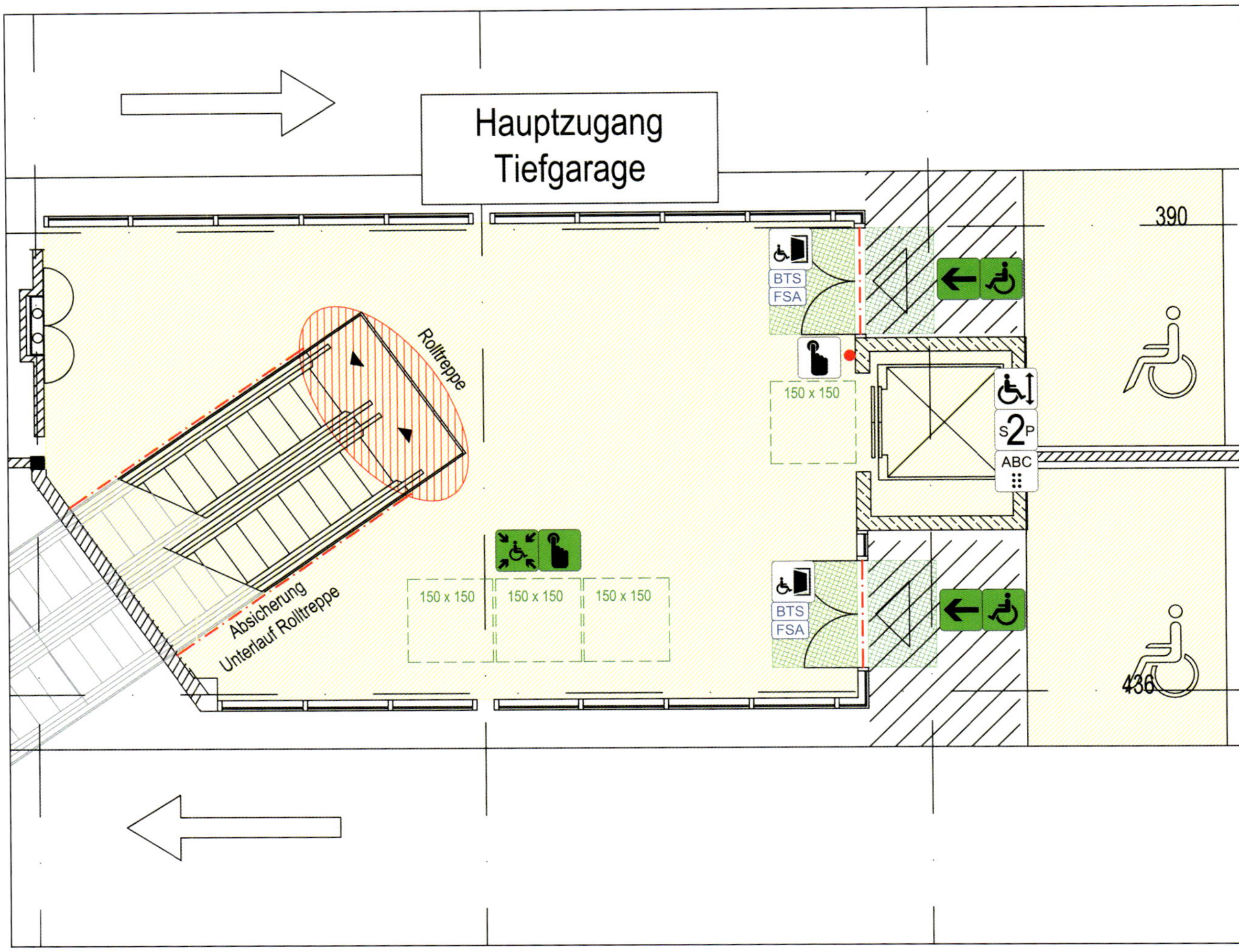

Abb. 8.14: Planausschnitt: Erschließungskern der Tiefgarage

Es werden bewusst keine Bodenindikatoren gemäß DIN 32984:2011-10 zur Orientierung eingesetzt. Das Gestaltungskonzept beabsichtigt, dem Besucher keine starre Wegführung vorzugeben, sondern vielmehr eine ansprechende Außenraumgestaltung zu erreichen, die nach dem Zonierungsprinzip intuitiv erkannt und verstanden wird. Dieses Prinzip wird innerhalb der Freianlagen konsequent umgesetzt und schafft dadurch eine gute visuelle und taktile Orientierungsmöglichkeit – nicht nur für Besucher mit eingeschränktem Sehvermögen sowie für blinde Besucher.

Verweilzonen – Ausstattung und Möblierung

Die Verweilzonen, die innerhalb der Ladenstraßen vorgesehen werden, werden mit Sitzbänken, Pflanztrögen und Abfalleimern ausgestattet. Die Zonen werden in ihren Abmessungen so gestaltet, dass die unmittelbaren Erschließungsflächen der Sitzbänke eine ausreichende Beinfreiheit für sitzende Personen bieten sowie Stellflächen neben den Bänken für Rollstuhl- oder Rollatornutzer. Die Pflanzbeete und -tröge werden bis auf den Boden geführt und sind somit taktil erfassbar. Die Terrassenflächen der Außengastronomie werden analog zu den Verweilzonen mit unterschiedlichen Bodenstrukturen gestaltet, sodass sie taktil erfassbar sind.

Bei den Elementen der Außenmöblierung wird grundsätzlich auf eine visuell kontrastreiche Gestaltung zum Umfeld geachtet. Die Sitzbänke werden mit Rücken- und Armlehnen ausgeführt sowie in entsprechender Höhe. Eine ergonomische Gestaltung wird bei der Wahl des Modells berücksichtigt.

8.2.4 Erschließung der Tiefgarage

Brand- und Rauchschutztüren in der Tiefgarage

Die Türen zu den beiden Erschließungskernen Nord und Süd werden als doppelflügelige Glas-Rahmen-Türen ausgeführt und barrierefrei gestaltet, da sie für Besucher der Haupterschließung aus der Tiefgarage dienen. Die Türen besitzen Brand-/Rauchschutzqualität und werden daher mit Türschließern zur Gewährleistung der Selbstschließfunktion im Brandfall ausgestattet. Zur Offenhaltung im Normalbetrieb erhalten die Türen zusätzlich Feststellanlagen, sodass sie von Besuchern mit assistiven Hilfsmitteln ungehindert passiert werden können.

Betrachtung des Gefahrenfalls: Da in den Erschließungskernen sichere Bereiche für den Zwischenaufenthalt vorgesehen werden, ist die Gewährleistung der barrierefreien Zugänglichkeit zu den Erschließungskernen zwingend erforderlich (zu barrierefreien Rettungsmöglichkeiten siehe Kapitel [...]). Zu diesem Zweck werden sogenannte „barrierefreie" Türschließer mit hohem Wirkungsgrad und einstellbarer Schließverzögerung verwendet. Darüber hinaus werden die Türen hinsichtlich der lichten Durchgangsbreiten der Gehflügel sowie der erforderlichen Bewegungsflächen zu beiden Seiten der Türen barrierefrei gestaltet. Dadurch wird eine barrierefreie manuelle Bedienbarkeit ermöglicht. Um die Erkennbarkeit der großflächig verglasten Türen im geschlossenen Zustand zu verbessern, werden diese mit kontrastreichen Markierungsstreifen in Knie- und Augenhöhe ausgeführt. Die Umsetzung erfolgt gemäß DIN 18040-1:2010-10 und DIN 32975:2009-12.

In der oben beschriebenen Ausführung erfüllen die Türen die Anforderungen sowohl an die barrierefreie Passierbarkeit im Normalfall als auch an die leichtgängige Bedienung und barrierefreie Nutzbarkeit im Brandfall.

Rolltreppen (Abweichung)

Die Tiefgaragenebene (Untergeschoss) wird über zwei Erschließungskerne an die Hauptebene der Shoppingmall angebunden (siehe Abb. 8.14). Innerhalb der Erschließungskerne wird die vertikale Erschließung zusätzlich zu den Aufzügen auch über Rolltreppen gewährleistet. Diese sind unmittelbar neben den Aufzügen angeordnet und verfügen mit den Aufzügen über einen gemeinsamen Vorraum. Gemäß Abstimmung mit der zuständigen Brandschutzdienststelle dienen die Rolltreppen im Brandfall als notwendige Treppen.

Die Rolltreppen werden hinsichtlich der Fahrgeschwindigkeit sowie des Steigungswinkels gemäß den Anforderungen der Norm ausgeführt. Jedoch beträgt der Vorlauf weniger als drei Stufen. Diese von der DIN 18040-1:2010-10 divergierende Ausführung stellt eine **Abweichung** von den allgemein anerkannten Regeln der Technik dar. Gemäß § 3 Abs. 2 BauO NRW 2018 kann von den allgemein anerkannten Regeln der Technik abgewichen werden, wenn die Anforderungen gemäß § 3 Abs. 1 BauO NRW durch eine gleichwertige Lösung kompensiert werden. Zur barrierefreien Erschließung der Einkaufsebene stehen in unmittelbarer Nähe jeder Rolltreppe ein oder zwei Aufzüge zur Verfügung. Die Aufzüge sind barrierefrei nutzbar und bedienbar.

Das Schutzziel der barrierefreien Erreichbarkeit der Shoppingmall wird über die Aufzüge erfüllt. Aus Sicht der Barrierefreiheit bestehen daher keine Bedenken gegen die Ausführung des reduzierten Vorlaufes.

9 Praxisbeispiele für Barrierefrei-Konzepte

Die im Folgenden abgedruckten Barrierefrei-Konzepte beschreiben öffentlich zugängliche Gebäude, teilweise mit und ohne barrierefreie Arbeitsstätte. Sie werden so wie hier dargestellt im Planungsprozess verwendet. Leichte Abweichungen zu Schreibweisen oder gezeigter Konzeptstruktur im vorangegangenen Theorieteil zeigen, wie flexibel das Barrierefrei-Konzept in der Praxis gehandhabt werden kann.

Zur Vermeidung von Dopplungen werden die nachfolgenden Barrierefrei-Konzepte nur auszugsweise dargestellt, weshalb manche Kapitel ohne Inhalt dargestellt werden (Kennzeichnung [...]). Dabei werden vor allem die objektspezifischen Kapitel, die sich aus der Gebäudenutzung sowie dem Betrachtungsumfang ergeben, hervorgehoben. Alle drei Praxisbeispiele zusammen bilden ein vollständiges Barrierefrei-Konzept ab. Welche Inhalte in welchem Praxisbeispiel dargestellt sind, kann den jeweiligen Inhaltsverzeichnissen entnommen werden.

Darüber hinaus wird zu jedem Praxisbeispiel eine kurze Erläuterung vorangestellt, die in das Bauvorhaben einführt und die Projektdaten benennt. Zwei der drei vorgestellten Praxisbeispiele sind bereits fertiggestellt und in Betrieb. Anhand von Planausschnitten und Fotos des fertigen Gebäudes wird die Umsetzung eines theoretischen Konzeptes in die Praxis anschaulich und nachvollziehbar dargestellt.

In den Barrierefrei-Konzepten werden die normativen Anforderungen an die Barrierefreiheit, wie sie sich beispielsweise aus der DIN 18040-1 ergeben, tabellarisch zusammengestellt. So hat der Konzeptleser einen unmittelbaren Bezug zwischen den normativen Regelungen und der barrierefreien Lösungsbeschreibung. Im Barrierefrei-Konzept werden diese Tabellen üblicherweise zusammen mit den übergeordneten Schutzzielen der objektkonkreten Erläuterung vorangestellt. Zur besseren Übersicht werden die Tabellen nachfolgend jedoch als Anhang zum jeweiligen Praxisbeispiel dargestellt.

9.1 Praxisbeispiel 1: Barrierefrei-Konzept Schule mit Arbeitsstätte

Das Praxisbeispiel 1 zeigt das Barrierefrei-Konzept für den Neubau der Offenen Schule Köln. Die OSK ist eine staatlich genehmigte Ersatzschule in privater Trägerschaft mit einer inklusiven Grundschule sowie einer zweizügigen Gesamtschule für die Sekundarstufen I und II. Der pädagogische Ansatz der Schule stellt das Kind in den Vordergrund, fördert individuelle Stärken und begleitet persönliche Entwicklungswege.

Das Barrierefrei-Konzept wurde als Bauvorlage zum Bauantrag eingereicht. Eine Besonderheit ergibt sich aus dem Umstand, dass das Konzept vorab mit dem zum damaligen Zeitpunkt zuständigen Behindertenbeauftragten der Stadt Köln abgestimmt wurde. Dadurch hat sich die Möglichkeit ergeben, die Grundkonzeption der Barrierefreiheit im baulichen Kontext zu erläutern und normative Abweichungen abzustimmen. Die Zusammenarbeit war sehr zielführend und zeigt, dass es wichtiger Bestandteil des Planungsprozesses sein kann, Behindertenbeauftragte oder Interessenverbände von Menschen mit Behinderungen bei der Implementierung von Barrierefreiheit zu beteiligen.

Das Architekturbüro, das für den Entwurf verantwortlich zeichnet, war hauptsächlich für die Bearbeitung der Leistungsphasen 1–4 zuständig und hatte ab LPH 5 die künstlerische Oberleitung inne. Denn Ausführungsplanung, Ausschreibung inkl. Vergabe und Ausführung wurden durch einen Generalunternehmer übernommen. Der damit einhergehende Planer- und Fachplanerwechsel brachte es mit sich, dass die während der Entwurfsphase abgestimmten Belange der Barrierefreiheit erneut kommuniziert werden mussten. Das Barrierefrei-Konzept hat an dieser Stelle einen wichtigen Beitrag geleistet, da es zwar keine ausführungsreifen Lösungen beschrieben, jedoch eindeutig und plausibel dokumentiert hat, an welcher Stelle im Gebäude und in welchem Umfang Barrierefreiheit umzusetzen ist. Auf Grundlage dieser Konzeption konnten die objektspezifischen barrierefreien Lösungen während der Ausführungsplanung konkretisiert und bis zur Ausführung nachverfolgt werden.

Das Gebäude wurde 2022 im August eröffnet und ist seitdem ein inklusiver Ort des Lernens.

Projektdaten:

Bauvorhaben:	Neubau Grund-/Gesamtschule für 650 Schüler
Bauherr:	Projektgesellschaft OSK Bildung Sürther-Feld GmbH & Co. KG
Entwurfsverfasser:	Hausmann Architektur GmbH, Bendstraße 50-52, 52066 Aachen
Standort:	Sürther Straße 199, 50999 Köln
Bruttogrundfläche:	13.508 m^2
Fertigstellung:	2022
Konzeptersteller:	Kempen Krause Ingenieure GmbH Aachen, Dipl.-Ing. (FH) Architektin Stephanie Dietel

Inhalt

1 Grundlagen

Das nachfolgende Barrierefrei-Konzept behandelt nach dem gegenwärtigen projektspezifischen Kenntnisstand des Unterzeichnenden alle in Bezug auf die Barrierefreiheit relevanten Sachverhalte und ist in Anlehnung an DIN 18040 gegliedert. In *grüner Kursivschrift* sind den fachlichen Ausführungen die normativen Schutzziele zur technischen Umsetzung von Barrierefreiheit vorangestellt. Die grundsätzlichen Anforderungen zur Barrierefreiheit sind tabellarisch zusammengestellt; dabei werden die Anforderungen, die objektspezifisch – also für das betrachtete Bauvorhaben – relevant sind, entsprechend gekennzeichnet (nicht relevante Anforderungen stehen in *Kursivschrift*). Dies ermöglicht den unmittelbaren Vergleich der geplanten Umsetzung des Barrierefrei-Konzeptes mit der Erfüllung der Schutzziele gemäß der DIN 18040.

1.1 Aufgabenstellung

In der Sürther Straße in Köln soll der Neubau der „Offenen Schule Köln" (OSK) entstehen. Da sich für den Neubau Anforderungen an die Barrierefreiheit ergeben, wurde das Büro Kempen Krause Ingenieure GmbH mit der Erstellung eines Barrierefrei-Konzeptes beauftragt, das folgende Funktionen erfüllt:

- Feststellen der objektkonkreten Anforderungen an die Barrierefreiheit
- Formulieren der Schutzziele, die in Abhängigkeit von den nutzergruppenspezifischen Bedarfen für die betrachteten Bereiche zu erfüllen sind
- Erläutern der objektkonkreten barrierefreien Lösung
- Nachweis, dass alle relevanten Anforderungen an die Barrierefreiheit in der Genehmigungsplanung berücksichtigt wurden

Das Barrierefrei-Konzept dient als Bauvorlage im Genehmigungsverfahren und bildet die zu prüfenden Aspekte der Barrierefreiheit ab (vgl. § 9a BauPrüfVO, Inkrafttreten am 01.01.2020). Darüber hinaus bietet es eine ganzheitliche Betrachtung der Barrierefreiheit, d. h. bei Bedarf richtet sich der Fokus auch auf Aspekte, die über die bauordnungsrechtlichen Anforderungen hinausgehen.

1.2 Unterlagen

Das Barrierefrei-Konzept wurde auf der Grundlage folgender Planunterlagen des Entwurfsverfassers erstellt (Stand 06.12.2019):

- Grundriss Schulhaus EG
- Grundriss Schulhaus OG1
- Grundriss Schulhaus OG2
- Grundriss Sporthalle EG
- Grundriss Sporthalle OG1

Darüber hinaus werden folgende Planunterlagen weiterer Fachplaner herangezogen:

- Freiraumplanung
- Verkehrsgutachten Bildungsstandort „Sürther Feld"
- Raumakustik Anforderungen
- Brandschutzkonzept

1.3 Anforderungen und gesetzliche Bestimmungen

Anforderungen an eine barrierefreie Gestaltung des Objektes ergeben sich aus den bauordnungsrechtlichen Vorschriften einschließlich der allgemein anerkannten Regeln der Technik, die gem. § 3 BauO NRW einzuhalten sind sowie den Vorschriften für die Errichtung von Arbeitsstätten. Zur Beurteilung der Umsetzung der Barrierefreiheit werden die allgemeinen Schutzziele herangezogen.

Die Grundlagen hierfür bilden die

- **Bauordnung für das Land Nordrhein-Westfalen (BauO NRW 2018)** vom 21.07.2018, in Kraft getreten am 01.01.2019,
- **Verordnung über Bau und Betrieb von Sonderbauten (Sonderbauverordnung – SbauVO)** vom 02.12.2016, zuletzt geändert am 02.08.2019,
- **Verwaltungsvorschrift Technische Baubestimmungen für das Land Nordrhein-Westfalen (VV TB NRW)** von Juli 2019 und die
- **Arbeitsstättenverordnung (ArbStättV)** vom 12.08.2004, zuletzt geändert am 18.10.2017.

Zur Festlegung der objektspezifischen relevanten Anforderungen an die Barrierefreiheit wird zurückgegriffen auf die

- **DIN 18040-1 Barrierefreies Bauen – Planungsgrundlagen, Teil 1: Öffentlich zugängliche Gebäude** in der Fassung von Oktober 2010,
- **DIN 18040-3 Barrierefreies Bauen – Planungsgrundlagen, Teil 3: Öffentlicher Verkehrs- und Freiraum** in der Fassung von Dezember 2014,
- **DIN EN 81-70 Sicherheitsregeln für die Konstruktion und den Einbau von Aufzügen – Besondere Anwendungen für Personen- und Lastenaufzüge – Teil 70: Zugänglichkeit von Aufzügen für Personen einschließlich Personen mit Behinderungen** in der Fassung von Juli 2018,
- **DIN 32984 Bodenindikatoren im öffentlichen Raum** in der Fassung von Oktober 2011,
- **DIN 32986 Taktile Schriften und Beschriftungen – Anforderungen an die Darstellung und Anbringung von Braille- und erhabener Profilschrift** in der Fassung von Januar 2015,
- **DIN 32975 Gestaltung visueller Informationen im öffentlichen Raum zur barrierefreien Nutzung** in der Fassung von Dezember 2009,
- **DIN 18041 Hörsamkeit in Räumen – Anforderungen, Empfehlungen und Hinweise für die Planung** in der Fassung von März 2016,
- **DIN EN 12464-1 Licht und Beleuchtung – Beleuchtung von Arbeitsstätten – Teil 1: Arbeitsstätten in Innenräumen** in der Fassung von August 2011,
- **DIN 33942 Barrierefreie Spielplatzgeräte – Sicherheitstechnische Anforderungen und Prüfverfahren** in der Fassung von April 2016 und die
- **ASR V3a.2 Barrierefreie Gestaltung von Arbeitsstätten** in der Fassung von August 2012, zuletzt geändert im Mai 2018.

Begleitend werden folgende Richtlinien zur Beurteilung der Barrierefreiheit herangezogen:

Abb. 9.1: Luftaufnahme vom Gebäudekomplex der OSK (Foto: ©Jörg Hempel, Aachen)

- **VDI 6008 Blatt 1 Barrierefreie Lebensräume – Allgemeine Anforderungen und Planungsgrundlagen** in der Fassung von Dezember 2012,
- **VDI 6008 Blatt 2 Barrierefreie Lebensräume – Möglichkeiten der Sanitärtechnik** in der Fassung von Dezember 2012 und die
- **VDI 6017 Aufzüge – Steuerungen für den Brandfall** in der Fassung von August 2015

2 Beschreibung des Objekts

2.1 Lage, Erschließung und Nutzung des Gebäudes

2.1.1 Äußere Erschließung

An der Sürther Straße in Köln Rodenkirchen ist zwischen Wattigniesstraße und Bezirkssportanlage der neue Standort für die Offene Schule Köln (OSK) geplant. In direkter Nachbarschaft entsteht auch der Neubau der Ernst Moritz Arndt – Grundschule (EMA). Das Gelände soll von der Sürther Straße aus durch eine von West nach Ost verlaufende „Bildungsmagistrale" erschlossen werden. Südlich der Magistrale werden die Schulgebäude für die EMA angesiedelt, nördlich der Bildungsmagistrale das neue Schulhaus der OSK mit der zugehörigen Sporthalle.

Die Bildungsmagistrale wird als Privatstraße ausgebaut und soll ausschließlich als Fuß- und Radverkehrsverbindung, für den Bring- und Abholverkehr (z.B. Schwimmbus) für gehbehinderte Schüler und den Versorgungsverkehr dienen. Die Lehrerstellplätze sind auf dem von beiden Schulen gemeinsam genutzten Parkplatz vorgesehen, auf dem auch der Bring- und Abholverkehr der Schüler abgewickelt wird. Die Anbindung des Parkplatzes erfolgt von der Sürther Straße. Mit der gemäß Verkehrskonzept geplanten Einrichtung einer neuen Buslinie sind neue Haltestellen innerhalb des Wohngebietes Sürther Feld geplant. Die nächsten ÖPNV-Haltestellen sind dann in ca. 200–300 m Entfernung vom Schuleingang erreichbar.

Die maximale Ausdehnung des Gebäudekomplexes, bestehend aus Schulhaus und Sporthalle, beläuft sich in Ost-West Richtung über eine Breite von ca. 136 m und in Nord-Süd Richtung über eine Länge von ca. 67 m.

Der Zugang zum Schulhaus und zur Sporthalle erfolgt von Süden über den an die „Bildungsmagistrale" angrenzenden Vorplatz. Westlich des Vorplatzes, unmittelbar vor der Sporthalle, sind Stellplätze für PKW und Fahrräder vorgesehen, die ausschließlich durch die OSK genutzt werden. Der Haupteingänge des Schulhauses und der Sporthalle sind durch ein auskragendes Vordach miteinander verbunden. Zwischen Sporthalle und Schulhaus befindet sich zudem der Durchgang zum Pausenhof, der auch für die Anlieferung der Küche genutzt wird.

Das Grundstück der OSK ist nahezu eben ausgebildet und weist nur geringfügige Höhenunterschiede auf. Lediglich auf der Nordseite des Gebäudes wird ein tiefergelegener Bereich („Amphitheater") ausgebildet, der sowohl vom Pausenhof aus als auch über den Mehrzweckraum mit Bühne innerhalb der Schule direkt erschlossen wird.

2.1.2 Schulhaus

Das neue Schulhaus der Offenen Schule Köln besteht aus einem dreigeschossigen Flachdachgebäude mit insgesamt vier Gebäudeflügeln, die um einen zentralen Innenhof angeordnet sind. Die Erschließung erfolgt über einen ringförmig ausgebildeten Flur, über den auch die beiden Haupttreppenräume Nord und Süd angebunden werden. Im Treppenraum Nord wird zudem ein Aufzug zur barrierefreien Erschließung der Obergeschosse vorgesehen. Der Innenhof im Zentrum des Gebäudes dient nicht nur der natürlichen Belichtung des Innenbereiches, sondern wird im Erdgeschoss auch als Aufenthaltsbereich genutzt. Ergänzend zu den beiden Haupttreppenräumen wird im Westen und Osten jeweils eine Außentreppe zur Sicherung der Rettungswege vorgehalten.

Im Erdgeschoss sind die folgenden Nutzungsbereiche vorgesehen:

- **Gebäudeflügel West:** Haupteingang und Zugang Pausenhof, Cafeteria mit Küche, Schülerkiosk, Bibliothek und Lehrküchen
- **Gebäudeflügel Nord:** Mehrzweckraum / Aula mit Fachklassenräumen Kunst und Musik, Zugang zum Amphitheater
- **Gebäudeflügel Ost:** Fachklassenräume Naturwissenschaft und Technik, Zugang zu den Werkhöfen Nord und Süd
- **Gebäudeflügel Süd:** Schulverwaltung mit Sekretariat, Besprechungsräumen, Büro- und Büronebenräumen

Innerhalb der Obergeschosse werden in den Gebäudeflügeln West, Süd und Ost die Unterrichtsbereiche für die Primar- und Mittelstufe als Tandem-Cluster angeordnet. Ein Cluster besteht jeweils aus zwei Lerngruppen und drei Fachbüros, die über eine Clustermitte erschlossen werden. Eine Ausnahme bildet der Gebäudeflügel Nord, in dem die Oberstufen-Cluster angeordnet sind. Diese sind als Einzel-Cluster ausgebildet und umfassen drei Lerngruppen, drei Fachbüros sowie einen Dienst- und Pausenraum; die Erschließung erfolgt über eine mittig angeordnete offene Lernumgebung. Ebenfalls in den Obergeschossen und unmittelbar zum Innenhof orientiert befinden sich die Lehrerteamstationen einschließlich der zugehörigen Arbeits- und Nebenräume.

Der zentrale Mehrzweckraum im Erdgeschoss der Schule, der auch als Aula genutzt wird, steht für die flexible Bespielung im Unterrichtsalltag, kleinere schulinterne Aufführungen und für Schulveranstaltungen bis zu 200 Personen zur Verfügung. Der Speisebereich und die Cafeteria liegen zwischen den beiden Hauptzugängen im Süden und Norden und sind fester Bestandteil des Ganztagsangebotes der OSK. Die Mittagsversorgung erfolgt in einem Zwei-Schichtsystem; es ist geplant, bis zu 250–300 Essen auszugeben.

2.1.3 Sporthalle

Die Dreifeldsporthalle ist in einen eingeschossigen und einen zweigeschossigen Bereich unterteil; im südlichen zweigeschossigen Teil befinden sich im EG die Umkleiden und im OG die Jugendeinrichtung mit Blick auf die „Bildungsmagistrale". Im nördlichen, dem Grundstück der Feuerwehr zugewandten Bereich, liegt der teilbare Sporthallenbereich mit den Geräteräumen. Die vertikale Erschließung erfolgt über zwei Treppenräume und einen Aufzug.

Die neue Sporthalle ist das künftige Sportzentrum der Offenen Schule Köln. Sie deckt in erster Linie den Bedarf an Sport- und Bewegungsflächen der Schule. In den Nachmittags- und Abendstunden soll die Räumlichkeiten im 1. OG für den Betrieb einer Jugendeinrichtung bereitgestellt werden. Ob darüber hinaus eine erweiterte Nutzung durch Sportvereine stattfindet, wird durch den Betreiber/Nutzer im Bedarfsfall entschieden. Die Halle wird nicht als Turnierstätte ausgelegt, da die Anzahl der sanitären Anlagen und Besucherstellplätze an der schulischen Nutzung des Gebäudes bemessen wird. Um dem Wunsch der Schule nachzukommen, einen Ort für Feste und Versammlungen mit der gesamten Schulgemeinschaft zu schaffen, wird die Sporthalle für den alleinigen Zweck der schulinternen Nutzung als Versammlungsstätte für bis zu 900 Personen ausgelegt. Dies schließt die Fremdvermietung für externe Veranstaltungen aus.

Tabelle 9.1: Nutzungen der Gebäudeteile im Überblick

Bauteil/ Geschoss	Schulhaus				Sporthalle	
	Nord	Ost	Süd	West	Nord	Süd
EG	Mehrzweckraum / Aula, Fachklassen-Musik + Kunst	Fachklassen Naturwissenschaft + Technik	Verwaltung	Haupteingang inkl. Foyer, Cafeteria, Kiosk, Bibliothek, Lehrküchen, Zentralküche	Sporthalle, Geräteräume	Haupteingang inkl. Foyer, Erschließung, Umkleiden (Schüler + Lehrer)
1.OG	Unterricht (Cluster), Lehrerzimmer	Unterricht (Cluster)	Unterricht (Cluster), Lehrerzimmer	Unterricht (Cluster)		Gymnastik, Jugendeinrichtung
2.OG	Unterricht (Cluster), Lehrerzimmer	Unterricht (Cluster)	Unterricht (Cluster), Lehrerzimmer	Unterricht (Cluster)		

2.2 Barrierefreie Anwendungsbereiche gemäß Landesbauordnung

Gemäß § 49 (2) BauO NRW 2018 müssen bauliche Anlagen, die öffentlich zugänglich sind, im erforderlichen Umfang barrierefrei sein. Öffentlich zugänglich sind bauliche Anlagen, wenn und soweit sie nach ihrem Zweck im Zeitraum ihrer Nutzung von im Vorhinein nicht bestimmbaren Personen aufgesucht werden können. Wohngebäude sind nicht öffentlich zugänglich im Sinne dieses Absatzes.

Der Neubau der Offenen Schule Köln und die dazugehörige Sporthalle werden in Teilbereichen als

öffentlich zugängliche bauliche Anlage

eingestuft, in der aufgrund ihrer Nutzung Publikumsverkehr vorgesehen ist. Sie kann somit von Personen aufgesucht werden, die im Vorhinein nicht bestimmbar sind. Es bestehen daher Anforderungen an die Barrierefreiheit für die Bereiche, die der Nutzung durch die Öffentlichkeit dienen (Publikumsbereiche). Zu diesen Bereichen zählen insbesondere:

- Parkplatz und äußere Erschließung des Schulgebäudes und der Sporthalle
- Sporthalle gesamt exkl. Lehrerumkleiden, Technik-/Pumi-Räume und Personal-Toiletten
- Schulgebäude gesamt exkl. reine Lehrerbereiche (z. B. Kopierer, Teeküche, Sekretariat, Archiv, Material, Büro Schulvertretung/-träger, Technik, Unterrichtsvorbereitungsräume NWT, Hausmeister, Küchentrakt EG, Lehrerteamstationen im 1.+ 2.OG, Personal-Toiletten)
- Pausenhof gesamt inkl. Amphitheater und nördlicher/ südlicher Werkhof

Der für die Umsetzung der Barrierefreiheit erforderliche Umfang ergibt sich aus der zweckentsprechenden Nutzung des Gebäudes sowie den untergesetzlichen Regelungen der Verwaltungsvorschrift Technische Baubestimmungen (VV TB NRW), die zur Konkretisierung der unbestimmten Rechtsbegriffe verbindliche Anwendung findet.

Gemäß § 50 Sonderbauten BauO NRW 2018 (1) An Anlagen und Räume besonderer Art oder Nutzung (Sonderbauten) können im Einzelfall zur Verwirklichung der allgemeinen Anforderungen nach § 3 Absatz 1 besondere Anforderungen gestellt werden. Erleichterungen können gestattet werden, soweit es der Einhaltung von Vorschriften wegen der besonderen Art oder Nutzung baulicher Anlagen oder Räume oder wegen besonderer Anforderungen nicht bedarf. Die Anforderungen und Erleichterungen nach den Sätzen 1 und 2 können sich insbesondere erstrecken auf

16. die barrierefreie Nutzbarkeit

Zugleich zählt der Gebäudekomplex gemäß § 50 BauO NRW 2018 zu den

großen Sonderbauten (Schule, Versammlungsstätte).

Die bauliche Anlage ist als inklusive Schule konzipiert. Aufgrund der besonderen Nutzung als (inklusive) Schule ergeben sich zusätzliche Anforderungen gem. § 50 (1), Ziffer 16 an die barrierefreie Nutzbarkeit des Gebäudes.

Zur Umsetzung der Anforderungen an die Barrierefreiheit werden die DIN 18040-1 und ihre Begleit-/Verweisnormen herangezogen. Die DIN 18040-1 findet mindestens in dem Maß Anwendung, das gemäß VV TB NRW Anlage A 4.2/2 vorgegeben ist. Darüber hinaus werden die Mindestanforderungen zu Gunsten einer nutzergruppenspezifischen barrierefreien Gestaltung überschritten, sofern dies im Sinne der Barrierefreiheit erforderlich ist.

2.3 Barrierefreie Anwendungsbereiche gemäß Arbeitsstättenverordnung

Beschäftigt der Arbeitgeber Menschen mit Behinderungen, hat er gemäß § 3a (2) ArbStättV Arbeitsstätten so einzurichten und zu betreiben, dass die besonderen Belange dieser Beschäftigten im Hinblick auf Sicherheit und Gesundheitsschutz berücksichtigt werden. Dies gilt insbesondere für die barrierefreie Gestaltung von Arbeitsplätzen sowie von zugehörigen Türen, Verkehrswegen, Fluchtwegen, Notausgängen, Treppen, Orientierungssystemen, Waschgelegenheiten und Toilettenräumen.

Das Schulhaus wird in Teilbereichen als

Arbeitsstätte für Beschäftigte mit Behinderungen

ausgelegt. Daher ergeben sich für die Bereiche, zu denen die Beschäftigten im Zuge Ihrer Tätigkeit Zugang haben müssen, Anforderungen an eine barrierefreie Gestaltung. Die Umsetzung erfolgt gemäß ASR V3a.2.

Die barrierefreie Gestaltung der Bereiche der Arbeitsstätte ist grundsätzlich an einen konkreten Bedarf gebunden, wobei sich der erforderliche Umfang nach den individuellen Bedarfen der Beschäftigten mit Behinderungen richtet. Zum Zeitpunkt der Konzepterstellung wird eine Mitarbeiterin beschäftigt, die einen Rollstuhl benutzt und eine Arbeitsassistenz in Anspruch nimmt (gem. Angabe Nutzer 25.09.2019). Diese Mitarbeiterin arbeitet im Bereich der Schulverwaltung. Die Maßnahmen, die zur barrierefreien und behindertengerechten Arbeitsplatzgestaltung für diese Mitarbeiterin erforderlich sind, werden im Kapitel 5.1 näher erläutert.

In Ergänzung zu den öffentlich zugänglichen Bereichen für den Publikumsverkehr werden in diesem Konzept auch die Bereiche der Arbeitsstätte betrachtet, in denen unabhängig von einem konkreten Beschäftigungsverhältnis eine potenzielle Beschäftigung von Menschen mit Behinderungen möglich ist. Zu diesem Zweck wurde in Abstimmung mit dem Nutzer festgelegt, in welchen Bereichen der Arbeitsstätte Personen mit Behinderungen grundsätzlich beschäftigt werden können und zu welchen Bereichen die Beschäftigten im Zuge Ihrer Tätigkeit Zugang haben müssen.

Im Sinne einer nachhaltigen und flexiblen Gebäudeneuplanung wird in diesen Bereichen ein allgemeiner barrierefreier Mindeststandard umgesetzt. Die technische Ausführung erfolgt in Anlehnung an die DIN 18040-1 sowie die ASR V3a.2 und sieht eine zweistufige Umsetzung der Barrierefreiheit vor:

- In Stufe 1 werden die baulichen Grundvoraussetzungen für die Beschäftigung von Personen mit Behinderungen geschaffen. Im Fokus stehen hierbei Beschäftigte mit motorischen Einschränkungen, die assistive Hilfsmittel benutzen (z. B. Rollstuhl, Rollator oder Gehhilfen). Das bedeutet, dass die Anforderungen an die Barrierefreiheit, die Auswirkungen auf die bauliche Struktur und Konstruktion des Gebäudes haben, bereits bei der Errichtung des Gebäudes berücksichtigt werden.

- Die Stufe 2 der Umsetzung stellt auf den Bedarfsfall ab und berücksichtigt die Nachrüstung von Ausstattungsqualitäten bzw. Anpassung von Räumen zur barrierefreien Nutzung. Hierzu zählen vor allem auch Maßnahmen für sensorisch eingeschränkte Personen, die ohne größeren baulichen Aufwand nachgerüstet werden können.

Die Maßnahmen der zweistufigen Umsetzung werden in Kapitel 5.2 näher erläutert.

In Ergänzung zum allgemeinen barrierefreien Mindeststandard erfolgt eine behindertengerechte – auf die individuellen Bedarfe der Beschäftigten zugeschnittene – Gestaltung der barrierefreien Arbeitsplätze als Nachrüstung im Bedarfsfall.

Grundsätzlich können sämtliche öffentlich zugängliche Bereiche, die den Schülern zur Verfügung stehen, auch durch potenzielle Beschäftigte mit Behinderungen genutzt werden. Da diese Bereiche bereits nach den Anforderungen gemäß DIN 18040-1 gestaltet werden, wird der allgemeine barrierefreie Mindeststandard bereits in ausreichendem Maße umgesetzt.

2.4 Grundsätzliche Schutzzielorientierung

Die Offene Schule Köln ist eine inklusive staatlich genehmigte Ersatzschule im gebundenen Ganztag, die das individuelle Lernen in altersgemischten Lerngruppen verfolgt und als „Schule für Alle" Kinder und Jugendliche unabhängig von ihrer sozialen und kulturellen Herkunft sowie ihren körperlichen und geistigen Voraussetzungen in ihren Fähigkeiten fördert.

Der Neubau bietet Flächen für eine zweizügige Grundschule für 200 Schüler/innen und eine zweizügige Gesamtschule (mit Sekundarstufe I und II) für 450 Schüler. Die einzelnen Lerngruppen der Klassenstufen bestehen aus bis zu 25 Schülern. Zum Zeitpunkt der Konzepterstellung haben sieben Schüler einen sogenannten festgestellten „sonderpädagogischen Förderbedarf". Alle Schüler einer Lerngruppe werden durch ein Team bestehend aus verschiedenen Lernbegleiter/innen in ihrem Lernen unterstützt. Die OSK besitzt folgende Förderschwerpunkte:

- Lernen
- Sprache
- emotionale und geistige Entwicklung
- körperlich-motorische Entwicklung
- Kommunikation und Hören.

Aktuell haben etwa 27 % der Schüler mit Förderschwerpunkt körperlich-motorische Entwicklung eine Gehbehinderung (ohne Rollator) oder sonstige Mobilitätseinschränkungen. Zwei Schüler nutzen einen Rollstuhl.

Im Hinblick auf die Schüler mit Förderbedarf ergeben sich Anforderungen an eine bauliche Barrierefreiheit ausschließlich für die Schüler mit motorischen Einschränkungen. Die Maßnahmen der Barrierefreiheit setzen eine selbstständige Nutzung des Gebäudes durch die Schüler voraus und unterstützten diese baulich.

Im Rahmen einer Einzelfallregelung werden derzeit ein schwerstmehrfachbehinderter Schüler und ein blinder Schüler unterrichtet. Der schwerstmehrfachbehinderte Schüler ist auf vollständige Fremdassistenz angewiesen und wird zu jeder Zeit durch eine Assistenzperson begleitet. Für diesen Schüler wird keine selbstständige Nutzung der Gebäude angenommen, weshalb keine zusätzlichen baulichen Maßnahmen zur Barrierefreiheit erforderlich sind, die über die Anforderungen gemäß DIN 18040-1 hinausgehen. Der blinde Schüler wird aufgrund der regelmäßigen bzw. täglichen Nutzung der Schule als ortskundige Person eingestuft. Für diesen Schüler sind keine zusätzlichen baulichen Maßnahmen zur Barrierefreiheit erforderlich, die über die im Folgenden benannten Anforderungen für den allgemeinen Publikumsverkehr hinausgehen.

In Ergänzung hierzu ist im Hinblick auf die Bereiche, die der Nutzung durch die Öffentlichkeit (Publikumsverkehr) sowie durch potenzielle Beschäftigte mit Behinderungen zur Verfügung stehen, von folgenden Nutzergruppen auszugehen:

- Personen mit leichten Mobilitätseinschränkungen, z. B. Gehhilfen, Rollator (teilweise gehfähig)
- Personen mit starken Mobilitätseinschränkungen, die auf radgebundene Hilfsmittel angewiesen sind, z. B. Rollstuhl (nicht mehr gehfähig)
- Personen mit eingeschränktem Sehvermögen (teilweise visuell orientiert)
- blinde Personen (auditiv/taktil orientiert)
- Personen mit eingeschränktem Hörvermögen (teilweise auditiv orientiert)
- gehörlose Personen (visuell/taktil orientiert)
- Personen, mit einer Kombination der voran genannten Einschränkungen
- Personen mit kognitiven Einschränkungen

Zur Umsetzung der Barrierefreiheit in Abhängigkeit der nutzergruppenspezifischen Bedarfe werden bauliche, technische und organisatorische Maßnahmen herangezogen.

Grundsätzliches Schutzziel ist die barrierefreie Erreichbarkeit und Zugänglichkeit des Gebäudes sowie der Räume innerhalb des Gebäudes, sofern sie einem barrierefreien Anwendungsbereich zugeordnet sind. Ein wesentlicher Aspekt besonders für sensorisch eingeschränkte Menschen ist zudem die Auffindbarkeit sowie die Orientierung innerhalb des Gebäudes. Darüber hinaus muss die zweckentsprechende und barrierefreie Nutzbarkeit von Räumen, Einrichtungen und Ausstattungselementen gewährleistet werden. Diese Schutzziele stellen auf die zweckentsprechende Nutzung des Gebäudes im „Normalfall" ab.

In dem betrachteten Objekt wird sowohl für Besucher und Benutzer als auch für Beschäftigte mit Behinderungen eine selbstständige Nutzung zugrunde gelegt. Die Schutzziele sind so formuliert, dass sie im Normalbetrieb die barrierefreie

- Auffindbarkeit und
- Zugänglichkeit sowie
- eine zweckentsprechende Nutzbarkeit

in der allgemein üblichen Weise, ohne besondere Erschwernis und grundsätzlich ohne fremde Hilfe gewährleisten.

Im Betriebsablauf der Schule ist es grundsätzlich vorgesehen, dass sich Besucher an der Empfangstheke am Eingang des Verwaltungsbereiches anmelden und danach weiter durch das Gebäude begleitet werden; ortsunkundige Besucher bewegen sich somit in der Regel nicht allein durch das

Schulgebäude. Eine Ausnahme hierzu bilden Schulveranstaltungen in der Aula oder der Sporthalle, die von ortsunkundigen Besuchern und Gästen auch ohne Begleitung frequentiert werden. Das Schutzziel der barrierefreien Auffindbarkeit wird daher innerhalb dieser Bereiche vollumfänglich umgesetzt.

Ortskundige Besucher und Benutzer (Schüler) sowie Beschäftigte besitzen Kenntnis über das Gebäude und die Bereiche, die sie regelmäßig zweckbestimmt aufsuchen. Maßnahmen zur Sicherstellung einer barrierefreien Orientierung werden daher für die Bereiche, die ausschließlich von ortskundigen Personen genutzt werden, als sekundär bewertet.

Als Ergänzung zu den allgemeinen Schutzzielen wird in diesem Barrierefrei-Konzept ein weiteres Schutzziel betrachtet, das im „Gefahrenfall" relevant wird. Das Verlassen der Gefahrenzone über die Flucht- und Rettungswege bis ins Freie oder in einen gesicherten Bereich ist besonders für Personen mit Behinderungen von großer Bedeutung. Da diese Nutzergruppe unter Umständen in ihrer Fähigkeit zur Selbstrettung eingeschränkt ist, werden durchgängige Mobilitätsketten oder alternative Rettungsstrategien benötigt. Ein objektspezifisches barrierefreies Rettungskonzept wird in diesem Konzept beschrieben.

3 Bauliche Anforderungen an die Barrierefreiheit – Infrastruktur

Im Folgenden werden zum Nachweis der Barrierefreiheit die Umsetzung der relevanten Anforderungen sowie die Erfüllung der Schutzziele erläutert. Die jeweiligen Schutzziele sind der Erläuterung in *kursiver grüner Schrift* vorangesetzt. Die objektspezifisch relevanten Anforderungen sind tabellarisch zusammengefasst (siehe Anhang).

3.1 Äußere Erschließung und Zugang zum Gebäude

3.1.1 PKW-Stellplätze und Anbindung an den ÖPNV

„PKW-Stellplätze, die für Menschen mit Behinderungen ausgewiesen werden, sind entsprechend zu kennzeichnen und sollten in der Nähe der barrierefreien Zugänge angeordnet sein." (DIN 18040-1:2010-10, Abschnitt 4.2.2)

[Anforderungen gem. DIN 18040-1 siehe Anhang, Tabelle 9.4]

Der Parkplatz der Offenen Schule Köln, der südlich der Sporthalle angeordnet wird, wird sowohl durch Besucher als auch das Lehrerkollegium genutzt sowie für das Kurzzeitparken bei Schulanfang bzw. Schulschluss. Zusätzlich zu den erforderlichen Stellplätzen (siehe Stellplatznachweis des Entwurfsverfassers) werden zwei PKW-Stellplätze für Menschen mit Behinderungen vorgehalten und durch eine entsprechende Kennzeichnung ausgewiesen. Diese werden barrierefrei gem. DIN 18040-1 mit einer Breite von mind. 3,50 m und einer Länge von mind. 5,00 m ausgeführt. Die Stellplätze und die Fahrbahn werden in Analogie zur äußeren Erschließung des Gebäudes mit Betonpflaster befestigt und weisen die für den Wasserabfluss erforderliche Neigung auf (im Mittel etwa 2,5 %). Die barrierefreien PKW-Stellplätze werden in direkter Nähe zum Vorplatz der Schule und Sporthalle angeordnet und gewährleisten damit für Besucher und Beschäftigte mit motorischen Einschränkungen die kurzmöglichste Erreichbarkeit der Eingänge.

Kleinbusse und andere Bringdienste, z. B. mit Heckausstieg, können mit Zugangsberechtigung die „Bildungsmagistrale" nutzen und unmittelbar am Vorplatz die Schüler oder Besucher sicher aussteigen lassen.

3.1.2 Äußere Erschließung des Gebäudes

„Gehwege müssen ausreichend breit für die Nutzung mit dem Rollstuhl oder mit Gehhilfen, auch im Begegnungsfall, sein." (DIN 18040-1:2010-10, Abschnitt 4.2.1)

„Zugangs- und Eingangsbereiche müssen leicht auffindbar und barrierefrei erreichbar sein." (DIN 18040-1:2010-10, Abschnitt 4.2.3)

[Anforderungen gem. DIN 18040-1 siehe Anhang, Tabelle 9.5 + Tabelle 9.6]

Das Schulhaus und die Sporthalle der neuen Offenen Schule Köln werden zentral über den südlichen Vorplatz erschlossen. Beide Haupteingänge werden über ein bodengebundenes Blindenleitsystem angebunden. Das Blindenleitsystem beginnt an der westlichen Grundstücksgrenze im Bereich des Parkplatzes; der Beginn wird über einen Auffindestreifen gemäß DIN 32984 gekennzeichnet. Aus diesem Auffindestreifen entspringt ein Leitstreifen, der entlang der Sporthallenfassade bis auf den Vorplatz des Gebäudekomplexes führt. Auf dem Vorplatz knickt der Leitstreifen um 90° ab und verläuft unter dem auskragenden Vordach weiter. Die Richtungswechsel im Blindenleitsystem werden jeweils über ein Abzweigefeld gemäß DIN 32984 angezeigt. Das bodengebundene Blindenleitsystem wird visuell kontrastierend und taktil erfassbar ausgebildet. Hierzu eignen sich beispielsweise Bodenindikatoren aus Beton, die flächenbündig in den umgebenden Pflaster-/Plattenbelag eingearbeitet werden.

Bei der Anbindung der beiden Haupteingänge Sporthalle und Schulhaus wird unterschieden zwischen der Wegeführung für motorisch und sensorisch eingeschränkte Personen. Das Blindenleitsystem führt jeweils zu den doppelflügeligen Eingangstüren. Eine detaillierte Beschreibung der Haupteingänge erfolgt unter Kapitel 3.2.1.1.

Damit es auf dem Parkplatz südlich der Sporthalle nicht zu Kollisionen zwischen Fußgängern und PKW-Verkehr kommt, wird entlang der Sporthalle ein Gehweg ausgebildet, der flächenbündig zur Fahrbahn des Parkplatzes verläuft, jedoch durch Poller abgetrennt wird. Die Poller sind parallel in einem Abstand von etwa 1,00 m zur Sporthallenfassade angeordnet und weisen untereinander einen Abstand von mind. 1,50 m auf. Somit ist der Gehweg ausreichend breit für die geradlinige Fortbewegung mit dem Rollstuhl und die Begegnung von Rollstuhlnutzern und anderen Personen. Zwischen den Pollern ist zudem ausreichend Platz für Wendevorgänge oder Richtungswechsel mit radgebundenen Hilfsmitteln. Der durchgängige Leitstreifen gewährleistet für sehbehinderte und blinde Personen eine ununterbrochene Führung entlang des Gehweges und des Vorplatzes. Obwohl auch die Sporthallenfassade als „innere Leitlinie" genutzt werden könnte, wird über das in sich geschlossene Blindenleitsystem eine einheitliche Orientierungshilfe ohne wechselnde Orientierungselemente geschaffen. Die barrierefreie Auffindbarkeit der Haupteingänge wird damit für sehbehinderte und blinde Personen sichergestellt.

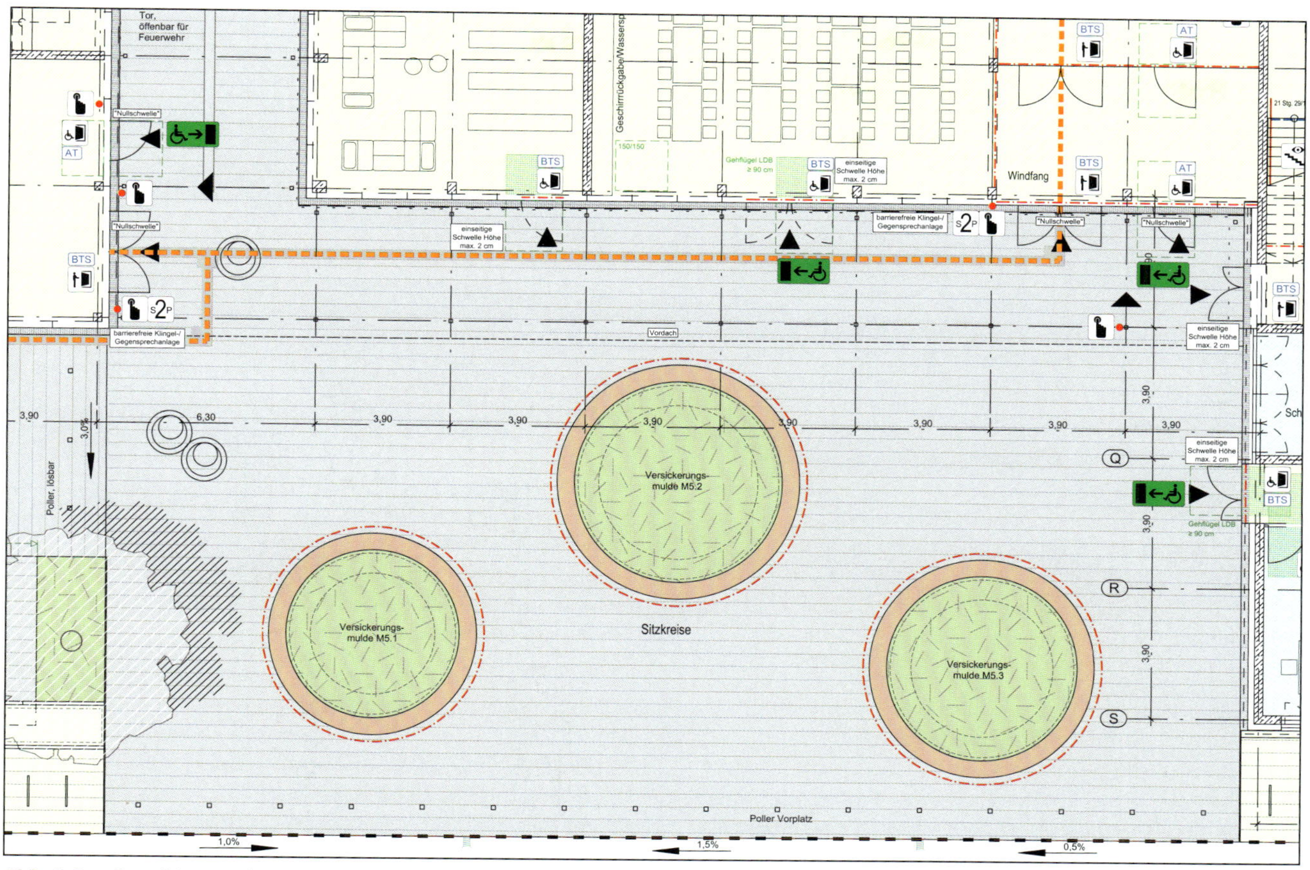

Abb. 9.2: Grundrissausschnitt Vorplatz mit Leitsystem zu Gebäudeeingängen

Abb. 9.3: Einbindung des Sporthalleneingangs in Leitstreifen

Abb. 9.4: Sitzbänke auf Vorplatz und Blick auf Eingang Schulhaus

Abb. 9.5: Leitstreifen vom Kiss 'n'Ride-Parkplatz zu den Gebäudeeingängen

Abb. 9.6: Vorplatz und gemeinsames Vordach zwischen Sporthalle und Schulhaus (Foto: Simon Veith, Köln)

Eine weitere Erschließungsmöglichkeit von der Sürther Straße zu den Haupteingängen erfolgt von der nördlichen Grundstücksgrenze und entlang der Westfassade der Sporthalle. Diese Erschließung wird als Nebenerschließung bewertet und daher nicht in ein bodengebundenes Blindenleitsystem eingebunden. Stattdessen werden als Orientierungshilfe bauliche Kanten bereitgestellt; entlang der Grundstücksgrenze werden diese durch den Betonsockel der Zaunanlage ausgebildet, im Bereich der Versorgungszufahrt (Nordseite der Sporthalle) durch eine bauliche Aufkantung (z. B. Bord mit mind. 3 cm Höhe) und entlang der Westfassade der Sporthalle durch die Fassade selbst. An der südwestlichen Gebäudekante der Sporthalle erfolgt der Übergang in das voran beschriebene bodengebundene Blindenleitsystem über ein Aufmerksamkeitsfeld gemäß DIN 32984. Damit wird auch für diese Erschließung eine barrierefreie Auffindbarkeit gewährleistet.

Durch das Vordach werden die beiden Haupteingänge der Sporthalle und des Schulhauses betont und in Korrespondenz zueinander gesetzt. Zwischen der Sporthalle und dem Schulhaus befindet sich das Zufahrtstor zum Pausenhof, über das auch die Anlieferung der Küche erfolgt. Der Durchgang zwischen beiden Gebäuden wird ebenfalls durch das Vordach überspannt. Somit wird für die Wegeführung zwischen Schulhaus, Sporthalle und Eingang Lehrküche ein zuverlässiger Wetterschutz geboten.

Der Vorplatz wird als flächenbündige homogene Platzfläche ausgebildet, die mit Betonpflaster belegt wird; dieses wird möglichst eben und engfugig verlegt. Zudem wird auf Steine mit ungefasten oder schmal gefasten Kanten (sog. Micro-Fase) zurückgegriffen, um die Berollbarkeit des Bodenbelags zu verbessern und ein erschütterungsarmes Befahren mit radgebundenen Hilfsmitteln zu unterstützen. Zur sicheren Benutzbarkeit bei Nässe und Eis werden für die verwendeten Bodenbeläge die rutschhemmenden Eigenschaften in Anlehnung an die DIN 18040-3 berücksichtigt.

Auf dem Vorplatz werden gemäß aktueller Planung drei Pflanzflächen vorgesehen, die gleichzeitig als Versickerungsmulden fungieren und mit Sitzkreisen umgeben werden. Die Sitzkreise werden visuell kontrastierend zur umgebenden Platzfläche gestaltet und so ausgebildet, dass sie für blinde Personen taktil erfassbar sind. Zu diesem Zweck werden sie entweder bis auf den Boden geführt, mit einer Bodenfreiheit von max. 15 cm ausgebildet oder erhalten eine Sockelausbildung. Die genaue Ausführung wird im weiteren Verlauf der Planung festgelegt.

Die barrierefreie Auffindbarkeit und Erreichbarkeit der Gebäude werden in der voran beschriebenen Planung erfüllt.

3.2 Horizontale Erschließung des Gebäudes – Türen

3.2.1 Eingangsbereiche und Notausgänge

3.2.1.1 Eingangsbereiche Schule (Süd/Nord) und Sporthalle

Die Haupteingänge des Schulhauses und der Sporthalle bestehen jeweils aus einer doppelflügeligen und einer einflügeligen Eingangstür; im Schulhaus werden die Eingänge Süd und Nord zudem als Windfänge mit gleichartigen Türen ausgebildet. Die Eingänge des Schulhauses und der Sporthalle werden gleich gestaltet.

Die doppelflügeligen Eingangstüren werden über das bodengebundene Blindenleitsystem angebunden und für die Nutzung durch Personen ohne oder mit sensorischen Einschränkungen ausgelegt. Zur Sicherstellung der leichtgängigen Bedienbarkeit werden die doppelflügeligen Türen mit sog. „barrierefreien" Türschließern ausgestattet, die über einen hohen Wirkungsgrad verfügen und in Abhängigkeit von Bauart und Einbausituation bis zur einer bestimmten Türflügelbreite die Einhaltung der max. zulässigen Bedienkräfte gem. DIN 18040-1 sicherstellen. Eine detaillierte Erläuterung erfolgt unter Ziffer 3.2.2.3.

Die einflügeligen Eingangstüren werden für die Nutzung durch Personen mit assistiven Hilfsmitteln (Rollstuhl, Rollator) ausgelegt und infolgedessen mit einem Automatikantrieb ausgestattet. Dieser wird über Türtaster angesteuert, die mit den erforderlichen Abständen zum Türflügel sowie

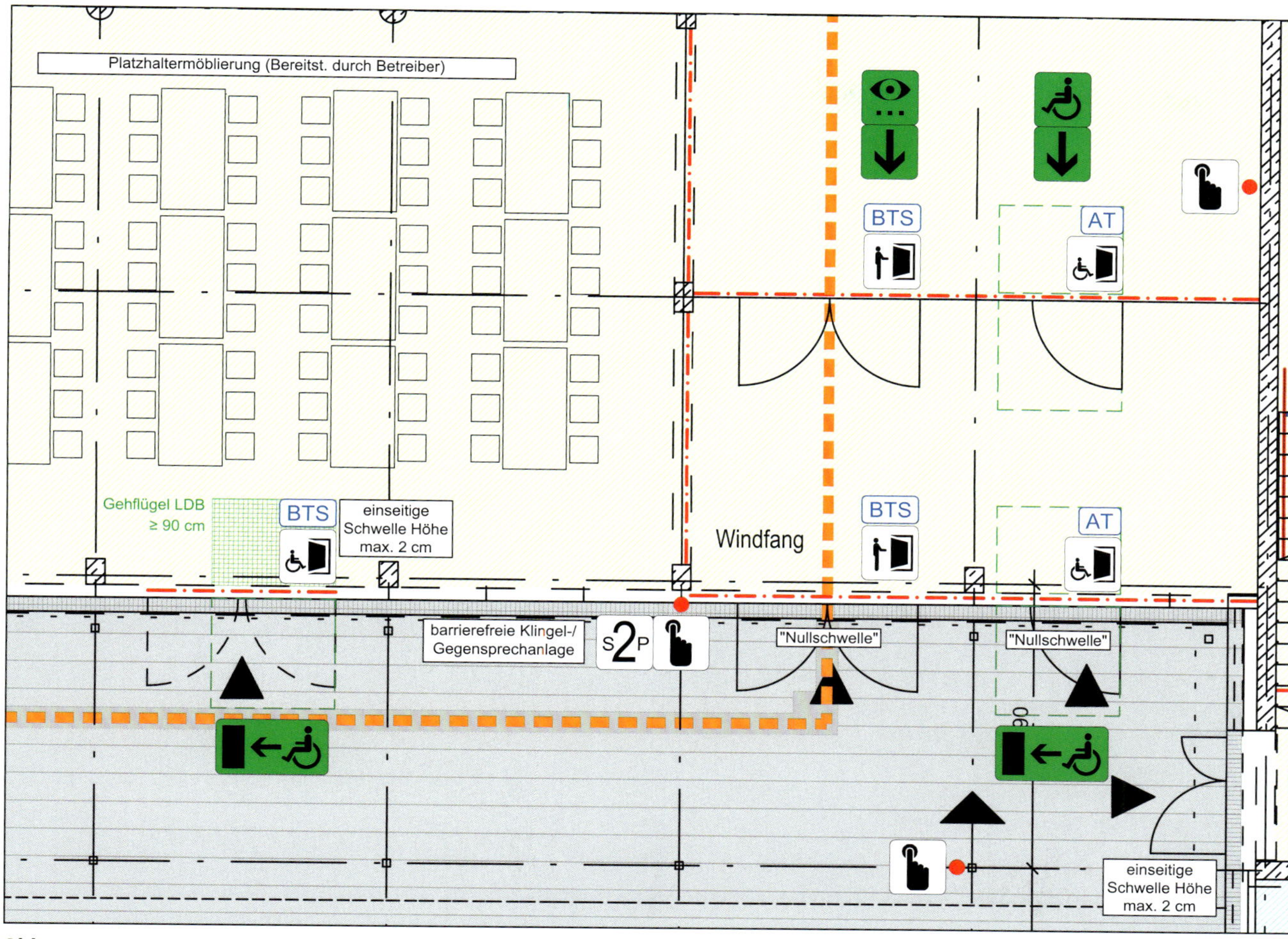

Abb. 9.7: Grundrissausschnitt Eingangsbereich Schulhaus mit Windfang

im barrierefreien Greifbereich angeordnet werden; die entsprechenden Maßangaben sind der Tabelle 9.7 zu entnehmen; eine mögliche barrierefreie Positionierung der Türtaster ist zudem in den Barrierefrei-Plänen dargestellt.

Sämtliche Eingangstüren werden schwellenlos, d. h. mit einer sog. „Nullschwelle" ausgebildet. Die Gehflügel werden mit einer lichten Durchgangsbreite von mind. 90 cm ausgeführt, so dass eine ungehinderte Durchfahrt mit radgebundenen Hilfsmitteln oder Gehhilfen möglich ist. Die Bereitstellung von Bewegungsflächen zur manuellen Türbedienung ist an den doppelflügeligen Eingangstüren nicht erforderlich und kann theoretisch auch an den einflügeligen Türen aufgrund des Automatikantriebs vernachlässigt werden. Nichtsdestotrotz werden ausreichende Bewegungsflächen nachgewiesen, um eine manuelle Bedienung bei Ausfall des Automatikantriebs zu ermöglichen.

Die großflächig verglasten Türanlagen, inkl. der feststehenden Elemente werden zur besseren Erkennbarkeit für Personen mit Seheinschränkungen mit visuell stark kontrastierenden Glasmarkierungen in Knie- und Augenhöhe gekennzeichnet. Diese werden im Wechselkontrast ausgeführt, damit sie vor unterschiedlichen Hintergründen oder bei wechselnden Lichtverhältnissen wahrnehmbar bleiben. Dadurch wird die Erkennbarkeit der transparenten Flächen verbessert und ein potenzielles Auflaufen verhindert.

Während der Schulzeiten kann das Gebäude ohne weitere Zutrittskontrolle betreten werden. Weitere Anforderungen

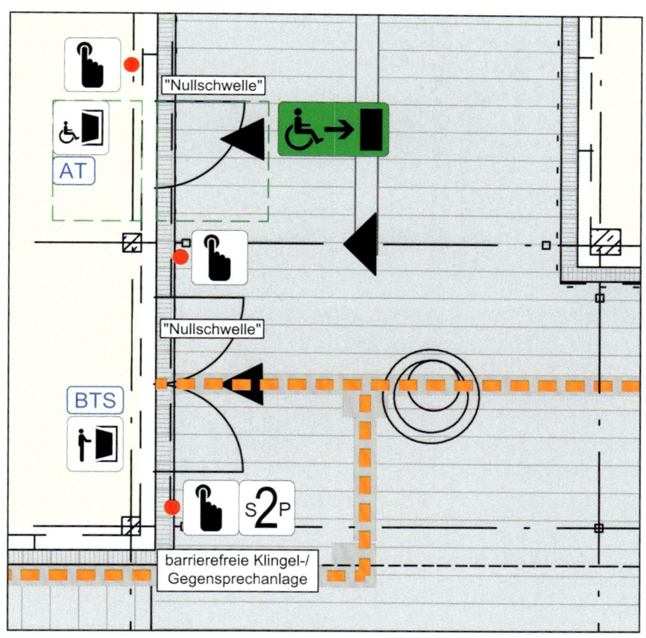

Abb. 9.8: Grundrissausschnitt Eingangsbereich Sporthalle

z. B. an die barrierefreie Gestaltung von Klingel- oder Gegensprechanlagen sind unter 3.7.2. beschrieben. In der vorliegenden Planung wird die barrierefreie Zugänglichkeit für motorisch und sensorisch eingeschränkte Personen sichergestellt.

3.2.1.2 Eingangsbereich Lehrküche / Fassadentüren Fachklassenräume und Innenhof [...]

3.2.1.3 Notausgänge [...]

3.2.2 Innentüren – Übergeordnete Anforderungen

„Türen müssen deutlich wahrnehmbar, leicht zu öffnen und schließen und sicher zu passieren sein." (DIN 18040-1:2010-10, Abschnitt 4.3.3.1)

„Das Öffnen und Schließen von Türen muss auch mit geringem Kraftaufwand möglich sein." (DIN 18040-1:2010-10, Abschnitt 4.3.3.3)

„Auffindbarkeit und Erkennbarkeit von Türen und deren Funktion müssen auch für blinde und sehbehinderte Menschen möglich sein." (DIN 18040-1:2010-10, Abschnitt 4.3.3.5)

[Anforderungen gem. DIN 18040-1 siehe Anhang, Tabelle 9.7]

3.2.2.1 Anforderungen an Türdrücker

Sämtliche Türdrücker im öffentlich zugänglichen Bereich werden gemäß der VV TB NRW Anlage A 4.2/2 in der Standardhöhe von 105 cm ausgeführt. Eine Ausnahme hierzu bilden die Türdrücker an den Türen zu den barrierefreien Toiletten und den barrierefreien Umkleiden im Schulhaus sowie in der Sporthalle. An diese werden Anforderungen an eine reduzierte Bedienhöhe von 85 cm gestellt, um das Schutzziel der barrierefreien Erreichbarkeit für die Hauptnutzergruppe „Rollstuhlnutzer" zu erfüllen.

In Abhängigkeit von der Nutzung und der relevanten Nutzergruppe ergeben sich darüber hinaus für den öffentlich zugänglichen Bereich keine weiteren Anforderungen an eine reduzierte Türdrückerhöhe.

In den Bereichen der Arbeitsstätte werden zum gegenwärtigen Zeitpunkt keine Personen beschäftigt, die beispielsweise aufgrund von Einschränkungen der Hand-/Arm-Motorik auf eine reduzierte Türgriffhöhe angewiesen sind. Aus diesem Grund werden sämtliche Türdrücker in der Standardhöhe von 105 cm angeordnet. Eine bedarfsgerechte Anpassung an die reduzierte Drückerhöhe kann zu einem späteren Zeitpunkt durch die Verwendung von speziellen Türdrückern oder durch Automatisierung der Türen als behindertengerechte Maßnahme erfolgen.

Abb. 9.9: Tür zum Pflegebad, Schulhaus

Abb. 9.10: Pflegebad: Türgriff in reduzierter Höhe (85 cm ü. OFF)

3.2.3 Innentüren ohne besondere Anforderungen

An die Türen, die im barrierefreien Anwendungsbereich gemäß BauO NRW liegen bzw. die im Zuge einer nachhaltigen Gebäudeplanung nach einem allgemeinen barrierefreien Mindeststandard (Arbeitsstätte) ausgebildet werden, ergeben sich Anforderungen an die Barrierefreiheit. Diese Anforderungen sind der Tabelle 9.7 zu entnehmen. Zu diesen Türen gehören Folgende:

- Erdgeschoss Schulhaus:
  - Tür vom Foyer zur Cafeteria
  - Tür von der Cafeteria zur Bibliothek
  - Türen zu den Räumen Mediation, SZ / SF / SV, Raum der Stille
  - Türen zu und zwischen den Lehrküchen 1 und 2
  - Türen zu den Fachklassenräumen Musik und Kunst
  - Verwaltungsbereich: Türen zu Büro-/Büronebenräumen, Besprechungsräumen, zum Erste-Hilfe-Raum und Verbindungstüren zwischen den Büros (Anwendungsbereich barrierefreie Arbeitsstätte)
  - Türen zu den barrierefreien Toiletten
  - *Türen zu den sanitären Anlagen für Damen/Mädchen und Herren/Jungen*
- Erdgeschoss Sporthalle:
  - Türen zu barrierefreien Umkleiden für Schüler und Lehrer
  - *Türen zu nicht barrierefreien Umkleiden für Schüler und Lehrer*
  - Schlupftüren in Sporthallentrennwänden
  - Türen zu den barrierefreien Toiletten innerhalb der Umkleiden
  - *Türen zu den sanitären Anlagen für Damen/Mädchen und Herren/Jungen*
- 1. und 2. Obergeschoss Schulhaus:
  - Türen innerhalb der Cluster
  - Türen zu den barrierefreien Toiletten
  - *Türen zu den sanitären Anlagen für Damen/Mädchen und Herren/Jungen*
- 1. Obergeschoss Sporthalle:
  - Türen zu den Räumen der Jugendeinrichtung
  - Flurtür ohne Brandschutzanforderung
  - Tür zum Gymnastikraum

Sämtliche der voran genannten Türen – mit Ausnahme der Türen zu den nicht barrierefreien Umkleiden und sanitären Anlagen (*kursiv hervorgehoben*) – werden schwellenlos und mit einer lichten Durchgangsbreite von mind. 90 cm ausgebildet; die erforderlichen Bewegungsflächen und max. zulässigen Leibungstiefen werden eingehalten, so dass sie für die Nutzung mit Rollstuhl oder Rollator geeignet sind. Diese Türen erhalten keine besondere Türtechnik, sondern sind aufgrund der Bauart sowie der verwendeten Objektbeschläge leichtgängig manuell bedienbar. Die Türen werden überwiegend als einflügelige Volltüren ausgebildet, die teilweise durch festverglaste Seitenelemente

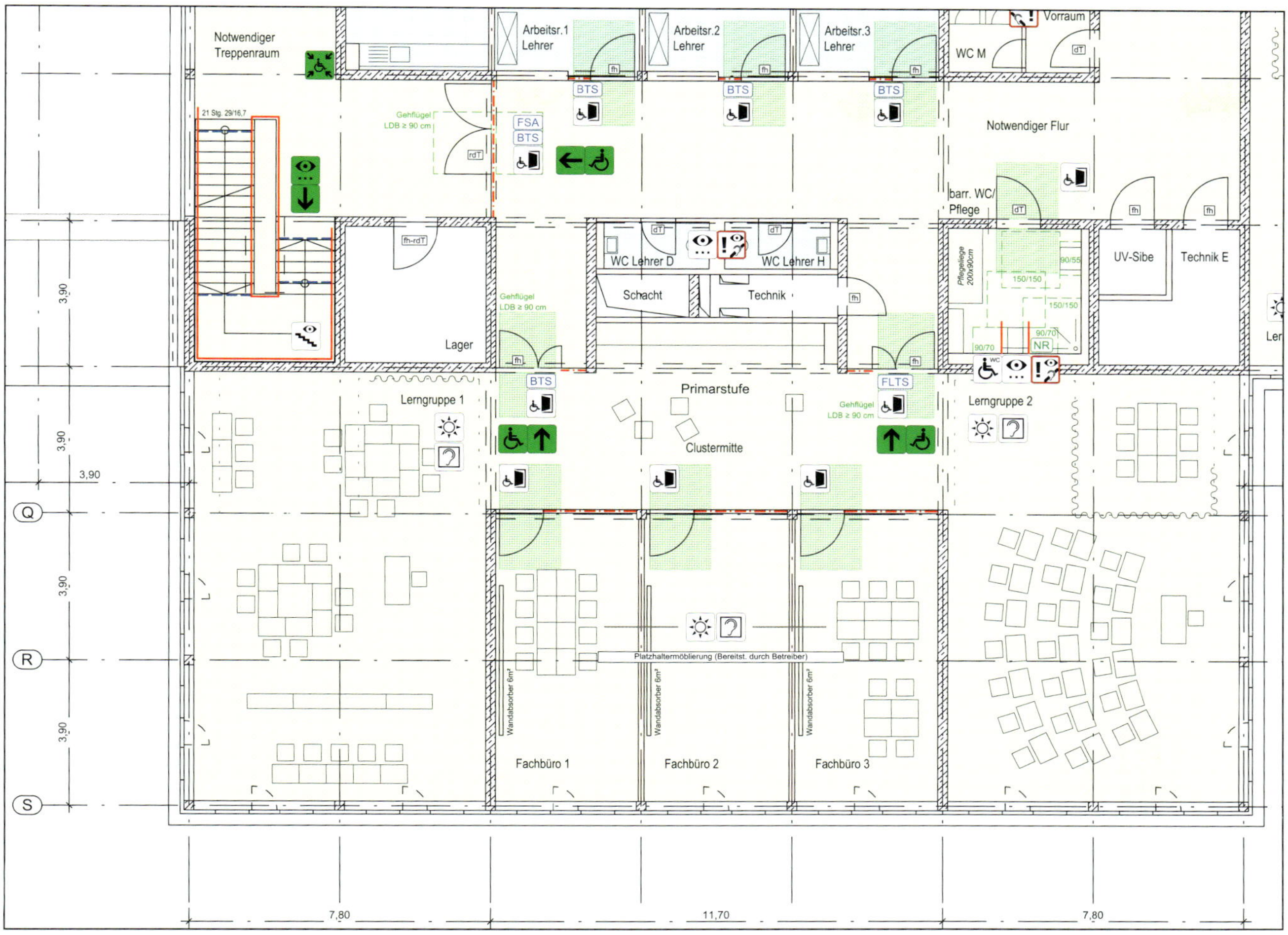

Abb. 9.11: Grundrissausschnitt Zugangstüren zu diversen Bereichen

Abb. 9.12: Flurtür im Erschließungsbereich

Abb. 9.13: Windfang Haupteingang Schulhaus

komplettiert werden, z. B. bei den Fachbüros innerhalb der Cluster und bei den Arbeitsräumen für Lehrer.

Für die Türen, die nicht durch Personen mit radgebundenen Hilfsmitteln genutzt werden, sind die geometrischen Anforderungen (lichte Durchgangsbreite, Schwellenausbildung, Leibungstiefe, Bewegungsflächen und Bedienelemente) nicht relevant.

Sämtliche Türen werden in das Gestaltungskonzept eingebunden und visuell kontrastierend ausgebildet, so dass sich z. B. die Zarge oder Türblatt optisch von der umgebenden Wandfläche abheben. Die taktile Erkennbarkeit der Türen ist in der Regel durch die Ausbildung der Zarge und der Türleibung bereits gegeben. Die barrierefreie Auffindbarkeit wird dadurch für seheingeschränkte Personen sichergestellt.

Die Türen, die großflächig verglast sind bzw. verglaste Seitenelemente haben, erhalten visuell stark kontrastierende Glasmarkierungen; die Ausführung erfolgt in Knie- und Augenhöhe sowie im Wechselkontrast (mit hellen und dunklen Anteilen), damit sie vor unterschiedlichen Hintergründen oder bei wechselnden Lichtverhältnissen wahrnehmbar bleiben. Dadurch wird die Erkennbarkeit der transparenten Flächen für sehbehinderte Personen verbessert.

3.2.4 Innentüren mit Brandschutzanforderungen

3.2.4.1 Allgemeine Anforderungen

Unabhängig von der barrierefreien Türtechnik werden sämtliche der voran beschriebenen Türen schwellenlos und mit einer lichten Durchgangsbreite von mind. 90 cm ausgestattet. Die Einhaltung der max. zulässigen Leibungstiefe kann an Türen, die nicht von Personen mit radgebundenen Hilfsmitteln genutzt werden, vernachlässigt werden.

Sofern die Brandschutztüren großflächig verglast sind, werden visuell stark kontrastierende Sicherheitsmarkierungen im Wechselkontrast sowie in Knie- und Augenhöhe vorgesehen. Zur Verbesserung der Orientierung für sehbehinderte Personen werden sämtliche Türen so gestaltet, dass sie sich zu den umgebenden Wandflächen visuell kontrastierend abheben. Darüber hinaus wird die Auffindbarkeit der Räume für blinde Personen durch taktil erfassbare Türleibungen und Türzargen sichergestellt.

Die barrierefreie Bedienbarkeit, Passierbarkeit und Erkennbarkeit der Türen werden durch die voran beschriebenen barrierefreien Lösungen für motorisch und sensorisch eingeschränkte Personen erfüllt.

3.2.4.2 Anforderungen an die leichtgängige Bedienbarkeit (barrierefreie Türtechnik)

Bei den Türen innerhalb der barrierefreien Anwendungsbereiche, an die Brandschutzanforderungen bestehen und die infolgedessen mit einer Selbstschließfunktion ausgestattet werden, ist neben den geometrischen Anforderungen die barrierefreie Türtechnik von entscheidender Bedeutung. Bei der Festlegung einer geeigneten Türtechnik wird unterschieden zwischen der bestimmungsgemäßen Nutzung der Türen (offen oder geschlossen) und der Nutzergruppe, die diese Türen frequentiert (mit radgebundenen Hilfsmitteln oder Gehhilfen). Eine objektkonkrete Übersicht der geplanten barrierefreien Türtechnik erfolgt in Ziffer

„Barrierefreier" Türschließer:

Selbstschließende Türen bzw. Brandschutztüren, die im Normalbetrieb geschlossen sein sollen und nicht oder nur gelegentlich von Personen mit assistiven Hilfsmitteln genutzt werden, werden mit einem sog. „barrierefreien" Türschließer ausgestattet. Dieser Türschließer verfügt über einen hohen Wirkungsgrad und ermöglicht daher die Einhaltung der gem. DIN 18040-1 zulässigen Bedienkräfte von max. 47 Nm bis zu einer Türflügelbreite von 1,25 m (gem. Prüfzeugnis der Hersteller). Zur Berücksichtigung der Gegebenheiten, die sich im eingebauten Zustand auf die Bedienkräfte von Türschließern begrenzend auswirken können (Bauart der Tür, Einstellung des Türschließers, Luftdrücke etc.), wird in der Planung für diese Türen eine Türflügelbreite von max. 1,10 m eingehalten. Zur Sicherstellung der barrierefreien manuellen Bedienung der Türen mit Türschließern werden die erforderlichen Bewegungsflächen bereitgestellt.

Feststellanlage:

Selbstschließende Türen bzw. Brandschutztüren, die im Normalbetrieb bestimmungsgemäß offengehalten werden, z. B. weil sie häufig frequentiert werden, werden mit einer Feststellanlage ausgestattet. Hierzu gehören vor allem die Flurtüren und die Türen zu den Treppenräumen im Schulhaus und in der Sporthalle. Durch die Offenhaltung entfällt die manuelle Türbedienung an diesen Türen und es bestehen grundsätzlich keine Anforderungen an Bewegungsflächen oder die Einhaltung der max. zulässigen Bedienkräfte. Für den Fall, dass ein flexibler Umgang mit der Offenhaltung gewünscht ist und die Türen bei Bedarf auch zeitweise geschlossen werden sowie zur Gewährleistung der barrierefreien Nutzbarkeit bei (unbeabsichtigter) Auslösung der Feststellanlage, sind jedoch die Anforderungen an die barrierefreie Gestaltung vollumfänglich zu berücksichtigen. Für diesen Fall werden die Feststellanlagen mit einem „barrierefreien" Türschließer kombiniert und die Bewegungsflächen zu beiden Seiten der Türen nachgewiesen.

Freilauftürschließer:

Selbstschließende Türen bzw. Brandschutztüren, für die im Normalbetrieb eine flexible Bedienbarkeit bestehen soll (teilweise geschlossen oder offen) und die häufig von Personen mit assistiven Hilfsmitteln genutzt werden, z. B. weil sie im Bereich der Haupterschließung angeordnet sind, werden mit einem Freilauftürschließer ausgestattet. Zu diesen Türen gehören die Türen zur Sporthalle und die Zugangstüren zu den Clustern. Zur manuellen Bedienung der Türen werden ausreichende Bewegungsflächen vorgehalten. Die Verwendung von Freilauftürschließern mit integrierten „barrierefreien" Türschließern wird empfohlen, um eine leichtgängige Bedienbarkeit nach Auslösung der Selbstschließfunktion zu ermöglichen.

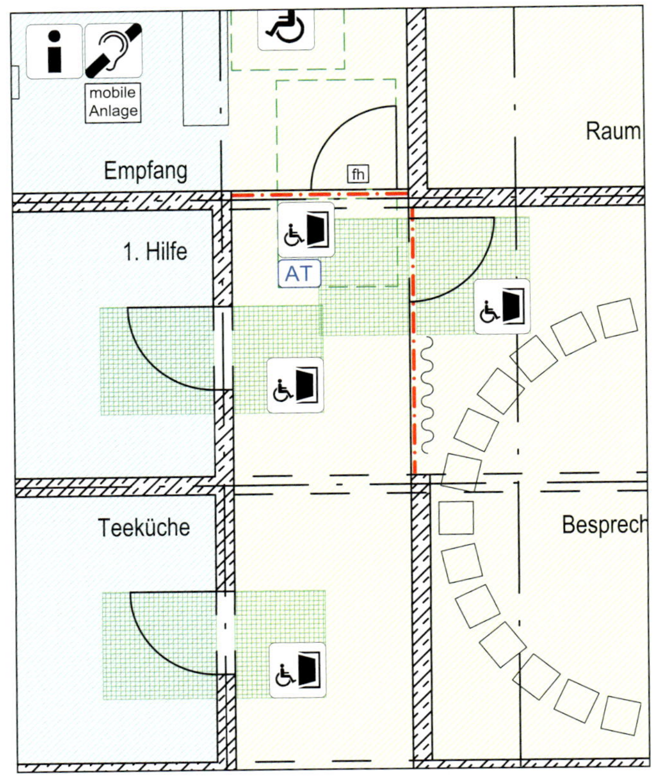

Abb. 9.14: Grundrissausschnitt Schulhaus, Türen zum Verwaltungsbereich (mit Automatikantrieb), zum Sanitätsraum und zur Teeküche (ohne besondere Türtechnik)

Automatikantrieb:

Selbstschließende Türen bzw. Brandschutztüren, die häufig frequentiert werden und trotzdem im Normalbetrieb geschlossen sein sollen, werden mit einem Automatikantrieb ausgestattet. Der Automatikantrieb ermöglicht eine barrierefreie und komfortable Bedienung der Tür; die Ansteuerung erfolgt entweder berührungslos über einen Radarbewegungsmelder oder über Türtaster zu beiden Seiten. Die Festlegung erfolgt im weiteren Verlauf der Planung. An Fassadentüren mit Selbstschließfunktion, die häufig frequentiert werden, sind Automatikantriebe obligatorisch, da aufgrund äußerer Einflüsse (anstehender Windsog/-druck) eine leichtgängige Bedienbarkeit über Türschließer in der Regel nicht gewährleistet werden kann.

Im Innenbereich wird lediglich die linke der beiden Brandschutztüren zum Verwaltungsbereich, die unmittelbar neben der Empfangstheke angeordnet ist, mit einem Automatikantrieb ausgestattet. Diese Tür befindet sich im Hauptzugangsbereich des Arbeitsplatzes der Mitarbeiterin mit Behinderung und gewährleistet somit neben der barrierefreien Zugänglichkeit für den Besucher-/Benutzerverkehr auch die des persönlichen Arbeitsumfeldes. Die rechte Brandschutztür zum Verwaltungsbereich wird lediglich als „Nebenzugang" gewertet und erhält statt eines Automatikantriebs einen „barrierefreien" Türschließer. Damit wird die Mindestanforderung an eine barrierefreie Bedienbarkeit gem. DIN 18040-1 umgesetzt.

Barrierefreie Türtechnik – Betrachtung des Gefahrenfalls:

Die Brandschutztüren, die zur Gewährleistung der barrierefreien Bedienbarkeit im Normalbetrieb eine Feststellanlage, einen Freilauftürschließer oder einen Automatikantrieb erhalten, werden mit dezentralen Rauchschaltzentralen ausgestattet (dezentrale Rauchmelderüberwachung), die erst im Falle einer Rauchentwicklung die Selbstschließfunktion der Brandschutztüren aktivieren; sie werden somit nicht auf die Brandmeldeanlage aufgeschaltet. Dadurch kann die barrierefreie Türtechnik solange in Funktion bleiben, bis der Flucht-/Rettungsweg tatsächlich verraucht ist. Die barrierefreie Nutzbarkeit der Flucht-/Rettungswege wird somit gewährleistet. Es ist davon auszugehen, dass Fluchtwege nur genutzt werden, wenn sie nicht verraucht sind; bei Verrauchung des ersten Fluchtweges steht ein zweiter rauchfreier Fluchtweg zur Verfügung. Sollte es dennoch nach Auslösen der Selbstfunktion erforderlich sein, die Brandschutztür zu passieren, kann eine Hilfestellung durch das Lehr- bzw. Aufsichtspersonal oder die Assistenzperson erfolgen.

3.2.4.3 Übersicht über die barrierefreie Türtechnik

Tabelle 9.2: Türen mit besonderer Türtechnik im Schulhaus

Übersicht Türen mit besonderer Türtechnik im Schulhaus

	Türposition	Nutzeranforderungen im Normalbetrieb		Nutzung mit/ ohne Hilfsmittel			Türen im Verlauf von Flucht-/Rettungswegen		Anmerkung
		offen	geschlossen	Rollstuhl/ Rollator	Gehhilfe	Türtechnik	Selbstständige Bedienung	Bedienung mit Hilfestellung	
1	Treppenraum EG Süd	X	O	O	X	BTS FSA	X	O	
2	Treppenraum EG Nord	X	O	X	X	BTS FSA	X	O	Treppenraum = Aufzugsvorraum
3	Treppenräume 1.+ 2.OG	X	O	X	X	BTS FSA	X	O	
4	Aufzugsvorraum EG (Ebene Mehrzweckraum)	O	X	X	X	FLTS	X	O	
5	Flure EG	X	O	X	X	BTS FSA	X	O	
6	Zugang Verwaltungsbereich (neben Empfang)	O	X	X	X	AT	O	O	Maßnahme für Mitarbeiterin mit Behinderungen
7	Zugang Verwaltungsbereich (neben Archiv)	O	X	X	X	BTS	O	O	
8	Toilette Damen / Mädchen EG Süd	O	X	O	X	BTS	O	O	
9	Fachklassenräume EG Ost	O	X	X	X	BTS	X	O	
10	Nebenräume Fachklassen Musik + Kunst	O	X	X	X	BTS	O	O	
11	Lehrerteam-/ Arbeitsräume 1.+ 2.OG	O	X	X	X	BTS	O	O	
12	Cluster 1.+ 2.OG	O	X	X	X	FLTS + BTS	X	O	bei mehreren Zugängen: nur einer mit FLTS
13	Außentreppen 1.+ 2.OG	O	X	O	X	BTS	X	O	

Tabelle 9.3: Türen mit besonderer Türtechnik in der Sporthalle

Übersicht Türen mit besonderer Türtechnik in der Sporthalle

	Türposition	Nutzeranforderungen im Normalbetrieb		Nutzung mit/ ohne Hilfsmittel			Türen im Verlauf von Flucht-/Rettungswegen		Anmerkung
		offen	geschlossen	Rollstuhl/ Rollator	Gehhilfe	Türtechnik	Selbstständige Bedienung	Bedienung mit Hilfestellung	
1	Flur EG	X	O	X	X	BTS FSA	X	O	
2	Zugänge Sporthalle	O	X	X	X	FLTS	X	O	
3	Barrierefreie Toilette EG Foyer	O	X	X	X	BTS	O	O	Empfehlung: Automatikantrieb
4	Umkleiden im Treppenraum West EG	O	X	O	X	BTS	O	O	
5	Treppenraum Ost 1.OG (Zugang Flur)	X	O	X	X	BTS FSA	X	O	Treppenraum = Aufzugsvorraum
6	Treppenraum Ost 1.OG (Zugang offener Bereich)	O	X	X	X	BTS	X	X	Hilfestellung im Bedarfsfall möglich
7	Treppenraum West	O	X	X	X	BTS	X	O	sicherer Bereich

Erläuterung Tabelle: X = zutreffend | O = nichtzutreffend | BTS = „barrierefreier" Türschließer | AT = Automatikantrieb | FLTS = Freilauftürschließer | FSA = Feststellanlage

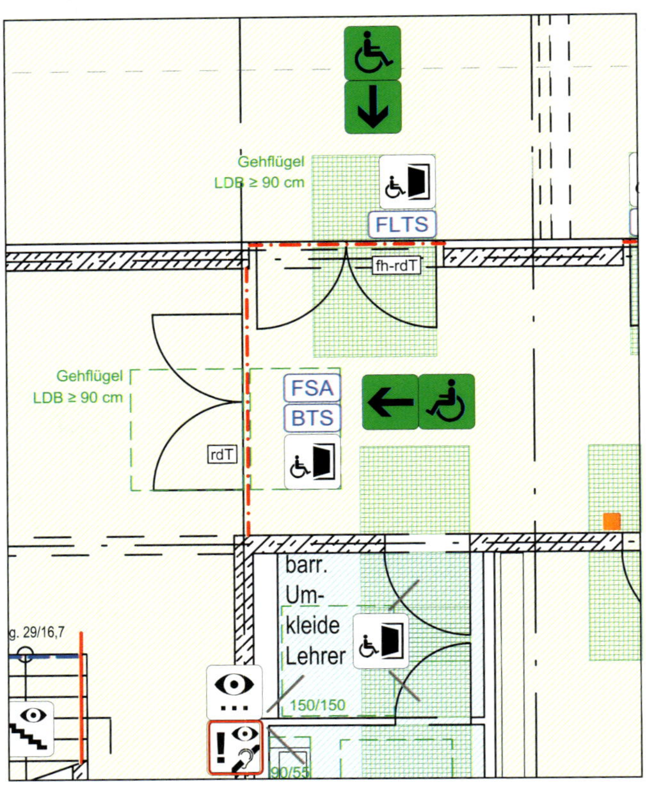

Abb. 9.15: Grundrissausschnitt Sporthalle, Türen zur Sporthalle (mit Freilauftürschließer), zum Treppenraum (mit Feststellanlage und „barrierefreiem" Türschließer) und zur barrierefreien Umkleide (ohne besondere Türtechnik)

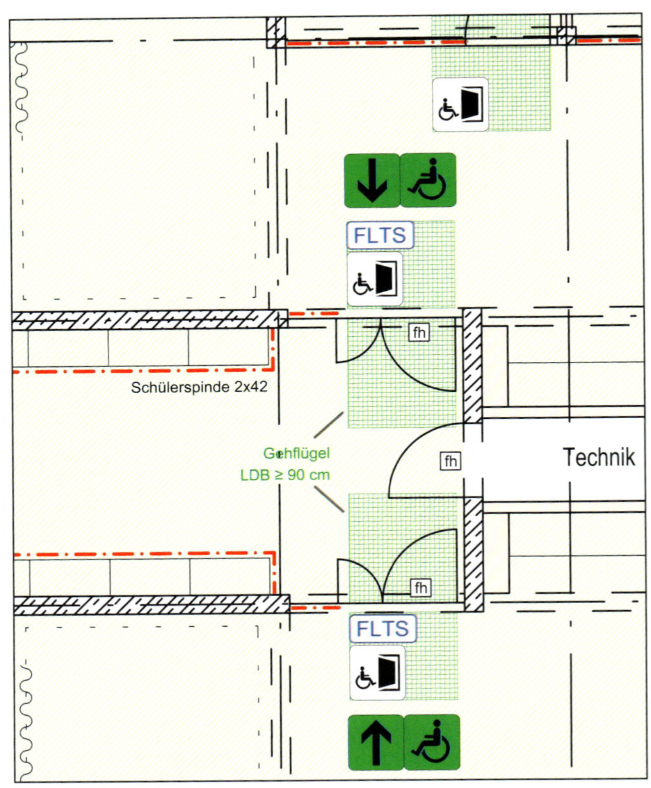

Abb. 9.16: Grundrissausschnitt Schulhaus, Türen zu den Clustern (mit Freilauftürschließern)

3.3 Horizontale Erschließung des Gebäudes – Flure und Verkehrsflächen [...]

3.3.1 Erschließungsflächen Schulhaus und Sporthalle [...]

3.3.1.1 Foyer und Flure Schulhaus [...]

3.3.1.2 Foyer und Flure Sporthalle [...]

3.4 Vertikale Erschließung des Gebäudes – Treppen [...]

3.4.1 Notwendige Treppen [...]

3.4.1.1 Notwendige Treppen – Schulgebäude [...]

3.4.1.2 Notwendige Treppen – Sporthalle [...]

3.4.1.3 Notwendige Außentreppen Schulhaus [...]

3.4.1.4 Notwendige Treppen Mehrzweckraum / Aula [...]

3.4.2 Treppen im Außenbereich [...]

3.5 Vertikale Erschließung des Gebäudes – Aufzüge

3.5.1 Personenaufzüge

„Ebenen des Gebäudes, die barrierefrei erreichbar sein sollen, müssen stufen- und schwellenlos zugänglich sein." (DIN 18040-1:2010-10, Abschnitt 4.3.1)

[Anforderungen gem. DIN 18040-1 siehe Anhang, Tabelle 9.8]

3.5.1.1 Personenaufzug Schulhaus

Der Aufzug im Schulhaus dient der barrierefreien Haupterschließung der Klassenräume im 1. + 2. OG sowie der Ebene des Mehrzweckraumes und ist innerhalb des notwendigen Treppenraumes Nord angeordnet. Er wird als Durchlader mit Übereck-Anordnung der Türen ausgeführt und erfüllt daher mind. die Anforderungen an Typ 4 gemäß DIN EN 81-70. In Abstimmung mit dem Nutzer soll der Aufzug darüber hinaus zur Aufnahme von Krankentragen geeignet sein, weshalb eine Kabinenlänge von mind. 2,10 m vorgesehen wird; bauordnungsrechtlich ist dies nicht erforderlich.

Vor der Aufzugstür wird eine Bewegungsfläche von mind. 150 × 150 cm vorgehalten, die durch eine zusätzliche Verkehrsfläche in eine Breite von mind. 90 cm ergänzt wird. Dadurch wird im Zugangsbereich zur Treppe ein ungehindertes Passieren vor dem Aufzug wartender Personen ermöglicht.

Der Zugang zur Kabine weist eine lichte Durchgangsbreite von mind. 90 cm auf. Innerhalb der Kabine werden zwei Handläufe in einer Höhe von max. 90 cm ausgeführt; auf die optionale Ausstattung mit einem Klappsitz wird verzichtet.

Die Anforderungstaster außerhalb der Kabine sowie die Befehlsgeber innerhalb der Kabine werden als XL-Befehlsge-

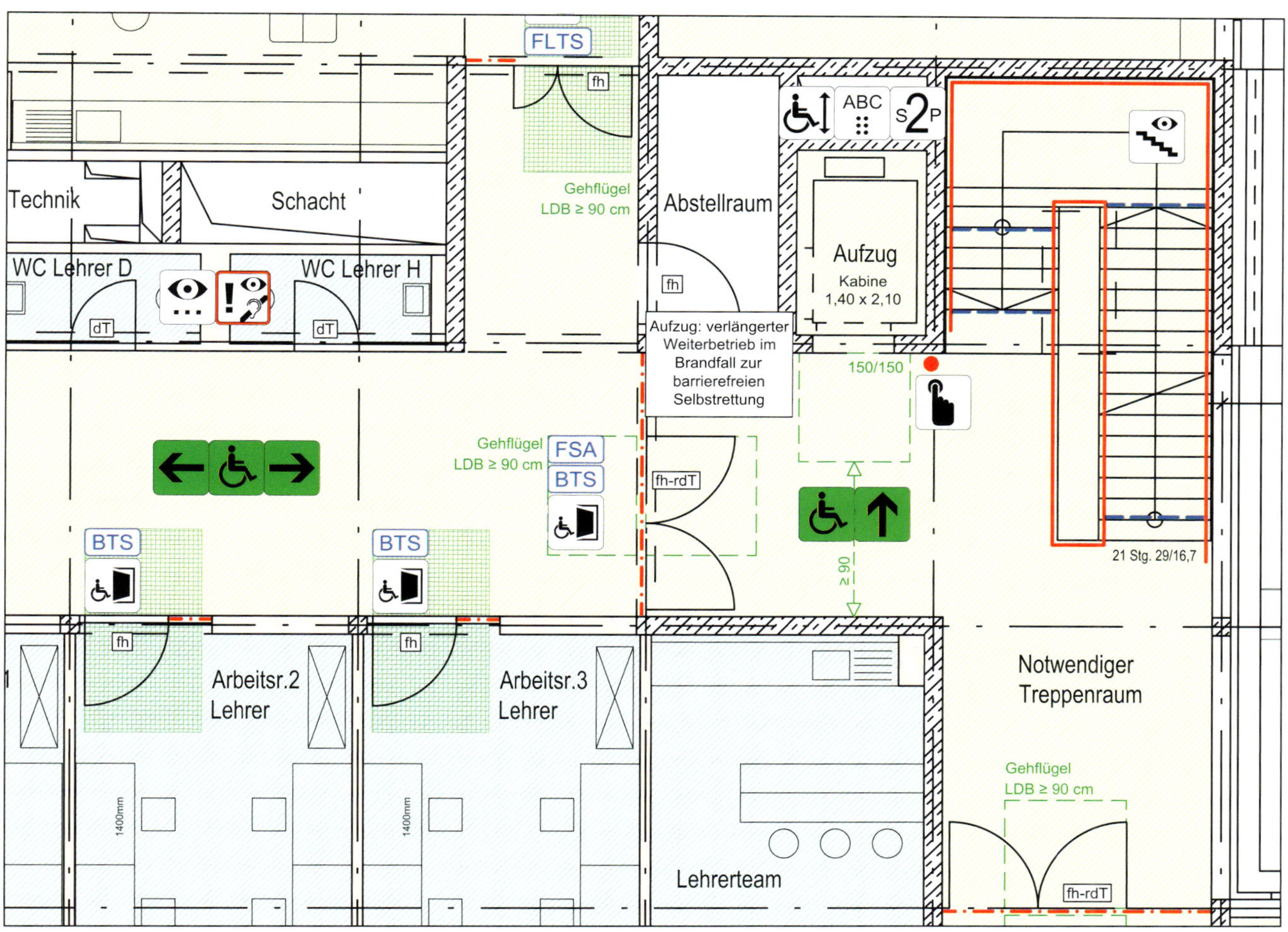

Abb. 9.17: Grundrissausschnitt Treppenraum Nord-Ost mit Aufzug

Abb. 9.18: Treppenraum Nord-Ost mit Aufzug

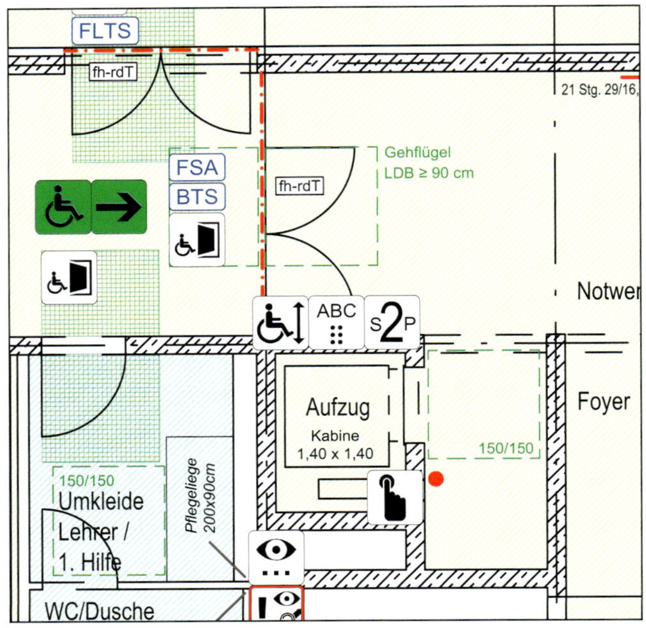

Abb. 9.19: Grundrissausschnitt Sporthalle Aufzug

ber im barrierefreien Greifbereich zwischen 85–105 cm ausgeführt. Die relevanten Anforderungen ergeben sich aus der Korrespondenz der aktuell gültigen DIN EN 81-70 mit der DIN 18040-1, wobei die DIN 18040-1 den Maßstab für die Barrierefreiheit setzt. Innerhalb der Kabine werden die Befehlsgeber auf einem flächenbündig in die Kabinenwand eingebauten Quertableau angeordnet; auf die pultförmige hervorspringende Ausführung des Quertableaus (gemäß DIN EN 81-70, Anhang B) wird verzichtet, da eine Fehlbedienung durch Anlehnen im Schulbetrieb nicht ausgeschlossen werden kann. Die Befehlsgeber erhalten eine taktil erfassbare Beschriftung in Profilschrift.

Eine Bedienung des Aufzugs nach dem Zwei-Sinne-Prinzip wird sichergestellt, sämtliche hierzu erforderlichen Komponenten werden gemäß DIN EN 81-70 umgesetzt; ein Auszug der wesentlichen Anforderungen ist der entsprechenden tabellarischen Zusammenfassung (Anhang, Tabelle 9.8, Zeilen 23–28) zu entnehmen. Bei Störung des Aufzugs wird ein ausgelöster Notruf an eine ständig besetzte Stelle weitergeleitet; diese wird im Verlauf der weiteren Planung festgelegt. Die Notrufmöglichkeit wird ebenfalls nach dem Zwei-Sinne-Prinzip barrierefrei gestaltet; die Abgabe des Notrufes sowie die hergestellte Sprechverbindung werden über beleuchtete Piktogramme angezeigt. Dadurch besteht in Notsituationen auch für hörbehinderte oder gehörlose Personen die Möglichkeit, sich bemerkbar zu machen.

Mit der voran beschriebenen Ausführung gewährleistet der Aufzug die barrierefreie bzw. stufenlose vertikale Erschließung des Schulhauses und ist sowohl für motorisch als auch sensorisch eingeschränkte Personen barrierefrei nutzbar und bedienbar.

3.5.1.2 Personenaufzug Sporthalle

Der Aufzug in der Sporthalle ist innerhalb des notwendigen Treppenraumes Ost angeordnet und wird als Typ 2 gemäß DIN EN 81-70 mit einer Kabinengröße von mind. 110 × 140 cm ausgeführt. Vor dem Aufzug wird eine Wartefläche vorgesehen, jedoch ohne ergänzende Verkehrsfläche; da der Aufzug in einer „Sackgasse" angeordnet ist, besteht kein Querverkehr.

Der Aufzug wird aufgrund der Kabinengröße nur mit einem Handlauf in einer Höhe von max. 90 cm ausgestattet und erhält an der Kabinenrückwand einen Spiegel. Da Wendevorgänge mit einem Rollstuhl oder Rollator innerhalb der Kabine nicht möglich sind, wird das Rückwärtsfahren durch den Spiegel erleichtert. Darüber hinaus wird der Aufzug in der Sporthalle analog zum Aufzug im Schulhaus ausgestattet.

3.5.1.3 Verlängerter Weiterbetrieb im Brandfall

Zur Gewährleistung einer barrierefreien Selbstrettung für mobilitätseingeschränkte Personen werden beide Aufzüge so konstruiert, dass sie im Brandfall in einen verlängerten Betrieb gehen. Zu diesem Zweck erhalten sie eine Brandfallsteuerung gemäß VDI 6017, Kapitel 5.3, die den Weiterbetrieb bei einem unkritischen Brandereignis ermöglicht. Als bauliche Voraussetzung für den Weiterbetrieb wird u. a. im Schulhaus das Sicherheitsniveau des Treppenraumes erhöht; statt der erforderlichen rauchdichten Türen, werden feuerhemmend-rauchdichte Türen ausgeführt. Nähere Angaben hierzu sowie zur technischen Ausstattung des Aufzugs (Verlegung der Zuleitungen im Funktionserhalt, Anschluss an die Sprinklerpumpenschaltung usw.) werden im Brandschutzkonzept der Kempen Krause Ingenieure GmbH (Stand 06.12.2019) getroffen.

Um den Aufzug als Selbstrettungsmöglichkeit für mobilitätseingeschränkte Personen eindeutig auszuweisen, wird er entsprechend gekennzeichnet. Hierzu eignet sich das Sicherheitszeichen „Notausgang für nicht gehfähige oder gehbeeinträchtigte Personen" (DIN EN ISO 7010 – E026/E030) in Kombination mit dem entsprechenden Zusatzzeichen „Richtungspfeil".

Abb. 9.20: Nach ISO 7010 – E030 mit Pfeil nach unten

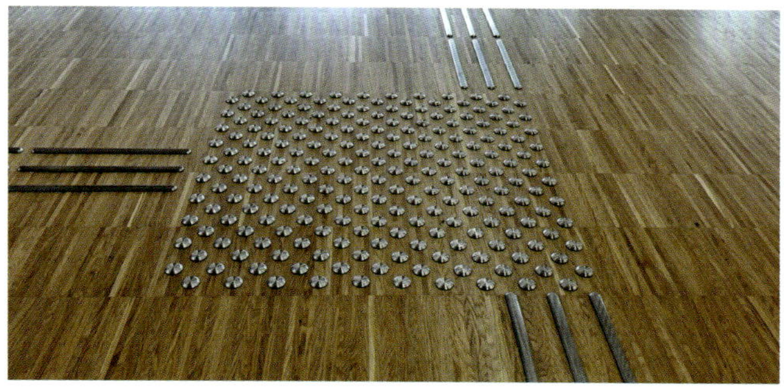

Abb. 9.21: Bodenindikatoren aus Edelstahl, Einzelrippen/-noppen

Abb. 9.22: Bodengebundenes Blindenleitsystem zum Eingang Aula

Abb. 9.23: Bodengebundenes Blindenleitsystem im Foyer mit Anbindung Haupteingang und Cafeteria

Zur Vermeidung von Fehlinterpretationen bei der Nutzung der Aufzüge im Brandfall, entfällt die Kennzeichnung „Aufzug im Brandfall nicht benutzen" gemäß DIN EN 81-73.

Eine detaillierte Erläuterung der barrierefreien Rettungsmöglichkeiten erfolgt unter Kapitel 3.9.

3.6 Warnen / Orientieren / Informieren / Leiten

„Informationen für die Gebäudenutzung, die warnen, der Orientierung dienen oder leiten sollen, müssen auch für Menschen mit sensorischen Einschränkungen geeignet sein. Die Vermittlung von wichtigen Informationen muss für mindestens zwei Sinne erfolgen (Zwei-Sinne-Prinzip)." (DIN 18040-1:2010-10, Abschnitt 4.4.1)

Gemäß VV TB NRW Anlage A 4.2/2 sind die mit den Abschnitten 4.4 (Warnen / Orientieren / Informieren / Leiten) verbundenen Ziele, soweit erforderlich, zu berücksichtigen; die genannten Hinweise, Beispiele und Empfehlungen können somit im Einzelfall Anwendung finden.

3.6.1 Bodengebundenes Blindenleitsystem

Zur barrierefreien Auffindbarkeit der Haupteingänge der Sporthalle und des Schulhauses wird im Außenbereich ein taktil erfassbares bodengebundenes Blindenleitsystems ausgeführt. Die Beschreibung erfolgt unter Kapitel 3.1.2. Dieses Blindenleitsystem wird im Innenbereich fortgeführt, um die barrierefreie Orientierung für ortsunkundige Personen zu ermöglichen. Zu diesem Zweck knüpft das Blindenleitsystem an der doppelflügeligen Eingangstür des Schulhauses an und verläuft von dort zum Empfang, der als erste Anlaufstelle für Besucher barrierefrei gestaltet wird. Da bei Schulveranstaltungen auch im Foyer und den angrenzenden Bereichen mit ortsunkundigen Personen zu rechnen ist, werden in Ergänzung zur Empfangstheke zusätzlich die Eingänge zur Cafeteria und zum Mehrzweckraum in das Blindenleitsystem eingebunden. Die technische Ausführung wird im weiteren Verlauf der Planung festgelegt. Geeignet sind beispielsweise Bodenindikatoren aus Einzelelementen (Rippen und Noppen) oder alternative Material- bzw. Strukturwechsel.

Neben der taktilen Erfassbarkeit wird bei der Umsetzung auch auf einen visuellen Kontrast geachtet. Sofern Bodenindikatoren zum Einsatz kommen, werden diese gemäß DIN 32984 verlegt. Werden die Bodenindikatoren additiv auf den fertigen Bodenbelag aufgebracht, wird berücksichtigt, dass diese nicht mehr als 3 mm (± 0,5 mm) erhaben sind, um Stolperfallen zu vermeiden.

Die Einbindung weiterer Bereiche innerhalb des Schulhauses oder der Sporthalle in ein taktiles Leit- und Orientierungssystem ist nicht erforderlich. Die Schüler werden als ortskundige Benutzer eingestuft, die sich aufgrund der räumlichen Gegebenheiten, die klar und nachvollziehbar strukturiert sind, anhand der „inneren Leitlinie" orientieren können. Als Voraussetzung hierfür werden die Verkehrsflächen und baulichen Kanten weitgehend freigehalten von Einbauten; etwaige Hindernisse innerhalb der Verkehrsfläche werden konsequent taktil erfassbar abgesichert (siehe hierzu Kapitel 3.6.3).

Innerhalb der Bereiche der Arbeitsstätte ist die Installation eines taktilen Leit- und Orientierungssystems zum gegenwärtigen Zeitpunkt nicht erforderlich, da sich im Hinblick auf die Beschäftigten mit Behinderungen kein derartiger Bedarf ergibt. Sollten zukünftig Personen beschäftigt werden, die aufgrund einer Sehbehinderung Orientierungshilfen benötigen, werden diese dem individuellen Bedarf entsprechend nachgerüstet.

3.6.2 Beschilderung und Informationsvermittlung

„Visuelle Informationen müssen auch für sehbehinderte Menschen sichtbar und erkennbar sein.“ (DIN 18040-1:2010-10, Abschnitt 4.4.2)

Im Hinblick auf die Einzelfallregelung der VV TB NRW Anlage 4.2/2 ist es vor allem innerhalb der Besucherbereiche erforderlich, Informationen für die Gebäudenutzung nach dem Zwei-Sinne-Prinzip bereitzustellen. Denn u. a. bei Schulveranstaltungen ist innerhalb der Bereiche

- Foyer
- Cafeteria
- Mehrzweckraum/Aula
- Verwaltung

davon auszugehen, dass sich ortsunkundige Personen mit Einschränkungen des Sehvermögens ohne Begleitung bewegen. Daher werden die Räume in den vorgenannten Bereichen sowie die allgemeinen Toiletten für Damen, Herren und die barrierefreie Toilette im Erdgeschoss mit einer Raumbeschilderung nach dem Zwei-Sinne-Prinzip ausgestattet. Dies impliziert u. a. die Ausführung einer taktil erfassbaren Beschriftung (Profil- und Braille-Schrift gemäß DIN 32986). Bei der Gestaltung und Anbringung der Informationsträger werden zudem die Anforderungen der DIN 32975 berücksichtigt. Hierzu zählen insbesondere:

- ausreichende Schriftgrößen in Abhängigkeit vom Leseabstand
- geeignete Schrifttypen
- visuell stark kontrastierende Gestaltung der Beschriftung
- spiegel- und blendfreie Gestaltung der Informationsträger

Die Türschilder werden auf der Seite des Türgriffes in einer Höhe zwischen 120–140 cm positioniert.

Für die Fachklassenräume im Erdgeschoss sowie die Cluster inkl. der zugehörigen sanitären Anlagen in den Obergeschossen ist keine taktil erfassbare Raumbeschilderung erforderlich. Für diese Bereiche wird von einer regelmäßigen Nutzung durch ortskundige Schüler ausgegangen.

Im Bereich der Sporthalle werden sämtliche Toiletten und Umkleiden mit taktil erfassbaren Raumbeschriftungen beschildert. Auch hier ist mit ortsunkundigen Personen zu rechnen, beispielsweise während Schulveranstaltungen oder bei der Nutzung durch externe Sportvereine und die Jugendeinrichtung. Im Gegensatz hierzu erhalten die Lehrer-Umkleiden inkl. Toiletten und die barrierefreien Toiletten, die ausschließlich über die Umkleiden zugänglich sind, keine Raumbeschilderung nach dem Zwei-Sinne-Prinzip.

Abb. 9.24: Raumbeschilderung Beispiel

Abb. 9.25: Raumbeschilderung Beispiel

Weitere visuelle Leit- und Orientierungssysteme, die eine barrierefreie Gestaltung nach dem Zwei-Sinne-Prinzip erfordern, sind in den Bereichen mit Publikumsverkehr nicht vorgesehen. Innerhalb der Arbeitsstättenbereiche werden behindertengerechte Maßnahmen zur Orientierung und Informationsvermittlung erst im Bedarfsfall nachgerüstet.

3.6.3 Hindernisse und Gefahrenstellen

„Die erforderlichen Bewegungsflächen dürfen in Ihrer Funktion durch hineinragende Bauteile oder Ausstattungselemente […] nicht eingeschränkt werden. Bauteile oder Ausstattungselemente, die in begehbare Flächen ragen […], müssen auch für blinde und sehbehinderte Menschen wahrnehmbar sein.“ (DIN 18040-1:2010-10, Abschnitt 4.1)

Innerhalb der Verkehrs- und Erschließungsflächen im barrierefreien Anwendungsbereich werden partiell Einbauten und feststehende Ausstattungselemente vorgesehen, die eine besondere visuell und taktil erfassbare Gestaltung erfordern. Hierzu gehören beispielsweise:

- Innenraum:
  - die Bereich unterhalb von Treppen, in denen sich die Kopfhöhe auf weniger als 2,20 m reduziert (Schulhaus und Sporthalle EG)
  - die Bereiche der Schülerspinde in den Erschließungsfluren der Tandem-Cluster (Schulhaus 1.+ 2.OG)
- Außenraum:
  - Möblierungselemente im Bereich des Pausenhofes und des Vorplatzes

Abb. 9.26: Schülerspinde, visuell kontrastierend und taktil erfassbar gestaltet

Abb. 9.27: Sitzbänke mit Tastleiste zur taktilen Erfassbarkeit

Abb. 9.28: Flur zum notwendigen Treppenraum, Orientierung entlang der „inneren Leitlinie" möglich

Abb. 9.29: Empfangstheke Verwaltungsbereich, in Blindenleitsystem eingebunden

Diese Bereiche werden für sehbehinderte und blinde Personen in der Form gekennzeichnet, dass sie rechtzeitig als Hindernisse wahrgenommen werden können und potentielle Gefahrensituationen, z. B. Anstoßen, vermieden werden. Zu diesem Zweck werden die Schülerspinde und Möblierungselemente entweder bis auf den Boden geführt oder mit einer Bodenfreiheit von max. 15 cm ausgebildet. Zur Absicherung der Treppenunterläufe sind entweder Sockelausbildungen oder Tastleisten mit einer Höhe von mind. 3 cm geeignet, die den Bereich mit der reduzierten Kopfhöhe absichern. In Ergänzung hierzu wird auch eine visuell kontrastierende Gestaltung der Elemente zu ihrer Umgebung berücksichtigt.

Diese Art der Kennzeichnung wird auch für andere Elemente innerhalb der Verkehrs- und Erschließungsflächen übernommen, die gegebenenfalls erst im weiteren Verlauf der Planung aufgenommen werden, z. B. Sitzbänke, Vitrinen oder Automaten zum Aufladen von Wertkarten.

Abb. 9.30: Ausgabetheke Cafeteria

3.7 Bedienelemente, Kommunikationsanlagen und Ausstattungselemente

3.7.1 Bedienelemente, Schalter und Taster [...]

3.7.2 Klingel- und Gegensprechanlage [...]

3.7.3 Empfangstheke und Speisenausgabe/Kiosk

„Bei Service-Schaltern, Kassen, Kontrollen und ähnlichen Einrichtungen muss mindestens jeweils eine Einheit auch für blinde und sehbehinderte Menschen, Menschen mit eingeschränktem Hörvermögen und Rollstuhlnutzer zugänglich und nutzbar sein." (DIN 18040-1:2010-10, Abschnitt 4.6)

[Anforderungen gem. DIN 18040-1 siehe Anhang, Tabelle 9.9]

3.7.3.1 Empfang Verwaltungsbereich

Die Empfangstheke, die im Zugangsbereich zur Schulverwaltung vorgesehen ist, erhält einen abgesenkten Bereich für die Nutzung durch Rollstuhlfahrer. Die Oberkante der Theke wird mit einer Höhe von max. 80 cm ausgebildet. Vor der Thekeneinheit wird eine ausreichende Bewegungsfläche von mind. 150 × 150 cm für das Anfahren und Wenden mit dem Rollstuhl vorgehalten. Auf die Unterfahrbarkeit der Theke kann verzichtet werden, da hier in der Regel nur eine kurze Anmeldung erfolgt und kein längeres Gespräch, das zwingend eine Kommunikation vis-à-vis erfordert.

Die Empfangstheke wird über ein bodengebundenes Blindenleitsystem angebunden und ist damit barrierefrei auffindbar für blinde oder sehbehinderte Personen. Die Erläuterung erfolgt unter Kapitel 3.6.1.

Die Einrichtung einer technischen Höranlage als barrierefreie Kommunikationsmöglichkeit für Personen mit Hörbehinderungen ist gem. DIN 18040-1 nur bei Theken mit geschlossenen Verglasungen gefordert und wird bei Theken in lautem Umfeld empfohlen. Für die Empfangstheke wird daher eine mobile Anlage in Eigenregie durch die Schule angeschafft, die im Bedarfsfall zum Einsatz kommt.

3.7.3.2 Ausgabetheken Cafeteria und Kiosk

Die Speisen- bzw. Warenausgabe an den beiden Ausgabetheken erfolgt ausschließlich durch das Servicepersonal, eine Selbstbedienung durch die Schüler ist nicht vorgesehen. Der Kiosk hat zwei Ausgabetheken, so dass der Verkauf sowohl von außen als auch von innen erfolgen kann. Sämtliche Thekenbereiche werden bis auf 105 cm angehoben (Obergrenze des barrierefreien Greifbereiches). Zudem wird auf die Unterfahrbarkeit der Theken verzichtet. Diese von der DIN 18040-1, Kapitel 4.6 divergierende Ausführung stellt eine

normative Abweichung

von den Technischen Baubestimmungen dar. Gemäß § 88 (1) BauO NRW 2018 kann von Technischen Baubestimmungen abgewichen werden, wenn mit einer gleichwertigen Lösung das Schutzziel erfüllt wird. Die DIN 18040-1 fordert einen abgesenkten, unterfahrbaren Thekenbereich mit einer Oberkante von max. 80 cm. An der Speisentheke werden nur Speisen angenommen, es sind keine umfangreichen Tätigkeiten oder Bewegungsabläufe im Thekenbereich erforderlich. Die Bewegungsabläufe an Ausgabetheken sind mit den Bewegungsabläufen an Bedienelementen vergleichbar. Für Bedienelemente ist gem. VV TB NRW Anlage A 4.2/2 Kapitel 8 die Ausnutzung des gesamten barrierefreien Greifbereiches (85–105 cm) zulässig. Darüber hinaus wird zur Annahme von Speisen oder zum Bezahlen (z. B. am Kiosk) die Gewährleistung einer seitlichen Anfahrbarkeit für Rollstuhlnutzer als ausreichend bewertet; auf die Unterfahrbarkeit kann daher verzichtet werden. In Übereinstimmung mit DIN 18040-1 werden vor den Ausgabetheken ausreichende Bewegungsflächen zur seitlichen Anfahrbarkeit (Tiefe mind. 120 cm) sowie für Wendevorgänge vorgehalten. Das Schutzziel, dass die Theken der Cafeteria und des Kiosk für Rollstuhlfahrer barrierefrei erreichbar und nutzbar sind, wird damit erfüllt. Diese Abweichung wurde mit dem Behindertenbeauftragten der Stadt Köln abgestimmt.

Die Faltläden, die dem Verschluss der Thekenbereiche dienen, werden als Klappläden im Über-Kopf-Bereich ausgeführt, so dass keine Beeinträchtigungen der Verkehrsfläche entstehen.

3.8 Aufenthaltsflächen im Außenbereich

3.8.1 Pausenhof

„Gehwege müssen ausreichend breit für die Nutzung mit dem Rollstuhl oder mit Gehhilfen, auch im Begegnungsfall, sein." (DIN 18040-1:2010-10, Abschnitt 4.2.1)

„Bewegungsflächen und nutzbare Gehwegbreiten müssen für die barrierefreie Nutzung eben und erschütterungsarm berollbar sowie rutschhemmend sein." (in Anlehnung an DIN 18040-3:2014-12, Abschnitt 4.4)

[Anforderungen gem. DIN 18040-1 siehe Anhang, Tabelle 9.5]

Der Pausenhof der Offenen Schule Köln ist in mehrere Bereiche unterteilt. Die Erschließung erfolgt über den Durchgang zwischen Sporthalle und Schulhaus, der Pausenhof selbst besteht aus befestigten und unbefestigten Flächen und wird im Osten durch Rasenflächen flankiert. Im rückwärtigen Bereich des Schulhauses ist darüber hinaus das „Amphitheater" angeordnet, das um etwa 1,00 m tiefer liegt als der Hauptbereich des Pausenhofes.

3.8.1.1 Durchgang

Über den etwa 6,00 m breiten Durchgang zwischen Schulhaus und Sporthalle erfolgt der Zugang zum Pausenhof sowie die Anlieferung der Küche und der Außenverkauf des Kiosk. Durch die Fortführung des Vordaches ist dieser Bereich weitgehend regengeschützt. Der Oberflächenbelag des Vorplatzes wird im Bereich des Durchgangs sowie für die befestigten Flächen des Pausenhofes übernommen. Somit entstehen homogene Flächen aus Betonpflaster/-platten, die aufgrund einer möglichst engfugigen Verlegung sowie der Verwendung von Pflastersteinen mit Micro-Fase sehr gut mit radgebundenen Hilfsmitteln berollbar sind. Aufgrund der ungerichteten Bewegungsabläufe auf dem gesamten Schulhof ist eine eindeutige Ausweisung von Längs- und Querneigungen nicht möglich. Daher wird bei der Verlegung auf eine ausgewogene Gefälleausbildung geachtet, die im Durchschnitt bei 2,5 % liegt; ein Abdriften mit radgebundenen Hilfsmitteln wird dadurch vermieden.

Abb. 9.31: Eingang Sporthalle und Durchgang Pausenhof

3.8.1.2 Pausenhof

Die unbefestigten Flächen des Pausenhofes, wie zum Beispiel die Spielfläche oder die Rigolenmulden heben sich sowohl visuell als auch taktil von den befestigten Flächen

Abb. 9.32: Taktil erfassbare Sitzbänke auf dem Pausenhof

Abb. 9.33: Zonierung von Verkehrs- und Spielflächen, taktil erfassbar und visuelle erkennbar durch Materialwechsel

ab, wodurch sie eine Orientierungshilfe für sehbehinderte und blinde Schüler/innen bieten. Die unbefestigten Flächen werden als Inseln innerhalb der befestigten Flächen ausgeführt, so dass jeder Bereich des Pausenhofes (mit Ausnahme der Rasenflächen im Osten) mit radgebundenen Hilfsmitteln erreicht werden kann. An jeder Stelle werden mit einer Mindestbreite von 1,80 m ausreichende Bewegungsflächen für das Wenden mit dem Rollstuhl oder für die Begegnung mit anderen Personen vorgehalten.

Eine der unbefestigten Flächen wird mit Holzschnitzeln belegt und ist für den späteren Einbau von Spielgeräten vorgesehen; diese sind nicht Teil der aktuellen Planung und werden bei Bedarf von der Schule in Eigenregie angeschafft. Unabhängig davon, ob zukünftig barrierefreie Spielgeräte zum Einsatz kommen oder nicht, ist dieser Oberflächenbelag gemäß DIN 33942 für die Aufprall- und Spielgeräteflächen bis zu einer Fallhöhe von max. 3,00 m geeignet. Sofern barrierefreie Spielgeräte angeschafft werden, werden diese barrierefrei erreichbar angebunden, z. B. über eine befahrbare Zuwegung von mind. 90 cm Breite („Nebenwege" gem. DIN 18040-3), und bei Bedarf unterfahrbar ausgebildet (z. B. bei Tischtennisplatten oder Wasserspieltischen).

3.8.1.3 „Amphitheater" [...]

3.8.2 Innenhof und Werkhöfe [...]

3.9 Alarmierung und Evakuierung

„In Brandschutzkonzepten sind die Belange von Menschen mit motorischen und sensorischen Einschränkungen zu berücksichtigen [...]" (DIN 18040-1:2010-10, Abschnitt 4.7)

[Anforderungen gem. DIN 18040-1 siehe Anhang, Tabelle 9.10]

Gemäß VV TB NRW Anlage A 4.2/2 sind die mit dem Abschnitt 4.7 (Alarmieren und Evakuieren) verbundenen Ziele zu berücksichtigen, soweit sie erforderlich sind. Da es sich bei der betrachteten baulichen Anlage um ein öffentlich zugängliches Gebäudes handelt, das von Personen mit motorischen und sensorischen Einschränkungen zweckbestimmt genutzt wird, sind die in Abschnitt 4.7 formulierten Anforderungen anzuwenden.

Baurechtliche Anforderungen an die Bereitstellung von barrierefreien Fluchtwegen zur Selbstrettung von Personen mit Behinderungen bis ins Freie bestehen nicht. Grundsätzlich liegt es im betrachteten Objekt in der Verantwortung des Betreibers, durch das Aufstellen einer Brandschutzordnung bzw. eines Evakuierungskonzeptes dafür Sorge zu tragen, dass alle Personen das Gebäude im Falle eines Brandes sicher verlassen können. Zu diesem Zweck können zusätzliche Maßnahmen der betrieblichen Rettung erforderlich werden, beispielweise wenn Personen aufgrund einer Mobilitätseinschränkung die vertikalen Rettungswege nicht nutzen können.

Dieses Barrierefrei-Konzept versteht sich im Hinblick auf das Thema Alarmierung und Evakuierung als Ergänzung zum Brandschutzkonzept und beschreibt nachfolgend die objektspezifischen Lösungen für Besucher, Benutzer und Beschäftigte mit Behinderungen. Ziel ist die Planung der baulichen Voraussetzungen dafür, dass der Betreiber betriebliche und organisatorische Maßnahmen in optimaler Weise zur Rettung umsetzen kann.

3.9.1 Alarmierungseinrichtung

Im gesamten Gebäude wird eine flächendeckende Brandmeldeanlage installiert. Die Brandmeldeanlage wird auf die Leitstelle der Berufsfeuerwehr Köln aufgeschaltet. Die Alarmierung, die als akustisches Alarmsignal ausgegeben wird, muss auch für Personen mit Hörbehinderung wahrnehmbar sein. Zu diesem Zweck werden in den Räumen, in denen sich Personen überwiegend allein aufhalten, zusätzliche Blitzleuchten zur optischen Alarmierung vorgesehen. Hierzu gehören folgende Räume:

- die allgemeinen Toiletten für Damen / Mädchen und Herren / Jungen im Schulhaus
- die barrierefreien Toiletten im Schulhaus
- die barrierefreie Toilette im Foyer der Sporthalle
- die allgemeinen Toiletten in der Sporthalle
- die barrierefreien Toiletten innerhalb der Umkleiden
- die Lehrer-Umkleiden inkl. der Toiletten und Bäder
- barrierefreie und nicht barrierefreie Umkleiden inkl. Sammelduschen

In den Damen- und Herren-Toiletten ist bei WC-Trennwänden, die nicht raumhoch ausgebildet sind, eine Blitzleuchte im Hauptraum sowie im Vorraum ausreichend. Eine barrierefreie Alarmierungsmöglichkeit für schwerhörende oder gehörlose Personen wird damit gewährleistet.

Weitere Systeme zur optischen oder akustischen Rettungswegkennzeichnung werden nicht ausgeführt. Durch eine eindeutige Rettungswegführung sowie eine Hilfestellung durch Lehr- oder Aufsichtspersonal, kann davon ausgegangen werden, dass für ortsunkundige Personen im Fluchtfall keine Schwierigkeiten bei der Orientierung entstehen. Schüler üben die Evakuierung im Brandfall regelmäßig und sind daher mit den Rettungswegen vertraut.

Ob zusätzlich auch in den sanitären Anlagen oder in weiteren Räumen innerhalb des Verwaltungsbereiches eine Alarmierung nach dem Zwei-Sinne-Prinzip erforderlich ist, ist im konkreten Bedarfsfall im Zuge einer Gefährdungsbeurteilung zu ermitteln. Als Maßnahme zur behindertengerechten Arbeitsplatzanpassung kann die Alarmierung beispielsweise auch über persönlich zugeteilte Alarmgeber erfolgen.

3.9.2 Möglichkeiten der barrierefreien Rettung

Es wird davon ausgegangen, dass Personen mit sensorischen und leichten motorischen Einschränkungen die baulichen Rettungswege über die notwendigen Flure und Treppenräume nutzen können. Im Bedarfsfall erfolgt die Hilfestellung durch Lehr- oder Aufsichtspersonal. Im Folgenden werden daher nur die Rettungsmöglichkeiten für Personen mit Einschränkungen der Mobilität betrachtet.

Die baurechtlichen Anforderungen an Rettungswege besitzen auch für Menschen mit Behinderungen Gültigkeit. Das bedeutet, dass bei zwei erforderlichen baulichen Rettungswegen diese entweder barrierefrei gestaltet werden oder alternative Rettungsmöglichkeiten entwickelt werden, wenn die Rettungswege nicht barrierefrei nutzbar sind, z. B. notwendige Treppen. Ferner ist sicherzustellen, dass von jeder Stelle eines Aufenthaltsraumes aus in einer Entfernung von weniger als 35 m ein Ausgang ins Freie, ein notwendiger Treppenraum oder ein gleichwertiger sicherer Bereich zu erreichen ist.

Erster Rettungsweg:

Zur Sicherstellung der barrierefreien Selbstrettung von mobilitätseingeschränkten Personen erfolgt für die Aufzüge im Schulhaus und in der Sporthalle im Brandfall ein verlängerter Weiterbetrieb. Die Erläuterung erfolgt unter Kapitel 3.5.1.3.

Die Aufzüge werden für mobilitätseingeschränkte Personen bzw. Personen mit radgebundenen Hilfsmitteln (Rollstuhl oder Rollator) barrierefrei erreichbar, zugänglich und bedienbar gestaltet. Die entsprechenden Erläuterungen erfolgen in den voranstehenden Kapiteln.

Zweiter Rettungsweg:

Bei Verrauchung des notwendigen Treppenraumes und dem damit verbundenen Ausfall des Aufzugs kommt eine alternative Rettungsmöglichkeit zum Tragen. Diese sieht die Selbstrettung in einen sicheren Bereich vor; dort erfolgt der Übergang zur betrieblichen Rettung. Das bedeutet, dass mobilitätseingeschränkte Person, die nicht in der Lage sind, die notwendigen Treppen zu nutzen, durch betrieblich-organisatorische Maßnahmen gerettet werden. Diese werden in der Brandschutzordnung durch den Betreiber festgelegt. Die sicheren Bereiche werden baulich so gestaltet, dass für die Dauer des Zwischenaufenthalts sicher gegen den Eintritt von Feuer und Rauch sind. Die Bauteilqualitäten werden im Brandschutzkonzept festgelegt.

Im Schulhaus wird der südliche Treppenraum als sicherer Bereich bewertet; dort können aufgrund der großräumigen Ausbildung des Treppenraumes Wartepositionen für mehrere Rollstuhlnutzer vorgehalten, ohne dass die erforderlichen Fluchtwegbreiten für fußläufig Flüchtende dadurch eingeschränkt werden. Darüber hinaus werden auch die notwendigen Flure im 1. und 2.OG aufgrund ihrer erhöhten Bauteilqualität als sichere Bereiche eingestuft. Die notwendigen Flure sind von jeder Stelle innerhalb der Cluster in einer Entfernung von 35 m zu erreichen. Damit werden die bauordnungsrechtlich max. zulässigen Rettungsweglängen bis in einen gesicherten Bereich auch für mobilitätseingeschränkte Personen eingehalten.

In der Sporthalle wird der westliche notwendige Treppenraum als sicherer Bereich bewertet. Das obere Treppenpodest wird so bemessen, dass dort zwei Wartepositionen für Rollstuhlnutzer vorgehalten werden können. In Anlehnung an die BeRettVO (außer Kraft) wird die Warteposition für einen Rollstuhlnutzer mit den Abmessungen 110 × 140 cm angesetzt. Die Wartepositionen werden so angeordnet, dass sie die erforderlichen Fluchtwegbreiten nicht beeinträchtigen.

Die sicheren Bereiche werden für mobilitätseingeschränkte Personen bzw. Personen mit radgebundenen Hilfsmitteln (Rollstuhl oder Rollator) barrierefrei erreichbar, zugänglich und bedienbar gestaltet. Die entsprechenden Erläuterungen erfolgen in den voranstehenden Kapiteln.

Die Wartepositionen innerhalb der sicheren Bereiche werden durch das Sicherheitszeichen „vorläufige Evakuierungsstelle" (gem. DIN EN ISO 7010 – E024) gekennzeichnet.

Eine separate Flucht-/Rettungswegkennzeichnung bis zu den sicheren Bereichen ist grundsätzlich nur erforderlich,

Abb. 9.34: Nach ISO 7010 – E024

Abb. 9.35: Nach ISO 7010 – E030 mit Pfeil nach rechts

wenn die Flucht-/Rettungswege für nicht gehfähige Personen von den allgemeinen Flucht-/Rettungswegen abweichen. Nichtsdestotrotz wird zur Unterstützung des korrekten Verhaltens im Gefahrenfall eine entsprechende Fluchtwegbeschilderung empfohlen. Hierzu eignet sich die Verwendung des Sicherheitszeichens „Notausgang für nicht gehfähige oder gehbeeinträchtigte Personen" (DIN EN ISO ISO 7010 – E026/E030) in Kombination mit dem entsprechenden Zusatzzeichen „Richtungspfeil".

Weitergehende Angaben hinsichtlich der Ausbildung von sicheren Bereichen, z. B. zur Bauteilqualität, sind dem aktuellen Brandschutzkonzept zu entnehmen.

Darüber hinaus kann für beide Rettungswege von einer partiellen Hilfestellung durch Lehr- oder Aufsichtspersonal ausgegangen werden, z. B. der Hilfestellung bei der Bedienung schwergängiger Türen nach Auslösen der Selbstschließfunktion.

Zusammenfassung barrierefreie Rettungsmöglichkeiten:

- 1. Rettungsweg:
  - Selbstrettung von mobilitätseingeschränkten Personen über den notwendigen Flur in den nördlichen notwendigen Treppenraum
  - Nutzung des Aufzugs zur Selbstrettung bis ins Freie
  - Barrierefreie Gestaltung des Notausgangs im EG und des anschließenden Rettungsweges im Freien
- 2. Rettungsweg:
  - Selbstrettung von mobilitätseingeschränkten Personen in den notwendigen Flur als sicherer Bereich (Rettungsweglänge < 35 m)
  - von dort Selbstrettung in den südlichen notwendigen Treppenraum
  - Warteposition bis zur Evakuierung durch den Betreiber

4 Bauliche Anforderungen an die Barrierefreiheit – Räume

4.1 Sanitärräume [...]

4.1.1 Allgemeine Anforderungen [...]

4.1.2 WC-Becken [...]

4.1.3 Waschbecken [...]

4.1.4 Duschbereich [...]

4.1.5 Notrufanlage [...]

4.2 Barrierefreie Umkleiden Sporthallen

In der Sporthalle werden zwei barrierefreie Umkleiden vorgesehen, die jedoch als Gruppenumkleiden ausgebildet werden. Jeder Umkleide ist eine barrierefreie Toilette inklusive Dusche zugeordnet; die Beschreibung erfolgt unter Kapitel 4.1. Im Umkleidebereich sind ausreichende Bewe-

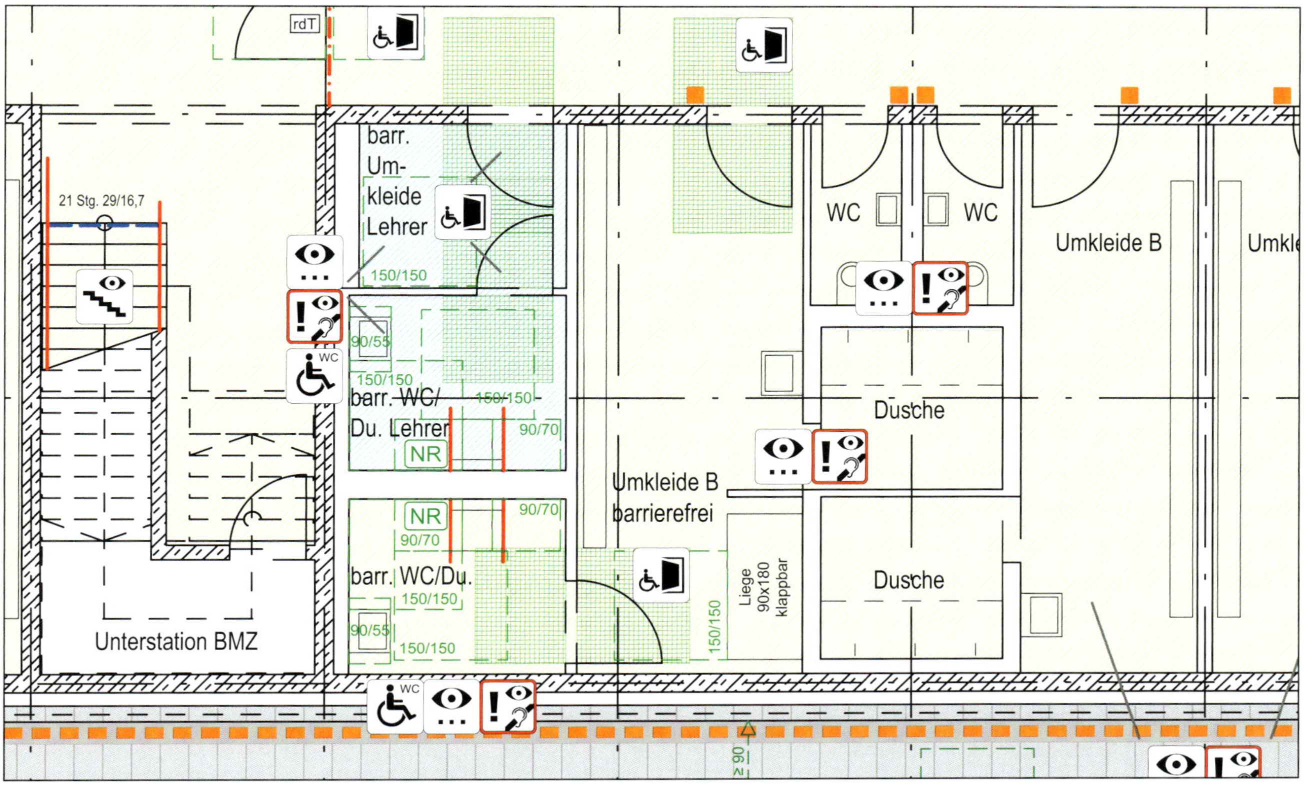

Abb. 9.36: Grundrissausschnitt Schülerumkleide mit Zugang zu barrierefreiem Bad und Gemeinschaftsdusche

gungsflächen 150 × 150 cm für Wende- und Rangiervorgänge mit einem Rollstuhl vorhanden. Unmittelbar gegenüber dem Zugang zur barrierefreien Toilette wird eine Liege als zweckentsprechende Umkleidemöglichkeit für mobilitätseingeschränkte Personen vorgesehen. Die Liege hat die Abmessungen 80 × 190 cm und weist ausreichende Bewegungsflächen davor auf. Ein Sichtschutz zum übrigen Umkleidebereich bietet die nötige Privatsphäre. Rollstuhlabstellplätze innerhalb der barrierefreien Umkleiden werden nicht benötigt, etwaige Rollstuhlwechsel werden im Bedarfsfall organisatorisch geregelt.

In Ergänzung zur barrierefreien Dusche ist jeder Umkleide auch eine Sammeldusche zugeordnet. In Abstimmung mit dem Behindertenbeauftragten der Stadt Köln wird der Durchgang zur Sammeldusche mit einer lichten Breite von mind. 90 cm ausgeführt, um die Durchfahrt mit dem Rollstuhl zu ermöglichen. Da die Sammelduschen relativ großzügig bemessen sind, können diese auch als Ausweichmöglichkeit genutzt werden, für den Fall, dass nach dem Sport mehrere mobilitätseingeschränkte Personen gleichzeitig duschen möchten. Hierzu können im Bedarfsfall ein mobiler Duschhocker sowie mobile selbsthaftende Haltegriffe positioniert werden.

Zur barrierefreien Nutzbarkeit der Umkleiden und Sammelduschen werden diese im Hinblick auf die Ausstattungselemente und Armaturen visuell kontrastierend gestaltet.

Analog zu den Toiletten werden auch die Umkleiden und Duschbereiche mit Blitzleuchten zur Alarmierung nach dem Zwei-Sinne-Prinzip ausgestattet. Die Beschreibung erfolgt unter Kapitel 3.9.1.

Abb. 9.37: Schülerumkleide

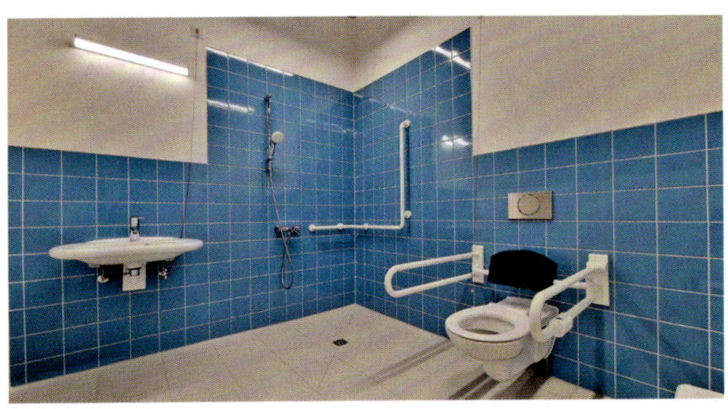

Abb. 9.38: Barrierefreies Bad, Zugang über Gemeinschaftsumkleide

4.3 Veranstaltungs- und Unterrichtsräume

4.3.1 Allgemeine Anforderungen – Raumakustik

Gem. VV TB NRW (2019-06), Anlage A 4.2/2 sind *„die mit den Abschnitten 4.4 (Warnen / Orientieren / Informieren / Leiten) […] verbundenen Ziele, soweit erforderlich, zu berücksichtigen; die genannten Hinweise, Beispiele und Empfehlungen können somit im Einzelfall Anwendung finden."* Bei der betrachteten baulichen Anlage ist es aus Sicht der Barrierefreiheit aufgrund der inklusiven Ausrichtung der Schule erforderlich, eine Optimierung der Raumakustik für Menschen mit Behinderungen vorzusehen. Durch die Fachplanung Raumakustik wird daher die Nachhallzeit entsprechend den Anforderungen der DIN 18041 in folgenden Bereichen begrenzt:

- Räume der Gruppe A:
  - A3 inklusiv: Mehrzweckraum / Aula
  - A4 inklusiv: Unterrichtsräume (Lerngruppen, Fachbüros 1–3, Fachklassenräume) und Besprechungsräume im Verwaltungsbereich
  - A5: Sporthalle Hallenbereich
- Räume der Gruppe B:
  - B2: Treppenhäuser, Flure Sporthalle
  - B3: Verkehrsflächen und Flure, Lehrküchen, Pausenräume (Lehrerteamstationen)
  - B4: Lehrerzimmer (Arbeitsräume 1–3), Büros im Verwaltungsbereich, Bibliothek
  - B5: Cafeteria, Clustermitten

Detaillierte Angaben zur Umsetzung der Anforderungen gemäß DIN 18041 sind der Ausarbeitung der Fachplanung Raumakustik zu entnehmen.

4.3.2 Allgemeine Anforderungen – Beleuchtung

Zur partiellen Verbesserung der Beleuchtung innerhalb der Unterrichtsbereiche wird durch die Fachplanung Elektro die Empfehlung gemäß DIN EN 12464-1, Kapitel 4.3.3 umgesetzt: Es wird eine dimmbare Beleuchtung ausgeführt mit der Möglichkeit der partiellen Erhöhung der Beleuchtungsstärke um mind. eine Stufe auf der Beleuchtungsstärke-Skala. Die Umsetzung erfolgt in folgenden Räumen / Bereichen:

- Lehrküche 1 und 2 im EG
- Fachklassenräume im EG
- Cluster im 1.+ 2.OG

4.3.3 Mehrzweckraum / Aula

„In Räumen mit Reihenbestuhlung sind Flächen freizuhalten, die von Rollstuhlnutzern und gegebenenfalls deren Begleitpersonen genutzt werden können." (DIN 18040-1:2010-10, Abschnitt 5.2.1)

„In Versammlungs-, Schulungs- und Seminarräumen müssen für Menschen mit sensorischen Einschränkungen Hilfen für eine barrierefreie Informationsaufnahme zur Verfügung stehen." (DIN 18040-1:2010-10, Abschnitt 5.2.2)

Der Mehrzweckraum im Schulhaus ist als Veranstaltungsraum für bis zu 200 Personen konzipiert. Der Raum wird mit einer mobilen Reihenbestuhlung ausgestattet; diese bietet die nötige Flexibilität um je nach Bedarf die erforderlichen Stellflächen für Rollstuhlnutzer und gegebenenfalls den Sitzplatz für die Begleitpersonen einzurichten. In Abhängigkeit von der Bestuhlung ist geplant, die Sitzplätze in der ersten Reihe bereitzustellen, da dort in der Regel das beste Sichtverhältnis zur Bühne besteht. Die Rollstuhlplätze sind in diesem Fall frontal anfahrbar, ausreichende Bewegungsflächen von mind. 150 × 150 cm zum Rangieren sowie mind. 90 × 130 cm als Stellplatz werden vorgehalten. Abweichende Anordnungen sind je nach geplanter Bestuhlung ebenfalls möglich. Die Bestuhlung ist nicht Bestandteil der aktuellen Planung, sondern wird von der Schule in Eigenregie angeschafft.

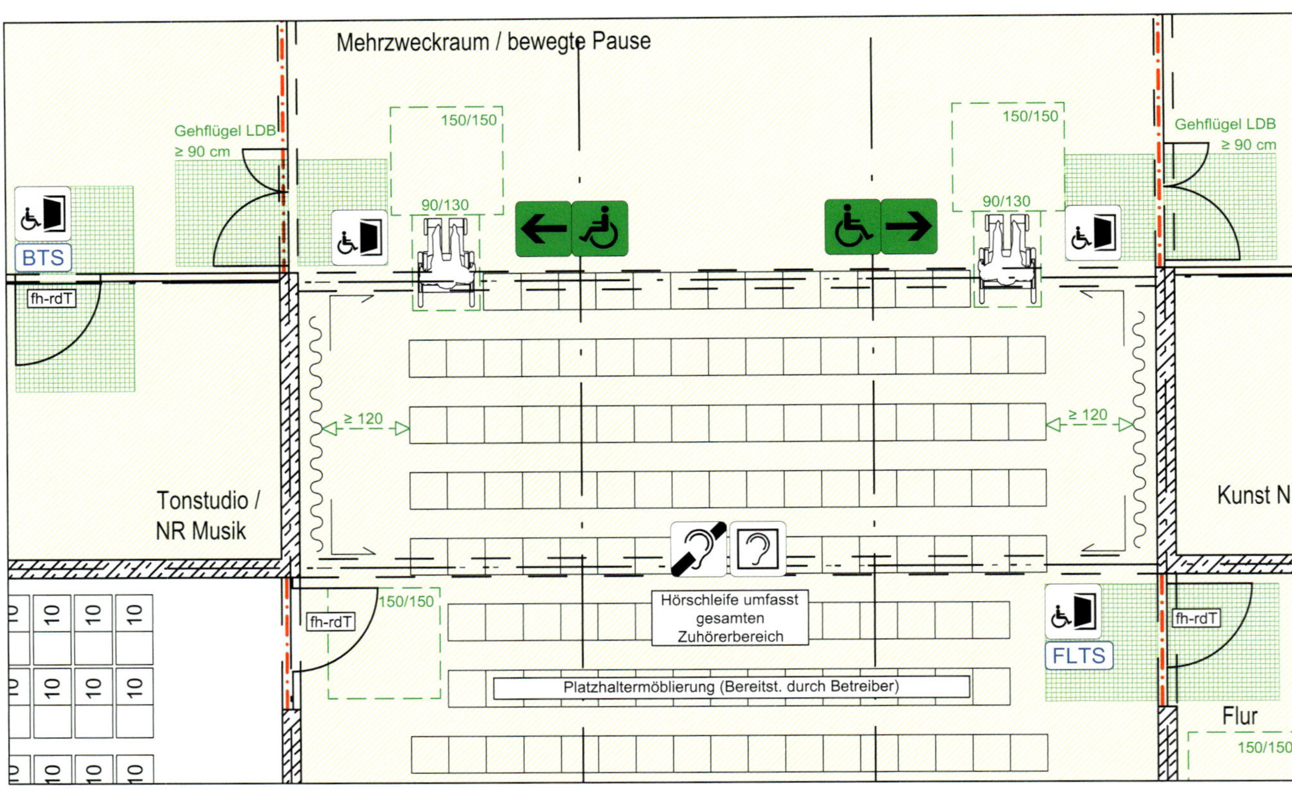

Abb. 9.39: Grundrissausschnitt Aula/Mehrzweckraum

Abb. 9.40: Aula/Mehrzweckraum, erhöhter Bereich (Foto: Simon Veith, Köln)

Abb. 9.41: Lerngruppe Mittelstufe

Die Erschließung der Bestuhlungsebene erfolgt über zwei seitliche Treppenanlagen im hinteren Bereich der Aula sowie den Aufzug; die Beschreibung erfolgt in den Kapiteln 3.4.1 und 3.5.1. Bei der Bestuhlung mit Anordnung als Stuhlreihen können zu beiden Seiten ausreichende Verkehrsflächen zur Erschließung des Raumes und der Stuhlreihen berücksichtigt werden. Der Bühnenbereich wird ohne Niveauunterschied ausgebildet, um die barrierefreie Erreichbarkeit zu gewährleisten.

Trotz der Größe des Mehrzweckraumes wird bauseits keine elektroakustische Beschallungsanlage vorgesehen. Diese wird erst im Bedarfsfall durch die Schule in Eigenregie angeschafft. Als Voraussetzung für die barrierefreie Informationsaufnahme für hörbehinderte Personen wird jedoch eine Induktionsschleife vorgerüstet, die den gesamten Zuhörerbereich umschließt. An diese können später die technischen Komponenten der Beschallungsanlage angeschlossen werden. Somit ist im Bedarfsfall ohne größeren baulichen Aufwand die Installation eines gesonderten Übertragungssystems für Menschen mit eingeschränktem Hörvermögen möglich.

4.3.4 Fachklassenräume und Cluster

Die Möblierung der Fachklassenräume und Cluster ist nicht Bestand der vorliegenden Planung. Sie wird durch die Schule in Eigenregie angeschafft. Zur Gewährleistung einer barrierefreien Nutzbarkeit für Schüler mit radgebundenen Hilfsmitteln werden u. a. folgende Planungshinweise berücksichtigt:

- Bereitstellung von ausreichenden Bewegungsflächen vor und zwischen den Tischen
  - für die Durchfahrt zwischen den Tischen: mind. 90 cm Breite
  - für Wendevorgänge mit Rollstuhl / Rollator: mind. 150 × 150 cm
- Bereitstellung von unterfahrbaren Tischen, Abmessungen Beinfreiraum:
  - Breite mind. 90 cm (Abstand zwischen Tischbeinen)
  - Tiefe mind. 55 cm
  - Höhe mind. 67 cm (Unterkante Tischzarge)
  - Oberkante der Tische max. 80 cm, Empfehlung: höhenverstellbare Tische

4.3.5 Lehrküche

Die Lehrküche wird über einen separaten Eingang im Durchgangsbereich zum Pausenhof erschlossen. Die Beschreibung der barrierefreien Zugänglichkeit erfolgt in Kapitel 3.2.1.2. Es sind zwei Lehrküchenräume vorgesehen, die über einen vorgelagerten Flurbereich sowie eine interne Verbindungstür miteinander verbunden sind. Die Lehrküchen sind jeweils mit vier Arbeitsstationen, bestehend aus Kochfeld, Spüle und Backofen, ausgestattet. Zusätzlich wer-

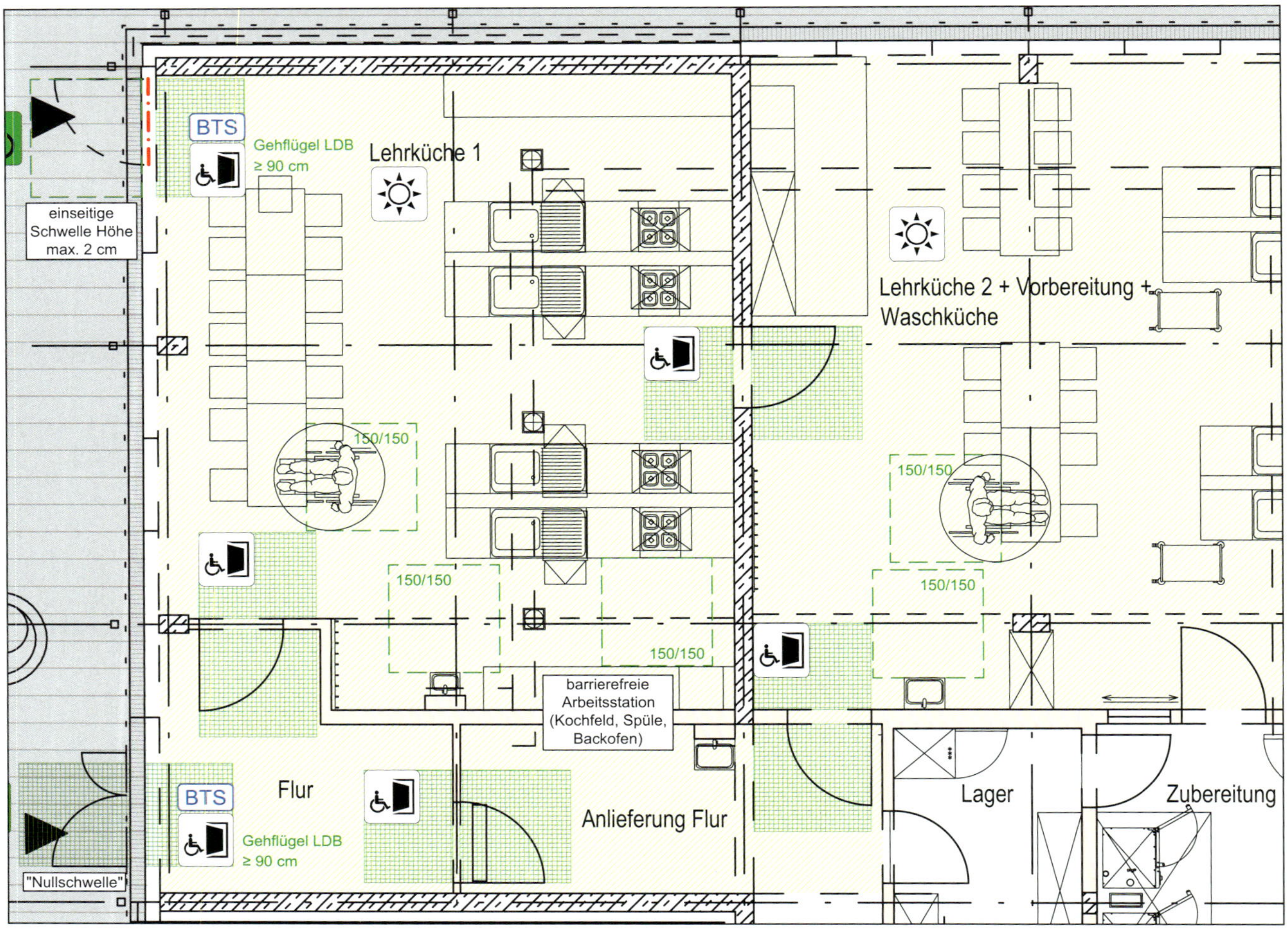

Abb. 9.42: Grundrissausschnitt Lehrküche

den Arbeitstische sowie ein Hygienewaschbecken im Zugangsbereich der Lehrküchen vorgesehen. In jedem Lehrküchenraum wird eine der vier Arbeitsstationen barrierefrei gestaltet. Dies impliziert, dass die Spüle und das Kochfeld unterfahrbar sowie mit einer Oberkante in Höhe von 80 cm ausgebildet werden. Die Spüle wird mit einer Einhebelarmatur mit langem Bedienelement ausgestattet. Der Backofen, der bei den übrigen Stationen unterhalb des Kochfeldes angeordnet ist, wird in einem separaten Schrank vorgesehen und so positioniert, dass die Bedienelemente im barrierefreien Greifbereich zwischen 85–105 cm liegen. Im Bereich der barrierefreien Arbeitsstation werden ausreichende Bewegungsflächen von mind. 150 × 150 cm zum Wenden und Rangieren bereitgestellt. Die Arbeitstische werden so gewählt, dass sie mit dem Rollstuhl in einer Breite von mind. 90 cm und einer Höhe von mind. 67 cm unterfahrbar sind.

Das Hygienewaschbecken wird unterfahrbar ausgebildet und in einer Höhe von 80 cm angeordnet. Eine Bewegungsfläche von mind. 150 × 150 cm wird vor dem Waschbecken eingehalten. Sofern die Warmwasserbereitung über einen Durchlauferhitzer erfolgt, wird bei der Positionierung des Gerätes darauf geachtet, dass die Unterfahrbarkeit des Waschbeckens nicht beeinträchtigt wird; zu diesem Zweck wird das Gerät außerhalb des Bereiches für die Fuß- und Beinfreiheit angeordnet. Papier- und Seifenspender werden unmittelbar neben dem Waschbecken im barrierefreien Greifbereich angeordnet; eine Entnahmehöhe von ca. 105 cm ü. OFF wird empfohlen.

4.3.6 Sporthalle […]

4.4 Cafeteria

Die Beschreibung der Speisenausgabetheke erfolgt in Kapitel 3.7.3.2. Analog zu den Unterrichtsräumen ist die Bestuhlung bzw. Möblierung nicht Bestandteil der vorliegenden Planung und wird daher nicht näher betrachtet. Dennoch werden nachfolgend im Hinblick auf die spätere Ausstattung grundsätzliche Anforderungen an die Barrierefreiheit formuliert:

Abb. 9.43: Sitzbereich Cafeteria

Innerhalb der Cafeteria werden wird die Möblierung mit Tischen und Stühlen so angeordnet, dass auch einige Sitzplätze für Rollstuhlnutzer zur Verfügung stehen. Hierzu werden ausreichende Bewegungsflächen von mind. 150 × 150 cm zum Wenden und Rangieren vor und zwischen den Tischen vorgehalten sowie zum Passieren von anderen Personen. Im Bereich von Engstellen zwischen den Tischen wird eine lichte Durchgangsbreite von mind. 90 cm für die Durchfahrt bereitgestellt. Engstellen sind generell nur auf kurze Distanzen auszubilden, d. h. bis zu einer maximalen Länge von etwa 80 cm bis 100 cm. Über größere Distanzen, auf denen jedoch keine Richtungswechsel oder die Begegnung mit anderen Personen erforderlich sind, können Verkehrsbreiten von mind. 120 cm eingeplant werden.

Die Tischmodelle werden so ausgewählt, dass sie mit dem Rollstuhl in einer Breite von mind. 90 cm und einer Höhe von mind. 67 cm unterfahrbar sind; hierzu eignen sich vor allem Ein-Säulen-Tische, die im Gegensatz zu Vier-Fuß-Tischen im unterfahrbaren Bereich keine Einschränkung aufweisen.

4.5 Besprechungsräume Verwaltungsbereich [...]

5 Barrierefreie Gestaltung der Arbeitsstätte

5.1 Barrierefreie und behindertengerechte Arbeitsplatzgestaltung

Zum Zeitpunkt der Konzepterstellung wird eine Mitarbeiterin mit Behinderung und Arbeitsassistenz im Verwaltungsbereich beschäftigt. Die barrierefreie Arbeitsplatzgestaltung für diese Mitarbeiterin umfasst folgende Aspekte:

- die barrierefreie Zugänglichkeit zu ihrem persönlichen Arbeitsplatz sowie zu den Büronebenräumen innerhalb der Verwaltung, z. B. Sekretariat, Kopieren, Archiv, Besprechung, Erste-Hilfe usw.
- die barrierefreie Nutzbarkeit des eigenen Büros und der Büronebenräume mit dem Rollstuhl durch die Bereitstellung ausreichender Bewegungsflächen und die Einhaltung der barrierefreien Bedien- und Greifhöhen
- die Ausstattung der Brandschutztür neben dem Empfang mit einem Automatikantrieb zur Sicherstellung der barrierefreien Zugänglichkeit (siehe Erläuterung unter Kapitel 3.2.2.3)

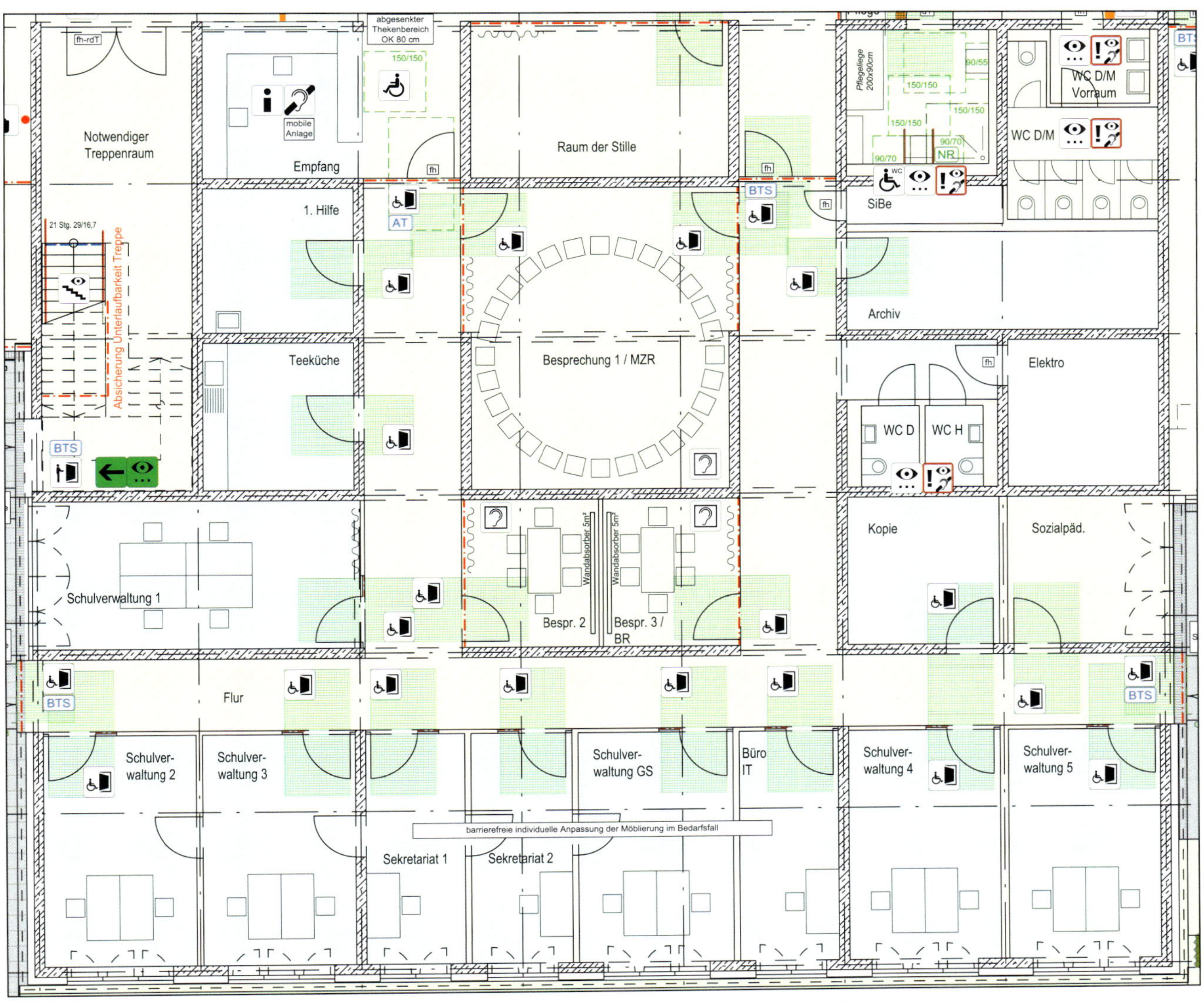

Abb. 9.44: Grundrissausschnitt Verwaltungsbereich mit Teilbereichen der barrierefreien Arbeitsstätte

- die individuelle behindertengerechte Möblierung und Ausstattung des Mitarbeiterbüros durch den Betreiber (gem. Gefährdungsbeurteilung)
- die barrierefrei Zugänglichkeit und Nutzbarkeit der Erschließungsflächen und Flucht-/Rettungswege

Die Mitarbeiterin nutzt die barrierefreie Toilette, die dem Verwaltungsbereich zugeordnet ist und ebenfalls für die Schüler zur Verfügung steht; eine separate barrierefreie Personal-Toilette ist nicht vorgesehen.

Die übrigen Bereiche der Schule, die für die Nutzung durch die Schüler bereits barrierefrei ausgelegt sind, können von der Mitarbeiterin mit Behinderung in gleicher Weise barrierefrei genutzt werden. Darüber hinaus hat die Mitarbeiterin keinen Bedarf an ergänzenden individuellen oder behindertengerechten Maßnahmen, die baulicher oder technischer Art sind und im Zuge der Planung und Errichtung des Schulneubaus zu berücksichtigen wären.

5.2 Allgemeine barrierefreie Arbeitsplatzgestaltung

Die übrigen Bereiche, die ausschließlich vom Lehrpersonal genutzt werden, werden nach einem allgemeinen barrierefreien Mindeststandard gestaltet. Dieser sieht eine zweistufige Umsetzung der Barrierefreiheit vor. Siehe hierzu auch die Erläuterungen im Kapitel 2.3.

Da der Gebäudekomplex größtenteils in den öffentlich zugänglichen Anwendungsbereich fällt, wird dadurch bereits eine ganzheitliche barrierefreie Gestaltung umgesetzt. Infolgedessen bleiben nur wenige Gebäudebereiche übrig, die als reine Arbeitsstätte fungieren. Zu diesen Bereichen gehören:

- die übrigen Büroräume inkl. Empfang im Verwaltungsbereich EG
- die Lehrerteamstationen im 1.+ 2. OG
- die Arbeitsräume 1 – 3 im 1.+ 2. OG
- die Personal-Toiletten im EG–2. OG
- die barrierefreie und nicht barrierefreie Lehrer-Umkleide in der Sporthalle

Als Maßnahmen der Stufe 1 wird die barrierefreie Zugänglichkeit zu den voran genannten Räumen umgesetzt. Eine Ausnahme hierzu bilden die Personal-Toiletten und die nicht barrierefreie Lehrer-Umkleide, die nicht für die Benutzung durch Mitarbeiter mit radgebundenen Hilfsmitteln ausgelegt werden.

Im Zuge der Stufe 2 erfolgt dann die Bereitstellung der erforderlichen Bewegungsflächen zur barrierefreien Nutzbarkeit der Räume durch Anpassung der Möblierung. Des Weiteren werden Maßnahmen für sensorisch eingeschränkte Beschäftigte ergänzt, z. B. Glasmarkierungen, die Kennzeichnung von Hindernissen und taktile Raumbeschilderungen, sofern diese nicht schon als Maßnahmen der öffentlich zugänglichen Bereiche umgesetzt wurden.

Von der barrierefreien Gestaltung ausgenommen sind folgende Bereiche der Arbeitsstätte:

- Betriebs-, Technik- und Lagerräume
- Vorbereitungsräume der Fachklassen Naturwissenschaft und Technik
- Kopierräume im 1. OG + 2. OG

Die Maßnahmen, die zur Umsetzung des allgemeinen barrierefreien Mindeststandards in der Planung berücksichtigt werden, sind im Detail in den voranstehenden Kapiteln erläutert. Die Voraussetzungen für die inklusive Beschäftigung von Menschen mit Behinderungen in der OKS sind damit gegeben.

6 Abweichungen

6.1 Abweichungen gemäß § 88 BauO NRW [...]

7 Schlussbemerkung

Bei dem betrachteten Objekt wird die grundlegende Anforderung gemäß § 49 BauO NRW bauliche Anlagen so zu gestalten, dass die barrierefreie Zugänglichkeit sowie die zweckentsprechende Nutzbarkeit gewährleistet werden, erfüllt. Darüber hinaus wird auch das barrierefreie Rettungskonzept und die Erfüllung des Schutzziels „Verlassen des Gefahrenbereiches" nachgewiesen.

In Ergänzung zu dieser schriftlichen Ausführung des Barrierefrei-Konzeptes sind die Eintragungen zur Barrierefreiheit in den gesonderten Barrierefrei-Plänen zu beachten.

Dieses Barrierefrei-Konzept umfasst 70 Seiten und 4 Zeichnungen als Anlage:

- OSK_BF-Plan_Schulhaus_EG Stand: 06.12.2019
- OSK_BF-Plan_Schulhaus_OG1 Stand: 06.12.2019
- OSK_BF-Plan_Schulhaus_OG2 Stand: 06.12.2019
- OSK_BF-Plan_Sporthalle_EG+OG1 Stand: 06.12.2019

Aufgestellt:

Aachen, den 06. Dezember 2019

Erklärung des Entwurfsverfassers:

Das Barrierefrei-Konzept dient als Ergänzung der Bauvorlage und ist inhaltlich mit den anderen relevanten Fachplanungen sowie dem Architektenentwurf der Genehmigungsplanung abgestimmt.

....

Datum, Unterschrift

8 Anhang

8.1 Anforderungstabellen gem. DIN 18040-1

Die objektspezifisch relevanten Anforderungen zu den in den Kapiteln 3 und 4 beschriebenen barrierefreien Lösungen sind nachfolgend tabellarisch zusammengefasst. *Nicht relevante Anforderungen werden in kursiver Schrift dargestellt.*

Tabelle 9.4: PKW-Stellplätze

PKW-Stellplätze – Anforderungen gem. DIN 18040-1 und VV TB NRW Anlage A 4.2/2		
Geometrische Anforderungen		
1	Stellplatzabmessung für Seitenausstieg B × L	≥ 350 × 500 cm
2	Stellplatzabmessungen für Heckausstieg (inkl. Bewegungsfläche) B × L	≥ 350 × 750 cm
3	Stellplatzhöhe bei Heckausstieg (Kleinbus)	≥ 250 cm
4	Anzahl der barrierefreien Stellplätze gem. VV TB NRW Anlage A 4.2/2	1% der notwendigen Stellplätze, mind. einer

Tabelle 9.5: Gehwege / äußere Verkehrsflächen

Gehwege / äußere Verkehrsflächen – Anforderungen gem. DIN 18040-1		
Geometrische Anforderungen		
1	Wegbreite bis 15 m Länge	≥ 150 cm
	Begegnungsfläche nach 15 m Länge	180 × 180 cm
2	Wegbreite bis 6 m Länge, ohne Richtungsänderung	≥ 120 cm
	Wendeflächen am Anfang + Ende des Weges	150 × 150 cm
3	Längsneigung	≤ 3 %
4	Querneigung	≤ 2,5 %
5	Längsneigung bis 10 m Weglänge	≤ 6 %
	Länge der Zwischenpodeste nach 10 m Weglänge	≥ 150 cm
	Neigung der Zwischenpodeste	≤ 3 %
6	lichte Höhe über Gehwegen	≥ 220 cm
Erschließungsflächen unmittelbar vor Eingängen		
7	stufen-/schwellenlose Erreichbarkeit der Haupteingänge	-
8	Längsneigung	≤ 3 %
9	Längsneigung bis 10 m Länge der Erschließungsfläche	≤ 4 %
10	Bewegungsfläche vor Eingangstüren (Entwässerung)	eben (≤ 2,5 %)

Tabelle 9.5: (Fortsetzung)

Oberflächengestaltung (in Anlehnung an DIN 18040-3)		
11	bituminös und hydraulisch gebundene Oberfläche	-
12	Pflaster- und Plattenbeläge (DIN 18318)	-
13	Pflaster-/ Plattenbeläge ohne Fase / mit schmalen Fugen	nach DIN 18318
14	rutschhemmende Oberflächengestaltung: SRT-Wert	> 55
15	rutschhemmende Oberflächengestaltung (DIN 51130)	≥ R11 / ≥ R10/V4
Grün- und Freizeitanlagen, Spielplätze – in Anlehnung an DIN 18040-3		
Geometrische Anforderungen (Auszug)		
16	stufenlose Gestaltung	-
17	nutzbare Wegbreite (Nebenwege)	≥ 90 cm
	Wendeflächen in ausreichenden Abständen, z. B. in Sichtweite	150 × 150 cm
Sitzbänke (Auszug)		
18	*Ausstattung mit (Arm-) und Rückenlehnen*	-
19	Sitzhöhe	46–48 cm
20	*Empfehlung: Aufstellfläche neben der Bank für Rollstuhlnutzer*	-

Tabelle 9.6: Zugangs-/Eingangsbereiche

Zugangs-/Eingangsbereiche – Anforderungen gem. DIN 18040-1		
Auffindbarkeit und Erreichbarkeit		
1	visuell kontrastierende Gestaltung des Eingangsbereiches	-
2	ausreichende Beleuchtung	-
3	taktil erfassbar durch bauliche Elemente / unterschiedliche Bodenstrukturen / Bodenindikatoren	-
4	stufen-/schwellenloser Zugang zum Eingang	-
5	ausreichende Bewegungsflächen nach Art der Eingangstüren	-

Tabelle 9.7: Türen

Türen – Anforderungen gem. DIN 18040-1 und VV TB NRW Anlage A 4.2/2		
Geometrische Anforderungen		
1	unterer Türanschlag (wenn technisch unabdingbar)	0 cm (≤ 2 cm)
2	lichte Durchgangsmaße, B × H (Gehflügel)	≥ 90 × 205 cm
3	Türleibungstiefe	≤ 26 cm
4	*Türdrückerhöhe (nur bei manuell bedienbaren Türen)*	*85 cm (Achsmaß)*
	Türdrückerhöhe als Abweichung im begründeten Einzelfall	*85–105 cm*
	Türdrückerhöhe gem. VV TB NRW Anlage A 4.2/2	85–105 cm
Bewegungsflächen (bei manueller Bedienung)		
5	Bewegungsfläche in Öffnungsrichtung B × T (Drehflügeltüren)	≥ 150 × 150 cm
6	Bewegungsfläche in Schließrichtung B × T (Drehflügeltüren)	≥ 150 × 120 cm
7	Tiefe der Bewegungsfläche beidseitig (Schiebetüren)	≥ 120 cm
8	Tiefe der Bewegungsfläche bei gegenüberliegender Wand	≥ 150 cm
9	seitlicher Abstand zwischen Türdrücker und Bauteilen oder Ausstattungselementen (bei Schiebetüren beidseitig)	≥ 50 cm
Automatische Türsysteme		
10	Höhe Türtaster	85 cm (Achsmaß)
	Höhe Türtaster gem. VV TB NRW Anlage A 4.2/2	85–105 cm
11	Abstand zwischen Türtaster und Hauptschließkante bei seitlicher Anfahrt (Drehflügeltür/ Schiebetür)	≥ 50 cm
12	Abstand zwischen Türtaster und Tür bei frontaler Anfahrt in Öffnungsrichtung (Drehflügeltür)	≥ 250 cm
13	Abstand zwischen Türtaster und Tür bei frontaler Anfahrt in Schließrichtung (Drehflügeltür)	≥ 150 cm
14	Abstand zwischen Türtaster und Tür bei frontaler Anfahrt beidseitig (Schiebetür)	≥ 150 cm
Bedienkräfte		
15	Bedienkräfte zur manuellen Bedienung	≤ 25 N
16	Bedienkräfte zur manuellen Bedienung mit Türschließer	≤ 47 Nm
17	Verwendung von bogen-/U-förmigen Türdrückern	-
18	Vermeidung kombinierter Bewegungen bei Bedienelementen (z. B. gleichzeitiges Drehen und Drücken)	-

Tabelle 9.7: (Fortsetzung)

Tür-/Raumbeschilderung		
19	Höhe Raumbeschilderung (Anordnung auf der Seite der Hauptschließkante)	120–140 cm
Türen zu Sanitärräumen		
20	Türaufschlagrichtung nach außen	-
21	Schließvorrichtung von außen entriegelbar	-
Orientierungshilfen an Türen – Anforderungen gem. DIN 18040-1 und VV TB NRW Anlage A 4.2/2		
Sicherheitsmarkierungen an verglasten Türen / Glasflächen		
1	Ausbildung über die gesamte Glasbreite	-
2	visuell stark kontrastierend (Kontrast gem. DIN 32975)	0,7
3	Ausbildung im Wechselkontrast (hell/ dunkel)	-
4	Anbringung in Kniehöhe	40–70 cm
5	Anbringung in Augenhöhe	120–160 cm
kontrastreiche Gestaltung		
6	taktile Ausbildung von Türblatt oder Türzarge	-
7	visuell kontrastierende Gestaltung von Türblatt oder Türzarge	-
8	visuell kontrastierende Gestaltung von Türschwellen	-

Tabelle 9.8: Aufzüge

Aufzüge – Anforderungen gem. DIN 18040-1 / DIN EN 81-70		
Geometrische Anforderungen (DIN 18040-1)		
1	Wartefläche vor dem Aufzug	150 × 150 cm
2	zusätzliche Verkehrsfläche/Durchgangsbreite hinter/neben Wartefläche	≥ 90 cm
3	keine abwärts führende Treppe gegenüber von Aufzügen, falls unvermeidbar: Abstand zwischen Treppe und Aufzug	≥ 300 cm
4	lichte Zugangsbreite zur Aufzugskabine	≥ 90 cm
5	Mindestabmessung Aufzugskabine (Typ 2), B × T	≥ 110 × 140 cm
Kabinenausstattung (Auszug DIN EN 81-70:2018-07 in Korrespondenz mit DIN 18040-1)		
6	bei Typ 2 + 3: einseitiger Handlauf, Höhe Oberkante, Anordnung an gleicher Wand wie Fahrkorbtableau	87,5–90 cm

Tabelle 9.8: (Fortsetzung)

7	bei Typ 4 + 5: zusätzlicher zweiter Handlauf, Höhe Oberkante, Anordnung an gegenüberliegender Seitenwand oder Rückwand	87,5–90 cm
8	rundes Handlaufprofil, Durchmesser	3–4,5 cm
9	lichter Abstand zwischen Handlauf und Wand	3,5 cm
10	Abrundung freier Handlaufenden zur Wand	-
11	*Option: Ausbildung Klappsitz, Höhe*	*47,5–52,5 cm*
12	*Option: Ausbildung Klappsitz, B × T*	*40–50 × 30–40 cm*
13	bei Typ 2 + 3: Anordnung eines Spiegels an rückwärtiger Wand	-
14	Empfehlung (gem. Anhang D): Mindestabstand zw. Spiegel und Kabinenboden	≥ 30 cm
15	Empfehlung (gem. Anhang D): Wände mit matten Oberflächen	-
Bedienelemente (Auszug DIN EN 81-70:2018-07 in Korrespondenz mit DIN 18040-1)		
16	Höhe Befehlsgeber außerhalb der Kabine	85–105 cm
17	seitlicher Abstand zwischen Befehlsgeber und Bauteilen oder Ausstattungselementen	≥ 50 cm (vorzugsweise 70 mm)
18	Höhe Befehlsgeber innerhalb der Kabine	85–105 cm
19	seitlicher Abstand zwischen Befehlsgeber und Ecken in der Aufzugskabine	≥ 50 cm
Extragroße Befehlsgeber (DIN EN 81-70:2005-09, Anhang G (informativ)		
20	Größe XL-Befehlsgeber	50 × 50 mm
21	lichter Abstand zwischen XL-Befehlsgebern	10 mm
22	*Anordnung der XL-Befehlsgeber auf pultförmig geneigtem Quertableau*	-
Bedienung nach dem Zwei-Sinne-Prinzip (Auszug DIN EN 81-70:2018-07)		
23	visuell kontrastreiche Gestaltung der Befehlsgeber	-
24	taktil erfassbare Gestaltung der Befehlsgeber (Symbol + Geschosszahl)	
25	optische + akustische Rufquittierung (Rückmeldung Befehlsabgabe)	-
26	Einfahrtgong beim Öffnen der Türen	-
27	Sprachansage + optischer Anzeige für Etage bzw. Position (in Kabine)	-
28	Notrufeinrichtung mit optischer + akustischer Anzeige (gelbes / grünes Piktogramm für Notrufabgabe /-annahme)	-
29	*Empfehlung: Induktionsschleife als Kommunikationshilfe für Alarmeinrichtungen*	-
30	*Empfehlung: Induktionsschleife als Kommunikationshilfe für Sprachansagen*	-

Tabelle 9.9: Empfangstheken, Service-Schalter

Empfangstheken, Service-Schalter – Anforderungen gemäß DIN 18040-1		
Geometrische Anforderungen		
1	Bewegungsfläche vor Empfangstheken, Service-Schaltern	≥ 150 × 150 cm
2	Unterfahrbarkeit der Thekeneinheit B × T × H	≥ 90 × 55 × 67 cm
3	Reduzierung der Bewegungsfläche vor Empfangstheken, T × B	≥ 120 × 150 cm
	wenn Breite der Unterfahrbarkeit der Thekeneinheit	≥ 150 statt 90 cm
4	Höhe der barrierefreien Thekeneinheit	≤ 80 cm
5	Breite von Durchgänge neben Empfangstheken	≥ 90 cm
	Bewegungsfläche vor/hinter diesen Durchgängen	≥ 150 × 150 m
Taktile/visuelle Auffindbarkeit		
6	*Induktive Höranlage bei Service-Schaltern mit geschlossenen Verglasungen und Gegensprechanlagen*	-
7	Empfehlung: Induktive Höranlage bei lautem Umfeld oder vertraulichen Gesprächen	-
8	visuell kontrastierende Gestaltung von Bereichen für den Kundenkontakt	-
9	taktile und/oder akustische Auffindbarkeit der Bereiche für den Kundenkontakt, z. B. durch bodengebundenes Leitsystem	-

Tabelle 9.10: Alarmierung und Evakuierung

Alarmierung und Evakuierung – Anforderungen gemäß DIN 18040-1		
Evakuierung		
1	Bereitstellung von sicheren Bereichen	-
2	betriebliche/organisatorische Vorkehrungen	-
Alarmierung		
3	visuelle Wahrnehmbarkeit akustischer Alarm-/Warnsignale	-

Tabelle 9.11: *Veranstaltungsräume*

Veranstaltungsräume – Anforderungen gemäß DIN 18040-1		
Feste Bestuhlung		
1	Standfläche mit rückwärtiger/frontaler Anfahrbarkeit, B × T	≥ 90 × 130 cm
	Tiefe der anschließenden rückw./front. Bewegungsflächen	≥ 150 cm
2	Standfläche mit seitlicher Anfahrbarkeit, B × T	≥ 90 × 150 cm
	Breite der seitlich anschließenden Verkehrsfläche	≥ 90 cm
3	Bereitstellung von Sitzplätzen für Begleitpersonen daneben	-
4	*Unterfahrbarkeit von fest eingebauten Tischen, B × T × H*	*≥ 90 × 55 × 67 cm*
5	Empfehlung: Bereitstellung von Sitzplätzen mit größerer Beinfreiheit	-
Informations-/Kommunikationshilfen		
6	Bereitstellung eines gesonderten Übertragungssystems bei elektroakustischen Beschallungsanlagen (z. B. induktive Höranlage)	-
	mit Umfassung des gesamten Zuhörerbereiches	-

8.2 Barrierefrei-Pläne

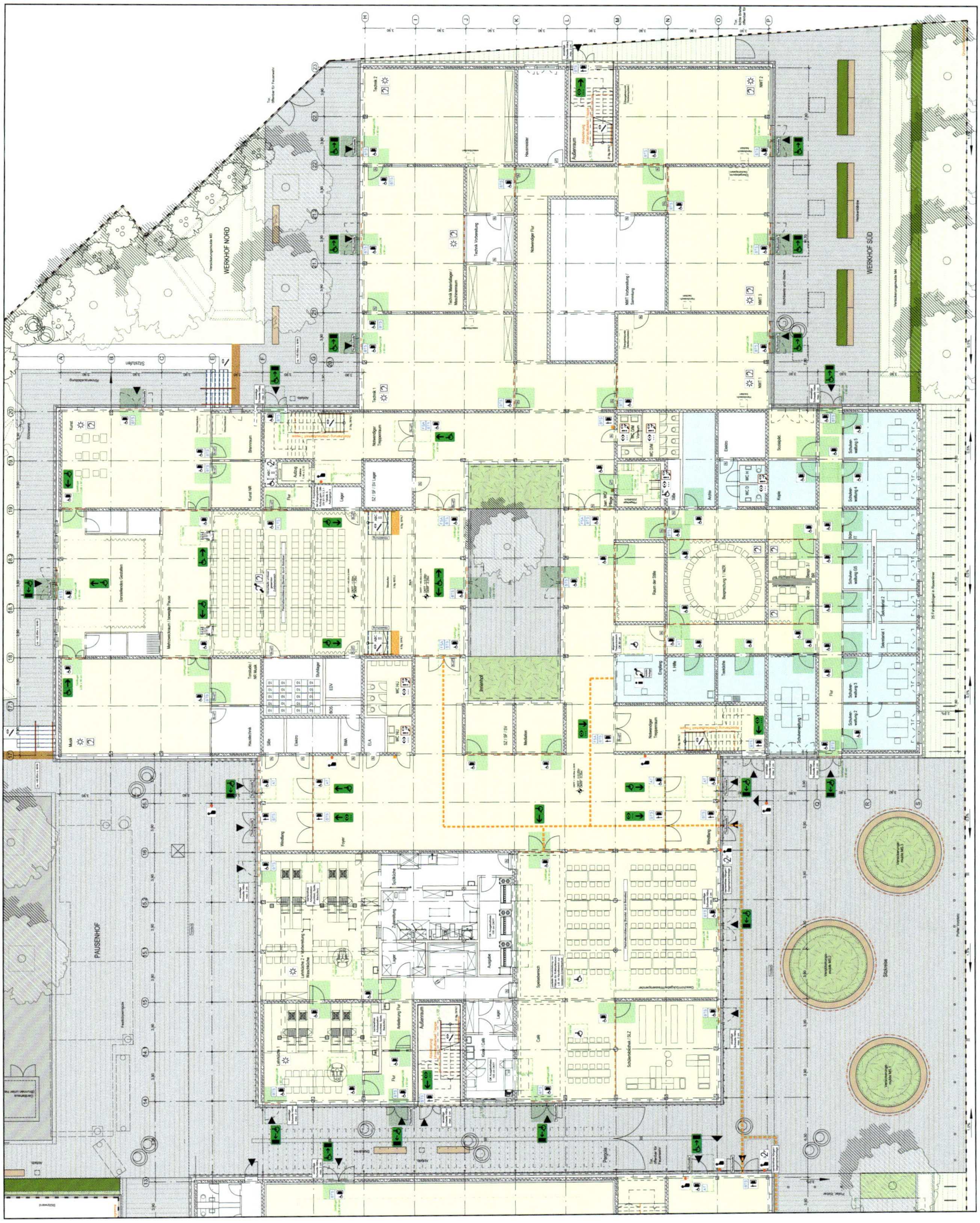

Abb. 9.45: Schulhaus, Grundriss EG

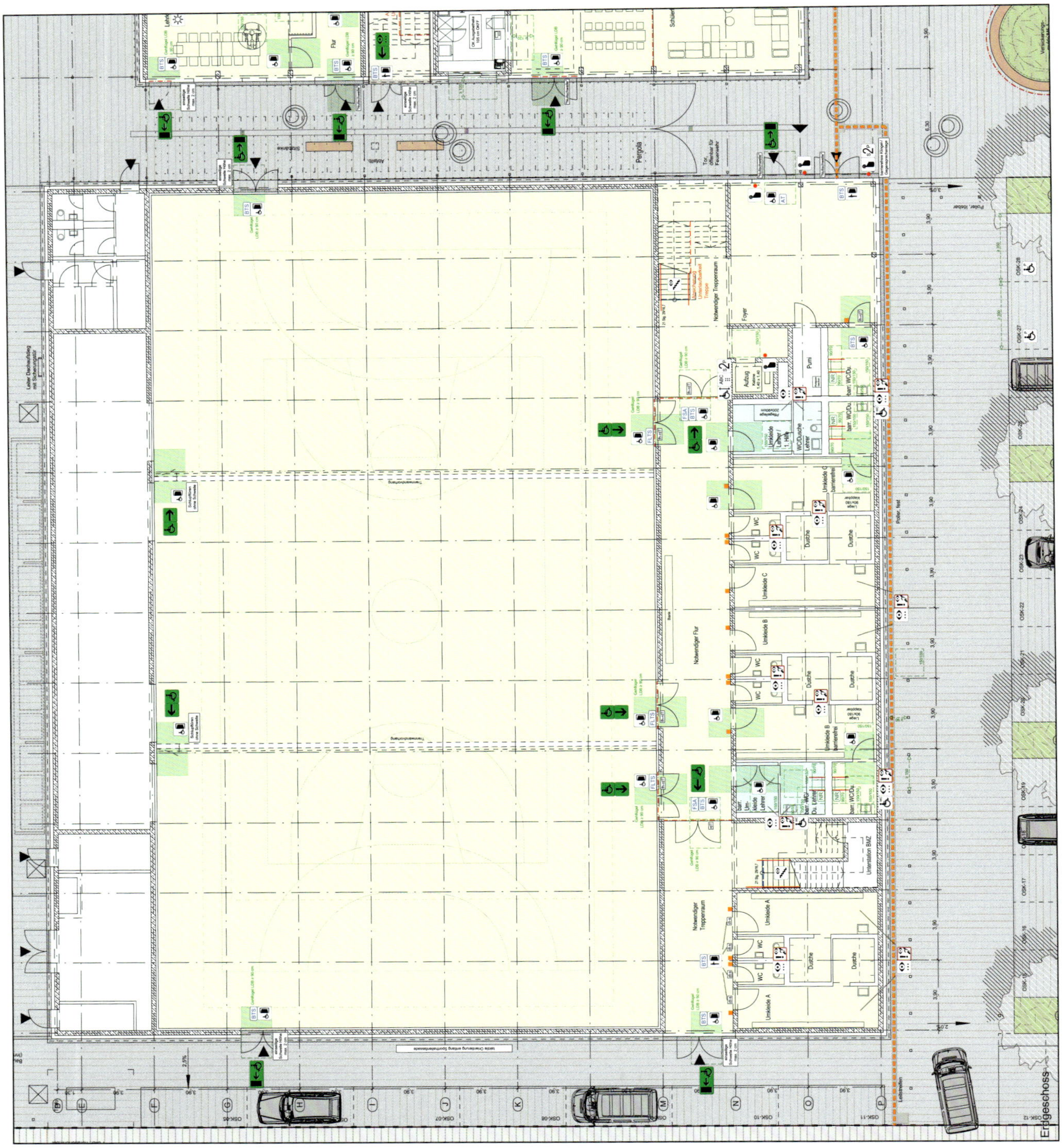

Abb. 9.46: Sporthalle, Grundriss EG

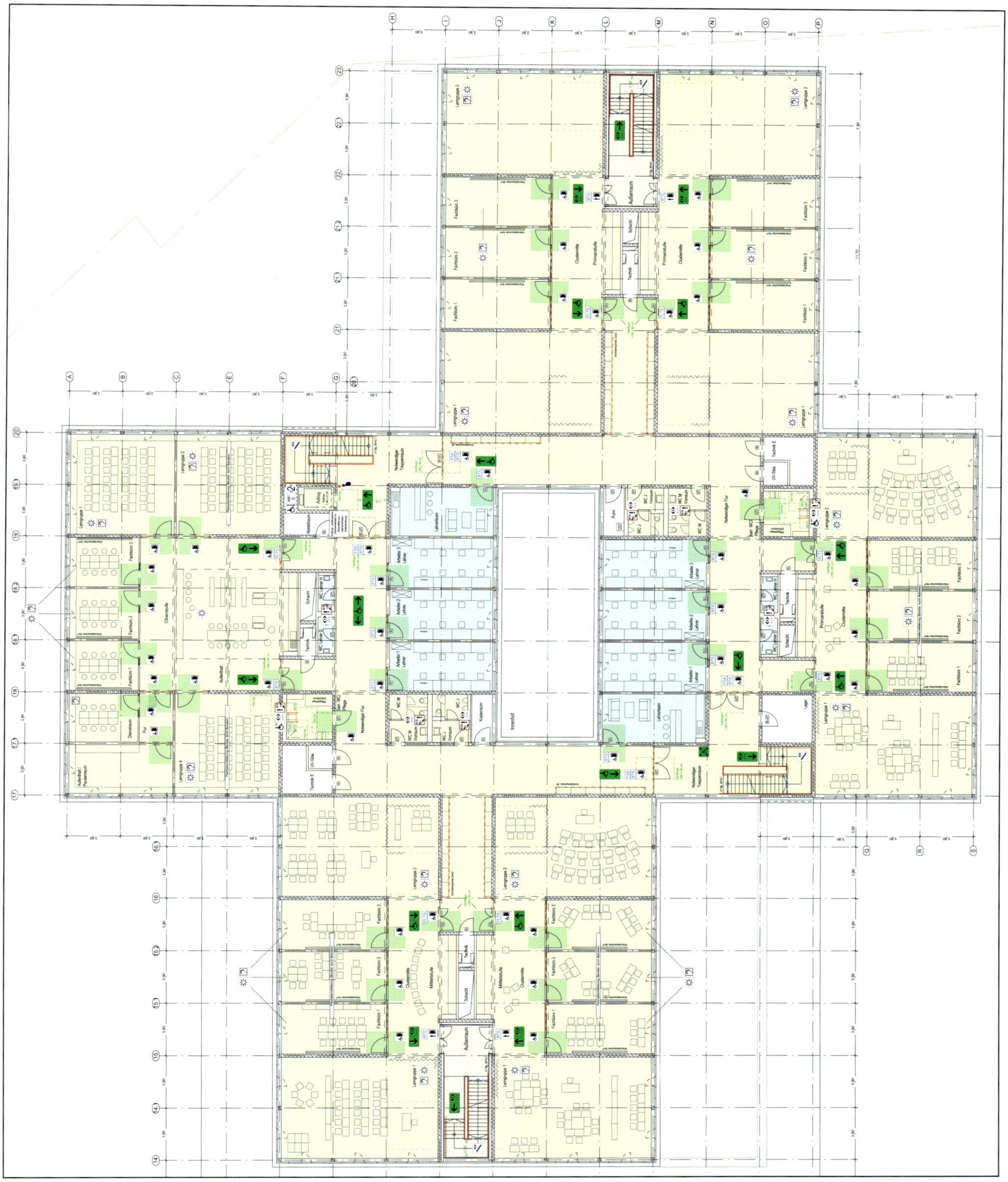

Abb. 9.47: Schulhaus, Grundriss 1. OG

9.2 Praxisbeispiel 2: Barrierefrei-Konzept Hotel

Das Projekt betrachtet den Neubau eines Hotels der Kette „Leonardo Royal". Durch seine Nähe zum Flughafen Köln/Bonn ist es eine viel besuchte Adresse für Geschäftsreisende. Das 4-Sterne-Hotel beherbergt 250 Zimmer in 3 bzw. 4 Obergeschossen, ein Restaurant mit Terrasse, eine Bar mit Lounge-Bereich sowie ein großzügiges Konferenzzentrum, das viele Tagungsmöglichkeiten bietet. Ein herausragendes Merkmal ist das architektonische Design des Gebäudes, das Anklänge an die Luftfahrt erkennen lässt. Die plastisch geformte Außenhülle nimmt dynamische Strömungsmuster auf und sorgt für einen markanten visuellen Eindruck.

Das nachfolgend dargestellte Barrierefrei-Konzept diente als Bauvorlage im Genehmigungsverfahren. Die Entwurfsverfasser haben das Projekt während der LPH 1–5 bearbeitet; Ausschreibung und Ausführung wurden durch einen Generalunternehmer geleistet. Das Gebäude wurde im Juli 2023 eröffnet.

Projektdaten:

Bauvorhaben:	Neubau Hotel Leonardo Royal Köln Airport
Bauherr:	MultiSpace 22 GmbH, Mörikestraße 19, 89077 Ulm
Entwurfsverfasser:	Steinhoff / Haehnel Architekten GmbH, Schloßstraße 47, 70174 Stuttgart
Standort:	Josef-Broicher-Straße 11, 51145 Köln
Bruttogrundfläche:	12.500 m^2
Fertigstellung:	2023
Konzeptersteller:	Kempen Krause Ingenieure GmbH, Aachen, Dipl.-Ing. (FH) Architektin Stephanie Dietel

Hotel Leonardo Royal Köln Airport (Foto: Leonardo Hotels Central Europe)

Inhalt

1 Grundlagen [...]

1.1 Aufgabenstellung [...]

1.2 Unterlagen [...]

1.3 Anforderungen und gesetzliche Bestimmungen [...]

2 Beschreibung des Objekts

2.1 Lage und Erschließung des Gebäudes

In der Joseph-Broicher-Straße in 51145 Köln wird ein neues Hotel der Kette „Leonardo Royal Hotels" errichtet. Das Business-Hotel befindet sich in ca. 2 km Entfernung zum Flughafen Köln/Bonn und ist mit einem Shuttle-Bus und Taxi-Service an diesen angebunden. Ein Anschluss an den ÖPNV besteht nicht. Die Erschließung erfolgt direkt über einen überdachten Vorbereich an der Joseph-Broicher-Straße aus Richtung Norden. Östlich und westlich des Gebäudes befinden sich Nebenstraßen u. a. zur Anlieferung, im hinteren Grundstücksbereich (Süden) eine Grünanlage mit großem Versickerungsbecken. Ein Parkhaus inkl. der dazugehörigen Verkehrsführung wird auf einem Nachbargrundstück neu erstellt, die Erschließung vom Parkhaus bis zum Eingang des Hotels ist jedoch nicht Bestandteil des Bauantrages.

2.2 Nutzung des Gebäudes

Die Grundfläche des Hotels Leonardo Royal beträgt ca. 3.000 m² mit einer maximalen Abmessung von ca. 75 × 45 m. Der Hotelneubau verfügt über fünf oberirdische Geschosse und ein Untergeschoss. Die Obergeschosse 1–4 werden als zwei parallele Gebäudeflügel ausgebildet, die in Nord-Süd-Richtung ausgerichtet sind und ausschließlich der Hotelnutzung mit insgesamt 250 Beherbergungsräumen dienen. Die Beherbergungsräume umfassen 100 Einzelzimmer, 130 Doppelzimmer sowie 20 Suiten; insgesamt werden somit 400 Betten zur Verfügung gestellt.

Die vertikale Erschließung erfolgt durch drei zentral gelegene Personenaufzüge und vier notwendige Treppenräume.

Im Erdgeschoss befinden sich die Rezeption inkl. Verwaltung, ein Restaurant inkl. Freiterrasse, eine Lounge sowie die dazugehörige Küche und die Personalräume. Des Weiteren befindet sich im Erdgeschoss ein Konferenzzentrum mit insgesamt sechs Konferenzräumen und Freiluftterrasse, die zwischen den Gebäudeflügeln angeordnet ist. Die Konferenzräume können teilweise durch das Öffnen mobiler Trennwände zusammengelegt werden. Ein großzügiger Flurbereich und zugehörige Sanitäranlagen vervollständigen das Konferenzzentrum. Im Untergeschoss ist die gebäudespezifische Technik untergebracht.

Abb. 9.48: Eingang Hotel Leonardo Royal, Köln

2.3 Barrierefreie Anwendungsbereiche gemäß Landesbauordnung

Gemäß § 49 (2) BauO NRW 2018 müssen bauliche Anlagen, die öffentlich zugänglich sind, im erforderlichen Umfang barrierefrei sein. Öffentlich zugänglich sind bauliche Anlagen, wenn und soweit sie nach ihrem Zweck im Zeitraum ihrer Nutzung von im Vorhinein nicht bestimmbaren Personen aufgesucht werden können. Wohngebäude sind nicht öffentlich zugänglich im Sinne dieses Absatzes.

Der Neubau des Leonardo Royal Hotels in Köln wird in Teilbereichen als

öffentlich zugängliche bauliche Anlage

eingestuft, in der aufgrund ihrer Nutzung Publikumsverkehr vorgesehen ist. Sie kann somit von Personen aufgesucht werden, die im Vorhinein nicht bestimmbar sind. Es bestehen daher Anforderungen an die Barrierefreiheit für die Bereiche, die der Nutzung durch die Öffentlichkeit dienen (Publikumsbereiche). Zu diesen Bereichen zählen insbesondere:

- äußere Erschließung des Hotels
- Haupteingang mit Lounge EG
- Rezeption EG
- Restaurant inkl. Außenterrasse EG
- Konferenzzentrum inkl. Freiluftterrasse EG
- Fitnessraum EG
- Flur zu Hotelzimmern 1. OG – 4. OG
- Erschließungsflächen inkl. Rettungswege EG – 4. OG

Der für die Umsetzung der Barrierefreiheit erforderliche Umfang ergibt sich aus der zweckentsprechenden Nutzung dieser Bereiche sowie den untergesetzlichen Regelungen der Verwaltungsvorschrift Technische Baubestimmungen (VV TB NRW), die zur Konkretisierung der unbestimmten Rechtsbegriffe verbindliche Anwendung findet. Die Barrierefreiheit in den öffentlich zugänglichen Bereichen, die für Besucher und Gäste dienen, wird gemäß DIN 18040-1 umgesetzt.

Gemäß § 50 Sonderbauten BauO NRW 2018 (1) können an Anlagen und Räume besonderer Art oder Nutzung (Sonderbauten) im Einzelfall zur Verwirklichung der allgemeinen Anforderungen nach § 3 Absatz 1 besondere Anforderungen gestellt werden. Erleichterungen können gestattet werden, soweit es der Einhaltung von Vorschriften wegen der besonderen Art oder Nutzung baulicher Anlagen oder Räume oder wegen besonderer Anforderungen nicht bedarf. Die Anforderungen und Erleichterungen nach den Sätzen 1 und 2 können sich insbesondere erstrecken auf

(...)

16. die barrierefreie Nutzbarkeit

Zugleich zählt der Gebäudekomplex gemäß § 50 BauO NRW 2018 zu den

großen Sonderbauten (Beherbergungsstätte / Versammlungsstätte).

Die bauliche Anlage ist als Hotel mit Konferenzzentrum konzipiert. Aufgrund dieser besonderen Nutzung ergeben sich zusätzliche Anforderungen gem. § 50 (1), Ziffer 16 an die barrierefreie Nutzbarkeit des Gebäudes.

Zur Umsetzung der Anforderungen an die Barrierefreiheit werden die DIN 18040-1 und ihre Begleit-/Verweisnormen herangezogen. Die DIN 18040-1 findet mindestens in dem Maß Anwendung, der gemäß VV TB NRW Anlage A 4.2/2 vorgegeben und zur Wahrung der öffentlich-rechtlichen Interessen verbindlich umzusetzen ist. Darüber hinaus werden die Mindestanforderungen zugunsten einer nutzergruppenspezifischen barrierefreien Gestaltung überschritten, sofern dies im Sinne der Barrierefreiheit erforderlich ist.

Barrierefrei nutzbare Hotelzimmer:

Gemäß § 56 Barrierefreie Beherbergungsstätten SBauVO 2016 müssen mindestens 10 Prozent der Gastbetten in Beherbergungsräumen liegen, die einschließlich der zugehörigen Sanitärräume den Anforderungen an barrierefrei und eingeschränkt mit dem Rollstuhl nutzbare Wohnungen gemäß § 49 Absatz 1 BauO NRW 2018 entsprechen:

„In Beherbergungsstätten mit mehr als 30 Gastbetten müssen

1. *mindestens 20 Prozent der Gastbetten in Beherbergungsräumen liegen, die einschließlich der zugehörigen Sanitärräume den Anforderungen nach Satz 1 entsprechen, und*
2. *mindestens ein Prozent der Gastbetten in Beherbergungsräumen liegen, die einschließlich der zugehörigen Sanitärräume barrierefrei und uneingeschränkt mit dem Rollstuhl nutzbar und für zwei Gastbetten geeignet sind.*

Die nach Satz 2 Nummer 2 erforderlichen Räume können auf die Räume nach Satz 2 Nummer 1 angerechnet werden. Für die Anforderungen der Sätze 1 und 2 gilt § 49 Absatz 3 BauO NRW 2018 entsprechend."

Gemäß der Verwaltungsvorschrift Technische Baubestimmungen (VV TB NRW) Anlage A 4.2/2 sind für die barrierefreien und eingeschränkt mit dem Rollstuhl nutzbaren Hotelzimmer inkl. Bäder die Anforderungen gemäß DIN 18040-2 (ohne die Kennzeichnung „R") anwendbar. Ferner gelten für die Hotelzimmer die uneingeschränkt mit dem Rollstuhl nutzbar sind, inkl. der zugehörigen Sanitärraume, die Anforderungen gemäß DIN 18040-2, Abschnitte 5.1 und 5.3. Für die Bewegungsflächen in diesen Hotelzimmern ist auch die DIN 18040-2, Abschnitt 5, mit den Anforderungen mit der Kennzeichnung „R" anzuwenden.

Aus der SBauVO NRW ergibt sich für das Hotel Leonardo Royal Köln folgender Zimmerschlüssel (Berechnung Hotelzimmer, Steinhoff / Haehnel Architekten, 30.10.2019):

• geplante Standard-Hotelzimmer	80 %	200 Zimmer
• geplante barrierefreie Hotelzimmer und		
• rollstuhlgerechte Hotelzimmer	20 %	50 Zimmer

Die 50 barrierefreien und rollstuhlgerechten Zimmer teilen sich auf in:

• barrierefreie Hotelzimmer	18,4 %	46 Zimmer
• uneingeschränkt barrierefreie		
• Hotelzimmer („**R**"-Standard)	1,6 %	4 Zimmer

2.4 Barrierefreie Anwendungsbereiche gemäß Arbeitsstättenverordnung

Beschäftigt der Arbeitgeber Menschen mit Behinderungen, hat er gemäß § 3a (2) ArbStättV Arbeitsstätten so einzurichten und zu betreiben, dass die besonderen Belange dieser Beschäftigten im Hinblick auf Sicherheit und Gesundheitsschutz berücksichtigt werden. Dies gilt insbesondere für die barrierefreie Gestaltung von Arbeitsplätzen sowie von zugehörigen Türen, Verkehrswegen, Fluchtwegen, Notausgängen, Treppen, Orientierungssystemen, Waschgelegenheiten und Toilettenräumen.

Nach gegenwärtigem Kenntnisstand liegen in den betrachteten Bereichen weder Beschäftigungen von Menschen mit Behinderungen vor noch sind entsprechende Beschäftigungsverhältnisse geplant. Es ergeben sich demnach keine Anforderungen an eine barrierefreie Gestaltung der Arbeitsstättenbereiche.

2.5 Grundsätzliche Schutzzielorientierung [...]

3 Bauliche Anforderungen an die Barrierefreiheit – Infrastruktur

Im Folgenden werden zum Nachweis der Barrierefreiheit die Umsetzung der relevanten Anforderungen sowie die Erfüllung der Schutzziele erläutert. Die jeweiligen Schutzziele sind der Erläuterung in *kursiver, grüner Schrift* vorangesetzt. Die objektspezifisch relevanten Anforderungen sind tabellarisch zusammengefasst (siehe Anhang). Nicht relevante Anforderungen werden *kursiv* gekennzeichnet.

3.1 Äußere Erschließung und Zugang zum Gebäude [...]

3.1.1 PKW-Stellplätze und Anbindung an den ÖPNV [...]

3.1.2 Äußere Erschließung des Gebäudes [...]

3.1.3 Äußere Anbindung der Notausgänge [...]

3.2 Horizontale Erschließung des Gebäudes – Türen [...]

3.2.1 Eingangsbereiche und Notausgänge [...]

3.2.1.1 Haupteingang Hotel [...]

3.2.1.2 Ausgänge Terrasse Restaurant und Konferenzzentrum [...]

3.2.1.3 Notausgänge [...]

3.2.2 Innentüren – Übergeordnete Anforderungen [...]

3.2.2.1 Anforderungen an Türdrücker [...]

3.2.3 Innentüren ohne besondere Anforderungen [...]

3.2.4 Innentüren mit Brandschutzanforderungen bzw. Selbstschließfunktion [...]

3.2.4.1 Allgemeine Anforderungen [...]

3.2.4.2 Anforderungen an die leichtgängige Bedienbarkeit (barrierefreie Türtechnik) [...]

3.2.4.3 Erläuterung der geplanten barrierefreien Türtechnik [...]

3.2.5 Innentüren – Hotelzimmer („B-Standard") [...]

3.2.5.1 Hotelzimmertür [...]

3.2.5.2 Badtür und Verbindungstür Tandemzimmer [...]

3.2.6 Hotelzimmertüren („R-Standard") [...]

3.2.6.1 Hotelzimmertür [...]

3.2.6.2 Badtür [...]

3.3 Horizontale Erschließung des Gebäudes – Flure und Verkehrsflächen

3.3.1 Empfangsbereich / Hotel-Lobby

„Flure und sonstige Verkehrsflächen müssen ausreichend breit für die Nutzung mit dem Rollstuhl oder mit Gehhilfen, auch im Begegnungsfall, sein." (DIN 18040-1:2010-10, Abschnitt 4.3.2)

„Bodenbeläge müssen (…) für die Benutzung z. B. durch Rollstühle, Rollatoren und andere Gehhilfen geeignet sein." (DIN 18040-1:2010-10, Abschnitt 4.3.4)

[Anforderungen gem. DIN 18040-1 siehe Anhang, Tabelle 9.12]

Unmittelbar hinter dem Haupteingang ist eine großzügige Hotel-Lobby angeordnet, hier gehen Rezeption, Lounge und Restaurantbereich fließend ineinander über und sind nur durch Raumteiler und lose Möblierungen getrennt.

In der Genehmigungsplanung ist eine beispielhafte Möblierung dargestellt, die im Zuge der Innenraumgestaltung so angepasst wird, dass die Anforderungen der Barrierefreiheit eingehalten werden. Grundsätzlich stehen innerhalb der Foyers ausreichende Bewegungs- und Begegnungsflächen für mehrere Gäste sowie Gäste mit Gepäck und/oder assistiven Hilfsmitteln zur Verfügung. Im Zuge der Ausführungsplanung wird die Freihaltung der erforderlichen Bewegungs- und Rangierflächen in Abhängigkeit von der Positionierung der Empfangstheke und weiterer Ausstattungselemente berücksichtigt. Im Zugangsbereich zu angrenzenden Räumen (z. B. Crew-Lounge) sowie im Bereich der Hauptverkehrsflächen zwischen der Möblierung werden ausreichende Bewegungsflächen für die geradlinige Durchfahrt und Wendevorgänge freigehalten.

Abb. 9.49: Hotellobby mit Rezeption

Zur Auffindbarkeit der Rezeption für sehbehinderte und blinde Personen wird eine bodengebundene Orientierungshilfe vom Eingang bis zur Empfangstheke vorgesehen. Die Einbindung der Aufzüge in dieses „Bodenleitsystem" ist ebenfalls geplant (siehe dazu Ziffer 3.6.1). Zur Gewährleistung der barrierefreien Nutzbarkeit des Blindenleitsystems für Gäste mit Langstock wird auf beiden Seiten des Leitstreifens ein Abstand zu Bauteilen oder Möblierungszonen von mind. 60 cm eingehalten. Bei der Positionierung der Möblierung, auch im Falle einer temporär wechselnden Möblierung, wird die Verkehrsfläche im Bereich des Blindenleitsystems ständig freigehalten.

Als Bodenbelag innerhalb der Lobby kommen Fliesen oder Parkett zur Anwendung. Bei der Auswahl des Materials wird die Einhaltung der erforderlichen R-Gruppe gem. BGR 181 (mind. jedoch R9) berücksichtigt. Die Bodenbeläge sind durch ihre ebene und harte Oberflächenbeschaffenheit für die Nutzung mit radgebundenen Hilfsmitteln gut geeignet.

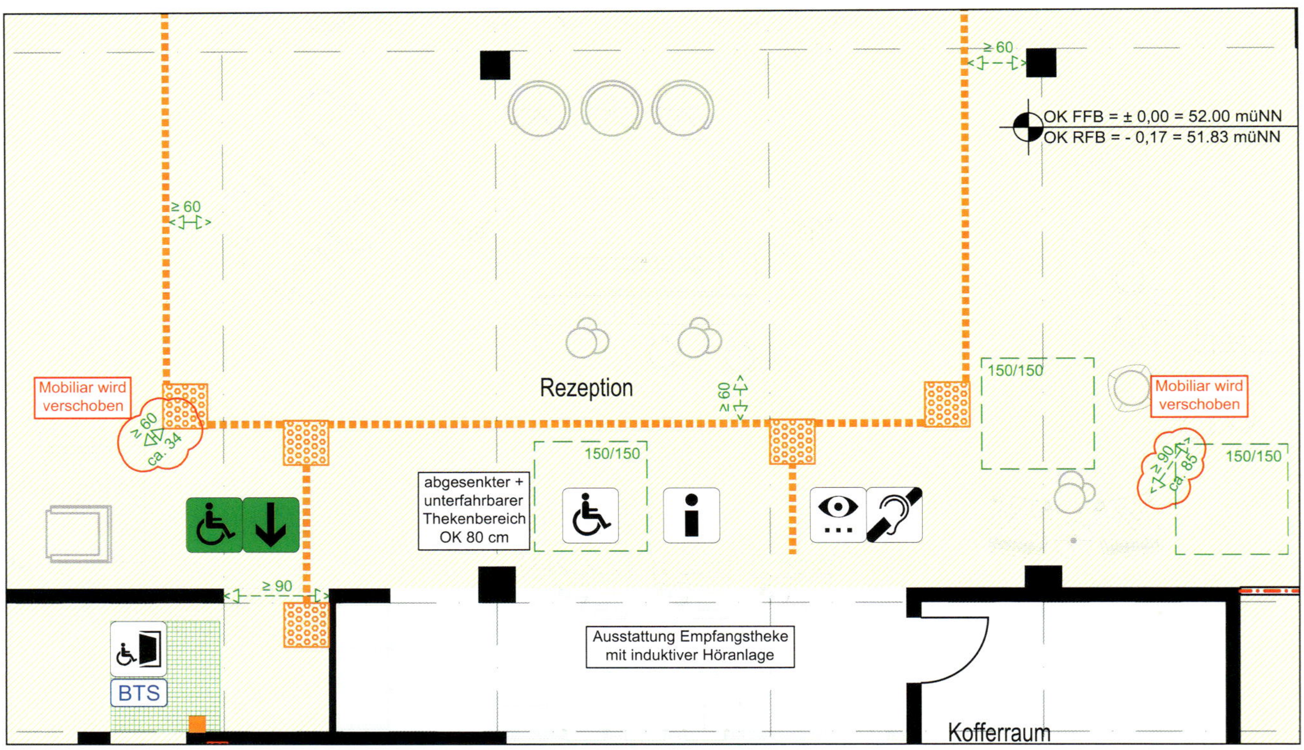

Abb. 9.50: Grundrissausschnitt Hotellobby mit Rezeption

Die optische Gestaltung des Bodenbelags wird im weiteren Verlauf der Planung festgelegt; dabei wird berücksichtigt, dass im Zusammenhang mit der Beleuchtung keine Spiegelungen oder Blendungen entstehen. Zudem wird zur allgemeinen Verbesserung der Orientierung für seheingeschränkte Personen ein visueller Kontrast zwischen Boden- und Wandbelägen umgesetzt.

3.3.2 Flure

Der zentrale Flurbereich im Konferenzzentrum ist großzügig gestaltet und weist eine Breite von über 7 m auf. Hier ist die Verkehrsfläche für die Nutzung mit dem Rollstuhl oder Gehhilfen, auch in Konferenzpausen mit vielen anwesenden Personen, gegeben. Der Flur zu den sanitären Anlagen ist mit einer Breite von 167 cm ausreichend bemessen, um Gegenverkehr von Personen mit und ohne assistive Hilfsmittel zu ermöglichen.

Die Flure innerhalb der Hoteletagen 1 bis 4 haben eine lichte Breite von mind. 150 cm. Im Bereich von Zimmerblöcken à 4 Zimmern sind Aufweitungen in einer Breite von mind. 180 cm vorgesehen. So werden in regelmäßigen Abständen Begegnungsflächen von 180 × 180 cm ausgebildet, die die Begegnung von mobilitätseingeschränkten Personen oder das Passieren von Wäschewagen ermöglichen. Die Länge von 15 m, nach der gemäß DIN 18040-1 eine Begegnungsfläche erforderlich ist, wird durch dieses Flurlayout eingehalten.

Abb. 9.51: Konferenzzentrum – Erschließungszone und Funktionsraum

Die Bodenbeläge der Hotelflure werden so gewählt, dass sie sich kontrastreich zu den umgebenden Wänden abheben. Kommen Teppiche oder sonstige textile Bodenbeläge zum Einsatz, wird bei der Auswahl auf kurzflorige Beläge geachtet, die das Rollverhalten von Rollstühlen oder Rollatoren nicht ungünstig beeinflussen, sondern ein ungerichtetes Befahren erlauben.

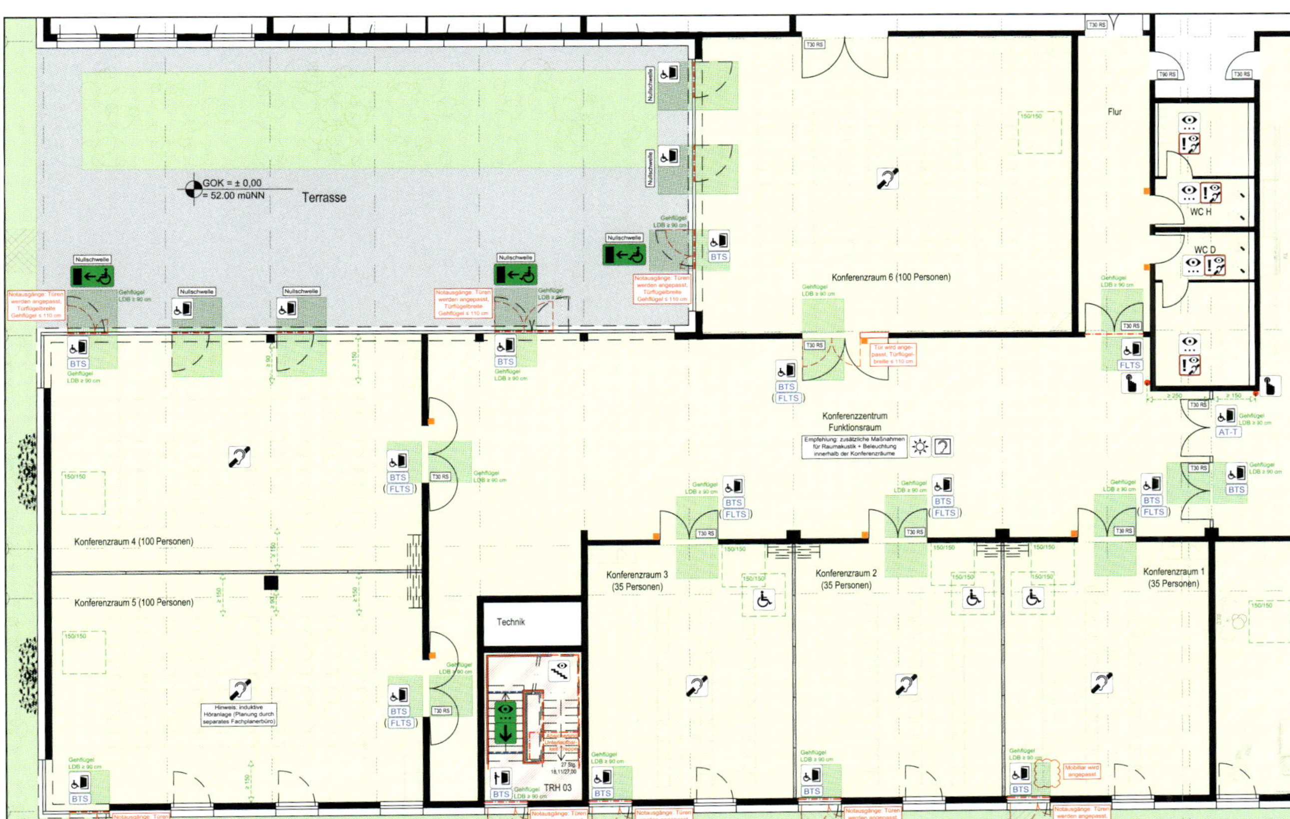

Abb. 9.52: Grundrissausschnitt Konferenzzentrum mit Außenterrasse

3.4 Vertikale Erschließung des Gebäudes – Treppen

3.4.1 Notwendige Treppen

Treppen sollen für Menschen mit begrenzten motorischen Einschränkungen sowie für blinde und sehbehinderte Menschen barrierefrei nutzbar sein. Beidseitig von Treppenläufen und Zwischenpodesten müssen Handläufe einen sicheren Halt bei der Benutzung der Treppe bieten. Für sehbehinderte Menschen müssen die Elemente der Treppe leicht erkennbar sein. (sinngemäß nach DIN 18040-1:2010-10, Abschnitt 4.3.6)

[Anforderungen gem. DIN 18040-1 siehe Anhang, Tabelle 9.13]

Abb. 9.53: Treppenraum 1, barrierefreie Handlaufgestaltung

Abb. 9.54: Treppenraum 1, visuelle Hervorhebung der ersten und letzten Stufen eines Treppenlaufes (Alternativlösung zu Stufenkantenmarkierungen)

Abb. 9.55: Treppenraum 1, taktile Handlaufbeschriftung

Die vertikale Erschließung des Hotels erfolgt über vier Treppenräume, jeweils zwei in jedem Gebäudeflügel, die in ihrer Funktion als notwendige Treppenräume auch der Entfluchtung dienen. Gemäß VV TB NRW Anlage A 4.2/2, Ziffer 2 bestehen Anforderungen an eine barrierefreie Gestaltung von notwendigen Treppen.

Im Hinblick auf die geometrischen Anforderungen werden gerade Treppenläufe mit geschlossenen Setzstufen ohne Unterschneidungen ausgeführt. Handläufe werden beidseitig in einer Höhe zwischen 85–90 cm vorgesehen. Sie verlaufen ohne Unterbrechung über die Zwischen-Podeste sowie entlang des Treppenauges und werden am unteren Ende über die letzte Stufe hinausgeführt. Durch die Berücksichtigung dieser sog. „Blindstufe" (Auftrittsbreite niveaugleich zum Podest) kann eine barrierefreie Handlaufgestaltung gewährleistet werden. Diese sieht den Verlauf in gleichbleibender Höhe vor, der sich funktional aus der Stütz- und Haltefunktion des Handlaufes ergibt.

Die wandseitigen Handlaufenden werden zudem mind. 30 cm waagerecht in Laufrichtung weitergeführt; dadurch wird für Personen, die auf eine Haltemöglichkeit beim Treppensteigen angewiesen sind, der sichere Übergang von den Stufen auf das Podest ermöglicht. Die geländerseitigen Handlaufenden erhalten keine waagerechte Weiterführung, wenn diese in die Verkehrsfläche hineinragen und somit ein Hindernis für den Querverkehr bedeuten würden. Darüber hinaus kann am Treppenauge die waagerechte Weiterführung der Handläufe anstatt in Laufrichtung auch im 90°-Winkel parallel zum Treppenauge ausgebildet werden; dies gilt sowohl für den Treppenantritt als auch den Treppenaustritt.

Die Handlaufenden werden entweder nach unten oder zur Seite hin abgerundet, sodass ein Hängenbleiben mit dem Ärmel verhindert wird. Darüber hinaus werden für die Handläufe Profilquerschnitte gewählt, die eine gute Umgreifbarkeit ermöglichen; ein visueller Kontrast zwischen Handlauf und dahinterliegender Wand bzw. Fassade wird bei der Ausführung berücksichtigt.

Die Treppenläufe erhalten jeweils an der ersten und letzten Stufe visuell kontrastierende Stufenkantenmarkierungen. Diese werden sowohl an der Trittstufe als auch an der Setzstufe ausgeführt und verbessern die Erkennbarkeit des Niveauwechsels. Die im täglichen Hotelbetrieb genutzten Treppenräume TRH 1 + 2 erhalten einen Treppenbelag aus dunklen Fliesen. Zur Herstellung des erforderlichen Kontrastes kommen helle Stufenmarkierungen zur Ausführung. In den Treppenräumen TRH 3 + 4, welche ausschließlich im Fluchtfall genutzt werden, wird eine Epoxidharzbeschichtung der Sichtbetontreppenläufe mit eingelegten Edelstahlschienen als Stufenkantenmarkierungen ausgeführt. In beiden Fällen werden in der weiterführenden Planung die Farb- und Materialkombinationen so gewählt, dass sich die Stufenkantenmarkierungen visuell kontrastierend sowohl gegenüber Tritt- und Setzstufe als auch gegenüber den jeweils unten anschließenden Podesten abheben und ein Leuchtdichtekontrast von ≥ 0,4 gemäß DIN 32975 eingehalten wird.

In den Treppenräumen 1, 3 + 4 ist zur Wahrung der Verkehrssicherheit an den Treppen im Erdgeschoss ein Unter-

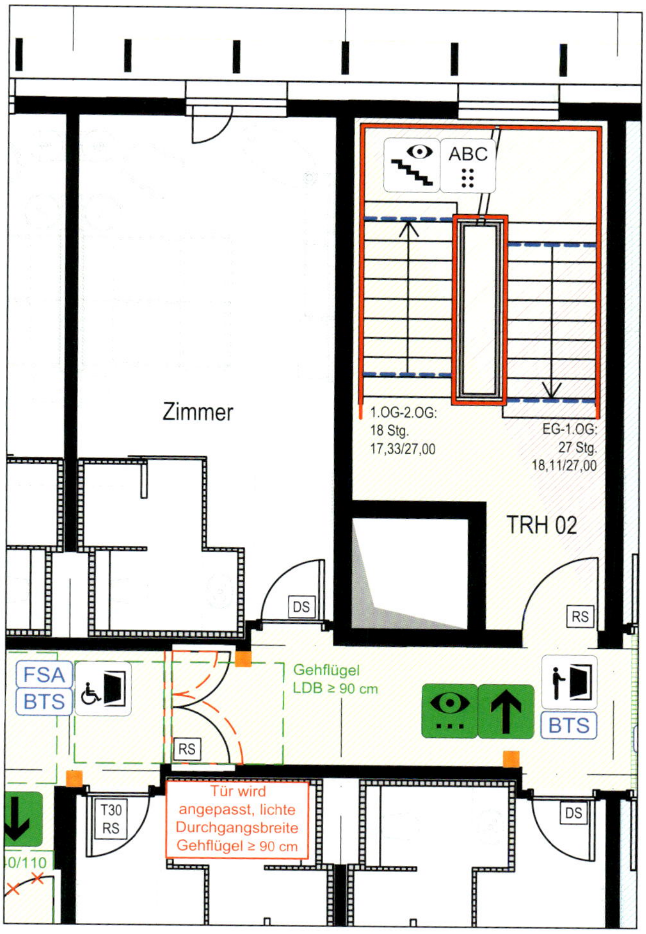

Abb. 9.56: Grundrissausschnitt Treppenraum 1

laufschutz anzubringen, der die Bereiche mit einer Kopfhöhe von weniger als 2,20 m zuverlässig absichert.

Da in den Hotels überwiegend mit ortsunkundigen Personen zu rechnen ist, werden an den Handläufen taktile Beschriftungen mit Etageninformationen vorgesehen. Die Umsetzung der Handlaufbeschriftung erfolgt gem. DIN 32986. An den Treppen, die rein als Fluchttreppen genutzt werden (TRH 3 + 4), sind Handlaufbeschriftungen nicht erforderlich, da davon auszugehen ist, dass die Fluchttreppen im Brandfall von mehreren Hotelgästen gleichzeitig genutzt werden und daher das Auffinden der Notausgänge sichergestellt wird. Weitere taktile Orientierungshilfen im Bereich von Treppen, z. B. taktile Bodenstrukturen oder Aufmerksamkeitsfelder, sind nicht erforderlich, da sich die Lage der Treppen innerhalb der Treppenräume aus dem baulichen Kontext ergibt.

Die barrierefreie Handlaufgestaltung trägt wesentlich zur sicheren und barrierefreien Nutzbarkeit der Treppe bei und spielt vor allem im Fluchtfall eine wichtige Rolle, wenn die Treppen auch von Personen mit leichten motorischen Einschränkungen genutzt werden müssen.

Durch die Umsetzung der voran genannten Anforderungen wird das sichere Begehen der Treppen für Personen mit leichten motorischen oder sensorischen Einschränkungen ermöglicht.

3.5 Vertikale Erschließung des Gebäudes – Aufzüge [...]

3.5.1 Personenaufzüge [...]

3.6 Warnen / Orientieren / Informieren / Leiten

„Informationen für die Gebäudenutzung, die warnen, der Orientierung dienen oder leiten sollen, müssen auch für Menschen mit sensorischen Einschränkungen geeignet sein. Die Vermittlung von wichtigen Informationen muss für mindestens zwei Sinne erfolgen (Zwei-Sinne-Prinzip)." (DIN 18040-1:2010-10, Abschnitt 4.4.1)

Gemäß VV TB NRW Anlage A 4.2/2 sind die mit den Abschnitten 4.4 (Warnen / Orientieren / Informieren / Leiten) verbundenen Ziele, soweit erforderlich, zu berücksichtigen; die genannten Hinweise, Beispiele und Empfehlungen können somit im Einzelfall Anwendung finden.

3.6.1 Bodengebundenes Blindenleitsystem

Die Auffindbarkeit des Gebäudes und der ersten Anlaufstelle für Besucher wird in Ziffer 3.1.1 und Ziffer 3.1.2 erläutert.

Das Blindenleitsystem, das im Hotel-Vorbereich an der Taxivorfahrt beginnt, wird im Innenbereich fortgeführt, um die barrierefreie Orientierung für ortsunkundige Personen zu ermöglichen und die erste Anlaufstelle für Hotelgäste barrierefrei auffindbar zu gestalten. Zu diesem Zweck knüpft das Blindenleitsystem an der doppelflügeligen Eingangsschiebetür des Windfangs an und verläuft von dort zu einem der drei vorgesehenen Rezeptionstische. Nach dem Check-in ist der zweite Wegepunkt für Hotelgäste der Aufzugskern. Das Blindenleitsystem setzt sich daher von der Rezeption zu einem der drei Personenaufzüge fort und endet dort direkt vor dem Anforderungstaster. Darüber hinaus werden auch die barrierefreie Toilette, die sich in der Nähe der Rezeption befindet, sowie der Servicepoint im Frühstücksbereich in das Blindenleitsystem eingebunden. Am Servicepoint geben die Gäste vor dem Frühstück ihre Zimmernummer an und können dann ihren Weg in den Frühstücksbereich fortsetzen. Bei Bedarf kann dort auch weiteres Servicepersonal verständigt werden, das die Gäste zu einem Tisch geleitet oder bei der Speisenauswahl am Buffet behilflich ist.

Zur Gewährleistung der barrierefreien Nutzbarkeit des Blindenleitsystems für Gäste mit Langstock wird auf beiden Seiten des Leitstreifens ein Abstand zu Bauteilen oder Möblierungszonen von mind. 60 cm eingehalten. Bei der Positionierung der Möblierung, auch im Falle einer temporär wechselnden Möblierung, wird die Verkehrsfläche im Bereich des Blindenleitsystems ständig freigehalten.

Die technische Ausführung wird im weiteren Verlauf der Planung festgelegt. Geeignet sind beispielsweise Bodenindikatoren aus Einzelelementen (Rippen und Noppen) oder alternativ Material- bzw. Strukturwechsel im Bodenbelag. Sofern eine Sauberlaufzone im Bereich des Windfangs zum Einsatz kommt, wird zur durchgängigen taktilen Führung empfohlen, das Leitsystem in diese zu integrieren.

Neben der taktilen Erfassbarkeit wird bei der Umsetzung auch auf einen visuellen Kontrast geachtet. Sofern Bodenindikatoren zum Einsatz kommen, werden diese gemäß DIN 32984 verlegt. Werden die Bodenindikatoren additiv

Abb. 9.57: Bodengebundenes Blindenleitsystem im Außenbereich mit Weiterführung in den Innenbereich, Leitstreifen in Sauberlaufzone integriert

Abb. 9.58: Bodengebundenes Blindenleitsystem zum Servicepoint im Frühstücksbereich

Abb. 9.59: Blindenleitsystem mit Einbindung der Rezeption sowie des Flures zu den sanitären Anlagen

Abb. 9.60: Blindenleitsystem aus Bodenindikatoren und Abtrennung unterschiedlicher Funktionsflächen durch Materialwechsel im Bodenbelag (Fliesen zu Parkett)

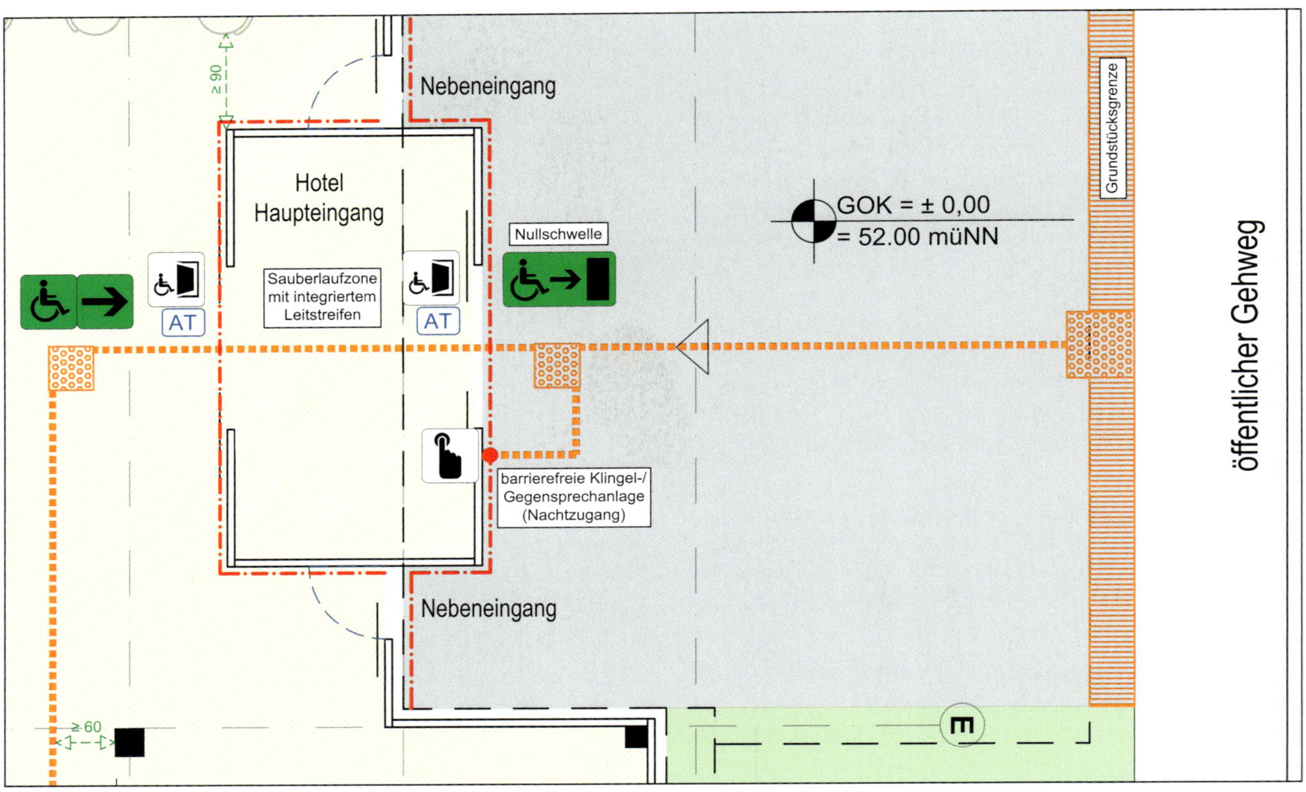

Abb. 9.61: Grundrissausschnitt bodengebundenes Blindenleitsystem von der Grundstücksgrenze bis in den Innenbereich

auf den fertigen Bodenbelag aufgebracht, wird berücksichtigt, dass diese nicht mehr als 3 mm (± 0,5 mm) erhaben sind, um Stolperfallen zu vermeiden.

Die Einbindung weiterer Bereiche innerhalb des Hotels in ein taktiles Leit- und Orientierungssystem ist nicht erforderlich. Das Hotel ist in seiner räumlichen Form klar und nachvollziehbar strukturiert, sodass sich Hotel- und Konferenzgäste anhand der „inneren Leitlinie" orientieren können. Als Voraussetzung hierfür werden die Verkehrsflächen und baulichen Kanten weitgehend von Einbauten freigehalten; etwaige Hindernisse innerhalb der Verkehrsfläche werden konsequent taktil erfassbar abgesichert und visuell erkennbar gestaltet (siehe hierzu Ziffer 3.6.3).

3.6.2 Leit- und Orientierungssysteme, Beschilderung und Informationsvermittlung

„Visuelle Informationen müssen auch für sehbehinderte Menschen sichtbar und erkennbar sein." (DIN 18040-1:2010-10, Abschnitt 4.4.2, siehe auch: DIN 18040-3:2014-12, Abschnitt 4.5)

Gemäß VV TB NRW findet der Abschnitt 4.4 der DIN 18040-1 nur im Einzelfall Anwendung und soweit er erforderlich ist. Für das betrachtete Bauvorhaben ist es innerhalb der öffentlich zugänglichen Bereiche erforderlich, Informationen für die Gebäudenutzung nach dem Zwei-Sinne-Prinzip bereitzustellen. Es ist davon auszugehen, dass sich im Hotel, dem Konferenzzentrum und dem Restaurant ortsunkundige Besucher aufhalten, die Einschränkungen des Sehvermögens haben.

Die Türen zu den Hotelzimmern, zu den Konferenzräumen und zu den Toiletten (Damen-/Herren-WC und barrierefreies WC) erhalten zur eindeutigen Identifikation durch sehbehinderte und blinde Gäste Raumbeschilderungen, die nach dem Zwei-Sinne-Prinzip gestaltet sind. Folgende grundlegenden Aspekte werden dabei berücksichtigt:

- visuell kontrastreiche Gestaltung
- ausreichende Schriftgröße in Bezug zum Leseabstand
- Verwendung von blend- und spiegelfreien Informationsträgern
- Ausführung von taktiler Beschriftung (Profilschrift und Braille-Schrift)

Für die Gestaltung wird auf DIN 32975 und DIN 32986 verwiesen. Die Anordnung der Türschilder erfolgt auf der Seite des Türgriffs in einer Höhe zwischen 120–140 cm. Sämtliche Türen innerhalb der Gastbereiche werden in Abhängigkeit vom Gestaltungskonzept visuell kontrastierend und taktil erfassbar ausgebildet. Dadurch werden sie für Personen mit Einschränkungen des Sehvermögens barrierefrei erkennbar und auffindbar.

3.6.3 Hindernisse und Gefahrenstellen [...]

3.7 Bedienelemente, Kommunikationsanlagen und Ausstattungselemente

„Bedienelemente und Kommunikationsanlagen, die zur zweckentsprechenden Nutzung des Gebäudes durch die Öffentlichkeit erforderlich sind, müssen barrierefrei erkennbar, erreichbar und nutzbar sein." (DIN 18040-1:2010-10, Abschnitt 4.5.1)

[Anforderungen gem. DIN 18040-1 siehe Anhang, Tabelle 9.14]

3.7.1 Schalter und Taster

Die Beleuchtung innerhalb der Hotelflure, der Lobby und der Toiletten wird zentral oder automatisch über Präsenzmelder gesteuert und kann vom Besucher nicht beeinflusst werden. Für die Installation von Lichtschaltern in diesen öffentlich zugänglichen Bereichen ist daher die barrierefreie Bedienbarkeit nicht relevant.

In den Konferenzräumen werden Lichtschalter und Schalter zur Regelung des Sonnenschutzes oder der Klimaanlage barrierefrei erreichbar positioniert. Gleiches gilt in den barrierefreien Hotelzimmern für sämtliche Bedienelemente, die für die Nutzung durch den Gast bestimmt sind (z. B. Lichtschalter, Heizungs-/Sonnenschutzregler, ein Teil der Steckdosen). Sie werden im barrierefreien Greifbereich zwischen 85–105 cm angeordnet werden. Zudem wird ein Abstand zu Raumecken oder anderen Bauteilen von mind. 50 cm eingehalten. Eine visuell kontrastierende und taktile erfassbare Gestaltung wird berücksichtigt.

Die Beschreibung der Türtaster erfolgt im Abschnitt der entsprechenden Tür unter Ziffer 3.2.

3.7.2 Empfangstheke und Serviceschalter

„Bei Service-Schaltern, Kassen, Kontrollen und ähnlichen Einrichtungen muss mindestens jeweils eine Einheit auch für blinde und sehbehinderte Menschen, Menschen mit eingeschränktem Hörvermögen und Rollstuhlnutzer zugänglich und nutzbar sein." (DIN 18040-1:2010-10, Abschnitt 4.6)

[Anforderungen gem. DIN 18040-1 siehe Anhang, Tabelle 9.15]

Abb. 9.62: Rezeption mit Anbindung einer Thekeneinheit über das Blindenleitsystem

Abb. 9.63: Thekeneinheit mit unterfahrbarer Schreibfläche für Rollstuhlnutzer

Gemäß der aktuellen Planung besteht die Rezeption aus drei nebeneinander angeordneten Empfangspulten, an denen der Erstkontakt bzw. Check-in für Gäste stattfindet.

Bei der Gestaltung der Empfangstheken wird daher die Ausbildung einer barrierefreien Einheit berücksichtigt. Das bedeutet, dass die Theke an einer Stelle auf 80 cm abgesenkt sowie für Rollstuhlnutzer in einer Breite von mind. 90 cm unterfahrbar gestaltet wird. Die Unterfahrbarkeit der Theke ist erforderlich, da Gäste in der Regel beim Check-in Formulare ausfüllen und Unterschriften leisten und daher für Gäste im Rollstuhl eine adäquate Schreibmöglichkeit vorzusehen ist.

Zur Auffindbarkeit der Empfangspulte bzw. Hotel-Rezeption für sehbehinderte und blinde Personen wird eine bodengebundene Orientierungshilfe vom Eingang bis zur Empfangstheke vorgesehen. Die Beschreibung des bodengebundenen Blindenleitsystems erfolgt in Ziffer 3.6.1.

Die Einrichtung einer technischen Höranlage als barrierefreie Kommunikationsmöglichkeit für Personen mit Hörbehinderungen wird gem. DIN 18040-1 bei Theken bzw. Rezeptionen in einem lauten Umfeld empfohlen. Da die Rezeption in der Lobby unmittelbar gegenüber den Aufenthaltsbereichen angeordnet ist, kann davon ausgegangen werden, dass sich partiell ein lauteres Umfeld ergibt. Daher wird an einem der Rezeptionstische eine induktive Höranlage vorgesehen.

3.8 Aufenthaltsflächen im Freien [...]

3.8.1 Außenterrassen [...]

3.9 Alarmierung und Evakuierung [...]

3.9.1 Alarmierungseinrichtung [...]

3.9.2 Möglichkeiten der barrierefreien Rettung [...]

4 Bauliche Anforderungen an die Barrierefreiheit – Räume

4.1 Sanitärräume [...]

4.1.1 Allgemeine Anforderungen [...]

4.1.2 WC-Becken [...]

4.1.3 Waschbecken [...]

4.1.4 Notrufanlage [...]

4.2 Konferenzräume

„In Räumen mit Reihenbestuhlung sind Flächen freizuhalten, die von Rollstuhlnutzern und gegebenenfalls deren Begleitpersonen genutzt werden können." (DIN 18040-1:2010-10, Abschnitt 5.2.1)

„In Versammlungs-, Schulungs- und Seminarräumen müssen für Menschen mit sensorischen Einschränkungen Hilfen für eine barrierefreie Informationsaufnahme zur Verfügung stehen". (DIN 18040-1:2010-10, Abschnitt 5.2.2)

[Anforderungen gem. DIN 18040-1 siehe Anhang, Tabelle 9.16]

Abb. 9.64: Konferenzräume 4 und 5 zusammengeschaltet

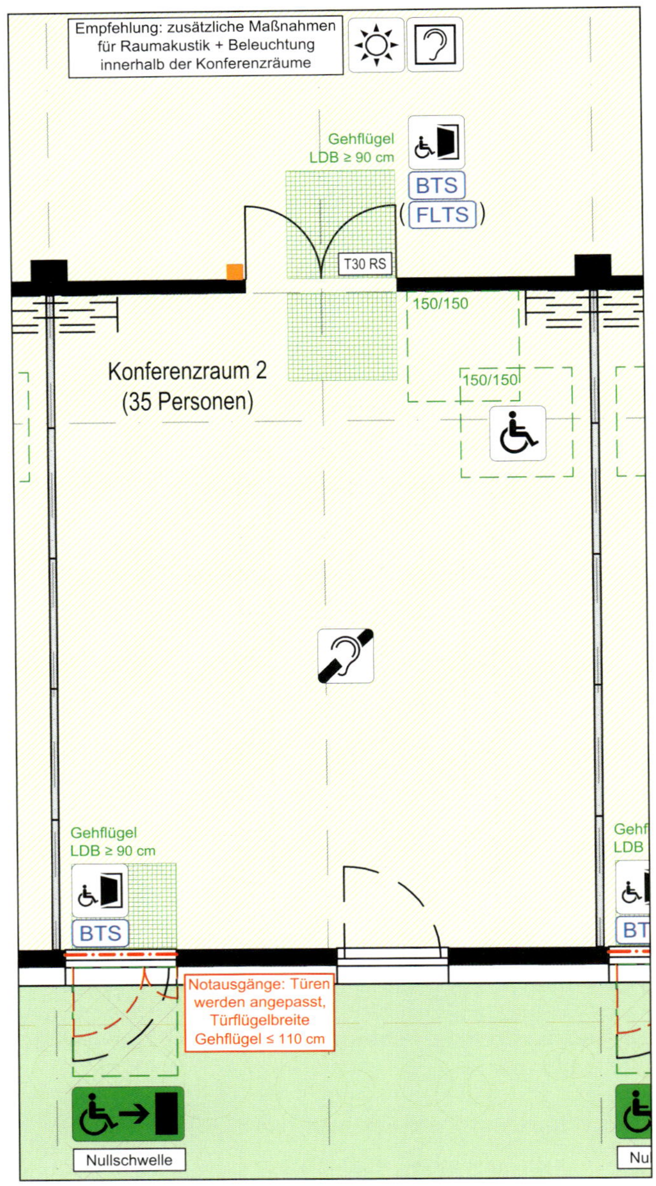

Abb. 9.65: Grundrissausschnitt Konferenzraum 2

Im Hotel Leonardo Royal ist im Erdgeschoss ein großes Konferenzzentrum vorgesehen. Der Zugang erfolgt über den süd-östlichen Lobby-Bereich. Insgesamt werden sechs Konferenzräume mit einer Kapazität von 35–100 Personen angeboten, wobei sich die Räume 1–3 und 4 + 5 durch mobile Trennwände zu größeren Konferenzbereichen zusammenschließen lassen. Verbunden werden die Konferenzräume durch einen großzügigen gemeinsamen Erschließungsbereich, der z. B. in den Konferenzpausen für Snacks und den Austausch zwischen Konferenzteilnehmern genutzt werden kann. Dieser sogenannte Funktionsraum vor den Konferenzräumen hat einen direkten Zugang zur Außenterrasse, ebenso wie die beiden Konferenzräume 5 und 6. Angaben zur Ausführung der Terrassentüren erfolgen unter Ziffer 3.2.1.3.

Die Konferenzräume werden für Besucher mit motorischen und sensorischen Einschränkungen barrierefrei zugänglich und nutzbar gestaltet. Die Beschreibung der Raumtüren erfolgt in Ziffer 3.2.4.

Bei der Möblierung werden ausreichende Bewegungsflächen für Rollstuhlnutzer vorgehalten. Dies gilt sowohl bei Reihenbestuhlungen als auch bei der Möblierung mit Stühlen und Tischen. In einer Stuhlreihe beträgt der Platzbedarf für einen Rollstuhlnutzer 90 × 130 cm (B × T) zuzüglich der Bewegungsflächen für die frontale oder seitliche Anfahrt. Bei der Wahl der Tische ist zu berücksichtigen, dass diese bis zu einer Höhe von mind. 67 cm und in einer Breite von mind. 90 cm mit dem Rollstuhl unterfahren werden können. Vor den Tischen wird zum Anfahren und Wenden mit dem Rollstuhl eine Bewegungsfläche von mind. 150 × 150 cm vorgesehen. In den aktuellen Genehmigungsplänen ist eine beispielhafte Möblierung zur Bestimmung der max. zulässigen Anzahl der Nutzer dargestellt. Sofern durch diese Möblierung erforderliche Bewegungsflächen eingeschränkt werden (z. B. im Bereich der Notausgänge), wird im weiteren Verlauf der Planung eine diesbezügliche Optimierung zur Erfüllung der barrierefreien Anforderungen vorgenommen.

Aufgrund der Raumgrößen wird in den jeweiligen Konferenzräumen eine elektroakustische Beschallungsanlage geplant; die Planung erfolgt durch ein separates Fachplanungsbüro. In diesem Zusammenhang wird für die Konferenzräume eine induktive Höranlage vorgesehen, damit auch Personen mit Einschränkungen des Hörvermögens einer Veranstaltung akustisch folgen können. Die Höranlage wird raumumfassend vorgesehen, damit auch für hörbehinderte Personen eine freie Platzwahl besteht.

Grundsätzlich sind bei der Raumgestaltung ausreichende Maßnahmen zur Verbesserung der Raumakustik vorzusehen und es ist auf eine ausgewogene Raumbeleuchtung zu achten, die der Situation entsprechend einstellbar ist. Im Hinblick auf die Raumakustik wird daher aus Sicht der Barrierefreiheit für die Konferenzräume die Berücksichtigung der Nachhallzeitanforderungen gem. DIN 18041 für die Nutzungsarten „A3 inklusiv" und „A4 inklusiv" empfohlen (z. B. Versammlungs-, Tagungs-, Besprechungs- und Konferenzräume). In Bezug auf die Raumbeleuchtung wird die Umsetzung einer dimmbaren Beleuchtung empfohlen mit der Möglichkeit, die Beleuchtungsstärke partiell um mind. eine Stufe der Beleuchtungsstärke-Skala (gem. DIN EN 12464-1) zu erhöhen.

4.3 Restaurant, Frühstücksbereich und Lounge

Im Restaurant, dem Frühstücksbereich und der Lounge gelten hinsichtlich der Möblierung grundsätzlich die gleichen Anforderungen wie in den Konferenzräumen. In den aktuellen Genehmigungsplänen ist eine beispielhafte Möblierung vorgesehen, die jedoch im Zuge der Innenraumgestaltung verändert und angepasst wird. Dabei werden die folgenden barrierefreien Anforderungen berücksichtigt:

Ausreichende Bewegungsflächen vor Möbeln von mind. 150 × 150 cm sowie die Möglichkeit der Unterfahrbarkeit von Tischen (B × T × H = 90 × 55 × 67 cm) müssen für eine rollstuhlgerechte Nutzbarkeit gewährleistet sein. Zwischen den Tischen ist zur barrierefreien Passierbarkeit mit dem Rollstuhl eine Bewegungsfläche mit einer Breite von mind. 120 cm freizuhalten; an kürzeren Durchgängen kann diese auch auf 90 cm reduziert werden. Grundsätzlich ist es ausreichend, einen Teil der Tische des Restaurants und Loungebereiches barrierefrei erreichbar und nutzbar zu gestalten. In der Regel eignen sich hierzu Sitzplätze im Randbereich bzw. entlang der Hauptverkehrsflächen, da diese besonders gut mit assistiven Hilfsmitteln erreichbar sind. Die Möglichkeit der freien Platzwahl soll jedoch grundsätzlich auch für Rollstuhlnutzer gelten, sodass ein adäquates Angebot vorzuhalten ist.

Im hinteren Restaurantbereich sind zwei u-förmige Buffettheken eingeplant, hier wird das Frühstücksbuffet und ggf. Mittags- und Abendbuffets angeboten. Entlang der Ausgabetheke ist eine Tiefe von mind. 120 cm für die seitliche Anfahrt mit dem Rollstuhl vorgesehen und in den Bereichen mit möglichem Gegenverkehr oder Richtungsänderungen Flächen von 150 × 150 cm. Die Speisenanrichtung erfolgt in Höhe des barrierefreien Greifbereiches von 85–90 cm; sinnvoll ist eine Theken-/Buffethöhe von ca. 90 cm mit einer vorgelagerten Tablettschiene in einer Höhe von ca. 85 cm. Durch die Schaffung zusätzlicher Bewegungsfreiräume im Bein- und Fußbereich von etwa 30–60 cm können Rollstuhlnutzer näher an die Ausgabe heranfahren, wodurch sich ihre Reichweite erhöht. Zu diesem Zweck bietet es sich an, beispielsweise die Tablettschiene unterfahrbar zu gestalten. Im Zuge der Ausführungsplanung werden diese Gestaltungshinweise berücksichtigt.

Der Servicepoint, der im Zugangsbereich zum Frühstücksbereich angeordnet ist und an dem die Gäste vor dem Frühstück ihre Zimmernummer nennen, wird in das bodengebundene Blindenleitsystem der Lobby eingebunden. Dadurch wird die barrierefreie Auffindbarkeit dieses Bereiches gewährleistet und die Möglichkeit geboten, weiteres Servicepersonal zu kontaktieren (siehe auch Ziffer 3.6.1).

Abb. 9.66: Lounge mit Bar

4.4 Hotelzimmer

Die Räume sind barrierefrei nutzbar, wenn sie so dimensioniert und bauseits ausgestattet bzw. vorbereitet sind, dass Menschen mit Behinderungen sie ihren speziellen Bedürfnissen entsprechend leicht nutzen, einrichten und ausstatten können. (sinngemäß nach DIN 18040-2:2011-09, Abschnitt 5.4)

„Barrierefreie Sanitärräume sind so zu gestalten, dass sie von Menschen mit Rollstühlen und Rollatoren und von blinden und sehbehinderten Menschen zweckentsprechend genutzt werden können." (DIN 18040-1:2010-10, Abschnitt 5.3.1)

4.4.1 Barrierefreie Hotelzimmer („B-Standard")

[Anforderungen in Anlehnung an DIN 18040-2 siehe Anhang, Tabelle 9.17]

Die barrierefreien Hotelzimmer des Hotels Leonardo Royal sind ausschließlich als Doppelzimmer geplant und mit einer nutzungstypischen Möblierung ausgestattet, auf die sich die Anforderungen an eine barrierefreie, aber nicht rollstuhlgerechte Nutzbarkeit beziehen. Das bedeutet, dass die Eingangsbereiche (Flure) der Zimmer eine lichte Breite von mind. 120 cm haben und innerhalb der Zimmer ausreichende Bewegungsflächen von mind. 120 × 120 cm vorgesehen werden. Diese Flächen sind so zentral angeordnet, dass die wesentlichen Möblierungselemente (Bett und Kleiderschrank) mit assistiven Hilfsmitteln (z. B. Gehhilfen oder Rollatoren) erreicht werden können und der Gast genügend Freiraum für Wendevorgänge hat. Entlang einer Seite des Bettes wird eine Fläche in einer Tiefe von mind. 120 cm bereitgestellt; entlang der anderen Seite des Bettes sowie vor dem Kleiderschrank oder sonstigen Möbeln beträgt die Tiefe der Fläche mind. 90 cm. Elemente der losen Möblierung werden so angeordnet, dass sie entweder die Bewegungsflächen nicht einschränken oder bei Bedarf zur Seite geschoben werden können. Zwischen Möblierungselementen wird eine Durchgangsbreite von mind. 80 cm eingeplant.

Im Hinblick auf die Ausstattung der Zimmer wird eine kontrastreiche Gestaltung berücksichtigt, sodass für Personen mit Einschränkungen des Sehvermögens die Orientierung im Raum verbessert wird. Im Zuge der Ausführungs- und Detailplanung werden in Korrespondenz zu den hotelspezifischen Designstandards die barrierefreien Gestaltungsaspekte berücksichtigt.

Abb. 9.67: Barrierefreies Hotelzimmer (Foto: Leonardo Hotels Central Europe)

Abb. 9.68: Barrierefreies Hotelzimmer (Foto: Leonardo Hotels Central Europe)

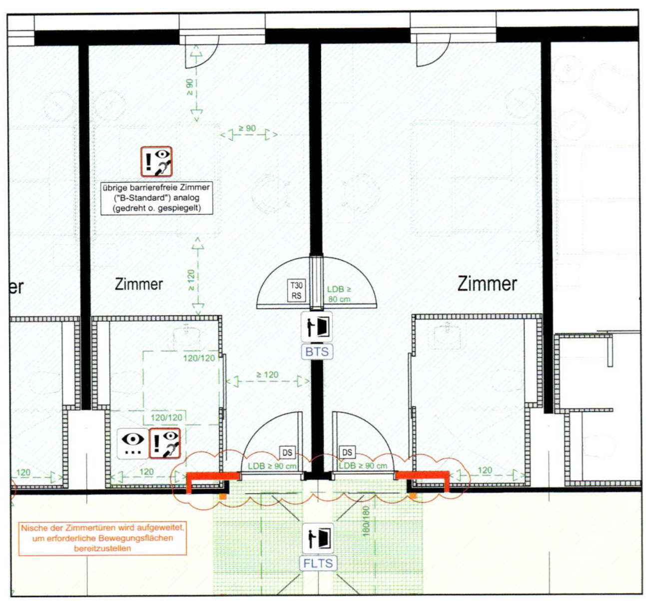

Abb. 9.69: Grundrissausschnitt barrierefreie Tandemzimmer

4.4.2 Barrierefreie Hotelbäder („B-Standard“)

[Anforderungen in Anlehnung an DIN 18040-2 siehe Anhang, Tabelle 9.18]

Im barrierefreien Bad („B-Standard“) wird vor dem WC-Becken eine Bewegungsfläche von mind. 120 × 120 cm vorgehalten, der Abstand zur Wand oder anderen Sanitärobjekten beträgt mind. 20 cm, um eine leichtere Nutzbarkeit zu erreichen. Vor dem Waschbecken wird ebenfalls eine Bewegungsfläche von mind. 120 × 120 cm bereitgestellt, wobei sich die einzelnen Bewegungsflächen der Sanitärobjekte überlagern können. Unter dem Waschtisch ist ein Beinfreiraum eingeplant und ein mind. 100 cm hoher Spiegel unmittelbar über dem Waschtisch ermöglicht eine Nutzung auch im Sitzen.

Im Duschbereich des barrierefreien Hotelzimmers wird eine Bewegungsfläche von mind. 120 × 120 cm vorgehalten. Die Duschfläche wird niveaugleich zum angrenzenden Bodenbelag ausgeführt, sodass sie der allgemeinen Bewegungsfläche im Raum zugeschlagen werden kann. Für den Duschbereich und das Bad wird ein geeigneter rutschhemmender Bodenbelag verwendet. Der Spritzschutz der Dusche wird je nach hoteleigenem Ausstattungsstandard entweder mit Glastrennwänden oder einem Duschvorhang ausgeführt. Dabei wird berücksichtigt, dass die erforderliche Bewegungsfläche von 120 × 120 cm nicht eingeschränkt wird oder die Duschabtrennung alternativ zur Seite geklappt/geschoben werden kann, um die vollständige Nutzbarkeit der Bewegungsfläche zu gewährleisten. Da die VV TB NRW (Anlage A 4.2/2, Ziffer 9) eine Gestaltung der barrierefreien Hotelbäder gemäß DIN 18040-2 vorsieht, ist die Ausführung von Glasmarkierungen an transparenten Duschtrennwänden nicht zwingend erforderlich. Vor allem in den Zimmern, die insbesondere zur Nutzung durch sehbehinderte Gäste zur Verfügung stehen, wird diese Maßnahme jedoch als sinnvoll bewertet. Auch innerhalb der barrierefreien Bäder wird eine visuell kontrastierende Gestaltung der Sanitärelemente zu den umgebenden Wand-/Bodenflächen eingehalten.

Abb. 9.70: Barrierefreies Hotelbad („B-Standard“)

Abb. 9.71: Barrierefreier Duschbereich im Hotelbad („B-Standard“)

Ergänzende Serviceleistungen des Hotels, wie z. B. die Möglichkeit, einen Duschhocker auszuleihen, können im Zuge der weiteren Planung abgestimmt werden.

Die barrierefreie Zugänglichkeit zu den Hotelbädern wird in Kapitel 3.2.5.2 beschrieben.

4.4.3 Rollstuhlgerechte Hotelzimmer („R-Standard“)

[Anforderungen in Anlehnung an DIN 18040-2 siehe Anhang, Tabelle 9.19]

Die Junior-Suiten des Hotel Leonardo Royal, die für die barrierefreie und uneingeschränkte Nutzung mit dem Rollstuhl ausgelegt sind, werden ebenfalls als Doppelzimmer ausgebildet. Analog zu den (nur) barrierefreien Hotelzimmern werden in Korrespondenz zur nutzungstypischen Möblierung ausreichende Bewegungsflächen vorgehalten. An jeder Stelle im Raum, an der ein Richtungswechsel oder Wendevorgang erforderlich ist, wird eine Bewegungsfläche von mind. 150 × 150 cm zur Verfügung gestellt. Entlang der einen Seite des Bettes wird eine Fläche mit einer Tiefe von mind. 120 cm vorgehalten; entlang der anderen Seite des Bettes sowie vor sonstigen Möbeln, z. B. dem Kleiderschrank, wird eine Fläche mit einer Tiefe von mind. 150 cm eingeplant. Damit wird sichergestellt, dass für Gäste im Rollstuhl ausreichend Platz zur Verfügung steht, um vom Rollstuhl ins Bett umzusetzen und den Kleiderschrank aus dem Rollstuhl heraus zu bedienen. Zur barrierefreien Nutzbarkeit des Kleiderschrankes wird darauf geachtet, dass zumindest ein Teil der Ablage-/Einlegeböden, Kleiderhaken und Kleiderstangen in rollstuhlgerechter Bedienhöhe angeordnet werden. Der erweiterte barrierefreie Greifbereich liegt in einer Höhe zwischen 40–120 cm für Ablage-/Einlegeböden und in max. 140 cm Höhe für Kleiderstangen. Zusätzlich wird die Ausstattung von Kleiderschränken mit Schiebetüren empfohlen sowie die Berücksichtigung der Fußfreiheit im Sockelbereich des Schrankes, damit der Rollstuhlnutzer besser frontal anfahren kann; alternativ kann statt eines geschlossenen Kleiderschrankes auch eine hängende Konstruktion ohne unteren Sockel gewählt werden.

Abb. 9.72: Rollstuhlgerechtes Hotelzimmer

Abb. 9.73: Rollstuhlgerechtes Hotelzimmer, Blick ins Hotelbad und den Eingangsbereich

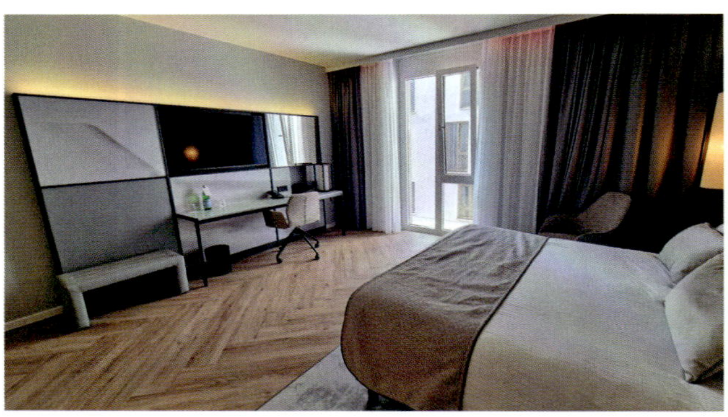

Abb. 9.74: Rollstuhlgerechtes Hotelzimmer, unterfahrbarer Tisch

Abb. 9.75: Rollstuhlgerechtes Hotelzimmer: Kleiderschrank mit Safe, Minibar und Kleiderstange in reduzierter Höhe zur Bedienung aus sitzender Position

Für Garderoben werden die gleichen Gestaltungsaspekte berücksichtigt wie für Kleiderschränke; ferner werden Kleiderhaken in verschiedenen Höhen zur Nutzung aus stehender und sitzender Position vorgesehen (z. B. 90 cm und 120 cm ü. OFF). Sofern ein Schreibtisch als Ausstattungselement vorgesehen wird, wird die Unterfahrbarkeit des Tisches (B × T × H = 90 × 55 × 67 cm) berücksichtigt. Die abschließende Festlegung der Möblierung bzw. Hotelzimmereinrichtung erfolgt im Zuge der Ausführungs-/Detailplanung.

Sämtliche Bedienelemente (z. B. Zimmermanagementsystem mit Karten-Slot, Lichtschalter, Heizungs-/Sonnenschutzregler, Steckdosen) werden im barrierefreien Greifbereich zwischen 85–105 cm angeordnet, wobei ein Abstand zu Raumecken oder anderen Bauteilen von mind. 50 cm eingehalten wird. Eine visuell kontrastierende und taktil erfassbare Gestaltung wird berücksichtigt.

4.4.4 Rollstuhlgerechte Hotelbäder („R-Standard")

[Anforderungen gemäß DIN 18040-1 siehe Anhang, Tabelle 9.20]

Im Hotel Leonardo Royal sind insgesamt vier barrierefreie und rollstuhlgerechte Hotelzimmer mit den zugehörigen barrierefreien Bädern vorgesehen.

Bei der Gestaltung der Wand- und Bodenbeläge wird auf eine visuell kontrastierende Gestaltung zu den Ausstattungselementen geachtet. Kleiderhaken werden in zwei Höhen zur Bedienung aus Sitz- und Stehhöhe vorgesehen, z. B. in Höhe von 90 cm und 140 cm.

Die barrierefreie Zugänglichkeit zu den Hotelbädern ist in Kapitel 3.2.6.2 beschrieben.

In den rollstuhlgerechten Bädern werden vor den Sanitärobjekten und im Duschbereich Bewegungsflächen von mind. 150 × 150 cm vorgesehen. Das WC-Becken wird so gestaltet, dass es zu beiden Seiten anfahrbar ist. Gemäß der aktuellen Genehmigungsplanung besteht nur die Möglichkeit der einseitigen Anfahrbarkeit, daher wird im weiteren Verlauf der Planung die Anordnung der Sanitärobjekte überarbeitet, um die Bereitstellung adäquater Bewegungsflächen zu optimieren.

Der Duschbereich wird ohne Aufkantung niveaugleich zum angrenzenden Bodenbelag ausgebildet, sodass er der allgemeinen Bewegungsfläche im Bad zugeschlagen werden kann. Die vorgegebenen rutschhemmenden Eigenschaften werden bei der Wahl des Bodenbelages berücksichtigt. Der Spritzschutz (Duschabtrennung oder Duschvorhang) wird analog zu den barrierefreien Bädern so ausgeführt, dass die Bewegungsfläche in der Dusche nicht eingeschränkt wird oder der Spritzschutz zur Seite geschoben/geklappt werden kann. Bei klappbaren Lösungen wird darauf geachtet, dass die Bewegungsfläche von mind. 150 × 150 cm nicht durch die Klappelemente reduziert wird. Da die rollstuhlgerechten Bäder gemäß DIN 18040-1 ausgeführt werden, sind transparente Duschabtrennungen mit Glasmarkierungen als Durchlaufschutz für sehbehinderte Gäste zu kennzeichnen.

Das WC und die Dusche werden mit Ausstattungselementen gemäß DIN 18040-1 ausgeführt. Haltegriffe, Stützklappgriffe und Klappsitze werden entsprechend den tabellarisch zusammengestellten Anforderungen umgesetzt. Statt eines fest montierten Dusch-Klappsitzes kann auch ein mobiler Duschhocker bereitgestellt werden. Da die Dusche in einer Raumecke angeordnet wird, kann der waagerechte Haltegriff in Höhe von 74–76 cm den wandseitigen Stützklappgriff ersetzen. Die finale Anordnung der Ausstattungselemente wird im Zuge der Detailplanung der Bäder festgelegt.

Das Waschbecken wird mit einer Höhe von 80 cm unterfahrbar ausgebildet und erhält zu diesem Zweck ein Flachsiphon. Die Waschbecken-Armatur wird mit einem Verbrühungsschutz ausgeführt und ein Spiegel zur Einsicht aus sitzender und stehender Position wird unmittelbar über dem Waschbecken vorgesehen.

Weitere Ausstattungselemente, z. B. WC-Bürste oder Reservepapierrollenhalter, werden so im Bad positioniert, dass sie erreichbar sind, jedoch die Bewegungsflächen zum Wenden und Umsetzen nicht eingeschränkt werden. Ausstattungs-/

Abb. 9.76: Rollstuhlgerechtes Hotelbad („R-Standard")

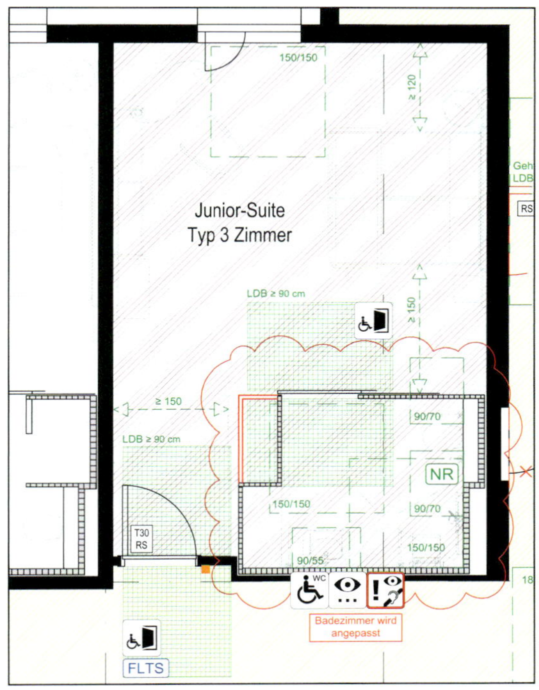

Abb. 9.77: Grundrissausschnitt rollstuhlgerechtes Hotelzimmer

Bedienelemente im Bereich des Waschbeckens, z. B. Haartrockner, werden im erweiterten barrierefreien Greifbereich angeordnet, d. h. max. in einer Höhe von 120 cm.

Neben dem WC-Becken wird eine Notrufeinrichtung vorgesehen, die sowohl vom WC aus sitzend als auch vom Boden aus liegend bedient werden kann. Sinnvollerweise wird die Notruf-Zugschnur zwischen WC und Dusche angeordnet, sodass das Absetzen eines Notrufes auch im Duschbereich gewährleistet wird.

Analog zu den barrierefreien Hotelzimmern werden auch in den rollstuhlgerechten Hotelzimmern Blitzleuchten zur optischen Alarmierung im Brandfall vorgesehen; diese werden sowohl im Hotelzimmer als auch im Bad installiert und gewährleisten die Wahrnehmbarkeit des akustischen Alarmsignals für Gäste mit Einschränkungen des Hörvermögens.

5 Abweichungen

5.1 Abweichungen gemäß § 88 BauO NRW [...]

6 Schlussbemerkung

Bei dem betrachteten Objekt wird die grundlegende Anforderung gemäß § 49 BauO NRW, bauliche Anlagen so zu gestalten, dass die barrierefreie Zugänglichkeit sowie die zweckentsprechende Nutzbarkeit gewährleistet werden, erfüllt. Darüber hinaus werden auch das barrierefreie Rettungskonzept und die Erfüllung des Schutzziels „Verlassen des Gefahrenbereiches" nachgewiesen.

In Ergänzung zu dieser schriftlichen Ausführung des Barrierefrei-Konzeptes sind die Eintragungen zur Barrierefreiheit in den gesonderten Barrierefrei-Plänen zu beachten.

Dieses Barrierefrei-Konzept umfasst 62 Seiten und 2 Zeichnungen als Anlage:

- Hotel_Leonardo_Royal_BF-Plan_EG Stand: 10.12.2020
- Hotel_Leonardo_Royal_BF-Plan_OG Stand: 10.12.2020

Aufgestellt:

Aachen, den 10. Dezember 2020

Erklärung des Entwurfsverfassers:

Das Barrierefrei-Konzept dient als Ergänzung der Bauvorlage und ist inhaltlich mit den anderen relevanten Fachplanungen sowie dem Architektenentwurf der Genehmigungsplanung abgestimmt.

....

Datum, Unterschrift

7 Anhang

7.1 Anforderungstabellen gem. DIN 18040-1 und DIN 18040-2

Die objektspezifisch relevanten Anforderungen zu den in den Kapiteln 3 und 4 beschriebenen barrierefreien Lösungen sind nachfolgend tabellarisch zusammengefasst. Nicht relevante Anforderungen werden *kursiv* gekennzeichnet.

Tabelle 9.12: Flure und Erschließungsflächen

Flure und Erschließungsflächen – Anforderungen gem. DIN 18040-1		
Geometrische Anforderungen		
1	Breite von Durchgängen	≥ 90 cm
2	Flurbreite bis 6 m Länge, ohne Richtungsänderung	≥ 120 cm
	Wendeflächen am Anfang + Ende des Flures	150 × 150 cm
3	Flurbreite bis 15 m Länge	≥ 150 cm
	Begegnungsfläche nach 15 m Länge	180 × 180 cm
4	Längsneigung	≤ 3 %
5	Längsneigung bis 10 m Länge	≤ 4 %
Bodenbeläge		
6	rutschhemmend und fest verlegt	≥ R9 (BGR 181)
7	für die Benutzung durch z. B. Rollstühle/Rollatoren geeignet	-
8	visuell kontrastierende Gestaltung zu umgebenden Bauteilen	-
9	Vermeidung von Spiegelungen + Blendungen	-

Tabelle 9.13: Treppen

Treppen – Anforderungen gem. DIN 18040-1 und VV TB NRW Anlage A 4.2/2		
Anwendungsbereich		
1	VV TB NRW Anlage A 4.2/2: Die folgenden Anforderungen müssen nur auf notwendige Treppen angewendet werden, soweit diese barrierefreie Bereiche erschließen.	-
Geometrische Anforderungen		
2	gerade Treppenläufe mit Setzstufen	-
3	*gewendelte Treppenläufe, Innendurchmesser*	*≥ 200 cm*
4	Unterschneidung bei schrägen Setzstufen	≤ 2 cm
Handläufe		
5	beidseitige Handläufe, Höhe Oberkante (gem. DIN 18040-1)	85–90 cm
6	ununterbrochene Weiterführung an Podest / Treppenauge	-
7	waagerechte Weiterführung am Anfang + Ende (nur wandseitig, am Treppenauge nicht erforderlich)	≥ 30 cm
8	rundes / ovales Handlaufprofil, Durchmesser	3–4,5 cm
9	Befestigung der Handlaufhalterung an der Unterseite	-
10	Abrundung freier Handlaufenden nach unten / zur Wand	-
11	visuell kontrastierende Gestaltung der Handläufe	-
12	Empfehlung: taktile Handlaufbeschriftung (gem. DIN 18040-1)	-
Orientierungshilfen – Stufenmarkierungen		
13	Breite der Stufenmarkierungen an Trittstufen	4–5 cm
14	Breite der Stufenmarkierungen an Setzstufen	1–2 cm
15	*Stufenmarkierungen an bis zu drei Einzelstufen (gem. DIN 18040-1)*	*an allen Stufen*
16	Stufenmarkierungen an mehr als drei Einzelstufen	an erster / letzter Stufe – vorzugsweise an allen
17	visuell kontrastierend zum Stufenbelag / zum unten anschließenden Podest (Kontrast gem. DIN 32975)	0,4
Orientierungshilfen – taktile Aufmerksamkeitsfelder		
18	*bei Treppen, die frei im Raum beginnen / deren Lage sich nicht aus dem baulichen Kontext erschließt*	*erforderlich*
19	*Anordnung vor oberer + unterer Stufe*	-
20	*Aufmerksamkeitsfeld, Breite*	*= Treppenbreite*
21	*Aufmerksamkeitsfeld, Tiefe*	*≥ 60 cm*
Absicherung Treppendurchgangshöhe		
22	Absicherung des unterlaufbaren Bereiches unterhalb der Treppe bis Höhe	≤ 220 cm

Tabelle 9.14: Bedienelemente und Kommunikationsanlagen

Bedienelemente und Kommunikationsanlagen – Anforderungen gem. DIN 18040-1 und VV TB NRW		
Geometrische Anforderungen		
1	stufenlose Zugänglichkeit	-
2	Bewegungsfläche bei frontaler Anfahrt	≥ 150 × 150 cm
3	Bewegungsfläche bei seitlicher Anfahrt B × L	≥ 120 × 150 cm
4	seitlicher Abstand zu Wänden und bauseitigen Einrichtungen	≥ 50 cm
5	Fußfreiheit bei frontaler Anfahrt T × H	≥ 15 × 35 cm
6	*Höhe Bedienelemente bzw. Bedien-/Greifhöhe (grundsätzlich)*	*85 cm (Achsmaß)*
	bei Anordnung mehrerer Bedienelemente übereinander *und im begründeten Einzelfall*	*85–105 cm*
	Bedien-/Greifhöhe gem. VV TB NRW Anlage A 4.2/2	85–105 cm
Bedienbarkeit – Bedienelemente		
7	nach dem Zwei-Sinne-Prinzip visuell kontrastierend und taktil wahrnehmbar	-
8	eindeutige Erkennbarkeit der Funktion (Wiedererkennungseffekt)	-
9	Vermeidung von unbeabsichtigtem Auslösen: keine ausschließliche Verwendung von Sensortasten, Touchscreens und berührungslosen Bedienelementen	-
10	eindeutige Rückmeldung der Funktionsauslösung	-
11	Bedienkraft für Schalter und Taster	2,5–5,0 N
Bedienbarkeit – Kommunikationsanlagen		
12	Gegensprechanlagen: optische Anzeige der Hörbereitschaft der Gegenseite	-
13	Hinweis auf elektrische Türfallenfreigabe durch optische Anzeige oder fühlbare Vibration	-

Tabelle 9.15: Empfangstheken, Service-Schalter

Empfangstheken, Service-Schalter – Anforderungen gem. DIN 18040-1		
Geometrische Anforderungen		
1	Bewegungsfläche vor Empfangstheken, Service-Schaltern	≥ 150 × 150 cm
2	Unterfahrbarkeit der Thekeneinheit B × T × H	≥ 90 × 55 × 67 cm
3	Reduzierung der Bewegungsfläche vor Empfangstheken, T × B	≥ 120 × 150 cm
	wenn Breite der Unterfahrbarkeit der Thekeneinheit	≥ 150 statt 90 cm
4	Höhe der barrierefreien Thekeneinheit	≤ 80 cm
5	Breite von Durchgängen neben Empfangstheken	≥ 90 cm
	Bewegungsfläche vor/hinter diesen Durchgängen	≥ 150 × 150 m
Taktile/visuelle Auffindbarkeit		
6	Induktive Höranlage bei Service-Schaltern mit geschlossenen Verglasungen und Gegensprechanlagen	-
7	Empfehlung: Induktive Höranlage bei lautem Umfeld oder vertraulichen Gesprächen	-
8	visuell kontrastierende Gestaltung von Bereichen für den Kundenkontakt	-
9	taktile und/oder akustische Auffindbarkeit der Bereiche für den Kundenkontakt, z. B. durch bodengebundenes Leitsystem	-

Tabelle 9.16: Veranstaltungsräume

Veranstaltungsräume – Anforderungen gemäß DIN 18040-1 und VV TB NRW Anlage A 4.2/2		
Feste Bestuhlung		
1	Standfläche mit rückwärtiger/frontaler Anfahrbarkeit, B × T	≥ 90 × 130 cm
	Tiefe der anschließenden rückw./front. Bewegungsflächen	≥ 150 cm
2	Standfläche mit seitlicher Anfahrbarkeit, B × T	≥ 90 × 150 cm
	Breite der seitlich anschließenden Verkehrsfläche	≥ 90 cm
3	Bereitstellung von Sitzplätzen für Begleitpersonen daneben	-
4	*Unterfahrbarkeit von fest eingebauten Tischen, B × T × H*	*≥ 90 × 55 × 67 cm*
5	Empfehlung: Bereitstellung von Sitzplätzen mit größerer Beinfreiheit	-
Informations-/Kommunikationshilfen		
6	Bereitstellung eines gesonderten Übertragungssystems bei elektroakustischen Beschallungsanlagen (z. B. induktive Höranlage)	-
	mit Umfassung des gesamten Zuhörerbereiches	-

Tabelle 9.17: Barrierefreie Hotelzimmer

Barrierefreie Hotelzimmer – Anforderungen in Anlehnung an DIN 18040-2 („B-Standard")		
Flure		
1	Flurbreite	≥ 120 cm
Bewegungsflächen (analog zu Wohn-/Schlafräumen)		
2	Bewegungsfläche wenigstens einmal im Raum	≥ 120 × 120 cm
3	Tiefe der Bewegungsfläche bei mind. einem Bett (eine Seite)	≥ 120 cm
	Tiefe der Bewegungsfläche bei mind. einem Bett (andere Seite)	≥ 90 cm
4	Tiefe der Bewegungsfläche vor sonstigen Möbeln	≥ 90 cm
5	Tiefe der Bewegungsfläche vor Küchen-einrichtungen	≥ 120 cm

Tabelle 9.18: Barrierefreie Hotelbäder

Barrierefreie Hotelbäder – Anforderungen gemäß DIN 18040-2 („B-Standard")		
Allgemeines		
1	Türaufschlagrichtung nach außen	-
2	visuell kontrastierende Gestaltung von Ausstattungselementen zu ihrer Umgebung	-
WC-Becken		
3	Bewegungsfläche vor WC-Becken	≥ 120 × 120 cm
4	seitlicher Abstand zw. WC-Becken und Wand/Sanitärobjekt	≥ 20 cm
Waschbecken		
5	Bewegungsfläche vor Waschbecken	≥ 120 × 120 cm
6	Spiegel mit einer Höhe von	≥ 100 cm
7	Beinfreiraum unter dem Waschbecken	-
8	Einhebelarmatur / berührungslose Armatur	-
9	Verbrühungsschutz (Auslauftemperatur)	≤ 45 °C
Dusche		
10	Bewegungsfläche im Duschbereich	≥ 120 × 120 cm
11	niveaugleiche Ausbildung oder max. Absenkung	≤ 2 cm
12	Gefälle zum Ablauf (gem. VDI 6008-2)	< 2 %
13	rutschhemmender Bodenbeleg (Rutschhemmung gem. BGR 181 / Bewertungsgruppe gem. GUV-I 85279)	mind. R 10/B
14	Einhebelarmatur, nach unten weisend	-
15	Verbrühungsschutz (Auslauftemperatur)	≤ 45 °C
16	Glasmarkierungen an Klarsicht-Trennwänden (DIN 18040-1)	-

Tabelle 9.19: Rollstuhlgerechte Hotelzimmer

Rollstuhlgerechte Hotelzimmer – Anforderungen in Anlehnung an DIN 18040-2 („R-Standard")		
Flure		
1	Flurbreite	≥ 120 cm
	Bewegungsfläche mind. einmal im Flur	≥ 150 × 150 cm
	ausreichende Bewegungsfläche vor Türen, Tiefe	≥ 120 cm / 150 cm
Bewegungsflächen (analog zu Wohn-/Schlafräumen)		
2	Bewegungsfläche wenigstens einmal im Raum	≥ 150 × 150 cm
3	Tiefe der Bewegungsfläche bei mind. einem Bett (eine Seite)	≥ 150 cm
	Tiefe der Bewegungsfläche bei mind. einem Bett (andere Seite)	≥ 120 cm
4	Tiefe der Bewegungsfläche vor sonstigen Möbeln	≥ 150 cm
5	Tiefe der Bewegungsfläche vor Kücheneinrichtungen	≥ 150 cm
Bedienelemente		
6	*Höhe Bedienelemente bzw. Bedien-/Greifhöhe ü. OFF (grundsätzlich)*	*85 cm (Achsmaß)*
	bei Anordnung mehrerer Bedienelemente übereinander und im begründeten Einzelfall	*85–105 cm*
	Bedien-/Greifhöhe gem. VV TB NRW Anlage A 4.2/2	85–105 cm
7	Bewegungsfläche bei frontaler Anfahrt	≥ 150 × 150 cm
8	Bewegungsfläche bei seitlicher Anfahrt, B × L	≥ 120 × 150 cm
9	seitlicher Abstand zu Wänden und bauseitigen Einrichtungen	≥ 50 cm
10	Gestaltung von Bedienelementen nach dem Zwei-Sinne-Prinzip	-

Tabelle 9.20: Rollstuhlgerechte Hotelbäder

Rollstuhlgerechte Hotelbäder – Anforderungen gemäß DIN 18040-1 (Ziffer 5.3)		
Allgemeines		
1	Türaufschlagrichtung nach außen	-
2	visuell kontrastierende Gestaltung von Ausstattungselementen zu ihrer Umgebung	-
3	Kleiderhaken in zwei Höhen (Stehhöhe/ Sitzhöhe)	z. B. 90 cm / 120 cm
WC-Becken – Anforderungen gemäß DIN 18040-1 (Ziffer 5.3)		
Bewegungsflächen		
4	Bewegungsfläche vor WC-Becken	≥ 150 × 150 cm
5	Bewegungsfläche neben WC-Becken B × T, beidseitig	≥ 90 × 70 cm
	wechselseitige Anfahrbarkeit räumlich/ technisch möglich	-
	Wenn Anfahrbarkeit einseitig: seitlicher Abstand zw. WC-Becken und Wand/Sanitärobjekt	≥ 30 cm
Geometrische Anforderungen		
6	Ausladung WC-Becken	70 cm
7	Höhe WC-Becken inkl. Sitz	46–48 cm
8	Position Rückenstütze hinter Vorderkante WC-Becken	55 cm
9	Erreichbarkeit Toilettenpapier + Spülauslösung ohne Veränderung der Sitzposition	-
Ausstattungselemente		
10	beidseitige Stützklappgriffe neben WC-Becken	-
11	Überstand Griffe ab Vorderkante WC-Becken	15 cm
12	Höhe Griffe über WC-Sitz	28 cm
13	Achsabstand zwischen Griffen	65–70 cm
14	Punktlast am vorderen Griffende	1 kN
15	dicht-/ selbstschließender, einhändig bedienbarer Hygieneeimer	-
Waschbecken – Anforderungen gemäß DIN 18040-1 (Ziffer 5.3)		
Bewegungsflächen		
16	Bewegungsfläche vor Waschbecken	≥ 150 × 150 cm
17	Unterfahrbarkeit Waschbecken B × T, axial	≥ 90 × 55 cm
18	Beinfreiheit Waschbecken H × T, ab Vorderkante Becken	≥ 67 × 30 cm
19	Fußfreiheit Waschbecken H × T, im Wandbereich des Waschbeckens	≥ 35 × 10 cm

Tabelle 9.20: (Fortsetzung)

Geometrische Anforderungen		
20	Höhe Waschbecken	80 cm
21	Position Armatur hinter Vorderkante Waschbecken	≤ 40 cm
Ausstattungselemente		
22	Höhe Spiegel zur Einsicht aus Sitz- und Stehposition	≥ 100 cm
23	Einhebelarmatur / berührungslose Armatur	-
24	Verbrühungsschutz (Auslauftemperatur)	≤ 45 °C
Duschbereich – Anforderungen gemäß DIN 18040-1 (Ziffer 5.3)		
Bewegungsflächen / geometrische Anforderungen		
25	Bewegungsfläche im Duschbereich	≥ 150 × 150 cm
26	niveaugleiche Ausbildung oder max. Absenkung	≤ 2 cm
27	Gefälle zum Ablauf (gem. VDI 6008-2)	< 2 %
28	rutschhemmender Bodenbeleg (Rutschhemmung gem. BGR 181 / Bewertungsgruppe gem. GUV-I 85279)	mind. R 10 / B
Ausstattungselemente		
29	Höhe Einhebelarmatur mit Handbrause	85 cm (–105 cm)
30	Verbrühungsschutz (Auslauftemperatur)	≤ 45 °C
31	Haltegriffe waagerecht, Höhe Achsmaß	85 cm
32	Haltegriffe senkrecht	-
33	Tiefe Dusch-Klappsitz	≥ 45 cm
34	Höhe Dusch-Klappsitz	46–48 cm
35	beidseitige Stützklappgriffe neben Dusch-Klappsitz	-
36	Überstand Griffe ab Vorderkante Dusch-Klappsitz	15 cm
37	Höhe Griffe über Dusch-Klappsitz	28 cm
38	Achsabstand zwischen Griffen	65–70 cm
39	mobiler Duschhocker statt Klappsitz möglich	-
40	Glasmarkierungen an Klarsicht-Trennwänden	-

7.2 Barrierefrei-Pläne

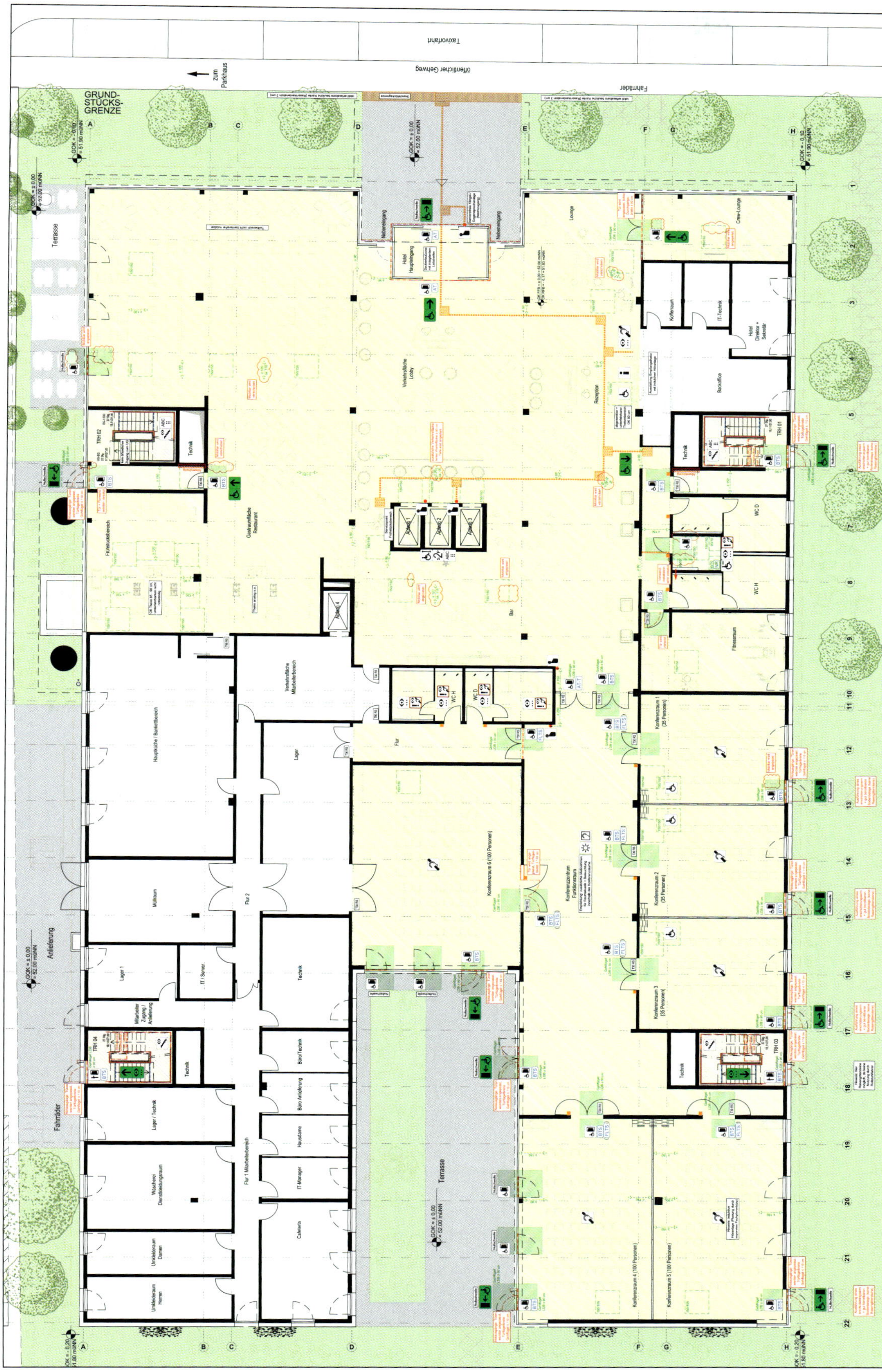

Abb. 9.78: Grundriss EG

Abb. 9.79: Grundriss 1. OG

9.3 Praxisbeispiel 3: Barrierefrei-Konzept Kindertagesstätte

Das Bauvorhaben umfasst die Errichtung eines vierstöckigen Gebäudes, das sowohl eine Kindertagesbetreuung für sechs Gruppen als auch ein Wohnangebot für Menschen mit Demenzerkrankung beherbergt. Die unteren zwei Etagen sind für die Nutzung durch die Kindertagesstätte vorgesehen, während die oberen beiden Stockwerke dem betreuten Wohnen vorbehalten sind. Das unterste Geschoss ist in die Hanglage eingebettet. Die Fläche der Kindertageseinrichtung beträgt rund 1.070 m², der Bereich für das Demenzwohnen nimmt etwa 1.050 m² ein.

Das zum Zwecke der Bauvorlage erstellte Barrierefrei-Konzept betrachtet lediglich die Kindertagesstätte im Erd- und Gartengeschoss. Die Bereiche des Demenzwohnens sind nicht Bestandteil des Konzeptes. Denn in Nordrhein-Westfalen fallen Wohngebäude bzw. Gebäude mit wohnähnlicher Nutzung, die nicht gleichzeitig als öffentlich zugängliche Gebäude eingestuft werden, nicht unter die Konzeptpflicht.

Das Projekt befindet sich derzeit noch in Bearbeitung.

Projektdaten:

Bauvorhaben:	Neubau einer 6-gruppigen Kita mit Demenzwohnen
Bauherr:	Omega Immobilien Invest Langobardenstr. GmbH & Co. KG, Bayenstraße 65, 50678 Köln
Entwurfsverfasser:	König Architektur GmbH, Straßen 107, 51429 Bergisch Gladbach
Standort:	Wuppertal
Bruttogrundfläche:	1.070 m²
Fertigstellung:	in Bearbeitung
Konzeptersteller:	dbb – dietel barrierefrei bauen, Herzogenrath, Dipl.-Ing. (FH) Architektin Stephanie Dietel

Inhalt

1 Grundlagen [...]

1.1 Aufgabenstellung [...]

1.2 Unterlagen [...]

1.3 Bewertungsgrundlagen [...]

2 Beschreibung des Objekts

2.1 Lage, Erschließung und Nutzung der baulichen Anlage

Der geplante Neubau liegt an der Langobardenstraße in Wuppertal. Das Grundstück weist eine Hanglage auf. Die Gebäudeerschließung erfolgt im Erdgeschoss auf der Nord-West-Seite des Gebäudes. Der äußere Erschließungsbereich liegt partiell um etwa 2,00 m tiefer als das Straßenniveau der Langobardenstraße. Der rückwärtige Bereich des Gebäudes sowie der Garten auf der Süd-Ost-Seite liegen um ein Geschoss versetzt zum Erdgeschoss (EG) und werden über das Gartengeschoss (GG) erschlossen. Zusätzlich sind im Außenbereich zu beiden Seiten des Gebäudes Zuwegungen mit Außentreppen vorgesehen, die die äußere Erschließung und Entfluchtung des Gartens sicherstellen. Vor dem Gebäude auf Höhe der Eingangsebene sowie auf Straßenniveau werden die erforderlichen PKW-Stellplätze verortet. Die Niveauunterschiede bis zum äußeren Erschließungsbereich werden über Treppen, Rampen und geneigte Gehwege ausgeglichen.

Die Kita verfügt über einen eigenen Eingang, der unabhängig vom Demenzwohnen ist. Die Erschließung erfolgt über einen Treppenraum mit Aufzug, über den auch das Gartengeschoss angebunden ist. Über den Treppenraum ist zudem das Leitungsbüro zu erreichen. In der Kita sind mehrere Gruppen- und Nebenräume sowie Sanitärräume und Schlafräume für die Kita-Kinder geplant. Im Erdgeschoss ist ein Mehrzweckraum mit anschließender Küche vorgesehen, der für Veranstaltungen genutzt werden kann. Sanitäre Anlagen für Besucher und Personal befinden sich sowohl im EG neben dem Mehrzweckraum als auch im GG; eine barrierefreie Toilette ist zudem im EG neben den Damen- und Herren-Toiletten verortet. Die Flure, über die die Gruppen- und Nebenräume erschlossen werden, werden als Spielflure genutzt und werden entsprechend großräumig ausgebildet; entlang der Wände sind partiell die Garderoben für die Kita-Kinder geplant. Zusätzlich ist ein Raum zum Abstellen der Kinderwagen vorgesehen, der auf Höhe der Eingangsebene vom Außenbereich aus zugänglich ist.

Aus Gründen der Rettungswegführung wird im EG auf der Süd-Ost-Seite des Gebäudes ein Balkon vorgesehen, der über die südliche Zuwegung zum Garten mit der Vorderseite des Gebäudes bzw. dem äußeren Erschließungsbereich verbunden ist. Der Balkon ist über den Mehrzweckraum und den Nebenraum 3 zugänglich. Im GG sind über die gesamte Breite des Gebäudes Terrassen vorgesehen, die sowohl von den Gruppen-, Neben- und Schlafräumen als auch vom Spielflur aus zugänglich sind. Der an die Terrassen anschließende Gartenbereich wird Flächen für Spielgeräte und Zuwegungen umfassen; er wird jedoch überwiegend in Eigenregie durch die Kita gestaltet, weshalb die aktuelle Planung lediglich eine rudimentäre Planung vorsieht.

Grundsätzlich sieht es das Kita-Konzept vor, dass sich größere Kinder über das Treppenhaus frei zwischen dem EG und dem GG bewegen können. Dennoch besteht laut aktueller Planung an der Treppe die Option zur Anbringung eines Treppengitters, um die selbstständige Nutzung der Treppe durch kleinere Kinder zu unterbinden. Das Treppenhaus ist demnach Bestandteil der „Schutzzone" für die Kita-Kinder. Das bedeutet, dass die Eingangstür aus Sicherheitsgründen gegen die unbeaufsichtigte Öffnung durch die Kita-Kinder

Abb. 9.80: Gartenansicht Kita

zu sichern ist. Zu diesem Zweck werden die Türgriffe in einer Höhe von etwa 1,50 m angeordnet, sodass sie außerhalb der Reichweite von kleineren Kindern liegen. Die gleiche Ausführung wird auch für die Törchen im Bereich der Zuwegung zur Gartenebene vorgesehen.

Die Sanitärräume für die Kita-Kinder werden inklusiv gestaltet, sodass es beispielsweise möglich ist, dass Kinder mit Rollstuhl gemeinsam mit Kindern ohne Handicap Hände waschen oder Zähne putzen können. Unabhängig davon wird jedoch auch eine barrierefreie Toilette mit Waschbecken und Duschbereich für Kinder im Rollstuhl vorgesehen.

2.2 Bauordnungsrechtliche Einstufung

Gemäß § 49 (2) BauO NRW 2018 müssen bauliche Anlagen, die öffentlich zugänglich sind, im erforderlichen Umfang barrierefrei sein: „Öffentlich zugänglich sind bauliche Anlagen, wenn und soweit sie nach ihrem Zweck im Zeitraum ihrer Nutzung von im Vorhinein nicht bestimmbaren Personen aufgesucht werden können. Dies gilt insbesondere für

1. *Einrichtungen der Kultur und des Bildungswesens,*
2. *Sport- und Freizeitstätten,*
3. *Einrichtungen des Gesundheitswesens,*
4. *Büro-, Verwaltungs- und Gerichtsgebäude,*
5. *Verkaufs-, Gast- und Beherbergungsstätten sowie*
6. *Stellplätze, Garagen und Toilettenanlagen.*

Toilettenräume und notwendige Stellplätze für Besucherinnen und Besucher sowie für Benutzerinnen und Benutzer müssen in der erforderlichen Anzahl barrierefrei sein. Wohngebäude sind nicht öffentlich zugänglich im Sinne dieses Absatzes."

Gemäß § 50 (1) BauO NRW 2018 können an Anlagen und Räume besonderer Art oder Nutzung (Sonderbauten) „im Einzelfall zur Verwirklichung der allgemeinen Anforderungen nach § 3 Absatz 1 besondere Anforderungen gestellt werden. Erleichterungen können gestattet werden, soweit es der Einhaltung von Vorschriften wegen der besonderen Art oder Nutzung baulicher Anlagen oder Räume oder wegen besonderer Anforderungen nicht bedarf. Die Anforderungen und Erleichterungen nach den Sätzen 1 und 2 können sich insbesondere erstrecken auf […]

16. die barrierefreie Nutzbarkeit."

Bei dem geplanten Bauvorhaben wird im Erdgeschoss und im Gartengeschoss eine Kindertagesstätte vorgesehen, die gem. § 49 (2) BauO NRW als

öffentlich zugängliche bauliche Anlage

eingestuft wird. Sie wird in Teilen gemäß ihrer zweckentsprechenden Nutzung von im Vorhinein nicht bestimmbaren Personengruppen (Öffentlichkeit/Besucherverkehr) frequentiert. An die Bereiche, die der Nutzung durch die Öffentlichkeit dienen, ergeben sich Anforderungen an eine im erforderlichen Umfang barrierefreie Gestaltung. Der erforderliche Umfang ergibt sich aus den untergesetzlichen Regelungen der VV TB NRW, Anlage A 4.2/2.

Zugleich wird die Kindertagesstätte gemäß § 50 (2) als

großer Sonderbau

eingestuft. Die bauliche Anlage ist gem. § 50 (2) Nr. 11 BauO NRW 2018 als Tageseinrichtung für Kinder (mit mehr als zehn Kindern) konzipiert. Aufgrund dieser besonderen Nutzung ergeben sich zusätzliche Anforderungen gem. § 50 (1) Nr. 16 an die barrierefreie Nutzbarkeit der Teilbereiche des Gebäudes, die der zweckentsprechenden Nutzung Kinderbetreuung dienen. In diesen Teilbereichen liegt der Fokus auf den Benutzern der baulichen Anlage, zu denen ausschließlich die Kita-Kinder zählen.

2.3 Barrierefreie Anwendungsbereiche gemäß Landesbauordnung

2.3.1 Bereiche für Besucher

Zu den Bereichen, die für die Nutzung durch die Öffentlichkeit bzw. Besucherverkehr dienen, gehören Folgende:

- Außenanlagen:
  - äußere Erschließung des Gebäudes und des Gartens
  - PKW-Stellplätze
  - Balkon im EG
  - Terrassen im GG
  - Gartenbereich
- Kindertagesstätte:
  - Eingangsbereich
  - Treppenhaus und Aufzug
  - Spielflure
  - sanitäre Anlagen (Damen, Herren, barrierefrei)
  - Gruppenräume
  - Bistro und Bistro-Erweiterung
  - Leitungsbüro
  - Mehrzweckraum
  - Abstellraum für Kinderwagen

Die Anwendungsbereiche sind in den Barrierefrei-Plänen entsprechend markiert.

2.3.2 Bereiche für Benutzer

Zu den Bereichen, die ausschließlich von den Kita-Kindern genutzt werden, gehören Folgende:

- Kindertagesstätte:
  - Nebenräume Mini-Baustelle, Snoezelraum, Regelspiele, Wasserspiele
  - Schlafräume
  - Sanitärräume für Kita-Kinder

2.4 Arbeitsstättenrechtliche Einstufung

Dieses Barrierefrei-Konzept behandelt nicht die Anforderungen an eine barrierefreie Gestaltung der Arbeitsstätte, sondern bildet lediglich die baurechtlichen Anforderungen ab, die für eine genehmigungsfähige Planung im Hinblick auf die Barrierefreiheit erforderlich sind.

2.5 Schutzziele und Nutzergruppen

2.5.1 Schutzzielorientierung

Gemäß § 2 (10) BauO NRW 2018 sind bauliche Anlagen barrierefrei, soweit sie für alle Menschen, insbesondere für Menschen mit Behinderungen, in der allgemein üblichen Weise, ohne besondere Erschwernis und grundsätzlich ohne fremde Hilfe auffindbar, zugänglich und nutzbar sind.

Grundsätzliche Schutzziele sind die barrierefreie Auffindbarkeit, Erreichbarkeit und Zugänglichkeit des Gebäudes sowie der Geschosse, Bereiche und Räume innerhalb des Gebäudes, sofern sie einem barrierefreien Anwendungsbereich zugeordnet sind; darüber hinaus ist in diesen Bereichen eine barrierefreie Nutzbarkeit zu gewährleisten. Diese Schutzziele stellen auf die zweckentsprechende bzw. genehmigungsrelevante Nutzung des Gebäudes im Regelfall bzw. Normalbetrieb ab. Im Brandfall bzw. Ausnamefall können daher andere Schutzziele gelten.

In den Besucherbereichen wird dabei eine selbstständige Benutzung der baulichen Anlagen durch die betrachteten Nutzergruppen vorausgesetzt; das bedeutet, dass die baulichen und technischen Lösungen zur Barrierefreiheit dazu dienen, Personen mit sensorischen oder motorischen Einschränkungen entsprechend ihrer Fähigkeiten bei der selbstständigen, eigenverantwortlichen und selbstbestimmten Nutzung des Gebäudes zu unterstützen. Für Einschränkungen, die aufgrund ihrer Art oder Schwere eine selbstständige Gebäudenutzung eingrenzen oder ausschließen bzw. eine assistierte Benutzung durch eine Begleitperson erfordern, ist die Schutzzielorientierung dieses Konzeptes nicht ausgelegt.

Unter Schutzzielen sind funktionale Anforderungen an Bauteile zu verstehen, die die selbstständige Benutzung der baulichen Anlage von Menschen mit Behinderungen unterstützen und fördern.

Als Ergänzung hierzu wird in diesem Konzept ein weiteres Schutzziel betrachtet, das im „Gefahrenfall" relevant wird und das selbstständige Verlassen des Bereiches der unmittelbaren Gefahr über die Flucht- und Rettungswege bis ins Freie oder in einen vorübergehend sicheren Bereich impliziert. Besonders für die voran genannten Nutzergruppen ist die Berücksichtigung essenziell, da diese teilweise in ihrer Fähigkeit zur Selbstrettung eingeschränkt sind. Daher werden durchgängige Mobilitätsketten oder alternative Rettungsstrategien benötigt.

2.5.2 Nutzergruppen

Innerhalb der voran benannten Anwendungsbereiche für Besucher und Benutzer ist von Personen mit motorischen und sensorischen Einschränkungen auszugehen. Diese Personen können demnach folgenden Standardnutzergruppen gem. DIN 18040 zugeordnet werden:

- Personen mit leichten Mobilitätseinschränkungen, z. B. Gehhilfen, Rollator (eingeschränkt gehfähig)
- Personen mit starken Mobilitätseinschränkungen, die auf radgebundene Hilfsmittel angewiesen sind, z. B. Rollstuhl (nicht mehr gehfähig)
- Personen mit eingeschränktem Sehvermögen (teilweise visuell orientiert)
- blinde Personen (auditiv/taktil orientiert)
- Personen mit eingeschränktem Hörvermögen (teilweise auditiv orientiert)
- gehörlose Personen (visuell/taktil orientiert)

Für die jeweiligen Nutzergruppen ergeben sich unterschiedliche Bedarfe an die Barrierefreiheit. Zur Umsetzung der Barrierefreiheit in Abhängigkeit von den nutzergruppenspezifischen Bedarfen werden bauliche, technische und organisatorische Maßnahmen herangezogen.

Die baulichen Maßnahmen für die voran genannten normativen Standardnutzer können z. B. auch zu Erleichterungen für klein-/großwüchsige Personen und ältere Personen führen.

2.5.3 Bereiche für Besucher

Die Bereiche, die nicht ausschließlich von den Kita-Kindern genutzt werden, sondern auch der Nutzung durch Eltern und andere Besucher dienen, werden ganzheitlich barrierefrei gestaltet, sodass eine selbstständige Nutzung für Personen mit motorischen und sensorischen Einschränkungen möglich ist.

Die zweckentsprechende Nutzung der Kita sieht für Eltern und Besucher z. B. das Bringen und Abholen der Kinder, persönliche Gespräche mit der Kita-Leitung oder Erziehern und den Besuch von Aufführungen und Veranstaltungen innerhalb der Kita vor.

Zur Umsetzung der Anforderungen an die Barrierefreiheit werden in den Besucherbereichen die DIN 18040-1 und ihre Begleit-/Verweisnormen herangezogen. Die DIN 18040-1 findet mindestens in dem Maß Anwendung, das gemäß VV TB NRW Anlage A 4.2/2 vorgegeben und zur Wahrung der öffentlich-rechtlichen Interessen verbindlich umzusetzen ist. Sämtliche Anforderungen werden in Kapitel 3 bauteil- bzw. funktionsbezogen genannt und objektkonkret zur Anwendung gebracht.

2.5.4 Bereiche für Benutzer

Für die Kita ist grundsätzlich davon auszugehen, dass dort Kinder mit motorischen und sensorischen Einschränkungen betreut werden. Anders als bei den Besucherbereichen, bei denen die Nutzergruppe überwiegend aus erwachsenen Personen besteht, kann in einer Kita nicht davon ausgegangen werden, dass die Kita-Kinder eigenverantwortlich und selbstständig handeln. Aufgrund ihres Alters sowie der Aufsichtspflicht der Erzieher werden demnach die Bereiche, die ausschließlich den Kita-Kindern vorbehalten sind, unter Aufsicht, in Begleitung und ggf. mit Unterstützung der Erzieher genutzt. Dabei sind die Grenzen der selbstständigen Nutzung fließend und abhängig vom Alter sowie den individuellen Fähigkeiten der Kita-Kinder. Das Schutzziel ändert sich für diese Bereiche daher von einer umfassend selbstständigen Nutzung hin zu einer barrierefreien Nutzbarkeit mit Unterstützung bzw. hin zu einer assistierten Nutzung.

Aufgrund abweichender Schutzziele ergeben sich in den Benutzerbereichen partiell zusätzliche oder abweichende Anforderungen von der DIN 18040-1. Sämtliche Anforderungen werden in Kapitel 3 bauteil- bzw. funktionsbezogen genannt und objektkonkret zur Anwendung gebracht.

3 Bauliche Anforderungen an die Barrierefreiheit – Infrastruktur

Im Folgenden wird die Einhaltung der objektkonkreten Anforderungen an die Barrierefreiheit in der Planung nachgewiesen. Zu diesem Zweck werden der bauliche Kontext erläutert, die relevanten Anforderungen benannt und ihre Einhaltung in der Planung bewertet. Der Vollständigkeit halber werden sämtliche Anforderungen der DIN 18040-1 aufgeführt und die jeweils relevanten Anforderungen entsprechend gekennzeichnet. Dabei werden Bauteile mit gleichen Anforderungen in der Bewertung zusammengefasst.

3.1 Äußere Erschließung und Zugang zum Gebäude

3.1.1 PKW-Stellplätze […]

3.1.2 Äußere Erschließung des Gebäudes […]

3.1.3 Zuwegungen zur Gartenebene […]

3.1.4 Gebäudeeingang Kita

„Türen müssen deutlich wahrnehmbar, leicht zu öffnen und schließen und sicher zu passieren sein." (DIN 18040-1:2010-10, Abschnitt 4.3.3.1)

„Das Öffnen und Schließen von Türen muss auch mit geringem Kraftaufwand möglich sein." (DIN 18040-1:2010-10, Abschnitt 4.3.3.3)

„Auffindbarkeit und Erkennbarkeit von Türen und deren Funktion müssen auch für blinde und sehbehinderte Menschen möglich sein." (DIN 18040-1:2010, Abschnitt 4.3.3.5)

[Anforderungen gem. DIN 18040-1 siehe Anhang, Tabelle 23]

Der Eingang zur Kita wird als einflügelige Glas-Rahmen-Tür mit feststehendem verglasten Seitenelement ausgebildet. Er erhält eine Nullschwelle zum barrierefreien Überrollen mit radgebundenen Hilfsmitteln und die lichte Durchgangsbreite beträgt mind. 90 cm. Ausreichende Bewegungsflächen für die manuelle Türbedienung werden in der Planung eingehalten, obgleich diese nicht relevant sind. Denn die Eingangstür wird mit einem Automatikantrieb ausgestattet, der über Türtaster angesteuert wird (Erläuterung siehe Kapitel 3.3.3.1). Der äußere Türtaster wird im barrierefreien Greifbereich sowie mit ausreichendem Abstand zur Eingangstür positioniert. Die Glasflächen werden mit entsprechenden Glasmarkierungen gegen unbeabsichtigtes Auflaufen durch sehbehinderte Personen gesichert. Aufgrund der innerhalb der Leibung eingerückten Türposition ist der Eingang zudem taktil erfassbar für blinde Personen.

Am Eingang wird eine Klingel-/Gegensprechanlage vorgesehen. Diese wird nach dem Zwei-Sinne-Prinzip barrierefrei bedienbar gestaltet. Auf diese Weise kann der Kita-Betreiber frei entscheiden, ob er die Eingangstür während der Bring- und Abholzeiten frei zugänglich gestaltet oder grundsätzlich einen kontrollierten Zugang zur Kita vorsieht.

1) Normative Abweichung:

Die Eingangstür bildet gleichzeitig den Abschluss der Schutzzone für die Kita-Kinder und wird daher mit einem erhöhten Türgriff in Höhe von ca. 150 cm ü. OFF ausgestattet. Gleiches gilt auch für den inneren Türtaster zur Ansteuerung des Automatikantriebes; dieser wird ebenfalls erhöht angeordnet, damit die Kinder das Gebäude nicht unbeaufsichtigt verlassen können. Gemäß DIN 18040-1 sind Bedien-

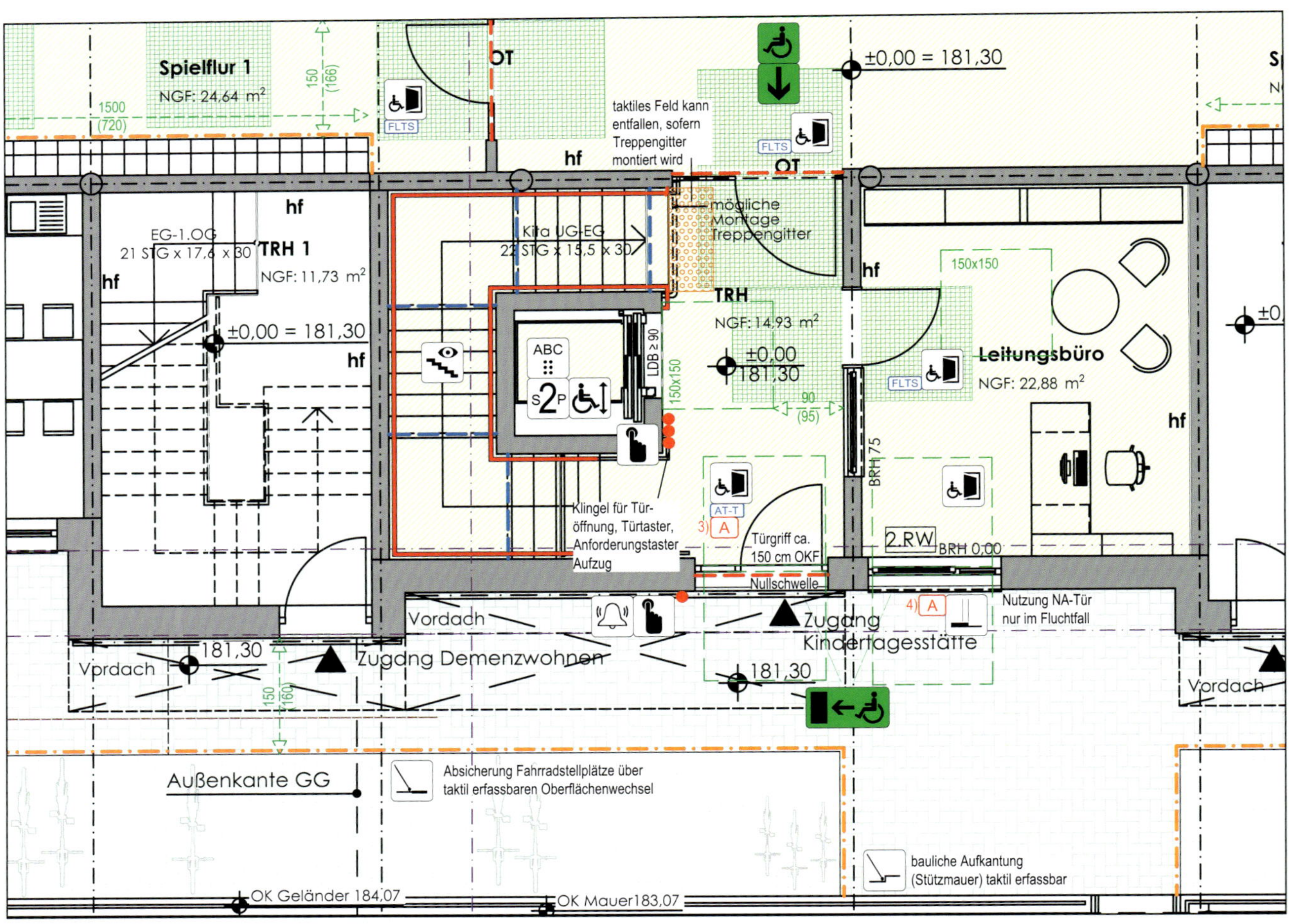

Abb. 9.82: Grundrissausschnitt, Eingangsbereich mit Haupteingang Kita und Notausgang Leitungsbüro

elemente in einer Höhe zw. 85–105 cm ü. OFF anzuordnen, damit sie für Personen mit radgebundenen Hilfsmitteln barrierefrei erreichbar sind. Die geplante Ausführung stellt daher eine normative Abweichung von DIN 18040-1, Abschnitt 4.3.3.2 bzw. 4.5.2 dar. Hieraus ergibt sich ein Schutzzielkonflikt im Hinblick auf die erforderliche barrierefreie und selbstständige Zugänglichkeit zur Kita für Personen mit radgebundenen Hilfsmitteln. Das Schutzziel, welches die Sicherung der Schutzzone und das unbeaufsichtigte Öffnen der Eingangstür durch die Kita-Kinder umfasst, wird in diesem Fall höher gewertet. Um die daraus resultierende Einschränkung der barrierefreien Bedienbarkeit der Eingangstür zu kompensieren, wird im Treppenhaus eine Klingelanlage im barrierefreien Greifbereich vorgesehen. Über diese können sich Personen mit radgebundenen Hilfsmitteln bemerkbar machen, sodass von innen durch das Personal die automatische Öffnung der Tür aktiviert werden kann. Zudem ist unmittelbar neben dem Treppenhaus auch das Leitungsbüro angeordnet, das über ein Fenster Einblick in das Treppenhaus ermöglicht. Sofern das Leitungsbüro besetzt ist, kann demnach auch von hier eine personelle Hilfestellung bei der Türöffnung erfolgen. Es bestehen daher keine Bedenken gegen die abweichende Ausführung hinsichtlich der Funktionalität der Barrierefreiheit und der Genehmigungsfähigkeit.

3.1.5 Notausgänge

Betrachtet werden folgende Notausgänge:

- EG: Notausgang Nord aus Flur 1
- EG: Notausgang Süd aus Spielflur 2
- EG: Notausgang aus Gruppenraum 2
- EG: Notausgang aus Leitungsbüro

Die Notausgänge Nord, Süd und aus dem Gruppenraum 2 werden ausschließlich im Brandfall genutzt sowie im Zuge einer begleiteten Entfluchtung des Gebäudes, d. h. unter Aufsicht des Kita-Personals. Dennoch werden die Türen so ausgebildet, dass eine selbstständige barrierefreie Nutzung für Personen mit radgebundenen Hilfsmitteln möglich ist. Die Notausgangstüren werden als einflügelige Glas-Rahmen-Türen mit einer lichten Durchgangsbreite von mind. 90 cm sowie einer Nullschwelle gestaltet. Die Glasflächen der Türen werden mit entsprechenden Glasmarkierungen versehen. Ausreichende Bewegungsflächen für die manuelle Türbedienung werden eingehalten. Sofern die Türen aus Gründen der Außenhautsicherung mit einem Türschließer ausgestattet werden, kommt ein Türschließer mit hohem Wirkungsgrad zum Einsatz. Zur Erläuterung der barrierefreien Türtechnik siehe Kapitel 3.3.3.1.

2) Normative Abweichung:

Der Notausgang aus dem Leitungsbüro wird ebenfalls nur im Brandfall genutzt und analog zu den Notausgängen Nord und Süd gestaltet. Gemäß aktueller Planung ist hier jedoch eine Fenstertür geplant, die ohne Nullschwelle ausgeführt wird. Die geplante Ausführung stellt daher eine normative Abweichung von DIN 18040-1, Abschnitt 4.3.3.1 dar. Stattdessen erhält die Tür eine einseitige Schwelle mit einer Höhe von max. 2 cm, die innen flächenbündig angebunden ist. Die DIN 18040-1 fordert eine sog. „Nullschwelle" zur uneingeschränkten barrierefreien Passierbarkeit von Türen in beide Richtungen. Da die reinen Notausgänge stets nur von innen nach außen genutzt werden, kann durch den flächenbündigen Anschluss des Bodenbelags innen an die Schwelle eine barrierefreie Überrollbarkeit mit radgebundenen Hilfsmitteln (Rollstuhl/Rollator) sichergestellt werden. Auch ist im Brandfall eine Hilfestellung durch das Personal der Kindertagesstätte möglich. Das Schutzziel der barrierefreien Nutzbarkeit der Notausgänge wird damit erfüllt. Es bestehen daher keine Bedenken gegen die abweichende Ausführung hinsichtlich der Funktionalität der Barrierefreiheit und der Genehmigungsfähigkeit.

3.1.6 Zugänge zu Balkon/Terrassen

Betrachtet werden folgende Zugänge:

- EG: Zugang aus Mehrzweckraum auf Balkon
- EG: Zugang aus Nebenraum 3 auf Balkon
- GG: Zugänge aus Gruppenräumen 3, 4+5 und 6 auf Terrasse
- GG: Zugänge aus Schlafräumen 1, 2+3 und 4 auf Terrasse
- GG: Zugänge aus Spielflur auf Terrasse

Die Zugänge auf den Balkon und die Terrassen werden sowohl im Normalbetrieb zur Erschließung der Außenflächen als auch im Fluchtfall als Notausgänge genutzt. Sie werden entweder als Teil einer Glasfassade oder als einzelne Türanlagen mit feststehendem Seitenelement ausgebildet. Sämtliche Zugänge werden als einflügelige Glas-Rahmen-Türen mit einer lichten Durchgangsbreite von mind. 90 cm sowie einer Nullschwelle gestaltet. Ausreichende Bewegungsflächen sowie die max. zulässige Leibungstiefe für die manuelle Türbedienung werden eingehalten. Da die Zugänge keine besondere Türtechnik erhalten, ist davon auszugehen, dass eine leichtgängige Bedienbarkeit grundsätzlich gegeben ist. Die Glasflächen erhalten Glasmarkierungen zur besseren Erkennbarkeit für sehbehinderte Personen. Dabei kann auf die Markierung von feststehenden Fassadenelementen in den Gruppen- und Schlafräumen verzichtet werden, da diese einen unveränderbaren Raumabschluss darstellen und

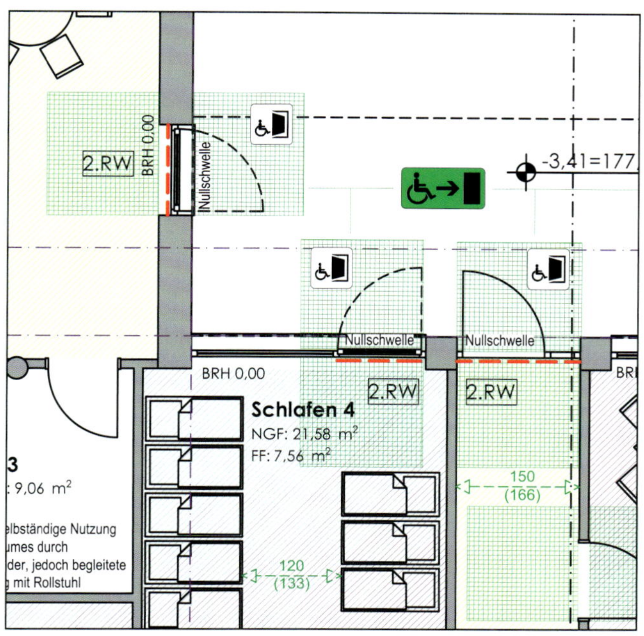

Abb. 9.83: Grundrissausschnitt, Zugänge Terrasse Gartengeschoss

der Wechsel von Innen- zu Außenbereich durch den wechselnden Bodenbelag deutlich erkennbar ist. Darüber hinaus kann davon ausgegangen werden, dass die Kita-Kinder mit den Räumlichkeiten vertraut sind und die Fassade als raumabschließendes Element kennen. Die beweglichen Elemente der Fassade, wie z. B. die Zugangstüren, werden jedoch barrierefrei und DIN-konform mit Glasmarkierungen gekennzeichnet.

3.1.7 Tür zum Abstellraum Kinderwagen [...]

3.1.8 Übersicht Gebäudeeingang, Notausgänge und Außenzugänge

Die folgende Tabelle bildet die barrierefreie Türtechnik in Abhängigkeit von der bestimmungsgemäßen Nutzung der Türen und der relevanten Nutzergruppen ab:

Tabelle 9.21: Türtechnik

Übersicht Gebäudeeingänge und Notausgänge										
	Türposition	**Türnutzungsanforderung im Normalbetrieb**			**Nutzung mit / ohne assistive Hilfsmittel**		**geplante barrierefreie Türtechnik**	**geplante Türbedienung im Verlauf von Rettungswegen**		**Anmerkung**
		offen	**geschlossen**	**flexibel**	**Rollstuhl/Rollator**	**Gehhilfe**		**selbstständig**	**mit Hilfestellung**	
Türen										
1	Eingang Kita	O	X	O	X	X	AT-T	X	O	Eingang + Notausgang
2	Notausgänge Nord + Süd	O	X	O	X	X	BTS	O	X	nur Notausgang
3	Notausgang Leitungsbüro	O	X	O	X	X	-	O	X	nur Notausgang
4	Zugänge Außenbereich aus Gruppen-/Nebenräumen und Spielflur	O	O	X	X	X	-	X	O	Eingänge + Notausgänge
5	Tür zum Abstellraum Kinderwagen	O	X	O	X	X	AT-T	X	O	Kompensation für zu tiefe Leibung

Erläuterung Tabelle: X = zutreffend | O = nicht zutreffend | BTS = „barrierefreier" Türschließer | AT-T = Automatikantrieb mit Türtastern

3.2 Horizontale Erschließung – Flure und Verkehrsflächen

„Ebenen des Gebäudes, die barrierefrei erreichbar sein sollen, müssen stufen- und schwellenlos zugänglich sein." (DIN 18040-1:2010-10, Abschnitt 4.3.1)

„Flure und sonstige Verkehrsflächen müssen ausreichend breit für die Nutzung mit dem Rollstuhl oder mit Gehhilfen, auch im Begegnungsfall, sein." (DIN 18040-1:2010-10, Abschnitt 4.3.2)

„Bodenbeläge müssen [...] für die Benutzung z. B. durch Rollstühle, Rollatoren und andere Gehhilfen geeignet sein." (DIN 18040-1:2010-10, Abschnitt 4.3.4)

[Anforderungen gem. DIN 18040-1 siehe Anhang, Tabelle 9.24.]

3.2.1 Eingangsbereich Treppenhaus und (Spiel-)Flure [...]

Der Zugang zur Kita erfolgt über das Treppenhaus, in dem auch der Aufzug angeordnet ist. Die Beschreibung erfolgt in Kapitel 3.4.1.

Die zentralen Erschließungsflure innerhalb der Kita sind als Spielflure konzipiert und entsprechend großräumig gestaltet. Die erforderlichen Durchgangsbreiten und Bewegungsflächen werden DIN-konform eingehalten.

Als Bodenbelag kommen innerhalb der Erschließungsflächen harte Bodenbeläge zum Einsatz, die rutschhemmend und gut berollbar sind. Diese werden so ausgebildet, dass sie zu den Wänden einen erkennbaren visuellen Kontrast aufweisen.

Innerhalb der Spielflure sind partiell entlang der Flurwände die Garderoben der Kita-Kinder vorgesehen. Da diese als Hindernisse innerhalb der Verkehrsfläche bewertet werden, werden sie nach dem Zwei-Sinne-Prinzip visuell kontrastierend und taktil erfassbar gestaltet. Die Erläuterung erfolgt in Kapitel 3.6.3.

3.3 Horizontale Erschließung – Innentüren [...]

3.3.1 Übergeordnete Anforderungen [...]

3.3.1.1 Anforderungen an Türdrücker [...]

3.3.1.2 Anforderungen an Glasmarkierungen und Kontraste bei Türen [...]

3.3.2 Innentüren ohne besondere Anforderungen [...]

3.3.3 Innentüren mit Selbstschließfunktion [...]

3.3.3.1 Anforderungen an die leichtgängige Bedienbarkeit (barrierefreie Türtechnik) [...]

3.3.3.2 Beschreibung Innentüren mit Selbstschließfunktion [...]

3.3.4 Übersicht Innentüren [...]

3.4 Vertikale Erschließung – Aufzug

3.4.1 Aufzug

„Ebenen des Gebäudes, die barrierefrei erreichbar sein sollen, müssen stufen- und schwellenlos zugänglich sein." (DIN 18040-1:2010-10, Abschnitt 4.3.1)

[Anforderungen gem. DIN 18040-1 siehe Anhang, Tabelle 9.25]

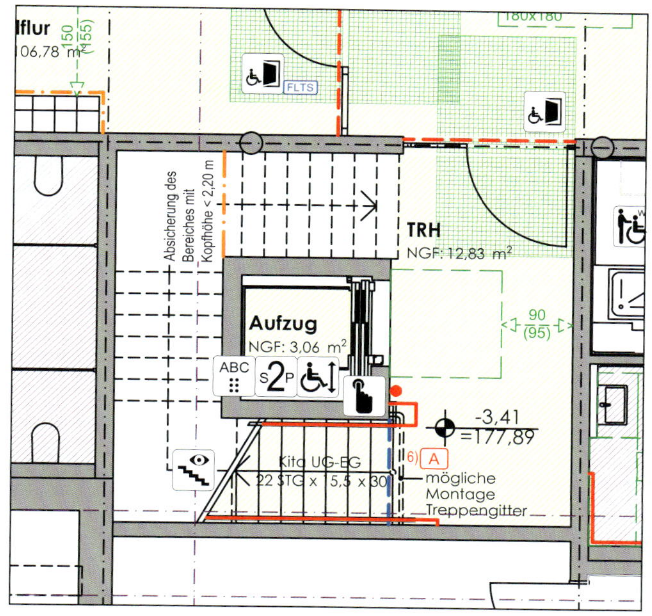

Abb. 9.84: Grundrissausschnitt, Aufzug mit Anordnung im Treppenraum Gartengeschoss

Die barrierefreie und stufenlose Haupterschließung des Gartengeschosses erfolgt über den Aufzug, der im Treppenhaus angeordnet ist. Vor dem Aufzug ist eine ausreichend große Wartefläche vorhanden sowie eine zusätzliche Verkehrsfläche dahinter für den Durchgangsverkehr, die sich aus der Lage des Aufzugs im Eingangsbereich ergibt.

Für die barrierefreie Gestaltung des Aufzugs sowie der baulichen Umgebung des Aufzugs werden die einschlägigen Normen DIN 18040-1 und DIN EN 81-70 in Korrespondenz zueinander angewendet. Die DIN 18040-1 wird dabei als maßgebliches Regelwerk zur Umsetzung der Barrierefreiheit eingestuft. Daraus resultiert, dass die Anforderungen der DIN EN 81-70 in dem Spielraum umgesetzt werden, den die DIN 18040-1 zulässt. Auf diese Weise werden voneinander abweichende Anforderungen aus beiden Normen in Einklang miteinander gebracht und es wird eine konsistente Umsetzung der Barrierefreiheit im Sinne der DIN 18040-1 gewährleistet.

Die Aufzugskabine weist in der Planung die erforderlichen Mindestabmessungen von B × L = 110 × 140 cm auf, die im Endzustand nutzbare Maße implizieren. Sofern ein pultförmig geneigtes Quertableau oder Handläufe an der Seitenwand ausgeführt werden, ist die Kabinenbreite um das Maß des Einstandes dieser Ausstattungselemente zu vergrößern, um eine uneingeschränkte selbstständige barrierefreie Nutzung u. a. mit Rollstühlen sicherzustellen. Als eine mögliche Alternative kann der Handlauf auch an der Kabinenrückwand angebracht werden und statt des pultförmigen Quertableaus können zwei wandbündig eingelassene Tableaus mit Anordnung in unterschiedlichen Höhen zur Nutzung aus sitzender und stehender Position vorgesehen werden.

Die Befehlsgeber außerhalb und innerhalb der Kabine werden als XL-Befehlsgeber ausgeführt und im barrierefreien Greifbereich sowie mit ausreichendem Abstand zu Raum- oder Kabinenecken angeordnet. Der erforderliche Handlauf wird entweder an der Kabinenseitenwand oder an der Rückwand vorgesehen. Da aufgrund der Kabinenbreite ein Wenden mit Rollstühlen innerhalb der Kabine nicht möglich ist, wird ein Spiegel vorgesehen, der es erlaubt, Hindernisse beim Rückwärtsfahren aus dem Auszug zu erkennen. Dieser wird mit einem Abstand von mind. 30 cm zum Boden ausgeführt, um eine optische Täuschung für sehbehinderte Personen zu vermeiden.

Für sensorisch eingeschränkte Personen wird eine Bedienung des Aufzugs nach dem Zwei-Sinne-Prinzip sichergestellt. Die voran genannten erforderlichen Anforderungen, die sich aus der korrespondierenden Anwendung beider Normen zueinander ergeben, werden in der weiteren Planung berücksichtigt.

Zur Verbesserung der barrierefreien Auffindbarkeit des Aufzuges werden die Aufzugstüren analog zu den übrigen Türen im Gebäude visuell kontrastierend zur umgebenden Wandfläche gestaltet.

3.5 Vertikale Erschließung – Treppen

3.5.1 Notwendige Treppe im Treppenhaus

„Treppen müssen für Menschen mit begrenzten motorischen Einschränkungen sowie für blinde und sehbehinderte Menschen barrierefrei nutzbar sein. Beidseitig von Treppenläufen und Zwischenpodesten müssen Handläufe einen sicheren Halt bei der Benutzung der Treppe bieten. Für sehbehinderte Menschen müssen die Elemente der Treppe leicht erkennbar sein." (sinngemäß nach DIN 18040-1:2010-10, Abschnitt 4.3.6)

[Anforderungen gem. DIN 18040-1 siehe Anhang, Tabelle 9.26]

Die vertikale Erschließung des Gartengeschosses erfolgt zusätzlich zum Aufzug auch über eine dreiläufige Treppenanlage; diese ist so ausgebildet, dass der Aufzug im Treppenauge liegt. Es handelt sich um eine notwendige Treppe im Sinne der BauO NRW, an die Anforderungen an eine barrierefreie Gestaltung bestehen.

Die Treppe erhält beidseitige Handläufe, die in gleichbleibender Höhe über die Stufen und (Zwischen-)Podeste geführt werden. Daraus resultiert die Ausbildung einer sogenannten Blindstufe am Treppenantritt, die in der Planung konsequent umgesetzt wird. Die Handlaufenden werden am Treppenan- und -austritt waagerecht weitergeführt. Taktile Handlaufbeschriftungen sind nicht erforderlich, da die Treppe lediglich ein Geschoss überwindet. Die übrigen voran genannten Anforderungen werden in der weiteren Planung berücksichtigt.

Zur Verbesserung der Erkennbarkeit der einzelnen Treppenläufe für sehbehinderte Personen erhalten diese jeweils an der ersten und letzten Stufe Stufenmarkierungen. Da die Treppe zwar in einem Treppenhaus angeordnet ist, dieses jedoch gleichzeitig den Aufzug umfasst und als Eingangsbereich dient, kann die Lage der Treppe nicht mehr eindeutig unmittelbar aus dem baulichen Kontext hergeleitet werden. Aus diesem Grund wird am Treppenaustritt ein taktiles Feld vorgesehen. Am Treppenantritt wird darauf verzichtet. Sofern Treppengitter zum Einsatz kommen, kann auf die Ausführung von taktilen Feldern am Treppenaustritt verzichtet werden.

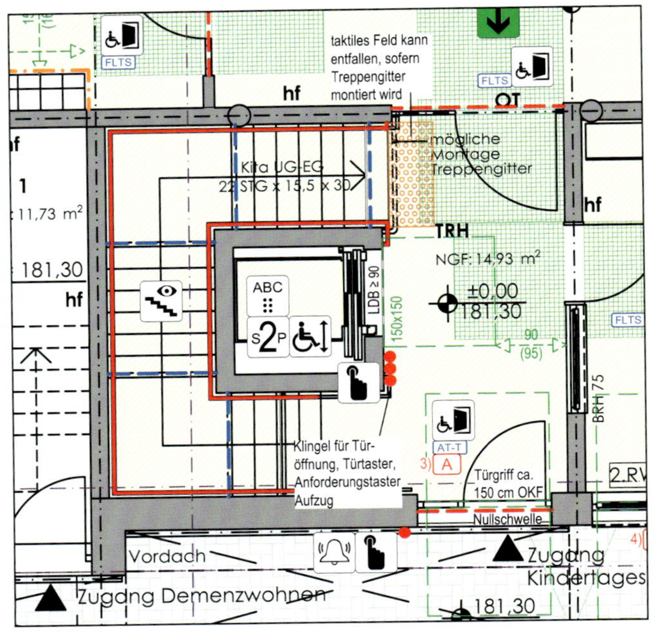

Abb. 9.85: Grundrissausschnitt notwendiger Treppenraum Erdgeschoss

3) Normative Abweichung:

Der Verzicht auf die Ausführung von taktilen Feldern am Treppenantritt stellt eine normative Abweichung von der DIN 18040-1, Abschnitt 4.3.6.4 dar. Mit dieser Umsetzung wird der Anforderung gem. DIN 32984:2023-04 gefolgt, wonach am unteren Ende von Treppen taktile Felder ausgeführt werden können, jedoch nicht ausgeführt werden müssen. Diese Anforderung steht im Widerspruch zur aktuell gültigen DIN 18040-1:2010-10, ist jedoch aktueller. Aus dem vorliegenden Entwurf der DIN 18040-1:2023-02 ist zudem die Tendenz ablesbar, dass zur Auflösung dieses Widerspruchs für das Feld am Treppenantritt auf die DIN 32984 verwiesen werden soll. Es bestehen daher keine Bedenken gegen die abweichende Ausführung hinsichtlich der Funktionalität der Barrierefreiheit und der Genehmigungsfähigkeit.

Die Erläuterung der Absicherung der Treppenunterlaufbarkeit erfolgt im Kapitel 3.6.3.

3.5.2 Notwendige Außentreppen zur Gartenebene

Über die Außentreppen, die seitlich des Gebäudes liegen und der Erschließung der Gartenebene dienen, erfolgt auch die Entfluchtung des Erdgeschosses. Da sie infolgedessen als notwendige Treppen eingestuft werden, bestehen Anforderungen an eine barrierefreie Gestaltung.

Beide Außentreppen sind zweiläufig ausgebildet, wobei beide Läufe die gleiche Laufrichtung aufweisen; das Zwischenpodest der nördlichen Außentreppe hat eine Länge von etwa 3,75 m. Die Treppen werden jeweils mit beidseitigen Handläufen ausgestattet, die DIN-konform ausgebildet werden. Auf Höhe des Zwischenpodestes ist ein Fenster angeordnet, weswegen der eine der beiden Handläufe an dieser Stelle unterbrochen wird. Das Handlaufende des oberen Treppenlaufes wird am Treppenantritt um das erforderliche Maß waagerecht weitergeführt und endet dann auf

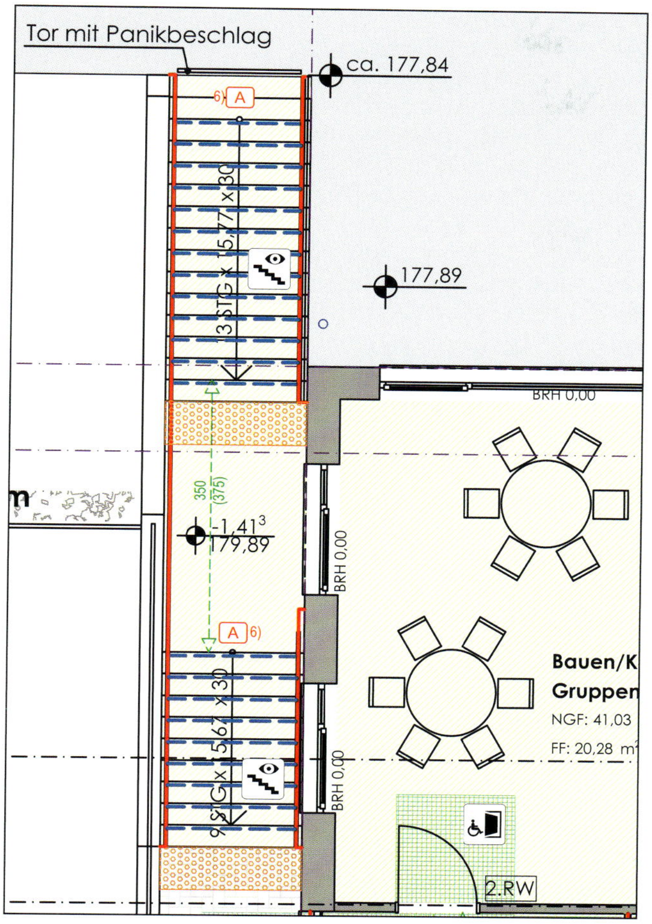

Abb. 9.86: Grundrissausschnitt, notwendige Außentreppe ins Gartengeschoss

dem Zwischenpodest. Bei der südlichen Treppe werden die Handläufe ununterbrochen über das Zwischenpodest geführt.

Die Lage der Außentreppen lässt sich aus dem baulichen Kontext nicht eindeutig ableiten, weshalb der anstehende Niveauwechsel für blinde Personen am oberen Treppenende über ein taktiles Feld angezeigt wird. Die nördliche Treppe erhält zudem auch am Treppenaustritt auf dem Zwischenpodest ein taktiles Feld. Dieses ergibt sich in Anlehnung an DIN 18040-3 aufgrund der Länge des Zwischenpodestes von mehr als 3,50 m. Am unteren Treppenende wird bei beiden Treppen auf die Ausführung verzichtet (siehe hierzu die normative Abweichung 3). Darüber hinaus werden alle Stufen mit Stufenmarkierungen gekennzeichnet.

Taktile Handlaufbeschriftungen sind nicht erforderlich, da die Außentreppen nur ein Geschoss überwinden und im „geschützten" Bereich der Kita liegen, d. h., sie sind durch ein Törchen von der allgemeinen äußeren Erschließungsfläche abgetrennt und dienen daher nicht der unmittelbaren Erschließung der Gartenebene. Zudem ist davon auszugehen, dass die Außentreppen in Lage und Funktion von ortskundigen Besuchern (z. B. Eltern, Angehörige) eindeutig zugeordnet werden können.

Hinweis zu Außentreppen zwischen Straßenniveau und Eingangsebene:

Vor dem Gebäude werden drei einläufige Außentreppen angeordnet, die das Straßenniveau mit dem äußeren Erschließungsbereich auf Eingangsebene verbinden. Diese Treppen sind keine notwendigen Treppen im Sinne der BauO NRW. Eine barrierefreie Gestaltung ist daher nicht erforderlich.

3.6 Orientierung im Gebäude und Absicherung von Gefahrenstellen [...]

3.6.1 Bodengebundene Blindenleitsysteme [...]

3.6.2 Beschilderungen und visuelle Orientierungssysteme [...]

3.6.3 Hindernisse und Gefahrenstellen [...]

3.7 Bedienelemente und Kommunikationsanlagen [...]

3.8 Aufenthaltsflächen im Außenbereich [...]

3.9 Alarmierung und Evakuierung

„In Brandschutzkonzepten sind die Belange von Menschen mit motorischen und sensorischen Einschränkungen zu berücksichtigen [...]" (DIN 18040-1:2010-10, Abschnitt 4.7)

3.9.1 Alarmierungseinrichtungen

Innerhalb der betrachteten Bereiche (Kita) ist weder eine Brandmeldeanlage noch eine Alarmierungsanlage vorgesehen. Eine Alarmierung nach dem Zwei-Sinne-Prinzip (akustisch und optisch) kann daher technisch nicht umgesetzt werden. Es obliegt demnach dem Betreiber dafür Sorge zu tragen, dass im Gefahrenfall alle Personen im Gebäude alarmiert werden und die Rettungswege aufsuchen können.

3.9.2 Rettungsmöglichkeiten für motorisch und sensorisch eingeschränkte Personen

Aus beiden Geschossen der Kita verlaufen sämtliche Rettungswege zu ebener Erde bis ins Freie. Personen mit und ohne Einschränkungen nutzen dieselben Rettungswege. Der Sammelplatz, der im Zuge einer erforderlichen Entfluchtung aufgesucht wird, befindet sich auf der Gartenebene. Sofern eine mobilitätseingeschränkte Person im Fluchtfall das Gebäude im Erdgeschoss verlässt, wird durch den Betreiber bzw. Nutzer entschieden, ob diese sich ebenfalls mit betrieblicher Hilfestellung zum Sammelplatz im Gartenbereich begibt oder ob sie erforderlichenfalls unter Aufsicht einer Begleitperson im Außenbereich der Eingangsebene verbleibt.

Zur Gewährleistung der Selbstrettung für motorisch und sensorisch eingeschränkte Personen werden die Rettungswege barrierefrei gestaltet. Die bauliche, technische und ggf. organisatorische Umsetzung der Barrierefreiheit ist in den voranstehenden Kapiteln erläutert. Weitere Anforderungen an die Bereitstellung und Gestaltung barrierefreier Rettungswege bestehen in den betrachteten Bereichen nicht.

Die Rettungswegführung ist dem aktuellen Brandschutzkonzept zu entnehmen.

4 Bauliche Anforderungen an die Barrierefreiheit – Räume

4.1 Sanitäre Anlagen

„Barrierefreie Sanitärräume sind so zu gestalten, dass sie von Menschen mit Rollstühlen und Rollatoren und von blinden und sehbehinderten Menschen zweckentsprechend genutzt werden können." (DIN 18040-1:2010-10, Abschnitt 5.3.1)

4.1.1 Bereitstellung

Aufgrund der Nutzung und baurechtlichen Einstufung ist innerhalb der Kita lediglich eine barrierefreie Toilette bereitzustellen. Diese ist im EG in unmittelbarer Nähe zum Mehrzweckraum vorgesehen und wird für die selbstständige Nutzung durch erwachsene Besucher ausgelegt.

Darüber hinaus besteht aufgrund der Nutzung als Kita der Bedarf nach einer barrierefreien Toilette für Kita-Kinder mit motorischen Einschränkungen. Die Anforderungen an die barrierefreie Gestaltung ergeben sich nicht aus DIN 18040-1, sondern werden in Anlehnung an die VDI 6000-6 hergeleitet.

4.1.2 Barrierefreie Besucher-Toilette

[Anforderungen gem. DIN 18040-1 siehe Anhang, Tabelle 9.27]

4.1.2.1 Allgemeine Anforderungen

Die barrierefreie Toilette wird geschlechtsneutral ausgeführt und entsprechend gekennzeichnet. Kleiderhaken werden in zwei Höhen zur Bedienung aus Sitz- und Stehhöhe vorgesehen, z. B. in Höhe von 90 cm und 140 cm. Bei der Gestaltung der Wand- und Bodenbeläge wird auf eine visuell kontrastierende Gestaltung zu den Ausstattungselementen geachtet.

Die Erläuterung der barrierefreien Zugänglichkeit erfolgt in Kapitel 3.3.2.

Die Damen- und Herren-Toiletten werden in erforderlicher Anzahl in unmittelbarer Nähe zur barrierefreien Toilette vorgesehen. Analog zur barrierefreien Toilette wird eine kontrastreiche Gestaltung empfohlen. Dadurch wird die Benutzung der Toiletten für sehbehinderte Personen erleichtert.

4.1.2.2 WC-Becken

Das WC-Becken sowie die zugehörigen Ausstattungselemente werden DIN-konform ausgeführt. Der Toilettenpapierhalter und die Spülauslösung werden am Stützklappgriff vorgesehen, sodass eine Bedienung ohne Veränderung der Sitzposition ermöglicht wird. Der Hygiene-Abfalleimer und weitere Ausstattungselemente, z. B. WC-Bürste oder Reservepapierrollenhalter, werden so im Raum positioniert, dass sie erreichbar sind, jedoch die Bewegungsflächen zum Wenden und Umsetzen nicht eingeschränkt werden. Geeignete Bereiche für die Positionierung von Ausstattungselementen sind in den Barrierefrei-Plänen gekennzeichnet.

4) Normative Abweichung:

Die Anfahrbarkeit des WC-Beckens ist in der barrierefreien Toilette beidseitig möglich. Die Bewegungsfläche vor dem WC-Becken wird jedoch auf der einen Seite nicht im erforderlichen Maße freigehalten, sondern durch das Waschbecken eingeschränkt. Diese Ausführung stellt eine normative Abweichung dar. Die DIN 18040-1 fordert eine 150 cm tiefe Bewegungsfläche vor dem WC-Becken, die der Breite der beiden seitlichen Bewegungsflächen (je mind. 90 cm) einschließlich der Breite des WC-Beckens entspricht; dadurch wird eine orthogonale rückwärts gerichtete Anfahrbarkeit des WC-Beckens sichergestellt. Gemäß aktueller Planung überlagert sich diese Bewegungsfläche mit dem Waschbecken. Funktional ist die seitliche Anfahrbarkeit des WC-Beckens jedoch auch durch seitwärts-rückwärts gerichtetes Rangieren mit dem Rollstuhl möglich. Die hierfür erforderlichen Bewegungsräume werden mit folgenden Maßen vorgehalten:

- Bewegungsfläche vor dem WC-Becken mind. 150 × 150 cm
- Stellfläche seitlich des WC-Beckens mind. 150 × 90 cm
- nutzbare Breite bzw. Abstand zwischen WC-Becken und Waschbecken von mind. 90 cm

Das Schutzziel der barrierefreien Nutzbarkeit wird somit in der vorliegenden Planung erfüllt. Es bestehen daher keine Bedenken gegen die abweichende Ausführung hinsichtlich der Funktionalität der Barrierefreiheit und der Genehmigungsfähigkeit.

4.1.2.3 Waschbecken

Die Bewegungsflächen vor dem Waschbecken sowie der Raumbedarf zum Unterfahren einschließlich der Waschbeckenoberkante werden gemäß DIN 18040-1 umgesetzt. Das Waschbecken erhält zu diesem Zweck ein Flachsiphon. Für die Waschbecken-Armatur wird die Ausführung eines Verbrühungsschutzes empfohlen, sodass die Auslauftemperatur auf max. 45°C begrenzt wird; bei berührungslosen Armaturen ist dieser zwingend erforderlich. Sofern die Warmwasserbereitung über einen Durchlauferhitzer / ein Untertischgerät erfolgt, wird bei der Positionierung des Gerätes darauf geachtet, dass die Unterfahrbarkeit des Waschbeckens nicht beeinträchtigt wird; zu diesem Zweck wird

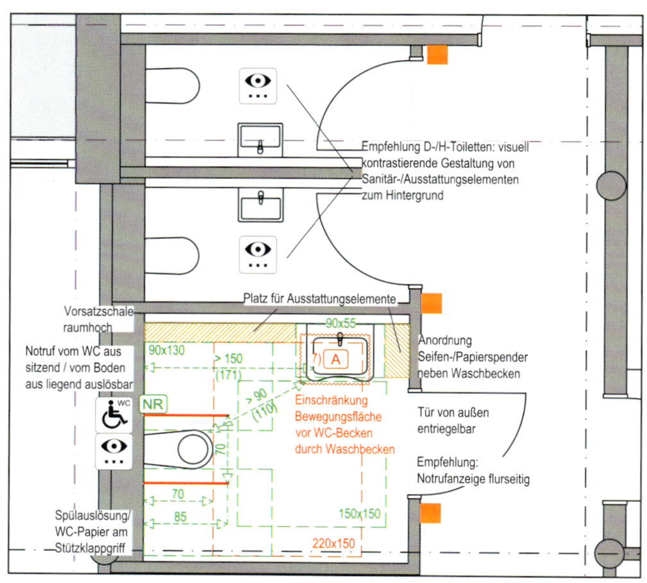

Abb. 9.87: Grundrissausschnitt, vergrößerter Auszug barrierefreie Toilette mit angrenzenden Damen-/Herren-Toiletten für Besucher

das Gerät außerhalb des Bereiches für die Fuß- und Beinfreiheit angeordnet.

Ausstattungselemente, wie z. B. Seifenspender und Papierspender mit Abwurfkorb, werden im unmittelbaren Bereich um das Waschbecken angeordnet; die Entnahmehöhe liegt im barrierefreien Greifbereich. Es wird darauf geachtet, dass die erforderlichen Bewegungsflächen zur barrierefreien Nutzbarkeit des Waschbeckens nicht durch Abfalleimer oder Papierabwurfkörbe eingeschränkt werden; der erforderliche Platzbedarf wird entsprechend in der Planung vorgehalten.

4.1.2.4 Notrufeinrichtung

In der barrierefreien Toilette wird eine Notrufanlage installiert, die über eine Zugschnur neben dem WC betätigt wird. Sie reicht bis knapp über den Boden und wird so angeordnet, dass sie sowohl vom WC aus sitzend als auch vom Boden aus liegend erreicht werden kann, jedoch die Auslösung eines Fehlalarms bei der Reinigung vermieden wird. Zusätzlich wird die Installation eines Notrufknopfes im Bereich der Stützklappgriffe empfohlen.

Zur Sicherstellung, dass der ausgelöste Notruf von einer Hilfsperson wahrgenommen wird, wird er an eine während der Betriebszeiten ständig besetzte Stelle weitergeleitet; diese wird im Zuge der Organisation betrieblicher Abläufe festgelegt. Zusätzlich wird die Ausführung einer optischen Anzeige oberhalb der Tür empfohlen, sodass der Notruf auch von der allgemeinen Verkehrsfläche aus wahrgenommen werden kann.

4.1.3 Sanitärräume für Kita-Kinder

[Anforderungen gem. DIN 18040-1 siehe Anhang, Tabelle 9.28]

4.1.3.1 Barrierefreie WC-Kabine

Im Gruppen-Sanitärraum 3+4 wird eine barrierefreie Kinder-Toilette mit Waschbecken und Dusche als separate Kabine zur Verfügung gestellt. Der Zugang erfolgt über eine barrierefreie Kabinentür mit ausreichender lichter Durchgangsbreite und ausreichenden Bewegungsflächen für die selbstständige manuelle Türbedienung aus dem Rollstuhl heraus (siehe Kapitel 3.3.2).

Grundsätzlich gelten an barrierefreie Kinder-Sanitärräume die gleichen Anforderungen wie an barrierefreie Sanitärräume für Erwachsene, jedoch mit abweichenden Montage- und Bedienhöhen. Die Vorgaben gemäß VDI 6000-6 richten sich dabei nach Bedarfen für Kinder bis zu einem Alter von 6 Jahren. Die erforderlichen Bewegungsflächen und Bedienhöhen werden in der Planung berücksichtigt.

Da sich die Bewegungsfläche zur seitlichen Anfahrbarkeit des WC-Beckens mit der Bewegungsfläche des Duschbereiches überlagert, wird der Duschbereich niveaugleich, d. h. ohne Absenkung, ausgebildet.

Eine Notrufeinrichtung ist in der barrierefreien Kinder-Toilette nicht erforderlich, da davon auszugehen ist, dass die Kita-Kinder die Kabine stets unter Aufsicht benutzen.

4.1.3.2 Gruppen-Sanitärräume allgemein

Um eine inklusive Nutzung der Gruppen-Sanitärräume für die Kita-Kinder zu ermöglichen, wird in jedem Sanitärraum jeweils eines der Waschbecken barrierefrei nach den voran genannten Vorgaben gestaltet. Zudem wird vor diesem Waschbecken sowie vor dem Wickeltisch eine ausreichend große Bewegungsfläche für die Anfahrt mit einem Rollstuhl vorgehalten. Dadurch wird im Hinblick auf den Wickeltisch ermöglicht, dass kleinere Kinder, die auf einen Rollstuhl angewiesen sind und noch gewickelt werden, mit dem Rollstuhl selbstständig an den Wickeltisch heranfahren können.

In den Gruppen-Sanitärräumen wird zudem eine visuell kontrastierende Gestaltung der Sanitär- und Ausstattungselemente berücksichtigt, um die Nutzbarkeit für sehbehinderte und blinde Kita-Kinder zu verbessern.

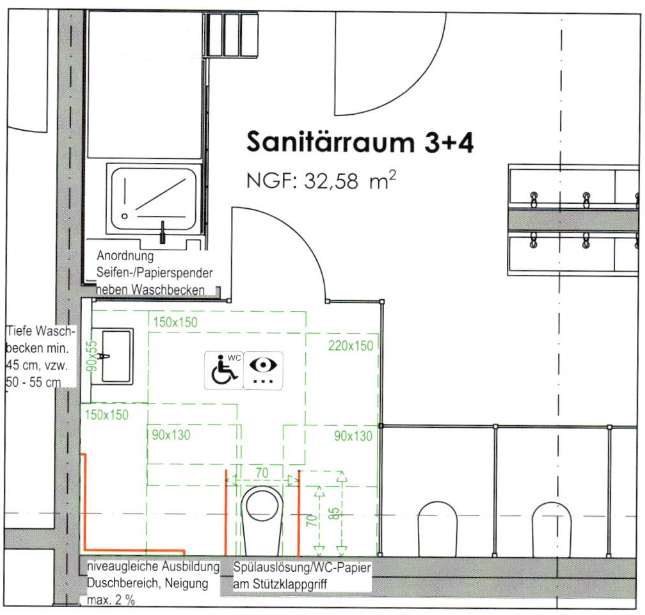

Abb. 9.88: Grundrissausschnitt, barrierefreie Kinder-Toilette Gartengeschoss

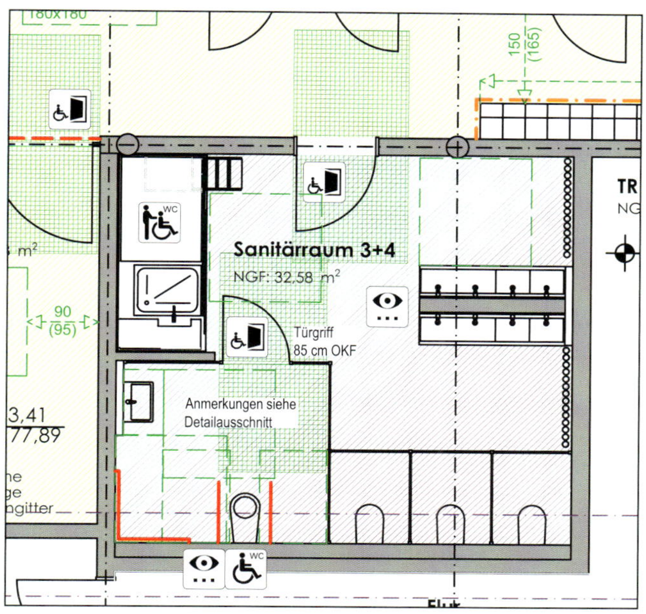

Abb. 9.89: Grundrissausschnitt, Gruppen-Sanitärraum mit integrierter barrierefreier Kinder-Toilette

4.2 Leitungsbüro […]

5 Abweichungen

5.1 Normative Abweichungen gemäß § 3 und § 88 BauO NRW

Tabelle 9. 22: Normative Abweichungen

Übersicht normative Abweichungen (von den allgemein anerkannten Regeln der Technik bzw. von den technischen Baubestimmungen)		
Ziffer	**Abweichung von**	**Erläuterung / Kompensation**
1)	DIN 18040-1, Abschnitt 4.3.3.2 „Maßliche Anforderungen"	Abweichungsgegenstand: • Haupteingang Kita mit Automatikantrieb Erläuterung: • Anordnung des inneren Türtasters außerhalb des barrierefreien Greifbereiches in Höhe ca. 150 cm ü. OFF • Schutzzielkonflikt: Wahrung der Schutzzone für Kita-Kinder vs. barrierefreie selbstständige Bedienbarkeit Kompensation: • Anordnung einer Klingel im barrierefreien Greifbereich, damit Personal von innen die Tür öffnen kann
2)	DIN 18040-1, Abschnitt 4.3.3.1 „Allgemeines"	Abweichungsgegenstand: • Notausgang Leitungsbüro Erläuterung: • Ausbildung einer einseitigen Schwelle in Höhe max. 2 cm aufgrund der systembedingten Ausbildung als Fenstertür Kompensation: • innen flächenbündige Anbindung der Schwelle, sodass die Schwelle nach außen hinabgerollt werden kann • Nutzung des Notausgang nur im Fluchtfall und nur in Begleitung • Gewährleistung der Hilfestellung durch Personal
3)	DIN 18040-1, Abschnitt 4.3.6.4 „Orientierungshilfen an Treppen und Einzelstufen"	Abweichungsgegenstand: • notwendige Treppe im Treppenhaus, Außentreppen im Bereich der Gartenebene Erläuterung: • keine Ausführung von taktilen Feldern am Treppenantritt • widersprüchliche Anforderungen zw. DIN 18040-1 und DIN 32984 Kompensation: • Umsetzung des aktuelleren Regelwerkes DIN 32984
4)	DIN 18040-1, Abschnitt 5.3.2 „Bewegungsflächen"	Abweichungsgegenstand: • Bewegungsfläche vor dem WC-Becken Erläuterung: • Einschränkung der Bewegungsfläche vor dem WC-Becken durch Waschbecken Kompensation: • Bereitstellung ausreichender Bewegungsflächen vor dem WC-Becken für das Rangieren mit dem Rollstuhl (≥ 150 × 150 cm) • Bereitstellung einer ausreichend großen Standfläche für einen Rollstuhl neben dem WC-Becken (≥ 90 × 130 cm) • Bereitstellung einer ausreichenden Durchfahrtsbreite zw. Wasch- und WC-Becken (≥ 90 cm)

5.2 Baurechtliche Abweichungen gemäß § 69 BauO NRW

Gemäß der aktuellen Planung bestehen für die öffentlich zugänglichen Bereiche des geplanten Bauvorhabens keine baurechtlichen Anforderungen.

6 Schlussbemerkung und Unterschriften

Bei dem betrachteten Objekt werden die übergeordneten Schutzziele gemäß § 2 (10) BauO NRW 2018 erfüllt und die Anforderung gemäß § 49 (2) BauO NRW, wonach öffentlich zugängliche bauliche Anlagen im erforderlichen Umfang barrierefrei zu gestalten sind, wird in der Planung berücksichtigt. Darüber hinaus wird die zweckentsprechende barrierefreie Nutzbarkeit der Kita sowie die Erfüllung des Schutzziels „Verlassen des Gefahrenbereiches" nachgewiesen.

In Ergänzung zu dieser schriftlichen Ausführung des Barrierefrei-Konzeptes sind die Eintragungen zur Barrierefreiheit in den gesonderten Barrierefrei-Plänen zu beachten.

Dieses Barrierefrei-Konzept umfasst 50 Seiten und 2 Zeichnungen als Anlage:

- dbb_Kita_Erdgeschoss_2024-02-08 Stand 08.02.2024
- dbb_Kita_Gartengeschoss_2024-02-08 Stand 08.02.2024

Aufgestellt:

Herzogenrath, den 08. Februar 2024

Erklärung des Entwurfsverfassers:

Das Barrierefrei-Konzept dient als Ergänzung der Bauvorlage und ist inhaltlich mit den anderen relevanten Fachplanungen sowie dem Architektenentwurf der Genehmigungsplanung abgestimmt.

....

Datum, Unterschrift

7 Anhang

7.1 Anforderungstabellen zur Barrierefreiheit

Tabelle 9.23: Türen: Fassaden- und Innentüren

Türen: Anforderungen gem. DIN 18040-1, 4.3.3
Geometrische Anforderungen – Türen: • schwellenlose Türausbildung (sog. „Nullschwelle") • lichte Durchgangsmaße mind. B × H = 90 × 205 cm (bei zweiflügeligen Türen bezogen auf den Gehflügel) • Leibungstiefe max. 26 cm • manuelle Türbedienung: Bewegungsfläche mind. 150 × 150 cm auf beiden Seiten der Tür, seitlicher Abstand zw. Türgriff und benachbarten Bauteilen/Ausstattungselementen mind. 50 cm
Bedienkräfte und Bedienelemente: • Anordnung Türgriff in Höhe 85–105 cm ü. OFF (gem. VV TB NRW, Anlage A 4.2/2) • zulässige Bedienkraft bei Türen ohne Türschließer max. 25 N • zulässiges Öffnungsmoment bei Türen mit Türschließer max. 47 Nm • Ausbildung greifgünstiger Türgriffe
Orientierungshilfen: • Glasmarkierungen über die gesamte Glasbreite der beweglichen und feststehenden Elemente, sofern Glasbreite > 50 cm • visuell stark kontrastierende Ausbildung im Wechselkontrast (helle und dunkle Anteile), Kontrast ≥ 0,7 gem. DIN 32975 • Ausführung in Knie- und Augenhöhe, 40–70 cm und 120–160 cm ü. OFF • taktil erfassbare Ausbildung von Türblatt/Türzarge zur Umgebung • visuell kontrastierende Gestaltung der Tür zur Umgebung • visuell kontrastierende Ausführung eventuell vorhandener Schwellen zum Bodenbelag

Tabelle 9.24: Flure und Erschließungsflächen

Flure und Erschließungsflächen: Anforderungen gem. DIN 18040-1, Abschnitt 4.1 und 4.3.2
Geometrische Anforderungen – Flure: • nutzbare Breite mind. 150 cm (zur Begegnung eines Rollstuhlnutzers mit einer anderen Person bzw. für Wendevorgänge mit radgebundenen Hilfsmitteln) • Breite von Durchgängen mind. 90 cm (Länge max. 80 cm) • bei Fluren ohne Richtungsänderung: nutzbare Flurbreite mind. 120 cm bis max. 6 m Flurlänge, Anordnung einer Wendefläche von mind. 150 × 150 cm am Anfang und Ende des Flures • Anordnung einer Begegnungsfläche nach max. 15 m Flurlänge von mind. 180 × 180 cm (zur Begegnung zweier Rollstuhlnutzer • nutzbare Breite mind. 120 cm auf max. 6 m Länge, sofern keine Richtungsänderungen erforderlich sind und davor/danach Wendemöglichkeiten gegeben sind (mind. 150 × 150 cm) • Längsneigung max. 3 % bzw. 4 % auf max. 10 m Länge (Querneigung unzulässig)
Bodenbeläge: • fest verlegt und rutschhemmend gem. BGR 181 bzw. DGUV-Regel 108-003 • geeignet für die Nutzung durch assistive Hilfsmittel (Gehhilfen, Rollatoren, Rollstühle) • visuell kontrastierende Gestaltung zu umgebenden Wänden (K ≥ 0,4) • Vermeidung von Spiegelungen und Blendungen

Tabelle 9.25: Aufzüge

Aufzüge: Anforderungen gem. DIN 18040-1, Abschnitt 4.3.5 und 4.5.2 in Korrespondenz mit DIN EN 81-70:2005-09 / DIN EN 81-70:2022-12
Bauliche Umgebung: Warte-/Bewegungsfläche vor dem Aufzug mind. 150 × 150 cm • zusätzliche Verkehrsfläche/Durchgangsbreite hinter/neben Wartefläche mind. 90 cm • nutzbare Mindestabmessung Aufzugskabine: B × L = 110 × 140 cm (entspricht Typ 2 gem. DIN EN 81-70:2005-09) • lichte Zugangsbreite Aufzugskabine mind. 90 cm • Abstand zwischen Aufzugstür und gegenüberliegender abwärts führenden Treppe mind. 3,00 m • visuell kontrastierende Gestaltung der Aufzugstüren zu umgebenden Wandflächen
Bedienelemente und Befehlsgeber: • Anordnung der Befehlsgeber außerhalb/innerhalb der Kabine in Höhe 85–105 cm ü. OFF (Achsmaß) • seitlicher Abstand zw. Befehlsgeber und Bauteilen/Ecken in der Aufzugskabine mind. 50 cm • Ausführung als XL-Befehlsgeber, Größe mind. 50 × 50 mm / Ø 50 mm • Anordnung auf pultförmig geneigtem Quertableau (Schutzziel: Erreichbarkeit/Bedienbarkeit aus sitzender Position und visuelle/taktile Lesbarkeit aus stehender Position)
Bedienbarkeit nach dem Zwei-Sinne-Prinzip: • visuell kontrastierende Gestaltung der Befehlsgeber zum Hintergrund (K ≥ 0,4) • visuell stark kontrastierende und taktil erfassbare Gestaltung der Beschriftung zum Befehlsgeber (K ≥ 0,7) • optische und akustische Rufquittierung (Rückmeldung der Befehlsabgabe) • Sprachansage und optische Anzeige für Etage bzw. Kabinenposition (innerhalb der Aufzugskabine) • Notrufeinrichtung mit optischer und akustischer Anzeige der Notrufabgabe und aktiven Sprechverbindung
Ausstattung innerhalb der Aufzugskabine: • Typ 2 + 3: einseitiger Handlauf, Anordnung an gleicher Seitenwand wie Bedientableau oder an Rückwand • Typ 4 + 5: zusätzlicher zweiter Handlauf, Anordnung an gegenüberliegender Seitenwand oder Rückwand • rundes/ovales Handlaufprofil, Ø 3–4,5 cm • lichter Abstand zwischen Handlauf und Kabinenwand mind. 5 cm • Abrundung freier Handlaufenden zur Wand / Ausbildung von geschlossenen Handlaufenden • Bodenbelag: fest verlegt und rutschhemmend gem. BGR 181 bzw. DGUV-Regel 108-003 • Spiegel an Seiten- oder Rückwand zum Erkennen von Hindernissen beim Rückwärtsfahren

Tabelle 9.26: Treppen

Treppen: Anforderungen gem. VV TB NRW, Anlage A 4.2/2:
2 Abschnitt 4.3.6 muss nur auf notwendige Treppen im Sinne von § 34 BauO NRW 2018 angewendet werden, soweit diese barrierefreie Bereiche erschließen.
Treppen: Anforderungen gem. DIN 18040-1, Abschnitt 4.3.6 und DIN 32984, Abschnitt 5.7.1
Geometrische Anforderungen: • Ausbildung von geraden Treppenläufen mit Setzstufe • Ausbildung von gewendelten Treppenläufen mit Innendurchmesser mind. 2,00 m • Unterschneidung bei schrägen Setzstufen mind. 2 cm
Handläufe: • beidseitige Handläufe, Oberkante 85–90 cm ü. OFF (lotrecht gemessen ab Stufenvorderkante) • ununterbrochene Weiterführung der Handläufe an Zwischenpodesten und Treppenauge • waagerechte Weiterführung der Handlaufenden am Treppenantritt/-austritt um mind. 30 cm (in Laufrichtung geradeaus / im 90°-Winkel abknickend, z. B. am Treppenauge) • rundes/ovales Handlaufprofil, Ø 3–4,5 cm • Befestigung der Handläufe an der Unterseite • Abrundung freier Handlaufenden nach unten / zur Wand • visuell kontrastierende Gestaltung der Handläufe zum Hintergrund (K ≥ 0,4) • Bereitstellung taktiler Handlaufbeschriftungen zur Orientierung
Stufenmarkierungen: • Anbringung von Stufenmarkierungen an Tritt- und Setzstufen über die gesamte nutzbare Treppenlaufbreite • Breite der Markierung an Trittstufe 4–5 cm / an Setzstufe 1–2 cm • Ausführung in Treppenhäusern – Var. 1: Ausführung an erster/letzter Stufe eines Treppenlaufes – Var. 2: Ausführung an allen Stufen • Ausführung an bis zu drei Einzelstufen / an Treppen, die frei im Raum beginnen: Ausführung an allen Stufen • visuell kontrastierende Gestaltung der Stufenmarkierung zum Stufenbelag / anschließenden Podest (K ≥ 0,4)
taktil erfassbare Felder: • Abmessungen: Tiefe mind. 60 cm, Breite entsprechend nutzbarer Treppenlaufbreite • Anordnung am Treppenaustritt (hinter der obersten Auftrittsbreite) • Option gem. DIN 32984: Anordnung am Treppenantritt (Abstand zur untersten Setzstufe mind. 60 cm) • Außentreppen: zusätzliche Anordnung auf Zwischenpodesten mit Tiefe ≥ 3,50 m

Tabelle 9.27: Barrierefreie Sanitärräume

Barrierefreie Sanitärräume: Anforderungen gem. VV TB NRW, Anlage A 4.2/2:

3 Mindestens ein Toilettenraum muss Abschnitt 5.3.3 entsprechen; Abschnitt 5.3.3 Satz 1 ist nicht anzuwenden. Zusätzliche Toilettenräume sind in Abhängigkeit von der Anzahl der darauf angewiesenen Personen vorzusehen. Die Toilettenräume sollen möglichst einfach erreichbar sein.

Barrierefreie Sanitärräume: Anforderungen gem. DIN 18040-1, Abschnitt 5.3

allgemeine Anforderungen:

- visuell kontrastierende Gestaltung von Ausstattungselementen zu ihrer Umgebung (K ≥ 0,4)
- bei Ausführung von Kleiderhaken: Anordnung in zwei Höhen zur Bedienung aus sitzender/stehender Position, z. B. 90 cm und 140 cm

WC-Becken – geometrische Anforderungen:

- beidseitige Anfahrbarkeit des WC-Beckens, B × L = mind. 90 × 70 cm
- Bereitstellung einer ausreichenden Bewegungsfläche vor dem WC-Becken (über gesamte beidseitige Anfahrflächen), mind. 150 × 150 cm
- Ausladung des WC-Beckens mind. 70 cm
- Höhe des WC-Beckens inkl. Sitz 46–48 cm ü. OFF

WC-Becken – Ausstattungselemente:

- Rückenstütze, Position 55 cm hinter Vorderkante WC-Becken
- beidseitige Stützklappgriffe: Überstand der Griffe ab VK WC-Becken 15 cm, Oberkante der Griffe 28 cm über Sitzhöhe, Achsabstand der Griffe 65–70 cm
- Bedienbarkeit von Toilettenpapierhalter und Spülauslösung ohne Veränderung der Sitzposition
- dicht-/selbstschließender Hygieneeimer, einhändig bedienbar

Waschbecken – Bewegungsflächen:

- Bereitstellung einer ausreichenden Bewegungsfläche vor dem Waschbecken, mind. 150 × 150 cm
- Unterfahrbarkeit des Waschbeckens, B × H × T = 90 × 67 × 55 cm (Tiefe bei Handwaschbecken 45 cm)
- Höhe des Waschbeckens max. 80 cm ü. OFF

Waschbecken – Ausstattungselemente:

- Verwendung von Einhebelarmaturen oder berührungslosen Armaturen mit Verbrühschutz (Auslauftemperatur ≤ 45 °C)
- Armatur, Position max. 40 cm hinter VK Waschbecken
- Höhe des Spiegels zur Einsicht aus sitzender/stehender Position mind. 100 cm
- Seifen-/Papierhandtuchspender, Abfallbehälter, Händetrockner: Anordnung im Bereich des Waschbeckens
- Entnahmehöhe im barrierefreien Greifbereich zw. 85–105 cm ü. OFF

Tabelle 9.28: Barrierefreie Sanitärräume für Kinder

Barrierefreie Sanitärräume für Kinder: Anforderungen gemäß VDI 6000-6 und in Anlehnung an DIN 18040-1

allgemeine Anforderungen:

- visuell kontrastierende Gestaltung von Ausstattungselementen zu ihrer Umgebung (K ≥ 0,4)

WC-Becken – geometrische Anforderungen:

- beidseitige Anfahrbarkeit des WC-Beckens, B × L = mind. 90 × 70 cm
- Bereitstellung einer ausreichenden Bewegungsfläche vor dem WC-Becken (über gesamte beidseitige Anfahrflächen), mind. 150 × 150 cm
- Ausladung des WC-Beckens mind. 70 cm
- Höhe des WC-Beckens inkl. Sitz 30–37 cm ü. OFF
- seitlicher Abstand zw. WC-Becken und anderen Sanitärobjekten mind. 30 cm

WC-Becken – Ausstattungselemente:

- Rückenstütze, Position 30–40 cm hinter Vorderkante WC-Becken
- beidseitige Stützklappgriffe: Überstand der Griffe ab VK WC-Becken 15 cm, Oberkante der Griffe 20 cm über Sitzhöhe, Achsabstand der Griffe 60–65 cm
- Bedienbarkeit von Toilettenpapierhalter und Spülauslösung ohne Veränderung der Sitzposition

Waschbecken – geometrische Anforderungen:

- Bereitstellung einer ausreichenden Bewegungsfläche vor dem Waschbecken, mind. 150 × 150 cm
- Unterfahrbarkeit des Waschbeckens, Ausführung Flachsiphon
- Höhe des Waschbeckens max. 55–65 cm ü. OFF
- seitlicher Abstand zw. WC-Becken und anderen Sanitärobjekten mind. 30 cm

Waschbecken – Ausstattungselemente:

- Verwendung von Einhebelarmaturen oder berührungslosen Armaturen mit Verbrühschutz (Auslauftemperatur ≤ 45 °C)
- Anordnung eines Spiegels zur Einsicht aus sitzender/stehender Position
- Seifen-/Papierhandtuchspender, Abfallbehälter, Händetrockner: Anordnung im Bereich des Waschbeckens

Dusche:

- Bereitstellung einer ausreichenden Bewegungsfläche im Duschbereich, mind. 150 × 150 cm
- Gefälle zum Ablauf (Entwässerung) max. 2 %
- niveaugleiche Ausbildung Duschbereich bzw. Absenkung max. 2 cm
- rutschhemmender Bodenbelag gem. BGR 181 bzw. DGUV-Regel 108-003
- Höhe Einhebelarmatur mit Handbrause max. 55–65 cm ü. OFF
- seitlicher Abstand zw. Duscharmatur und Raumecken mind. 50 cm

7.2 Barrierefrei-Pläne

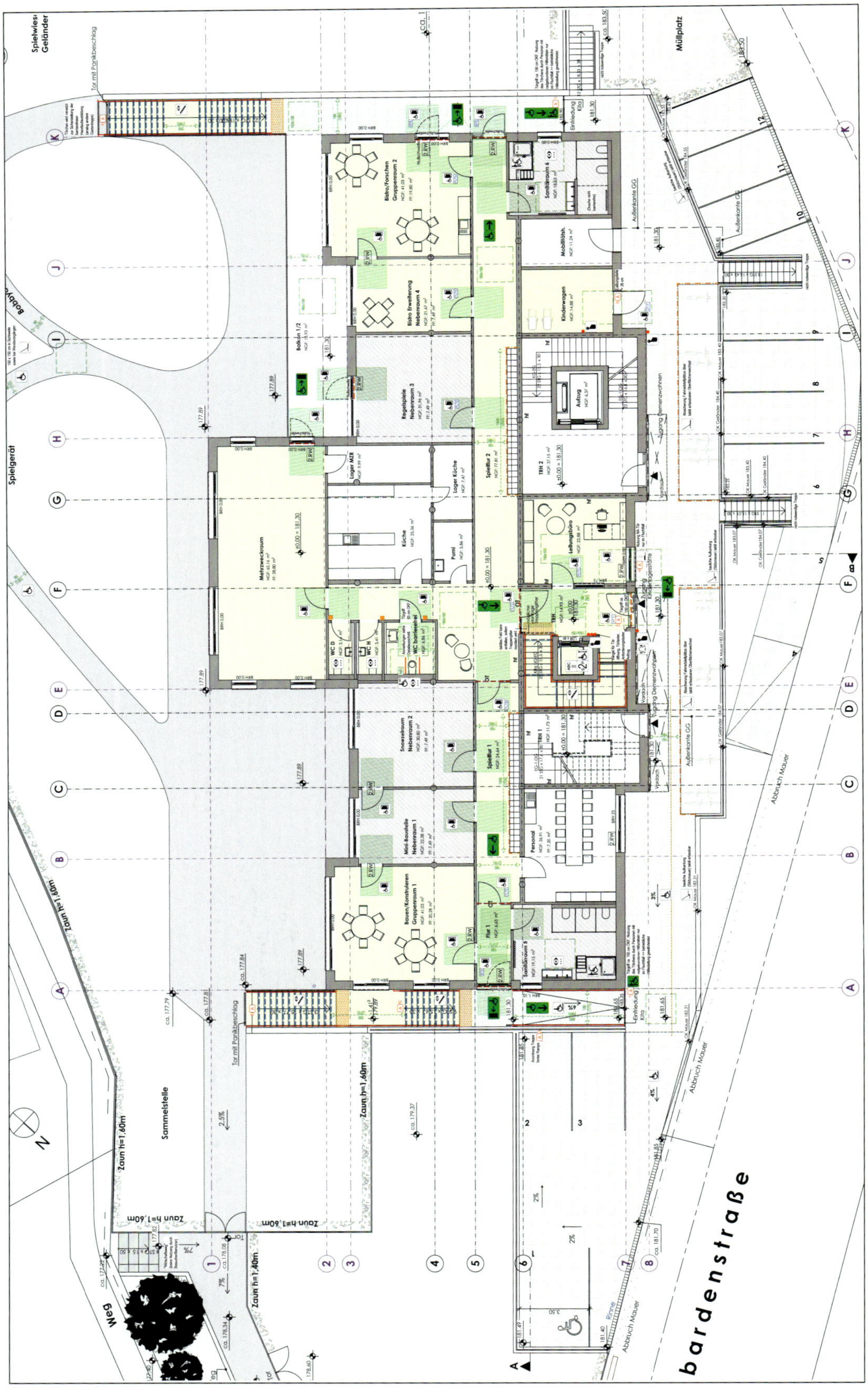

Abb. 9. 90: Grundriss Erdgeschoss

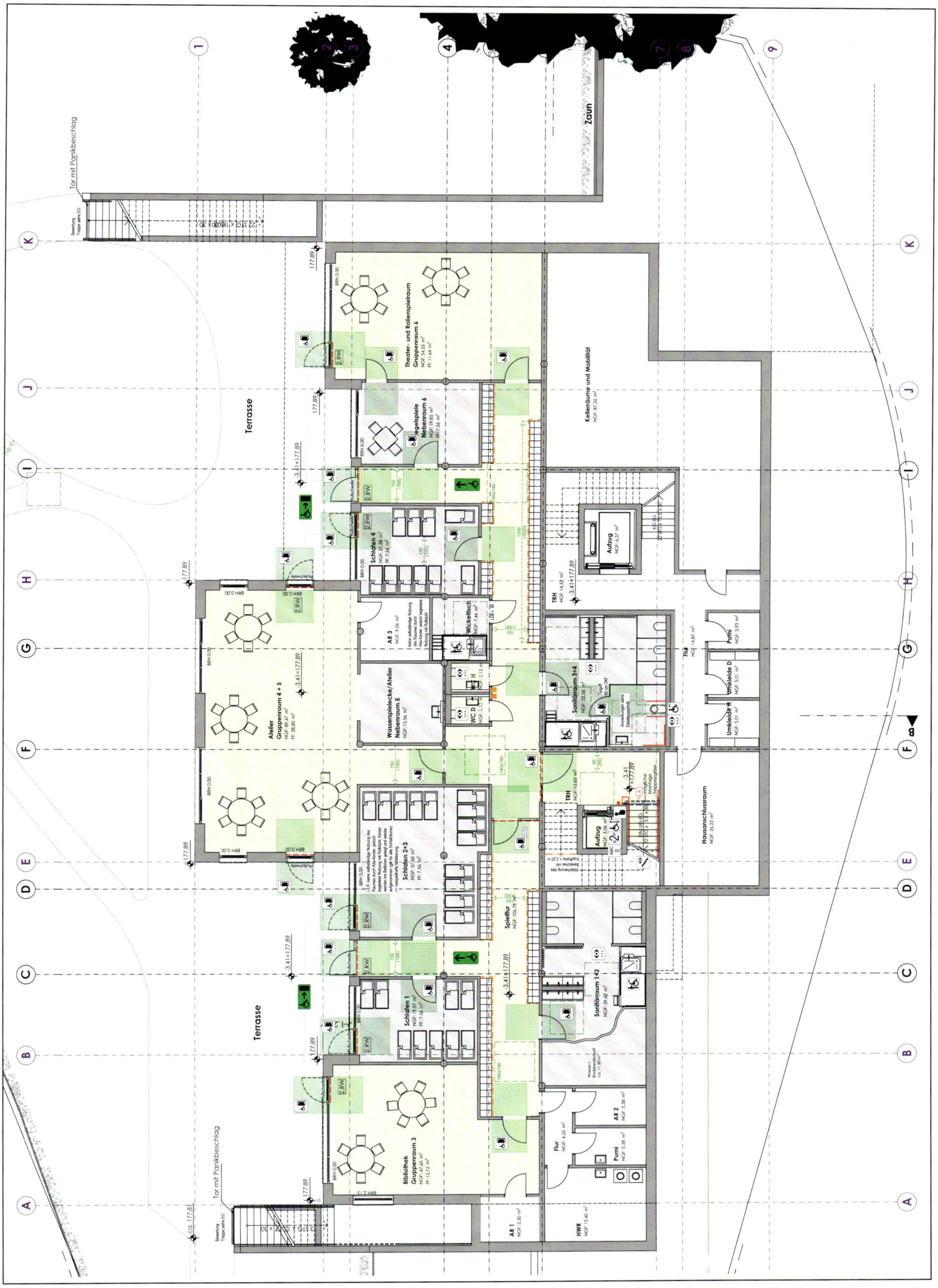

Abb. 9. 91: Grundriss Gartengeschoss

10 Anhang

10.1 Literaturverzeichnis

10.1.1 Normen und Richtlinien zum barrierefreien Bauen (Auszug)

DIN 18024-1:1998-01 Barrierefreies Bauen – Teil 1: Straßen, Plätze, Wege, öffentliche Verkehrs- und Grünanlagen sowie Spielplätze; Planungsgrundlagen (zurückgezogen)

DIN 18024-2:1996-11 Barrierefreies Bauen – Teil 2: Öffentlich zugängige Gebäude und Arbeitsstätten, Planungsgrundlagen (zurückgezogen)

DIN 18025-1:1992-12 Barrierefreie Wohnungen; Wohnungen für Rollstuhlbenutzer; Planungsgrundlagen (zurückgezogen)

DIN 18025-2:1992-12 Barrierefreie Wohnungen; Planungsgrundlagen (zurückgezogen)

DIN 18034-1:2020-10 Spielplätze und Freiräume zum Spielen – Teil 1: Anforderungen für Planung, Bau und Betrieb

DIN/TS 18034-2:2024-02 Spielplätze und Freiräume zum Spielen – Teil 2: Matrix mit Bewertungsschema für inklusive Spielräume

DIN 18040-1:2010-10 Barrierefreies Bauen – Planungsgrundlagen – Teil 1: Öffentlich zugängliche Gebäude

DIN 18040-1:2023-02 – Entwurf – Barrierefreies Bauen – Planungsgrundlagen – Teil 1: Öffentlich zugängliche Gebäude

DIN 18040-2:2011-09 Barrierefreies Bauen – Planungsgrundlagen – Teil 2: Wohnungen

DIN 18040-2:2023-02 – Entwurf – Barrierefreies Bauen – Planungsgrundlagen – Teil 2: Wohnungen

DIN 18040-3:2014-12 Barrierefreies Bauen – Planungsgrundlagen – Teil 3: Öffentlicher Verkehrs- und Freiraum

DIN 18040-3:2023-01 – Entwurf – Barrierefreies Bauen – Planungsgrundlagen – Teil 3: Öffentlicher Verkehrs- und Freiraum

DIN 18041:2016-03 Hörsamkeit in Räumen – Anforderungen, Empfehlungen und Hinweise für die Planung

DIN 32975:2009-12 Gestaltung visueller Informationen im öffentlichen Raum zur barrierefreien Nutzung

DIN 32975 Berichtigung 1:2012-07 Gestaltung visueller Informationen im öffentlichen Raum zur barrierefreien Nutzung, Berichtigung zu DIN 32975:2009-12

DIN 32976:2007-08 Blindenschrift – Anforderungen und Maße

DIN 32977-1:1992-07 Behinderungsgerechtes Gestalten; Begriffe und allgemeine Leitsätze

DIN 32981:2018-06 Einrichtungen für blinde und sehbehinderte Menschen an Straßenverkehrs-Signalanlagen (SVA) – Anforderungen

DIN 32984:2023-04 Bodenindikatoren im öffentlichen Raum

DIN 32986:2019-06 Taktile Schriften und Beschriftungen – Anforderungen an die Darstellung und Anbringung von Braille- und erhabener Profilschrift

DIN 33942:2016-04 Barrierefreie Spielplatzgeräte – Sicherheitstechnische Anforderungen und Prüfverfahren

DIN EN 81-20:2020-06 Sicherheitsregeln für die Konstruktion und den Einbau von Aufzügen – Aufzüge für den Personen- und Gütertransport – Teil 20: Personen- und Lastenaufzüge

DIN EN 81-40:2020-12 Sicherheitsregeln für die Konstruktion und den Einbau von Aufzügen – Spezielle Aufzüge für den Personen- und Gütertransport – Teil 40: Treppenschrägaufzüge und Plattformaufzüge mit geneigter Fahrbahn für Personen mit Behinderungen

DIN EN 81-41:2025-07 Sicherheitsregeln für die Konstruktion und den Einbau von Aufzügen – Spezielle Aufzüge für den Personen- und Gütertransport – Teil 41: Vertikale Plattformaufzüge für Personen mit eingeschränkter Mobilität

DIN EN 81-70:2005-09 Sicherheitsregeln für die Konstruktion und den Einbau von Aufzügen – Besondere Anwendungen für Personen- und Lastenaufzüge – Teil 70: Zugänglichkeit von Aufzügen für Personen einschließlich Personen mit Behinderungen

DIN EN 81-70:2022-12 Sicherheitsregeln für die Konstruktion und den Einbau von Aufzügen – Besondere Anwendungen für Personen- und Lastenaufzüge – Teil 70: Zugänglichkeit von Aufzügen für Personen einschließlich Personen mit Behinderungen; Deutsche Fassung EN 81-70:2021+A1:2022

DIN EN 81-82:2013-12 Sicherheitsregeln für die Konstruktion und den Einbau von Aufzügen – Bestehende Aufzüge – Teil 82: Regeln für die Erhöhung der Zugänglichkeit von bestehenden Aufzügen für Personen einschließlich Personen mit Behinderungen

DIN CEN/TS 81-76:2011-10 Sicherheitsregeln für die Konstruktion und den Einbau von Aufzügen – Besondere Anwendungen für Personen- und Lastenaufzüge – Teil 76: Personenaufzüge für die Evakuierung von Personen mit Behinderungen

DIN EN 1154:2003-04 Schlösser und Baubeschläge – Türschließmittel mit kontrolliertem Schließablauf – Anforderungen und Prüfverfahren

DIN EN 1154 Berichtigung 1:2006-06 Schlösser und Baubeschläge – Türschließmittel mit kontrolliertem Schließablauf – Anforderungen und Prüfverfahren (enthält Änderung 1:2002)

DIN EN 1154 Beiblatt 1:2003-11 Schlösser und Baubeschläge – Türschließmittel mit kontrolliertem Schließablauf – Anschlagmaße und Einbau

DIN EN 12217:2015-07 Türen – Bedienungskräfte – Anforderungen und Klassifizierung

DIN EN 12464-1:2021-11 Licht und Beleuchtung – Beleuchtung von Arbeitsstätten – Teil 1: Arbeitsstätten in Innenräumen

DIN EN 12464-1 Beiblatt 1:2024-05 Licht und Beleuchtung – Beleuchtung von Arbeitsstätten – Teil 1: Arbeitsstätten in Innenräumen; Beiblatt 1: Beleuchtungskonzepte für künstliche Beleuchtung

DIN EN 17210:2021-08 Barrierefreiheit und Nutzbarkeit der gebauten Umwelt – Funktionale Anforderungen

DIN EN 18156:2025-02 – Entwurf – Taktile Schriften – Anforderungen an die Darstellung und Anbringung von Braille- und erhabener Zeichen

DIN SPEC 1104:2009-12 DIN-Fachbericht CEN/TR 15894:2009-12 Schlösser und Baubeschläge – Türbeschläge zur Nutzung durch Kinder, ältere und behinderte Personen in privaten und öffentlichen Gebäuden – Ein Leitfaden für Planer

ASR V3a.2 Barrierefreie Gestaltung von Arbeitsstätten, Ausgabe: August 2012, zuletzt geändert am 23.05.2025 (GMBl 2025, S. 365), online: https://www.baua.de/DE/Angebote/Regelwerk/ASR/pdf/ASR-V3a-2.pdf?__blob=publicationFile&v=5 [Zugriff: 19.09.2025]

Muster-Verwaltungsvorschrift Technische Baubestimmungen, Ausgabe 2025/1, online: https://www.dibt.de/fileadmin/dibt-website/Dokumente/Referat/P5/Technische_Bestimmungen/MVVTB_2025-1.pdf [Zugriff: 23.09.2025]

VDI 4062:2016-04 Evakuierung von Personen im Gefahrenfall

VDI 6008 Blatt 1:2012-12 Barrierefreie Lebensräume – Allgemeine Anforderungen und Planungsgrundlagen

VDI 6008 Blatt 1:2025-01 – Entwurf – Barrierefreie Lebensräume – Allgemeine Anforderungen und Planungsgrundlagen

VDI 6008 Blatt 2:2012-12 Barrierefreie Lebensräume – Möglichkeiten der Sanitärtechnik

VDI/VDE 6008 Blatt 3:2014-01 Barrierefreie Lebensräume – Möglichkeiten der Elektrotechnik und Gebäudeautomation

VDI 6008 Blatt 4:2017-11 Barrierefreie Lebensräume – Möglichkeiten der Aufzugs- und Hebetechnik

VDI 6008 Blatt 5:2021-02 Barrierefreie Lebensräume – Möglichkeit der Ausführung von Türen und Toren

VDI 6008 Blatt 6:2021-07 Barrierefreie Lebensräume – Bildzeichen und bildhaft verwendete Schriftzeichen

VDI 6008 Blatt 7 (in Bearbeitung) Barrierefreie Lebensräume – Brandschutz

VDI 6017:2024-10 Aufzüge – Steuerungen für den Brandfall

10.1.2 Ergänzende Normen und Richtlinien (Auszug)

DIN 277:2021-08 Grundflächen und Rauminhalte im Hochbau

DIN 1450:2024-11 Schriften – Leserlichkeit

DIN 1451-1:2018-12 Schriften – Serifenlose Linear-Antiqua – Teil 1: Allgemeines

DIN 18065:2020-08 Gebäudetreppen – Begriffe, Messregeln, Hauptmaße

DIN 18318:2019-09 VOB Vergabe- und Vertragsordnung für Bauleistungen – Teil c: Allgemeine Technische Vertragsbedingungen für Bauleistungen (ATV) – Pflasterdecken und Plattenbeläge, Einfassungen

DIN 18531-5:2025-08 Abdichtung von Dächern sowie von Balkonen, Loggien und Laubengängen – Teil 5: Balkone, Loggien und Laubengänge

DIN 18533-1:2017-07 Abdichtung von erdberührten Bauteilen – Teil 1: Anforderungen, Planungs- und Ausführungsgrundsätze

DIN 32974:2000-02 Akustische Signale im öffentlichen Bereich – Anforderungen

DIN 51097:1992-11 Prüfung von Bodenbelägen; Bestimmung der rutschhemmenden Eigenschaft; nassbelastete Barfußbereiche; Begehungsverfahren; Schiefe Ebene (zurückgezogen)

DIN 51130 :2023-03 Prüfung von Fußböden – Bestimmung des Verdrängungsraumes

DIN 77800:2024-12 Qualitätsanforderungen an Anbieter der Wohnform Servicewohnen für Senioren

DIN CEN/TR 15913; DIN SPEC 18913:2010-08 Zuschaueranlagen – Kriterien für die räumliche Anordnung von Zuschauerbereichen für Personen mit besonderen Bedürfnissen

DIN EN 13115:2020-11 Fenster – Klassifizierung mechanischer Eigenschaften – Vertikallasten, Verwindung und Bedienkräfte

DIN EN 13200-1:2019-05 Zuschaueranlagen – Teil 1: Allgemeine Merkmale für Zuschauerplätze

ASR A 1.2:2013-08-15 Technische Regeln für Arbeitsstätten – Raumabmessungen und Bewegungsflächen (letzte Änderung März 2022)

ASR A 1.3:2013-02-28 Technische Regeln für Arbeitsstätten – Sicherheits- und Gesundheitsschutzkennzeichnung (letzte Änderung März 2022)

ASR A 1.6:2011-11-30 Technische Regeln für Arbeitsstätten – Fenster, Oberlichter, lichtdurchlässige Wände (letzte Änderung März 2022)

ASR A 1.8:2022-03-01 Technische Regeln für Arbeitsstätten – Verkehrswege (letzte Änderung Juni 2024)

ASR A 2.3:2022-03-01 Technische Regeln für Arbeitsstätten – Fluchtwege und Notausgänge

ASR A 3.4:2023-05-02 Technische Regeln für Arbeitsstätten – Beleuchtung und Sichtverbindung

ASR A 4.1:2013-08-15 Technische Regeln für Arbeitsstätten – Sanitärräume (letzte Änderung März 2022)

ASR A 4.2:2012-08-31 Technische Regeln für Arbeitsstätten – Pausen- und Bereitschaftsräume

ASR A 4.3:2010-12-15 Technische Regeln für Arbeitsstätten – Erste-Hilfe-Räume, Mittel und Einrichtungen zur Ersten Hilfe

DGUV-I 208-005 DGUV Information 208-005 Treppen

DGUV Information 207-006 Bodenbeläge für nassbelastete Barfußbereiche, Hrsg. Deutsche Gesetzliche Unfallversicherung e. V. (DGUV), Berlin, 2020, online: https://publikationen.dguv.de/widgets/pdf/download/article/1246 [Zugriff: 19.09.2025]

DGUV Information 215-111/215-112 Barrierefreie Arbeitsgestaltung – Teil 1; Grundlagen, Hrsg. Deutsche Gesetzliche Unfallversicherung e. V. (DGUV), Berlin, 2015, online: https://publikationen.dguv.de/widgets/pdf/download/article/2605 [Zugriff: 19.09.2025]

DGUV Information 215-112 Barrierefreie Arbeitsgestaltung – Teil 2: Grundsätzliche Anforderungen, Hrsg. Deutsche Gesetzliche Unfallversicherung e. V. (DGUV), Berlin, 2017, online: https://publikationen.dguv.de/widgets/pdf/download/article/2816 [Zugriff: 19.09.2025]

VDI 6000 Blatt 1:2024-07 Sanitärtechnik – Sanitärräume – Grundlagen

VDI 6000 Blatt 2:2024-07 Sanitärtechnik – Sanitärräume – Wohnungen und Hotelzimmer

VDI 6000 Blatt 3:2024-07 Sanitärtechnik – Sanitärräume – Arbeitsstätten

VDI 6000 Blatt 4:2024-07 Sanitärtechnik – Sanitärräume – Versammlungsstätten und Versammlungsräume

VDI 6000 Blatt 5:2024-07 Sanitärtechnik – Sanitärräume – Gesundheitswesen und Pflege

VDI 6000 Blatt 6:2024-07 Sanitärtechnik – Sanitärräume – Kinderbetreuungs- und Bildungseinrichtungen

VDI 6000 Blatt 7:2024-07 Sanitärtechnik – Sanitärräume – Öffentliche Sanitärräume

10.1.3 Gesetze und Verordnungen (Auszug)

Arbeitsstättenverordnung (ArbStättV) vom 12. August 2004 (BGBl. I S. 2179), zuletzt geändert durch Artikel 10 des Gesetzes vom 27. März 2024 (BGBl. 2024 I Nr. 109)

Behindertengleichstellungsgesetz (BGG) – Gesetz zur Gleichstellung von Menschen mit Behinderungen vom 27. April 2002 (BGBl. I S. 1467, 1468), zuletzt geändert durch Artikel 7 des Gesetzes vom 23. Mai 2022 (BGBl. I S. 760)

Grundgesetz (GG) für die Bundesrepublik Deutschland in der im Bundesgesetzblatt Teil III, Gliederungsnummer 100-1, veröffentlichten bereinigten Fassung, zuletzt geändert durch Artikel 1 des Gesetzes vom 22. März 2025 (BGBl. 2025 I Nr. 94)

Sozialgesetzbuch – Rehabilitation und Teilhabe von Menschen mit Behinderungen (SGB IX), Neuntes Buch, vom 23. Dezember 2016 (BGBl. I S. 3234), zuletzt geändert durch Artikel 6 des Gesetzes vom 22. Dezember 2023 (BGBl. 2023 I Nr. 412)

Strafgesetzbuch (StGB) in der Fassung der Bekanntmachung vom 13. November 1998 (BGBl. I S. 3322), zuletzt geändert durch Artikel 2 Absatz 2 des Gesetzes vom 7. November 2024 (BGBl. 2024 I Nr. 351)

UN-Behindertenrechtskonvention (UN-BRK) – Gesetz zu dem Übereinkommen der Vereinten Nationen vom 13. Dezember 2006 über die Rechte von Menschen mit Behinderungen sowie zu dem Fakultativprotokoll vom 13. Dezember 2006 zum Übereinkommen der Vereinten Nationen über die Rechte von Menschen mit Behinderungen (BGBl. 2008 II S. 1419, 1420)

Musterverordnungen und -vorschriften (Auszug)

Musterbauordnung (MBO) in der Fassung vom November 2002, zuletzt geändert durch Beschluss der Bauministerkonferenz vom 26./27.09.2024

Muster-Beherbergungsstättenverordnung (MBeVO) in der Fassung vom Dezember 2000, zuletzt geändert durch Beschluss der Fachkommission Bauaufsicht vom Mai 2014

Muster-Verkaufsstättenverordnung (MVKVO) in der Fassung vom September 1995, zuletzt geändert durch Beschluss der Fachkommission Bauaufsicht vom Juli 2014

Muster-Versammlungsstättenverordnung (MVStättVO) in der Fassung vom Juni 2005, zuletzt geändert durch Beschluss der Fachkommission Bauaufsicht vom Juli 2014

Muster-Verwaltungsvorschrift Technische Baubestimmungen, Ausgabe 2025/1, online: https://www.dibt.de/fileadmin/dibt-website/Dokumente/Referat/P5/Technische_Bestimmungen/MVVTB_2025-1.pdf [Zugriff: 23.09.2025]

Barrierefreies Bauen im Baurecht der Bundesländer (Auszug)

Nachfolgend werden nur die Gesetze und Verordnungen angeführt, die in diesem Fachbuch zur Erläuterung der Thematik verwendet werden. Die Zusammenstellung hat daher keinen Anspruch auf Vollständigkeit.

Berlin

ABau – Allgemeine Anweisung für die Vorbereitung und Durchführung von Bauaufgaben Berlins (Anweisung Bau – ABau) 2013, Stand August 2025, Hrsg. Senatsverwaltung für Stadtentwicklung, Bauen und Wohnen Berlin, online: https://senstadtfms.stadt-berlin.de/eabau/lesefassung.pdf [Zugriff: 11.09.2025]

Verordnung über bauliche Anforderungen an barrierefreies Wohnen (Barrierefreies Wohnen Verordnung Berlin) vom 29. Januar 2019, onlibe: https://gesetze.berlin.de/perma?a=BWoV_BE [Zugriff: 19.09.2025]

Hamburg

Hamburgische Bauordnung (HBauO) in der Fassung der Bekanntmachung vom 14. Dezember 2005, zuletzt geändert durch Artikel 1 des Gesetzes vom 5. März 2025 (HmbGVBl. S. 270), online: https://www.landesrecht-hamburg.de/bsha/document/jlr-BauOHA2005V11P52 [Zugriff: 19.09.2025]

Hessen

Bauvorlagenerlass vom 20. Januar 2022 (StAnz. S. 223), zuletzt geändert am 1. März 2024, (StAnz. S. 349), Anlage 2, Ziffer 10, Hrsg. Hessisches Ministerium für Wirtschaft, Energie, Verkehr, Wohnen und ländlichen Raum, online: https://wirtschaft.hessen.de/sites/wirtschaft.hessen.de/files/2022-02/final_erlass_20_01_22.pdf [Zugriff: 05.09.2025]

Niedersachsen

NBauO – Niedersächsische Bauordnung (NBauO) vom 3. April 2012, zuletzt geändert durch Artikel 1 des Gesetzes vom 25. Juni 2025 (Nds. GVBl. 2025 Nr. 52), online: https://voris.wolterskluwer-online.de/browse/document/919d9cd8-c18b-3a6e-a487-6caca4e62097 [Zugriff: 22.05.2019]

Nordrhein-Westfalen

Anlage zur Verwaltungsvorschrift Technische Baubestimmungen NRW (VV TB NRW) Ausgabe März 2025, online: https://www.mhkbd.nrw/system/files/media/document/file/2025-03-01-anlage-zur-vv-tb-nrw-marz-2025.pdf [Zugriff: 19.09.2025]

BauO NRW – Bauordnung für das Land Nordrhein-Westfalen (Landesbauordnung 2018 – BauO NRW 2018) vom 21. Juli 2018, zuletzt geändert am 26. März 2019, online: https://recht.nrw.de/lmi/owa/br_text_anzeigen?v_id=7482017063014275 2068#FN1 [Zugriff: 22.05.2019]

BauO NRW – Bauordnung für das Land Nordrhein-Westfalen (Landesbauordnung 2018 – BauO NRW 2018) vom 21. Juli 2018, zuletzt geändert durch Gesetz vom 31. Oktober 2023 (GV. NRW. S. 1172), in Kraft getreten am 1. Januar 2024, online: https://www.recht.nrw.de/lmi/owa/br_text_anzeigen?v_id=74820170630142752068#NORM [Zugriff: 19.09.2025]

BauPrüfVO – Verordnung über bautechnische Prüfungen vom 6. Dezember 1995, zuletzt geändert am 12. November 2024, in Kraft getreten am 26. November 2024, online: https://recht.nrw.de/lmi/owa/br_text_anzeigen?v_id=72005012010533918 7 [Zugriff: 19.09.2025]

Gädtke, Horst; Johlen, Marcus; Wenzel, Gerhard et al.: BauO NRW Kommentar, 15. Auflage, Werner Verlag, 2024

SchulBauR – Richtlinie über bauaufsichtliche Anforderungen an Schulen (Schulbaurichtlinie – SchulBauR), Runderlass des Ministeriums für Heimat, Kommunales, Bau und Gleichstellung – 615 – 170 – vom 17. November 2020, online: https://www.recht.nrw.de/lmi/owa/br_bes_text?anw_nr=1&gld_nr=2&ugl_nr=23213&bes_id=44088&menu=0&sg=0&aufgehoben=N&keyword=Schulbaurichtlinie#det0 [Zugriff: 19.09.2025]

Verordnung über Bau und Betrieb von Sonderbauten (Sonderbauverordnung – SBauVO) vom 2. Dezember 2016, zuletzt geändert durch Verordnung vom 2. August 2019 (GV. NRW. S. 488, ber. 2000 S. 148), online: https://recht.nrw.de/lmi/owa/br_bes_text?sg=0&menu=1&bes_id=35784&aufgehoben=N&anw_nr=2 [Zugriff: 19.09.2025]

10.1.4 Richtlinien und Leitfäden zum barrierefreien Bauen (Auszug)

AHO-Schrift Nr. 40 „Planung der Barrierefreiheit – Erstellung von Barrierefrei-Konzepten", Hrsg. Ausschuss der Verbände und Kammern der Ingenieure und Architekten für die Honorarordnung e. V. (AHO), Berlin, 2021

Anleitung zum „Konzept Barrierefrei" – Öffentlich zugängliche Gebäude, Hrsg. Senatsverwaltung für Stadtentwicklung und Wohnen Berlin (August 2018), online: https://www.berlin.de/sen/sbw/_assets/service/rechtsvorschriften/bereichbauen/barrierefreies-bauen/kb_nachcd_web.pdf [Zugriff: 05.09.2025]

Atlas barrierefrei bauen, Hrsg. Nadine Metlitzky, Lutz Engelhardt, RM Rudolf Müller Medien GmbH & Co. KG, Köln, 2025

Berlin – Design For All – Öffentlich zugängliche Gebäude, Hrsg. Senatsverwaltung für Stadtentwicklung und Wohnen Berlin, 3. Auflage (März 2021), online: https://www.berlin.de/schulbau/_assets/service/downloadcenter/publikationen/berlin-design-for-all-oeffentlich-zugaengliche-gebaeude_broschuere.pdf [Zugriff: 04.09.2025]

Berlin – Design for All – Öffentlicher Freiraum Berlin, Hrsg. Senatsverwaltung für Stadtentwicklung Berlin (November 2010), online: https://www.berlin.de/sen/bauen/_assets/baurecht-und-bauplanung/barrierefreies-bauen/handbuch-design_for_all_2011_broschure.pdf?ts=1752674593 [Zugriff: 19.09.2025]

Bewertungssystem Nachhaltiges Bauen (BNB), Hrsg. Bundesministerium des Innern, für Bau und Heimat (BMI), online: https://www.bnb-nachhaltigesbauen.de/bewertungssystem/ [Zugriff: 19.09.2025]

BKB-Kriterienkatalog – Barrierefreiheit für Menschen mit kognitiven Einschränkungen: Kriterienkatalog, Hsrg. BKB Bundeskompetenzzentrum Barrierefreiheit e. V., Berlin, 2011, online: https://mitmachen-wiki.germanzero.org/wiki/images/4/4b/BKB_Kriterienheft_barrierefrei_NEU.pdf [Zugriff: 19.09.2025]

ECA – Europäisches Konzept für Zugänglichkeit, Hrsg. Europäisches Institut Design für Alle in Deutschland e. V. (EDAD), Fürst Donnersmarck-Stiftung zu Berlin, online: https://www.design-fuer-alle.de/europaeisches-konzept-fuer-zugaenglichkeit-eca/ [Zugriff: 23.09.2025]

FGSV – H BVA – Hinweise für barrierefreie Verkehrsanlagen (FGSV Nr. 212), Hrsg. Forschungsgesellschaft für Straßen- und Verkehrswesen, 2011, online: https://www.fgsv-verlag.de/h-bva [Zugriff: 22.05.2019]

Leitfaden Barrierefreies Bauen, Hrsg. Bundesministerium für Umwelt, Naturschutz, Bau und Reaktorsicherheit (BMUB), 4. Auflage (Dezember 2016), online: https://www.leitfadenbarrierefreiesbauen.de/ [Zugriff: 04.09.2025]

RBBau, Richtlinien für die Durchführung von Bauaufgaben des Bundes, Onlinefassung – Stand 1. Juli 2024: online: https://www.fib-bund.de/Inhalt/Richtlinien/RBBau/RBBau_Fassung_01.07.2024_(%C3%9Cberarbeitung%20vom%2019.07.2024).pdf [Zugriff: 19.09.2025]

10.2 Abkürzungsverzeichnis

Abkürzung	Bedeutung
AHO	Ausschuss der Verbände und Kammern der Ingenieure und Architekten für die Honorarordnung e. V.
ArbStättV	Arbeitsstättenverordnung
ASR	Technische Regeln für Arbeitsstätten (früher: „Arbeitsstättenrichtlinien")
ASTA	Ausschuss für Arbeitsstätten (ASTA) der Bundesanstalt für Arbeitsschutz und Arbeitsmedizin (BAuA)
BAuA	Bundesanstalt für Arbeitsschutz und Arbeitsmedizin
BGF	Brutto-Grundfläche
BGG	Behindertengleichstellungsgesetz
BGR	Berufsgenossenschaftliche Regeln, jetzt DGUV-Regeln
BMA	Brandmeldeanlage
BNB	Bewertungssystem Nachhaltiges Bauen
DBSV	Deutscher Blinden- und Sehbehindertenverband e. V.
DGUV	Deutsche Gesetzliche Unfallversicherung
DIBt	Deutsches Institut für Bautechnik
DGNB	Deutsche Gesellschaft für Nachhaltiges Bauen e. V.
EG	Erdgeschoss
GdB	Grad der Behinderung
HOAI	Honorarordnung für Architekten und Ingenieure
LBO	Landesbauordnung
LDB	lichte Durchgangsbreite
LPH	Leistungsphase
LVR	Landschaftsverband Rheinland
MBO	Musterbauordnung
MVV TB	Muster-Verwaltungsvorschrift Technische Baubestimmungen
NRF	Netto-Raumfläche
NUF	Nutzungsfläche
OG	Obergeschoss
RBBau	Richtlinien für die Durchführung von Bauaufgaben des Bundes
SGB	Sozialgesetzbuch
TGA	Technische Gebäudeausrüstung
TRH	Treppenhaus
ü. OFF	über Oberkante Fertigfußboden
UG	Untergeschoss
UN-BRK	UN-Behindertenrechtskonvention
VDI	Verein Deutscher Ingenieure
VOB/B	Vergabe- und Vertragsordnung für Bauleistungen – Teil B: Allgemeine Vertragsbedingungen für die Ausführung von Bauleistungen
VV TB	Verwaltungsvorschriften Technische Baubestimmungen
VV TB NRW	Verwaltungsvorschrift Technische Baubestimmungen für das Land Nordrhein-Westfalen

10.3 Stichwortverzeichnis